F.-X. LESBRE

PRÉCIS
D'EXTÉRIEUR DU CHEVAL

ET DES
principaux mammifères domestiques

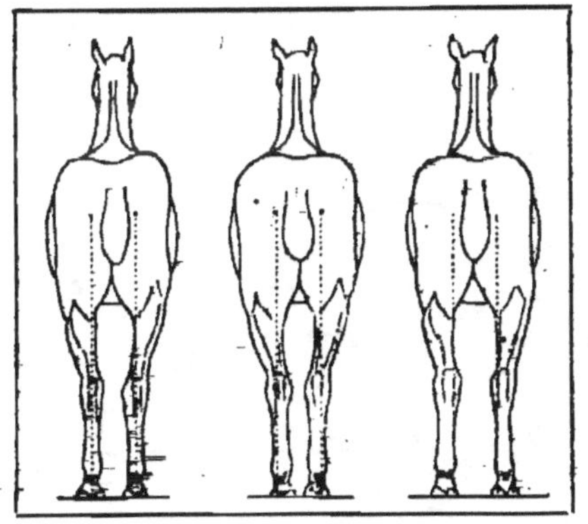

TROISIÈME ÉDITION

Avec 363 Figures

VIGOT FRÈRES, Éditeurs
SUCCESSEURS DE ASSELIN ET HOUZEAU
23, Rue de l'École - de - Médecine, PARIS (VIe)

PRÉCIS

D'EXTÉRIEUR

DU CHEVAL

ET DES PRINCIPAUX MAMMIFÈRES DOMESTIQUES

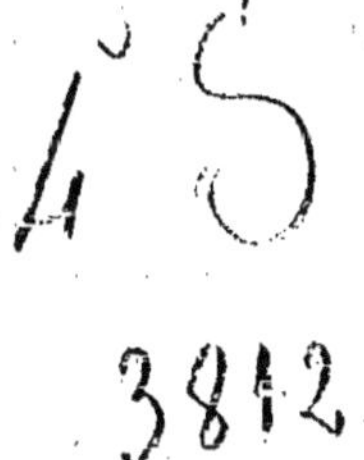

OUVRAGES DU MÊME AUTEUR

Anatomie comparée des animaux domestiques. *Nouvelle édition
du Traité d'Anatomie comparée des animaux domestiques de Chauveau
et Arloing;* 2 volumes in-8º, 1468 pages, 612 figures, 1922-1923.

Traité de Tératologie de l'homme et des animaux domestiques.
In-8º, 342 pages, 252 figures, 1927.

Eléments d'histologie et de technique histologique. In-8º, 630 pages,
467 figures, 1903.

Traité de l'âge des animaux domestiques d'après les dents et les
productions épidermiques *(en Collaboration avec Cornevin).*
In-8º, 462 pages, 211 figures *(épuisé).*

Précis du pied du cheval et de sa ferrure *(en Collaboration avec
F. Puech).* In-8º, 500 pages, 328 figures *(épuisé).*

PRÉCIS
D'EXTÉRIEUR
DU CHEVAL
ET DES PRINCIPAUX MAMMIFÈRES DOMESTIQUES

PAR

LE PROFESSEUR F.-X. LESBRE

DIRECTEUR HONORAIRE DES ÉCOLES VÉTÉRINAIRES
ASSOCIÉ NATIONAL DE L'ACADÉMIE VÉTÉRINAIRE.
CORRESPONDANT DE L'ACADÉMIE D'AGRICULTURE
ET DES ACADÉMIES DE MÉDECINE DE FRANCE
ET DE BELGIQUE

Troisième édition revue et considérablement augmentée.

Avec 363 figures dans le texte

PARIS

VIGOT FRÈRES, ÉDITEURS

SUCCESSEURS DE ASSELIN ET HOUZEAU

23, RUE DE L'ÉCOLE-DE-MÉDECINE, 23

1930

AVANT-PROPOS

Cette troisième édition du *Précis d'Extérieur* a été soigneusement revue et considérablement augmentée dans son texte et dans son illustration. Il n'est guère de parties qui n'aient reçu quelques retouches ou des développements nouveaux. Citons particulièrement : *l'âge, les signalements, les allures, l'analyse et la synthèse de la conformation* au double point de vue statique et dynamique. Un chapitre nouveau a été consacré à divers mammifères domestiques étrangers qui tiennent une place importante dans nos possessions coloniales : *zébus, buffles, chameaux*. En outre l'ouvrage a été expurgé d'un certain nombre de figures inexactes ou mal venues.

Nonobstant son augmentation de volume, imposée par les progrès de la science, nous nous sommes efforcé de lui conserver le caractère et les limites d'un livre classique qui soit pour les Élèves de nos Écoles un complément des Cours de zoologie descriptive, d'anatomie et de physiologie, ainsi qu'une introduction au cours de zootechnie. Les formes expliquées par l'anatomie, leurs beautés et défectuosités déduites de la physiologie en tenant compte du genre d'utilisation de l'animal envisagé : voilà la bonne méthode de l'Extérieur. Pour être une véritable science, il ne doit pas se borner à des affirmations reposant sur des connaissances empiriques, il doit *démontrer*, dresser l'esprit au raisonnement comme l'œil à l'observation. Ainsi que l'a dit Bourgelat, « il est aussi certain que tous les yeux n'ont pas également le droit de bien voir qu'il est vrai que tous les hommes indistinctement croient avoir celui de bien juger. Cependant les décisions fondées sur la connaissance de certaines règles établies et démontrées sont les seules qui doivent faire loi; or elles ne sauraient émaner que de ceux à qui ces mêmes règles sont familières, car tout jugement qui a pour base le caprice, le préjugé, le penchant, l'idée purement habituelle et non perfectionnée de la chose, n'est qu'une vaine et souvent fausse opinion, démentie par les uns, adoptée par les autres et quelquefois même abandonnée par celui qui l'a conçue. Tel cheval semble beau à celui-ci, qui ne paraît pas tel à celui-là. Si celui dont il obtient les suffrages ne s'en est tenu qu'aux apparences trompeuses de l'animal qui a su lui plaire, sans s'être livré à la recherche des raisons pour lesquelles l'animal lui plaît, il sera toujours libre à l'autre de ne pas se rendre, parce que le témoignage des sens du premier n'est pas moins équivoque que celui des sens du second, et que la conversion et la conviction du dernier ne peuvent dépendre que de la force et de la validité des principes sur lesquels porteraient leurs sentiments opposés. »

On ne saurait exprimer avec plus de force et de logique que l'Extérieur relève de la physiologie et non de l'esthétique. Ce passage du Maître est le phare qui a constamment éclairé notre route.

Les nombreuses figures ajoutées à cette troisième édition sont la plupart originales, les autres empruntées aux meilleures sources, notamment aux ouvrages de Goubaux et Barrier, du colonel Duhousset et de Lavalard. Nous devons aussi aux professeurs Bourdelle, du Muséum, et Létard, de l'École Vétérinaire de Lyon, communication de plusieurs photographies ou clichés. Ce dernier nous a de plus aidé de ses lumières pour la rédaction de certains articles. Que tous ces auteurs soient ici remerciés, ainsi que nos éditeurs, MM. Vigot frères, qui n'ont reculé devant aucun sacrifice pour la bonne exécution matérielle du livre.

Puisse cette troisième édition fortifier encore la tradition d'un cours qui est incontestablement l'œuvre maîtresse de l'illustre Lyonnais fondateur de l'enseignement vétérinaire, et a été le point de départ de cet enseignement, Bourgelat ayant débuté dans la carrière comme écuyer! Un cours d'Extérieur, à la fois théorique et pratique, à le grand avantage de dresser l'Elève à l'observation des animaux vivants et de lui inculquer, dès le début de ses études, un avant-goût de la pratique professionnelle.

Au surplus ce livre est aujourd'hui suffisamment documenté pour intéresser non-seulement les élèves de nos écoles vétérinaires ou agricoles, mais encore toute personne éclairée visant à une connaissance approfondie, et partant scientifique, de nos grands mammifères domestiques, du cheval principalement. S'il nous était donné d'atteindre ce double but nous serions pleinement récompensé de notre peine.

F.-X. Lesbre.

PRÉCIS D'EXTÉRIEUR DU CHEVAL
ET DES PRINCIPAUX MAMMIFÈRES DOMESTIQUES

PRÉLIMINAIRES

Définition. — Lecoq définit l'Extérieur : « cette partie des connaissances du vétérinaire qui le met à même de reconnaître, par l'examen d'un animal, sa beauté, ses bonnes ou mauvaises qualités, les maladies qui diminuent sa valeur et les particularités de conformation qui le rendent plus ou moins apte à tel ou tel service ».

A notre tour nous dirons : L'Extérieur est un ensemble de connaissances, procédant essentiellement de l'Anatomie et de la Physiologie, qui a pour but, par un examen rapide des animaux en repos ou en mouvement, de déterminer leur valeur.

Il étudie les formes et caractères extérieurs, les attitudes et les allures, en vue de la connaissance de l'âge, de l'identification par le signalement, et de l'appréciation des services auxquels les animaux sont aptes.

Importance. — Ces quelques lignes suffisent à montrer son importance. Le vétérinaire ne doit pas être seulement un médecin et un hygiéniste, il doit être aussi un connaisseur en animaux domestiques.

Considérations historiques. — Parmi la multitude des ouvrages écrits sur l'Extérieur, nous en distinguerons trois comme faisant époque dans l'histoire de cette science : le *Traité de la conformation extérieure du cheval*, de Bourgelat, le *Traité de l'extérieur du cheval et des principaux mammifères domestiques*, de F. Lecoq, enfin l'*Extérieur du cheval*, de A. Goubaux et G. Barrier.

Bourgelat, directeur de l'académie d'équitation de Lyon, fondateur de l'enseignement vétérinaire, fut le grand initiateur; son ouvrage, qui fut longtemps le modèle du genre, n'eut pas moins de huit éditions dans la période qui s'étend de 1768 à 1832. Les six

dernières furent publiées après la mort de l'auteur par J.-B. Huzárd.
La première portait le titre de *Conformation extérieure des animaux, etc.*, qui indique assez que Bourgelat avait conçu le plan d'un
Extérieur comparé, comme d'une Zootomie comparée; malheureusement il ne put réaliser ni l'un ni l'autre et il limita finalement son
œuvre au cheval, laissant à ses successeurs le soin de la compléter.

Vint ensuite Félix Lecoq, ancien professeur et directeur de l'école
vétérinaire de Lyon, puis inspecteur général des écoles vétérinaires,
qui fit paraître en 1843 un *Traité de l'Extérieur du cheval et des
principaux mammifères domestiques*, dont la sixième et dernière
édition porte le millésime 1876. Cet ouvrage, chef-d'œuvre de con-
cision et de clarté, mais un peu trop élémentaire, fut classique dans
nos Ecoles pendant près de quarante ans.

L'*Extérieur du cheval*, de A. Goubaux et G. Barrier, lui succéda
en 1884, œuvre considérable, magistrale, que l'on consulte toujours
avec profit, mais qui passe sous silence tout ce qui a trait à l'Extérieur des autres animaux, dont l'importance ne saurait cependant
être méconnue. C'est pourquoi, revenant à l'idée première de
Bourgelat, nous avons pensé qu'il y avait encore place dans la biblio-
thèque vétérinaire pour un livre élémentaire d'Extérieur comparé
qui ressuscite en quelque sorte celui de Lecoq, tout en tenant
compte des progrès modernes.

Indépendamment de ces ouvrages, adaptés à l'enseignement des
écoles vétérinaires, auxquels se sont ajoutés récemment le *Précis
du cours d'Extérieur* de Zwaenepoel et un volume de l'Encyclopédie
Cadéac intitulé *Extérieur du cheval et âge des animaux domestiques*
par feu le professeur Montané, il convient d'en signaler un certain
nombre d'autres s'adressant plus particulièrement aux officiers de
cavalerie ou des haras et, d'une manière générale, à ceux que l'on
qualifie d'hommes de cheval; par exemple : la *Conformation du
cheval suivant les lois de la physiologie et de la mécanique*, par Richard
du Cantal, 1847 et 1856; les *Leçons de science hippique générale*, du
baron de Curnieu, 1855; le *Cours d'hippologie*, de Vallon, 1863 et
1874, très estimé à son époque; la *Connaissance du cheval*, par Moll
et Gayot; le *Nouveau traité des formes extérieures du cheval*, par
Merche, 1868; les *Traités d'hippologie*, de Jacoulet et Chomel, 1894
et 1912, d'Alix et Cuyer, etc. — tous livres alourdis par des hors-
d'œuvre qui peuvent avoir leur utilité pour un public non initié
mais sont sans intérêt pour les étudiants vétérinaires.

Comme travaux partiels sur divers points de la Science qui nous
occupe, mentionnons : les articles de H. Bouley dans la *Maison*

rustique du XIXe siècle et dans le *Nouveau dictionnaire pratique de médecine, chirurgie et hygiène vétérinaires*, les travaux de Marey sur la locomotion étudiée par la méthode graphique et la chronophotographie, ceux du capitaine Raabe, de Lenoble du Teil, du colonel Gossart, de Guérin Catelain, sur les allures, de Le Hello sur divers points de mécanique animale, du colonel Duhousset visant spécialement à servir de guide aux peintres et aux statuaires dans la figuration artistique du cheval au repos et en mouvement; le traité de *l'Age des animaux domestiques* que nous avons publié avec Cornevin, et le *Précis du pied du cheval et de sa ferrure*, avec Peuch.

Signalons enfin les deux gros volumes du général Mennessier de la Lance, intitulés « *Essai de bibliographie hippique donnant la description des ouvrages sur le cheval et la cavalerie.* »

Il existe aujourd'hui deux courants d'opinion relativement au cours d'Extérieur. Les uns, ne tenant aucun compte du titre de noblesse que lui a conféré l'illustre fondateur des écoles vétérinaires, le voudraient réduire à l'*hippomécanique*, en abandonnant au cours de physiologie l'étude de la locomotion et à celui de zootechnie tout ce qui concerne l'âge, les signalements, le choix des animaux suivant les services. Mieux vaudrait le supprimer complètement que de le démembrer ainsi. L'hippomécanique à elle seule ne justifierait pas un cours spécial, elle serait mieux à sa place en physiologie, dans le chapitre consacré à la locomotion, ou bien en anatomie, comme développement de l'usage des muscles.—Les autres, et plus particulièrement les hippologues, considèrent l'extérieur comme une sorte d'encyclopédie de toutes les connaissances nécessaires pas à la complète appréciation des animaux domestiques en tant que marchandise. C'est à cette dernière conception que l'on doit tant d'ouvrages prolixes, incompris du grand public auquel ils s'adressent. Sans doute il faut être suffisamment renseigné sur l'anatomie, la physiologie, la pathologie, la mécanique et la plupart des sciences vétérinaires pour apprécier les animaux en pleine connaissance de cause; mais, dans l'enseignement vétérinaire, ces sciences font chacune l'objet d'un cours spécial; il s'agit seulement, en Extérieur, d'en extraire un ensemble d'applications pratiques, une technique qui permette, par un examen rapide des animaux en repos ou en mouvement, de déduire leur valeur. Ce cours ne se confond nullement avec celui de la zootechnie. Personne n'est plus qualifié pour le faire que le professeur d'anatomie, et c'est en première année d'études qu'il doit avoir sa place afin d'initier l'élève le plus tôt possible à la pratique professionnelle.

Rapports avec d'autres sciences. — A moins de se borner à des connaissances empiriques, toujours superficielles, celui qui se livre à l'étude de l'Extérieur doit avoir des notions assez étendues sur l'anatomie, la physiologie, la mécanique et la pathologie.

L'*Anatomie* explique toutes les particularités de la conformation et permet de scruter la machine animale au delà de la peau, comme si elle était transparente, et d'y découvrir des qualités ou des défauts voilés au profane.

La *Physiologie*, qui apprend le mode de fonctionnement de cette machine, n'est pas moins importante pour déterminer les conditions et les effets de sa bonne ou de sa mauvaise construction.

La *Mécanique* est particulièrement utile pour l'appréciation des animaux employés comme moteurs, c'est-à-dire comme machines vivantes productrices de travail. L'appareil locomoteur, agent du travail mécanique utilisé par l'homme, n'est-il pas en effet constitué par des leviers, des plans inclinés, des poulies de renvoi, etc., sur lesquels agissent les forces musculaires! Comme cet appareil est le substratum de la forme extérieure, il est possible de juger par elle de la qualité du mécanisme qu'il représente. Toutefois le mécanisme locomoteur ne fonctionne pas de lui-même, il est mis en action par le système nerveux, et l'influence de celui-ci est telle que le cheval le mieux construit mécaniquement n'est pas toujours le meilleur.

La *Pathologie* permet de reconnaître les maladies ou tares qui souvent altèrent les formes ou gênent les fonctions, et de se rendre compte de la dépréciation qu'elles causent.

Toutes ces connaissances, et d'autres encore, ne serviraient de rien si l'on manquait de ce talent d'observation rapide et sûre que l'on acquiert par la pratique et qui faire dire que l'on a du *coup d'œil*. En pareille matière, la théorie sans pratique est beaucoup plus stérile que la pratique sans théorie; on voit souvent de simples éleveurs, marchands, officiers ou amateurs devenir bons appréciateurs, à certains points de vue tout au moins, tandis qu'on ne voit jamais des théoriciens, si savants soient-ils. devenir de vrais connaisseurs sans fréquenter et manipuler les animaux.

> Qu'est la pratique sans la science?
> Un vain effort.
> Qu'est la science sans la pratique?
> Un vain trésor.
>
> (LYDTIN).

Beautés. Défectuosités. Tares. — L'étude pratique de la conformation se résume dans la connaissance des beautés, des défectuosités et des tares. Entendons-nous d'abord sur ces trois expressions.

Beautés. — En Extérieur, beauté est synonyme de bonté, conformément à la conception esthétique des philosophes de l'ancienne Grèce : « *Rien n'est beau que ce qui est bon et rien n'est bon que ce qui est utile* » est une maxime de Socrate et de Platon. La beauté n'est pas seulement quelque chose qui plaît à l'œil et peut varier suivant les caprices de la mode, c'est ce qui indique une bonne structure, une aptitude maximum à une fonction donnée. Une région est belle quand elle est bien disposée pour remplir son rôle. Toutefois si l'on considère l'animal dans son ensemble, au point de vue de ses actes de locomotion, la synonymie cesse; dire, par exemple, qu'un cheval est beau signifie qu'il paraît bon, mais ne l'est peut-être pas; il est en effet une condition *sine quâ non* de bonté sur laquelle l'examen de la conformation ne peut donner que des présomptions, c'est l'énergie nerveuse de l'animal, sorte de ressort intérieur, plus ou moins tendu, plus ou moins bien trempé, qui actionne la machine locomotrice et qu'en argot hippique on appelle le *sang*. Le cheval le mieux conformé peut être médiocre s'il manque de sang; tandis qu'il est des chevaux excellents, quoique défectueux de formes. C'est là la difficulté et souvent l'échec de l'Extérieur en ce qui concerne les animaux utilisés comme moteurs; on ne peut les juger en toute certitude qu'après les avoir vus en action, c'est-à-dire les avoir essayés.

Il est des *beautés absolues* et des *beautés relatives*. Les premières sont à rechercher chez tous les animaux et pour tous les services; par exemple, un bon pied, un bon œil, de bons aplombs, une bonne santé. Les secondes sont subordonnées au genre de service auquel l'animal doit être employé; ainsi, des membres courts, un corps très ample avec dos, reins, croupe doubles, des formes athlétiques, sont des beautés de premier ordre pour un cheval de gros trait, tandis que ce seraient des défectuosités pour un cheval qui aurait à fournir de la vitesse, lequel a besoin évidemment de membres assez longs, de formes plus ou moins sveltes et d'une certaine légèreté de masse.

Ainsi que le dit fort bien Cornevin, dans sa *Zootechnie générale*, « pour apprécier un individu, ce serait une faute de le comparer, en son esprit, à un autre considéré comme l'archétype de la beauté dans l'espèce zoologique à laquelle il appartient. Ce type idéal peut représenter la beauté telle que la comprennent les peintres et les sculpteurs, il n'a pas de place en Zootechnie où elle est polytypique, n'étant que le reflet de la meilleure utilisation de la machine animée et synonyme de bonté. »

Parmi les beautés absolues, il en est de plus ou moins importantes suivant les services auxquels sont destinés les animaux; par exemple, une épaule longue et oblique, une croupe peu inclinée, un garrot très sorti, une encolure longue sont à rechercher chez tous les chevaux, mais sont incontestablement plus utiles à un cheval de vitesse qu'à un cheval de trait.

DÉFECTUOSITÉS OU DÉFAUTS. — C'est l'opposé ou la négation de la beauté.

Les *défectuosités morales*, telles que la méchanceté, la rétivité, sont de préférence désignées sous le nom de *vices*; l'animal qui en est affecté est dit vicieux.

Les *défectuosités physiques* ou de conformation sont, de même que les beautés, absolues ou relatives; les premières sont à proscrire dans tous les cas, les secondes sont indifférentes ou même se convertissent en beautés pour d'autres services. Par exemple, une peau épaisse, couverte de poils et de crins abondants et grossiers, serait inacceptable pour un cheval de vitesse, lequel doit être ce qu'on appelle un cheval fin, distingué, tandis qu'on n'en fait pas grief à un cheval de camion; on pardonne à celui-ci une physionomie indolente, peu mobile, on recherche au contraire chez celui-là une physionomie expressive, traduisant une certaine nervosité, c'est-à-dire une certaine dose de « sang».

TARES. — Les tares sont des altérations indélébiles, qui, par leur position superficielle, frappent l'œil comme des stigmates, des flétrissures, et déprécient l'animal qui en est atteint.

a) A la peau, ce sont des cicatrices, des dépilations, des hérissements de poils, qui ont succédé à des plaies de traumatisme, à des applications de médicaments ou bien à certaines opérations chirurgicales telles que la cautérisation au fer rouge. Ces tares-là ne sont pas graves en soi, mais par les accidents ou maladies dont elles témoignent, qui peuvent être susceptibles de récidive ou incomplètement guéris; c'est ainsi qu'une cicatrice, même très grande, sur la croupe, tare bien moins un cheval qu'une cicatrice beaucoup plus petite sur la face antérieure du genou, cette dernière, qui fait qualifier l'animal de « couronné» indiquant généralement qu'il est tombé et autorisant à suspecter la solidité de ses membres antérieurs.

b) Sous la peau, les tares s'observent principalement aux membres; elles se traduisent par des tumeurs, dures ou molles, qui en altèrent les contours. Les tares dures sont de nature osseuse (*exostoses*, ou *périostoses*); elles se produisent de préférence sur les marges des articulations et à l'attache des ligaments, par suite de la distension de ceux-ci ou de l'inflammation de celles-là. Les tares molles sont le plus souvent de nature synoviale; elles se développent dans les endroits où les culs-de-sac des synoviales, articulaires ou tendineuses, sont le moins bien contenus et le plus distensibles, lorsque la synovie est surabondante; on les appelle, suivant les cas, *molettes*, *vessigons*, *hydarthroses*. D'autres tares molles, connues sous le terme générique d'*hygromas*, résultent de la formation de bourses séreuses dans le tissu conjonctif sous-cutané, dilacéré par des mouvements anormaux de la peau, surtout par des frottements répétés. L'hygroma le plus fréquent est celui de la pointe du jarret, appelé spécialement « capelet ».

Division. — Ce livre comprendra les chapitres suivants :

1º L'âge.

2º Les signalements.

3º Les aplombs.

4º Les attitudes, mouvements sur place et allures.

5º Les régions.

6º Les proportions.

7º Le choix des animaux suivant les services.

8º L'examen des animaux en vente et la législation qui les concerne.

9º Un appendice sur quelques mammifères domestiques répandus dans notre domaine colonial, notamment les zébus, les buffles et les chameaux.

CHAPITRE PREMIER

AGE

La connaissance de l'âge d'un animal, c'est-à-dire du temps écoulé depuis sa naissance, importe beaucoup pour l'évaluation des services qu'il est capable de rendre et par conséquent de son prix. Elle importe aussi au point de vue de son hygiène, qui doit évidemment varier suivant qu'il est jeune, adulte ou vieux.

Les dents et les cornes sont les organes qui gardent le mieux l'empreinte du temps, soit par leur développement, soit par leur usure, et qui, à ce titre, servent de chronomètre.

Historique. — Les hippiatres, précurseurs des vétérinaires, savaient reconnaître l'âge du cheval jusqu'à huit ans; au delà, ils déclaraient cet animal « hors d'âge». Le professeur Pessina, de Vienne, donna des signes allant jusqu'à la limite de la vie, que l'on peut tirer notamment des changements de forme de la table dentaire, mais ils étaient loin d'avoir la rigueur qu'il leur attribuait. Aussi est-ce seulement à partir de la publication du *Traité de l'âge du cheval* de N.-F. Girard, professeur à l'Ecole d'Alfort, que l'on fut en possession d'une méthode aussi certaine qu'elle peut l'être pour la diagnose de l'âge de cet animal. Girard père, en rééditant l'œuvre de son fils, trop tôt enlevé à la science, y ajouta des données sur l'âge des autres animaux domestiques [1], données qui ont été rectifiées et complétées dans le traité que nous avons publié avec Cornevin [2].

Avant de faire connaître, pour chaque espèce, les signes que l'on tire des dents pour la connaissance de l'âge, il est nécessaire d'indiquer d'abord les caractères généraux de ces organes.

---

1. Le premier mémoire sur l'âge du cheval, par N.-F. Girard fut publié dans le *Recueil de médecine vétérinaire* en 1824. J. Girard le réédita en 1828 et en 1834 et c'est dans la 3e édition qu'il y ajouta l'âge du bœuf, du mouton, du chien et du cochon.

2. Cornevin et Lesbre, *Traité de l'âge des animaux domestiques d'après les dents et les productions épidermiques.* Baillière, 1894.

Caractères généraux des dents.

Disposition générale. — Les dents, organes de consistance pierreuse, implantés dans le bord libre des deux mâchoires, sont essentiellement préposées à la mastication et à l'exercice du tact; celles situées à l'entrée de la bouche servent en outre à la préhension des aliments ainsi que d'armes offensives ou défensives. A chaque mâchoire, elles forment une arcade parabolique, tantôt indiscontinue, tantôt interrompue latéralement par un espace interdentaire ou diastème appelé *barre*. Les dents supérieures sont en général plus volumineuses que les inférieures et les débordent périphériquement.

Tous les mammifères qui nous intéressent ici sont *hétérodontes*, c'est-à-dire qu'ils ont des dents de plusieurs sortes, différenciées par leurs formes et leurs usages. On distingue :

1º Les *incisives* (de *incidere*, couper), placées à l'entrée de la bouche et fixées soit dans les intermaxillaires, soit à l'opposé dans le corps du maxillaire inférieur.

2º Les *canines* (de *canis*, chien), *crochets*, *crocs*, *dents œillères*, pointues, au nombre de deux à chaque mâchoire, situées en arrière des incisives et implantées soit dans le maxillaire supérieur tout contre la suture de l'intermaxillaire, soit à l'opposé dans le maxillaire inférieur, les inférieures plus rapprochées des incisives que les supérieures de manière à les chevaucher par devant. Les canines manquent dans nombre d'espèces, par exemple dans les ruminants cavicornes (bœuf, mouton, chèvre), et les rongeurs (lapin, cobaye); parfois elles n'existent que chez les mâles (exemple : solipèdes), ou bien sont plus développées chez eux que chez les femelles (exemple : porcins). Dans les verrats ainsi que dans les sangliers, elles croissent toute la vie et finissent par sortir de la bouche, on les appelle alors des *défenses*; mais si l'on châtre ces animaux, leurs crocs sont frappés d'arrêt de développement. Les défenses ne sont pas toujours des canines; celles des éléphants sont des incisives; toute dent sortant de la bouche justifie le nom de défense.

3º Enfin les *molaires* (de *mola*, meule), ou *mâchelières*, dents généralement volumineuses, occupant le fond de la bouche et principalement destinées à broyer les aliments.

Toute dent de mammifère est enfoncée dans une cavité des mâchoires appelée *alvéole* et creusée intérieurement d'une cavité ouverte à son extrémité enchâssée, qui loge une papille pulpeuse s'élevant du fond de l'alvéole. Lorsque la dent est à croissance permanente comme les défenses ou les dents des rongeurs, la chambre pulpaire reste toujours béante (fig. 1, A). Lorsqu'elle est à croissance limitée, comme c'est le cas ordinaire, elle se termine à un moment donné par une ou plusieurs pointes qu'on appelle *racines*, à l'extrémité desquelles la cavité de la pulpe finit par se fermer (fig. 1, B et C). Il existe donc des dents sans racine et des dents radiculées, à une ou plusieurs racines. Les dents radiculées ne sont émaillées que sur la partie surmontant la ou les racines et que l'on appelle *couronne*; le point de départ des racines est en outre marqué le plus souvent d'un étranglement circulaire connu sous le nom de *collet*.

L'éruption d'une dent n'est achevée que lorsque le collet est arrivé à la gencive. Si la hauteur de la couronne dépasse la saillie qu'elle doit faire dans la bouche, l'éruption continue plus ou moins longtemps après que la dent a rencontré son opposée de l'autre mâchoire; elle peut même durer toute la vie de manière à compenser l'usure éprouvée, ainsi qu'on l'observe, pour les incisives et les molaires de deuxième dentition des solipèdes. Mais il ne faut pas confondre ces dents radiculées à éruption prolongée avec les dents à croissance permanente, lesquelles sont réduites à la couronne. Les animaux à dents radiculées dont l'éruption est prolongée sont qualifiés d'*hypsélodontes*; ceux dont les dents sont radiculées mais à éruption rapide sont dits *brachyodontes*.

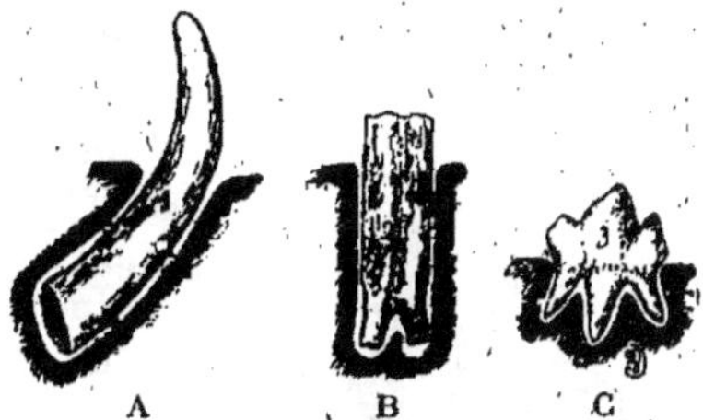

Fig. 1. — *Trois types de dent au point de vue du développement.*

A, dent à croissance permanente, par conséquent sans racine; B, dent radiculée à haute couronne et à éruption prolongée *hypsélodonte*; C, dent radiculée à couronne basse et à éruption rapide *brachyodonte*.

Structure. — La dent comprend dans sa structure des parties dures et des parties molles (fig. 2).

A. Parties dures. — Les parties dures forment aux yeux du vulgaire toute la dent, elles ne sont cependant que le produit des parties molles. Ce sont : l'ivoire, l'émail et le cément.

L'*ivoire* ou *dentine* est une substance très dure, d'un blanc tirant un peu sur le jaunâtre, disposée en couche plus ou moins épaisse autour de la cavité dentaire interne. Quoique très compact, l'ivoire se montre au microscope parcouru par un grand nombre de fins canalicules prenant naissance dans la cavité précitée, se dirigeant perpendiculairement vers le dehors, en se ramifiant, et se terminant au contact de l'émail ou du cément. Il est constitué chimiquement comme les os, c'est-à-dire par de la matière organique et par des matières minérales; mais ces dernières sont en plus grande abondance que dans le tissu osseux et comprennent une quantité considérable de fluorure de calcium, auquel l'ivoire est redevable de sa grande dureté.

L'*émail* est une couche vitreuse, plus ou moins mince, d'un blanc laiteux, appliquée à la surface de l'ivoire, sur la couronne de la dent, dont elle suit tous les accidents. Il s'arrête rigoureusement au collet. Dans les dents sans racine, il s'étend jusqu'à l'orifice de la pulpe, à moins toutefois qu'il ne fasse défaut. L'émail est en général plus épais sur les éminences que dans les excavations, du côté excentrique que du côté concentrique. C'est une substance d'une dureté encore supérieure à celle de l'ivoire, vu l'infime quantité de matière organique et l'abondance du fluorure de calcium qu'elle contient. En revanche, elle est fragile et éclate facilement sous l'influence des chocs. Sa surface est, dans la dent vierge, finement chagrinée ou sillonnée; elle se polit ensuite par le frottement. On peut en détacher, après l'action de l'acide chlorhydrique étendu d'eau, une mince membrane amorphe appelée cuticule de l'émail.

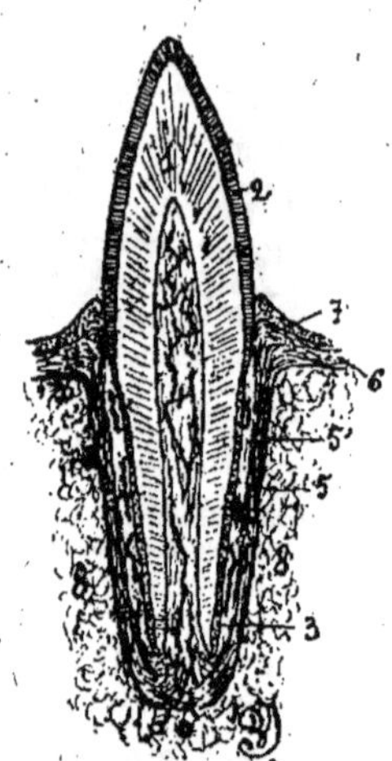

Fig. 2. — *Coupe schématique d'une dent.*

1, ivoire; 2, émail; 3, cément; 4, pulpe; 5, périoste alvéolo-dentaire; 5',sa couche appelée germe du cément; 6, chorion de la gencive; 7, épithélium gingival; 8, os de la mâchoire.

L'histologie apprend que l'émail est constitué par des prismes juxtaposés, intimement unis, implantés perpendiculairement sur l'ivoire : structure qui donne à la cassure un aspect nettement strié dans le sens de l'épaisseur.

Le *cément* ou *cortical osseux* forme sur les racines une mince couche incrustante et sur la couronne un dépôt plus ou moins épais qui tend à niveler les excavations. Très abondant sur les dents des herbivores, des solipèdes en particulier, il est à peu près absent sur celles des carnivores et des omnivores, qui doivent à cela la blancheur caractéristique de leur couronne dans le jeune âge. C'est seulement à la sortie de l'alvéole que les dents des herbivores se cémentent abondamment; elles ne sont que faiblement incrustées sur la partie enchâssée.

Le cément est beaucoup moins dur que l'ivoire; il a la structure et les propriétés de l'os; le nom de cortical osseux que lui donnait Ténon lui convient parfaitement : c'est une écorce osseuse.

Il ne faut pas prendre pour du cément le dépôt de *tartre* que l'on observe souvent au-dessus des gencives, et qui se forme accidentellement aux dépens des matières calcaires de la salive ou des aliments, dépôt prenant souvent une couleur noire, chez les ruminants, par imprégnation de sulfure métallique.

B. Parties molles. — Les parties molles sont : le périoste alvéolo-dentaire, la pulpe, bulbe ou papille dentaire, et la gencive.

Le *périoste alvéolo-dentaire* tapisse les parois de l'alvéole et se met en continuité à son entrée avec le périoste superficiel ainsi qu'avec le chorion de la gencive. C'est lui qui est chargé de cémenter la dent; aussi sa couche ostéogène est-elle tournée contre cette dernière et très adhérente. Dans les herbivores, cette couche, très épaisse, a été décrite à part sous le nom de germe ou organe du cément.

La *pulpe dentaire* est une véritable papille, molle, chargée de vaisseaux et de nerfs, qui s'élève du fond de l'alvéole et se loge dans la chambre dentaire, qu'elle remplit complètement; elle lance même de fins prolongements dans les canalicules de l'ivoire (fibres de Tomes). A la base, elle se confond avec le périoste alvéolo-dentaire dont elle n'est, à proprement parler, qu'un processus extrêmement délicat. C'est une sorte de moelle nourricière et sensible qui joue, comme nous l'expliquerons plus loin, un rôle important dans le développement et l'accroissement de la dent.

Quant à la *gencive*, elle n'est autre chose qu'une partie de la muqueuse buccale relevée contre la dent et lui formant collerette de manière à la sceller dans son alvéole. La muqueuse gingivale est épaisse et scléreuse, complètement dépourvue de glandes, les prétendues glandes tartariques décrites par Serres n'existent pas.

Lorsque la gencive quitte la surface de la dent et se flétrit, on dit que celle-ci se déchausse : signe de maladie ou de caducité prochaine.

Développement. — Avant d'apparaître dans la bouche la dent se développe au sein des mâchoires, dans un sac clos qu'on appelle *follicule dentaire* (fig. 3).

Le follicule dentaire a pour paroi une membrane conjonctive qui l'individualise au milieu de l'os en développement. Il contient les deux germes accouplés de l'ivoire et de l'émail. Le *germe* ou *organe de l'ivoire* est une papille conjonctive délicate qui s'élève du pôle inférieur du follicule et persiste dans la dent développée; il a exactement la forme de la future dent, qui se développe à sa surface comme sur un moule. Le *germe de l'émail* ou *organe adamantin* est un bourgeon pédiculé de l'épithélium buccal, coiffant exactement le germe de l'ivoire et rappelant les bourgeons piligènes de l'épiderme. Il est remarquable que le développement d'une dent, comme celui d'un poil ou d'une glande, commence par un bourgeon épithélial. Quant au *germe* ou *organe du cément*, ce n'est, avons-nous déjà dit, que la couche interne de la paroi folliculaire qui deviendra plus tard périoste alvéolo-dentaire.

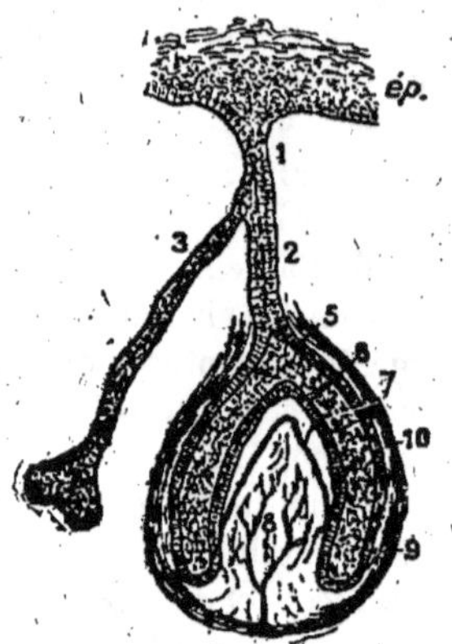

FIG. 3. — *Schéma du développement d'une dent diphysaire.*

ép. épithélium buccal; 1, lame dentaire, dont procèdent les germes adamantins; 2, pédicule du germe adamantin de la 1re génération; 3, pédicule du germe adamantin de la dent de 2e génération; 5, épithélium adamantin externe; 6, épithélium adamantin interne; 7, couche éburnée première ébauche de la dent; 8, papille dentaire, germe de l'ivoire; 9, paroi du follicule dentaire; 10, germe du cément.

L'ivoire se dépose d'abord en couche mince sur les parties culminantes de son germe; des couches nouvelles s'ajoutent concentriquement, et bientôt la dent est ébauchée. En même temps, elle s'émaille par une sorte de sécrétion opérée par l'organe adamantin. Celui-ci s'atrophie et disparaît dès que la couche qu'il est chargé de produire est formée; tandis que l'organe de l'ivoire persiste et produit incessamment de nouvelles couches éburnées qui se disposent en dedans des premières formées tout en les dépassant à la base de la dent de telle sorte que celle-ci s'allonge en même temps que sa cavité se comble progressivement. Il arrive un moment où le follicule devient trop petit pour la contenir; alors elle fait effort sur son pôle superficiel et finit par se faire jour à travers l'os et la gencive. La voilà donc qui pointe dans la bouche, sort de plus en plus et commence à jouer son rôle impliquant une usure plus ou moins rapide. Mais, comme nous l'avons déjà dit, cette éruption ne s'achève qu'au moment où la couronne est toute entière hors de l'alvéole, et, chez les animaux *hypsélodontes*, c'est-à-dire à couronne dentaire très haute, il y a, pendant toute la vie, balancement entre la pousse et la détrition; tandis que, dans les *brachyodontes*, c'est-à-dire, ceux à dents courtes, l'éruption s'achève rapidement.

L'éruption d'une dent n'est pas une effraction aussi violente qu'on le croit généralement; c'est un phénomène éminemment physiologique, préparé par une résorption des tissus au-devant de la dent qui sort. Cependant on constate souvent un peu de congestion et de chaleur de la bouche, de la salivation et de l'inappétence. S'il fallait en croire certains médecins, l'éruption dentaire chez l'enfant serait beaucoup moins facile; ils l'accusent de maintes complications, telles que convulsions, diarrhée, ophtalmie, bronchite, etc.

Une fois sortie, la dent est destinée ou bien à durer autant que l'animal (dent persistante, permanente ou *monophysaire*) ou bien à tomber pour céder la place à une autre (dent caduque ou *diphysaire*). En règle générale, les incisives, les canines et les premières molaires ou prémolaires sont diphysaires, tandis que les arrière-molaires ou molaires vraies sont monophysaires. Conséquemment il existe deux dentitions successives : la *dentition de lait*, ainsi nommée parce qu'elle se fait généralement pendant l'allaitement, dentition caduque, et la *dentition d'adulte* comprenant les dents remplaçantes et les dents permanentes.

L'ensemble des dents de première dentition représente en raccourci l'ensemble de celles de deuxième dentition. S'il est juste de dire que les incisives et les canines sont généralement diphysaires, c'est-à-dire remplacées une à une, d'une dentition à l'autre, il ne l'est pas rigoureusement pour les molaires de lait, qui équivalent à la fois aux prémolaires et aux arrière-molaires et affectent la forme des unes et des autres, ainsi qu'on peut s'en rendre compte facilement dans les espèces autres que les solipèdes, chez lesquelles les prémolaires et les arrière-molaires sont d'un type différent.

Quelles qu'elles soient, les dents éprouvent une double modification incessante : 1° elles usent; 2° leur chambre pulpaire se comble peu à peu de nouvelles couches d'ivoire jusqu'à oblitération. Cet ivoire secondaire se distingue de l'ivoire primitif par sa couleur ordinairement plus foncée, quelquefois plus claire. La pulpe disparaît à la longue devant cet envahissement, qui est son œuvre, et la dent, privée ainsi de son organe de nutrition et de sensibilité, devient une sorte de corps étranger que l'organisme tend à éliminer.

Les dents en croissance, abstraction faite de leurs racines (si elles sont appelées à en prendre), ne poussent pas seulement dans la bouche, elles s'enfoncent aussi dans la mâchoire. Cette double poussée dure toute la vie pour les défenses, tandis que dans les dents radiculées elle s'arrête dès que la couronne est achevée, celle-ci pousse alors exclusivement vers la bouche, et cette pure éruption ne s'arrête que lorsque le collet est arrivé à la gencive, ce qui demande un temps plus ou moins long suivant la hauteur de la dent; en même temps se forment une ou plusieurs racines qui plongent dans l'os et y fixent la dent.

On conçoit, sans qu'il soit besoin d'insister, qu'un pareil développement ne se fait pas sans une réaction adéquate des mâchoires. Il y a là une telle solidarité qu'il est permis de dire que *les mâchoires se développent en fonction des dents* et les *dents en fonction des mâchoires*. Nous en verrons la preuve dans la suite de ce chapitre [1].

Formules dentaires. — La formule dentaire est un moyen abréviatif de faire connaître le nombre de dents de chaque sorte, à chaque côté de chaque mâchoire, soit dans la première dentition, soit dans la deuxième. Comme les dents se répètent symétriquement de part et d'autre du plan médian, on en restreint ordinairement la formule à celles d'un côté. Par exemple : l'homme possède à chaque mâchoire quatre incisives, deux canines, quatre prémolaires ou molaires remplaçantes et six arrière-molaires ou molaires permanentes, sa formule dentaire bilatérale est donc : $\dfrac{2\text{-}2}{2\text{-}2}, \dfrac{1\text{-}1}{1\text{-}1}, \dfrac{2\text{-}2}{2\text{-}2}, \dfrac{3\text{-}3}{3\text{-}3} =$ 32 dents, et sa formule unilatérale : $\dfrac{2}{2}, \dfrac{1}{1}, \dfrac{2}{2}, \dfrac{3}{3}$; le cheval ayant à chaque mâchoire six incisives, deux canines, six molaires remplaçantes et six molaires persistantes, sa formule dentaire bilatérale est : $\dfrac{3\text{-}3}{3\text{-}3}, \dfrac{1\text{-}1}{1\text{-}1}, \dfrac{3\text{-}3}{3\text{-}3}, \dfrac{3\text{-}3}{3\text{-}3} =$ 40 dents; l'unilatérale est : $\dfrac{3}{3}, \dfrac{1}{1}, \dfrac{3}{3}, \dfrac{3}{3}$.

En général la formule de la dentition d'adulte implique celle de la première dentition, il suffit d'en retrancher les arrière-molaires; mais cette règle n'est pas sans exception, car il peut arriver qu'une dent de lait ne soit pas remplacée ou bien qu'une dent, d'ordinaire remplaçante, ne soit pas précédée d'une dent de lait; dans ces cas, il est nécessaire de donner la formule de l'une et de l'autre dentition. Par exemple la formule unilatérale de la première dentition des solipèdes est : $\dfrac{3}{3}, \dfrac{0}{0}, \dfrac{4}{3}$; celle de la deuxième dentition : $\dfrac{3}{3}, \dfrac{1}{1}\,♂\,\dfrac{0}{0}\,♀, \dfrac{3}{3}, \dfrac{3}{3}$. (Le signe ♂ indique le sexe masculin, ♀ le sexe féminin). Il suffit de comparer ces deux formules pour voir que les canines, propres aux mâles adultes, ne sont pas précédées de dents de lait, et que,

---

1. Voir à ce sujet mon mémoire publié dans le *Journal de médecine vétérinaire et de zootechnie*, 1892, sous le titre « Observations sur les mâchoires et les dents des Solipèdes ».

d'autre part, l'une des molaires supérieures de lait (la première) n'est pas remplacée.

SECTION I. — AGE DU CHEVAL

ARTICLE I. — DENTS

Les mâles adultes ont 40 dents, tandis que les juments n'en ont que 36 par suite de l'absence de canines. Dans l'un et l'autre sexe, il est commun de voir persister la première molaire supérieure de lait, dent rudimentaire qui porte le nombre des dents à 42 dans le cheval, à 38 dans la jument. En adoptant la méthode de Ritsche consistant à numéroter chaque dent individuellement d'avant en arrière, et à représenter les dents de lait par des chiffres arabes et les dents d'adulte par des chiffres romains, on obtient la formule ci-dessous indiquant au premier coup d'œil la dent précitée :

$$\text{inc.} \frac{\text{I}^e, \text{II}^e, \text{III}^e}{\text{I}^e, \text{II}^e, \text{III}^e}, \text{can.} \frac{\text{I} \, \male \quad 0 \, \female}{\text{I} \quad 0} \quad \text{p.m} \frac{\text{I}^e, \text{II}^e, \text{III}^e, \text{IV}^e}{0, \text{II}^e, \text{III}^e, \text{IV}^e}; \text{am.} \frac{\text{I}^e, \text{II}^e, \text{III}^e}{\text{I}^e, \text{II}^e, \text{III}^e}$$

formule rapportée à l'archétype d'Owen comprenant à chaque mâchoire et de chaque côté 3 incisives, 1 canine, 4 prémolaires et 3 arrière-molaires, en tout 44 dents.

§ 1. — Incisives.

Les incisives sont disposées en arcade à chaque mâchoire et distinguées en *pinces*, les deux du milieu, *mitoyennes*, les deux qui touchent aux pinces, et *coins*, les deux qui occupent les extrémités de l'arcade (fig. 4).

Nous allons d'abord faire l'étude d'une incisive remplaçante quelconque; nous signalerons ensuite les différences entre incisives d'une même arcade, puis entre incisives des deux mâchoires, enfin entre incisives caduques et incisives remplaçantes.

Description d'une incisive type. — Une incisive d'adulte, extraite de son alvéole (fig. 5), a la forme d'une pyramide incurvée en arrière dont le sommet répond à l'extrémité enchâssée et la base à l'extrémité libre, pyramide aplatie d'avant en arrière à cette dernière extrémité, aplatie d'un côté à l'autre à son sommet, et offrant dans sa partie moyenne des formes de transition. Si l'on

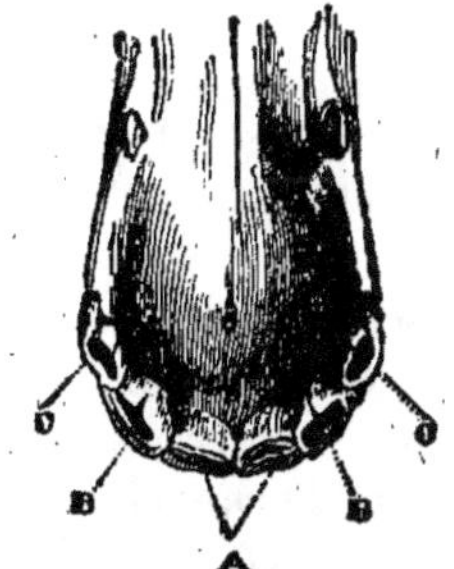

Fig. 4. — *Arcade incisive et canines de la mâchoire supérieure d'un cheval.*

A, Pinces; B, mitoyennes; C, coins; à une certaine distance de ceux-ci se voient les canines ou crochets.

suppose une série de sections transversales échelonnées de haut en bas sur une dent idéale qui aurait atteint toute sa longueur sans avoir usé, on a des surfaces d'abord *elliptiques*, puis *ovales*, puis *arrondies* puis *triangulaires*, puis *biangulaires*, c'est-à-dire allongées d'avant en arrière (fig. 5,₃).

Cette incisive offre à étudier sa couronne et sa racine, délimitées seulement par la ligne d'arrêt de l'émail car elle n'a pas de collet; mais elle n'est jamais complète : lorsqu'elle vient de traverser la gencive elle est réduite à la couronne, la racine se forme ensuite qui pousse en s'atténuant jusqu'à ce que l'orifice de la pulpe soit oblitérée, en même temps à couronne est de plus en plus amputée par l'usure (fig. 8).

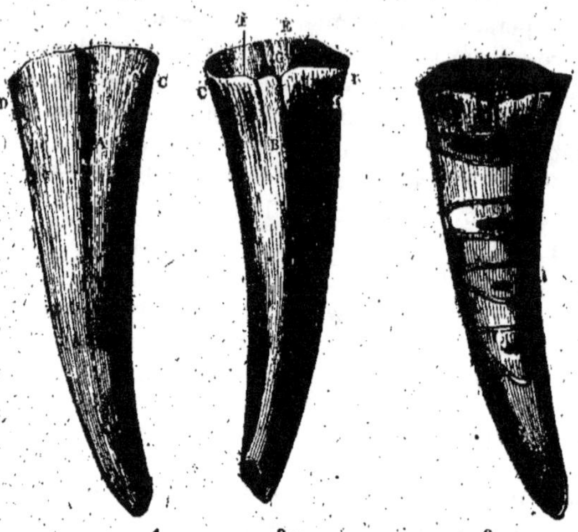

1   2   3

Fig. 5. — *Une incisive de 2ᵉ dentition, supposée complète et indemne d'usure.*

1, Vue par devant; 2, vue par derrière; 3, avec des sections idéales pratiquées à différents étages. A, face antérieure; B, face postérieure; C, bord interne; D, bord externe; G, cavité externe de l'extrémité libre avec son bord antérieur E et son bord postérieur F.

a) La *couronne* est d'autant plus profondément enchâssée dans l'alvéole que la dent envisagée appartient à un animal plus jeune, car son éruption ne s'achève que vers la fin de la vie. Elle offre :

une face antérieure, parcourue par un sillon longitudinal en forme de cannelure (fig. 5,₁);

une face postérieure, arrondie d'un côté à l'autre et d'autant plus convexe ou anguleuse qu'on l'examine plus près de la racine;

deux bords, dont l'interne est toujours plus épais que l'externe, par lesquels les incisives d'une même arcade se touchent, à l'exception du bord externe des coins qui est évidemment libre;

une extrémité libre, qui devient surface de frottement contre la dent opposée. Cette extrémité montre dans la dent vierge l'entrée d'une cavité pénétrant à une profondeur de plus d'un centimètre, cavité en forme de cône aplati d'avant en arrière dont le grand axe croise légèrement celui de la dent, de manière que son fond se porte vers la face postérieure; son ouverture figure une ellipse allongée transversalement, circonscrite par deux bords tranchants dont l'antérieur proémine de plusieurs millimètres sur le postérieur; c'est par ce bord que la dent commence son éruption et son usure; bientôt les deux bords se trouvent de niveau; ils s'émoussent progressivement et il arrive un moment où la cavité dentaire externe, de plus en plus réduite, disparaît complètement; alors la dent est rasée.

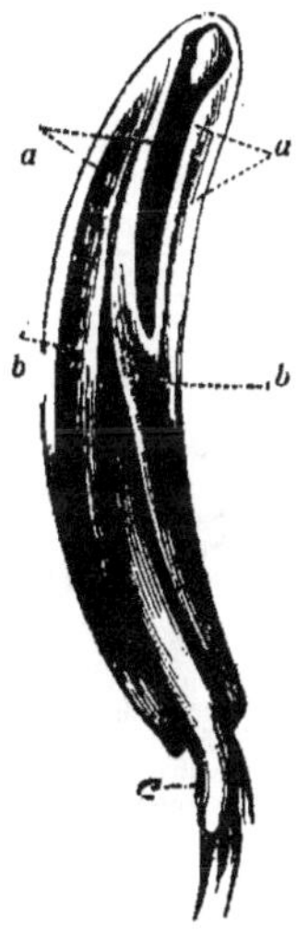

FIG. 6. — *Coupe longitudinale antéro-postérieure d'une incisive d'adulte, montrant le chevauchement des deux cavités, externe et interne.*

a, Émail; b, ivoire; c, pulpe.

FIG. 7. — *Incisive d'adulte usée jusqu'au voisinage du fond de son cornet d'émail.*

a, émail périphérique; b, émail central; c, étoile dentaire; d, ivoire. (Le cément n'est pas représenté).

b) La *racine* fait continuité insensible à la couronne, par conséquent elle diminue progressivement dans le sens transversal tandis qu'elle augmente sensiblement dans le sens antéro-postérieur. A son extrémité existe l'entrée de la chambre pulpaire, cavité d'abord spacieuse dont le fond chevauche avec celui de la cavité externe en passant par devant (fig. 6), mais qui se remplit d'ivoire de nouvelle formation, un peu plus jaune que l'ivoire primitif. Tant que l'orifice de la pulpe n'est pas fermé la racine continue à croître, si bien que, jusque vers douze ans, la dent.s'allonge malgré l'usure qu'elle éprouve; ainsi elle n'est jamais au complet : vierge à l'extrémité libre, il lui manque la racine, pourvue de celle-ci, il lui manque une partie de la couronne (fig. 8).

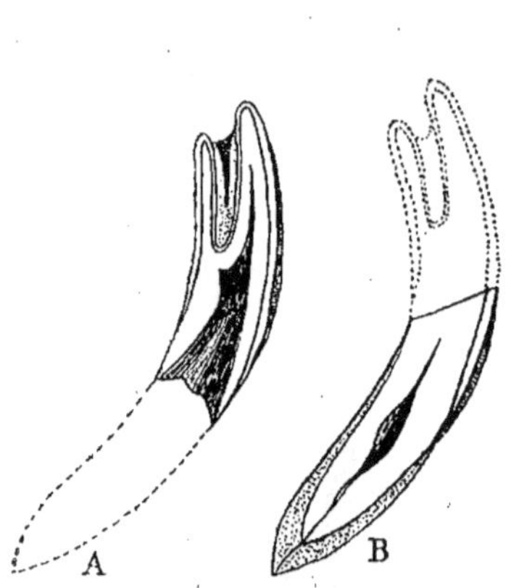

Fig. 8.— *Coupes schématiques d'une incisive remplaçante.*

A, avant l'usure; B, après achèvement de sa croissance. (Les parties pointillées représentent, soit la quantité dont la dent est appelée à s'accroître, soit celle dont elle a usé).

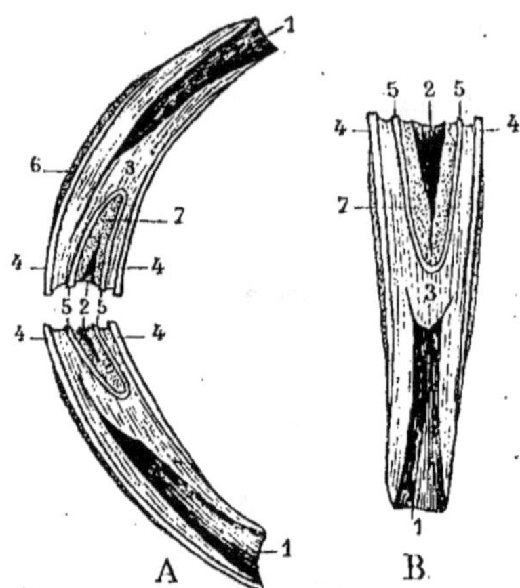

Fig. 9. — *Coupes d'incisives de 2e dentition.*

A, coupe sagittale de deux incisives opposées.
B, coupe frontale d'une incisive supérieure.
1, orifice de la cavité dentaire interne; 2, cavité dentaire externe; 3, ivoire; 4, émail périphérique; 5, émail central; 6, cément périphérique; 7 cément central.

c) La *structure* des incisives des solipèdes offre à signaler les particularités suivantes (fig. 6 à 9):

L'émail descend plus bas et est plus épais sur la face antérieure que sur la postérieure; il se réfléchit sur les bords de l'entrée de la cavité dentaire externe et s'invagine profondément en une sorte de cornet, tout en s'amincissant notablement. M. l'inspecteur général Barrier a fait voir que la prétendue cheville émailleuse conique décrite par Lecoq au fond du dit cornet n'existe pas en réalité. L'émail est d'abord partout continu à lui-même; mais, par suite de l'usure des bords de l'entrée de la cavité externe, il ne tarde pas à se produire une disjonction entre la partie qui revêt la périphérie de la dent et celle qui tapisse cette cavité; la surface de frottement ou table présente alors concentriquement deux cercles irréguliers d'émail (fig. 7 et 9), l'un extérieur qu'on appelle *émail d'encadrement*, l'autre intérieur dit *émail central*.

L'ivoire n'offre rien de particulier.

Quant au cément, il forme une très mince écorce sur la racine et un dépôt assez abondant dans les excavations de la partie libre ainsi qu'à l'émergence de la gencive. La quantité de cette substance que l'on trouve au fond du cornet émailleux est très sujette à varier, ce qui n'est pas sans influence sur l'époque du rasement de la dent; elle se colore partiellement en noir de manière à former sur la table ce que l'on appelle le *germe de fève*.

Différences entre incisives d'une même arcade. — L'usure va en décroissant des pinces aux coins. Les pinces sont à peu près de même volume que les mitoyennes, mais plus volumineuses que les coins. Le bord externe de la couronne diminue de hauteur et d'épaisseur, des pinces aux coins. Ces derniers, outre leur angularité particulière, se distinguent par leur peu de cément central, par la grande différence de niveau entre les deux bords circonscrivant l'entrée de leur cavité externe, enfin par la fréquente fissuration de celle-ci en arrière.

Différences entre incisives des deux arcades. — Les incisives supérieures sont plus larges et plus épaisses que les inférieures; l'arcade qu'elles forment déborde périphériquement son opposée, surtout aux deux extrémités, qui sont ainsi plus ou moins soustraites à l'usure et, à un moment donné, forment saillie sur la table comme le montre la figure 13, B. Le cornet émailleux de ces mêmes dents est beaucoup plus profond, mais moins rempli de cément que celui des dents inférieures, ce qui a pour conséquence un retard dans leur rasement et leur nivellement (fig. 9). Voici sa profondeur moyenne, mesurée sur des dents vierges :

	Pinces	Mitoyennes	Coins
Incisives supérieures. . . .	28 millim.	26 millim.	18 millim.
— inférieures. . . .	18 —	16 —	12 —

Différences entre incisives des deux dentitions. — Rien n'est plus important pour la détermination de l'âge que de savoir faire au premier coup d'œil la distinction entre les incisives caduques et les incisives remplaçantes; une confusion pourrait entraîner de graves erreurs, par exemple, faire donner à un poulain d'un à deux ans l'âge de cinq à huit ans.

1º Les incisives de lait (fig. 10) sont plus petites que leurs remplaçantes; si les deux sortes existent simultanément dans la même arcade, le contraste est d'autant plus frappant que les premières sont très usées tandis que les secondes le sont peu ou sont encore vierges.

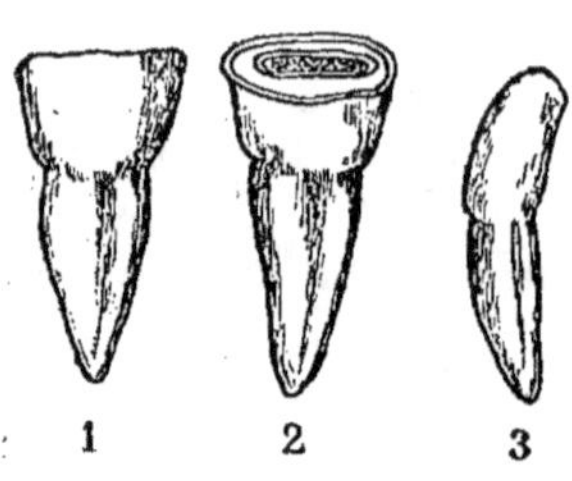

Fig. 10. — *Une incisive de lait.*

1, vue par devant; 2, vue par derrière; 3, vue par côté.

2º Les incisives de lait manquent de cannelure sur leur face antérieure.

3º Elles sont fortement colletées et, comme leur couronne n'est pas très haute, le collet se montre assez vite à la gencive. A partir de ce moment, elles se raccourcissent proportionnellement à leur usure.

4º Vu la minceur ou même l'absence de cément sur leur face antérieure, elles sont plus blanches et plus polies que les incisives de deuxième dentition.

5º Leur table reste toujours fortement aplatie d'avant en arrière, n'éprouvant pas les changements de forme que présente celle des dents remplaçantes.

6º Leur cavité externe est peu profonde, et leur cavité de la pulpe rapidement oblitérée par un ivoire secondaire d'un jaune brunâtre.

7º Leur racine a la forme d'une pyramide cannelée sur chacune de ses trois faces.

En résumé, le moindre volume, le collet, l'absence de cannelure sur la face antérieure de la couronne, l'aplatissement permanent de la table sont les caractères les plus évidents des incisives de première dentition.

Mode de remplacement des incisives caduques. — Quelque temps avant de tomber, les incisives de lait se déchaussent et deviennent plus ou moins branlantes à la pression; leur chute est déterminée par les dents qui doivent leur succéder. Cependant celles-ci ne se développent pas immédiatement au-dessous mais un peu en arrière; elles s'arc-boutent contre la face postérieure des dents de lait, au niveau de leur collet, et peu à peu les expulsent en faisant éruption : évulsion d'autant plus facile que les racines des dents caduques ont été préalablement rongées pour ainsi dire sous l'influence de la compression exercée par les dents sous-jacentes.

L'incisive remplaçante apparaît déjà au moment de la chute

de la dent caduque, immédiatement en arrière de la place laissée libre par celle-ci, qu'elle vient occuper exactement grâce à un léger mouvement de bascule qui se combine avec son éruption. Il arrive assez souvent qu'elle pousse trop en arrière, sans entraîner la chute de la dent de lait; celle-ci persiste alors à l'état de surdent, à moins qu'on ne l'arrache, et l'arcade n'est plus régulière.

Considérée dans son follicule, la dent remplaçante se présente un peu de travers, la face antérieure tournée vers le plan médian; elle exécute une légère rotation sur son axe pendant qu'elle fait éruption.

Changements éprouvés par les incisives d'adulte du fait de l'âge. — 1° La table subit diverses modifications qui sont autant de signes précieux pour la connaissance de l'âge. Et d'abord elle passe par une série de formes que l'on peut reproduire extemporanément au moyen d'une série de coupes transversales débitant la dent en tranches minces à partir de son extrémité libre (fig. 5, $_8$). L'usure, en effet, abaisse progressivement la surface de frottement, et, comme la dent sort de son alvéole au fur et à mesure qu'elle use, ce qui était partie enchâssée devient incessamment partie libre et finit par atteindre la table et disparaître par détrition. Ainsi cette dernière passe successivement et insensiblement par les formes *elliptiques, ovales, arrondies, triangulaires, biangulaires* (fig. 11).

La cavité qu'elle présente dans le principe diminue progressivement. Quand elle a disparu ou n'est plus indiquée que par le germe de fève, la dent a ou est *rasée*. Mais l'émail central qui la circonscrivait persiste longtemps encore, limitant le noyau cémenteux de son fond; cet émail fait sur la table un relief que l'on constate aisément

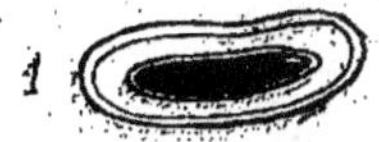

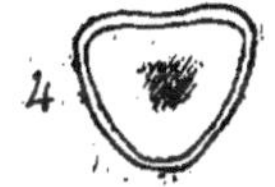

Fig. 11. — *Tables d'une incisive d'adulte à différents âges de la vie.*

1, Forme elliptique, dent non rasée; 2, forme ovale, dent rasée; 3, forme arrondie, dent non nivelée; 4, forme triangulaire, dent nivelée; 5, forme biangulaire.

L'étoile dentaire se voit sur les tables 2, 3, 4 et 5.

en y passant le doigt. Il disparaît à son tour après avoir diminué progressivement d'étendue et s'être porté vers le bord postérieur de la table; on dit alors que la dent a ou est *nivelée*. Après le nivellement, il ne reste plus sur la table qu'une tache jaune, circulaire, qui avait apparu précédemment sous forme d'une bande transversale entre l'émail central et le bord antérieur : c'est l'*étoile den-taire*, résultant de la mise à nu de l'ivoire de nouvelle formation, avec sa couleur spéciale.

Aux âges extrêmes de la vie, la table de l'incisive peut se former à un niveau inférieur à la couronne et perdre ainsi son émail d'encadrement, d'abord en arrière, puis en avant; la dent n'est plus alors qu'un chicot d'ivoire, plus ou moins branlant dans l'alvéole, qui irrite le périoste alvéolo-dentaire et provoque la formation d'une épaisse couche de cément à sa périphérie : phénomène désigné sous le nom de *cémentation radicale* par Goubaux et Barrier.

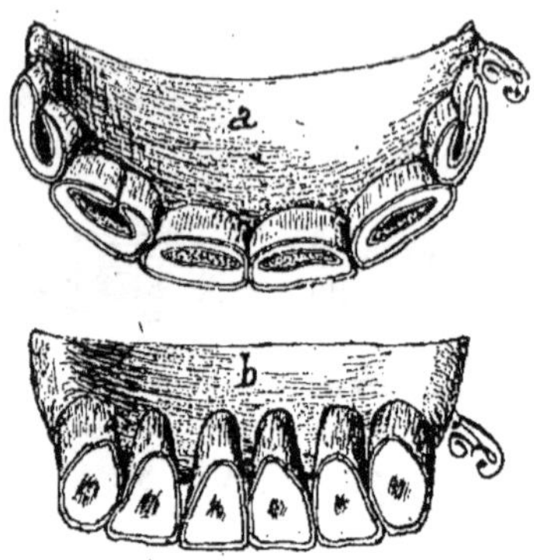

Fig. 12. — *Arcades incisives inférieures.*

a, Chez un cheval de 6 à 7 ans;
b, chez un cheval très vieux.

2º La forme et l'étendue des arcades incisives ne changent pas moins que la table de chaque dent (fig. 12). Ces arcades, primitivement en demi-cercle, se rétrécissent de plus en plus et se redressent : modifications en rapport avec les changements des tables qui, de la forme allongée en travers passent à la forme allongée d'avant en arrière sans perdre contact.

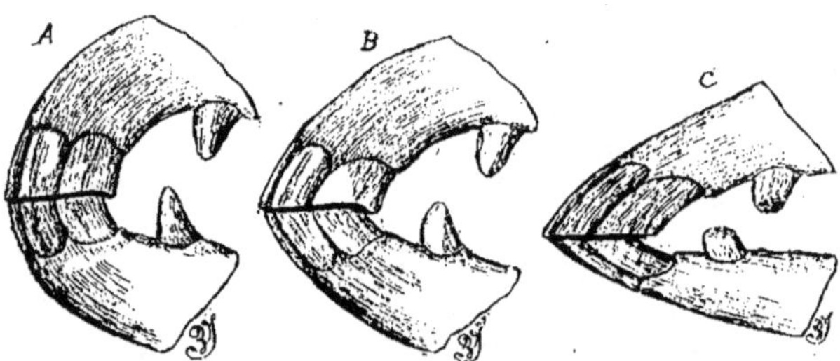

Fig. 13. — *Profil du bout des mâchoires à différentes époques de la vie.*

A, à 6 ans (en demi-cercle); B, à 10 ans (en ogive); C, à 20 ans (correspondance angulaire).

3º Le mode de correspondance des incisives opposées subit aussi dans le cours des âges des changements importants (fig. 12) : elles sont d'abord très recourbées les unes vers les autres de manière à former un demi-cercle, c'est-à-dire à se joindre comme les mors d'une tenaille; puis elles se correspondent en formant une ogive, qui devient de plus en plus aplatie et anguleuse, en sorte que, dans la vieillesse, elles arrivent à se mettre dans le prolongement de l'axe des mâchoires, celles de la mâchoire inférieure peuvent même basculer de manière à former avec le corps du maxillaire un angle ouvert inférieurement. Pendant ce temps, les lèvres, poussées par le bout pointu des mâchoires, s'allongent, ferment mal la bouche et accusent à première vue un âge avancé.

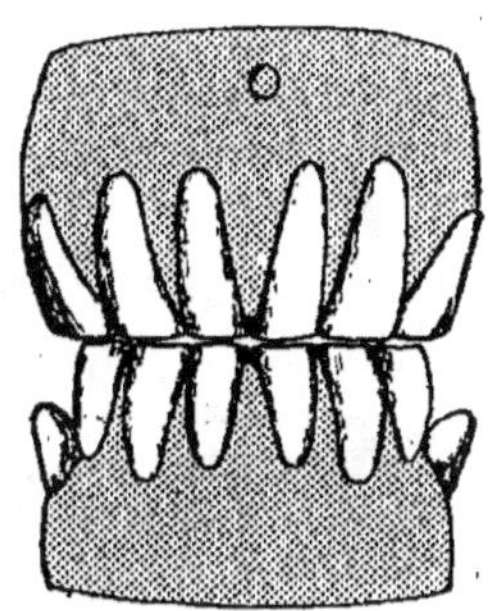

FIG. 14. — *Mâchoires d'un cheval très vieux vues de face pour montrer la convergence des incisives par leur extrémité libre.*

4° La direction des incisives relativement au plan médian, dans chaque arcade, est aussi très variable du fait de l'âge. Examinées par la face antérieure, ces dents convergent tout d'abord par la partie enchâssée; plus tard, au contraire, elles convergent par la partie libre, et cela est un des signes les plus certains d'une grande vieillesse (fig. 14).

§ 2. — Canines.

Les canines, vulgairement appelées crochets, n'existent qu'exceptionnellement chez les juments; quand on en observe, elles ne sont jamais aussi développées que chez les mâles. Les juments qui ont des canines sont qualifiées de *bréhaignes* dans certains pays et passent, à tort ou à raison, pour stériles? On n'a pas constaté que la castration des chevaux influât sur le développement de leurs crochets comme cela s'observe pour les verrats.

Il y a deux canines à chaque mâchoire, situées plus près des coins à la mâchoire inférieure qu'à la supérieure, de manière que les dents opposées ne prennent pas contact. Elles sont légèrement incurvées en dedans et en arrière et offrent à décrire (fig. 15) :

1° Une *partie libre*, conique, déprimée d'un côté à l'autre, ce qui permet d'y reconnaître une face externe, arrondie, et une face interne, encadrée d'un bord saillant courbé à angle aigu à l'extrémité de la dent.

2° Une *partie enchâssée*, cylindro-conique, en continuité insensible avec la partie libre, incurvée comme elle, et montrant à son extrémité l'orifice de la pulpe, qui s'oblitère assez rapidement avec l'âge.

La *structure* n'offre rien de particulier, si ce n'est que l'émail est extrêmement mince ou même absent sur l'éminence interne de la couronne.

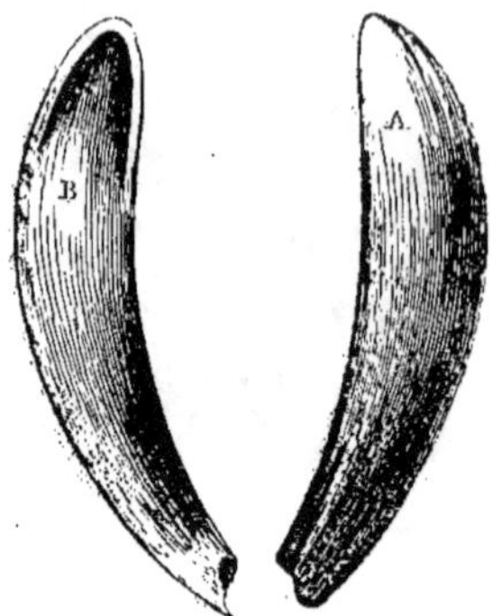

Fig. 15. — *Canines de cheval.*

A, face externe; B, face interne.

Les canines, quoique diphysaires en principe, sont monophysaires chez les Solipèdes et appartiennent à la deuxième dentition; toutefois les canines de lait n'ont pas aussi complètement disparu qu'on pourrait le croire; en cherchant bien, on en trouve la trace sur tous les jeunes sujets, mâles ou femelles, soit sous forme d'un grêle stylet éburné couché sur la gencive et facile à arracher, soit à l'état de globule enfermé dans un follicule atrophié. D'autre part, Rigot et Forthomme ont vu des crochets caducs bien développés précéder les crochets définitifs, et on lit dans l'ouvrage du général Daumas sur les *chevaux du Sahara et les mœurs du désert* que « l'on voit souvent des poulains auxquels sortent des crochets dès l'âge d'un an; ils maigrissent considérablement, mangent peu; on arrache ces dents et la santé leur revient ».

Les crochets des deux mâchoires sont très semblables les uns aux autres; les supérieurs sont cependant un peu moins longs et moins pointus que les inférieurs; ni les uns ni les autres ne sont sujets à la pousse constante.

§ 3. — **Molaires.**

Les molaires d'adulte sont au nombre de six à chaque côté de chaque mâchoire, dont trois remplaçantes et trois permanentes. Il n'est pas rare d'en trouver sept à la mâchoire supérieure par suite de la persistance de la première molaire de lait, dent plus ou moins rudimentaire qui tombe d'ordinaire en même temps que la suivante et n'est jamais remplacée (fig. 16).

A la mâchoire supérieure, les arcades molaires sont convexes en dehors et convergentes aux deux extrémités. A l'inférieure, elles sont très légèrement concaves en dehors et divergentes en arrière comme les branches d'un V. — Le plan de superposition

des tables molaires n'est pas horizontal, c'est-à-dire perpendiculaire à l'axe des dents; il est incliné de telle manière que le bord
interne est plus
élevé que l'externe
pour les molaires
inférieures, tandis
que c'est le bord
externe qui proé-
mine sur l'interne
dans les supérieu-
res. Grâce à cette
obliquité, les dents
d'un côté sont sous-
traites au contact
et par conséquent
à l'usure pendant
que s'opère la mas-
tication sur l'autre
côté.

La longueur de
la barre, c'est-
à - dire la dis-
tance du coin à la

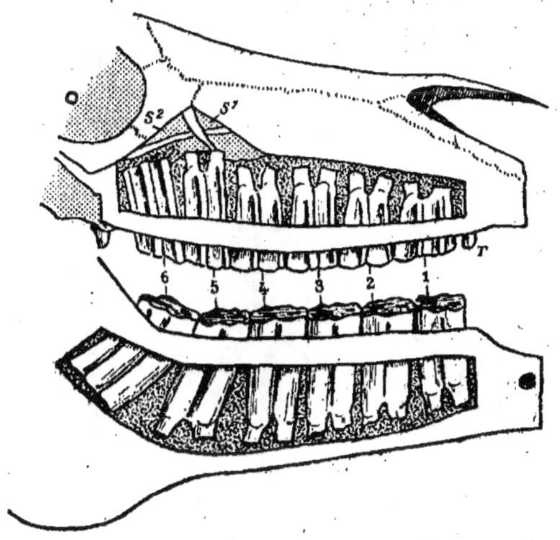

FIG. 16. — *Molaires du cheval adulte, vues en place
dans des mâchoires sculptées.*

r, molaire persistante de la 1ʳᵉ dentition; 1, 2, 3, molaires remplaçantes; 4, 5, 6, arrière-molaires, *s¹*, *s²*, sinus maxillaires montrant
le canal dentaire; *o*, orbite.

première molaire, est de 8 à 10 centimètres en moyenne.

Molaires supérieures. — D'abord dépourvues de racines et
réduites à un fût de 7 à 9 centimètres de hauteur, ces dents, profondément enchâssées dans leurs alvéoles, font une saillie hors de
la gencive d'environ un centimètre et demi. Elles affectent la forme
d'un parallélipipède à section plus ou moins carrée et offrent à
l'étude : 1º deux faces planes, l'une antérieure, l'autre postérieure,
par lesquelles elles touchent aux dents voisines, faces remplacées
par un bord libre plus ou moins épais aux extrémités de l'arcade;
2º une face externe parcourue par deux cannelures séparées par
une côte médiane; 3º une face interne presque plane; 4º une extrémité libre (fig. 17, A) présentant avant l'usure, deux paires de
denticules en forme de croissants convexes en dedans dont l'antéro-
interne porte un denticule accessoire et un petit pli dit *pli caballin*,
tandis que le postéro-interne se bifurque en arrière. Ces deux paires
de croissants circonscrivent deux cavités formant les boucles d'une
sorte de B gothique. Après usure, il se produit une vaste table
parcourue par un émail d'encadrement et deux émaux centraux

comme le montre la figure 18, A.; c'est une sorte de meule qui n'a pas besoin d'être rhabillée car elle est entretenue rugueuse par l'inégale dureté des substances qui la composent. Les racines ne commencent à se former qu'après que la dent est arrivée au contact de son opposée, c'est-à-dire à la table. Elles s'allongent progressivement en pointe jusqu'à atteindre deux à trois centimètres. On en compte trois à chacune des molaires terminales et quatre aux molaires intermédiaires.

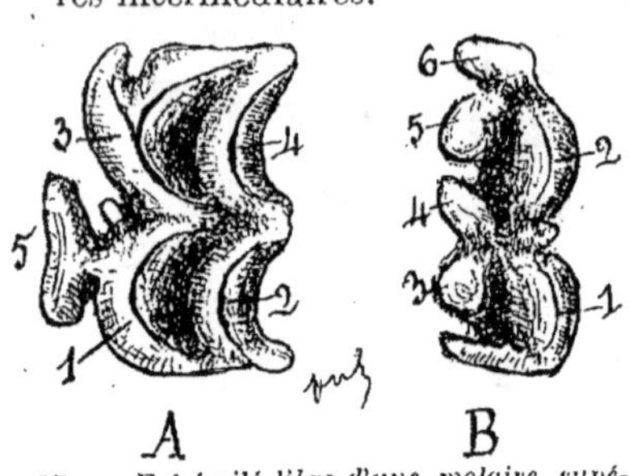
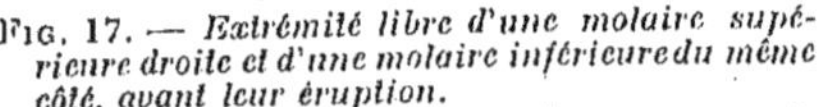
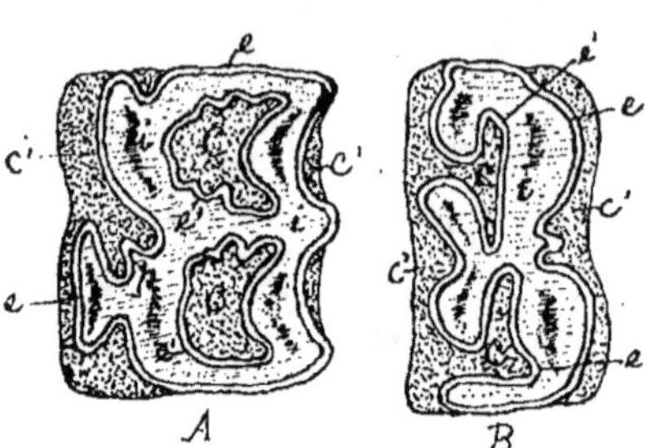

FIG. 17. — *Extrémité libre d'une molaire supérieure droite et d'une molaire inférieure du même côté, avant leur éruption.*

A, *molaire supérieure;* 1, croissant antéro-interne; 2, croissant antéro-externe; 3, croissant postéro-interne; 4, croissant postéro-externe; 5, denticule.
L'ensemble forme un B majuscule présentant un appendice à sa boucle antérieure.
B, *molaire inférieure;* 1, 2, croissants externes; 3, 4, 5, denticules internes; 6, denticule postérieur.
L'ensemble rappelle un B dont les boucles seraient ouvertes en dedans.

FIG. 18. — *Tables de deux molaires du côté droit: l'une supérieure A, l'autre inférieure B.*

e, émail périphérique; e'e', émaux centraux; i, ivoire marqué d'étoiles dentaires; c, c, cément central; c', cément périphérique; p, pli caballin.

Molaires inférieures. — Notablement plus petites que leurs opposées et aplaties d'un côté à l'autre, elles affectent par leur couronne la forme d'un parallélipipède à section rectangulaire, à l'exception des terminales pour lesquelles l'une des faces est remplacée par un bord plus ou moins épais. Leurs faces latérales, nivelées par le cément, sont presque planes; à peine distingue-t-on sur l'externe un léger sillon médian. Leur extrémité libre considérée dans la dent vierge, offre six denticules comme il est indiqué fig. 17, B : (deux externes en forme de croissants convexes au dehors, trois internes en cônes surbaissés et un postérieur plus ou moins infléchi contre la dent suivante, et qui ne prend tout son développement que sur la dernière. Cette extrémité figure un B dont les boucles sont tournées en sens inverse de celles des molaires supérieures, en outre fissurées du côté interne; une petite colonnette s'observe au fond du sillon qui sépare les deux croissants.

Après usure et formation de la table on constate que les deux émaux centraux restent en continuité avec l'émail périphérique et que le cément se réunit au niveau de leurs fissures avec le dépôt de la face interne (fig. 18, B). Quant aux racines elles sont ordinairement au nombre de trois pour les dents terminales, de deux seulement pour les intermédiaires.

Aux deux mâchoires les molaires postérieures divergent par la partie enchâssée en s'arc-boutant contre les autres de manière à exercer une véritable poussée qui les use sur les faces adjacentes : disposition qui augmente considérablement leur résistance aux forces antéro-postérieures tendant à les ébranler (fig. 16)

STRUCTURE. — Au point de vue de la structure, les molaires se distinguent par une chambre pulpaire extrêmement diverticulée pour se modeler sur les saillies et excavations de l'extrémité libre. L'ivoire secondaire qui remplit cette chambre progressivement est d'abord jaune, puis brunâtre; mis à nu sur la table il forme plusieurs étoiles dentaires. Elles se distinguent aussi par la disposition compliquée et sinueuse de leur émail, par l'abondance du cément qui comble en grande partie les cavités de l'extrémité libre et tend à niveler leurs faces latérales, surtout l'interne; mais cette abondance de cortical osseux ne s'observe que sur la partie libre des dents, attendu que l' « organe du cément » est localisé à l'entrée de l'alvéole.

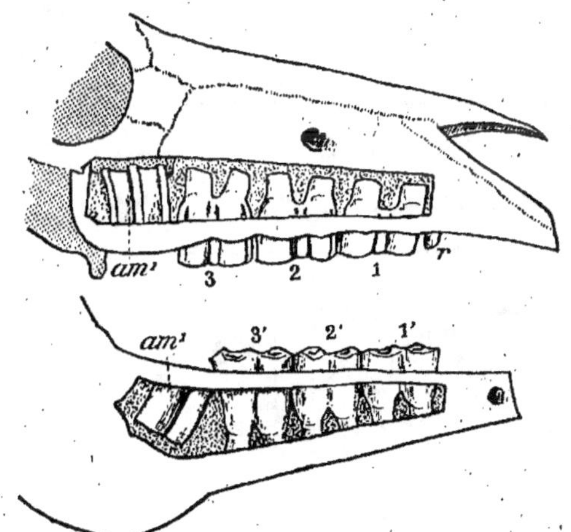

FIG. 19. — *Molaires d'un poulain de 6 mois, vues en place dans les mâchoires sculptées.*

r, molaire rudimentaire n'ayant pas de correspondante à la mâchoire inférieure; 1, 2, 3, les 3 molaires caduques supérieures; 1' 2' 3', les 3 molaires caduques inférieures; am¹, première arrière-molaire, en développement.

Nous n'insisterons pas sur cette structure car elle est suffisamment révélée par les détails des tables (fig. 18).

DÉVELOPPEMENT. — On a professé longtemps, sur l'autorité

d'Aristote, que toutes les molaires du cheval étaient des dents persistantes; Bourgelat lui-même ne croyait pas à l'existence des molaires de lait, il fallut que Ténon, en 1770, lui démontrât, pièces en mains, que les trois premières dents de chaque arcade molaire d'adulte succèdent à des dents de lait, bien qu'elles soient aussi volumineuses, plus volumineuses même que les arrière-molaires.

Les molaires caduques (fig. 19) se distinguent des molaires d'adulte par la moindre hauteur de leur couronne (3 à 4 centimètres au lieu de 8 à 10) et par sa moindre dimension transversale qui donne à leurs tables une forme plus allongée (voir ci-dessous l'indice moyen de ces tables, c'est-à-dire le rapport de la longueur à la largeur).

Qu'elles soient de première ou de deuxième dentition, les molaires ont acquis toute leur hauteur coronaire au moment où elles arrivent à la table; c'est à ce moment que se forment leurs racines.

Rapport de la longueur à la largeur des tables.

		1re	2e	3e	4e	5e	6e
Molaires caduques.	Supérieures	1,72	1,20	1,45	»	»	»
	Inférieures	2,30	1,85	2,20	»	»	»
Molaires d'adulte.	Supérieures	1,45	1 »	0,95	0,90	0,90	7,17
	Inférieures	1,70	1,38	1,38	1,35	1,50	2,10

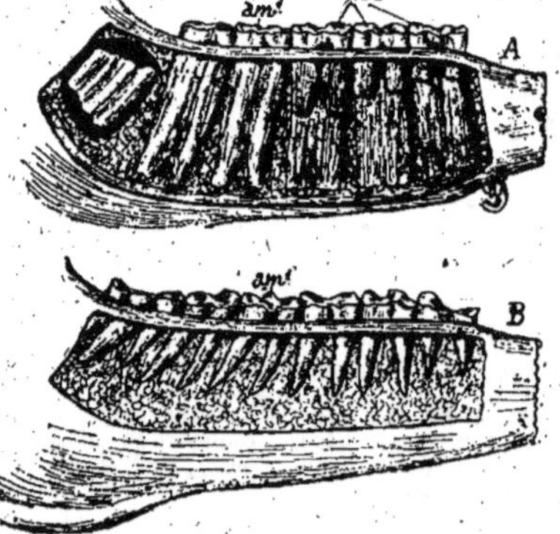

Nous ne mentionnons que pour mémoire la première molaire supérieure de lait, qui contraste avec les autres par son état rudimentaire et ne se remplace jamais; elle tombe généralement avec la dent suivante, mais assez souvent persiste jusqu'à un âge plus ou moins avancé. Elle n'a point d'opposée à la mâchoire inférieure; toutefois il n'est pas extrêmement rare de rencontrer un petit stylet éburné représentant la première molaire inférieure de lait réapparue.

FIG. 20. — *État des molaires inférieures vues en place dans une branche maxillaire sculptée.* A, chez un cheval de 2 ans; B, chez un cheval très vieux; *mc*, molaires caduques sous lesquelles se voient les remplaçantes en développement; *am¹*, première arrière-molaire.

Les molaires remplaçantes ou prémolaires poussent directement
au-dessous des caduques de manière à les expulser progressivement
après en avoir rongé les racines et les avoir réduites à l'état de
disques (fig. 20, A). Les molaires d'adulte ainsi que les caduques
rasent très vite; elles conservent leurs tables telles que nous les
avons décrites jusqu'à un âge avancé; ce n'est que dans l'extrême
vieillesse que les émaux centraux disparaissent et qu'ainsi elles se
nivellent. Elles poussent toute la vie, comme les incisives, de
manière à maintenir constante leur saillie dans la bouche, en dépit
de l'usure qu'elles éprouvent (fig. 20, B). Leurs alvéoles se rétrac-
tent et s'oblitèrent progressivement, les lames compactes des
maxillaires se rapprochent; ainsi le chanfrein se déprime latéralement, la tête s'appointit et la ganache s'amincit au point de devenir
tranchante.

ARTICLE II. — SIGNES DE L'AGE

Il faut dire d'abord que la plupart des chevaux naissent au
renouveau (février-mars en Algérie, avril-mai dans nos pays) et
que l'on compte leur âge à dater de cette époque, supposée la même
pour tous. Ce renseignement peut ajouter à la précision de la diagnose que l'on tire de l'examen des mâchoires. Si, par exemple, ces
dernières indiquent cinq ans et que l'on soit au printemps, on dira
simplement cinq ans; mais si l'on est en janvier ou février, il faudra
conclure *prenant* cinq ans; si, on est en juillet-août, l'animal aura
cinq ans *faits*.

La durée de la vie du cheval peut se diviser en sept périodes, au
point de vue des signes de l'âge :

1º *Période d'éruption des incisives de lait;*

2º *Période d'usure et de rasement de ces dents;*

3º *Période d'éruption des incisives remplaçantes;*

4º *Période d'usure et de rasement des incisives inférieures remplaçantes;*

5º *Période de rotondité des tables et de rasement des incisives
supérieures*

6º *Période de triangularité et de nivellement des tables;*

7º *Période de biangularité des tables.*

I. — ÉRUPTION DES INCISIVES CADUQUES (fig. 21 à 24).

A la naissance, le poulain a souvent les pinces déjà visibles. Quand il ne présente aucune incisive sortie, les pinces soulèvent fortement la gencive; elles apparaissent ordinairement du sixième au douzième jour; les mitoyennes, du trentième au quarantième

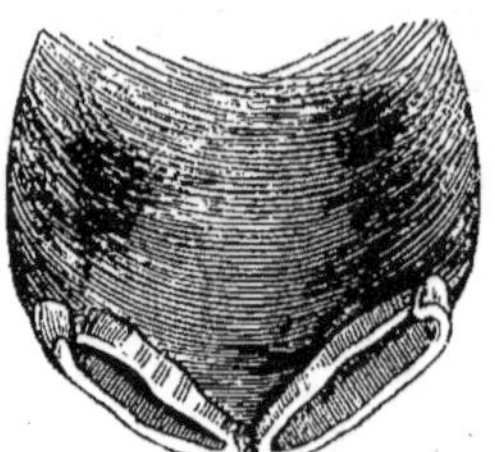

Fig. 21. — 15 *jours*.

Fig. 22. — *4 à 5 mois. Les mitoyennes sont légèrement entamées.*

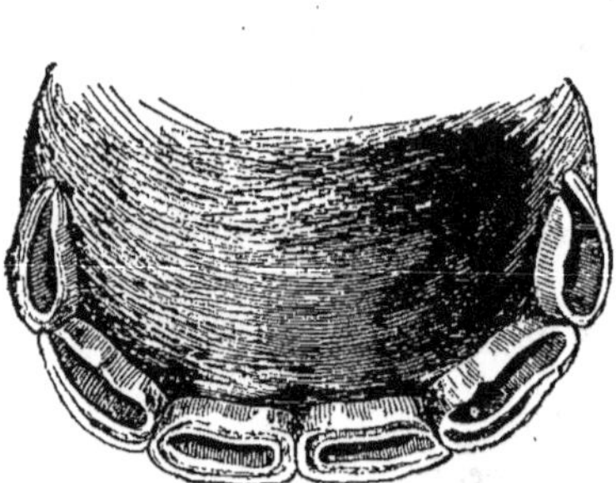

Fig. 23. — 10 *mois. Coins vierges.*

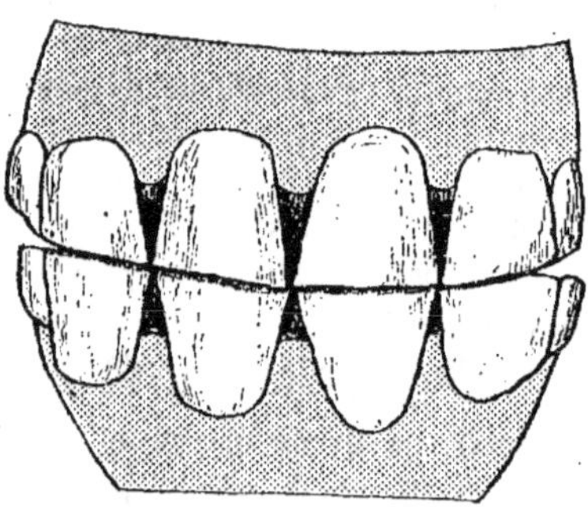

Fig. 24. — *1 an. Les coins n'ont pas encore pris contact d'une mâchoire à l'autre.*

jour; les coins, vers six mois. Ceux-ci sortent lentement et n'atteignent le niveau des autres dents de la même arcade qu'à dix mois environ; encore est-il à remarquer qu'ils ne commencent à prendre contact de leurs opposées qu'à partir d'un an (fig. 24) et à user à partir de 15 mois.

Comme on le voit, l'animal reste assez longtemps avec quatre dents seulement à chaque mâchoire; les coins se font attendre. C'est par erreur que Bracy-Clark les fait sortir de trois à six mois; les chevaux anglais auxquels se rapportent ses observations ne sont pas plus précoces que les autres.

Signes complémentaires. — Les molaires de première dentition, quand elles ne sont pas sorties à la naissance, font éruption dans les deux ou trois semaines qui suivent; la dernière est toujours un peu en retard sur les deux autres. Quant à la molaire rudimentaire de la mâchoire supérieure, elle ne se montre guère avant cinq ou six mois.

II. — Usure et rasement des incisives caduques (fig. 25 et 26).

En général les pinces commencent à user à deux mois et rasent à un an; les mitoyennes commencent à user à quatre mois et rasent à quinze mois; les coins commencent à user à quinze mois et rasent vers deux ans.

Les dates de rasement étant très sujettes à varier, il faut surtout se guider, pendant cette période, sur le degré d'usure des coins. Sont-ils vierges (fig. 23), le poulain a autour d'un an; sont-ils largement entamés par le bord antérieur (fig. 25), il a 18 à 20 mois; sont-ils rasés, comme dans la figure 26, il a environ deux ans.

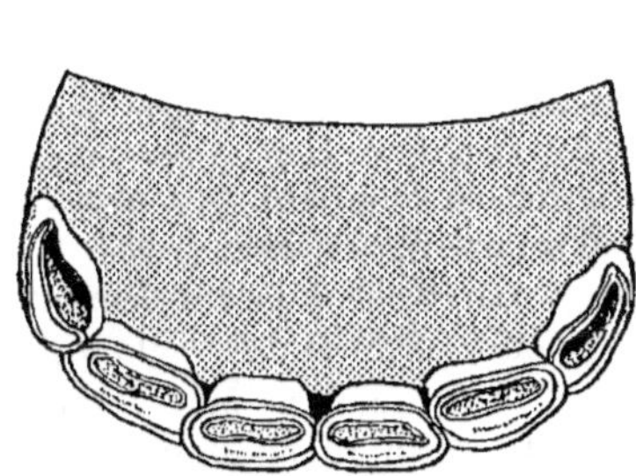

Fig. 25. — 18 mois. *Pinces et mitoyennes rasées. Coins à peine entamés par le bord postérieur.*

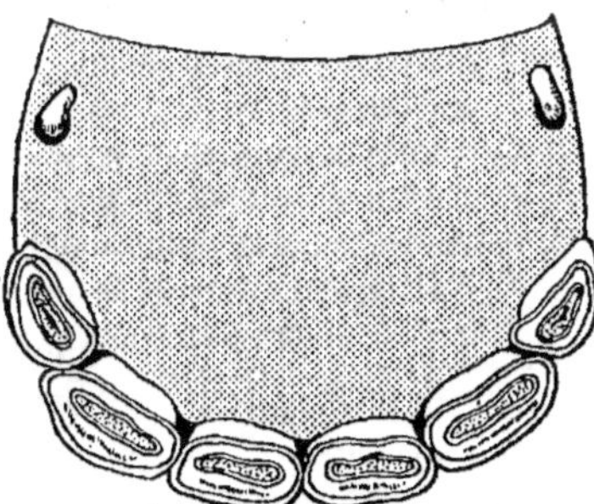

Fig. 26. — 2 ans. *Toutes les dents rasées et manifestement raccourcies*

On tablera aussi sur l'époque de l'année à laquelle on se trouve; voici, par exemple, un poulain examiné au mois de juillet et dont les coins sont indemnes ou à peine entamés, il faudra lui donner quatorze ou quinze mois; en voilà un autre, examiné en même temps dont les coins sont rasés ou fortement usés et dont toutes les incisives ont le collet bien dégagé de la gencive, on lui donnera deux ans faits. Les marchands cherchent souvent à faire passer un poulain d'un an pour un de deux ans; il n'est pas difficile, on le voit, d'éviter l'erreur. Nous ne ferons que mentionner celle qui consisterait à prendre les incisives de lait pour des dents de deuxième dentition et à donner à un poulain d'un à deux ans cinq, six, sept ou huit ans; elle serait impardonnable à un vétérinaire.

Signes complémentaires. — La première arrière-molaire aux deux mâchoires fait éruption de dix à douze mois; la deuxième vers deux ans.

L'habitus du sujet fournit en outre d'utiles indications. Jusqu'à un an et demi environ, les formes conservent cet empâtement, particulier aux poulains, qui dérobe à la vue les éminences osseuses. Pendant la première année, le jeune animal, gambadant autour de sa mère, se fait remarquer par son corps court et haut sur membres, ses canons et paturons longs, ses articulations grosses et arrondies, ses sabots aussi larges ou même plus larges en haut qu'en bas, sa crinière et sa queue pour ainsi dire laineuses, formées de crins courts et frisés qui, à la queue, ne dépassent pas le jarret.

A l'âge de deux ans, les formes définitives commencent à s'accuser; les crins, droits et durs, ont déjà acquis une certaine longueur et ceux de la queue descendent plus bas que le jarret; les sabots s'évasent inférieurement, etc., etc.; l'animal passe pour ainsi dire de l'enfance à l'adolescence.

III. — Éruption des incisives remplaçantes (fig. 27 à 31).

Le remplacement des incisives caduques se fait paire par paire, du centre aux extrémités des arcades, à un an d'intervalle.

Au moment où la dent de lait tombe, on aperçoit déjà, un peu en arrière de la place qu'elle laisse libre, le bord antérieur de celle qui va lui succéder. Cette dernière met à peu près six mois pour atteindre le niveau de la table des dents voisines; elle contraste alors par son volume et son intégrité avec les dents de lait restantes, dont elle se distingue en outre par des caractères de forme déjà signalés.

Les pinces remplaçantes apparaissent à deux ans et demi et arrivent à la table à trois ans; les mitoyennes remplaçantes apparaissent à trois ans et demi et arrivent à la table à quatre ans; les coins remplaçants apparaissent à quatre ans et demi et arrivent à la table à cinq ans. Il est entendu que les dates d'apparition des incisives de deuxième dentition coïncident avec les dates de chute de celles de première dentition.

Il y a, à peu près, synchronisme d'éruption pour les dents opposées des deux mâchoires; cependant les incisives supérieures ont

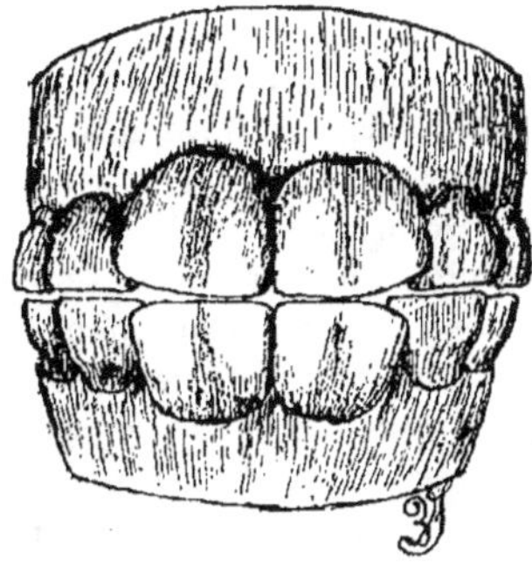

Fig. 27. — 3 ans. Les mâchoires rapprochées. Pinces remplacées mais non encore usées..

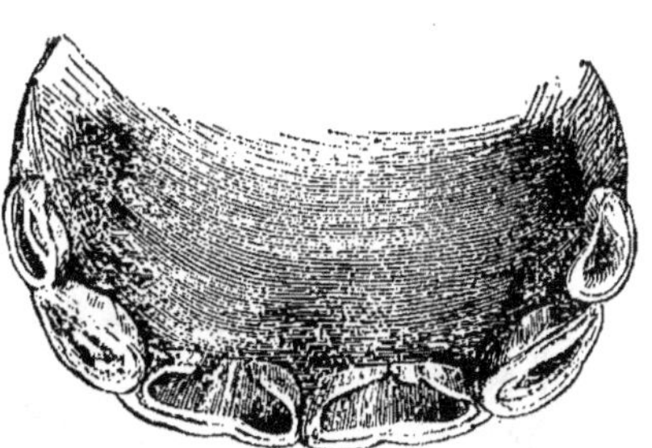

Fig. 28. — 3 ans. Mâchoire inférieure vue par-dessus. Les pinces arrivent juste à la table.

souvent une petite avance sur les inférieures, surtout manifeste pour les coins; il est fréquent de rencontrer, à la mâchoire supé

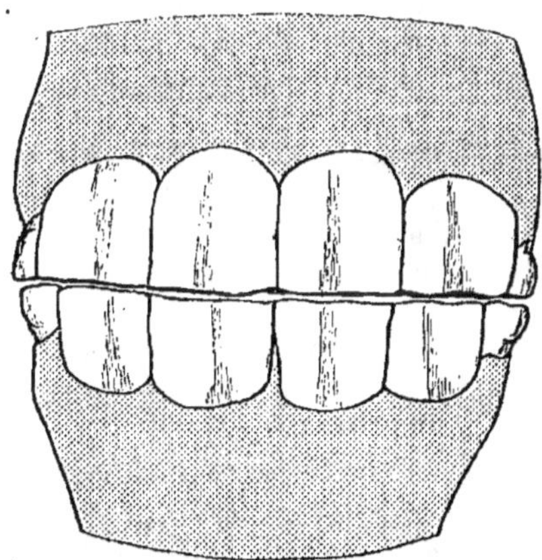

Fig. 29. — 4 ans. Mâchoires rapprochées. Pinces et mitoyennes remplacées.

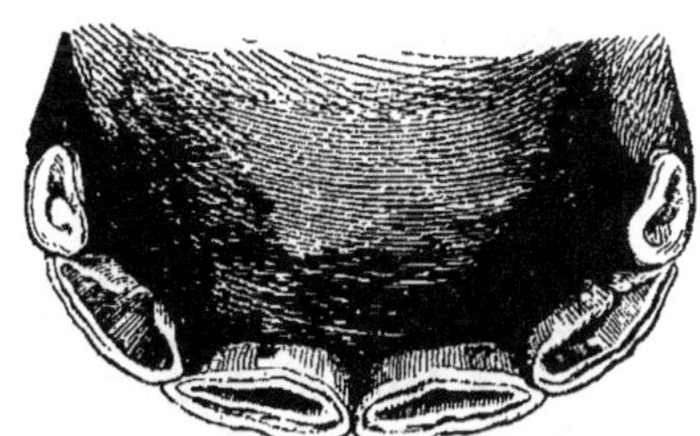

Fig. 30. — 4 ans. Mâchoire inférieure vue par-dessus. Les mitoyennes remplaçantes sont à peine entamées.

rieure, des coins remplaçants plus ou moins sortis, alors que la mâchoire inférieure n'a pas encore abattu ses coins de lait.

Signes complémentaires. — Les indications qui viennent d'être données sont amplement suffisantes pour reconnaître l'âge pendant cette période. Elles sont encore corroborées par des signes complémentaires tirés de l'éruption des crochets, des prémolaires et de la dernière arrière-molaire.

Les crochets font éruption à une date un peu variable : il est rare qu'ils traversent la gencive avant quatre ans, ils n'apparaissent d'ordinaire que de quatre ans à quatre ans et demi; les inférieurs, précédant les supérieurs, sortent généralement en même temps que les coins de la mâchoire opposée. A cinq ans, les canines ont à peu près la longueur des incisives ; elles conti-nuent à pousser jusqu'à l'âge de six à sept ans.

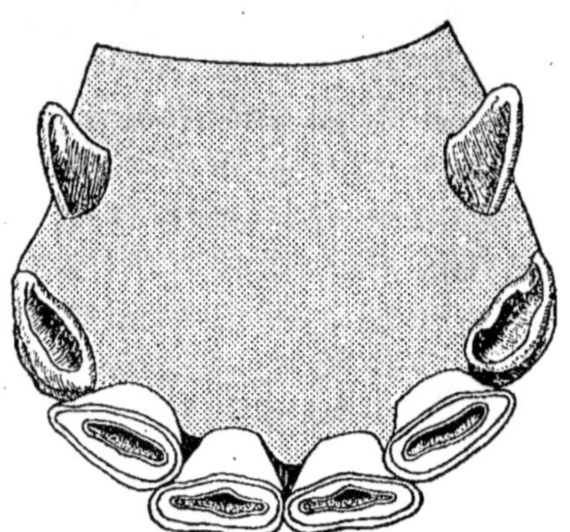

Fig. 31. — *Prenant 5 ans. Les coins remplaçants n'ont pas encore atteint la table; les crochets sont peu sortis; aucune dent n'est rasée.*

Les molaires remplaçantes font éruption : la première, vers deux ans et demi, la deuxième, vers trois ans ou trois ans faits, la troisième, à quatre ans environ. Celles de la mâchoire inférieure, notamment les deux dernières, ont souvent une avance sur leurs opposées. Enfin la dentition d'adulte se complète par la sortie de la troisième arrière-molaire, qui se fait à peu près simultanément avec celles de la troisième prémolaire, c'est-à-dire vers quatre ans.

Le dates d'éruption des molaires, bien qu'elles ne soient pas aussi irrégulières qu'on le croit généralement, ne sont pas de grande utilité pratique à cause de la difficulté de l'inspection du fond de la bouche; d'ailleurs, à cette époque, les indices tirés des incisives sont amplement suffisants.

En résumé, pendant cette troisième période s'achève la dentition d'adulte. A cinq ans, le cheval a, comme on le dit, la *bouche faite*, il a atteint la limite de sa croissance avec sa plus-value.

Tableau synoptique des dates d'éruption des dents des Solipèdes.

	PINCE	MITOYENNE	COIN	CANINE	1re MOLAIRE (rudimentaire)	2e MOLAIRE	3e MOLAIRE	4e MOLAIRE	5e MOLAIRE	6e MOLAIRE	7e MOLAIRE
1re dentition . .	6 à 12 j.	30 à 40 j.	6 mois	»	5 à 6 mois n'existe qu'à la mâchoire supérieure	Dans les 3 1res semaines	Dans les 3 1res semaines	Dans les 3 1res semaines	»	»	»
2e dentition. . .	2 ans 1/2	3 ans 1/2	4 ans 1/2	Inférieure 52 mois / supérieure 54 mois		2 ans 1/2	3 ans	4 ans	1 an	2 ans	4 ans

IV. — USURE ET RASEMENT DES INCISIVES REMPLAÇANTES DE LA MACHOIRE INFÉRIEURE (fig. 32 à 37).

Le rasement se fait dans l'ordre d'éruption, c'est-à-dire à un an d'intervalle pour chaque paire de dents; mais il n'est pas simultané

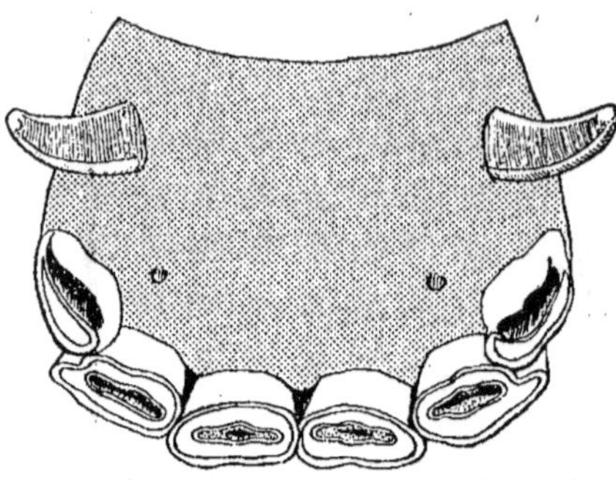

FIG. 32. — 5 ans 1 /2. Les coins sont entamés par le bord antérieur, les pinces presque rasées.

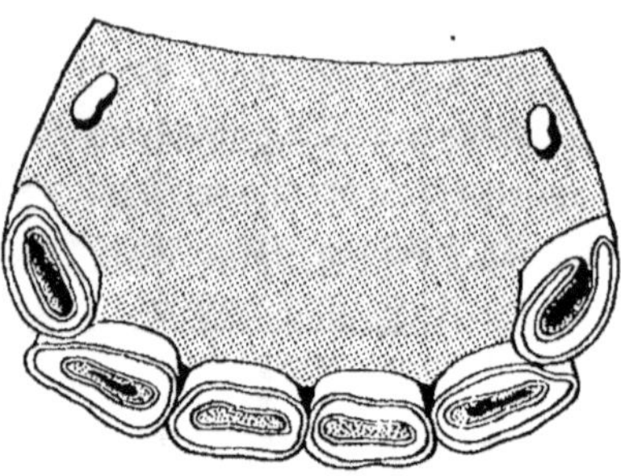

FIG. 33. — 6 ans. Les pinces sont rasées et les coins sont largement usés par le bord antérieur mais peu par le bord postérieur. Jument présentant un rudiment de crochets.

pour les dents correspondantes des deux mâchoires, malgré le syn-

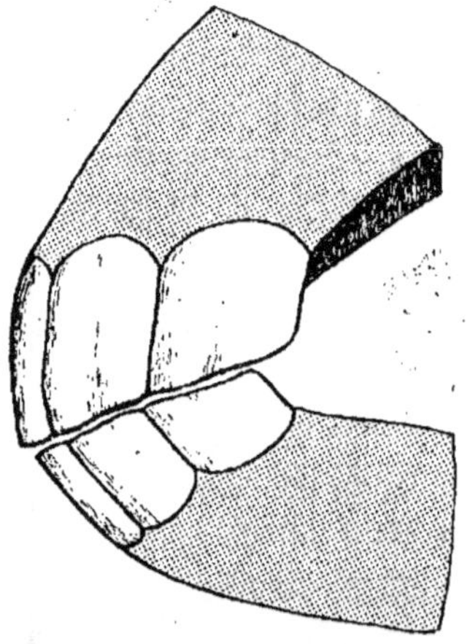

FIG. 34. — 6 ans. Correspondance des mâchoires en mors de tenailles.

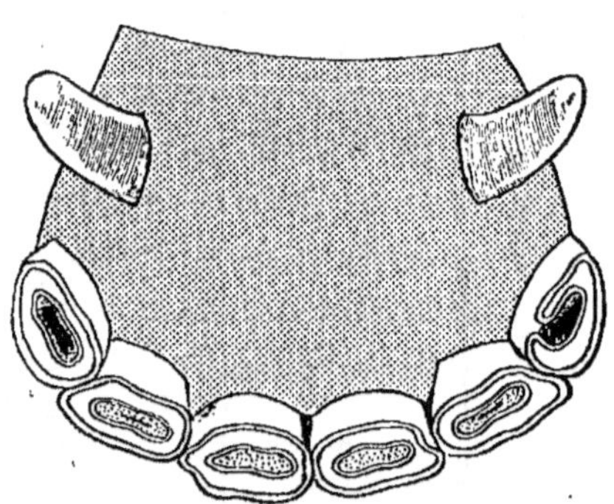

FIG. 35. — 7 ans. Il ne reste plus que les coins à raser (la petite tache noire située sur les mitoyennes n'est que le « germe de fève » du fond de la cavité qui souvent persiste plus ou moins longtemps après le rasement.

chronisme de leur éruption; les incisives supérieures rasent plus tard que les inférieures à cause de la profondeur plus grande de

leur cavité. En général les pinces inférieures rasent à six ans, les
mitoyennes à sept ans, les coins à huit ans; mais ces dates souffrent
d'assez nombreuses exceptions; aussi doit-on, pendant cette période,
se baser bien plus sur le degré d'usure des coins que sur le rasement
des diverses paires de dents. Entre l'âge de cinq ans, où ils sont
vierges ou à peine entamés, et l'âge de huit ans, où ils sont ordinairement rasés, existent une série d'états intermédiaires, notamment un où ils ne sont usés que par le bord antérieur et peu ou

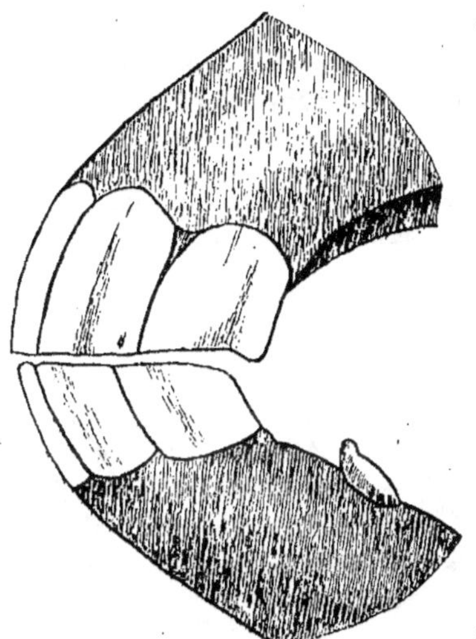

Fig. 36. — *7 ans 1 /2. Les coins supérieurs
présentent une encoche (Jument).*

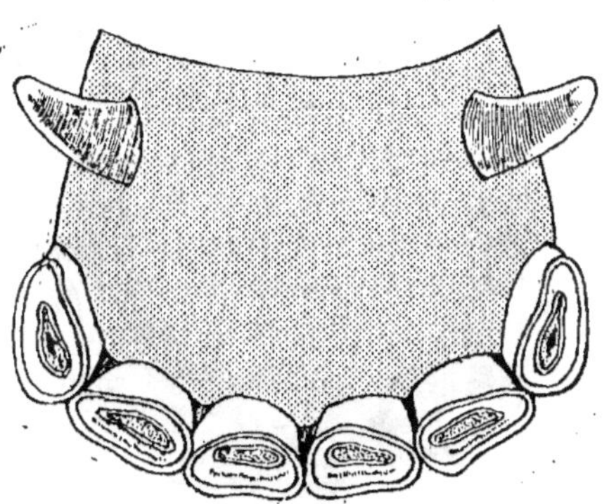

Fig. 37. — *8 ans. Toutes les dents sont rasées. La table des
pinces est ovale; on y voit ainsi que sur les mitoyennes
une ligne de hachures qui n'est autre chose que l'étoile
dentaire.*

point par le postérieur, c'est une caractéristique de l'âge de six
ans; un autre où ils sont largement usés par les deux bords,
quoique plus par l'antérieur que par le postérieur, c'est une caractéristique de l'âge de sept ans. L'encoche du coin supérieur
(fig. 36) dont nous avons expliqué plus haut la formation, et que
l'on désigne communément sous le nom de *queue d'aronde*, se
produit vers sept ans et s'accuse davantage dans l'âge suivant
pour disparaître ordinairement dans la suite. A huit ans, la table
des pinces a pris la forme ovale, la correspondance des mâchoires
n'est déjà plus exactement en demi-cercle, en outre l'étoile dentaire
a fait apparition sur les pinces et les mitoyennes.

En résumé, les caractères de l'âge pendant cette période sont les suivants :

A six ans, pinces inférieures rasées, coins peu ou point entamés par le bord postérieur.

A sept ans, mitoyennes inférieures rasées, usure considérable des coins, même par le bord postérieur, encoche au coin supérieur.

A huit ans, coins inférieurs rasés, table des pinces ovale, tendance à l'ogive dans le mode de correspondance des mâchoires, étoile dentaire sur les pinces et les mitoyennes.

V. — ROTONDITÉ DE LA TABLE DES INCISIVES, PARTICULIÈREMENT DES INFÉRIEURES ; RASEMENT DES INCISIVES SUPÉRIEURES (fig. 38 à 42).

La table des incisives n'est jamais exactement circulaire; on dit qu'elle est ronde quand son bord postérieur forme un arc très

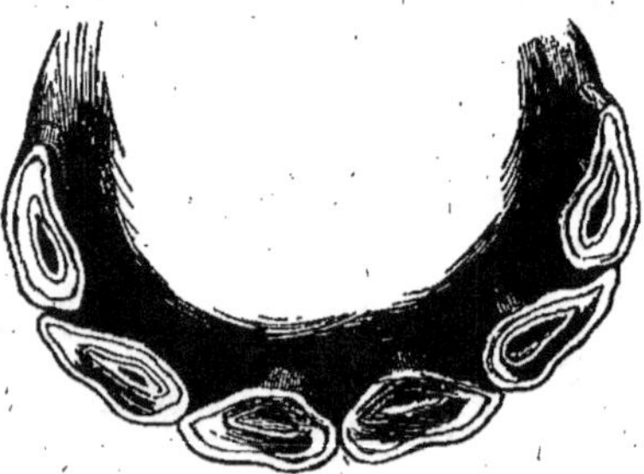

FIG. 38. — 9 ans. *Toutes les dents sont rasées (les taches noires qu'on y voit ne sont que des germes de fève). Les pinces sont rondes.*

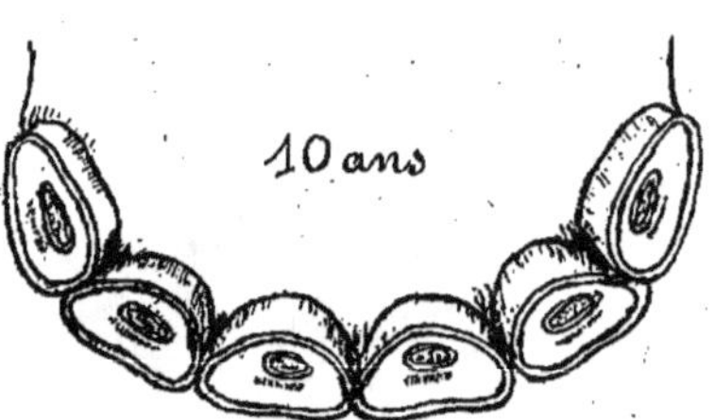

FIG. 39. — 10 ans. *Pinces et mitoyennes arrondies, émail central plus ou moins réduit.*

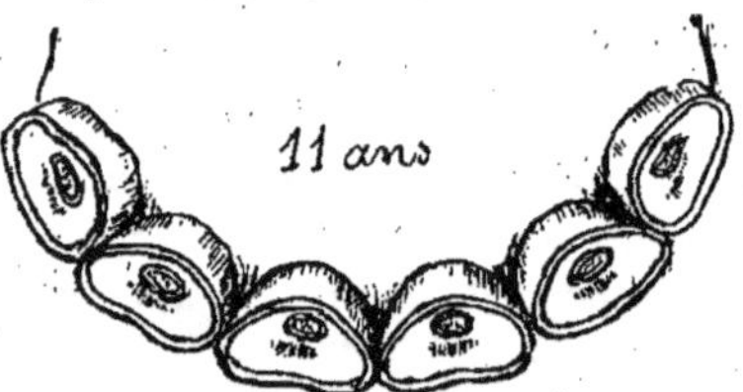

FIG. 40. — 11 ans. *Les coins s'arrondissent; les émaux centraux très rétrécistendent à la forme circulaire.*

FIG. 41. — 12 ans. *Toutes les dents sont rondes, mais jamais les coins autant que les autres; les émaux centraux sont très reportés en arrière et presque poncliformes.*

accentué, approchant du demi-cercle, et que son diamètre antéropostérieur tend à égaler le transversal.

Les pinces sont rondes à neuf ans, les mitoyennes, à dix ans, les coins, de onze à douze ans.

A ces mêmes dates s'effectue le rasement des incisives supérieures, c'est-à-dire à neuf ans pour les pinces, dix ans pour les mitoyennes, onze à douze ans pour les coins.

D'autre part, on assiste, pendant cette période, à des modifications très intéressantes portant sur l'émail central et sur l'étoile dentaire. Ainsi : à neuf ans, l'émail central des incisives inférieures est triangulaire, encore très développé sur toutes les dents; l'étoile dentaire se voit nettement sur chacune d'elles. A dix ans, l'émail central est déjà bien rétréci, surtout sur les pinces; l'étoile dentaire est presque au milieu de la table. De onze à douze ans, l'émail central n'est plus qu'un petit îlot arrondi, reporté vers le bord postérieur de la table; l'étoile dentaire, moins allongée mais plus épaisse que dans les âges précédents, a atteint le milieu

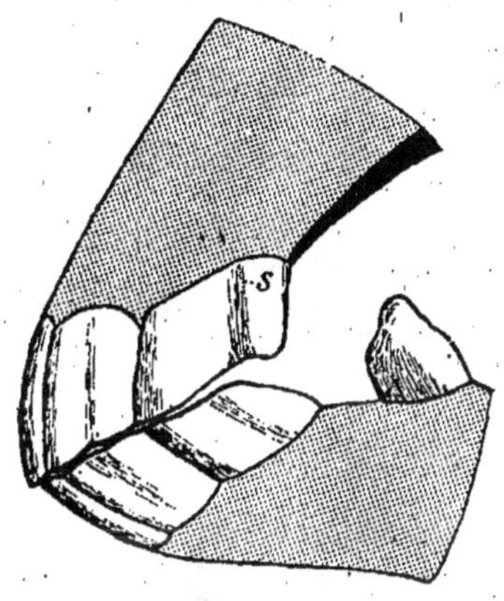

FIG. 42.—9 ans. *Correspondance des mâchoires en ogive. Dans le sillon du coin supérieur existe souvent à l'endroit marqué S une bande noire dite « signe de Galvayne ».*

de la table. A partir de cet âge, les coins inférieurs vus par devant sont aussi larges à la gencive qu'à la table et les supérieurs prennent une obliquité particulière relativement aux mitoyennes, d'où résulte une divergence notable de ces dents vers la partie enchâssée.

A douze ans, l'émail central est souvent ponctiforme, toujours très reporté en arrière (fig. 41); parfois il a disparu sur certaines dents.

Notons enfin que l'incidence des mâchoires est en ogive et que les arcs incisifs se sont déjà manifestement rétrécis et redressés.

Signe de Galvayne. — Il nous est venu d'Italie, il y a une quinzaine d'années, un nouveau signe de l'âge du cheval qui, s'il était rigoureusement exact, serait particulièrement intéressant dans la période que nous venons d'étudier et dans la suivante. Il consiste en une tache noire ou brune qui apparaîtrait à 8 ans vers le milieu du bord gingival des coins supérieurs (fig. 42, s) et s'allongerait progressivement dans le sillon de la face externe de ces dents de manière à former une étroite bande qui en atteindrait l'extrémité libre à 20 ans. Cette bande ou ligne foncée mettrait donc douze ans pour achever son parcours. Quand elle n'en occupe que le quart, l'animal aurait 11 ans c'est-à-dire 8 plus le quart de 12; si elle en occupe le tiers, il aurait environ 12 ans; la moitié, 14 ans; les deux tiers, 16 ans; les trois quarts, 17 ans; la totalité, au moins 20 ans; toutefois passé cet âge, elle disparaîtrait peu à peu, en sorte qu'à 30 ans il n'en resterait plus la moindre trace.

Il s'agit là en somme d'un dépôt de tartre plus ou moins foncé en couleur, et par cela même plus ou moins distinct, que l'on peut observer, à partir d'un certain âge, non seulement dans la cannelure des coins mais encore dans celle des autres incisives de la même mâchoire, dépôt accidentel qui ne saurait avoir la valeur diagnostique qu'on lui attribue. Au surplus les auteurs ne sont pas d'accord à son sujet : les indications précitées empruntées à Ginicis (*La connaissance du bétail*, 1922) sont contredites par Dechambre qui fait apparaître la tache en question vers 10 ans, « rarement plus tôt », à 12 ans elle occuperait déjà les trois quarts de la longueur de la dent et à 18 ans toute cette longueur (*Revue de Zootechnie*, octobre 1928 et février 1929 article de Malterre).

Nos observations personnelles faites sur des chevaux d'un régiment de cuirassiers nous ont montré que le signe de Galvayne n'a rien de constant, ni dans la date de son apparition ni dans son extension, ni même dans son existence : un animal de 11 ans n'en présentait pas trace, sur d'autres de 17 ans et plus, il occupait à peine la moitié de la longueur de la dent en question.

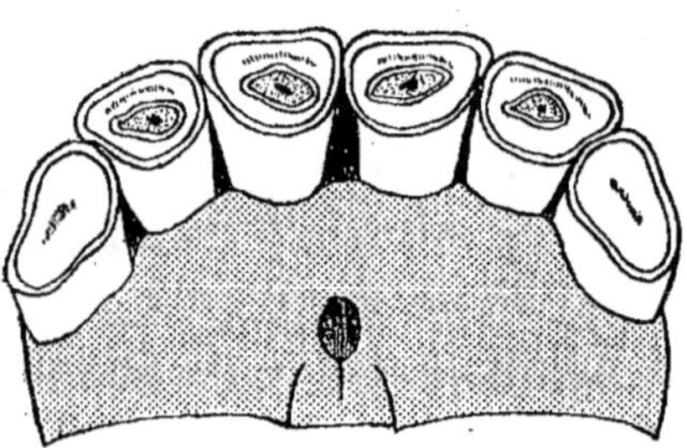

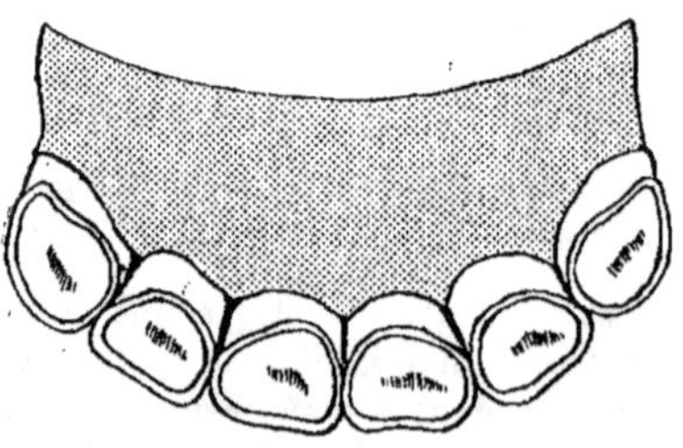

FIG. 43. — 13 ans. *Toutes les dents inférieures nivelées ainsi que les coins supérieurs. Pinces tendant à la triangularité. Arcades incisives notablement redressées.*

VI. — TRIANGULARITÉ DE LA TABLE ET DISPARITION DE L'ÉMAIL CENTRAL (fig. 43 à 46).

La table des incisives passe à la forme triangulaire par suite de l'étirement de l'arc qui la limite en arrière; elle est

alors à peu près aussi développée dans le sens antéro-postérieur que
dans le sens transversal (Voy. fig. 11, 4).

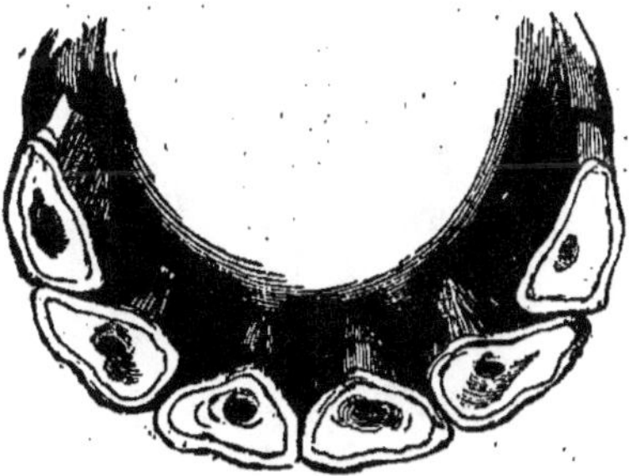

Fig. 44. — *14 ans. Toutes les dents nivelées.*
Pinces nettement triangulaires.

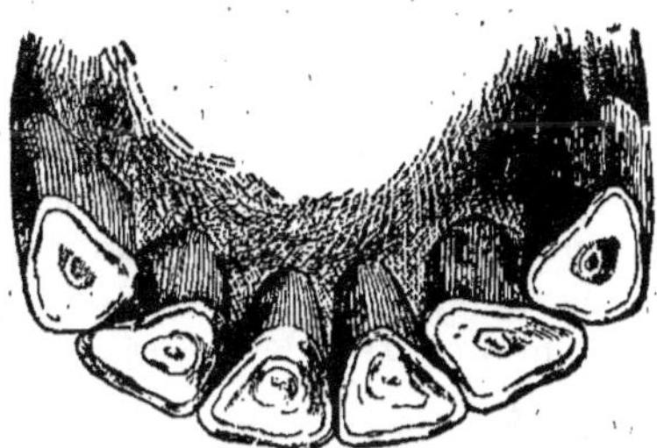

Fig. 45. — *17 ans. Toutes les dents*
triangulaires, arcade rétrécie et redressée.

A treize ans, toutes les incisives inférieures sont nivelées, ainsi
que les coins supérieurs; l'étoile dentaire est dorénavant la seule
marque de la table sur ces dents;
les pinces tendant à la forme triangulaire.

A quatorze ans, les pinces sont
franchement triangulaires.

A quinze ans, c'est le tour des
mitoyennes de prendre cette
forme.

De seize à dix-sept ans, les coins
se triangularisent et en même temps
les pinces et les mitoyennes supérieures se nivellent.

Pendant cette période, l'étoile
dentaire a pris une forme arrondie
et une situation tout à fait centrale;
le profit de correspondance des
mâchoires s'est aplati de plus en
plus de haut en bas et allongé

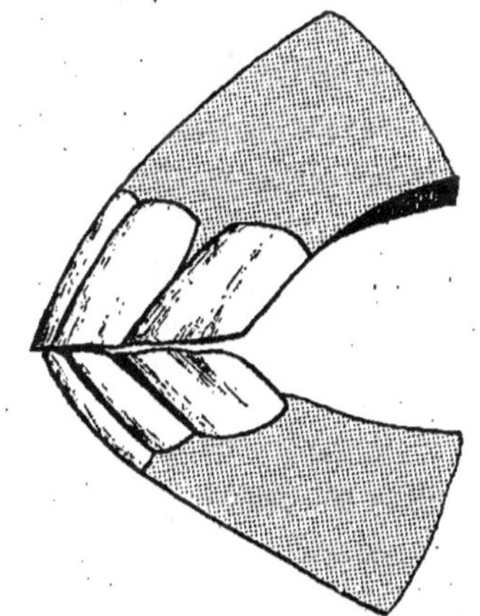

Fig. 46. — *16 à 17 ans. Correspondance*
des mâchoires tendant à l'angularité.

en avant; les arcades incisives, surtout l'inférieure, se sont beaucoup rétrécies et redressées.

VII. — Biangularité de la table (fig. 47 à 49).

La table est biangulaire quand elle a la forme d'un triangle
allongé d'avant en arrière (fig. 11,5). On l'observe vers dix-huit ans

sur les pinces, dix-neuf ans sur les mitoyennes, de vingt à vingt et un ans sur les coins.

Pendant cette période, les dents convergent manifestement par la partie libre; d'autre part elles tendent à se mettre dans l'axe des mâchoires; souvent. les supérieures exagèrent leur proéminence sur les inférieures et s'allongent démesurément à la partie moyenne de l'arcade; le bout des mâchoires devient pointu; les lèvres, refoulées,

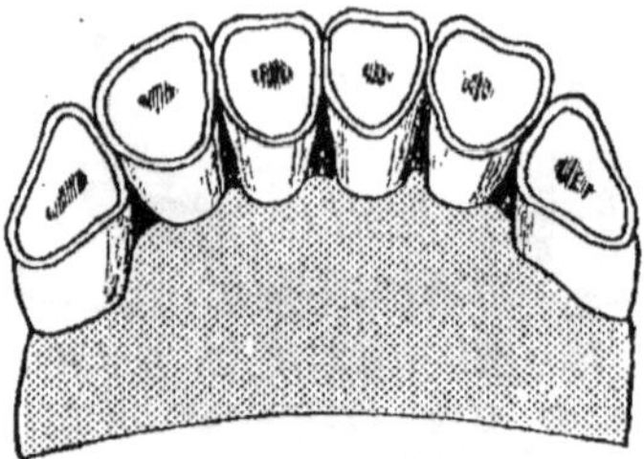

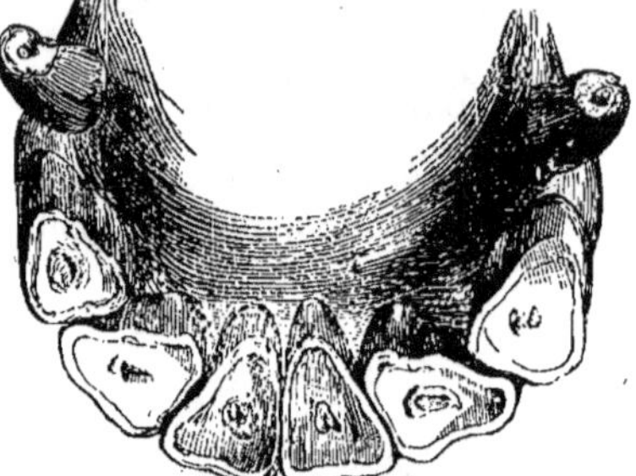

FIG. 47. — 18 ans. *Pinces biangulaires.*

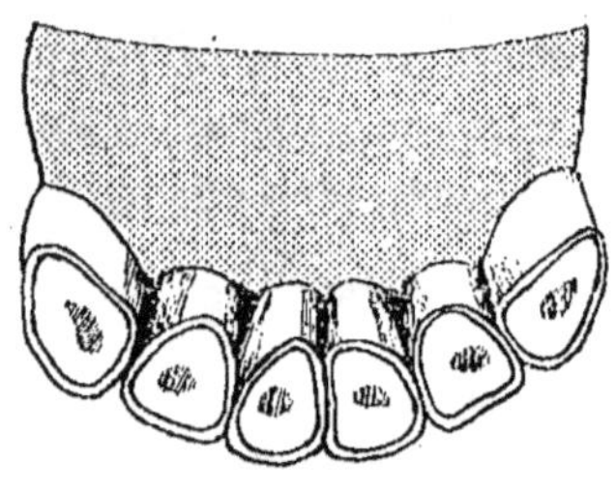

FIG. 48. — 19 ans. *Toutes les dents nivelées, y compris les supérieures. Pinces et mitoyennes biangulaires.*

ferment mal la bouche et laissent parfois écouler la salive, en outre elles sont amincies, souvent plissées à leur bord libre et plus ou moins ratatinées; les ganaches sont tranchantes, le chanfrein excavé, etc.

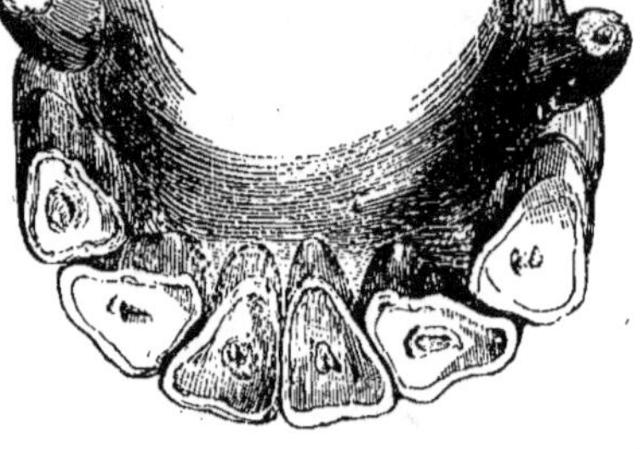

FIG. 49. — *Extrêmement vieux. Tables biangulaires avec émail d'encadrement incomplet, arcade extrêmement rétrécie et redressée.*

D'après Vigo, vétérinaire militaire, le museau des Solipèdes reste plein, lisse, dépourvu de toute ride jusqu'à 6 ans environ; les premières rides s'observent vers 7 à 8 ans au bord libre des lèvres, vers leurs commissures; elles augmentent ensuite en nombre et en importance jusqu'à froncer ce bord à la manière d'un accordéon quand l'animal a dépassé une quinzaine d'années. Et cette sorte de dessèchement ne se limite pas au bord libre des lèvres, d'autres rides apparaissent à partir d'une douzaine d'années, qui s'étendent sur les joues, le bout du nez, l'aile externe des naseaux, s'entrecroisant et s'enchevêtrant et aboutissant finalement à un aspect ratatiné caractéristique de la vieillesse avancée (Voy. *Revue vétérinaire* et *Journal de médecine vétérinaire et de zootechnie*, mars 1929).

Le caractère sur lequel Vigo a attiré l'attention est à connaître de même que le signe de Galvayne, mais il n'a pas plus de constance et de régularité que lui. Qu'il nous suffise de dire que nous avons observé des sujets déjà vieux, entre autres une jument de 17 ans, qui n'avaient pas trace de rides à leurs lèvres ni aux autres parties de leur museau. Par contre des chevaux de 7 ans peuvent en avoir déjà de très prononcées.

Au delà de vingt ans, il n'est plus guère possible d'apprécier exactement l'âge d'un cheval. A ces âges ultimes, tantôt les incisives sont exagérément longues, tantôt au contraire elles sont usées jusqu'au ras de la gencive, surtout les inférieures, et à l'état de chicots qui finissent par perdre leur émail d'encadrement, en arrière d'abord (fig. 49), puis sur toute la périphérie de la table. D'après l'accentuation de ces divers indices, on dira que l'animal est très vieux ou extrêmement vieux. L'âge de vingt à vingt et un ans n'est pas en effet la limite de longévité du cheval, elle peut atteindre trente, trente-cinq, quarante ans et plus; mais il est certain que, à partir de quinze ans, un cheval est déjà vieux ou tout au moins usé par l'excès des travaux que l'homme lui a imposés. Quand il devient incapable de rendre des services équivalant à la nourriture et aux soins qu'il coûte, il est livré sans pitié et par la plus noire ingratitude à l'équarrisseur, au boucher ou à l'anatomiste; en sorte que peu de chevaux dépassent vingt ans.

C'est par les dents que l'on peut le mieux conjecturer la longévité d'un animal, attendu que la vie ne peut se continuer longtemps lorsqu'elles sont complètement usées. Or, quand les molaires d'adulte sont au complet, chacune se raccourcit annuellement, par détrition, de 3 ou 4 millimètres; comme les plus longues ne dépassent guère, à ce moment, 6 à 7 centimètres, racines non comprises, il suffit de vingt et quelques années pour les user à fond, ce qui, avec les années de développement, fait une longévité moyenne de vingt-cinq à trente ans. Un cheval de trente à trente-cinq ans me paraît aussi vieux qu'un homme centenaire; l'âge de quarante ans peut être donné comme la dernière limite, presque jamais atteinte, de la vie de cet animal. On connaît cependant quelques exemples authentiques de chevaux ayant vécu plus de quarante ans. Le professeur Degive cite une jument morte à quarante-deux ans qui avait engendré 32 poulains dont les derniers ne présentaient pas trace de dégénérescence. Buffon rapporte, d'après un renseignement fourni par le duc de la Rochefoucault, le cas d'un cheval de 10 ans vendu en 1734 par le duc de Saint-Simon à son cousin, évêque de Metz, qui vécut jusqu'en 1774, c'est-à-dire 50 ans.

En général les gros chevaux prennent leur accroissement en moins de temps et vieillissent plus vite que les chevaux fins. Les Arabes attribuent à la jument une plus grande longévité qu'au cheval : 25 à 30 ans à l'une et 20 à 25 ans à l'autre. D'après le Dr Voronoff les étalons vivraient plus longtemps que les chevaux hongres.

Que si maintenant nous jetons un coup d'œil d'ensemble sur la valeur des signes de l'âge chez le cheval, nous constaterons que, dans les conditions normales, jusqu'à huit ans, il est relativement facile de ne pas se tromper ; que, de huit à treize ans, une erreur d'un à deux ans est tout au plus permise ; mais que, à partir de treize ans jusqu'à la fin de la vie, les signes deviennent de plus en plus vagues et ne permettent guère qu'une large approximation, traduite en disant que l'animal examiné à tel âge environ ou simplement qu'il est vieux, très vieux, extrêmement vieux. Et, comme si le problème n'était pas déjà suffisamment complexe, il est rendu plus difficile encore par des irrégularités naturelles des dents ou des mâchoires, par le défaut qu'ont beaucoup de chevaux de tiquer, ou encore par des supercheries du vendeur ayant pour but de faire passer l'animal qu'il vend pour plus jeune ou plus âgé qu'il n'est en réalité. Ce sont là de nouvelles difficultés que nous allons maintenant passer en revue.

ARTICLE III. — IRRÉGULARITÉS DIVERSES DES DENTS OU DES MACHOIRES QUI PEUVENT RENDRE PLUS DIFFICILE LA CONNAISSANCE DE L'AGE DU CHEVAL

Nous les classerons comme il suit, en renvoyant pour plus de détails à notre traité de tératologie.

1º *Anomalies des dates d'éruption;*

2º *Anomalies numériques,* par augmentation ou diminution;

3º *Anomalies de forme ou de volume;*

4º *Anomalies de structure* (fissure postérieure du cornet dentaire, excès de profondeur de ce dernier ou de sa cavité);

5º *Anomalies de dureté,* entraînant excès d'usure ou défaut d'usure;

6º *Anomalies d'usure des molaires;*

7º *Anomalies de correspondance;*
8º *Anomalies d'usure produites par le tic;*
9º *Moyens frauduleux employés pour vieillir ou pour rajeunir.*

1º ANOMALIES DES DATES D'ÉRUPTION.

La chronologie dentaire des Solipèdes est moins variable que celle des autres animaux domestiques; cependant on peut constater, exceptionnellement, de l'avance ou du retard; du retard chez les juments en gestation et chez les individus mal nourris, chétifs, plus ou moins arrêtés dans leur développement, de l'avance chez certains sujets bien nourris et ne travaillant pas. On a vu, dans ce dernier cas, des chevaux de quatre ans faits mettre leurs coins d'adulte; mais il s'agit là d'une précocité purement individuelle que l'on peut constater dans toutes les races; *il n'y a point de races chevalines précoces;* les chevaux de course, de pur sang anglais, que certains auteurs avaient déclarés précoces ne se distinguent pas du plus vulgaire cheval de labour par leur évolution dentaire, ainsi que l'a démontré H. Toussaint.

2º ANOMALIES NUMÉRIQUES.

A. PAR AUGMENTATION. — La ou les incisives surnuméraires qu'on peut observer soit à l'une, soit à l'autre, soit aux deux mâchoires, sont désignées communément sous le nom de *surdents.* Quelquefois ce ne sont que des dents de lait qui ne sont pas tombées ou bien se sont cassées à leur collet, occasionnant une déviation de leurs remplaçantes. D'autres fois ce sont des dents véritablement supplémentaires. Dans l'un comme dans l'autre cas, la table générale de l'arcade s'en trouve modifiée, et cela peut entraîner des différences dans le mode ou la rapidité de l'usure et gêner pour l'exacte détermination de l'âge.

L'augmentation numérique des incisives ne se voit guère qu'à la deuxième dentition et elle est plus fréquente à la mâchoire supérieure qu'à l'inférieure. Si les dents sont régulièrement alignées et conformées, les supplémentaires sont difficiles à déterminer; le plus souvent elles sont placées hors rang ou plus ou moins déformées, parfois elles s'accouplent et même se soudent aux dents normales, poussant synchroniquement avec elles comme si elles résultaient de leur gémination. L'hippiatre Lafosse, Goubaux ont signalé des chevaux qui, à chaque mâchoire, avaient ainsi deux rangées concentriques d'incisives, c'est-à-dire 12 de ces dents au lieu de 6. Plus souvent on trouve une, deux, trois ou quatre surdents sur une même rangée; nous avons vu un cheval qui avait 10 incisives à la mâchoire supérieure, 6 à gauche, 4 à droite.

On a aussi constaté l'existence de 2 crochets d'un même côté et de molaires surnuméraires, notamment d'une quatrième arrière-molaire, ou encore celle d'une toute petite prémolaire inférieure en avant des autres qui s'opposait à une dent semblable mais normale de la mâchoire supérieure; l'une et l'autre, représentant la première des quatre prémolaires de l'archétype réalisé par les Equidés précurseurs, sont des dents de lait en voie de régression qui ont perdu leurs remplaçantes. Mais ces dernières anomalies n'ont aucun intérêt pour la connaissance de l'âge, non plus que la présence de canines d'adulte chez la jument ou de canines de lait bien développées chez le cheval.

B. PAR DIMINUTION. — Une ou plusieurs incisives peuvent manquer à une ou aux deux mâchoires, soit dans la dentition de lait, soit, bien plus souvent, dans la dentition d'adulte. Quand la dent absente est une dent de lait, il peut arriver que la remplaçante pousse comme si rien n'était, ainsi qu'on l'observe normalement pour les canines, et que l'arcade d'adulte se développe au complet. Si c'est la dent remplaçante qui manque, celle de première génération devient par ce fait plus ou moins persistante, comme cela se produit normalement pour la première molaire supérieure de lait ou molaire rudimentaire. Il nous a été donné de voir les mâchoires d'un cheval de 7 à 8 ans qui, à l'opposé de six incisives inférieures d'adulte, n'offraient que deux coins de lait; la place des pinces et des mitoyennes supérieures était occupée par un bourrelet de la muqueuse. Chez un autre cheval la canine inférieure droite avait pris la place du coin correspondant en sorte que, à première vue, elle paraissait faire défaut, tandis que, en réalité, c'était le coin qui manquait.

La diminution du nombre des incisives n'est parfois qu'apparente, résultant de la coalescence de deux dents voisines; mais la dent qui en résulte traduit toujours sa duplicité d'origine par son volume ainsi que par un sillon ou une crête sur le plan de soudure et par deux cornets disposés latéralement sur sa table; toutefois ce dernier caractère n'est pas univoque, car Goubaux et Barrier figurent une incisive primordialement simple dont le cornet émailleux était dédoublé à son fond.

Il peut aussi arriver que les dents qui paraissent manquer soient restées incluses dans l'os.

Quoi qu'il en soit, la diminution du nombre des incisives, en rétrécissant l'arcade, a pour conséquence une usure plus rapide et une difficulté de plus dans l'appréciation de l'âge.

Les crochets, qui normalement manquent aux juments, peuvent aussi faire défaut au cheval, soit tous les quatre, soit ceux d'une mâchoire, soit l'un d'eux seulement.

On a rarement constaté une diminution numérique des molaires; le cas échéant cette anomalie pourrait avoir de fâcheuses conséquences si elle ne se répétait pas symétriquement aux deux mâchoires, vu que la dent dépourvue de correspondante et soustraite par cela même à l'usure s'allongerait démesurément en pénétrant dans la mâchoire opposée.

L'hérédité des anomalies numériques des dents a été constatée plusieurs fois chez les animaux comme chez l'homme.

3° ANOMALIES DE FORME ET DE VOLUME.

Dans une arcade incisive on peut rencontrer une ou deux dents atrophiées et conoïdes. Les coins ont souvent leur cornet d'émail fissuré en arrière, particularité qui peut aussi se présenter sur les mitoyennes et s'oppose à la disjonction de l'émail central et de l'émail d'encadrement sur la table, comme le montre la figure 12, *a*. Parfois la paroi postérieure de ce cornet manque à peu près complètement en sorte que l'extrémité de la dent, aplatie et tranchante, ne peut offrir par l'usure ni rasement ni nivellement.

4° ANOMALIES DE STRUCTURE.

Nous signalerons tout particulièrement l'excès de profondeur du cornet dentaire ou de sa cavité, qui a pour conséquence la béguïté ou la fausse béguïté.

a) Un cheval est *bégu* (fig. 50) quand la cavité externe d'une ou de plusieurs de ses incisives persiste au delà de l'époque où elle disparaît d'ordinaire, en d'autres termes, quand le rasement est en retard. Lorsque la dent est de longueur normale hors de la gencive, cette irrégularité est due soit à un excès de profondeur du cornet émailleux, soit le plus souvent, au peu d'abondance ou même à l'absence complète du cément au fond de ce cornet.

Quoi qu'il en soit, on prévient l'erreur à laquelle on est exposé touchant la diagnose de l'âge en tenant compte tout particulièrement de la forme de la table et de l'étendue de l'émail central. Observe-

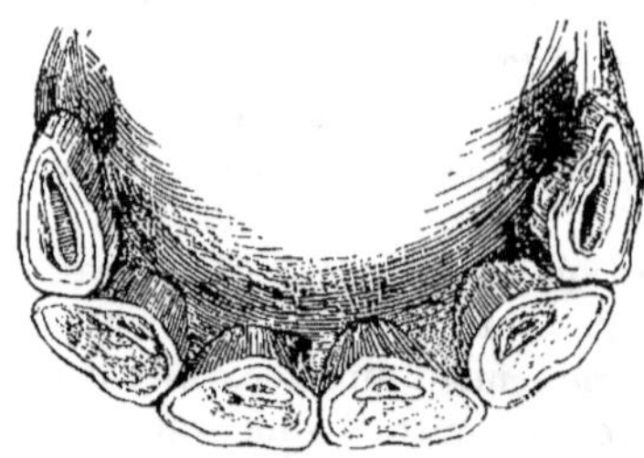

FIG. 50. — *Mâchoire inférieure d'un cheval bégu âgé de 9 ans 1/2. Les coins ne sont pas rasés, tandis que les pinces sont rondes.*

t-on, par exemple, un cheval dont les coins n'ont pas encore rasé, tandis que les pinces sont déjà rondes, il ne faudra pas lui donner sept ans, comme l'indiquerait le seul caractère « rasement», mais bien neuf ans, comme l'indique le caractère plus important « forme de la table». *A fortiori*, si, en même temps que des coins non rasés, on observait des pinces et des mitoyennes rondes avec un

émail central déjà fortement rétréci, il faudrait donner à l'animal l'âge de dix ans.

La béguïté peut s'observer à partir de six ans, lorsque les pinces inférieures n'ont pas rasé à cet âge; mais elle est surtout fréquente, à la mâchoire inférieure, de huit à dix ans, par conséquent sur les coins. On accorde peu d'attention à la béguïté des incisives supérieures qui est cependant très commune.

b) Un cheval est *faux-bégu* (fig. 51 et 52), quand l'émail central

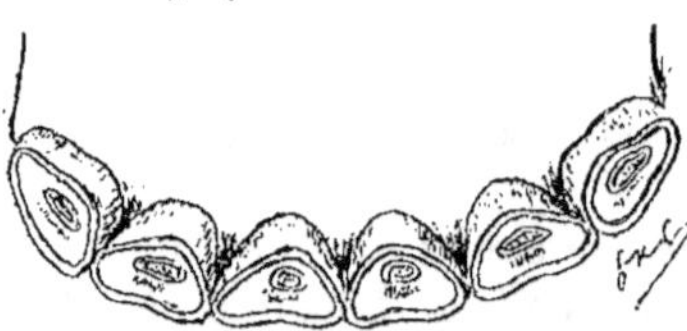

FIG. 51. — *Mâchoire inférieure d'un cheval faux bégu âgé de 15 ans. L'émail central persiste sur toutes les dents, tandis que les pinces et les mitoyennes sont triangulaires.*

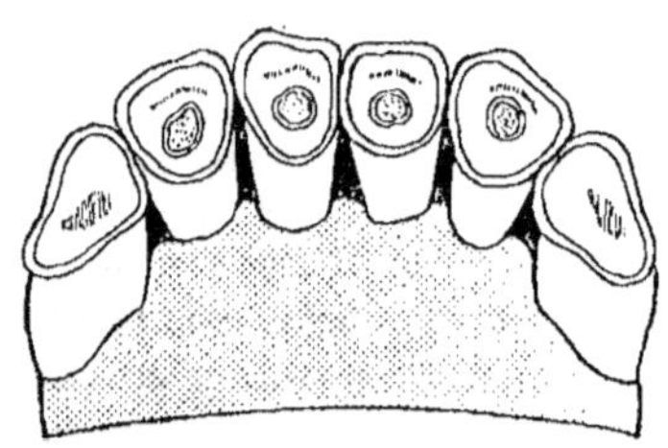

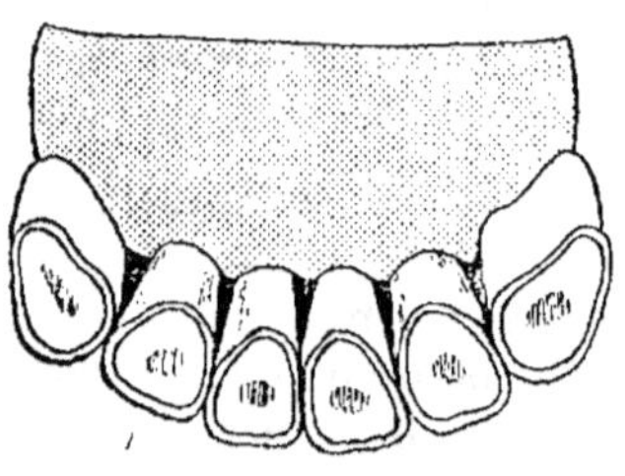

FIG. 52. — *Les deux mâchoires d'un cheval de 19 ans faux bégu de la mâchoire supérieure. L'émail central persiste sur les pinces et les mitoyennes supérieures tandis que les 4 dents centrales de chaque mâchoire sont biangulaires.*

n'a pas disparu aux époques ordinaires, en d'autres termes, quand le nivellement est en retard. Si la dent est de longueur normale hors la gencive, cette irrégularité ne peut tenir qu'à un excès de profondeur du cornet d'émail. Le plus souvent elle est la conséquence d'une insuffisance d'usure qui se traduit à la fois par un excès de longueur de la dent et par la persistance anormale de l'émail central.

La fausse béguïté compatible avec la longueur normale des dents se reconnaît à la forme de leurs tables. Supposons en effet, ce qui est fréquent, que l'on observe un émail central sur des incisives inférieures triangulaires, il ne faudra pas conclure à un âge inférieur à treize ans, mais que l'existence de cet émail central est anormale, vu la forme des dents, et, d'après cette forme, donner à l'animal quatorze, quinze, seize ou dix-sept ans, suivant que les pinces seules sont triangulaires, ou bien que les mitoyennes, voire les coins, le sont aussi.

Si le cheval faux-bégu a les dents exagérément longues, la fausse béguïté n'est qu'une conséquence du défaut d'usure qui a entraîné l'allongement extérieur des dents et l'on évitera l'erreur touchant l'appréciation de l'âge de la manière indiquée plus loin à propos des anomalies de dureté. Il n'est pas rare de rencontrer des chevaux à dents longues qui conservent l'émail central sur leurs incisives, surtout à la mâchoire supérieure, jusqu'à l'extrême vieillesse.

5° Anomalies de dureté.

Elles se traduisent par un excès d'usure ou un défaut d'usure.

A. Excès d'usure (fig. 53). — A l'état normal, la longueur de la partie libre des incisives inférieures, mesurée sur leur face antérieure, à partir du bord gingival, est d'environ 18 millimètres pour les pinces, 15 millimètres pour les mitoyennes, 13 millimètres pour les coins; les incisives supérieures ont quelques millimètres de plus que leurs opposées; aux deux mâchoires, les dents sont à peu

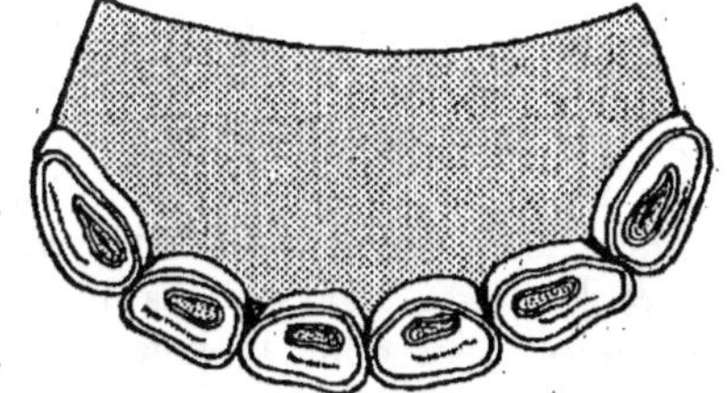

Fig. 53. — *Dents insuffisamment émergentes auxquelles manquaient environ 6 millimètres de longueur à partir du bord gingival sur la face antérieure. L'animal marquait de 9 à 10 ans par les tables dentaires et il n'en avait que 7 1/2.*

près moitié moins émergentes du côté de l'intérieur de la bouche

que du côté extérieur. L'usure annuelle, que l'on estime à 3 millimètres environ, est juste équivalente à la quantité dont la dent sort
de son alvéole, en sorte que la partie libre de celle-ci se maintient
constante.

Lorsque la dent, manquant de dureté, use trop vite, l'équilibre
est rompu entre la pousse et la détrition, elle se raccourcit et forme
sa table à un niveau trop bas, par conséquent celle-ci marque un
âge plus avancé que l'âge réel; il y a donc lieu de rajeunir les chevaux qui ont les dents courtes, d'autant d'années qu'il faudrait de
fois 3 millimètres pour que leurs incisives atteignissent la longueur
normale. Si, par exemple, un cheval, ayant des pinces inférieures
longues de 9 millimètres seulement, au lieu de 18 qu'elles devraient
avoir, marque quatorze ans par la table, il ne faudra lui en donner
que onze, sans prétendre, bien entendu, à autre chose qu'une approximation.

B. Défaut d'usure (fig. 54). — L'excès de dureté des dents
implique une usure plus lente, et, comme elles sortent de leurs
alvéoles dans la même proportion que d'ordinaire,

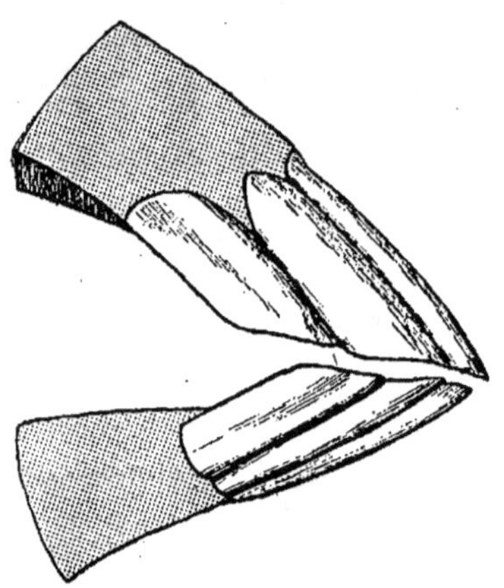

Fig. 54. — *Dents longues et correspondance angulaire des mâchoires chez un cheval de 25 ans.*

elles finissent par s'allonger extérieurement; dès lors elles forment
leur table à un niveau trop élevé et cette table indique un âge moins
avancé que l'âge réel. Il faut par conséquent vieillir les chevaux qui
ont les dents longues et les vieillir d'autant d'années que ces dents
comprennent de fois 3 millimètres en sus de la longueur normale.
Par exemple, un cheval qui marquerait douze ans par la table de
ses incisives, mais dont la longueur des pinces inférieures serait
de 30 millimètres, aurait seize ans.

En règle générale, on ne vieillit jamais assez les chevaux à dents
longues; l'allongement extérieur des dents est un des signes les plus
certains de la vieillesse, les maquignons le savent bien, ainsi que
nous le dirons à propos des moyens frauduleux employés pour tromper sur l'âge.

6° Anomalies d'usure des molaires.

Quand, pour une cause ou pour une autre, deux molaires en opposition ne sont pas d'égale dureté ou bien ne frottent pas également par toute la surface de leurs tables, on voit à la longue celles-ci se déformer. La molaire plus dure n'usant pas assez et poussant constamment fait saillie sur le niveau général de la table, tandis que la molaire moins dure usant au delà de la quantité dont elle sort de son alvéole s'excave et se laisse pour ainsi dire pénétrer par l'autre. De même, pour une molaire donnée, s'il existe un point de sa table qui s'use moins que les autres, ainsi que cela s'observe souvent pour le bord externe des molaires supérieures et le bord interne des inférieures, par suite de la restriction des mouvements latéraux de la mâchoire inférieure, on voit cet endroit saillir peu à peu et la table se dévier plus ou moins, se transformer en une sorte de biseau taillé aux dépens de la face interne pour les molaires supérieures, de la face externe pour les inférieures; à la longue, ces dents, au lieu de former des meules broyeuses, arrivent à s'opposer en lames de cisailles comme des molaires de carnivore, de manière à empêcher absolument tout mouvement de latéralité de la mâchoire inférieure. Les difficultés de la mastication chez les chevaux qui font « des mâchons» et se nourrissent mal tiennent presque toujours à des irrégularités des tables molaires. Il faut y remédier sans tarder avec le rabot odontriteur sous peine de voir ces irrégularités s'aggraver et interdire tout mouvement autre que ceux d'écartement et de rapprochement.

Dans les conditions normales la mastication s'opère sur les tables dentaires alternativement d'un côté et de l'autre, et, grâce à leur obliquité, pendant qu'elle se fait d'un côté celles du côté opposé sont soustraites au contact et à l'usure; ainsi les tables maintiennent leur niveau; mais s'il arrive, pour une cause ou pour une autre, que la mastication se fasse principalement ou exclusivement d'un côté, il se produit à la longue une usure de travers qui est particulièrement évidente pour les arcades incisives; leur plan de correspondance versant d'un côté, le côté le plus usé indique un âge supérieur à l'âge réel, le moins usé, un âge inférieur; il faut prendre la moyenne.

7° ANOMALIES DE CORRESPONDANCE DES INCISIVES.

Dans l'état normal, les deux mâchoires sont à peu près égales en longueur; les dents supérieures débordent légèrement les inférieures sur tout le pourtour des arcades, mais la partie débordante n'en est pas moins soumise au frottement et à l'usure grâce au jeu latéral ou antéro-postérieur de la mâchoire inférieure; les incisives se superposent suivant un plan exactement transverse passant par le grand axe de la cavité buccale.

Les anomalies sont fréquentes :

1° Le plan de superposition des arcades incisives peut se dévier

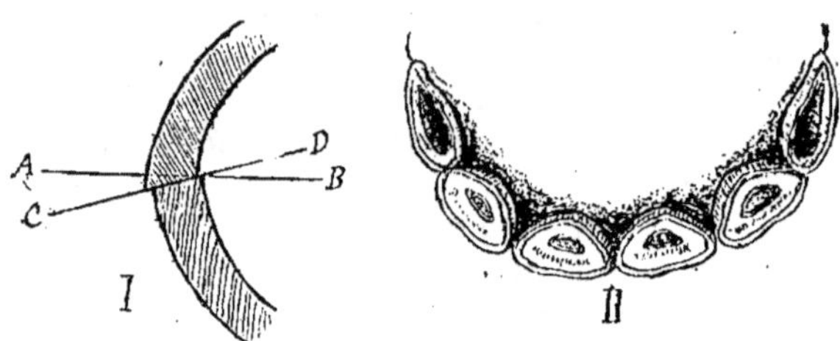

Fig. 55. — I. Schéma de deux déviations antéro-postérieures CD et AB du plan de superposition des incisives.
II. Déformation des tables inférieures résultant de la déviation AB, les pinces sont triangulaires, les mitoyennes rondes, alors que les coins marquent 6 ans, l'âge réel.

latéralement par suite de l'habitude de mâcher constamment du même côté; c'est l'*usure de travers* dont nous venons de parler.

2° Ce même plan peut se dévier dans le sens antéro-postérieur de manière à s'élever vers le palais ou, au contraire, à s'abaisser vers le canal lingual (fig. 55). Dans le premier cas, qui est de beaucoup le plus fréquent, l'usure s'exagère en arrière pour les dents supérieures, en avant pour les inférieures; les premières s'allongent extérieurement tandis que les secondes se raccourcissent, ce peut être le point de départ d'un bec de perroquet; il se produit en outre une déformation des tables susceptible de troubler singulièrement les caractères de l'âge. M. Chatelain, qui a attiré l'attention sur ce point [1], a donné le dessin d'une arcade incisive inférieure d'un cheval de six ans dont les pinces étaient presque triangulaires

---

1. Chatelain, Contribution à l'étude de l'âge du cheval (*Bulletin de la société des sciences vétérinaires de Lyon*, 1909, p. 330).

avec un émail central très réduit, les mitoyennes fortement arrondies, seuls les coins indiquaient l'âge réel (fig. 55, II). Girard cite aussi, dans son traité de l'âge, un cheval de six ans qui avait la table de ses incisives inférieures triangulaire. Il n'est pas rare de rencontrer des chevaux de moins de neuf ans qui ont les pinces et même les mitoyennes rondes pour la raison indiquée par M. Chatelain; si l'on ne remarquait que l'émail central est encore bien développé, que les arcades incisives sont larges et bien arquées, que le profil de correspondance des mâchoires est en mors de tenailles on risquerait d'être induit en erreur gravement. Cette déformation des tables intéresse surtout les dents inférieures lorsque leur plan de correspondance verse dans la direction du canal lingual; au contraire elle intéresse surtout les dents supérieures lorsqu'il verse extérieurement (fig. 55, I).

3º L'annihilation du jeu antéro-postérieur de la mandibule chez les chevaux qui avancent en âge suffit à produire à la longue ce qu'on appelle le *bec de perroquet*. En effet, la proéminence normale des incisives supérieures centrales s'exagère peu à peu par suite de leur pousse constante non compensée par l'usure, leurs tables s'étendent en biseau aux dépens de la face postérieure tandis que celles des dents opposées versent en avant, et l'on arrive à la disposition représentée fig. 56, qui non seulement altère considérablement les caractères de

Fig. 56.—*Bec de perroquet.*

l'âge mais encore gêne la préhension des aliments, parfois à tel point qu'il est nécessaire de réséquer les dents débordantes.

4º La discordance des incisives peut aussi résulter de l'inégalité de développement des mâchoires, dont l'une est plus courte que l'autre. S'il y a *brachygnathie inférieure*, les dents du haut dépassant celles du bas au delà de la limite de propulsion de la mandibule s'allongent en se recourbant au-devant de leurs opposées, les tables se déforment comme il vient d'être dit et un bec de perroquet se produit qui a les inconvénients aggravés du précédent. Si, au contraire, il y a *brachygnathie supérieure*, comme on l'observe assez souvent chez les mulets et normalement chez les chiens bouledogues, ce sont les incisives inférieures qui passent au-devant des supérieures de manière à produire un bec de perroquet renversé; alors la table des premières s'allonge sur leur face postérieure tandis que celle des secondes forme biseau par devant.

8° Anomalies d'usure déterminées par le tic.

Chez le cheval, on donne le nom de tic à l'habitude vicieuse qu'ont certains individus de rouer l'encolure en faisant entendre un bruit spécial qu'on a d'abord pris pour une éructation ou rot, mais qui est au contraire produit par une déglutition d'air. Il est des chevaux qui tiquent jusqu'à se ballonner le ventre.

Ce *tic aérophagique* n'est pas le seul auquel les chevaux soient sujets; ils peuvent aussi avoir le *tic de l'ours,* dans lequel ils se balancent constamment d'un côté à l'autre, le *tic rongeur* consistant à mordre et ronger la terre, les murs, etc. Le nom de tic s'applique en effet à toute habitude vicieuse impliquant quelque mouvement insolite; mais quand on dit qu'un cheval tique, sans autre mention, il s'agit toujours du tic aérophagique.

Fig. 57. — *Mâchoires rapprochées présentant une usure de tic intéressant la table des pinces et des mitoyennes.*

Quelquefois il *tique en l'air,* le plus souvent il *tique à l'appui,* c'est-à-dire en appuyant le bout de la tête et spécialement des mâchoires sur les objets à sa portée comme le bord de la mangeoire, le râtelier, le bat-flanc, la longe, le bout du brancard, etc., ce qui produit à la longue une usure anormale des incisives, d'où peut résulter une difficulté de plus pour la connaissance de l'âge. Cette usure diffère beaucoup suivant la manière dont se fait l'appui : l'animal tique le plus souvent les mâchoires rapprochées, en prenant appui par leur milieu; il en résulte un biseau d'usure sur les pinces et les mitoyennes, intéressant soit les dents supérieures seulement, soit en même temps les dents opposées (fig. 57); ce biseau antérieur entame plus ou moins la table, jusqu'à ouvrir dans certains cas le cornet dentaire. Il peut arriver en outre que les dents basculent en arrière quand l'animal appuie avec frénésie. Parfois l'appui se fait de côté et l'usure se produit exclusivement sur les coins ou à la fois sur les coins et les mitoyennes. Ou encore l'animal tique en ouvrant la bouche et en appuyant sur le bord postérieur de l'une ou de l'autre arcade ou des deux à la fois, de telle sorte que la table dentaire se biseaute postérieurement. Enfin l'animal ouvrant la bouche peut serrer entre les dents le corps qui lui donne appui de manière à user la table dans toute son étendue antéro-postérieure, également aux deux mâchoires ou principalement à l'une d'elles, mais non sur toute la longueur des arcades, en sorte que celles-ci ne perdent jamais complètement le contact.

Toutes les variétés d'usure produites par le tic intéressent la table dentaire et par conséquent altèrent les caractères de l'âge. Lorsque celle-ci est entamée par biseau, en avant ou en arrière, il faut restituer par la pensée ce qui lui manque et restaurer ainsi sa forme, qui, jointe aux autres caractères, permettra une évaluation approximative. Lorsqu'elle est entamée par toute sa surface, on est très exposé à se tromper et à vieillir l'animal; cependant, si l'on remarque que certaines dents échappent toujours à cette usure anormale, de telle sorte que la table générale de l'arcade n'est plus de niveau; si, d'autre part, observant les mâchoires rapprochées, on constate que les incisives ou au moins certaines d'entre elles ont perdu contact d'une mâchoire à l'autre, on sera mis en éveil contre le tic et on jugera de l'âge par les caractères des dents non atteintes par ce vice.

Il y a grand intérêt à découvrir l'usure du tic, non seulement pour éviter des erreurs sur l'évaluation de l'âge, mais encore afin d'être renseigné sur un vice assez grave pour que la loi l'ait admis au nombre des vices rédhibitoires (tic avec ou sans usure des dents). Toutefois l'usure anormale des incisives que nous venons de décrire n'est pas un signe pathognomonique de tic : d'une part, il est des chevaux qui tiquent en l'air, d'autre part, des animaux non tiqueurs qui usent leurs dents comme s'ils tiquaient en les frottant contre le fond de la mangeoire ou en mordillant les objets à leur portée. Il ne suffit donc pas de constater ladite usure pour déclarer qu'un cheval tique, il faut l'avoir vu se livrer à son vice.

9° MOYENS FRAUDULEUX EMPLOYÉS POUR TROMPER SUR L'AGE.

Le cheval atteint sa plus-value à l'âge de cinq ou six ans, lorsqu'il a remplacé ses dents de lait et a, comme on dit, la « bouche faite ». Aussi, dans un but facile à comprendre, certains vendeurs ne reculent-ils pas devant la supercherie pour vieillir les animaux n'ayant pas atteint cet âge, et, au contraire, rajeunir ceux qui l'ont dépassé.

a) *Pour vieillir*, ils arrachent les incisives de lait afin de faire croire qu'elles sont tombées naturellement et aussi de hâter la sortie des remplaçantes. Par exemple, aussitôt que le poulain a fait sa dent de quatre ans, ils extirpent, à l'aide de tenailles, les coins de lait pour lui donner l'apparence de quatre ans et demi. Ils accélèrent ainsi de quelques mois la sortie des coins remplaçants. Quand on a fait précédemment la même opération pour les mitoyennes, on arrive à donner à un animal de quatre ans faits ou quatre ans et demi l'apparence de cinq ans. C'est une supercherie communément employée par les éleveurs, contre laquelle il est facile de se prémunir; en effet, si l'évulsion d'une dent de lait est récente, la gencive est encore contuse et douloureuse et on ne voit ni on ne

sent au toucher la dent remplaçante, tandis que, en cas de chute naturelle, celle-ci se montreráit déjà par le bord antérieur; en outre, le degré d'usure de la dernière dent remplacée indique assez que son éruption est de fraîche date. Si l'arrachement de la dent de lait date

Fig. 58. — *Arcade incisive inférieure devenue irrégulière par suite de l'arrachement des mitoyennes de lait, elle marque 7 ans et l'animal n'avait que 6 ans 1 /2.*

de longtemps et que la remplaçante ait fait éruption, il est encore possible de reconnaître la fraude à ce que cette dernière est mal placée dans l'arcade, n'ayant pas eu le temps, au cours de son éruption précipitée, de rectifier la position oblique qu'elle avait dans l'alvéole: elle est à cheval sur l'alignement des autres dents et l'arcade se trouve ainsi irrégulière et comme étagée (fig. 58).

b) *Pour rajeunir*, on pratique : 1º le *raccourcissement des dents*, lorsqu'elles sont trop longues; 2º le *limage des coins supérieurs*; 3º la *contremarque*.

1º On considère généralement, et à juste titre, les dents longues comme un indice de vieillesse; aussi a-t-on imaginé de les rogner, à la scie ou à la lime, pour donner à l'animal une apparence plus avantageuse. Cette manœuvre n'est une fraude que par l'intention de celui qui la pratique et non par le résultat qu'elle fournit; en effet, en restituant à la dent sa longueur normale, elle donne à la table la forme qu'elle devrait avoir et réalise par conséquent ce qu'on aurait dû faire par la pensée. Si le cheval marquait, par exemple, douze ans avant la résection de ses dents et qu'on les ait rognées de 12 millimètres, il en marquera 16 après l'opération. D'autre part, celle-ci laisse des traces en faisant éclater l'émail par places et en ne constituant jamais une table régulière et polie comme la naturelle. Enfin, la longueur des molaires restant la même, le raccourcissement opéré a pour effet de détruire le contact des incisives, de telle sorte qu'il suffit d'écarter les lèvres pour découvrir la supercherie; le tic peut, il est vrai, entraîner la même disjonction, mais ce n'est jamais que d'un côté, tandis qu'ici le vide s'observe sur toute l'étendue des arcades incisives.

2° L'encoche des coins supérieurs indiquant en général un âge d'au moins sept ans, on la fait quelquefois disparaître à l'aide de la lime. Mais ladite particularité n'étant que de deuxième ordre comme caractère de l'âge, le vrai connaisseur ne s'en laissera jamais imposer par cette petite fraude, bien facile d'ailleurs à reconnaître par les stries du limage.

3° La contremarque consiste à creuser au burin une cavité artificielle sur la table d'une incisive rasée. Quelquefois on ne fait qu'approfondir la cavité naturelle en enlevant le tampon de cément qui en occupe le fond; l'animal est alors rendu bégu artificiellement, et l'on ne risque pas plus d'être trompé sur son âge que s'il l'était naturellement. Le plus souvent on creuse une cavité nouvelle au fond de laquelle on simule un germe de fève avec de l'encre de Chine; si la dent possède encore son émail central, on la contremarque entre celui-ci et le bord antérieur de la table, comme dans la figure 59, mais alors on voit de suite qu'il ne peut exister ainsi deux cornets dentaires et qu'il y en a un d'artificiel; si la dent est nivelée, on la burine au centre de la table, mais elle est déjà triangulaire, il est vraiment puéril de chercher à lui donner l'apparence d'une dent non rasée; et puis cette contremarque ne peut en imposer qu'aux ignorants; elle n'est point tapissée d'émail, et les bords de son entrée ne font point relief comme ceux de la cavité naturelle.

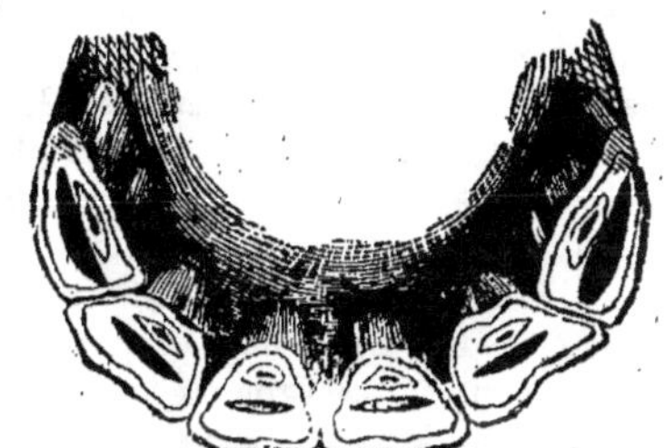

Fig. 59. — *Arcade incisive inférieure contremarquée. Une cavité artificielle noircie à l'encre de Chine a été creusée sur chaque dent au-devant de l'émail central.*

ARTICLE IV. — DIFFÉRENCES CHEZ L'ANE ET LE MULET

L'âne et le mulet ont essentiellement la même dentition que le cheval, et l'on en tire les mêmes indices pour la connaissance de leur âge. Les époques d'éruption des dents de lait, des dents remplaçantes et des dents permanentes sont les mêmes. Il semble toutefois que les cas de retard dans la chute des incisives de lait et dans leur remplacement ne soient pas très rares, ce que l'on attribue, à tort ou à raison, aux mauvaises conditions alimentaires qui sont assez souvent le lot de ces animaux.

Dans l'appréciation de l'usure des incisives, il ne faut pas perdre de vue 1° que leur dureté est plus grande que chez le cheval; 2° qu'elles sont un peu plus étroites transversalement; 3° que la paroi postérieure du cornet dentaire est plus mince, souvent fissurée, quelquefois incomplète et à peu près nulle sur les coins inférieurs. Il résulte de ces particularités que le rasement et le nivellement se font plus tardivement que dans le cheval, tandis que la table prend plus tôt la forme arrondie puis triangulaire. Par contre, la biangularité se fait attendre. Le rasement des coins est particulièrement irrégulier; il est rare qu'à la mâchoire inférieure, il se fasse avant dix ans. Comparativement aux chevaux, tous les ânes sont bégus ou faux-bégus ou le deviennent.

En résumé, à partir de l'âge adulte, il faut être très circonspect dans l'évaluation de l'âge de l'âne et du mulet. Remarquons en terminant que la dureté plus grande de leurs dents s'allie à une meilleure trempe de tout leur organisme.

SECTION II. — AGE DU BŒUF

La détermination de l'âge du bœuf repose sur l'examen des dents et sur celui des cornes.

ARTICLE I. — CONNAISSANCE DE L'AGE PAR LES DENTS

Ainsi que nous l'avons fait pour le cheval, nous étudierons l'anatomie des dents avant de faire connaître les signes que l'on en tire pour la connaissance de l'âge.

§ 1. — Anatomie des dents.

La formule dentaire du bœuf est : $i. \dfrac{0}{4}$, $c. \dfrac{0}{0}$, $pm. \dfrac{3}{3}$, $am. \dfrac{3}{3}$, c'est-à-dire que cet animal possède, dans l'un comme dans l'autre sexe, 32 dents, dont 24 molaires, disposées comme celles du cheval, et 8 incisives, toutes situées à la mâchoire inférieure. La caractéristique de cette formule, c'est l'absence d'incisives à la mâchoire supérieure et de canines aux deux mâchoires.

A. INCISIVES. — Disposées en clavier sur le bord de la spatule mandibulaire, elles se distinguent en *pinces, premières mitoyennes, deuxièmes mitoyennes* et *coins* (fig. 60).

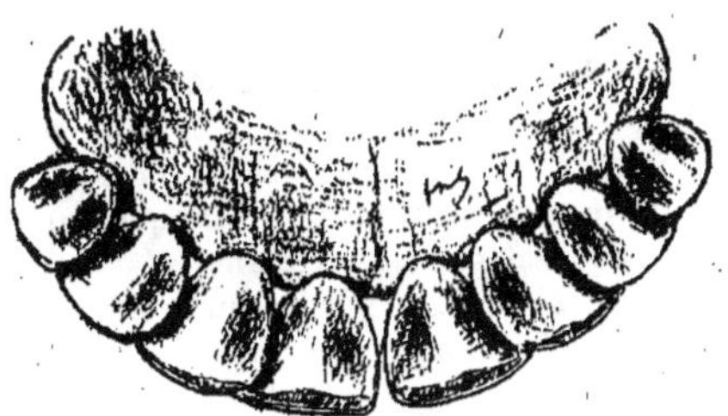

FIG. 60. — *Arcade incisive de la 2ᵉ dentition.*

Elles ne sont jamais très solidement fixées dans l'alvéole, mais au contraire quelque peu m o b i l e s, comme pour ne pas entamer le bourrelet muqueux qui les remplace à la mâchoire supérieure. Extraites de l'alvéole, elles offrent chacune la forme d'une pelle dont le manche correspond à la racine (fig. 61); elles sont donc fortement colletées, et, leur collet arrivant rapidement à la gencive, elles ne sont pas sujettes à la pousse constante qu'on observe chez les Solipèdes.

La *couronne*, triangulaire, plus ou moins relevée contre la mâchoire

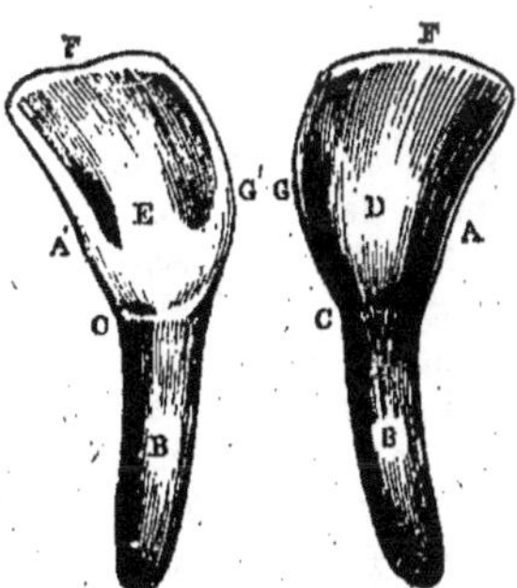

FIG. 61. — *Une incisive vue par les 2 faces.*

A, bord externe de la couronne; B, racine; C, collet; D, face antérieure; E, face postérieure ou avale; F, bord antérieur; G, bord interne.

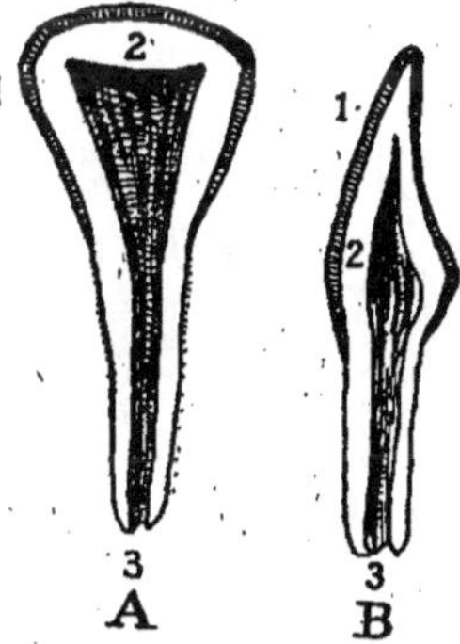

FIG. 62. — *Incisives.*

A, coupe frontale; B, coupe sagittale; 1, émail; 2, ivoire; 3, orifice de la cavité dentaire.

supérieure, offre à considérer : une face inférieure ou labiale, une face supérieure ou linguale, et trois bords. La face inférieure ou antérieure, légèrement convexe, n'a rien de remarquable. La face supérieure ou postérieure est taillée en un biseau un peu concave, où l'on voit une légère éminence conique dont le sommet vient se perdre vers le bord antérieur, non loin de l'angle externe; Girard a donné à cette face le nom d'*avale*, parce que c'est sur elle que se forme et s'étend la table. Le bord interne est convexe, l'externe concave, la dent étant un peu déjetée en dehors. Le bord antérieur ou supérieur est convexe et tranchant dans la dent vierge; c'est par lui que commencent l'éruption et plus tard l'usure.

La *racine* est cylindroïde, à peine atténuée à l'extrémité, où l'on voit, dans la dent jeune, l'orifice de la pulpe.

La *structure* n'offre rien de bien particulier, si ce n'est l'extrême minceur de l'émail sur l'avale et le peu d'abondance du cément (fig. 62). Celui-ci ne forme qu'une très légère couche incrustante sur la racine et dans les dépressions qui bordent l'éminence de la face supérieure; il manque sur la face antérieure de la couronne qui devient ainsi d'un blanc éclatant. L'ivoire constitue tout le reste de la dent et oblitère peu à peu la cavité dentaire en prenant une couleur d'abord plus foncée, ensuite plus claire que celle de l'ivoire primitif.

Le *mode d'usure* est le suivant : le bord antérieur de la couronne s'émousse, devient rectiligne et se transforme peu à peu en une surface qui se développe d'avant en arrière aux dépens de l'avale et, à un moment donné, emporte jusqu'à la trace de son éminence conique; alors on dit que la dent est nivelée. Cette table passe par une succession de formes que l'on peut réaliser extemporanément en coupant la dent en tranches à diverses hauteurs, obliquement en arrière. L'étoile dentaire y apparaît très vite, d'abord comme un simple trait transversal, qui s'épaissit peu à peu, puis comme une tache carrée et enfin comme une tache ronde, c'est-à-dire qu'elle suit les changements de forme de la table. Au fur et à mesure qu'elles usent, les dents se raccourcissent, car elles ne sortent pas concurremment de leurs alvéoles; aussi arrivent-elles, dans la vieillesse, à former leur table au ras de la gencive et même sur la partie supérieure de la racine. A partir de dix ans, elles perdent contact, s'écartent de plus en plus les unes des autres, ce qui résulte simplement de ce que, dans le jeune âge, elles ne se touchaient que par leurs extrémités élargies, en sorte que, celle-ci disparue par détrition, elles ne se touchent plus et paraissent s'être écartées. Il faut dire toutefois que cet espacement peut se rencontrer exceptionnellement chez des animaux jeunes.

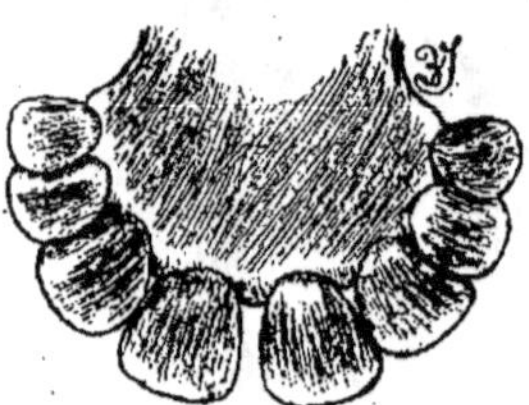

FIG. 63. — *Arcade incisive de 1ʳᵉ dentition.*

Les *incisives caduques* (fig. 63) sont comme une réduction de leurs remplaçantes; quand il existe, dans une même arcade, des incisives des deux dentitions, le contraste est d'autant plus frappant que les unes sont beaucoup plus usées que les autres. Les dents de lait sont en outre un peu plus courbées en dehors et plus déprimées sur l'avale que celles d'adulte.

Les unes et les autres sont placées de champ dans l'os; elles

tournent sur elles-mêmes d'un quart de tour pendant que se fait leur
éruption. Au moment où elles traversent la gencive, elles sont encore de
travers, et, si c'est une dent remplaçante, on remarque qu'elle sort en
arrière de la place qu'elle devra prendre. Signalons enfin la décroissance
rapide de volume que les incisives d'une même dentition présentent du
centre aux extrémités de l'arcade, décroissance telle que les coins sont
beaucoup plus petits que les pinces; mais la transition est ménagée par
les dents intermédiaires, et c'est là précisément ce qui démontre que
toutes les dents sont de même dentition. Quand il y a, dans la même
arcade, des incisives des deux générations, celles de lait contrastent,
répétons-le, par leur exiguïté et le degré de leur usure.

Anomalies. — On a signalé quelques cas de dents surnuméraires,
déficientes restées incluses
dans l'os, déviées ou dépla-
cées. Une vache avait 11 incisives au lieu de 8, d'autres 9
ou 10; chez d'autres les coins
manquaient ou avaient pris la
forme conoïde. Plus souvent
on observe de la discordance
des mâchoires, soit par brachygnathie inférieure, soit au
contraire par brachygnathie
supérieure comme dans les
veaux ñatos, dits vulgairement veaux bouledogues, qui
ont la mâchoire inférieure
plus ou moins relevée au-
devant de la supérieure.

B. Molaires. — Les mo-
laires du bœuf sont plus
étroites que celles du cheval,
et, au lieu d'être à peu près
d'égal volume dans chaque
arcade, elles augmentent de
la première à la dernière,
dans une proportion telle
que l'espace occupé par les
trois premières est environ la
moitié de celui des trois

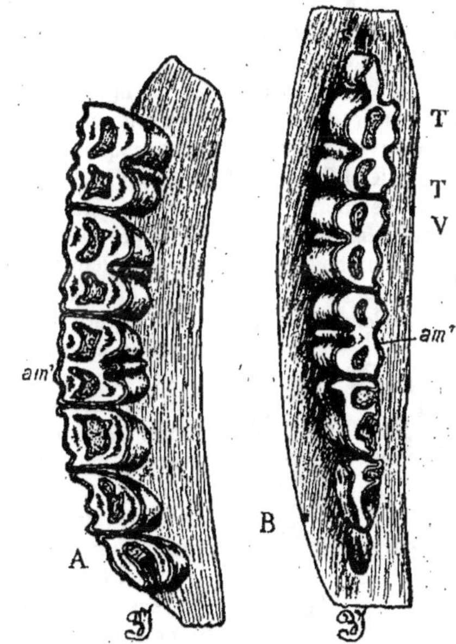

Fig. 64. — *Arcades molaires d'adulte
vues par la table.*

A, arcade supérieure gauche; B, arcade inférieure
droite; *am'*, première arrière-molaire. (Le côté
interne de l'une s'oppose au côté externe de
l'autre).

dernières; en outre, les prémolaires ne sont pas du même type que les
arrière-molaires (fig. 64).

A la mâchoire supérieure, celles-ci présentent, comme les molaires des
Solipèdes, quatre denticules en croissant accouplés deux à deux, qui, une
fois usés, produisent une table sur laquelle l'émail dessine un B tourné

en dedans, mais dépourvu d'appendice à sa boucle antérieure. A la mâchoire inférieure, le B est renversé comme dans les Solipèdes, mais ses boucles ne sont pas fissurées du côté interne; la dernière dent termine l'arcade par un troisième lobe dont il n'existe pas trace dans les dents précédentes non plus que dans la dent opposée. Aux deux mâchoires on remarque dans les sillons interlobaires des arrière-molaires de petites colonnettes cylindro-coniques qui, entamées par l'usure, forment sur la table de chaque dent un petit repli d'émail. A signaler enfin que cette table est moins plane que chez les solipèdes, traversée qu'elle est par deux collines transversales correspondant aux deux paires de croissants et par une vallée répondant à leur intervalle, collines et vallées qui s'engrènent d'une mâchoire à l'autre; l'émail fait saillie en crêtes plus vives et le cément est peu abondant. La hauteur de la couronne augmente de la première à la troisième arrière-molaire sans atteindre à beaucoup près celle des molaires d'adulte du cheval.

Les prémolaires supérieures figurent assez bien, chacune, la moitié d'une arrière-molaire; elles n'ont en effet qu'une paire de denticules et qu'une cavité à l'extrémité, conséquemment, un seul émail central sur la table; celle-ci figure un D au lieu d'un B. Quant aux prémolaires inférieures ce sont des dents plus ou moins aiguës et tranchantes qui font passage aux molaires des carnivores; la première est beaucoup moins volumineuse que les deux autres, qui offrent sur leur face interne deux sillons paraissant être une ébauche des cavités de l'extrémité libre des arrière-molaires.

Les *molaires de lait* sont au nombre de trois en haut et trois en bas, de chaque côté (fig. 65). La première, aux deux mâchoires, ne diffère pas beaucoup de celle qui lui succédera, elle a la forme d'une prémolaire. La deuxième et la troisième supérieures offrent deux paires de denticules circonscrivant deux cavités et donnant lieu à un B sur la table, entre les boucles duquel on remarque une colonnette interlobaire, c'est-à-dire qu'elles ressemblent à des arrière-molaires. La deuxième inférieure rappelle sa remplaçante. La troisième est très volumineuse, trilobée, comme la dernière arrière-molaire, et à triple paire de croissants à son extémité libre; on la distingue de cette dernière au volume plus considérable de son lobe postérieur, qui porte une cavité à l'extrémité tandis que ce lobe est au contraire le plus petit des trois dans la dernière arrière-molaire et terminé en mamelon.

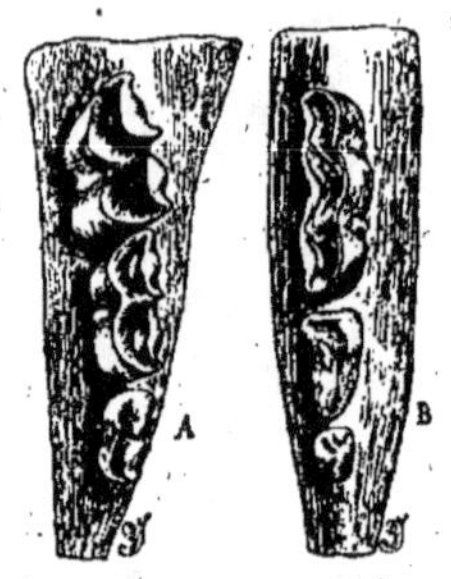

FIG. 65. — *Arcades molaires de la 1ʳᵉ dentition.*

A, supérieure droite; B, inférieure gauche. (Le côté externe de l'une s'oppose au côté interne de l'autre).

Bien que l'exploration du fond de la bouche soit encore moins facile que chez les Solipèdes et qu'on ne consulte pour ainsi dire jamais les molaires pour reconnaître l'âge sur l'animal vivant, il n'est pas sans intérêt d'indiquer les *époques d'éruption* de ces dents. Voici celles tirées de mes observations, elles diffèrent peu des dates autrefois données par le professeur Simonds de Londres [1] : Les molaires de lait sortent avant la naissance, à l'exception de la première qui ne traverse la gencive que dans les deux ou trois premières semaines de la vie extérieure, l'inférieure, toujours en retard sur la supérieure. Les deux premières molaires remplaçantes font éruption de 26 à 30 mois ; la troisième de 30 à 34 mois. La première arrière-molaire sort de 4 à 6 mois, la deuxième de 15 à 18 mois, la dernière de 24 à 30 mois (fig. 66 et 67).

Les molaires caduques et les molaires remplaçantes achèvent assez vite leur éruption, vu le peu de hauteur de leur couronne ; il n'en est pas de même des arrière-molaires, dont la pousse se continue d'autant plus longtemps, après qu'elles ont atteint le niveau de la table, qu'elles sont plus postérieures.

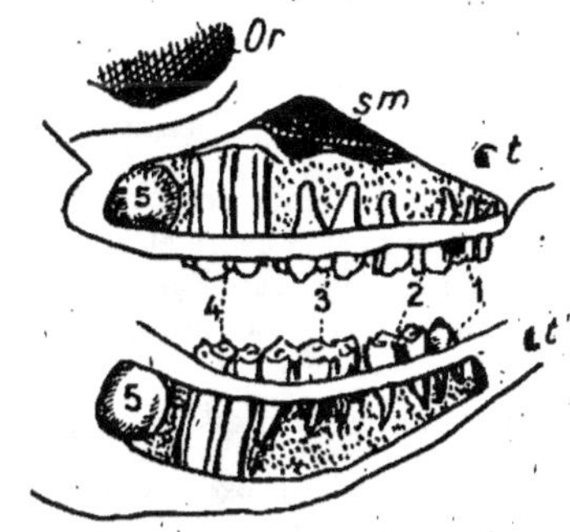

Fig. 66. — *Molaires en place dans les mâchoires sculptées chez un veau de 4 mois.*

1, 2, 3, molaires caduques ; 4, première arrière-molaire ; 5, follicule de la deuxième arrière-molaire. *Or*, orbite ; *sm*, sinus maxillaire ; *t*, trou sous-orbitaire ; *t'*, trou mentonnier.

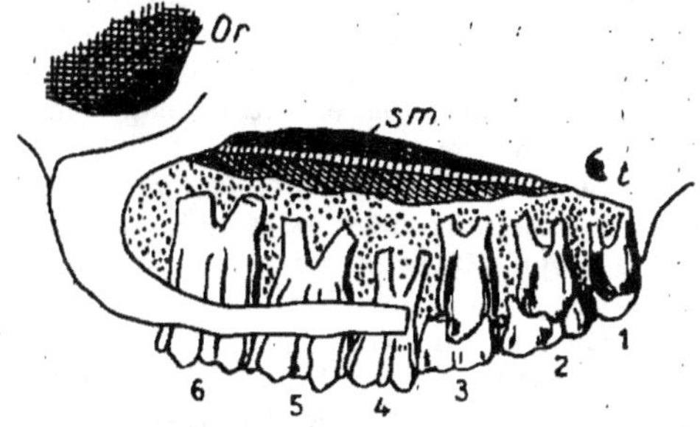

Fig. 67. — *Mola res supérieures en place dans la mâchoire sculptée d'un animal de 28 mois.*

1, 2, 3, molaires caduques, sous lesquelles on voit les remplaçantes ; 4, 5, 6, arrière-molaires ; *Or*, orbite ; *sm*, sinus maxillaire ; *t*, trou sous-orbitaire.

Anomalies. — Morot a signalé une vache de 7 ans qui avait 7 molaires au lieu de 6 à chacune des arcades, la supplémentaire située du côté interne et doublant une prémolaire. La présence d'une quatrième arrière-

1. The age of the ox, sheep and pig, etc., by James Beart Simonds. London, 1854.

molaire peut aussi s'observer, mais moins fréquemment que chez les Solipèdes. Les anomalies d'usure sont plus rares que chez ces derniers, la pousse des dents étant moins prolongée et les mouvements latéraux de la mâchoire inférieure plus que suffisants pour user les tables dans toute leur largeur.

§ 2. — Signes de l'âge.

Nous établirons cinq périodes caractérisées respectivement par l'éruption des incisives caduques, l'usure et le nivellement de ces dents, l'éruption des incisives remplaçantes, l'usure et le nivellement de ces dents, enfin leur écartement et raccourcissement progressifs.

1. — ÉRUPTION DES INCISIVES CADUQUES (fig. 68 et 69).

La connaissance de l'âge des veaux est d'une grande importance pour l'inspecteur de boucherie car ces animaux ne sont en général admis à la consommation qu'à partir d'un âge déterminé, variable suivant les localités. Elle a fait l'objet d'un assez grand nombre de travaux qui se trouvent résumés dans deux thèses vétérinaires, celle du dr August Schultze (Berlin, 1909), et celle du dr Johannes Schwarz (Dresde, 1912). Nous en avons combiné les données avec celles recueillies par nous-même pour rédiger ce qui suit [1].

La connaissance de l'âge des veaux repose non seulement sur l'éruption des dents de lait, incisives et molaires, mais encore sur l'état de l'ombilic, l'état des onglons et l'évolution cutanée qui prépare le développement des cornes. Nous donnerons en outre quelques indices tirés de l'habitus du sujet et même de son autopsie.

A. — L'éruption des incisives commence toujours par le centre de l'arcade et se termine à ses extrémités. Quand la naissance n'a pas été prématurée, sur 100 veaux de nos pays, il en est environ 70 qui ont leurs 8 incisives apparentes en venant au monde, 25 qui en ont 6, et 5 à peine qui n'en ont que 4. La race ne paraît pas avoir une grande importance dans cette variation, qui tient surtout à l'état de la nutrition et à la durée de la gestation; les veaux mâles étant généralement portés plus longtemps que les femelles sont souvent en avance sur elles.

S'il y a les 8 incisives, les quatre dents du centre, vues par devant, ne présentent guère que le tiers de leur couronne à découvert, le reste étant empêtré dans la gencive; les deuxièmes mitoyennes, le quart; les coins, tout juste leur bord supérieur.

S'il y a 6 incisives, les coins percent généralement au cours de la première semaine, parfois de la seconde, rarement plus tard.

---

1. Consulter à ce sujet la thèse de doctorat vétérinaire de M. Debehaigne un de mes élèves, sur l'âge limite du veau de boucherie. Paris 1927.

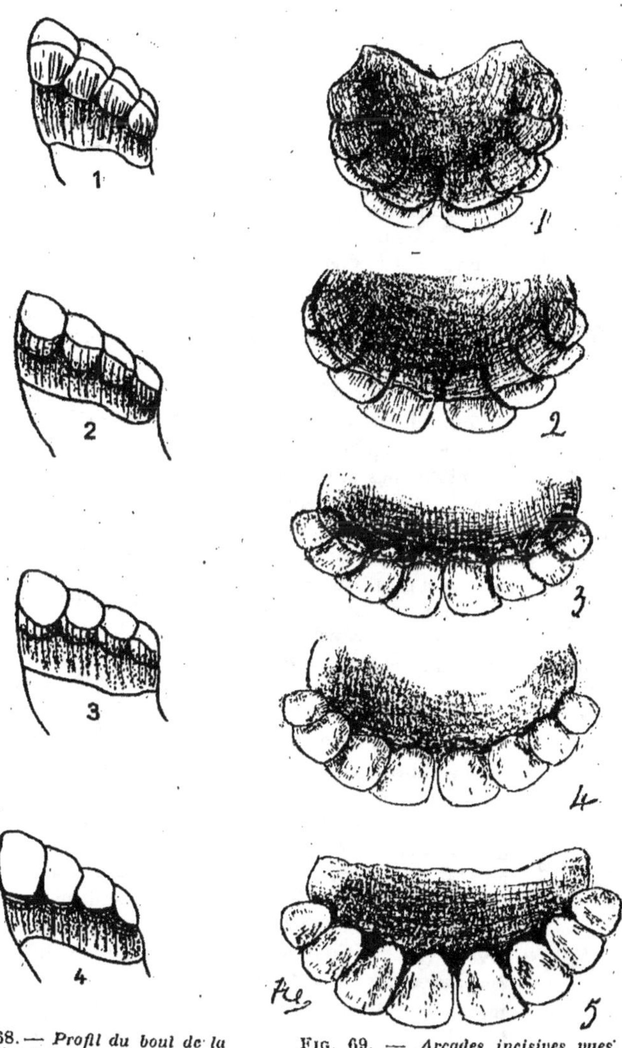

FIG. 68. — *Profil du bout de la mâchoire inférieure chez le veau.*

1, à la naissance; 2, à 8 jours;
3, à 15 jours; 4, à 1 mois.

FIG. 69. — *Arcades incisives vues par-dessus chez le veau.*

1, à la naissance; 2, à 8 jours;
3, à 3 semaines; 4, à 1 mois; 5, à 1 mois 1/2.

S'il y a seulement 4 incisives, ce qui est rare, quand la gestation n'a pas été abrégée, les deuxièmes mitoyennes se montrent dans le cours de la première semaine et les coins pendant la deuxième ou troisième semaine.

En résumé, dans tous les cas, l'arcade incisive est complète au plus tard vers la fin de la troisième semaine ou le commencement de la quatrième. L'irrégularité de la date d'éruption du coin trouve peut-être son explication dans ce fait que cette dent n'est pas une véritable incisive mais une canine transformée; elle commande de baser surtout la diagnose de l'âge sur les autres dents. Quand, par exemple, on est en présence d'un veau dont les pinces et les premières mitoyennes sont dégagées de la gencive d'au moins moitié de leur couronne et les deuxièmes mitoyennes d'au moins un tiers, on lui donnera huit jours environ, que les coins soient apparents ou non. Si les pinces et les mitoyennes internes sont émergées jusqu'à la partie inférieure de la couronne, les mitoyennes externes à moitié dégagées, on donnera à l'animal une quinzaine de jours. Si ces diverses dents sont à peu près complètement dégagées sur leur face antérieure mais encore un peu couvertes sur la postérieure, on dira trois semaines. Si enfin la gencive forme à la base de leur face antérieure un bourrelet bien dessiné, ferme et résistant, blanchâtre, l'animal aura au moins un mois. A un mois et demi la gencive est complètement rétractée jusqu'au collet, même sur la face postérieure, comme l'indique la figure 69,5.

On le voit, il faut aux incisives plusieurs semaines pour se libérer complètement du voile muqueux qui les recouvrait. Au début de l'éruption le bord gingival est convexe; bientôt, la poussée de la dent ayant rompu les adhérences, ce bord revient sur lui-même et passe à l'état rectiligne, puis concave, et cette rétraction continue jusqu'à ce que le collet de la dent soit enserré d'un bourrelet bien différencié qui la consolide dans son alvéole (fig. 70). Ce ne sont pas là les seules modifications éprouvées par la gencive, elle offre aussi des changements de couleur : d'abord nuancée de bleu ou violacée, tuméfiée et marquée d'un liséré rouge à son bord, elle passe vers le cinquième ou sixième jour à la couleur rougeâtre, ensuite au rose vif; elle pâlit de plus en plus en même temps qu'elle se détuméfie; la décoloration commence vers le dixième jour à l'entour des dents centrales, vers le quinzième jour à la base des dents

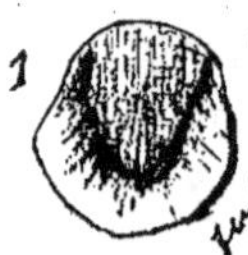

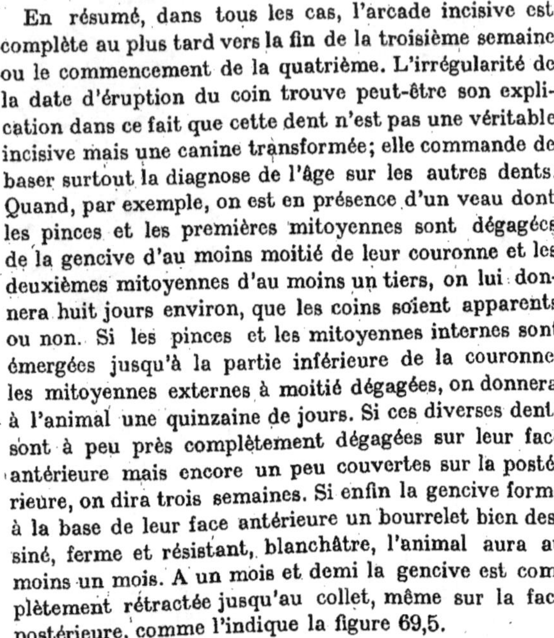

Fig. 70.— *Schéma de l'éruption d'une incisive.*

1, la dent soulève la gencive; 2, elle vient de la traverser, le bord gingival est encore convexe; 3, la gencive s'est rétractée et se termine par un bord rectiligne; 4, la rétraction s'étant continuée le bord gingival est devenu concave ; 5, enfin la couronne est complètement dégagée de la gencive, qui forme bourrelet au collet de la dent.

latérales; elle s'achève vers un mois; à six semaines toute la muqueuse buccale, gencives, lèvres, palais, langue, est à peu près blanche, à moins qu'elle ne soit pigmentée.

La situation des dents les unes par rapport aux autres fournit aussi des indices à ne pas négliger. Avant de s'aligner régulièrement en arcade et de se placer côte à côte comme les touches d'un petit clavier, elles sont d'abord obliquement situées, très mobiles, chevauchantes et comme échelonnées en escalier de part et d'autre du plan médian; elles tournent ensuite sur leur axe en faisant éruption, et leur imbrication diminue au fur et à mesure que le maxillaire s'accroît transversalement. Si donc on est en présence d'incisives encore placées de travers et très chevauchantes, le côté interne de l'une passant sur le côté externe de l'autre, c'est qu'elles sont nouvellement sorties. Si au contraire elles sont déjà bien alignées et à peine imbriquées, peu mobiles, le veau a au moins trois ou quatre semaines. Et si elles sont juste au contact et bien assujetties dans leurs alvéoles, l'animal n'a pas moins d'un mois et demi.

Les molaires de lait font éruption à peu près en même temps que les incisives, mais dans un ordre inverse, la dernière d'abord, puis la seconde et enfin la première. Celle-ci, beaucoup plus petite, est toujours notablement en retard sur les deux autres, elle ne traverse guère la gencive avant la fin de la deuxième semaine à la mâchoire supérieure, de la quatrième semaine à la mâchoire inférieure.

B. — L'ombilic et son cordon fournissent aussi quelques indications.

La dessiccation de celui-ci est plus ou moins rapide suivant la sécheresse de l'ambiance, air et litière; elle peut être retardée par une fistule urinaire ou une infection de l'ombilic (omphalo-phlébite); en général, elle est complète et le cordon momifié au bout de quelques jours (quatre ou cinq au maximum). La chute de celui-ci se fait dans le cours de la deuxième semaine, le plus ordinairement du huitième au dixième jour, parfois plus tôt, parfois plus tard; Morot l'a vu persister jusqu'au vingt-deuxième jour; la présence d'un cordon ombilical desséché n'est donc pas toujours le propre du nouveau-né.

Après la chute du cordon, l'anneau ombilical continue à se resserrer, il est ordinairement cicatrisé à trois semaines, mais il persiste une croûte à sa surface jusqu'à un mois environ, quelquefois jusqu'à cinq ou six semaines. Il peut arriver que le cordon ait été arraché avant dessiccation ou se soit rompu au ras du ventre au moment de l'accouchement; on s'en aperçoit à l'ouverture de l'ombilic formant une plaie d'un à deux centimètres de diamètre qui se cicatrise dans le délai ordinaire.

C. —A la naissance, les onglons se terminent à l'extrémité par une sorte d'appendice d'une corne molle, jaunâtre, qui se dessèche rapidement en prenant la consistance de l'amadou et s'effrite de telle manière qu'il n'en reste plus trace à partir du quatrième ou cinquième jour. A peu près à cette date, l'ongle nouveau commence à se distinguer de l'ongle fœtal par un petit sillon à peine perceptible (fig. 71, 1) qui s'élargit ensuite peu à peu et se convertit en une zone déprimée, intercalée entre le liséré coronaire et le premier cercle périoplique; ainsi l'ongle fœtal descend d'environ un quart de millimètre par jour, en sorte que l'on peut supputer l'âge

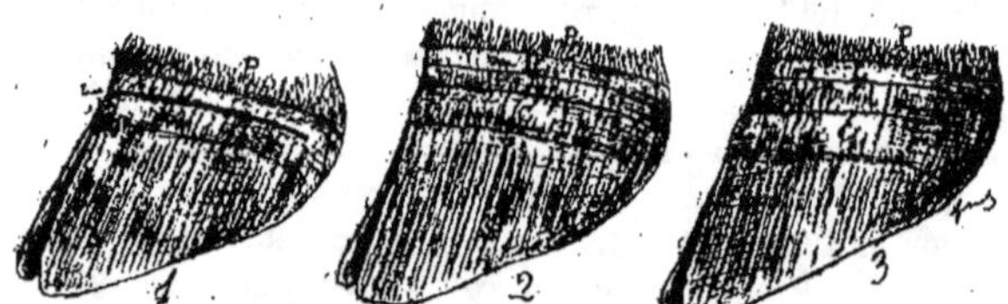

FIG. 71 (demi-schématique). — *Onglons d'un veau :*
1, vers la fin de la première semaine; 2, à 17 jours; 3, à 20 jours.
P, peau; L, liséré coronaire; C, cercle périoplique de l'ongle fœtal s'éloignant progressivement du liséré coronaire L par suite du développement de l'ongle nouveau i.

du veau en mesurant au compas d'épaisseur la distance comprise entre le cercle périoplique C et le liséré coronaire L. Si par exemple cette distance est de 3 millimètres comme elle l'était sur l'onglon 2, le veau sera âgé d'environ dix-sept jours, cet intervalle correspondant à la croissance de douze jours auxquels il faut ajouter les cinq jours précédents. Si la distance en question est de 6 millimètres comme elle l'était sur l'onglon 3, il faudra donner à l'animal environ vingt-neuf jours, sans prétendre, bien entendu, à autre chose qu'une approximation car l'avalure de l'ongle est sujette à des variations.

Passé quatre ou cinq semaines, il peut arriver qu'un deuxième cercle se forme sous le liséré coronaire; on n'en tiendra pas compte et on continuera à mesurer à partir de l'ancien cercle périoplique.

D. — La première ébauche des cornes frontales n'apparaît guère avant un mois et demi, sous forme d'un petit cône obtus coiffant une exostose du frontal et dissimulé par les poils circonvoisins. Cette ébauche est précédée d'une évolution tégumentaire intéressante à connaître au point de vue de la diagnose de l'âge dans les premières semaines. Chez le nouveau-né, à l'endroit de la future corne, la peau, couverte d'un épi de très fins poils et plus adhérente qu'à l'entour, quoique encore souple et un peu mobile, repose sur une saillie du frontal de la grosseur d'un demi-pois. A la fin de la deuxième semaine son épiderme s'épaissit et forme une sorte de verrue de plus en plus manifeste pendant les deux semaines suivantes. Vers un mois les poils tombent sur cette callosité et l'on voit peu à peu se différencier en son milieu un noyau corné solide qui, au bout d'une quinzaine de jour, constitue un petit chapeau très net sur l'exostose sous-jacente. Dès lors la corne est apparue, elle n'a plus qu'à grandir; nous ferons connaître plus loin la suite de son développement et les signes que l'on en peut tirer pour la connaissance de l'âge depuis un mois et demi jusqu'à la fin de la vie (Voir p. 82).

E. — L'habitus du sujet peut aussi fournir quelques vagues renseignements. Le veau nouveau-né a les formes plus ou moins potelées, la démar-

che peu assurée, les poils agglutinés, les articulations volumineuses et pour
ainsi dire noueuses, le genou à égale distance des jointures du coude et du
boulet, la poitrine serrée ayant une circonférence qui ne l'emporte pas ou
l'emporte à peine sur la longueur du corps mesurée de la pointe de l'épaule
à la pointe de la fesse. Il s'affermit bientôt sur ses jambes, ses mouvements
sont moins gauches, sa poitrine s'agrandit et offre des hypocondres moins
déprimés et moins dépressibles; son genou devient moins distant de l'articulation métacarpo-phalangienne que de l'articulation huméro-radiale;
l'aspect noueux de ses membres diminue, etc.

F. — Si l'animal est mort ou a été abattu, son autopsie peut donner des
renseignements de grand intérêt sur son âge probable et surtout sur sa
valeur alimentaire. D'après Villain, le veau doit être considéré comme
trop jeune pour la boucherie lorsque la chair est flasque, rougeâtre, géla-
tineuse, le tissu conjonctif imprégné d'humidité, la graisse peu abondante,
grenue, gris bistré, terreuse ou jaunâtre, dépourvue d'onctuosité, les reins
foncés en couleur, brun verdâtre ou même violacé, à peine recouverts de
graisse, la moelle des os sans consistance et d'un rouge intense, les surfaces articulaires rosées ou légèrement grisâtres, les cartilages extrêmement abondants, les épiphyses peu adhérentes, les fausses côtes très mobiles, etc.

Au contraire, le veau est dit *à maturité*, c'est-à-dire bon pour la consommation, lorsque les muscles sont fermes au toucher, blanc rosé, le tissu
conjonctif séchant vite à l'air, la graisse abondante autour des reins et
dans le bassin, blanche et onctueuse, la moelle des os longs couleur de
beurre frais, les hypocondres résistants, les surfaces articulaires gris
plombé, les reins volumineux, de la couleur des muscles ou rouge jaunâtre, etc. Le temps nécessaire pour amener ainsi un veau à maturité
n'a rien de fixe; il est subordonné au régime de l'animal, à sa race et aussi
à son individualité; en moyenne, il faut compter six semaines, c'est l'âge
minimum exigé par les règlements de boucherie à Paris, mais dans les
localités où les règlements ne s'y opposent pas, on peut admettre à la consommation des veaux d'un mois, trois semaines, quinze jours et même
huit jours, cela dépend de l'état de leur chair, qui, nous le répétons, n'est
pas toujours en rapport avec l'âge.

On a cherché sur le cadavre un critérium permettant de reconnaître
sûrement si un animal avait dépassé ou au contraire n'avait pas atteint
tel ou tel âge prescrit par les règlements de boucherie. C'est ainsi que
Fougeroux avait cru le trouver, pour Paris, dans la soudure des métacarpiens ou métatarsiens constituant les os canons, laquelle s'effectuerait
précisément à six semaines; mais les recherches de Goubaux et Morot,
confirmées par les nôtres, établissent que cette soudure est beaucoup plus
précoce; elle se fait pendant les deux derniers mois de la gestation en commençant par les canons de derrière et en procédant de haut en bas; elle
est complète à la naissance mais pas tellement solide qu'on ne puisse la
rompre avec la lame d'un instrument tranchant introduit de vive force

dans l'échancrure articulaire inférieure. Par le même moyen, mais après cuisson, on peut encore obtenir la séparation des métacarpiens ou métatarsiens soudés chez des veaux de cinq à six semaines. La communication des canaux médullaires par résorption de la cloison qui les sépare ne se produit guère avant le troisième mois. Le critère de Fougeroux est donc sans valeur. Les os naviculaires ou petits sésamoïdes, complémentaires des phalangettes, pourraient peut-être en fournir un, car jusqu'à la troisième semaine ils sont entièrement cartilagineux, leur ossification se fait ensuite assez rapidement; mais ils sont inclus dans les onglons et par conséquent difficiles à inspecter; au surplus, en tenant compte des divers caractères que nous venons de donner, externes ou internes, et en les contrôlant les uns par les autres, on peut arriver en ce qui concerne la détermination de l'âge à une approximation très suffisante.

G. — *En résumé*, si les incisives sorties, quel qu'en soit le nombre, sont très mobiles, empêtrées dans une gencive convexe et tuméfiée; si elles sont obliquement placées et échelonnées en étages superposés; si la muqueuse buccale est nuancée de bleu; si le cordon ombilical n'est pas complètement desséché, ou si, n'existant plus, son anneau d'origine forme une plaie d'un à deux centimètres de diamètre au fond de laquelle se présente le bout central des artères ombilicales; si enfin les onglons offrent encore quelque débris de leur tampon fœtal, on est en présence d'un veau nouveau-né qui a moins de cinq jours. On peut même présumer qu'il est né avant terme si les incisives sont fortement de travers et que seules les dents centrales soient sorties.

Si les pinces et les mitoyennes internes sont aux deux tiers dégagées par devant d'une gencive légèrement concave, les mitoyennes internes au tiers sorties d'une gencive rectiligne, que les coins aient percé ou non, que le cordon ombilical existe encore ou soit déjà tombé; si la muqueuse buccale n'est plus nuancée de bleu, mais franchement rouge, encore tuméfiée; si la peau à l'endroit des futures cornes est souple et sans la moindre trace de callosité; si un sillon annulaire commence à apparaître sous le liséré coronaire des sabots, le veau a une huitaine de jours.

Si les quatre dents centrales sont presque complètement à découvert par devant, la gencive formant festons à la base de leurs couronnes, si les mitoyennes externes sont au moins à moitié sorties, avec une gencive rectiligne ou légèrement concave, quel que soit le degré d'éruption du coin, si les dents sont encore nettement chevauchantes, si les gencives sont déjà fermes et de couleur rose clair; si l'anneau ombilical n'est pas encore cicatrisé, si, à l'endroit des futures cornes la peau commence à s'épaissir sans offrir encore une véritable callosité, si le cercle périoplique des onglons est déjà distant de la bande coronaire de 2 à 3 millimètres, le veau a une quinzaine de jours.

Si toutes les incisives, à l'exception du coin, sont libérées de la gencive jusqu'à la partie inférieure de la couronne et régulièrement alignées en arcade sans être encore tout à fait consolidées, si les gencives sont décolorées à l'entour des dents centrales; si l'ombilic est cicatrisé (en l'absence de tuméfaction indiquant une omphalo-phlébite), si à l'endroit des futures cornes existe une callosité manifeste, si le cercle des onglons est éloigné de la bande coronaire de 4 à 5 millimètres, le veau est âgé d'environ trois semaines.

Si la gencive, rétractée jusqu'au collet des incisives (à l'exception des coins), leur constitue par devant une sorte de bourrelet ferme qui les consolide dans les alvéoles, si elle est tout à fait décolorée, sauf parfois dans l'intervalle des dents, si celles-ci sont régulièrement placées côte à côte presque sans chevauchement; si la première molaire inférieure a traversé la gencive; s'il persiste encore une croûte sur l'ombilic, si un noyau corné solide commence à se différencier au centre de l'espèce de verrue occupant la place des cornes, si le cercle pariétal est distant du liséré coronaire de 6 à 7 millimètres, le veau a environ un mois.

Si le bourrelet gingival est bien formé à la base de toutes les incisives, y compris les coins, si leur couronne est aussi complètement dégagée en arrière qu'en avant, si la bouche est partout décolorée, blanche (sauf le cas de pigmentation), si les incisives, tout en restant étroitement au contact, ne sont plus chevauchantes, s'il n'y a plus trace de croûte sur l'ombilic, si les cornes sont nettement ébauchées à l'état de petits cônes plus ou moins cachés par les poils environnants, si enfin l'ongle fœtal est éloigné de la bande coronaire de 9 à 10 millimètres, l'animal est âgé d'environ un mois et demi.

II. — Usure et nivellement des incisives caduques (fig. 72).

L'usure de ces dents se fait d'une manière fort irrégulière suivant l'époque du sevrage et le genre de nourriture. Il est clair que les animaux sevrés tardivement et nourris ensuite avec des herbes tendres, des barbotages, usent moins leurs dents que ceux que l'on sèvre de bonne heure et

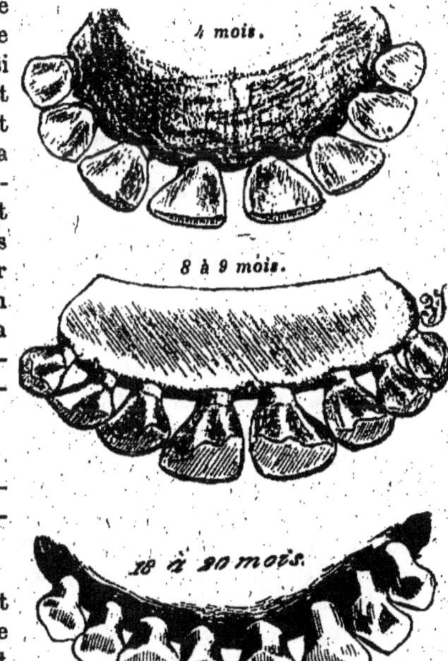

Fig. 72. — Arcades incisives de lait : à 4 mois, de 8 à 9 mois et de 18 à 20 mois.

met tout de suite au régime du foin. En règle générale, l'arcade incisive reste à peu près indemne jusqu'à l'âge de trois mois, où l'on voit les pinces s'entamer; l'usure se propage ensuite sur les mitoyennes et en dernier lieu sur les coins, qui restent intacts jusque vers six mois; elle s'accentue de plus en plus et les dents perdent plus ou moins le contact.

Le nivellement ou effacement de l'éminence de l'avale s'opère à des dates assez variables; en moyenne, à un an pour les pinces, quinze mois pour les premières mitoyennes, dix-huit mois pour les deuxièmes mitoyennes, vingt mois pour les coins.

A la fin de cette période, le centre de l'arcade incisive s'affaisse, les dents centrales, très raccourcies, se déchaussent peu à peu, deviennent plus mobiles, dénonçant ainsi leur chute prochaine; le veau ou la velle sont devenus taurillon ou génisse et déjà aptes à la reproduction.

Signes complémentaires. — La première arrière-molaire sort de quatre à six mois aux deux mâchoires. Mais c'est surtout l'examen des cornes qui, pendant cette période, est d'une aide précieuse pour la diagnose de l'âge (voir p. 70 et 82).

III. — ÉRUPTION DES INCISIVES REMPLAÇANTES (fig. 73).

Cette éruption se fait dans le même ordre que celle des dents de lait, c'est-à-dire du centre aux extrémités de l'arcade. Nous avons déjà dit qu'au moment où une dent de lait tombe, la remplaçante se montre déjà par son bord antérieur, mais placée de travers de telle sorte qu'elle a à se redresser en faisant éruption, beaucoup plus que chez les Solipèdes.

Girard père assignait les dates suivantes à l'éruption des incisives de deuxième génération : pinces, dix-huit mois à deux ans; premières mitoyennes, deux ans et demi à trois ans; deuxièmes mitoyennes, trois ans et demi à quatre ans; coins, quatre ans et demi à cinq ans.

De nos jours certaines de ces indications se vérifient rarement car nos races françaises sont toutes devenues plus ou moins précoces; on peut adopter comme moyennes les dates ci-après que nous avons déterminées avec Cornevin :

Les pinces de lait tombent à vingt mois, leurs remplaçantes mettent deux ou trois mois pour arriver à la table; les premières mitoyennes de lait tombent à trente mois, leurs remplaçantes arrivent à la table à trente-deux ou trente-trois mois; les deuxièmes mitoyennes de lait tombent à trente-huit mois, leurs remplaçantes arrivent à la table deux ou trois mois plus tard; enfin les coins de lait tombent à quatre ans, les remplaçantes mettent six mois à achever leur éruption et ne commencent guère à user avant cinq ans, époque à laquelle la mâchoire est *au rond* et la *bouche faite*.

En résumé, vingt mois, trente mois, trente-huit mois, quarante-huit mois, telles sont les époques les plus fréquentes de chute des incisives de lait.

Signes complémentaires. — La deuxième arrière-molaire, cinquième dans l'arcade d'adulte, fait éruption de quinze à dix-huit mois, la troisième, qui

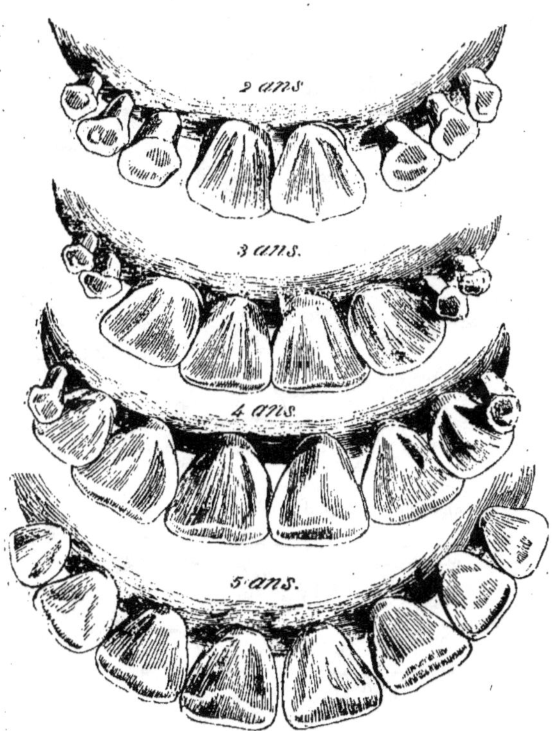

Fig. 73. — *Arcades incisives pendant la période de remplacement des dents.*

termine l'arcade, de vingt-quatre à trente mois; les prémolaires ou molaires remplaçantes, de vingt-six à trente mois les deux premières, de trente à trente-quatre mois la dernière.

IV. — Usure et nivellement des incisives remplaçantes (fig. 74).

A *cinq ans*, les coins commencent à user.

A *cinq ans et demi*, ils sont entamés sur tout le bord antérieur.

A *six ans*, ils sont notablement usés et la table des autres dents est d'autant plus étendue qu'elles occupent une position plus centrale.

A *sept ans*, les pinces ont nivelé.

A *huit ans*, les premières mitoyennes ont nivelé, la table des pinces est devenue concave en se modelant sur le bourrelet de la mâchoire supérieure.

7 ans (pinces nivelées).

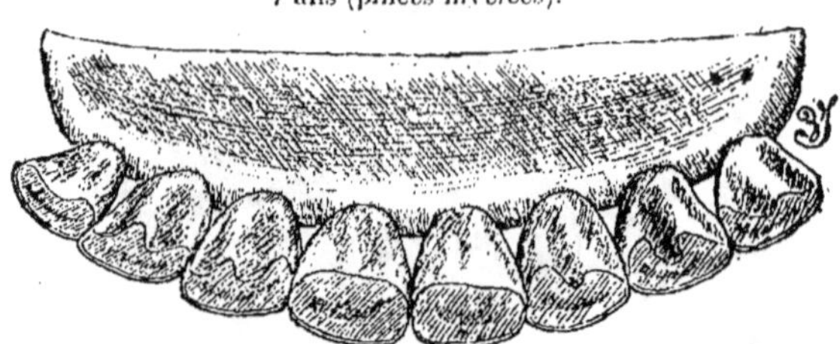

8 ans (pinces et premières mitoyennes nivelées).

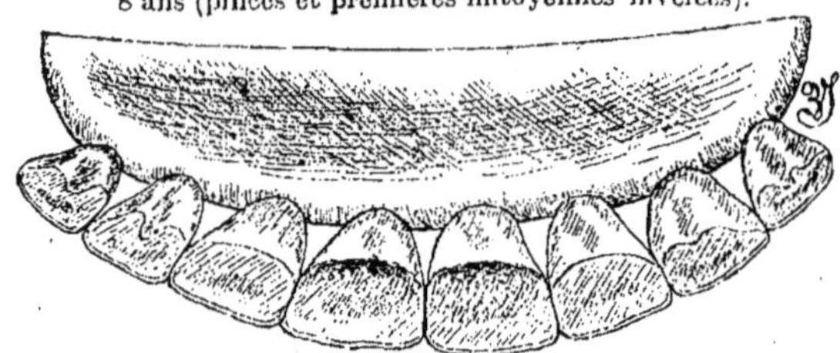

9 ans (pinces et quatre mitoyennes nivelées).

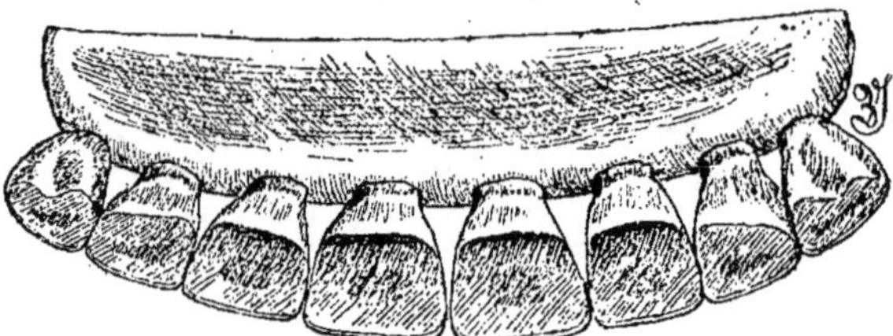

10 à 11 ans (toutes les dents nivelées commencent à ne plus se joindre)

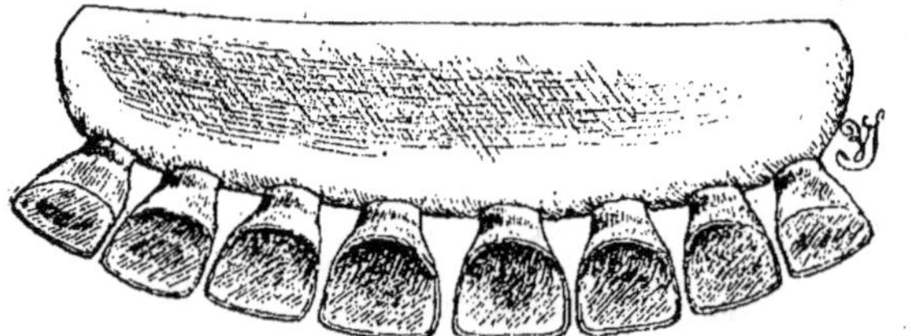

Fig. 74. — *Arcades incisives d'adultes pendant la période de nivellement.*

A *neuf ans*, les deuxièmes mitoyennes ont nivelé, la table des premières mitoyennes est concave, celle des pinces tend à la forme carrée; l'arcade incisive s'est redressée et les dents se sont notablement raccourcies.

A *dix ans*, les coins ont nivelé, toutes les tables ont un bord postérieur régulier n'offrant plus trace des sinuosités qui marquent la persistance de l'éminence de l'avale; ces tables sont à peu près carrées, à l'exception de celle du coin qui est encore allongée transversalement; elles se touchent à peine.

V. — ÉCARTEMENT DES INCISIVES
RÉSULTANT DE LEUR RACCOURCISSEMENT

A *onze ans*, les dents ne se touchent plus; celles du centre tendent à arrondir leurs tables (fig. 74).

A *douze ans*, l'écartement a augmenté, les dents sont usées en arrière jusqu'à proximité du collet; leurs tables s'arrondissent ou même s'allongent d'avant en arrière sur les pinces et les mitoyennes.

De *douze à quinze ans*, l'écartement progresse, les dents, usées jusqu'à la

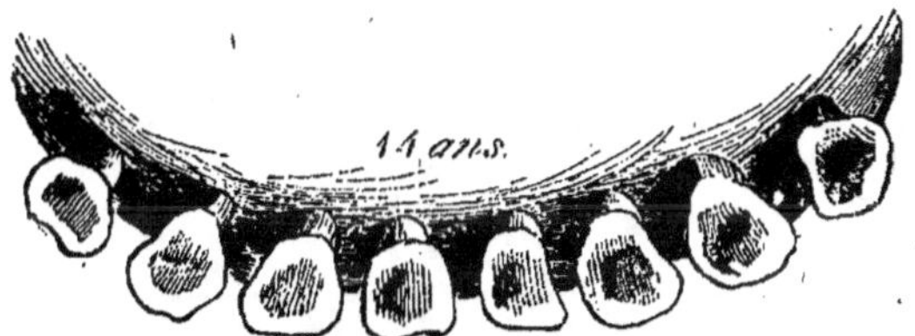

FIG. 75. — *Les dents sont à l'état de chicots espacés.*

gencive du côté de l'intérieur de la bouche, allongent leur table sur la racine (si ce n'est toutes, au moins les centrales), elles n'ont une longueur appréciable que du côté de la lèvre (fig. 75).

Plus tard, ce ne sont plus que des chicots jaunes, étroits, très écartés les uns des autres et s'arrachant aisément.

Bien peu d'animaux de l'espèce bovine atteignent la limite naturelle de la vie, c'est-à-dire une vingtaine d'années, car il est d'un intérêt bien compris de les sacrifier pour la boucherie avant la vieillesse et de renouveler le cheptel le plus souvent possible.

Les indices tirés des dents pour la connaissance de l'âge sont beaucoup moins rigoureux que chez le cheval, même dans les premières périodes de la vie, attendu que, d'une part, les dates d'éruption sont considérablement influencées par le phénomène de la précocité; d'autre part, la rapidité de l'usure varie beaucoup suivant le genre de nourriture et la dureté des dents. Les animaux nourris de vert, de barbotages, de résidus industriels, sont en retard sur ceux alimentés avec des fourrages secs et plus ou moins grossiers. Le mode d'usure n'est pas toujours le même non plus; il dépend de la direction des dents, qui est beaucoup plus relevée dans certains sujets que dans les autres.

Tableau synoptique des dates ordinaires d'éruption des dents du Bœuf.

	PINCE	1re MITOYENNE	2e MITOYENNE	COIN	1^r MOLAIRE	2e MOLAIRE	3e MOLAIRE	4e MOLAIRE	5e MOLAIRE	6e MOLAIRE
1re dentition . .	Avant naissance	Avant naissance	Avant naissance	Avant naissance ou dans les 15 premiers jours	Supérieure 15 jours environ inférieure 28 jours environ	Avant naissance	Avant naissance	»	»	»
2e dentition . . .	20 mois	30 mois	38 mois	48 mois	26 à 30 m.	26 à 30 m.	30 à 34 m.	4 à 6 mois	15 à 18 m.	24 à 30 m.

§ 3. — **Précocité** (fig. 76 et 77).

La cause essentielle des variations de l'évolution dentaire, c'est la *précocité ou maturation hâtive*, phénomène en vertu duquel certains individus atteignent l'âge adulte avant l'époque ordinaire fixée pour leur espèce. Grâce à un sevrage tardif, à une alimentation intensive et choisie stimulant la nutrition, ces individus précipitent pour ainsi dire leur développement, de manière à être en avance sur les autres par les deux caractères qui expriment le mieux son apogée : la soudure des épiphyses et le remplacement des dents de lait. Mais il n'est pas vrai, comme le soutenait Sanson, que la hâtivité du remplacement des dents résulte purement et simplement d'une

Fig. 76. — *Mâchoire précoce, vue par-dessous, d'un bovin de 2 ans.*

modification générale dans l'évolution du squelette, dont elle serait corrélative, et qu'il y ait synchronisme entre la soudure de certaines épiphyses déterminées et le remplacement de chaque paire d'incisives. Les deux phénomènes ne sont ni corrélatifs, ni proportionnels, la précocité influe incomparablement moins sur les soudures épiphysaires que sur l'évolution dentaire, celle-ci peut être achevée alors que la croissance se poursuis encore plus ou moins longtemps [1].

Les dents sont des organes digestifs qui, par leur mode de développement, leurs mues, par la nature épithéliale de leur premier germe, se rapprochent des poils, on comprend qu'elles soient particulièrement sujettes aux influences de nutrition, comme les autres phanères d'ailleurs. Il n'en est pas de

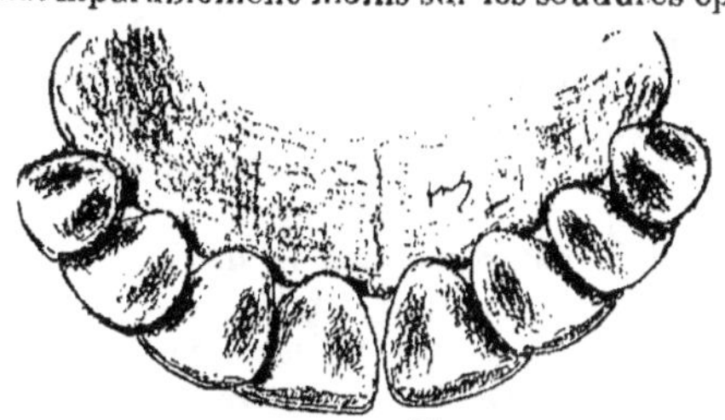

Fig. 77. — *Arcade incisive d'un bovin précoce âgé de 3 ans. Toutes les dents sont remplacées et celles du centre sont à peine entamées; de plus, elles chevauchent de chaque côté l'une sur l'autre.*

même des os; ils donnent la forme et la taille des individus, qui dépendent avant tout des influences héréditaires. Si les animaux précoces, de boucherie, sont près de terre, cela ne tient pas tant à la brièveté de leurs membres qu'à l'abaissement de leur sternum résultant de l'allongement des côtes et de l'extrême amplification du thorax. Le raccour-

1. Voy. F. X. Lesbre, Contribution à l'étude de l'ossification du squelette des mammifères domestiques, principalement aux points de vue de sa marche et de sa chronologie (*Annales de la Société d'agriculture de Lyon*, 1897).

cissement des membres, surtout considérable pour les rayons inférieurs, n'est pas le résultat d'une soudure plus hâtive des épiphyses, il est la conséquence naturelle du développement de la masse et du poids du corps; on l'observe chez les chevaux de gros trait comme chez les animaux de boucherie et cependant les chevaux de trait ne sont nullement précoces relativement aux autres chevaux, bien mieux, s'il fallait en croire Sanson, ce sont les chevaux de course qui le seraient, en sorte que la précocité rognerait les membres aux bêtes de boucherie tandis qu'elle serait compatible avec leur extrême allongement chez les chevaux d'hippodrome. Et puis si vraiment les membres des animaux de boucherie avaient été raccourcis du fait de la soudure hâtive des épiphyses, pourquoi la colonne vertébrale et les côtes n'en auraient-elles pas éprouvé les mêmes effets? Or, c'est justement le contraire qu'on observe, tout le monde sait que les animaux en question se font remarquer par l'allongement de leur corps, la grande hauteur et la forte circonférence de leur poitrine. Il ne faut donc pas exagérer l'influence de la précocité sur les dates des soudures épiphysaires; tout au plus peuvent-elles être avancées de quelques mois dans l'espèce bovine.

La précocité est avant tout une manifestation de l'individualité; elle peut s'observer dans toutes les races, mais elle est surtout caractéristique des races améliorées ou de boucherie, en tête desquelles se place la race anglaise Durham. Comme tous les bovins finissent à l'abattoir, il y avait intérêt à les améliorer au point de vue de cette utilisation; on y est parvenu par l'alimentation et le croisement, et aujourd'hui la plupart de nos races françaises sont devenues plus ou moins précoces, il en est même comme la charolaise et la limousine qui arrivent à concurrencer la durham. Aussi les indications fournies par Girard pour la diagnose de l'âge ont-elles dû être revisées.

La précocité se manifeste pendant la période d'éruption des dents de lait et surtout pendant la période d'éruption des dents remplaçantes. Les incisives de lait sont généralement sorties à la naissance; les remplaçantes ont une avance qui varie beaucoup selon le degré de précocité, ainsi que l'indique le tableau ci-dessous, extrait du traité de l'âge de Cornevin et Lesbre.

	1ᵉʳ DEGRÉ	2ᵉ DEGRÉ	3ᵉ DEGRÉ
Pinces . . . , , , , .	19 à 20 mois	18 mois	14 à 15 mois
1ʳᵉˢ mitoyennes . , . .	28 à 30 —	24 —	vers 18 —
2ᵉˢ mitoyennes	35 à 37 —	28 à 30 —	vers 24 —
Coins.	40 à 45 —	37 à 39 —	29 à 31 —

Goubaux a signalé un taureau durham qui, à dix-huit mois et trois jours, avait remplacé six incisives; en admettant que les coins se fussent fait attendre jusqu'à vingt-quatre mois, cet animal aurait eu la bouche faite deux ans avant l'époque ordinaire, deux ans et demi avant celle donnée par Girard.

En général, l'époque de remplacement des pinces n'est guère changée, l'avance porte principalement sur les mitoyennes et les coins; aussi observe-t-on que les pinces et les premières mitoyennes sont remplacées à très bref intervalle (fig. 76), quelquefois même toutes quatre ensemble. Il peut en être de même pour les deux paires de mitoyennes ainsi que pour les 2es mitoyennes et les coins.

On devine la perturbation que la précocité peut apporter dans la connaissance de l'âge; c'est à ce point que, dans les concours, on renonce souvent à une appréciation quelconque et l'on se contente d'établir des catégories d'animaux à deux, quatre, six ou les huit incisives remplacées. Pour une évaluation, même approximative, il faut tenir grand compte de la race et de certains caractères individuels qu'il appartient à la zootechnie de faire connaître; tout ce que nous devons dire ici c'est que des formes osseuses, une tête grosse, armée de longues et fortes cornes, des membres longs, une peau épaisse, etc., accusent une bête rustique, propre au travail plutôt qu'à la boucherie et par conséquent non précoce; au contraire, des formes arrondies et potelées, un corps très ample, supporté par des membres courts, une tête légère, des cornes peu développées, des cuisses rebondies, une peau fine et souple, sont les attributs des sujets améliorés et précoces. Le degré d'usure des incisives peut aussi donner quelque présomption de précocité; voici, par exemple (fig. 77), une arcade d'adulte dont les dents centrales sont à peine entamées et les autres vierges, il faut conclure évidemment que toutes ces dents ont fait éruption à bref intervalle, d'une manière prématurée; si, de plus, elles chevauchent par leurs bords, cette conclusion se trouve encore renforcée.

En présence de cette cause de perturbation de l'évolution dentaire, il est heureux que l'on possède un autre moyen pour déterminer l'âge : l'examen des cornes.

ARTICLE II. — CONNAISSANCE DE L'AGE PAR LES CORNES

A. — ANATOMIE. — Le bœuf, ainsi que le mouton et la chèvre, appartient au groupe des ruminants cavicornes, c'est-à-dire à cornes creuses et persistantes. Les cornes s'observent dans la grande généralité des individus des deux sexes, exception faite pour quelques races peu connues et peu répandues, comme la race anglaise d'Angus. Elles sont constituées par une cheville osseuse conique, procédant du frontal à la manière d'une apophyse, à l'intérieur de laquelle se prolonge le sinus frontal, et par un étui corné engaînant ladite cheville comme un fourreau. Entre ces deux parties s'interpose un tégument très vasculaire, hérissé de fines papilles, qui fait office de membrane kératogène et se met en continuité avec la peau à la base de l'appendice.

Nous ne décrirons pas, pour le moment, les variétés de volume, de longueur, de direction, de coloration, que présentent les cornes; nous nous bornerons à dire que les taureaux se font remarquer par des cornes courtes, mais très épaisses à la base, droites ou peu contournées, tandis que les vaches ont des cornes plus longues, plus courbées et surtout plus minces. Le taureau devenu bœuf par la castration subit un amincissement et un allongement de ses cornes.

B. — Développement. — Nous avons fait connaître plus haut (p. 70) l'évolution tégumentaire qui prépare ce développement; rappelons que pendant les deux première semaines, à l'endroit des futures cornes, la peau, tout en étant plus adhérente que sur les régions voisines, est encore souple et un peu mobile, couverte d'un épi de fins poils; que, dans les deux semaines suivantes, elle s'épaissit et constitue une sorte de callosité prenant l'aspect d'une verrue; que, vers un mois, les poils tombent sur cette callosité pendant que se différencie dans son milieu un noyau corné solide ébauchant le cornillon. A un mois et demi, celui-ci est nettement perceptible sous forme d'un petit chapeau coiffant une sorte d'exostose du frontal. Il pousse en moyenne d'un centimètre par mois, en sorte qu'il suffit d'ajouter un aux centimètres de sa longueur pour avoir en mois l'âge de

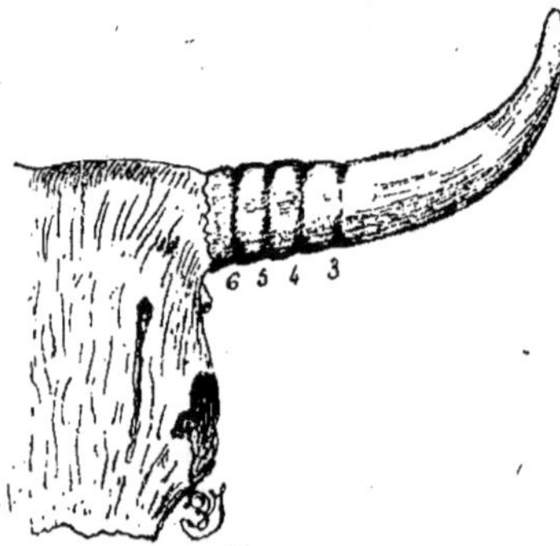

Fig. 78. — *Etat des cornes d'un bovin prenant 7 ans. On compte de l'extrémité à la base 4 sillons dont le premier marque 3 ans et chacun des autres 1 an.*

l'animal; par exemple, un cornillon d'un centimètre révèle deux mois, un cornillon de deux centimètres trois mois, un cornillon de trois centimètres quatre mois, etc.; mais il faut bien savoir que les résultats ainsi obtenus ne sont qu'approximatifs, car la croissance des cornes est sujette à des variations tenant au sexe, à la race, au régime alimentaire, à l'état de santé, etc.; par exemple, elle est ordinairement plus rapide chez les mâles que chez les femelles; un veau de trois mois a souvent un cornillon de trois centimètres, tandis que, chez les velles du même âge, il ne dépasse guère deux centimètres. Des sujets de même sexe et de même âge, voire même de même race, ont fréquemment aussi des cornes inégales. Les chances d'erreur s'aggravent avec le temps écoulé depuis la naissance; aussi ne faut-il accorder quelque crédit au moyen préconisé ci-dessus que pour les jeunes animaux de deux à cinq mois, encore en ayant soin de rajeunir les mâles; on peut admettre pour eux que le nombre de centimètres du cornillon correspond au nombre de mois, tandis qu'il y a lieu d'ajouter une unité pour les femelles.

A partir de quatre mois chez les mâles, de cinq à six mois chez les femelles, les cornillons perdent toute mobilité et se fixent au crâne. D'abord ternes et rugueux, ils deviennent lisses et brillants à l'extrémité vers neuf mois environ; ce ne sont plus alors des cornillons mais de véritables cornes, qui s'allongent chaque année d'un segment ajouté à leur base et, tout en s'allongeant, se dirigent et se contournent de diverses manières. Les pousses annuelles sont séparées les unes des autres par autant de sillons circulaires échelonnés sur la longueur de la corne, ce qui permet de supputer l'âge de l'animal. Toutefois il faut savoir que les deux premiers sillons, séparant les pousses de la première et de la deuxième année, d'une part, de la deuxième et de la troisième année, d'autre part, sont peu marqués, rapidement effacés, de telle sorte que le *premier sillon notable indique l'âge de trois ans.* Ceux qui s'échelonnent ensuite jusqu'à la base de l'appendice ont chacun la valeur d'un an; on compte ainsi : trois, quatre, cinq, six ans, etc.; par exemple l'état des cornes représenté figure 78 indique un animal dans sa septième année.

Au fur et à mesure qu'il vieillit, la pousse des cornes se ralentit, les sillons de leur base se rapprochent et deviennent moins nets, ce qui rend l'appréciation de l'âge plus difficile; en outre, l'application des liens du joug les efface plus ou moins; les marchands obtiennent le même résultat par l'action de la râpe, de la lime ou du papier de verre, opération pratiquée aussi par beaucoup d'éleveurs ou propriétaires « qui font les cornes » sans aucune intention frauduleuse, dans un simple but de toilette.

Pour ces différentes raisons, le moyen qu'offrent ces appendices pour la connaissance de l'âge du bœuf est aussi peu certain que celui tiré des dents; il faut contrôler l'un par l'autre. Les cornes seront surtout consultées avec avantage avant ou après le remplacement des incisives. Il n'est pas toujours facile de dénombrer leurs sillons annulaires; à l'œil, on peut facilement prendre pour tels de simples stries d'exfoliation; il convient de s'aider du doigt en le promenant sur leur longueur, de l'extrémité vers la base.

Il ne faudrait pas croire, d'après ce qui vient d'être dit, que l'accroissement des cornes soit purement proximal, c'est-à-dire localisé à leur base; en réalité, il se fait sur toute l'étendue de la membrane kératogène par couches concentriques qui s'emboîtent en se débordant les unes les autres comme des chapeaux de clown.

Remarquons en terminant que les sillons des cornes sont particulièrement marqués chez les vaches — à cause de leurs états alternatifs de vacuité et de gestation, prétend Ostertag — mais comme ils s'observent aussi chez les taureaux et les bœufs et même chez les vaches qui n'ont point fait de veaux, il y a lieu de les attribuer principalement à un rythme nutritif saisonnier.

SECTION III. — AGE DU MOUTON ET DE LA CHEVRE

La connaissance de l'âge dans ces deux espèces repose uniquement sur l'examen des dents. Girard a bien donné quelques indications à tirer de la longueur plus ou moins grande des cornes; mais elles ne sont applicables qu'aux béliers de la race mérine; d'ailleurs les cornes manquent souvent, sinon dans les deux sexes, au moins dans les femelles, et leur pousse ne subit pas de fluctuations annuelles déterminant la formation d'anneaux successifs bien nets comme dans les bovins; les limites de croissance annuelle sont masquées par leurs nombreuses rides circulaires rappelant les ondulations des brins de la laine.

Voici d'ailleurs en quelques mots ce qu'en a dit Girard :

L'agneau naît sans cornes; celles-ci apparaissent dans les quinze premiers jours de la naissance. En s'élevant de chaque côté de la tête elles entraînent une couche épidermique qui commence à s'exfolier vers six semaines à deux mois, de manière à découvrir les rides de leur surface. Dans les premiers temps les cornillons sont mobiles, mais à trois ou quatre mois ils commencent à se consolider. La croissance, très forte dans la première année, diminue graduellement les années suivantes et s'arrête avant cinq ans. Elle est : pour la première année de 0 m. 48 à 0 m. 50; pour la deuxième année, de 0 m. 12 à 0 m. 15; pour la troisième année, de 0 m. 07 à 0 m. 10; pour la quatrième année, de 0 m. 05 à 0 m. 07. A l'âge de cinq ans, quand elles ont atteint leur plus grande longueur, les cornes ont environ 0 m. 75. Contrairement à ce qui se produit chez le taureau, la castration arrête le développement des cornes du bélier.

ARTICLE I. — ANATOMIE DES DENTS

La dentition est, à peu de chose près, identique dans les deux espèces ovine et caprine, et très semblable à celle du bœuf. Elle comprend huit incisives, placées à la mâchoire inférieure, et vingt-quatre molaires.

a) *Les incisives* (fig. 80) diffèrent de celles du bœuf par leur disposition très relevée contre le bourrelet de la mâchoire supérieure, disposition telle qu'elles usent beaucoup plus par leur extrémité que par leur face postérieure. Celle-ci présente une avale nettement limitée en bas par un bord tranchant d'émail, et offrant, au lieu d'une éminence conique, une simple arête médiane. En outre, ces dents sont étroites, fixées solidement dans l'alvéole et sujette à une éruption prolongée, vu la grande hauteur de leur couronne. Leur collet, peu marqué, n'arrive que très tard à la gencive. Avec l'âge, l'usure s'étend lentement sur la face postérieure, de telle sorte que la disparition de la crête qu'on y remarque (nivellement) ne se fait que fort tard. Elles ne s'écartent ni ne se raccourcissent extérieurement dans la vieillesse comme on le voit chez le bœuf; elles s'allongent au contraire chez la plupart des sujets âgés.

Les incisives caduques se distinguent des remplaçantes par leur petitesse
et surtout par leur peu de largeur. Quand les deux sortes de dents existent
à la fois dans la même arcade, elles font contraste de volume comme dans
le bœuf; tandis que, dans une arcade composée exclusivement ou de dents
de lait ou de dents remplaçantes, on observe une diminution graduelle
des pinces aux coins; remarquons toutefois que les pinces de lait sont manifestement plus grosses que leurs congénères, on a tendance à les prendre
pour des dents de deuxième génération.

Il peut arriver, surtout dans la deuxième dentition, qu'il y ait neuf incisives, ou au contraire, six incisives seule-
ment, les coins faisant défaut. Plus fréquemment ceux-ci font retour à la forme conoïde,
on les considère en effet chez tous les ruminants à huit incisives comme des canines
transformées. On peut aussi observer des
déviations, des déplacements ou une inclusion d'une ou de plusieurs dents, enfin de la
discordance des mâchoires surtout par brachygnathie supérieure.

b) *Les molaires* (fig. 79), sont comme la
miniature de celles du bœuf; elles présentent, dans chaque arcade, le même accroissement de volume de la première à la dernière, la même disposition de leur extrémité
libre et de leur table, le même mode de
développement; toutefois les arrièremolaires
n'ont pas de colonnette interlobaire et les
prémolaires de la mâchoire inférieure sont
un peu moins imparfaites que celles du

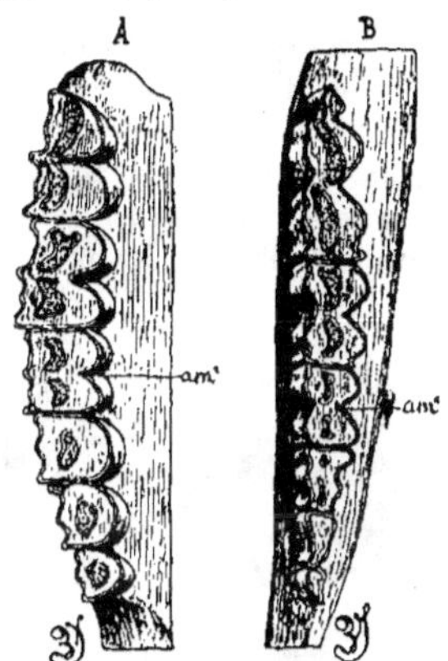

Fig. 79. — *Arcades molaires*.
A, supérieure gauche; B, inférieure
gauche; *am*, première arrière-molaire. (Les deux arcades s'opposent
par le bord interne).

bœuf, la première ayant deux sillons internes bien marqués, la deuxième
une petite cavité en arrière, qui fait émail central après usure, la troisième,
nettement bilobée, offrant presque le type d'une vraie molaire avec ses
deux cavités dentaires dessinant un B dont la boucle postérieure est
atrophiée contre la dent suivante. Le cément est très peu abondant et
presque toujours noir.

A titre anormal, on peut rencontrer, surtout à la mâchoire supérieure,
une quatrième arrière-molaire, plus ou moins régulièrement placée. On
peut aussi constater, ainsi que chez les bovins, une irrégularité d'usure
consistant en une exagération des vallons et collines transverses de la table,
qui les engrène d'une mâchoire à l'autre au point d'interdire tout mouvement dans le sens antéro-postérieur.

ARTICLE II. — SIGNES DE L'AGE (fig. 80).

Nous distinguerons les quatre périodes : *d'éruption des incisives caduques, d'usure et de nivellement de ces dents, d'éruption des incisives remplaçantes, d'usure et de nivellement de ces dents.*

I. — ÉRUPTION DES INCISIVES CADUQUES

Il est rare qu'à la naissance l'agneau ou le chevreau ait des dents sorties, mais on sent sous la gencive les pinces prêtes à percer. Elles sortent pendant la première semaine, ordinairement du cinquième au septième jour; les premières mitoyennes, pendant la deuxième semaine, vers le douzième jour en moyenne; les secondes mitoyennes, quelques jours après, parfois simultanément avec les premières, il peut même arriver qu'elles les pré-

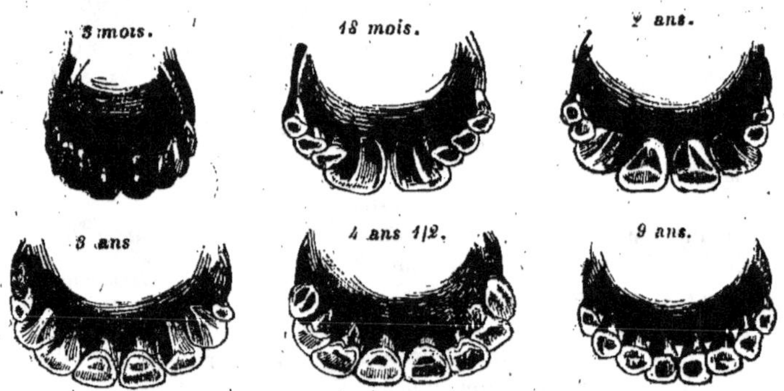

Fig. 80. — *Arcades incisives de divers âges.*

cèdent; enfin les coins se montrent pendant la quatrième semaine, le plus souvent du vingt-deuxième au vingt-cinquième jour.

Chaque incisive met une quinzaine de jours, après son apparition, pour se libérer de la gencive; les coins n'en sont complètement dégagés que vers l'âge de deux mois; et ce n'est qu'à trois mois environ que la mâchoire est *au rond.* Tout d'abord les dents chevauchent en s'étageant de chaque côté, de même que chez le veau.

Comme *signes complémentaires,* pendant cette période, il faut indiquer l'éruption des molaires de lait qui se fait, pour les deux dernières, au cours des deuxième et troisième semaines, pour la première, une quinzaine de jours après, c'est-à-dire vers un mois ou cinq semaines. A la mâchoire inférieure celle-ci n'atteint guère le niveau des autres avant un mois et demi.

On manque de renseignements sur la date de cicatrisation de l'ombilic.

Morot a constaté la persistance du cordon, complètement desséché, sur un grand nombre de chevreaux de vingt-cinq à trente jours sacrifiés à l'abattoir de Troyes; il l'a vu tomber le quarantième jour seulement chez un chevreau d'élevage.

II. — USURE ET NIVELLEMENT DES INCISIVES CADUQUES

L'usure et le nivellement des dents de lait se font très irrégulièrement suivant l'époque du sevrage et la dureté des aliments; aussi ne donnent-ils que des indices très vagues, ajoutant peu de chose à ceux tirés des formes générales de l'animal et de l'époque présumée de la naissance (l'agnelage se fait pendant toute l'année mais surtout au printemps et à l'automne). L'animal n'est encore qu'un agneau accompagnant sa mère. S'il y avait lieu de consulter les dents, on constaterait que les incisives restent généralement indemnes jusqu'à trois mois, qu'à partir de ce moment, les pinces commencent à user et que l'usure s'étend ensuite peu à peu sur les autres dents, plus ou moins vite suivant le régime. Il y a des moutons qui, à huit mois, ont à peine commencé à entamer leurs coins, d'autres qui, à cet âge, les ont déjà beaucoup émoussés. Les caprins sont presque toujours en avance d'usure sur les ovins, à cause de leurs aliments ligneux. Vers un an, les incisives sont très raccourcies, surtout celles du centre, et plus ou moins écartées.

Signalons enfin que la première arrière-molaire sort à trois mois, la deuxième à neuf mois.

III. — ÉRUPTION DES INCISIVES REMPLAÇANTES

Girard, Lecoq donnent les dates suivantes : pinces, quinze à dix-huit mois; premières mitoyennes, vers deux ans; deuxièmes mitoyennes, trois ans à trois ans et demi; coins, quatre ans à quatre ans et demi.

L'amélioration subie par la généralité de nos races ovines françaises oblige à réformer cette chronologie comme il suit :

A *quinze mois*, les pinces de lait tombent; leurs remplaçantes arrivent à la table un mois à un mois et demi après.

A *vingt et un mois*, chute des premières mitoyennes; les remplaçantes arrivent à la table un à deux mois après.

A *trente mois* (deux ans et demi), chute des deuxièmes mitoyennes; les remplaçantes arrivent à la table un à deux mois après.

A *quarante-deux mois* (trois ans et demi), chute des coins; les remplaçants n'arrivent guère à la table avant quatre ans.

Tant que l'animal n'a que des incisives de lait, c'est un agneau; il est dit *antenais* (de l'an d'avant, *ante annum*) s'il a remplacé ses pinces, bélier ou brebis s'il a pinces et premières mitoyennes de deuxième dentition. Le bélier châtré devient un mouton.

Signes complémentaires. — La troisième arrière-molaire, dernière de l'arcade sort à dix-huit mois et arrive à la table vers deux ans. Les prémolaires, expulsant les molaires de lait, font éruption de vingt à vingt-deux mois, la première après les deux suivantes.

IV. — Usure et nivellement des incisives remplaçantes

Ils ne se font pas plus régulièrement que pour les dents de lait; un mouton de transhumance ou de bruyère use, dans l'unité de temps, beaucoup plus ses dents qu'un mouton de stabulation nourri aux farineux, aux tourteaux pulvérisés ou aux cossettes de betteraves; aussi la détermination de l'âge devient-elle très incertaine à partir de la cinquième année. On s'attachera surtout à l'examen du coin; à quatre ans, il est vierge; à quatre ans et demi, il commence à user; à cinq ans, il est encore peu entamé; à neuf ans, il est nivelé. Restent à apprécier les états d'usure intermédiaire d'après lesquels on diagnostiquera six, sept ou huit ans.

En règle générale, sujette à beaucoup d'exceptions, les pinces nivellent de cinq ans et demi à six ans, les premières mitoyennes à sept ans, les deuxièmes mitoyennes à huit ans, les coins à neuf ans.

Les dents du centre se déchaussent et commencent à branler vers sept ans. Une entaille angulaire se forme souvent sur le bord adjacent des pinces chez les animaux de quatre à six ans fréquentant les pâturages; c'est ce que les bergers appellent la queue d'hirondelle. Enfin les dents s'allongent au dehors et noircissent à leur émergence chez les vieux sujets; souvent elles tombent successivement, si bien qu'à dix ans, il n'en reste plus [1].

Chez les béliers, à partir de huit ans environ, il se produit des plis transversaux très marqués sur le chanfrein.

Bien peu de moutons arrivent aux âges avancés (huit à douze ans) ; on a intérêt à les sacrifier pour la boucherie lorsqu'ils ont atteint leur plus-value.

ARTICLE III. — PRÉCOCITÉ

La précocité peut apporter dans l'évolution dentaire les mêmes perturbations que nous avons déjà signalées dans l'espèce bovine. Elle s'observe particulièrement sur les races de boucherie, au premier rang desquelles se placent les races anglaises de Dischley et de Southdown, avec lesquelles on a croisé un grand nombre de nos races indigènes. Les moutons précoces se distinguent des moutons communs par l'ampleur et la rotondité de leur corps, leur tête petite et généralement dépourvue de cornes, leurs membres courts et grêles, etc. Ils mettent souvent les pinces et les premières mitoyennes de lait avant la naissance; mais surtout ils remplacent leurs

---

1. Voir Dechambre, Note sur quelques particularités de la dentition dans l'espèce ovine (*Soc. centr. de méd. vétér.* Paris 1903).

Tableau synoptique des dates ordinaires d'éruption des dents du Mouton et de la Chèvre.

	PINCE	1re MITOYENNE	2e MITOYENNE	COIN	1re MOLAIRE	2e MOLAIRE	3e MOLAIRE	4e MOLAIRE	5e MOLAIRE	6e MOLAIRE
1re dentition	5 à 7 j.	10 à 12 j.	10 à 15 j.	22 à 25 j.	Supérieure 4 à 5 sem. / Inférieure 1 mois ½	15 à 20 j.	15 à 20 j.	»	»	»
2e dentition	15 mois	21 mois	30 mois	42 mois	24 mois	20 à 22 m	20 à 22 m.	3 mois	9 mois	18 à 24 m.

dents avant les dates indiquées plus haut, par exemple, à douze mois les pinces, à dix-huit mois les premières mitoyennes, à vingt-sept mois les deuxièmes mitoyennes, à trois ans les coins. Et ce n'est pas le plus haut degré de la précocité, on rencontre assez souvent des animaux qui ont la bouche faite à deux ans et demi, on a même signalé des cas où le remplacement des pinces s'était fait à douze mois, celui des premières mitoyennes à seize mois, des deuxièmes mitoyennes à dix-neuf mois et des coins à vingt-six mois. Un bélier avait la bouche faite à vingt mois.

Ainsi qu'on le voit, la plus grande avance porte sur les deux dernières paires de dents; la date de chute des pinces ne varie que de trois ou quatre mois; toutefois il peut arriver qu'après un remplacement hâtif des pinces et des mitoyennes les coins tombent à l'époque ordinaire, comme s'ils étaient plus résistants que les autres incisives à l'influence du forçage.

On pourrait croire *à priori* que la chèvre, n'étant pas un animal de boucherie, doive être en retard sur le mouton au point de vue de la chronologie dentaire. Il n'en est rien. Les observations que j'ai pu faire dans un concours de caprins organisé par la Société d'agriculture de Lyon tendraient plutôt à démontrer une avance d'éruption; c'est ainsi que la plupart des animaux soumis à mon examen avaient remplacé leurs pinces à douze ou treize mois. Il y aurait sur ce sujet quelques recherches à faire. Par contre, l'usure des dents se fait d'une manière plus rapide, à cause du régime ligneux.

SECTION IV. — AGE DES CHAMEAUX

ARTICLE I. — ANATOMIE DES DENTS

L'âge des chameaux n'a été un peu étudié que chez les dromadaires [1]. Les signes en sont fournis par les dents, dont la formule, rapportée à l'archétype est :

$$\text{Inc.} \frac{0.\ 0.\ 3^e}{1^e\ 2^e\ 3^e} \text{ can.} \frac{1}{1},\ \text{pm.} \frac{1^e\ -\!-\ 3^e,\ 4^e}{1^e\ -\!-\!-\ 4^e} \text{ am.} \frac{1^e, 2^e, 3^e}{1^e, 2^e, 3^e} = 34 \text{ dents (fig. 81).}$$

C'est-à-dire que les chameaux se distinguent des autres ruminants domestiques par l'existence d'une paire d'incisives à la mâchoire supérieure, de canines aux deux mâchoires, de trois prémolaires à la mâchoire supérieure, deux seulement à l'inférieure, la première aux deux mâchoires isolée des autres et simulant une canine supplémentaire.

---

1. Voir F. X. Lesbre, Recherches anatomiques sur les Camélidés, *Archives du Muséum d'histoire naturelle de Lyon*, t. VIII, 1903 et *Bulletin de la Société centrale vétérinaire* 1893.

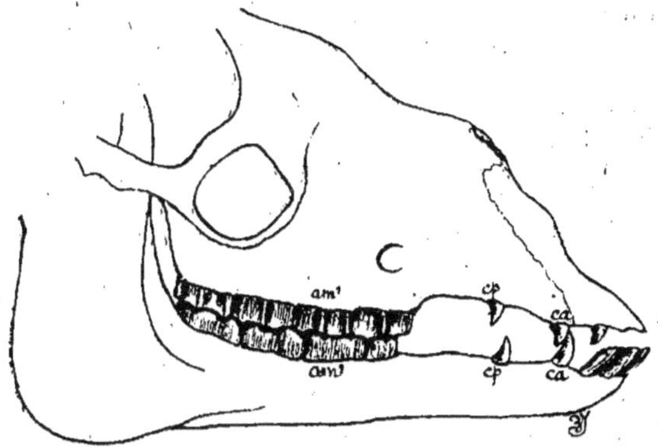

FIG. 81. — *Dentition d'un chameau adulte.*

ca, canines, au-devant desquelles se voient les incisives; *cp*, prémolaires caniniformes;
am¹, première arrière-molaire.

A. INCISIVES. — Les deux supérieures sont situées latéralement et équivalentes aux coins des Solipèdes; elles affectent la même forme que les canines, mais sont plus petites. Ainsi l'on remarque trois paires de crochets à la mâchoire supérieure : crochet incisif, canine véritable, crochet prémolaire (fig. 81).

Les incisives inférieures (fig. 82), au nombre de six, pinces, mitoyennes et coins, chevauchent un peu par le bord interne et forment une arcade étroite et pointue. Elles se relèvent contre la mâchoire supérieure à la manière de celles du mouton et de la chèvre et sont très solidement enchâssées. Leur couronne, en forme de palette, est plus ou moins déjetée en bas et en dedans, beaucoup plus longue sur la face labiale que sur la face linguale. Leur racine est cylindroïde, légèrement aplatie d'un côté à l'autre.

Les incisives de lait (fig. 83 et 84) sont très différentes des précédentes. A la mâchoire supérieure, on trouve des mitoyennes et des coins rudimentaires, seules les pinces ont complètement avorté dans leurs follicules. A la mâchoire inférieure, il existe huit incisives au lieu de six, par suite de la trans

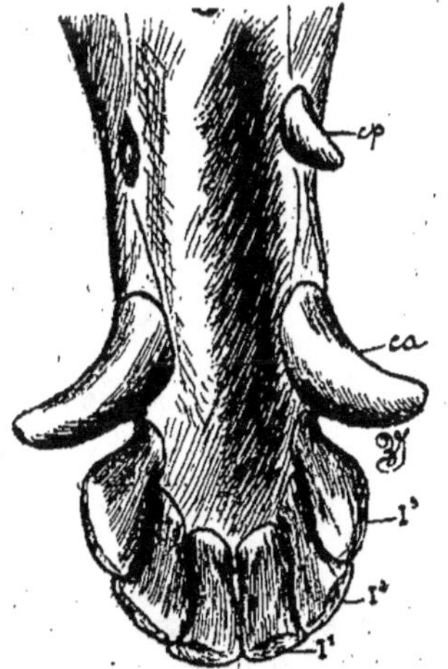

FIG. 82. — *Extrémité de la mâchoire inférieure d'un dromadaire de 7 ans.*
I¹, pince; I², mitoyenne; I³, coin; *ca*, canine; *cp*, crochet prémolaire (celui de l'autre côté était resté inclus dans le maxillaire).

formation des canines, qui se sont jointes aux incisives véritables et en ont pris exactement la forme, ainsi que cela s'est fait d'ailleurs dans les deux dentitions chez les ruminants cavicornes. Les dents de cette arcade étroite et ogivale sont aplaties et imbriquées, de chaque côté, comme des écailles elliptiques.

B. CANINES. — Les canines figurent, chez l'adulte, quatre crocs volumineux, comparables à ceux d'un carnivore. Elles sont peut-être un peu plus petites dans les femelles que dans les mâles, mais la différence, si elle

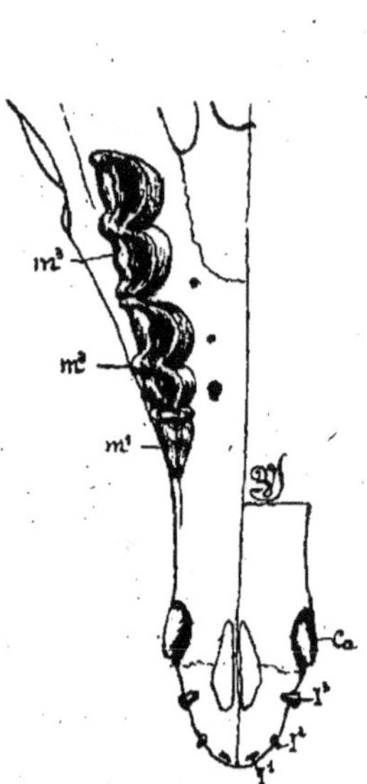

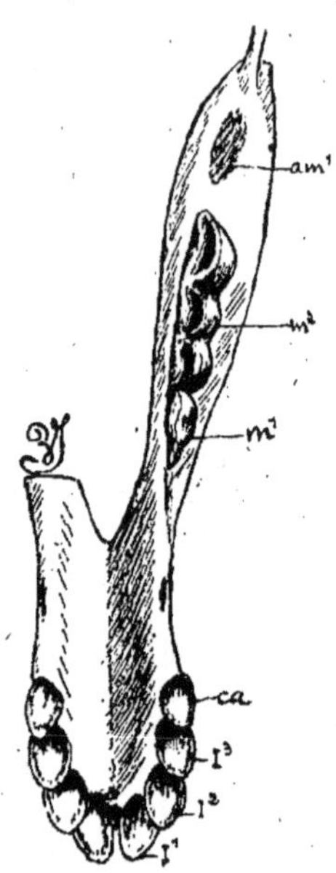

FIG. 83. — *Dents de lait de la mâchoire supérieure.*

I¹, pince; I², mitoyenne; I3, coin; *ca*, canine; m¹, m², m³, molaires.

FIG. 84. — *Dents de lait de la mâchoire inférieure.*

I¹, I², I3, incisives; *ca*, canine; m¹, m², molaires; *am*¹, iter dentis de la première arrière-molaire.

existe, est insignifiante. Celles de première dentition (fig. 83 et 84) sont plus ou moins incisiformes, les inférieures réunies, comme il vient d'être dit, à l'arcade incisive.

C. MOLAIRES. —Les molaires d'adulte (fig. 81), sont au nombre de six, de chaque côté à la mâchoire supérieure, de cinq seulement à l'inférieure. La première, séparée des autres, est située à un centimètre ou deux de la canine, dont elle revêt la forme; nous la désignerons sous le nom de crochet prémolaire. Parmi les autres, restant en série, on compte trois arrière-molaires ou molaires permanentes, à l'une et à l'autre mâchoire, deux prémolaires à la supérieure, une seule à l'inférieure; toutes ces dents affectent sensiblement les mêmes formes que celles du mouton et de la chèvre, ce qui nous dispense de les décrire. Ajoutons que la prémolaire caniniforme manque souvent à la mâchoire inférieure, d'un côté ou de l'autre, ou même des deux côtés, tandis qu'elle manque rarement à la mâchoire supérieure. Cette absence, que l'on peut constater indifféremment dans les deux sexes, n'est d'ailleurs qu'apparente, car la dent manquante se trouve presque toujours dans l'os.

Quant aux *molaires temporaires*, il en existe, de chaque côté, trois en haut, deux en bas, toutes au contact (fig. 83 et 84); il n'y a point de crochet prémolaire dans la dentition de lait. La première supérieure et la première inférieure sont petites et tranchantes. La deuxième et la troisième supérieures sont à double paire de croissants, comme des arrière-molaires. La deuxième inférieure forme à elle seule les trois quarts de l'arcade; elle est trilobée et tri-excavée à son extrémité libre.

D. ANOMALIES. — Nous avons signalé plus haut l'inclusion fréquente d'un ou des deux crochets prémolaires à la mâchoire inférieure, l'absence réelle de cette même dent à la mâchoire supérieure chez quelques rares individus. Il est commun aussi de constater la disparition de la première prémolaire en série de la mâchoire supérieure et l'atrophie de la dent similaire opposée; c'est le fait d'une évolution qui se poursuit depuis les âges géologiques et qui tend à la suppression des avant-molaires des Camélidés. Mentionnons enfin, à la mâchoire inférieure, des cas de duplication d'une canine, d'un crochet prémolaire ou d'un coin.

ARTICLE II. — SIGNES DE] L'AGE

On peut diviser la vie des chameaux en quatre périodes, caractérisées respectivement par l'éruption des dents de lait, l'usure et le rasement de ces dents, l'éruption des dents remplaçantes, enfin l'usure et le rasement de ces dernières, dont la table passe successivement par les formes semilunaire, elliptique, ovale, arrondie, aplatie d'un côté à l'autre.

I. — ÉRUPTION DES DENTS TEMPORAIRES.

Les chamelons naissent habituellement en février ou mars, sans aucune dent sortie. En général :
Les pinces font éruption d'un mois à un mois et demi;
Les mitoyennes, de trois à quatre mois;
Les coins, de six à huit mois;
Les canines incisiformes, de dix à douze mois;
Les molaires, de trois à six mois, la première en dernier lieu.

II. — Rasement des dents temporaires

Les incisives sont rasées lorsqu'elles se terminent carrément, la convexité de leur extrémité ayant été détruite par l'usure. Cela se produit :

Pour les pinces, vers un an et demi;

Pour les mitoyennes, vers deux ans et demi;

Pour les coins, vers quatre ans.

Pendant cette période se fait l'éruption de la première arrière-molaire, de deux à trois ans; celle de la deuxième arrière-molaire, de trois à quatre ans.

III. — Éruption des dents remplaçantes

Les pinces caduques tombent à quatre ans; les mitoyennes à cinq ans; les coins à six ans. Les remplaçantes de chacune de ces paires de dents mettent quelques mois pour arriver à la table. Les coins supérieurs ou crochets incisifs ont toujours de l'avance sur les inférieurs.

Les canines de deuxième génération font éruption de six ans et demi à sept ans. La bouche est faite à sept ans (fig. 82).

Ajoutons que la prémolaire caniniforme fait éruption de six à sept ans; les autres prémolaires, de cinq à six ans; la dernière arrière-molaire, également de cinq à six ans.

IV. — Usure des dents remplaçantes

A *huit ans*, les coins sont encore peu usés, tandis que les pinces le sont jusqu'au bas de leur palette.

A *neuf ans*, les coins rasent, la table des pinces est ovale, celle des mitoyennes est elliptique.

De *dix à onze ans*, les pinces prennent la forme arrondie; les mitoyennes et les coins sont ovales.

A *douze ans*, les mitoyennes s'arrondissent.

De *treize à quinze ans*, les pinces passent à la forme aplatie d'un côté à l'autre.

De *quatorze à quinze ans*, l'aplatissement latéral gagne la table des mitoyennes, les coins sont arrondis.

Plus tard, l'aplatissement des tables s'accentue de plus en plus, les dents se déchaussent et passent à l'état de chicots faciles à arracher.

A vingt ans les chameaux sont déjà vieux mais ils peuvent arriver à vingt-cinq, trente et même trente-cinq ans.

L'usure de leurs dents est sujette à de grandes irrégularités; rien n'est plus commun que de voir se former une encoche entre dents voisines, comme il s'en produit chez les moutons qui vont au pâturage. Souvent aussi un trou central se produit sur les tables dentaires des vieux sujets, qui donne accès dans la chambre pulpaire et fait une tache noire comme

un germe de fève. D'après Vallon, ce caractère apparaîtrait assez régulièrement sur les pinces, de treize à quatorze ans, sur les mitoyennes, de seize
à dix-huit ans et sur les coins, de dix-neuf à vingt ans.

Nous ne terminerons pas cette étude de l'âge des chameaux sans appeler
sur les signes qui viennent d'être donnés le contrôle d'observations nouvelles.

ARTICLE III. — DENTITION DES LAMAS

Dans les pays où ces animaux vivent en domesticité, on connaît sans
doute quelques signes de leur âge; ces signes ne sont pas arrivés jusqu'à
nous; nous nous bornerons donc à dire que la dentition des lamas diffère
peu de celle des chameaux; on remarque cependant que l'absence des crochets prémolaires est une règle souffrant peu d'exceptions, et, d'autre
part, que le développement des canines et des crochets incisifs est plus
considérable dans les mâles que dans les femelles. La formule dentaire

est : i. $\dfrac{1}{3}$, c. $\dfrac{1}{1}$ pm. $\dfrac{2}{1}$ am. $\dfrac{3}{3}$.

Si l'on considère que la prémolaire caniniforme est d'ordinaire absente
ainsi que les pinces et les mitoyennes de lait de la mâchoire supérieure,
que les canines et les coins supérieurs de cette même dentition sont rudimentaires, que ces dents, dans la deuxième dentition, ne prennent tout
leur développement que chez les mâles, que les coins inférieurs des deux
générations ont une tendance marquée à l'atrophie, tendance plus prononcée encore pour la première prémolaire en série de la mâchoire supérieure et pour la première molaire supérieure de lait, la conclusion s'impose à l'esprit que l'évolution du système dentaire est plus avancée
dans les lamas que dans les chameaux; elle continue la régression qui
se poursuit depuis le *pœbrotherium* du miocène inférieur qui avait :

$$\text{inc.}\ \dfrac{1^{re},2^{e},3^{e}}{1^{re},2^{e},3^{e}}\ \text{can.}\ \dfrac{1}{1}\ \text{pm.}\ \dfrac{1^{re}-2^{e},3^{e},4^{e}}{1^{re}-2^{e},3^{e},4^{e}}\ \text{am.}\ \dfrac{1^{re},2^{e},3^{e}}{1^{re},2^{e},3^{e}},\ \text{jusqu'aux lamas}$$

en passant par le *protolabis* du miocène supérieur qui avait encore la même
formule dentaire mais dont les incisives centrales supérieures étaient
atrophiées et très caduques, le *procamelus* du miocène supérieur qui avait :

$$\text{inc.}\ \dfrac{0,\,0,\,3^{e}}{1^{e},2^{e},3^{e}}\ \text{can.}\ \dfrac{1}{1}\text{pm.}\ \dfrac{1^{re}-2^{e},3^{e},4^{e}}{1^{re}-2^{e},3^{e}4,^{e}}\ \text{am.}\ \dfrac{1^{re},2^{e},3^{e}}{1^{re},2^{e},3^{e}},\ \textit{le pliauchenia}\ \text{du}$$

$$\text{pliocène qui avait : inc.}\ \dfrac{0,\,0,\,3^{e}}{1^{e},2^{e},3^{e}}\ \text{can.}\ \dfrac{1}{1}\text{pm.}\ \dfrac{1^{re}-2^{e},3^{e},4^{e}}{1^{e}-0,\,3^{e},4^{e}}\ \text{am.}\ \dfrac{1^{re},2^{e},3^{e}}{1^{re},2^{e},3^{e}},$$

$$\text{et}\ \textit{les chameaux}\ \text{actuels qui ont : inc.}\ \dfrac{0,\,0,\,3^{e}}{1^{e},2^{e},3^{e}}\ \text{can.}\ \dfrac{1}{1}\ \text{pm.}\ \dfrac{1^{e}-0,3^{e},4^{e}}{1^{e}-0,\,0,\,4^{e}}$$

$$\text{am.}\ \dfrac{1^{re},2^{e},3^{e}}{1^{re},2^{e},3^{e}}.$$

Le dernier terme de cette réduction qui paraît devoir aboutir à la disparition complète des prémolaires, comme dans beaucoup de rongeurs, est réalisé par les lamas actuels qui ont :

$$\text{inc.}\ \frac{0,\ 0,\ 3^e}{1^e,2^e,3^e},\ \text{can.}\ \frac{1}{1}\ \text{pm.}\ \frac{0,0,3^e,4^e}{0,\ 0,0,\ 4^e}\ \text{am.}\ \frac{1^e,2^e,3^e}{1^e,2^e,3^e}.$$

SECTION V. — AGE DU PORC

Il est rare que l'on soit appelé à évaluer l'âge d'un porc; cela tient sans doute à ce qu'on n'accorde en général à cet animal qu'une courte existence (un an environ), exception faite pour les reproducteurs, et aussi à ce qu'il est difficile et désagréable à « emboucher ». Cependant lorsqu'il s'agit de reproducteurs de grande valeur ou bien d'animaux de concours, la connaissance de l'âge est loin d'être dénuée d'intérêt; les signes dont on dispose pour y parvenir, basés sur la dentition, sont aussi précis et aussi certains que dans n'importe quelle autre espèce.

ARTICLE I. — ANATOMIE DES DENTS

Le porc est un omnivore possédant quarante-quatre dents, c'est-à-dire la formule dentaire complète : i. $\frac{3}{3}$ c. $\frac{1}{1}$ pm. $\frac{4}{4}$ am. $\frac{3}{3}$ (fig. 85).

A. INCISIVES. — Au nombre de six à chaque mâchoire, elles ne sont pas toutes semblables : les pinces et les mitoyennes supérieures sont courtes, larges et creusées d'une cavité à leur extrémité libre à la manière des inci-

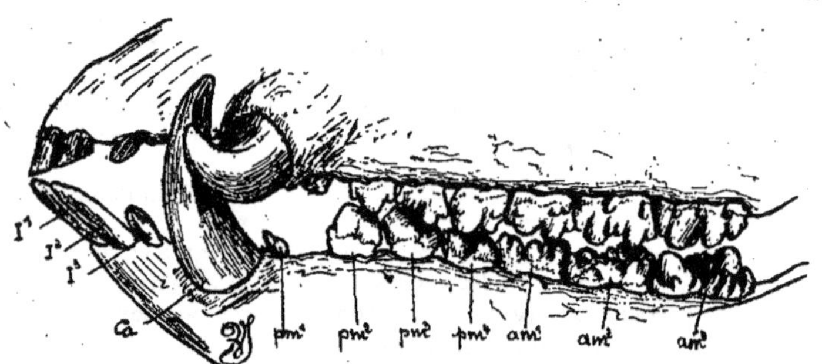

FIG. 85. — *Vue latérale de la deuxième dentition du porc.*

I¹, I², I³, incisives; *ca*, canine; *pm¹*, première prémolaire dite surmolaire; *pm²*, *pm³*, *pm⁴*, deuxième, troisième et quatrième prémolaires; *am¹*, *am²*, *am³*, les trois arrière-molaires.

sives des Solipèdes, tandis que les pinces et les mitoyennes inférieures sont étroites, allongées, dirigées en avant et ressemblent un peu à des incisives de rongeurs, on dirait des chevilles implantées dans le maxillaire, elles présentent deux cannelures sur leur face supérieure entre lesquelles se trouve un relief conique (fig. 88); quant aux coins, ils sont, aux deux mâchoires, petits, aplatis et situés à quelque distance des mitoyennes, leur implantation peu profonde fait qu'ils s'arrachent fréquemment chez les porcs d'un certain âge.

Les pinces et les mitoyennes de lait ressemblent à leurs remplaçantes, réserve faite pour leur volume, tandis que les coins de première dentition sont styloïdes, extrêmement grêles, noires à l'extrémité et tout à fait semblables aux canines de lait (fig. 86).

B. Canines, crocs ou crochets. — Dans la deuxième dentition, ces dents sont volumineuses et susceptibles, chez le mâle, d'un développement indéfini grâce auquel elles sortent de la bouche à un moment donné en se contournant comme les défenses du sanglier; c'est ce que l'on voit chez les vieux verrats. Chez la truie, elles ne dépassent guère trois centimètres à trois centimètres et demi hors la gencive, et se font en outre remarquer par leur aplatissement latéral. Les canines des mâles châtrés jeunes tendent à s'identifier avec celles de la truie.

En général, les crocs supérieurs ne s'allongent pas autant que les inférieurs, mais ils sont plus gros à la base et en direction plus latérale de telle sorte qu'ils soulèvent la lèvre et se montrent au dehors longtemps avant leurs opposés.

Quant aux *canines de première génération*, elles se font remarquer, dans les deux sexes, par leur extrême gracilité; ce sont de tout petits stylets, ne dépassant pas quelques millimètres hors la gencive (fig. 86).

Fig. 86. — *Bouts des mâchoires d'un porcelet de 4 à 5 mois montrant les incisives et les canines de lait.*

C. Molaires. — Les molaires sont disposées en séries presque rectilignes, légèrement convergentes par la partie postérieure à l'une et à l'autre mâchoire. Au nombre de sept dans chaque série, leur volume augmente de la première à la dernière (fig. 85). Leurs racines multiples et divergentes, sauf pour la première, se forment rapidement. Leur couronne est remarquablement mamelonnée et crénelée; en sorte que ces dents ne s'opposent ni par des pointes aiguës, chevauchantes, comme dans les carnivores, ni par des tables triturantes, comme dans les herbivores, mais suivant un mode en quelque sorte intermédiaire, corrélatif du régime mixte de l'animal : c'est un type de *dents tuberculeuses* et le porc un type d'animal *bunodonte*, tandis que les Solipèdes et les Ruminants sont qualifiés de *sélénodontes* eu égard aux denticules en croissants accouplés qui terminent leurs molaires. Toutefois les prémolaires du porc, surtout les inférieures, sont plus ou moins amincies et tranchantes à l'extrémité, de manière à faire transition aux dents des Carnivores; la première est toute petite, uniradiculée et isolée des autres à proximité du croc, elle est communément désignée par les éleveurs et les bouchers sous le nom impropre de *surdent* ou *surmolaire*; c'est une molaire de lait permanente, mais très sujette à tomber chez les individus d'un certain âge.

Des quatre *molaires de lait* existant de chaque côté de chaque mâchoire, la première vient d'être mentionnée comme non sujette au renouvellement, si ce n'est à titre exceptionnel à la mâchoire supérieure; elle sort d'ailleurs longtemps après les autres. La deuxième et la troisième inférieures sont du type tranchant comme les prémolaires qui les remplacent; la quatrième est volumineuse, trilobée et affecte le type de la troisième arrière-molaire, à cette particularité près : que son lobe postérieur est le plus développé au lieu de l'être le moins. A la mâchoire supérieure, la deuxième molaire de lait ressemble beaucoup à la prémolaire qui la remplace; la troisième affecte déjà le type d'une arrière-molaire, avec ses deux lobes; il en est de même *à fortiori* de la quatrième, mais, chose curieuse, celle-ci n'est pas trilobée comme la dernière arrière-molaire de la même mâchoire.

D. STRUCTURE. — Les dents du porc sont à peine cémentées sur les racines et le collet; les dépôts que l'on rencontre parfois sur leur couronne ne sont que du tartre. Les mamelons qui terminent les molaires sont recouverts d'une épaisse couche d'émail qui résiste beaucoup à l'usure.

ARTICLE II. — SIGNES DE L'AGE

On peut distinguer trois périodes caractérisées respectivement par *l'éruption des dents de lait, l'éruption des dents d'adulte,* enfin *l'usure de ces dernières dents et l'allongement des canines des mâles.*

I. — ÉRUPTION DES DENTS DE LAIT.

Le porcelet naît avec les coins et les canines aux deux mâchoires.
De *quinze à vingt jours*, se fait l'éruption des pinces inférieures.
De *vingt-cinq à trente jours*, celle des pinces supérieures.
Vers *un mois et demi*, celle des mitoyennes inférieures.
Vers *deux mois*, celle des mitoyennes supérieures.

A *trois mois*, toutes les incisives sont bien dégagées de la gencive, mais encore indemnes.

A *quatre mois*, les pinces sont notablement usées, les mitoyennes à peu près intactes (fig. 86).

A *cinq mois*, la première molaire de lait ou molaire permanente antérieure sort.

Comme *signes complémentaires* ajoutons que la quatrième molaire inférieure et la troisième supérieure sortent dans les huit premiers jours; la quatrième supérieure et la troisième inférieure, de quinze jours à un mois; la deuxième aux deux mâchoires, d'un mois à un mois et demi.

II. — ÉRUPTION DES DENTS D'ADULTE

De *huit à neuf mois*, tombent les coins et les canines de lait; leurs remplaçants pointent (fig. 87).

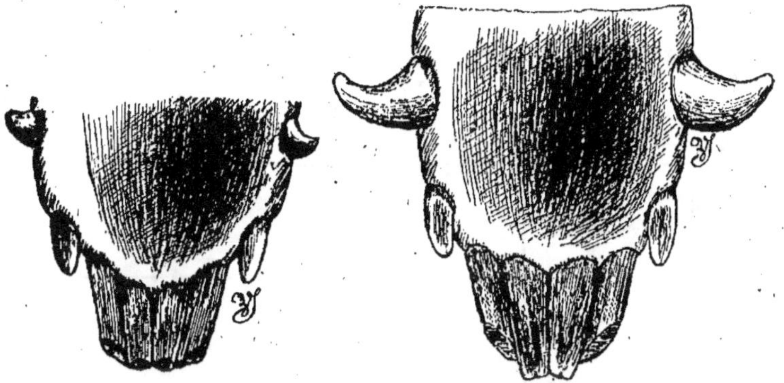

FIG. 87. — *Bout de la mâchoire inférieure d'un porc de 9 à 10 mois. Les canines et les coins remplaçants viennent d'apparaître.*

FIG. 88. — *Bout de la mâchoire inférieure d'un porc de 14 à 15 mois. Les pinces sont nouvellement remplacées.*

A *un an*, chute des pinces de lait; les remplaçantes ont achevé leur éruption un à deux mois après (fig. 88).

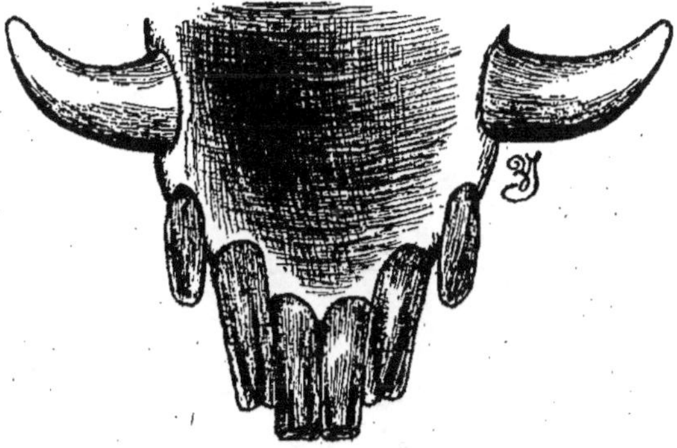

FIG. 89. — *Bout de la mâchoire inférieure d'un porc de 22 mois. Les mitoyennes sont nouvellement remplacées.*

A *dix-huit mois*, chute des mitoyennes de lait; les remplaçantes ont achevé leur éruption vers vingt mois (fig. 89).

Tableau synoptique des dates ordinaires d'éruption des dents du Porc.

		PINCE	MITOYENNE	COIN	CANINE	1re MOLAIRE	2e MOLAIRE	3e MOLAIRE	4e MOLAIRE	5e MOLAIRE	6e MOLAIRE	7e MOLAIRE
1re dentition	Dents inférieures	15 à 20 j.	1 mois 1/2	Avant la naissance	Avant la naissance	5 mois	1 mois à 1 mois 1/2	15 à 30 jours	dans les 8 premiers jours			
1re dentition	Dents supérieures	25 à 30 j.	2 mois	Avant la naissance	Avant la naissance	5 mois	1 mois à 1 mois 1/2	dans les 8 premiers jours	15 à 30 jours			
2e dentition. . .		1 an	18 mois	8 à 9 mois	8 à 9 mois		12 à 14 mois	12 à 14 mois	12 à 14 mois	5 mois	10 mois	20 mois

Il peut arriver qu'une dent de lait persiste après éruption de sa correspondante de deuxième génération, alors celle-ci se trouve au-dessus ou en arrière de celle-là, c'est-à-dire concentriquement, suivant la règle générale.

Il y a le plus souvent une petite avance en faveur des dents inférieures. Entre douze et dix-huit mois coexistent, dans la même arcade, pinces et coins remplaçants avec mitoyennes caduques; la distinction de celles-ci est facile car elles sont fortement usées — celles du bas jusqu'à disparition complète du relief conique de leur face linguale— tandis que les pinces sont intactes ou peu entamées (fig. 88).

Des *signes complémentaires* sont fournis par les molaires. La première arrière-molaire (cinquième dans la série) sort à cinq mois; la deuxième à dix mois; la troisième à vingt mois; celle-ci achève lentement son éruption et n'a bien dégagé son lobe postérieur de la gencive que vers deux ans et demi. Les molaires remplaçantes (pm^2, pm^3, pm^4) se montrent de douze à quatorze mois, dans l'ordre postéro-antérieur.

III. — Usure des dents d'adulte et allongement des crocs

A *deux ans*, les pinces inférieures ont nivelé, c'est-à-dire qu'elles ont perdu le biseau cannelé de leur extrémité; les mitoyennes inférieures commencent à user, ainsi que les crocs; ceux-ci ont deux centimètres à deux centimètres et demi de longueur à la mâchoire inférieure, un centimètre et demi à la supérieure.

Passé *deux ans*, on n'a d'autres renseignements que ceux tirés de l'usure progressive des dents, de la couleur noire qu'elles prennent à leur base et enfin de la longueur des crocs qui, chez les verrats, croissent sans cesse et finissent par sortir de la bouche, tandis que chez les truies, ils ne dépassent guère trois centimètres à trois centimètres et demi hors de la gencive. Vers deux ans et demi les verrats commencent à montrer au dehors leurs crocs supérieurs; à trois ans, leurs crocs inférieurs ont environ trois centimètres et demi de longueur (c'est-à-dire à peu près autant de millimètres que de mois), néanmoins, ils ne sortent guère de la bouche avant quatre ans.

Après trois ans, un verrat devient lourd et peu porté à remplir sa fonction de reproducteur; aussi sa valeur baisse-t-elle fortement. Pour faire disparaître le signe le plus visible de son âge avancé, certains marchands lui rognent les crocs et les liment; c'est une difficulté de plus pour la détermination de l'âge.

SECTION VI. — ÂGE DU CHIEN

La connaissance de l'âge du chien, sans être aussi importante que celle de l'âge des grands animaux, n'est pas dénuée d'intérêt. Elle repose encore sur l'examen des dents.

ARTICLE I. — ANATOMIE DES DENTS (fig. 90 et 91)

La formule dentaire de l'adulte est : $i.\dfrac{3}{3}$, $c.\dfrac{1}{1}$, pm. $\dfrac{4}{4}$, am. $\dfrac{2}{3}$; c'est-à-dire 20 dents à la mâchoire supérieure, 22 à l'inférieure, en tout 42.

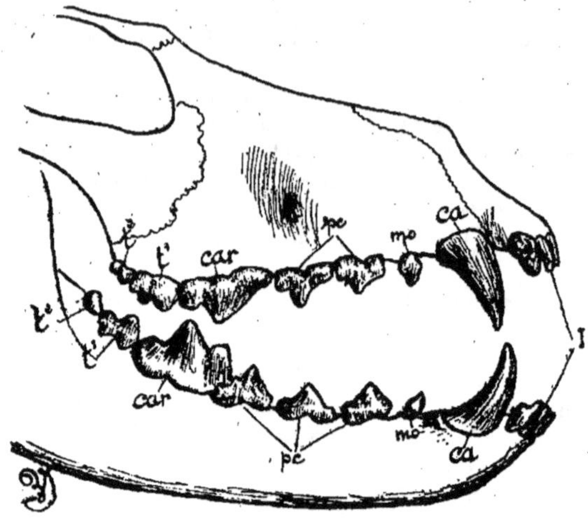

Fig. 90. — *Vue latérale de la deuxième dentition du chien.*

i, incisives; ca, canines; mo, prémolaire monophysaire; pc, autres précarnassières; car, carnassières t¹, premières tuberculeuses; t², deuxièmes tuberculeuses.

Cette formule est sujette à de grandes variations; les chiens à face courte, comme les dogues, au lieu de six molaires en haut et sept en bas, de chaque côté, $\dfrac{6}{7}$, en ont souvent $\dfrac{5}{6}$ ou encore $\dfrac{6}{6}$ et parfois même $\dfrac{4}{6}$, $\dfrac{4}{5}$. Au contraire, ceux à face longue, comme les lévriers, ont communément des molaires supplémentaires. C'est aux extrémités des arcades molaires, surtout en arrière, que l'on peut voir ainsi disparaître certaines dents ou s'en ajouter de nouvelles; par exemple, rien n'est commun comme de constater l'absence de la deuxième tuberculeuse chez les chiens à face courte ou, au contraire, l'apparition d'une troisième tuberculeuse chez ceux à face longue. Remarquons en outre que, par suite de la corrélation de développement entre les divers phanères, les chiens sans poils ont toujours l'appareil dentaire plus ou moins dégradé de forme et de nombre [1].

1. Pour plus de détails sur les variations numériques, voy. le *Traité de l'âge* de Cornevin et Lesbre ou le *traité de tératologie* de Lesbre.

A. Incisives (fig. 92 et 93). — Les incisives, au nombre de six à chaque mâchoire, sont plus volumineuses à la supérieure qu'à l'inférieure et, dans chaque arcade, plus volumineuses aux extrémités qu'au centre. Elles sont fortement colletées. Leur partie libre, doublement échancrée à l'extrémité, forme ce qu'on appelle communément le *trèfle* ou la *fleur de lis*, c'est-à-dire qu'elle est divisée en trois lobes : un médian, le plus fort, et deux latéraux, dont l'interne est susceptible de manquer. Leur collet est surmonté postérieurement d'un rebord prononcé ou cingulum qui s'oppose à leur enfoncement dans l'alvéole. Leur racine est longue, aplatie d'un côté à l'autre et solidement enchâssée dans la mâchoire.

Les *incisives caduques* (fig. 92) sont bien plus petites et plus pointues que leurs remplaçantes; en outre, elles perdent contact par suite de l'accroissement des mâchoires.

Les incisives du chien s'opposent par l'extrémité de manière à user peu à peu leur trèfle; quand celui-ci a disparu, on dit qu'elles sont nivelées. Elles se raccourcissent ensuite progressivement en

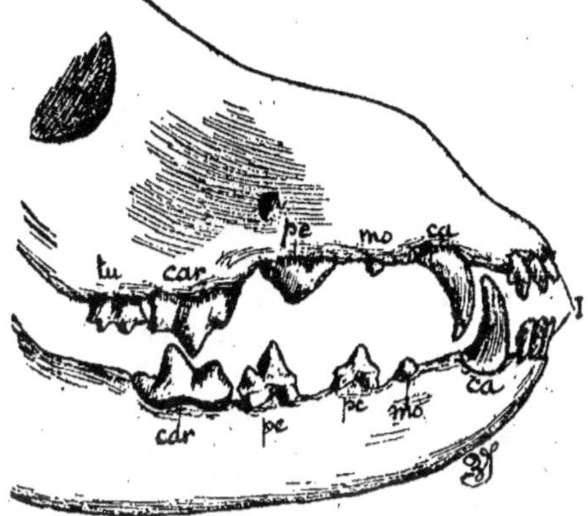

Fig. 91. — *Vue latérale de la première dentition d'un chien de 3 mois et demi à 4 mois.*

I, incisives; *ca*, canines; *mo*, prémolaire monophysaire (encore sous la gencive); *pc*, précarnassières *car*, carnassières; *tu*, tuberculeuse.

même temps qu'elles perdent leur belle couleur blanche pour devenir de plus en plus jaunes; celles du centre arrivent à user jusqu'au ras de la gencive.

B. Canines (fig. 90). — Les canines ou crochets, également développées dans les deux sexes, font suite aux incisives et précèdent les molaires sans laisser d'interruption formant barre; les supérieures toutefois ménagent au-devant d'elles la place nécessaire pour loger les inférieures. Ce sont des dents allongées, coniques et recourbées en arrière et en dedans, constituant des armes redoutables pour l'attaque et la défense. Leur éruption se termine rapidement comme celle des autres dents.

Les *canines de première dentition* (fig. 92), sont beaucoup plus grêles que celles qui leur succèdent et en outre plus courbées et plus pointues. Il n'est pas extrêmement rare de les voir persister plus ou moins longtemps après la sortie de ces dernières, en dehors desquelles elles se trouvent placées.

C. Molaires (fig. 90). — Au nombre de douze à la mâchoire supérieure, de quatorze à l'inférieure, elles sont pour la plupart terminées par des pointes aiguës, chevauchant d'une mâchoire à l'autre comme les lames d'une paire de ciseaux; et, conformément à une règle générale, ce sont les molaires supérieures qui passent en dehors de leurs opposées.

La quatrième dans les arcades supérieures et la cinquième dans les arcades inférieures sont beaucoup plus volumineuses que les autres et désignées sous le nom de *dents carnassières*. La carnassière du haut, étant quatrième dans le rang, est une prémolaire; tandis que celle du bas, qui est cinquième, est une arrière-molaire; on sait en effet qu'il y a quatre prémolaires à chaque côté de chaque mâchoire. Celle-ci présente en arrière un lobe tuberculeux ou talon qui fait défaut à celle-là.

Les *pré-carnassières* sont aiguës, découpées en pointes comme les carnassières; elles vont en décroissant au fur et à mesure qu'elles s'en éloignent, si bien que la première est à peine aussi grosse qu'une incisive, à la mâchoire supérieure, et plus petite encore à la mâchoire inférieure; elle n'est jamais remplacée ni en haut ni en bas.

En arrière de chaque carnassière, existent deux dents progressivement décroissantes que l'on qualifie de *tuberculeuses* parce que, au lieu de pointes aiguës, elles offrent, à l'extrémité, des lobes plus ou moins émoussés ou cuspides comparables à ceux que l'on observe sur les molaires du porc. Le chien se sert de ces dents pour boyer l'herbe qu'on lui voit quelquefois manger ou encore pour casser les os. Elles sont beaucoup plus développées en haut qu'en bas.

Il y a donc, en définitive, de chaque côté, à la mâchoire supérieure, trois pré-carnassières, une carnassière et deux tuberculeuses, à la mâchoire inférieure, quatre pré-carnassières, une carnassière et deux tuberculeuses.

Il est à remarquer que les molaires, ainsi que les autres dents du chien, sont dépourvues de cément sur la couronne; l'émail à nu leur donne, dans la jeunesse, une couleur d'un blanc éclatant.

Les *molaires caduques* (fig. 91) sont : en haut, de chaque côté, une pré-carnassière, une carnassière et une tuberculeuse; en bas, deux pré-carnassières et une carnassière. Celle que nous avons décrite dans la dentition de l'adulte comme une prémolaire monophysaire (fig. 91, *mo*) se rattacherait peut-être plus légitimement à la première dentition, bien qu'elle apparaisse tardivement.

ARTICLE II. — SIGNES DE L'AGE (fig. 92 à 94)

Nous distinguerons : 1° *une période d'éruption des dents de lait;* 2° *une période, très courte, d'usure et de nivellement des incisives caduques;* 3° *une période d'éruption des dents d'adulte;* 4° enfin *une période d'usure et de nivellement des incisives remplaçantes* [1].

1. Nous tenons à remercier ici, publiquement, M. l'Inspecteur général honoraire

I. — ÉRUPTION DES DENTS DE LAIT

A la naissance, le petit chien ou chiot présente le bout de ses deux mâchoires inerme; ses paupières restent closes pendant les dix ou douze premiers jours.

Les canines et les incisives font éruption du vingtième au trentième jour dans l'ordre suivant, celles du haut quelques jours avant leurs oppo-

Fig. 92. — *Bouts des mâchoires d'un chien de 3 mois.*

(Il n'y a que des dents de lait).

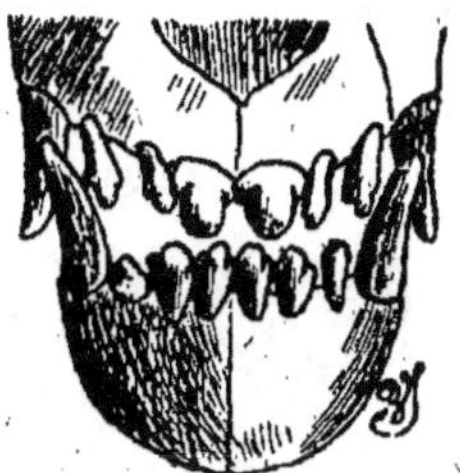

Fig. 93. — *Bouts des mâchoires d'un chien de 4 mois et 1 semaine.*

(Il y a 2 incisives remplacées à la mâchoire supérieure, 4 à l'inférieure).

sées : canines, vers le vingt et unième jour, coins, vingt-cinquième jour, mitoyennes, vingt-huitième jour, pinces, trentième jour. A six semaines, toutes les dents antérieures sont bien dégagées de la gencive.

Les molaires caduques poussent à peu près en même temps que les incisives et les canines, c'est-à-dire de la troisième à la cinquième semaine, en commençant par la dernière.

II. — USURE ET NIVELLEMENT DES INCISIVES DE LAIT

L'usure se fait beaucoup plus vite à la mâchoire inférieure qu'à la supérieure. Dans chaque arcade, elle commence par les pinces et se poursuit sur les mitoyennes et les coins. D'après les observations de M. Moussu, confirmées par les nôtres, les pinces inférieures nivellent, c'est-à-dire perdent leur trèfle, de deux mois à deux mois et demi; les mitoyennes inférieures, de trois mois à trois mois et demi (fig. 92); les coins inférieurs, vers quatre mois; mais ces dates sont sujettes à de grandes variations suivant le régime et les habitudes des jeunes chiens.

Jusqu'à deux mois les dents se touchent; elles s'écartent ensuite de plus en plus et celles du centre se déchaussent.

Darrier, d'avoir bien voulu nous communiquer, alors qu'il était directeur de l'École d'Alfort, la précieuse collection de têtes de chiens que possède cette École.

La prémolaire monophysaire sera consultée avec fruit pendant cette période : dès l'âge de trois mois sa place est faite et on peut la sentir sous la gencive ; elle perce à quatre mois.

III. — ÉRUPTION DES DENTS D'ADULTE

Chez les chiens de taille moyenne, les pinces aux deux mâchoires sont remplacées vers quatre mois (fig. 93) ; les mitoyennes, vers quatre mois et demi ; les coins et les canines, vers cinq mois.

Depuis Girard on s'accorde généralement à dire que les chiens de haute

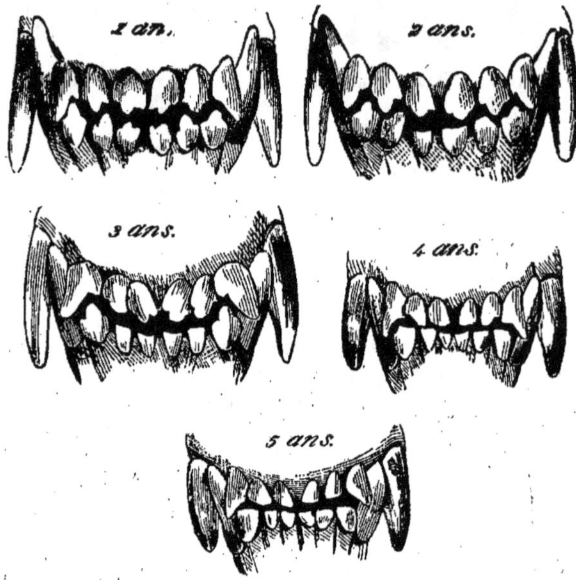

Fig. 94. — *Bouts de mâchoires de chiens des divers âges (Dents de 2ᵉ génération).*

stature sont en avance sur les autres au point de vue de l'évolution dentaire ; c'est ainsi que les setters sont en retard sur les grands chiens mais précoces relativement aux terriers. Ces variations ne sont pas aussi considérables qu'on l'a prétendu, elles sont contenues dans les limites extrêmes de quelques semaines et non de plusieurs mois. Ainsi que M. Moussu, nous n'avons jamais vu de chiens, grands ou petits, qui aient remplacé leurs incisives à deux ou trois mois ou qui ne les aient pas remplacées à six mois et même à cinq mois et demi ; toutefois il serait utile de contrôler cette chronologie dentaire dans chaque race en particulier.

En général, la première arrière-molaire traverse la gencive à quatre mois en même temps que la prémolaire monophysaire; la deuxième arrière-molaire, de quatre mois et demi à cinq mois à la mâchoire inférieure, de cinq à six mois à la supérieure; la troisième arrière-molaire ou dernière tuberculeuse inférieure, de six à sept mois; les molaires remplaçantes, vers six mois, la dernière avec une avance de quelques semaines.

A sept mois la bouche est faite, c'est-à-dire bien avant l'âge adulte.

IV. — Usure et nivellement des incisives remplaçantes

C'est surtout pendant cette dernière période qu'on est consulté sur l'âge des chiens; malheureusement on n'a plus que les indices assez vagues du degré d'usure (fig. 94).

A *un an*, les incisives sont encore fraîches et blanches, à peu près vierges.

A *quinze* mois, les pinces inférieures sont entamées.

A *dix-huit mois*, elles nivellent, et c'est le tour des mitoyennes à être entamées.

De *deux ans et demi à trois ans*, ces dernières nivellent, et les pinces supérieures sont entamées.

De *trois ans et demi à quatre ans*, les pinces supérieures nivellent; les dents commencent à jaunir.

De *quatre à cinq ans*, les mitoyennes supérieures nivellent; la coloration jaune des dents s'accentue, surtout à la base des crochets.

Passé cinq ans, il y a usure croissante et raccourcissement progressif des incisives centrales jusqu'au ras de la gencive; les coins supérieurs ainsi que les canines des deux mâchoires ne s'émoussent que lentement, à partir de l'âge de six ans, leur usure notable est un indice de vieillesse; en somme, on n'a plus que des indices vagues, bien que l'animal puisse vivre une douzaine d'années et même davantage.

Les signes que nous avons donnés pour les premiers âges peuvent eux-mêmes induire en erreur, l'usure des dents étant nécessairement influencée par le régime et par l'habitude qu'ont certains chiens de mordiller tout ce qu'ils rencontrent. On voit fréquemment des bouledogues, des chiens de bouchers qui ont leurs incisives usées et quelquefois perdues à trois ou quatre ans, tandis que de petits chiens d'appartement, élevés avec du lait ou de la soupe, conservent leurs dents intactes bien plus longtemps que les autres. En outre, il y a souvent, chez les chiens, du brachygnathisme à l'une ou à l'autre mâchoire, de telle sorte que la correspondance des incisives ne se fait plus et que leur mode d'usure en est troublé.

Les petits chiens vivent plus longtemps que les grands; il n'est pas rare d'en rencontrer qui ont douze à quinze ans, et, s'il faut en croire certaines assertions, ils pourraient atteindre dix-huit et jusqu'à vingt ans.

Petits ou grands, les vieux chiens se font remarquer par certains caractères extérieurs qu'il convient d'indiquer ici; ils grisonnent autour du nez, des yeux, sur le front; leur tête grossit par le bout et prend un aspect particulier; les lèvres ferment mal la bouche; les yeux sont caves, souvent chassieux et plus ou moins opaques de la vitre; la peau se dégarnit de poils, se couvre de callosités aux points sur lesquels l'animal repose en position couchée, etc.

SECTION VII. — DENTITION ET AGE DU CHAT

Pour reconnaître l'âge du chat, on ne dispose que d'un petit nombre de signes fournis par la dentition (fig. 95).

La formule de la première dentition comprend 26 dents :

$$\text{Inc.}\ \frac{3}{3}\ \text{can.}\ \frac{1}{1}\ \text{mol.}\ \frac{3}{2}\left(\frac{1\ \text{pré-carnassière},1\ \text{carnassière},1\ \text{tuberculeuse}}{1\ \text{pré-carnassière},\ 1\ \text{carnassière}}\right)$$

La formule de la deuxième dentition comprend 30 dents (fig. 95) :

$$\text{Inc.}\ \frac{3}{3},\ \text{can.}\ \frac{1}{1},\ \text{mol.}\ \frac{4}{3}\left(\frac{2\,\text{pré-carnassières},1\ \text{carnassière},1\ \text{tuberculeuse}}{2\ \text{pré-carnassières},\ 1\ \text{carnassière}}\right)$$

Toutes ces dents sont, en principe, disposées comme celles du chien, mais elles sont plus aiguës, plus coupantes, et il n'existe pas de molaire tuberculeuse à la mâchoire inférieure; la seule que l'on trouve, à la mâchoire supérieure, est rudimentaire. La carnassière inférieure n'a que deux pointes, l'absence de son lobe tubérculeux ou talon permet aisément de la distinguer de celle du chien.

En résumé, la dentition du chat est encore mieux adaptée au régime carnivore que celle des Canidés.

Voici les quelques renseignements que j'ai pu réunir sur les époques de l'éruption dentaire :

Les dents de première dentition apparaissent au dehors de deux à

FIG 95. — *Vue latérale de la deuxième dentition du chat.*

I, incisives; *ca*, canines; *pc*, précarnassières; *car*, carnassières; *t*, tuberculeuse.

trois semaines après la naissance; toutefois la pré-carnassière et la tuberleuse de la mâchoire supérieure sont en retard de plusieurs semaines sur les autres dents de lait, en sorte que la première dentition n'est achevée que vers un mois et demi. Elle dure jusqu'au septième et quelquefois au delà même du huitième mois. Il suffit d'un à deux mois pour que toutes les dents d'adulte fassent éruption, dans l'ordre suivant : incisives et carnassière inférieure, carnassière supérieure, deuxième pré-carnassière supérieure et canines, première pré-carnassière aux deux mâchoires, enfin tuberculeuse.

La première pré-carnassière supérieure, beaucoup plus petite que son opposée, est sujette à manquer.

SECTION VIII. — DENTITION ET AGE DU LAPIN

Le lapin et le lièvre, se distinguent des autres Rongeurs par leurs dents plus nombreuses et par leur première dentition, moins complètement disparue. Leur formule dentaire définitive est : i. $\frac{2}{1}$, m. $\frac{6}{5}$, en tout 28 dents (fig. 96). Aucune n'a de racine, toutes sont à croissance permanente, elles s'allongeraient indéfiniment si cette croissance n'était compensée par l'usure. C'est ce qui arrive lorsqu'une incisive est arrachée ou déviée, l'opposée n'usant plus s'allonge et se contourne hors de la bouche comme une défense.

Les quatre incisives supérieures sont deux grandes et deux petites, celles-ci propres aux lapins et aux lièvres. Les grandes sont fortement arquées, convergentes par l'extrémité libre et parcourues sur leur face antérieure par une profonde cannelure; leur face postérieure est dépour-

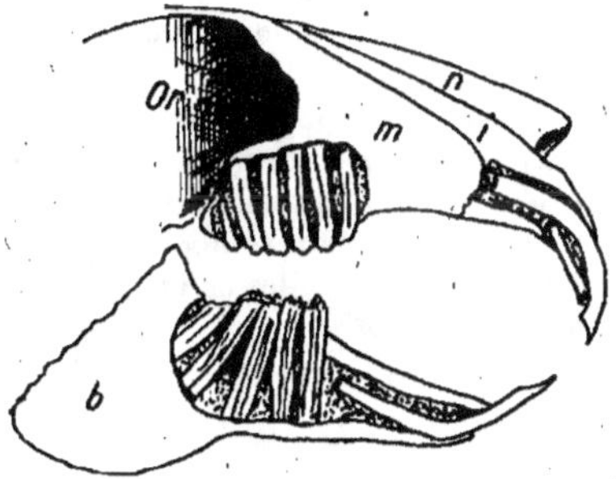

FIG. 96. — *Vue latérale de la dentition d'un lapin adulte, les mâchoires sculptées.*

m, maxillaire supérieur; *n*, nasal; *i*, intermaxillaire; *b*, branche mandibulaire; *Or*, orbite.

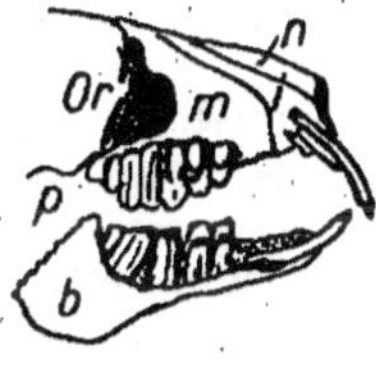

FIG. 97. — *Vue latérale de la dentition d'un lapin de 4 jours, les mâchoires sculptées.*

Or, orbite; *m*, maxillaire supérieur; *p*, sa protubérance; *n*, os nasal; *b*, branche mandibulaire. (On voit les molaires de 1re dentition, 3 en haut, 2 en bas, sous lesquelles existent les dents appelées à leur succéder, et aussi 2 petites incisives à la mâchoire supérieure, l'antérieure caduque, la postérieure remplaçante.

vue d'émail, et leur extrémité est taillée en biseau aux dépens de cette face; elles s'enfoncent dans l'intermaxillaire jusqu'à l'extrême limite de cet os mais sans jamais le dépasser. Les petites figurent de grêles chevilles éburnées, presque droites, implantées derrière les précédentes.

Les incisives inférieures, au nombre de deux seulement, sont moins courbées que leurs opposées et non cannelées; leur extrémité enchâssée s'enfonce jusqu'à la première molaire, qui impose une limite à sa pénétration.

Les canines font défaut comme dans tous les Rongeurs.

Les molaires viennent après une longue barre; elles sont profondément enchâssées, à table plate, barrée transversalement d'émail; les inférieures sont plus saillantes dans la bouche que les supérieures, qui sont presque au ras de la gencive. La figure 96 nous dispensera d'une description particulière, bornons-nous à dire que ces dents sont généralement dépourvues d'émail sur leur face postérieure. Emmanuel Rousseau a démontré, contrairement aux assertions de F. Cuvier, qu'elles possèdent du cément, qui occupe le fond des sillons latéraux, et forme sur la table, au début de l'usure une imperceptible travée transverse, séparant les deux lobes. Il y a là deux denticules aplatis, cimentés par le cortical osseux ainsi qu'on le voit dans les molaires barrées, plus complexes, des éléphants.

On a cru longtemps que les Léporidés (lapins et lièvres), à l'instar d'un grand nombre d'autres rongeurs, n'avaient point de dents de lait, qu'ils étaient *monophyodontes*. En réalité les deux petites incisives supérieures, les trois premières molaires supérieures et les deux premières inférieures que l'on remarque à la naissance sont des dents caduques (fig. 97). Au bout de quelques jours, on voit sortir les petites incisives remplaçantes en arrière des caduques et, en attendant que celles-ci tombent, ce qui ne tarde guère, le jeune lapin ou le levraut montre six incisives supérieures disposées par paire sur trois rangs. Vers le dix-huitième jour les molaires de lait sont expulsées à leur tour par leurs remplaçantes; les arrière-molaires étant déjà sorties, la deuxième dentition se trouve donc complète. Pouchet et Chabry ont montré que les grandes incisives elles-mêmes ont leurs dents de lait; mais celles-ci ne sont que des rudiments microscopiques avortant dans l'os et disparaissant longtemps avant la croissance.

CHAPITRE II

SIGNALEMENTS

SECTION I. — ROBES

Faire le signalement d'un animal, c'est énumérer les caractères propres à le faire reconnaître, autrement dit, établir son identité.

Parmi ces caractères, il n'en est pas de plus important que la *robe*. On désigne sous ce nom l'ensemble des poils et des crins qui couvrent la surface du corps, chez les mammifères, poils et crins envisagés surtout au point de vue de la couleur. Le terme pelage est à peu près synonyme.

La robe d'un animal offre à étudier sa nuance générale et ses particularités; celles-ci sont plus utiles au signalement que le fond même de la robe, car on rencontre souvent des chevaux de même couleur, tandis qu'il est exceptionnel d'en trouver qui aient exactement les mêmes particularités et aux mêmes endroits.

Dans l'état de nature, tous les animaux d'une même espèce portent sensiblement la même livrée, sauf les différences apportées par l'âge, le sexe et le climat, le pelage est un caractère d'espèce ou au moins de race. Au contraire, dans l'état de domesticité, il est très varié dans la même espèce et n'est même pas toujours uniforme dans la même race, notamment chez les chevaux; toutefois Lecoq a fait remarquer que les poils présentent peu de couleurs différentes et que c'est le mélange des diverses nuances de ces couleurs qui donne lieu à la multiplicité des robes. Le noir, le blanc et le roux, sont les couleurs principales, dont les modifications donnent : pour le noir, le brun plus ou moins foncé et le souris, pour le blanc, le blanc jaunâtre, rosé ou bleuâtre, pour le roux, différentes nuances qui montent vers le rouge vif ou le brun ou descendent jusqu'au jaune. Le blanc n'étant que la synthèse de toutes les couleurs et le noir leur extinction, il y a des raisons de croire que la couleur fondamentale est le roux (mélange de rouge et de jaune) c'est-à-dire le fauve, et que le flavisme variant en deux directions opposées, c'est-à-dire du côté de l'albinisme et du côté du mélanisme, a pu passer, d'une part, du roux au jaune, du jaune au blanc sale et enfin au blanc pur, d'autre part, du roux au rouge, du rouge au brun et du brun au noir. Pour ne parler que du cheval, il est fort probable que toutes les races sont issues d'une même souche, dont les individus avaient une livrée caractéristique, comme dans les autres espèces sauvages.

ARTICLE PREMIER. — ROBES DU CHEVAL.

Nous décrirons successivement les robes proprement dites et leurs particularités.

Les robes peuvent se classer, comme dans le tableau ci-dessous, en robes simples, robes composées et robes mélangées ou pies.

Enumération et classification des robes du cheval.

ROBES SIMPLES	ROBES COMPOSÉES	ROBES MÉLANGÉES OU PIES
Noir. { Franc. / Jais ou jayet. / Mal teint.	*Binaires* — Gris. { Très clair. / Clair. / Ordinaire. / Foncé. / Ardoisé. / De fer. / Tourdille. / Étourneau. / Salé.	Quand le blanc domine. { Pic noir. / Pic-souris. / Pic isabelle. / Pic alezan. / Pic bai / Pic gris. / Pie aubère. / Pic louvet. / Pic rouan.
Blanc. { Mat. / Sale. / Porcelaine. / Rosé.	Aubère. { Clair. / Ordinaire. / Foncé. / Mille-fleurs.	Quand le blanc est dominé. { Noir pie. / Souris pie. / Isabelle pie. / Alezan pie. / Bai pie. / Gris pie. / Aubère pie. / Louvet pie. / Rouan pie.
Souris. { Clair. / Ordinaire. / Foncé.	Louvet. { Clair. / Ordinaire. / Foncé.	
Isabelle. { Soupe de lait. / Clair / Ordinaire. / Foncé. / Café au lait.	*Ternaire* — Rouan. { Clair. / Ordinaire. / Vineux. / Foncé.	
Alezan. { Fauve. / Clair. / Doré. / Ordinaire. / Cerise. / Foncé. / Châtain. / Brûlé.		
Bai. { Fauve. / Clair. / Ordinaire. / Foncé. / Cerise. / Châtain. / Marron. / Brun.		

§ 1. — **Robes simples**

1º Le *noir*, comprend les nuances : *noir franc*, pur mais mat; *noir jais* ou *jayet*, avec reflet luisant; *noir mal teint*, dégradé dans certains points et roussâtre. La robe franchement noire sans aucun reflet rougeâtre est extrêmement rare.

2º Le *blanc* présente quatre nuances : *blanc mat*, rappelant la couleur de la craie ou celle du pigeon blanc; *blanc sale*, tirant sur le jaunâtre; *blanc porcelaine*, offrant un reflet bleuâtre, dû à ce que le pigment de la peau se joue à travers les poils un peu clair-semés; *blanc rosé*, qui est le blanc des albinos, là couleur rose de la peau se mariant à celle des poils.

Le blanc est très rare à la naissance; certains hippologues prétendent même qu'on ne l'observe ni à la naissance, ni plus tard, car, d'après eux, il n'y a pas de robe blanche qui ne comprenne quelques poils noirs, et cela serait suffisant pour qu'on dût signaler l'animal gris très clair. Cette manière de voir n'est pas défendable, attendu que, d'une part, le signalement doit être actuel et non rétrospectif, peu importe que l'animal ait été antérieurement gris, aubère ou rouan, s'il est blanc au moment où on l'examine, d'autre part, la présence de quelques poils noirs ou rouges ne change pas l'aspect général de la robe, il suffit de les mentionner dans le signalement à titre de particularité.

3º Le *souris* est une couleur gris cendré semblable au pelage de la souris des maisons, c'est-à-dire un noir fortement déteint. Il est très commun dans l'espèce asine, fort rare chez le cheval. On distingue le *souris clair*, le *souris ordinaire* et le *souris foncé*. Cette robe présente souvent les crins et les extrémités noirs ainsi que la raie de mulet et des zébrures sur les membres.

4º *L'isabelle* est jaunâtre; c'est en quelque sorte une dégradation de l'alezan. Il se place, dans la gamme des nuances, entre le blanc sale et l'alezan fauve. Nous relevons dans Littré le passage suivant qui donne l'origine du mot : « On raconte que l'application du mot isabelle à une robe vient de ce qu'Isabelle, gouvernante des Pays-Bas, fit vœu au siège d'Ostende de ne pas déposer sa chemise avant la prise de la ville. De ce vœu à la reddition de la place, il s'écoula huit mois; Isabelle tint son vœu, mais son vêtement avait changé de couleur, et, à cette époque, la couleur jaunâtre reçut le nom d'isabelle. » La robe isabelle, comme la robe souris, a souvent, mais non toujours, les crins et les extrémités noirs, la raie de mulet et des zébrures.

On distingue : l'*isabelle soupe de lait*, qui se rapproche du blanc sale et dont les crins et les extrémités tendent plutôt à se laver qu'à se foncer; l'*isabelle clair*, qui se place immédiatement au-dessus de l'isabelle soupe de lait; l'*isabelle ordinaire*, type du genre; l'*isabelle foncé*, faisant transition à l'alezan fauve; l'*isabelle café au lait*, tirant un peu sur le rougeâtre et rappelant la couleur du mélange d'un peu de café avec beaucoup de lait; il y a même un *café au lait clair* et un *café au lait foncé*.

5° *L'alezan* [1] est un rouge qui confine au jaune d'une part, au roux d'autre part. Les chevaux alezans ont fort souvent des marques blanches aux membres et à la tête, ainsi que des taches de ladre aux lèvres et au bout du nez; il en est très peu qui ne présentent aucun poil blanc. On distingue : l'*alezan fauve*, rappelant le pelage des bêtes fauves (lion, cerf, chevreuil, etc.) et faisant transition à l'isabelle; l'*alezan clair*; l'*alezan doré*, d'un jaune luisant; l'*alezan ordinaire*, type du genre, couleur de la cannelle; l'*alezan foncé*, tendant au brun; l'*alezan cerise*, d'un ton rougeâtre vif; l'*alezan châtain*, couleur de l'écorce de la châtaigne, l'*alezan brûlé*, très foncé et d'un roux rappelant le café torréfié.

6° Le *bai* [2] est rouge comme l'alezan, mais de nuance généralement plus vive; ce qui l'en distingue essentiellement, c'est que les crins et les extrémités sont noirs. Il y a toutefois des transitions entre les deux robes lorsque les crins et les extrémités se foncent et virent au brun chez l'alezan, ou que leur nuance se dégrade chez le bai.

Le bai comporte les nuances suivantes : le *bai fauve*, virant au jaune, c'est-à-dire à l'isabelle; le *bai clair*, d'un rouge très clair; le *bai ordinaire*, type d'après lequel on juge des nuances claires ou foncées; — certains hippologues considérant que l'épithète « ordinaire » pourrait faire croire que les autres espèces de bai sont exceptionnelles, disent simplement « bai » pour désigner cette nuance moyenne; la même remarque s'applique d'ailleurs à la nuance type de tous les genres de robes; — le *bai cerise* ou *bai acajou*, qu'on a comparé à la couleur de la cerise, mais qui rappelle plus souvent celle de l'acajou; le *bai foncé*, tendant au brun; le *bai châtain*, rouge brun, terne, qui ressemble parfaitement à la couleur de la

---

1. De l'arabe *al hasan*, le beau, l'élégant; ou *al hisan*, cheval beau et de race.
2. Du grec βάϊον, branche de palmier. Du latin *badius* ou *baius*, brun châtain.

châtaigne; le *bai marron*, offrant le reflet brillant et foncé du marron d'Inde, les parties supérieures du corps sont presque noires tandis que les parties latérales et déclives sont d'un rouge vif, comme s'il y avait mélange de bai brun et de bai cerise; le *bai brun*, qui vire au noir, on le distingue du noir mal teint en ce que le rouge est encore très visible ou forme des *marques de feu* sur certaines régions, telles que le bout de la tête, le poitrail, les flancs, les fesses, etc.

§ 2. — Robes composées.

Les robes composées sont formées par un mélange de poils de plusieurs couleurs, et, suivant le nombre de ces couleurs, on les dit binaires ou ternaires.

1° Le *gris* est formé de poils noirs et de poils blancs associés en proportion très diverse, d'après laquelle on distingue : le *gris très clair*, se rapprochant du blanc; le *gris clair*, dans lequel les poils blancs l'emportent encore sur les noirs; le *gris ordinaire*, dans lequel les poils blancs et les poils noirs sont en nombre à peu près égal; le *gris foncé*, où les poils noirs sont dominants; le *gris ardoisé*, qui est un gris foncé à reflet bleuâtre; le *gris de fer*, très foncé, bleuâtre, avec poils blancs brillants rappelant la couleur du fer récemment cassé; le *gris sale* ou *gris isabelle*, tirant sur le jaune; le *gris tourdille* (de *turdus*, grive), un peu jaunâtre, avec des taches plus foncées, comme en présente le plumage de la grive; le *gris étourneau*, foncé avec de petites taches claires, comme en présente le plumage de l'étourneau. Le gris tourdille et le gris étourneau sont des espèces de gris assez mal définies; on y fait souvent entrer, par élimination, des robes grises tachetées qui ne se rapportent à aucune des autres espèces de gris.

Il n'est pas de robes aussi variées et aussi variables que la grise; d'une part les poils blancs et les poils noirs qui la constituent essentiellement ne sont pas toujours franchement blancs ni franchement noirs, ni uniformément mélangés; d'autre part, il s'y introduit fort souvent des poils rouges; enfin, l'âge amenant le blanchiment progressif des poils foncés, il arrive qu'un animal passe par toutes les nuances de cette robe : gris foncé dans le jeune âge, il devient successivement gris ordinaire, gris clair, voire même gris très clair; ou bien gris clair étant jeune, il passe au blanc en quelques années. Ce changement, dit Lecoq, se remarque surtout lorsque les poils noirs ne sont pas répartis sur la robe d'une manière régulière; c'est ainsi que les poulains gris clair qui deviennent le plus promptement blancs ont généralement peu ou point de poils noirs autour des articulations.

2° L'*aubère* [1] est formé de poils blancs et de poils rouges, et, suivant la proportion du mélange, on dit : *aubère clair*, quand les poils blancs sont les plus abondants; *aubère ordinaire*, quand les poils blancs et les poils rouges sont en nombre à peu près égal; *aubère foncé*, quand ce sont les poils rouges qui l'emportent; *aubère millé-fleurs*, si le mélange des deux sortes de poils n'est pas uniforme, les poils rouges formant une multitude de petites mèches. Fort souvent les chevaux aubères ont la tête et les extrémités dépourvues de poils blancs, c'est-à-dire toutes rouges; il y a lieu d'indiquer ce fait dans le signalement.

Les différentes nuances de l'aubère ne dépendent pas seulement de la proportion respective des poils blancs et des poils rouges; la couleur de ces derniers, qui peuvent présenter toutes les nuances plus ou moins foncées de l'alezan, contribue aussi beaucoup à faire varier l'intensité du reflet de la robe.

3° Le *louvet* (pelage du loup) est en quelque sorte un fauve enfumé ou un isabelle charbonné; il est formé par un mélange de jaune et de noir; mais le plus souvent ces deux couleurs sont portées sur chaque poil, le jaune à la base, le noir à l'extrémité, au lieu d'être réparties sur des poils différents; il s'ensuit que le tondage fait ordinairement passer le louvet à l'isabelle. On distingue : le *louvet clair*, le *louvet ordinaire* et le *louvet foncé*.

4° Le *rouan* [2] est l'unique robe composée ternaire; il est formé de poils blancs, de poils rouges et de poils noirs; mais, pour qu'un cheval soit rouan, il suffit que la surface du corps présente un mélange de blanc et de rouge, pourvu que la queue, la crinière et les extrémités soient noires ou mélangées des trois couleurs de la robe. Le rouan est tantôt une sorte de bai exagérément rubican, c'est-à-dire un aubère à crins et extrémités noirs, tantôt un gris exagérément vineux, à crins et extrémités noirs ou foncés; dans le premier cas, les poils noirs sont relégués à la crinière, à la queue et aux extrémités; dans le second, ils sont dispersés sur tout le corps tout en étant particulièrement abondants sur ces dernières parties. Suivant la proportion des trois couleurs déterminant le ton général de la robe on distingue : le *rouan clair*, où domine le blanc; le *rouan ordinaire*, où les trois couleurs sont régulièrement mélangées; le

---

1. Ce mot est sans doute formé de : *albus*, blanc, ou *albidus*, blanchâtre.
2. Contraction de l'italien *rubicano*, du latin *ruber*, rouge.

rouan vi neux, dans lequel le rouge domine; le *rouan foncé,* dont les poils noirs, quoique toujours moins nombreux que les autres, donnent cependant leur reflet à la robe.

§ 3. — Robes mélangées.

Les robes mélangées ou robes pies sont formées d'un mélange, par grandes plaques, de blanc et d'une autre couleur. D'après cette dernière, on distingue : le *pie noir* rappelant exactement le plumage de la pie, le *pie souris,* le *pie isabelle,* le *pie alezan,* le *pie bai,* le *pie gris,* le *pie aubère,* le *pie louvet* et le *pie rouan;* toutes les robes sont en effet susceptibles de se mélanger au blanc par grandes plaques; mais ce n'est pas toujours le blanc qui occupe le plus de place, souvent ce sont les plaques de couleur qui dominent; on use alors d'une inversion de langage proposée par Lecoq, et l'on dit : *noir pie, souris pie, isabelle pie, alezan pie, bai pie,* etc. On peut aussi, dans un signalement détaillé, indiquer l'étendue et la position des principales taches, noter surtout la couleur de la tête et des extrémités. En général les taches blanches du pie intéressent la peau, comme les poils et ainsi dénotent un véritable albinisme.

§ 4. — Particularités des robes.

Les particularités des robes du cheval sont très nombreuses et fort diverses; elles consistent en reflets brillants, dégradation ou accentuation de teinte, taches plus claires ou plus foncées que le fond de la robe ou d'une autre couleur, direction irrégulière des poils, enfin dépigmentation de la peau. Il ne faut pas les confondre avec les marques particulières. Nous allons étudier les unes et les autres en suivant la classification du tableau ci-dessous.

Particularités des robes et marques particulières.

A. — PARTICULARITÉS DÉPENDANT DE LA COULEUR DES POILS, DE LEUR DIRECTION IRRÉGULIÈRE OU DE LA DÉPIGMENTATION DE LA PEAU.

1. *Particularités sans siège fixe.*

- **Reflets brillants.**
  - Doré.
  - Argenté.
  - Jais ou jayet.
  - Moiré.
  - Bronzé.
  - Cuivré.
  - Miroité.
- **Dégradation ou accentuation de teinte.**
  - Lavé.
  - Marqué de feu.
- **Mélanges de poils formant taches.**
  - Pommelé.
  - Moucheté.
  - Truité.
  - Truité-moucheté.
  - Herminé.
  - Tigré ou pardé.
  - Neigé.
- **Mélanges de poils formant taches (suite).**
  - Tisonné ou charbonné.
  - Zébré.
  - Rubican.
  - Aubérisé.
  - Grisonné ou grisaillé.
  - Vineux.
  - Rouanné.
  - Bordé.
- **Absence de poils blancs.**
  - Zain.
- **Direction irrégulière des poils.**
  - Épis :
    - concentriques
    - excentriques.
  - Frisure.
- **Dépigmentation de la peau.**
  - Taches de ladre.
  - Moucheté de ladre.
  - Marbré de ladre.

2. *Particularités de la tête.*

- **Marques en tête (au front).**
  - **Étendue.**
    - Quelques poils en tête.
    - Légèrement en tête.
    - En tête.
    - Fortement en tête.
  - **Forme.**
    - En pelote.
    - En liste.
    - En étoile.
    - En croissant.
    - En cercle, etc.
  - **Situation.**
    - En tête à droite.
    - En tête à gauche.
    - En tête en haut.
    - En tête en bas.
  - **Direction.**
    - Longitudinalement en tête.
    - Obliquement en tête.
    - Transversalement en tête.
  - **Particularités.**
    - En tête mélangé.
    - En tête bordé.
    - En tête truité.
    - En tête moucheté.
    - En tête herminé.
- **Marques en tête (au chanfrein).**
  - **Largeur.**
    - Trace de liste
    - Petite liste.
    - Liste.
    - Grande liste.
    - Demi-belle-face.
    - Belle-face.
  - **Longueur.**
    - Complète.
    - Incomplète.
    - Interrompue.
  - **Terminaison.**
    - En pointe.
    - En dents.
    - Par du ladre.
  - **Direction.**
    - Déviée à droite.
    - Déviée à gauche.
  - **Particularités.**
    - Mélangée.
    - Bordée.
    - Truitée.
    - Mouchetée.
    - Herminée.

Cap de More.
Cavecé de More.
Nez de renard.
Moustaches.
Boire dans son blanc.

3. *Particularités du tronc.*

- **Raie de mulet.**
  - Simple.
  - Croisée ou cruciale.

- Crins blancs.
- Crins mélangés.
- Crins noirs.
- Crins lavés.
- Crins clairs.
- Crins foncés.

4. *Particularités des membres.*

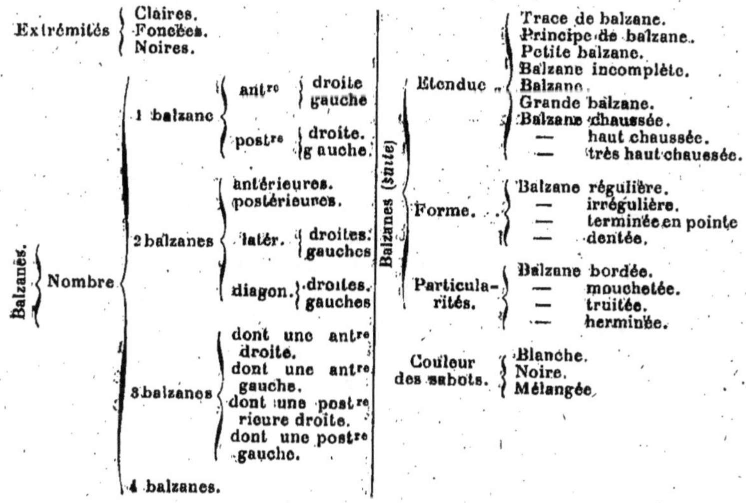

B. — MARQUES PARTICULIÈRES.

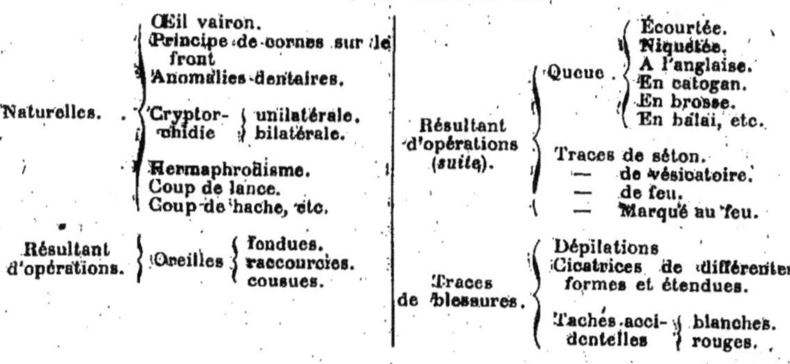

a) *Particularités sans siège fixe.*

Les particularités sans siège fixe, c'est-à-dire que l'on peut rencontrer sur tous les points du corps, indifféremment, sont :

a) Des **reflets brillants** qui font qualifier la robe de *dorée, argentée, bronzée, cuivrée, jais* ou *jayet, moirée, miroitée,* expressions portant en elles-mêmes leurs significations. Les plus communément employées sont celles de *doré* pour l'alezan, de *jais* pour le noir, de miroité pour le bai, l'alezan, le noir ou le gris foncé. Les miroitures sont des taches ordinairement arrondies, grandes comme des pièces de cinq francs, plus brillantes ou plus claires que le fond de la robe. Celle-ci peut être légèrement ou fortement miroitée, miroitée sur telle ou telle région, sur la croupe notamment.

b) **Dégradation ou accentuation de teinte.** — Le *lavé* est une nuance pâle et blafarde comme si le poil avait été déteint par un lavage. Les parties déclives du tronc et la face interne des membres sont toujours plus ou moins lavées. On ne doit signaler cette particularité qu'autant qu'elle est très prononcée ou qu'elle siège sur des régions où on ne l'observe pas d'habitude. Les crins et les extrémités sont assez rarement de même couleur que le fond de la robe; tantôt ils sont plus foncés et même noirs, comme dans les robes baies ou rouannes, tantôt, au contraire, ils sont plus clairs ou lavés. Lorsque le dessous du ventre d'un cheval est presque décoloré, ainsi que cela se voit normalement chez l'âne et le cerf, on dit qu'il à le *ventre de biche*.

Les *marques de feu* sont des taches rouges vif sur fond obscur que l'on observe particulièrement sur le bai brun, et aussi sur le bai marron. Le bout de la tête, le poitrail, le fuyant des flancs, les fesses sont les régions où elles se montrent de préférence.

c) **Mélanges de poils formant taches.** — Les *pommelures* sont des taches claires, arrondies ou étoilées, circonscrites par un réseau de bandes foncées. On a l'habitude d'attribuer les pommelures aux seules robes grises, que l'on dit, suivant le cas, légèrement, fortement pommelées, pommelées sur telle ou telle région, la croupe notamment; mais, souvent, dans les autres robes, par exemple dans la baie, on appelle miroitures de véritables pommelures, parfaitement caractérisées par les bandes foncées qui les circonscrivent. Par contre, on qualifie parfois de pommelées des robes gris foncé qui sont simplement miroitées, c'est-à-dire semées de taches plus claires ou plus brillantes, sans réseau distinct à l'entour.

Sur certaines régions, comme le pli de la fesse, la face externe de l'avant-bras et de la jambe, l'oreille, etc., les pommelures sont généralement étoilées, souvent même arborisées. On pourrait indiquer ce fait dans un signalement détaillé et dire par exemple : gris pommelé, étoilé sur les fesses, arborisé sur les avant-bras et les jambes...

Les *mouchetures* sont de petites taches noires ou brunes de la dimension d'un grain de blé, disséminées sur un fond blanc ou gris clair. L'animal peut être légèrement, fortement moucheté, sur telle ou telle région.

Les *truitures* sont de petites taches semblables aux précédentes, mais rouges, rappelant celles qui parsèment la peau de la truite. L'animal peut être légèrement, fortement truité, truité sur telle ou telle région. Rien n'est commun comme le blanc et le gris très clair truités.

Quand des moouchetures et des truitures sont mélangées, la robe est *mouchetée-truitée*.

Mouchetures ou truitures disparaissent ordinairement là où portent les harnais.

Le *tigré* consiste en des taches noires, brunes ou rouges, comparables à celles que l'on observe sur la peau du léopard. L'expression est donc impropre, comme le fait remarquer Lecoq; il vaudrait mieux dire *léopardé* ou simplement *pardé*.

L'*herminé* est un tigré localisé aux marques en tête ou aux balzanes. Les balzanes sont souvent herminées.

Le *neigé* est produit par de petites taches blanches disséminées, simulant des flocons de neige. Les neigeures sont très communes, dit Lecoq, sur les chevaux de l'Algérie. Elles peuvent apparaître sur de jeunes chevaux et disparaître après un certain temps.

Le *tisonné* ou *charbonné* consiste en des taches irrégulières, noirâtres, qui semblent avoir été produites avec un tison éteint. On l'observe particulièrement aux membres, dans les robes grises ou alezanes, quelquefois dans la robe baie.

Les *zébrures* sont des bandes noires ou brunes qui entourent circulairement le corps, plus souvent les membres, et que l'on observe de préférence chez les chevaux isabelles et souris, et surtout chez l'âne et le mulet.

La présence de poils blancs dans les robes qui n'en comportent pas normalement (baies, noires, alezanes, souris, isabelles) fait qualifier l'animal de *rubican*, légèrement, fortement, sur telle ou telle région. Il va sans dire que les poils blancs constituant le rubican sont en quantité insuffisante pour changer l'espèce de la robe.

Lorsque le bai ou l'alezan sont fortement rubicans en certains points, de manière à donner lieu à des taches aubères, on les dit *aubérisés* sur ces régions.

De même, lorsque le rubican est très prononcé en certains points de la robe noire ou des extrémités noires des robes baie, rouanne, isabelle, souris, de manière à former des taches grises, on dit que l'animal est *grisonné* ou *grisaillé* sur ces régions.

Si la robe grise ou la robe blanche renferment des poils rouges, mais en quantité insuffisante pour les faire virer, la première au rouan, la seconde à l'aubère, on les qualifie de *vineuses*. Le vineux peut être général ou localisé à une partie du corps. Rien n'est commun comme le gris pommelé vineux.

Si, sur une robe blanche le vineux est assez accentué en certaines régions pour former des taches aubères, on dit que ces régions sont *aubérisées*.

Pareillement, si, dans une robe grise, le vineux est très prononcé en certains points, on dit que l'animal est *rouanné* en ces points.

Lorsque les marques en tête et les balzanes présentent à leur limite un mélange des poils blancs qui les forment avec les poils colorés des régions circonvoisines, elles sont dites *bordées*.

d) **Absence de poils blancs.** — L'absence complète de poils blancs fait dire que l'animal est *zain* [1] (exemples : noir franc zaïn, bai châtain zaïn, etc.). C'est une particularité négative qui n'a pas grande valeur dans le signalement; elle peut même occasionner des confusions, car certaines personnes signalent zains des chevaux qui ont des taches blanches accidentelles, tandis que d'autres n'admettent pas cette manière de voir; en outre, un cheval zaïn aujourd'hui pourra ne plus l'être dans quelque temps, l'âge faisant apparaître des poils blancs.

e) **Direction irrégulières des poils.** — Lorsque les poils, au lieu d'être implantés parallèlement et régulièrement imbriqués, changent de direction, il s'ensuit des irradiations, des tourbillons ou des hérissements connus sous le nom d'*épis*. Les épis sont *divergents ou excentriques* quand ils irradient ou tourbillonnent à partir d'un point ou d'une ligne centrale, les poils rayonnant ou tournoyant du centre à la périphérie : tels sont les épis du milieu du front, des parties latérales du poitrail et des flancs. Ils sont *convergents ou concentriques* quand, au contraire les poils se portent les uns vers les autres par leurs extrémités de manière à former un hérissement ou une ligne à rebrousse-poils. Tels sont les épis du bord inférieur de l'encolure de la partie supérieure ou inférieure des flancs, de la ligne médiane du pli du paturon. Souvent un épi irradiant présente à sa limite une ligne à rebrousse poils, c'est ce que l'on observe à la rencontre des poils ascendants des parties latérales du poitrail ou des flancs avec les poils descendants des régions circonvoisines, notamment en haut du flanc et en bas de l'encolure.

---

1. De l'italien *zaino*, d'une seule couleur.

Il est des épis constants comme ceux que nous venons de citer, et d'autres qui se montrent en des points où il n'en existe pas normalement; les Arabes n'en distinguent pas moins de 40; en cherchant bien on en trouverait encore plus, sinon sur le même animal, du moins sur une collectivité. Les épis exceptionnels ou plus accentués que d'habitude devraient être mentionnés dans le signalement. Le général Daumas, dans son livre sur « les chevaux du Sahara et les mœurs du Désert », nous apprend que les Arabes attachent une grande importance aux épis pour le pronostic des qualités ou défauts des chevaux : il en est six qui, pour eux, sont de bon augure et six de mauvais augure. Les premiers se trouvent sur la nuque, les faces latérales et le bord inférieur de l'encolure, au poitrail, au passage des sangles et aux flancs. Les seconds siègent au dessus de l'œil, sur le côté du garrot, sur la joue, le boulet, la face interne de la cuisse et contre la base de la queue. Tout cela n'est évidemment que superstition.

On a émis l'hypothèse que les épis servent à collecter la sueur ou l'eau de pluie en certains points spéciaux d'où elles dégouttent sur le sol. Cette finalité est peu probable attendu que des animaux qui ne suent pas, tels que les chiens, ont cependant de fort beaux épis, notamment aux pointes des fesses, et que, d'autre part, on rencontre des épis en des régions fort mal placées pour l'écoulement de la sueur ou de la pluie. La vérité est qu'il était impossible d'imbriquer les poils sur une surface aussi irrégulière que l'est celle du corps, sans qu'ils convergent en certains points et divergent en d'autres. D'une manière générale, ils tendent à suivre la direction de la pesanteur, et les épis se produisent sur la ligne médiane ou à la jonction des membres et du tronc.

Abstraction faite des crins, qui sont plus ou moins ondulés, les poils du cheval sont ordinairement droits, mais sur quelques rares individus ils frisent à la manière d'une toison d'astrakan, sauf toutefois à la tête. C'est une particularité à ne pas omettre dans le signalement [1].

f) **Dépigmentation de la peau.** — Tous les chevaux sont nègres quand ils ont été rasés, même ceux dont le pelage était blanc. Cette coloration du tégument tient à des granulations pigmentaires déposées dans les cellules de l'épiderme et formant une sorte d'écran absorbant, opaque, sur le derme, pour le protéger contre

---

1. Dechambre, Les chevaux à poils frisés. *Bulletin de la Société centrale vétérinaire,* 1916.

certaines radiations du spectre. Il peut arriver que ce pigment fasse défaut en certains points; alors l'épiderme laisse voir par transparence la couleur du derme, et la peau prend le teint rosé qu'elle offre, moins prononcé, chez l'homme de race blanche; il en résulte des *taches de ladre*. On les observe de préférence là où la peau est fine, revêtue d'un simple duvet, comme aux lèvres, au bout du nez, aux ailes des naseaux, aux paupières, à l'anus et sur les régions génitales. C'est un albinisme partiel. L'albinisme total, comparable à celui des lapins blancs ou des rats blancs, est fort rare; on cite cependant la race danoise de Frédéricksborg comme présentant normalement ce caractère, à cette différence près, toutefois, que les yeux sont bruns et n'ont pas le fond rouge comme on l'observe dans les vrais albinos.

Quand les taches de ladre sont très petites, on dit *mouchelé de ladre;* si elles sont plus larges et anastomosées, on dit *marbré de ladre.*

b) *Particularités de la tête.*

a) **Marques en tête.** — La marque en tête est une tache blanche siégeant sur la face antérieure de la tête, soit au front, soit au chanfrein, soit à la fois sur ces deux régions.

1º Au front, elle varie beaucoup dans son étendue, sa forme, sa situation, sa direction et ses particularités.

D'après l'étendue, on dit : *quelques poils en tête*, s'il n'y a qu'un petit nombre de poils blancs entremêlés aux poils colorés; *légèrement en tête*, si la tache blanche est nette mais petite; *en tête*, si elle est de dimension moyenne, c'est-à-dire grande au moins comme une ancienne pièce de cinq francs; *fortement en tête*, si elle occupe la plus grande partie du front.

D'après la forme, on dit : *pelote*, si la tache blanche est arrondie; *étoile*, si elle présente des prolongements; *croissant*, si elle est en demi-lune, et, suivant que les cornes du croissant se dirigent à droite, à gauche, en haut ou en bas, on dit : *en tête en croissant à droite, en tête en croissant à gauche*, etc.; elle peut aussi être cordiforme, circulaire, triangulaire, etc., former une ou deux pointes en haut, en bas, à gauche ou à droite, ou n'affecter aucune forme définie, auquel cas on dit *en tête irrégulier*.

D'après la situation, lorsque la tache n'occupe pas le milieu du front, on dit : *en tête en haut, en tête en bas, en tête à gauche, en tête à droite.*

D'après la direction, lorsque la tache est allongée, on dit : *en tête longitudinalement, en tête transversalement, en tête obliquement.*

D'après ses particularités, la marque au front est dite : *en tête mélangé,* quand elle est entremêlée de poils de la couleur du fond de la robe; *en tête bordé; en tête moucheté; en tête truité; en tête herminé.*

2° Au chanfrein, la marque blanche est une bande appelée *liste* ou *lisse* qui généralement prolonge une tache du front.

D'après sa largeur, on distingue : la *trace de liste,* presque linéaire; la *petite liste,* un peu plus large; la *liste,* d'une largeur de deux ou trois centimètres; la *grande liste,* occupant toute la partie moyenne du chanfrein; la *demi-belle-face,* débordant d'un côté sur la partie latérale du chanfrein; la *belle-face,* s'étendant sur les deux côtés de cette région. Les expressions belle-face et demi-belle-face sont assez mal choisies, car elles désignent des particularités d'aspect plutôt disgracieux.

D'après sa longueur, la liste est qualifiée de : *complète,* si elle s'étend d'un bout à l'autre du chanfrein; *incomplète,* dans le cas contraire; *interrompue,* si elle cesse en un point pour reparaître plus loin.

D'après sa direction, lorsque la liste n'est pas dans l'axe de la tête, elle peut être *déviée à gauche* ou *déviée à droite.*

D'après son mode de terminaison, elle est dite : *terminée en pointe, terminée par deux ou plusieurs dents; terminée par du ladre au bout du nez.*

D'après ses particularités, elle peut être *mélangée, bordée, mouchetée, truitée, herminée.*

b) **Cap de More.** — Signifie tête noire ou brune, ce qui s'observe surtout chez les chevaux gris foncé ou rouans, quelquefois dans les robes souris, isabelles ou louvettes.

c) **Cavecé de More.** — Diminutif de cap de More, se dit lorsque la tête n'est noire ou brune qu'à la partie inférieure.

d) **Nez de renard.** — Marque de feu ou tache claire occupant le pourtour des lèvres et des naseaux et qu'on observe de préférence dans le bai brun, le bai marron, l'alezan brûlé.

e) **Moustaches.** — Deux petits bouquets de poils transversaux que l'on observe sur la lèvre supérieure de quelques chevaux, de part et d'autre de la gouttière médiane.

f) **Boire dans son blanc.** — Signifie que les lèvres et le bout du nez sont envahis totalement ou en grande partie par du ladre. On dit, suivant les cas : *buvant dans son blanc de la lèvre supérieure, de la lèvre inférieure, des deux lèvres,* complètement ou incomplètement.

c) *Particularités du tronc.*

a) **Raie de mulet.** — Bande noire ou brune qui suit la ligne médiane, depuis le garrot jusqu'à la queue, et qu'on observe sur la plupart des ânes, sur beaucoup de mulets, ainsi que sur certains chevaux. On la dit *croisée* ou *cruciale* lorsqu'elle est coupée au garrot par une deuxième bande descendant sur les épaules, ce qui est la règle chez l'âne.

b) **Crins mélangés.** — Lorsque, dans les robes autres que la grise ou l'aubère, des crins blancs s'entremêlent aux crins colorés de la crinière ou de la queue. (Exemples : bai châtain, crins mélangés à la naissance de la queue; alezan foncé, crins mélangés à la crinière).

c) **Crins blancs.** — Lorsque, dans les robes grises, isabelles, et alezanes, notamment, les crins de la crinière, et de la queue sont tout blancs : particularité fréquente dans l'alezan brûlé.

d) **Crins noirs.** — Lorsque, contrairement au cas précédent, les crins sont noirs dans une robe où ils devraient être mélangés ou d'une autre couleur; par exemple chez des chevaux gris, isabelles, souris, rouans.

e) **Crins lavés.** — Lorsque, dans l'alezan, l'isabelle, le souris, la crinière et la queue présentent une couleur dégradée relativement au fond de la robe.

f) **Crins clairs.** — Lorsque, dans les robes grises notamment, la crinière et la queue sont plus claires que le fond de la robe.

g) **Crins foncés.** — Lorsque, au contraire, ces parties sont plus foncées que le fond de la robe, sans être cependant d'une couleur différente. C'est une particularité fréquente dans le gris et l'alezan. Il arrive, dans cette dernière robe, que les crins soient noirâtres et les extrémités plus ou moins charbonnées, de manière à faire transition au bai.

d) *Particularités des membres.*

Extrémités claires, foncées ou noires. — Il est rare que les extrémités, à partir du genou ou du jarret, soient de même nuance que le reste de la robe; elles sont généralement plus claires, plus foncées ou d'une autre couleur, par exemple noires obligatoirement chez les bais souvent noires chez les rouans, noires facultativement chez les souris et les isabelles. Elles sont souvent rouges dans la robe aubère, noires dans les nuances foncées du gris. Les miroitures, mouchetures, truitures, pommelures et neigeures s'étendent rarement jusque-là.

Balzanes. — Sous ce nom, on désigne des taches blanches entourant l'extrémité des membres au-dessus du sabot.

Quand il n'y en a qu'une, on dit : balzane antérieure droite, balzane antérieure gauche, balzane postérieure droite, balzane postérieure gauche.

Quand il y en a deux, on dit : balzanes antérieures, balzanes postérieures, balzanes latérales, gauches ou droites, balzanes diagonales, gauches ou droites. Le côté d'un bipède diagonal est donné par le membre antérieur qui en fait partie; par exemple, le bipède diagonal gauche comprend le membre antérieur gauche et le membre postérieur droit; le bipède diagonal droit, le membre antérieur droit et le postérieur gauche.

Quand il y a trois balzanes, on indique dans le signalement celle qui est impaire, comme il suit : trois balzanes dont une antérieure ou postérieure, gauche ou droite. En disant, par exemple, trois balzanes dont une antérieure gauche, on exprime qu'il y a deux balzanes postérieures et une balzane antérieure gauche.

Quand il y en a quatre, on se borne souvent à dire : balzanes.

D'après l'étendue, on distingue : la *trace de balzane*, consistant en une ou plusieurs taches blanches discontinues sur la couronne; le *principe de balzane*, tache circulaire indiscontinue, mais localisée à la couronne; la *petite balzane*, occupant la couronne et le paturon; la *balzane incomplète*, ne faisant pas le tour de ces régions; la *balzane ordinaire* ou simplement balzane, couvrant le boulet; la *grande balzane*, dépassant le milieu du canon; la *balzane chaussée*, envahissant le genou ou le jarret; la *balzane haut-chaussée*, montant jusqu'au milieu de l'avant-bras ou de la jambe; la *balzane très-haut-chaussée*, atteignant la racine du membre.

D'après la manière dont elles se terminent, les balzanes sont *régulières*, *irrégulières*, *dentées*, *prolongées en pointe* en avant, en arrière, en dehors ou en dedans.

Enfin elles peuvent présenter diverses particularités qui les font qualifier de *mélangées*, *bordées*, *truitées*, *mouchetées*, *herminées*.

Couleur des sabots. — La paroi des sabots est généralement grise ou noirâtre dans ses couches superficielles; mais, lorsque le pied est surmonté d'une balzane, elle est blanche dans toute son épaisseur, et, si cette balzane est herminée sur la couronne, la partie du sabot qui correspond à l'herminure présente son pigment normal, en sorte que la paroi montre des bandes alternativement blanches et noires. Les balzanes, ainsi que d'ailleurs les marques en tête, ne sont donc pas de simples taches pileuses, ce sont aussi des taches de ladre, envahissant plus ou moins complètement le bourrelet, c'est-à-dire la matrice de la paroi.

Les chevaux gris offrent souvent à l'extrémité des membres des taches blanches, mal délimitées, qu'il ne faut pas prendre pour des balzanes; cette expression implique une tache bien nette, à la fois pileuse et tégumentaire, donnant l'illusion d'une chaussure et déterminant une décoloration de l'ongle.

On ne mentionne guère la couleur du sabot, dans le signalement, qu'autant qu'elle est noire malgré la présence d'une balzane, ce qui est extrêmement rare.

§ 5. — **Marques particulières.**

Les caractères signalétiques ne dépendant pas de la robe ont reçu le nom de marques particulières. Ce sont des anomalies de conformation ou de structure, des mutilations, des traces de blessures ou d'opérations, voire même certaines tares très visibles.

A la tête, on peut rencontrer des rudiments de cornes sur le front, diverses déformations du crâne ou de la face, des anomalies dentaires, l'œil vairon, etc. Il faut dire ici ce que l'on entend par cette dernière expression : l'*œil vairon* [1] est celui dont l'iris est plus ou moins complètement dépigmenté, c'est-à-dire gris perle ou gris bleuâtre, ce qui donne à la physionomie un aspect tout à fait insolite, sans toutefois porter atteinte à la vision. Un seul œil ou les deux yeux peuvent être vairons, complètement ou incomplètement. Notons à ce propos que, dans les animaux et particulièrement les chevaux, on n'observe pas la variété de couleur des yeux que l'on constate dans l'espèce humaine; c'est ainsi que tous les chevaux, à l'exception de ceux qui ont les yeux vairons, ont l'iris brun jaunâtre, plus ou moins foncé suivant la robe.

A l'encolure, on peut trouver le *coup de hache*, dépression située au devant du garrot; le *coup de lance*, petite fossette correspondant à l'une des insertions cervicales du muscle angulaire de l'épaule et résultant de l'atrophie d'une de ses dentelures.

A la région génitale, on peut constater de l'hermaphrodisme, de la cryptorchidie, etc.

Comme marques particulières accidentelles, signalons les oreilles fendues, cousues, raccourcies; la queue écourtée, en brosse, en catogan, en balai, niquetée, à l'anglaise; les traces de saignée, de

1. Du latin *varius*, varié, parce que dans le principe ce terme s'appliquait à un œil qui n'était pas de la même couleur que l'autre.

séton, de vésicatoire ou de cautérisation au fer rouge, que celui-ci
ait été employé dans un but curatif ou simplement pour marquer les
animaux; les traces de blessures, telles que taches accidentelles,
dépilations, cicatrices, etc. Les *taches accidentelles* doivent nous
arrêter un instant; elles résultent d'un changement de la couleur des
poils à la suite de blessures superficielles; on en remarque chez la
plupart des chevaux aux endroits où portent les harnais; elles sont
généralement blanches, quelquefois cependant, surtout dans le
robes rouannes ou aubères, elles sont rouges.

On peut aussi mentionner, dans le signalement, certaines tares
très visibles et incurables, telles que : éparvins, formes, vessigons,
bouleture, déformation du pied par la fourbure, etc.

§ 6. — Influences diverses susceptibles de modifier les robes.

Age. — A la naissance, le poulain est couvert d'une sorte de
bourre, de couleur terne, souvent très différente du futur pelage.
Ainsi, le gris naît très foncé ou même complètement noir; le noir
naît roussâtre; le blanc est le plus souvent gris; le rouan naît bai;
le bai et l'alezan sont tantôt plus clairs, tantôt plus foncés qu'ulté-
rieurement etc. La couleur future est assez généralement indiquée
par celle que présentent la tête, les crins et les extrémités, beaucoup moins sujets à la mue que les autres régions du corps.

Après la naissance, et pendant toute la durée de la vie, les robes
dans lesquelles entre du blanc (grises, aubères, rouannes) s'éclair-
cissent de plus en plus, au point de devenir méconnaissables dans la
vieillesse; les autres en prennent et deviennent de plus en plus rubi-
canes; ainsi l'alezane peut passer à l'aubère, la noire au gris. La
tempe, le front et le chanfrein sont les régions où l'âge fait apparaître de prime abord des poils blancs, des « marguerites », comme
disent les maquignons.

M. le professeur Neumann classe les robes en trois catégories :
les *primitives*, que l'animal apporte en venant au monde ou qui se
forment à la première mue (noir, alezan, isabelle, bai, souris, louvet); les *dérivées*, qui se constituent postérieurement à la naissance
par addition de blanc à une robe primitive (gris, blanc, aubère,
rouan); enfin les *conjuguées* ou robes pies présentant un mélange
de deux robes primitives ou dérivées.

Sexe. — « En général le poil est toujours plus lisse chez le cheval
entier et d'une nuance plus franche, plus décidée que chez le cheval
hongre et la jument. C'est surtout chez l'étalon que l'on rencontre

ces reflets brillants qui constituent le doré et l'argenté » (Lecoq).

Etat de santé et embonpoint. — Le cheval malade ou maigre a le poil moins lustré que le cheval bien portant ou gras. Dans certaines affections générales portant atteinte à la nutrition, le poil est *piqué*, c'est-à-dire hérissé, terne, sec et cassant, facile à arracher.

Saisons. — En hiver, les poils sont plus longs, plus ternes, plus lavés qu'en été, de sorte qu'un cheval bai châtain en hiver pourra devenir bai cerise en été; ou bien, noir mal teint en hiver, il passera au noir jais en été. Ces changements se produisent à la suite des mues.

Etat de lumière de l'atmosphère. — Telle robe qui, à l'ombre ou pendant un temps sombre, paraît terne, prend du reflet au soleil ou montre des miroitures.

Climats. — Sous les climats chauds, les robes sont généralement de nuances vives et plus ou moins claires, les poils sont courts et brillants, de manière à former une surface réfléchissante pour la chaleur et la lumière, sans faire trop d'obstacle au rayonnement de la chaleur intérieure. Au contraire, sous les climats froids, les robes sont ordinairement de nuances ternes, plus ou moins foncées, et les poils longs et fourrés, de manière à protéger à la fois contre le froid du dehors et contre la déperdition de la chaleur du dedans. Signalons toutefois que nombre d'animaux habitant les régions polaires ou les hautes montagnes, où règnent les neiges éternelles, se font remarquer par une robe blanche en harmonie avec l'ambiance, grâce à laquelle ils échappent plus facilement à la vue de leurs ennemis (mimétisme).

Tradition. — Dans des contrées d'élevage de même climat, les robes sont souvent fort différentes pour des raisons de tradition. Par exemple, le gris domine en Asie, en Afrique, en Camargue et dans le Perche; le bai est très répandu en Normandie, en Suissse, en Allemagne, en Sardaigne; le rouan et l'aubère sont très prisés en Bretagne, où les chevaux *péchards* font prime; le pie est commun en Pologne; l'isabelle fréquent dans certaines contrées de la Russie; en Angleterre, il y a une race de chevaux dont tous les individus sont noirs (*black-horse*), etc.

Depuis un certain nombre d'années, sous l'influence des acheteurs étrangers et aussi de la direction des haras qui proscrit les chevaux gris de la reproduction à cause de leur trop grande visibilité à la guerre, les robes sombres se substituent de plus en plus aux robes claires. C'est ainsi que, à la compagnie des omnibus de Paris, la proportion des premières était passée de 12 °/₀ en 1884 à 64 °/₀ en

1903 (Lavalard) et que, en Belgique, on élimine de plus en plus le gris en faveur du bai ou de l'alezan. Le même préjugé règne à l'égard de cette robe en ce qui concerne le pur sang anglais, issu cependant de l'arabe qui en est ordinairement revêtu. Nos excellentes races percheronne et boulonnaise, qui normalement sont de robe grise plus ou moins claire, ont été souvent soumises à des croisements intempestifs pour la seule raison que les couleurs foncées étaient à la mode.

Tondage. — Lorsque les poils sont longs et serrés, ils sont généralement plus foncés ou plus brillants à l'extrémité qu'à la base; il s'ensuit que le tondage éclaircit ou ternit la robe, qui, par exemple, passe du noir franc ou du noir jais au noir mal teint, du bai cerise au bai châtain, du bai brun au souris foncé, du louvet à l'isabelle, etc. Au contraire, les pelages blancs ou gris très clair qui ne sont pas très fournis foncent après le tondage, qui fait transparaître le pigment de la peau.

§ 7. — Indices fournis par les robes sur les qualités des chevaux.

On avait autrefois beaucoup de préjugés touchant la valeur des chevaux de telle ou telle robe. Aujourd'hui on admet comme axiome « qu'il est de tout poil bons chevaux ». Cependant, d'une manière générale, il y a lieu de préférer les individus de robe foncée et brillante à ceux de pelage pâle et lavé, et, toutes choses égales d'ailleurs, les animaux à poil fin et court à ceux dont le poil est long et grossier. Il y a certainement un rapport entre le pelage, le tempérament et l'état de la nutrition.

L'albinisme vrai, c'est-à-dire accompagné d'une dépigmentation de la peau, est une marque de dégénérescence quand il occupe de grandes surfaces ou, *à fortiori*, la totalité du corps; mais il n'en est pas de même du pelage blanc développé, comme c'est le cas ordinaire, sur une peau noire ou brune; les seuls reproches qu'on puisse lui faire, ainsi qu'au pelage gris très clair, c'est d'exposer l'animal aux mélanoses et, s'il s'agit d'un cheval de guerre, de se voir de loin. A la couleur blanche s'attache l'idée de pureté et de majesté; au moyen âge, les papes et les empereurs ne paraissaient jamais en public que montés sur des chevaux blancs; en mythologie, ce sont les montures des anges, tandis que les chevaux noirs sont la proie du démon. Ceux-ci sont de rigueur pour les corbillards.

Les marques en tête et les balzanes, impliquant la dépigmentation

cutanée, sont doublement à proscrire quand elles sont très étendues:
en soi et pour leur aspect désagréable. De plus, les balzanes ont l'inconvénient d'occasionner la couleur blanche de la paroi du sabot,
qui devient ainsi plus tendre et fournit une implantation moins solide à la ferrure

En dehors de ces quelques faits, on peut dire que le choix des chevaux suivant les robes est pure affaire de goût et de mode. C'est
donc par pure curiosité que nous allons rapporter les citations suivantes d'Abd-el-Kader [1] :

« Prends le blanc comme un drapeau de soie, sans ladre, avec le tour des
yeux noirs. C'est la couleur des princes, mais il ne supporte pas la chaleur. »

« Il faut le noir comme une nuit sans lune et sans étoiles; il porte bonheur
mais craint les pays rocheux. »

« Il faut le bai presque noir ou doré. Si l'on vous dit qu'un cheval a sauté
dans un précipice sans se faire de mal et qu'il était bai, croyez-le. »

« Que l'alezan soit brûlé; quand il fuit sous le soleil, c'est le vent. Le pro-
phète affectionnait les alezans. Si l'on vous assure avoir vu un cheval
voler dans les airs et qu'il était alezan, croyez-le. »

« Le gris foncé pommelé remplira le douar quand il sera vide et nous
sauvera du combat le jour où les fusils se touchent. »

« Les gris sont en général estimés quand la tête est moins foncée que la
robe. »

« Le louvet doit être foncé avec la queue et les crins noirs. »

« Fuis le pie comme la peste, c'est le frère de la vache. »

« L'isabelle à queue et crins blancs porte malheur. C'est le jaune du
Juif. »

« Le rouan ou mare de sang porte malheur; son maître sera pris et ne
prendra jamais. »

« Estime le cheval sans balzanes avec une pelote en tête ou une simple
liste. »

« S'il a des balzanes, qu'il en ait trois, un pied droit en étant exempt, ou
qu'il en ait deux, au membre antérieur droit et au postérieur gauche, ou
aux deux membres postérieurs.

« N'achète jamais un cheval belle-face avec quatre balzanes; il porte son
linceul avec lui. »

Le général Daumas confirme la supériorité attribuée par l'émir
aux chevaux bais ou alezans foncés.

En somme, ces proverbes arabes, expurgés de superstition,
appuient ce que nous venons de dire touchant la préférence à

1. Voy. général DAUMAS. *Les chevaux du Sahara et les mœurs du désert.*

accorder aux robes franches, foncées et brillantes, et le rejet des robes claires, lavées, à grandes taches blanches sur la tête, le corps ou les membres. N'était-ce pas aussi l'opinion exprimée par Virgile dans ce distique :

> Des gris et des bais bruns on estime le cœur;
> Le blanc, l'alezan clair languissent sans vigueur.

ARTICLE II. — ROBES DE L'ANE ET DU MULET

D'une manière générale, l'âne et le mulet peuvent présenter toutes les robes que nous avons énumérées comme appartenant à l'espèce du cheval; il en est toutefois qui sont particulièrement fréquentes, d'autres extrêmement rares, et d'autres qui se différencient des robes homonymes du cheval par des caractères particuliers.

a) *Chez l'âne*, le souris, clair ou foncé, plus ou moins vineux, est la robe de beaucoup la plus commune. Le noir s'observe aussi assez souvent, mais c'est un noir mal teint, laissant maintes places décolorées. Le blanc est rare, on l'a vu coexister avec les yeux vairons. L'isabelle et l'alezan ne le sont pas moins. Le bai s'observe, mais n'a pas du tout le même aspect que dans le cheval, c'est une nuance vineuse qui n'a pas les tons chauds que l'on observe chez ce dernier et qui est plus ou moins dégradée aux extrémités.

Les robes composées, grises, aubères, rouannes, sont exceptionnelles; le souris, pur ou plus ou moins vineux, paraît en tenir lieu. Le louvet est plus rare encore. Quant aux robes pies, autant dire le merle blanc; Lecoq déclare n'avoir jamais vu qu'un seul âne de robe pie (pie noir); j'avoue moi-même n'en avoir jamais vu.

Comme particularités ordinaires de la robe dans cette espèce, il faut signaler la nuance blanchâtre ou extrêmement lavée du bout de la tête, du pourtour des yeux, du dessous du ventre, des ars et de la face interne des membres. La raie de mulet, simple ou, plus souvent, cruciale, et les zébrures des membres se remarquent presque toujours sur les ânes de robe claire, excepté sur ceux véritablement blancs. La crinière est ordinairement nulle; lorsque, par exception, elle est un peu développée, il y a lieu de l'indiquer dans le signalement. La queue ne présente des crins de quelque longueur qu'à son extrémité, encore sont-ils peu nombreux. Le truité, le moucheté, le neigé sont fort rares; le pommelé inconnu. Les marques blanches de la tête et de l'extrémité des membres sont tout aussi exceptionnelles; de même que Lecoq, je ne me rappelle pas avoir vu un seul âne ayant des balzanes.

b) *Chez le mulet*, les robes sont plus variées que chez l'âne, mais moins que chez le cheval. La plus commune est le bai, surtout le bai brun; viennent ensuite l'alezan, le souris et l'isabelle. Le blanc est beaucoup moins rare que chez l'âne. Le noir s'observe aussi assez souvent. Par contre, le gris, l'aubère, le rouan et le pie sont presque aussi exceptionnels que dans l'âne. La décoloration du ventre, de la face interne des membres et du bout de la tête est la règle. La raie de mulet et les zébrures des membres sont fréquentes, mais moins que chez l'âne. La crinière est ordinairement courte et peu abondante, mais il y a sous ce rapport de nombreuses exceptions. La queue tient le milieu entre celle de l'âne et celle du cheval; elle est plus ou moins fournie de crins suivant les sujets; ceux-ci sont droits, jamais ondulés comme ils le sont généralement dans l'espèce chevaline, et de plus en plus longs au fur et à mesure que l'on approche de l'extrémité de l'appendice. Le moucheté, le truité, le neigé, le pommelé, les marques en tête, les balzanes sont presque aussi rares que chez l'âne. Quelques mulets présentent, depuis le poitrail jusque vers l'ombilic, une ligne nodale de longs poils simulant une petite crinière inférieure.

ARTICLE III. — ROBES DU BŒUF

Le signalement des animaux de l'espèce bovine est d'un usage moins fréquent que celui du cheval; on ne s'en sert guère que dans les cas d'expertise médico-légale ou de recensement général des bêtes à cornes d'une ou de plusieurs communes, ordonné comme mesure de police sanitaire en temps d'enzooties ou d'épizooties. Aussi les robes du bœuf ont-elles été beaucoup moins étudiées que celles du cheval. En voici un tableau synoptique page suivante.

La crinière n'existe pas, les crins sont relégués à l'extrémité de la queue sous forme de bouquet appelé toupillon; d'autre part, les extrémités, de même que la tête, ne sont jamais aussi différenciées qu'elles peuvent l'être chez les Solipèdes. C'est pourquoi il n'y a pas lieu de distinguer le bai et l'alezan; les nuances qui leur correspondent constituent autant de robes particulières sous les appellations de froment, fauve, rouge, châtain marron, brun.

Énumération et classification des robes du bœuf.

ROBES SIMPLES	ROBES COMPOSÉES	ROBES MÉLANGÉES
Noir . . { Franc. / Jais, / Mal teint.	Gris . . { Très clair. / Clair. / Ordinaire. / Foncé. / Ardoisé. / Blaireau. / Vineux. / Sale.	**Si le blanc domine,** Pie noir. / Pie isabelle. / Pie-souris. / Pie ardoisé. / Pie froment. / Pie fauve. / Pie rouge. / Pie marron. / Pie brun. / Pie gris. / Pie aubère. / Pie louvet. / Pie rouan. / Pie bringé. / Pie égaillé.
Souris . { Clair. / Ordinaire. / Foncé. / Ardoisé.		
Blanc. . { Laiteux. / Crème. / Sale. / Grisâtre.	Aubère. . { Clair. / Ordinaire. / Foncé. / Mille-fleurs.	
Isabelle . { Ordinaire. / Soupe de lait. / Café au lait.	Louvet. . { Clair / Ordinaire. / Foncé.	**Si les plaques de couleur dominent.** Noir pie. / Isabelle pie. / Souris pie. / Ardoisé pie. / Froment pie. / Fauve pie. / Rouge pie. / Châtain pie. / Marron pie. / Brun pie. / Gris pie. / Aubère pie. / Louvet pie. / Rouan pie. / Bringé pie
Froment. { Clair. / Ordinaire. / Foncé.	Rouan. . { Clair. / Ordinaire. / Vineux. / Foncé.	
Fauve. . { Clair. / Ordinaire. / Foncé.	Bringé. . { Clair. / Ordinaire. / Foncé.	
Rouge. . { Clair. / Ordinaire. / Foncé. / Cerise ou acajou.		
Châtain . { Clair. / Ordinaire. / Foncé.		
Marron . { Clair. / Ordinaire. / Foncé.		
Brun. . { Clair. / Ordinaire. / Foncé.		

Parmi les robes composées, remarquons-en une qui n'existe pas chez les Solipèdes, le *bringé*, caractérisé par des zébrures irrégulières interrompues et plus ou moins enchevêtrées comme si on les avait produites en fustigeant l'animal; ce terme n'est en effet que le participe passé du verbe *bringer* signifiant brosser, nettoyer avec une brosse ou, par extension, fouetter avec des verges.

Entrons dans quelques détails :

Le *noir* est peu commun, le plus souvent mal teint. C'est la couleur des bœufs de la Camargue et de quelques salers.

Le *blanc* est ordinairement laiteux; souvent il laisse transparaître la couleur jaunâtre de la peau et prend une nuance crême ou sale. C'est la livrée caractéristique de la race charolaise-nivernaise.

Le *souris* ou cendré est la livrée de la race des steppes occupant la Russie méridionale, la Hongrie, la presqu'île des Balkans et l'Italie du sud, remarquable d'autre part par ses cornes gigantesques. On l'observe aussi chez les jeunes de la race Schwytz, qui tournent ensuite généralement au brun. Le souris dégradé à l'extrême vire au gris-perle ou au blanc grisâtre, de même qu'en se fonçant il tourne au brun. Le souris ardoisé se distingue par un reflet bleuâtre.

L'*isabelle* établit le passage du froment au blanc sale. Sa nuance moyenne est jaune paille; les crins et les extrémités sont de même couleur que le reste du corps ou plus clairs. Cette robe n'est pas rare en Franche-Comté et en Bresse.

Le *froment* s'intercale entre l'isabelle et le fauve. Il rappelle la couleur du grain de blé; c'est le *blond* du vulgaire. Les bressans, limousins, garonnais, le bétail du Villard de Lans sont généralement froment.

Le *fauve* couleur habituelle des bêtes sauvages comme le cerf, le chevreuil, le lion, tire sur le roux et forme le passage au rouge, il correspond à la nuance fauve du bai et de l'alezan. On le rencontre chez les tarentais, les aubracs, les vendéens etc.

Le *rouge* n'est pas moins répandu que le fauve, ses nuances diverses correspondent aux nuances de mêmes noms du bai ou de l'alezan. Par exemple le bétail flamand et le bétail auvergnat de Salers sont le plus souvent rouge cerise, mais dans celui-ci le mufle et le pourtour des ouvertures naturelles sont rosés tandis que dans celui-là ils sont pigmentés de bistre.

Le *châtain*, couleur entre le blond et le brun, rappelle la couleur de la châtaigne. On l'observe dans la race de Jersey.

Le *marron* est un peu plus foncé, plus chaud que le châtain, sans présenter toutefois les nuances vives du bai marron du cheval. La race flamande et la race de Salers offrent parfois cette livrée, surtout chez les taureaux.

Le *brun* s'achemine au noir et comporte une décoloration de diverses régions, (pourtour du mufle et des yeux, ligne du dos, entre-deux des cuisses, etc.), sans offrir cependant les marques de feu qu'on observe d'habitude dans le bai brun des Solipèdes. Exemples : la race Schwytz ou du Rigi occupant la Suisse centrale, certaines bêtes de la Camargue.

Le *gris*, en tant que mélange de poils blancs et de poils noirs ou bruns, est aussi rare chez le bœuf qu'il est fréquent chez le cheval; le plus souvent il s'agit de pelages blancs, isabelles ou froment, plus ou moins éteints par un pigment noirâtre occupant l'extrémité des poils. Le gris blaireau, le gris jaunâtre ou gris sale, le gris vineux sont les nuances les moins rares. Les animaux de la race gasconne sont ordinairement gris blaireau.

L'*aubère* ou *fleur de pêcher* n'est pas commun non plus, si ce n'est dans la race durham, mais on observe assez souvent des poils rouges ou des truitures en divers points sur des robes blanches ou, au contraire, des poils blancs formant mouchetures sur des robes rouges; rarement ce mélange se fait uniformément sur tout le corps.

Le *louvet* est un isabelle ou un fauve dont l'extrémité des poils est teintée de noir; on l'observe assez fréquemment dans la race vendéenne et la race bazadaise.

Le *rouan* est très rare; il se confond avec le gris vineux. C'est à tort que, dans la race durham particulièrement, on a pris l'habitude de signaler rouans des animaux purement aubères.

Le *bringé* est une robe fauve, châtain ou marron, entrecoupée de nombreuses bandes noires ou brunes, en zigzags enchevêtrés autour du corps, sortes de zébrures irrégulières. On l'observe particulièrement sur le bétail du Cotentin ainsi que sur certains métis.

Les robes *pies* sont les plus communes de toutes; les races qui les présentent sont ordinairement désignées sous le nom de *races tachetées*. Signalons le pie noir du bétail hollandais, belge, bernois, breton; le pie rouge des ferrandais et des montbéliards; le pie isabelle, pie froment, pie fauve de diverses variétés de la race jurassique; le pie ardoisé ou pie bleu de la race belge; le pie égaillé ou *pigaillé* qui est un pie (ordinairement noir) à petites taches multiples dont les dimensions ne dépassent guère celles de la paume de la main; on l'observe dans la race bordelaise et sur quelques vaches hollandaises.

En raison même de la fréquence des robes pies, il convient d'indiquer dans le signalement la forme, la multiplicité, l'étendue, la position des principales taches de couleur sur le blanc ou des taches de blanc sur le fond coloré, en s'attachant surtout aux parties les plus saillantes et les plus accessibles à la vue comme la tête, le dos, la croupe, la queue, les membres.

Particularités. — Les plus importantes ont trait à la couleur des téguments découverts, — mufle, muqueuse buccale, pourtour de l'œil, de l'anus, de la vulve, scrotum, pis, — et à celle des extrémités, y compris le toupillon de la queue et le pourtour des oreilles. Toutes ces parties sont assez généralement pigmentées ou dépigmentées corrélativement; il en résulte deux types : le brun et le blond.

Le mufle est cette surface semi-muqueuse, toujours fraîche et humide à l'état de santé, qui occupe la lèvre supérieure et le bout du nez, il est le plus ordinairement rosé, mais souvent il est noir, brun, ardoisé, bistre ou marbré de l'une ou l'autre de ces couleurs sur fond rose. La muqueuse buccale partage cette pigmentation, notamment au palais et au bout de la langue; et il en est de même du pourtour de l'œil, de l'anus, de la vulve, du fond du scrotum et parfois aussi de la peau du pis, surtout au niveau des trayons. La tache pigmentaire de la vulve est désignée par les éleveurs sous le nom de *cocarde*, tandis qu'ils appellent *cupule* celle du fond du scrotum, *lunette* celle qui entoure l'œil. Les animaux à téguments pigmentés ont assez généralement le pourtour des oreilles, le toupillon et les extrémités noirs ou plus ou moins charbonnés; celles-ci sont, pour le moins, marquées de brun au-dessus des onglons; parfois tout le train antérieur est plus ou moins enfumé. On dit vulgairement que ces bêtes sont *charbonnières*; c'est fréquent dans les tarentais et les aubracs.

Au contraire, celles qui ont les téguments roses ont plutôt les crins et les extrémités clairs ou lavés, avec le pourtour des yeux et des oreilles plus ou moins blafard. En principe, les robes blanches, isabelles, froment, aubères, rouges de nuances claires, sont de ce dernier type (type blond); tandis que les robes noires, brunes, fauves, souris, louvettes, sont du type brun. Les robes rouges de nuances foncées peuvent appartenir à l'un ou à l'autre type; c'est ainsi que les flamands et les salers, ordinairement rouge-acajou les uns et les autres, sont les premiers du type brun, les seconds du type blond. Il ne serait donc pas exact de dire que le brun va toujours avec les robes foncées et le blond avec les robes claires. Quant aux robes pies, l'état de leurs téguments est ordinairement corrélatif de la nuance des taches colorées; c'est ainsi qu'ils sont pigmentés chez les pie-noir hollandais ou bretons, rosés chez les pie-froment ou pie-rouge de la race jurassique. Dans ces robes tachetées, les extrémités sont très généralement blanches, quand elles sont colorées il y a lieu de l'indiquer dans le signalement.

En résumé, appartient au type blond le bétail charolais, nivernais, durham, limousin, garonnais, béarnais, landais, du Mézenc, du Villard de Lans, bressan, fémelin, comtois, de Montbéliard, d'Abondance, de Salers. Appartient au type brun, le bétail de la Suisse orientale, de la Camargue, d'Aubrac, tarentais, flamand, hollandais, breton, bordelais, gascon, vendéen, parthenais, de la race des steppes, etc. Le pigment du mufle est susceptible de se dégrader et de tourner au bistre dans certaines bêtes jerseyaises ou flamandes.

Comme *reflets brillants*, il n'y a guère à mentionner que le jais, le miroité et le reflet aile de corbeau.

Le lavé est de règle pour le dessous du ventre, l'entre-deux des cuisses et la face interne des membres; on l'observe aussi communément à l'extrémité de la tête et des membres, au pourtour des yeux, le long du dos, etc.

Le charbonné ou enfumé est fréquent aux membres, au pourtour des oreilles et des yeux, aux crins et sur d'autres régions plus ou moins étendues, notamment le train antérieur chez les taureaux. Le fauve y est particulièrement sujet.

Les véritables zébrures sont inconnues ainsi que les pommelures et la raie de mulet. Toutefois il existe sur le bétail brun de la Suisse orientale une bande claire dorsale, plus ou moins large, que l'on pourrait assimiler à une raie de mulet négative.

Les truitures et les mouchetures ne sont pas rares, mais disposées par places et plus ou moins agglomérées plutôt que régulièrement dispersées.

Les neigeures et mouchetures blanches sont aussi fréquentes qu'elles sont rares dans les Solipèdes.

Le pardé se rencontre rarement.

L'aubérisé peut exister sur la robe blanche, notamment au toupillon et aux extrémités, ainsi que sur certaines robes rouges.

Le rubican, le grisonné, le vineux n'offrent rien de particulier, si ce n'est qu'ils sont le plus souvent localisés.

Le terme bordé s'emploie surtout pour le mufle quand il est entouré d'un cercle de poils plus clairs que le fond de la robe, ce qui est fréquent chez les schwitz, les flamands et les salers.

Les marques en tête sont communes, particulièrement dans les robes pies, localisées au front ou occupant tout le devant de la tête. A l'état de liste, elles sont toujours larges et souvent justifieraient la dénomination de belle face s'il était d'usage de s'en servir pour l'espèce bovine.

On ne dit guère non plus cap de more, cavecé de more, nez de renard et pas davantage balzanes, bien que les taches blanches soient communes à l'extrémité des membres dans les robes pies; il est vrai que ces taches n'offrent pas l'apparence si caractéristique de bas ou de chaussettes que l'on observe chez le cheval.

Enfin les onglons et les cornes peuvent encore donner au signalement une plus grande exactitude, les premiers par leur couleur, qui peut être noire, brune, fauve, rosée, blanche ou présenter un mélange de ces nuances par bandes alternatives; les secondes par leur grosseur, leur longueur, leur direction, leur forme, leur coloration et quelquefois par leurs mutilations; par exemple, elles sont courtes et dirigées en avant dans les durhams ou shorthorns, ainsi que dans les hollandais et les flamands; dirigées en haut et en avant en formant croissant dans les bœufs comtois; dirigées en lyre dans la race bretonne (lyre haute) et dans la race des steppes (lyre basse), offrant dans celle-ci une très grande envergure, relevées à l'extrémité par une sorte de torsion en spirale dans les salers; relevées en crochet à l'extrémité dans la race ibérique; dirigées en bas et en avant dans la race garonnaise, etc. Assez souvent elles ont été déviées accidentellement dans le jeune âge, alors qu'elles n'étaient pas encore fixées au crâne; si la déviation est unilatérale, la particularité a d'autant plus de valeur dans le signalement. La section de la base des cornes peut être circulaire, elliptique, aplatie. Leur couleur est blanc ivoire à pointe verdâtre chez le charolais, blanc nacré à la base et noir foncé à l'extrémité chez les flamande, blanc jaunâtre à pointe blonde chez les normands; blanche et légèrement ambrée à l'extrémité chez les manceaux et les lourdais; blanche à la base et très noire dans la plus grande partie de la longueur chez les bretons; blanche sur toute la longueur chez les bressans et les montbéliards, etc. En résumé, les cornes sont le plus souvent blanches à la base et teintées diversement à l'extrémité, quelquefois toutes blanches.

Chez les animaux vivant au pâturage, pour éviter les accidents d'éventration qui pourraient résulter de coups de corne, on garnit quelquefois ces appendices d'une petite boule de bois que l'on fixe à leur extrémité à l'aide d'une cheville; on les dit alors bouletées. De même, pour faciliter l'accouplement sous le joug, on coupe souvent l'extrémité des deux cornes adjacentes.

Il peut arriver qu'un étui corné soit arraché de la cheville osseuse qui lui sert de support; celui qui le remplace ne reprend jamais les dimensions ni la régularité du premier. Quelquefois la corne est réduite à une sorte de moignon par suite d'une fracture.

Deux autres particularités, non moins importantes pour le signalement, consistent soit dans l'absence de cornes par non-développement, que l'on constate dans certaines races d'origine tératologique, telles que la race d'Angus, soit dans l'état flottant de ces appendices, qui a été signalé notamment sur certaines populations de l'Afrique. Elien, historien grec du IIIe siècle, citait déjà ces curieuses bêtes bovines dont les cornes branlent comme les oreilles.

Remarquons, en terminant cette étude des robes des Bovins, qu'elles sont moins variables du fait de l'âge que dans l'espèce chevaline et déjà bien caractérisées à la naissance. D'autre part, elles sont, bien plus que dans cette dernière, un caractère de race, soit qu'il y ait adaptation naturelle au milieu ambiant, soit qu'il y ait sélection opérée par les éleveurs qui, dans chaque pays, donnent la préférence, plus ou moins arbitrairement, à telle ou telle robe ou particularité de robe. S'il ne faut pas prendre la robe comme critère exclusif de la race, il ne faut pas non plus lui dénier toute valeur dans sa caractéristique.

Indices fournis par les robes sur les qualités des bêtes bovines.

Ils se réduisent à peu de chose; la préférence que l'on attache à tel ou tel pelage n'a le plus souvent d'autre motif que la coutume du pays et varie avec elle. Tout ce que l'on peut avancer à cet égard, c'est que les bœufs à cuir souple et fin, propres surtout à la boucherie, sont presque toujours de poil assez clair (exemples : durham, charolais, limousins), tandis que les bœufs dits de haut cru, à cuir dur, épais, et les plus propres au travail, sont d'une robe plus foncée (exemple : salers). Cornevin a remarqué que, pour l'aptitude laitière, les vaches brunes l'emportent en général sur les blondes, toutes choses étant égales d'ailleurs. Enfin, d'après Guérin, les races qui ont le plus de tendance à l'albinisme ou dont la pigmentation évolue vers le blond roux seraient les plus prédisposées à la tuberculose, à l'instar des hommes dont le teint et la chevelure sont du type blond vénitien (Landouzy).

ARTICLE IV. — ROBES DU MOUTON ET DE LA CHÈVRE

A. Espèce ovine. — Le pelage du mouton comprend deux sortes de poils : 1° des poils excessivement fins, longs, ondulés ou frisés, assemblés en mèches et constituant la laine ou toison qui couvre la majeure partie du corps; 2° des poils ordinaires revêtant la tête et les extrémités et se mélangeant en quantité plus ou moins considérable à la toison à l'état de jarre. La toison est plus ou moins envahissante. Dans la race mérine, qui est la race lainière par excellence, elle s'étend jusqu'aux onglons et au bout de la tête, elle ne fait défaut que sous le ventre et à la face interne des cuisses. En général, les extrémités et la tête sont à découvert, celle-ci complètement chauve, comme dans les dishleys, ou laineuse seulement sur le front comme dans les southdowns. Dans les races danoises, la toison ne forme qu'un manteau sur le dessus du corps. Elle manque tout à fait aux moutons du Soudan et du Niger, qui, en raison de ce fait, ont souvent été pris pour des chèvres par les voyageurs.

La robe, ainsi constituée par de la laine et du poil commun ou exclusivement par ce dernier, ne présente guère que les quatre nuances blanche, noire, brune ou rousse, ou un mélange de ces couleurs donnant naissance au pic. La toison blanche est la plus commune et aussi la plus estimée. La tête et les extrémités peuvent être rousses, gris ardoisé, brunes, maculées de taches plus ou moins foncées. En général, la robe est moins foncée à la naissance qu'à l'âge adulte; les agneaux roux deviennent bruns, les bruns passent au noir; les jeunes southdowns ont, sur le train antérieur notamment, des taches brunes ou rousses qui disparaissent en même temps que se foncent leurs extrémités.

La laine ne présente pas seulement à considérer sa couleur; elle varie en outre par la finesse et la longueur de ses brins, par leur degré de frisure, par la forme des mèches de la toison, par l'abondance du jarre, etc. La toison est dite *fermée* quand les mèches sont carrées à l'extrémité et étroitement au contact les unes des autres, comme chez les mérinos; elle est *ouverte* lorsque les mèches sont pointues et disjointes à l'extrémité, comme chez les dishleys; entre ces extrêmes il y a des états intermédiaires qui la font qualifier de *semi-ouverte* ou *semi-fermée*.

Dans l'espèce ovine, les cornes font souvent défaut, notamment dans les races anglaises améliorées. Lorsqu'elles existent, les brebis en sont presque toujours dépourvues ou n'en ont que des rudiments. Signalons les belles cornes enroulées en spire des moutons mérinos et celles aussi développées, mais moins contournées, des moutons barbarins. Ces derniers ont souvent quatre cornes, deux de chaque côté, accolées l'une à l'autre, parfois même six. Dans certaines races exotiques, les cornes sont tordues en tire-bouchon.

Mentionnons aussi dans le bétail ovin d'Afrique et d'Orient la fréquence de loupes graisseuses donnant à la queue des dimensions plus ou moins considérables, parfois énormes.

B. **Espèce caprine.** — Les chèvres d'Angora et de Cachemire sont pourvues d'une véritable toison, exploitée industriellement. Les autres ont un pelage ordinaire plus ou moins long, sous lequel existe un duvet plus ou moins abondant dont on a cherché à tirer parti sans en obtenir grand'chose jusqu'à ce jour.

La couleur est plus variable que dans l'espèce ovine : blanche, noire, brune, marron, rouge, fauve, jaune, isabelle, pie, etc. La race des Pyrénées est brune ou noire; celle du Valais est blanche avec col noir; celle de Malte est rouge à l'avant-main, blanche à l'arrière-main; en Savoie, on recherche les chèvres blanches à tête et cou jaunes. Les nuances sont d'ordinaire plus foncées sur les parties dorsales, depuis la nuque jusqu'à la face supérieure de la queue.

Quand les cornes existent, elles affectent ordinairement la direction des branches d'une lyre, quelquefois elles sont tordues en tire-bouchon.

La plupart des mâles et un grand nombre de femelles présentent une barbiche sous la mâchoire inférieure, ainsi que des pendeloques à la gorge. Il arrive qu'il n'y ait qu'une pendeloque au lieu de deux. Ces appendices peuvent se rencontrer aussi dans l'espèce ovine mais très rarement chez les moutons de nos pays.

ARTICLE V. — ROBES DU PORC.

Les poils du porc, très rudes et souvent clairsemés, ont reçu le nom de *soies*; ils ont ordinairement la couleur même de la peau, qu'ils laissent voir dans leurs intervalles; exceptionnellement ils poussent blancs sur une peau noire. Leur couleur est généralement blanche, quelquefois noire, brune plus ou moins foncée, ardoisée, rousse ou jaune, souvent pie. Dans les robes pie noir il est rare que le noir n'occupe pas les oreilles et la partie supérieure de la tête, l'animal est dit *coiffé;* s'il s'observe sur le dessus de l'arrière-main, on dit que l'animal a le *manteau.*

Il est certains épis, dans la race limousine, auxquels les éleveurs attachent de l'importance : la *virade* à la nuque, le *reboulé* sur le dos, en arrière des épaules. Chez les sujets peu améliorés, les soies, plus fournies et plus longues, se hérissent sur le cou et le dos en une sorte de crinière (exemple : certains porcs italiens ou russes). Dans la race mangalicza (Hongrie et Serbie), le corps est complètement couvert de soies frisées.

ARTICLE VI. — ROBES DU CHIEN

Il est : 1º des *chiens sans poils* ou à poils rares, tels que la levrette d'Afrique, le levron chinois, certains chiens mexicains ou sud-américains; (ce sont, pour les Chinois, les meilleurs des animaux de boucherie); 2º des *chiens à poils ras*, tels que les braques, les saint-hubert, les beagles, les chiens de porcelaine, les danois, les mastiffs, les bouledogues, les bassets, la plupart des lévriers; 3° des *chiens à poils longs et plus ou moins fins, ondulés ou frisés*, tels que les chiens de berger, les dingos, les spitz, les collies, les saint-bernard, les terre-neuve, les retrievers, les épagneuls, les caniches, les barbets, les bichons, les lévriers russes ou barsoïs; 4° enfin des *chiens à poils longs et rudes*, comme les griffons, le lévrier d'Écosse, le chien cévenol, le chien de bouvier, etc.

Les chiens à poils longs habitant les contrées boréales (chiens du Groenland, de la Laponie, des Fuégiens) présentent un sous-poil laineux ou duveteux qui fait défaut dans la généralité des autres chiens.

La couleur de ces pelages divers est elle-même très variée; elle s'exprime, par les termes d'usage courant : blanc, noir, gris, isabelle, jaune, feuille morte, café-au-lait, souris, ardoisé, fauve, orangé, rouge, châtain, marron, brun, pie, etc. Les robes pies sont particulièrement fréquentes. On constate presque toujours des particularités diverses, notamment des mélanges de poils donnant lieu à des taches plus ou moins étendues en des points variables. Il est rare que la robe du chien présente du blanc sans que cette couleur se répète à la queue, et Desmarest a fait remarquer que toutes les fois qu'il existe du blanc à cet appendice il est terminal. Les chiens noirs ou brun foncé ont généralement des marques de feu au-dessus des yeux, aux flancs, aux pointes des fesses, à l'extrémité des pattes, etc.; la robe est alors qualifiée *noir feu*, et, si cette robe porte du blanc, par exemple au poitrail, aux flancs, le chien est dit tricolore. Les mouchetures de diverses couleurs sur fond blanc ou clair sont communes; on rencontre aussi des robes pardées et même bringées. Parfois, comme chez les carlins et les saint-bernard, une tache noire forme masque sur le museau. Le bout du nez ou *truffe* fournit aussi un caractère non négligeable par sa couleur, ainsi que les pattes de derrière par l'ergot simple ou double qu'elles sont susceptibles de présenter.

L'œil vairon s'observe souvent dans l'espèce canine, surtout chez les chiens de berger. Les mutilations qu'on a l'habitude de faire subir aux oreilles et à la queue dans certaines races (terriers, dogues, bouledogues, etc.) sont d'autres marques particulières à ne pas omettre dans le signalement.

En général, les races de chiens ont un pelage assez divers; il en est cependant quelques-unes qui conservent, grâce à une sélection rigoureuse, une couleur particulière peu variable et par conséquent caractéristique. Ainsi le setter-gordon et le basset allemand sont noir-feu; le setter irlandais, rouge zain; le setter-laverack, blanc moucheté; le terre-neuve, noir zain ou pie noir. Les chiens de porcelaine sont ainsi nommés du ton brillant de leur robe blanche coupée de taches orangées. Le danois de Dalmatie est blanc fortement moucheté de mouchetures de la dimension d'une pièce de 5 ou 10 centimes. Le basset d'Artois est généralement tricolore, etc.

ARTICLE VII. — ROBES DU CHAT.

Les poils du chat sont longs et fins ; ils forment une épaisse fourrure dans la race angora. Leur nuance est souvent bigarrée, et alors il est remarquable que le mâle n'a jamais plus de deux couleurs, tandis que la femelle peut en avoir trois, ordinairement du blanc, du noir et du roux. Les robes du chat sont assez variées et variables : blanc laiteux, noire, brune, fauve, rougeâtre, café au lait, jaune, ardoisée, souris, grise avec ou sans rayures, pie, etc.

A signaler, comme particularités, la fréquence des zébrures longitudinales et transversales donnant lieu à un bigarré caractéristique, des taches blanches sous le cou, au poitrail, sur les flancs, à l'extrémité des pattes. Quelques angoras blancs ont le fond de l'œil rouge comme les lapins blancs. Les chats ont l'iris généralement clair, jaunâtre ou gris bleu. Ceux de Siam et de l'archipel Malais se font remarquer par leur queue courte et déjetée de côté ; ceux de l'île de Man, dans la mer d'Irlande, sont anoures.

ARTICLE VIII [1]. — ROBES DU LAPIN

La fourrure du lapin comporte presque toujours deux sortes de poils : un poil long, épais, rigide, luisant, dit *jarre ;* un poil court, ou sous-poil, fin, souple, soyeux ou laineux, qualifié de *duvet* ou de *bourre.*

Dans certaines races, telles que *l'angora,* il n'y a que du poil long, très long, remarquable par sa ténuité et sa souplesse. Chez d'autres, au contraire, d'obtention récente, le poil long a disparu presque complètement, il ne reste qu'un sous-poil court et duveteux, (exemple : les lapins rex).

En somme on peut distinguer, d'après le pelage, trois types de lapins : le type normal, le type angora, et le type rex.

La coloration est très variable. Il y a des robes simples, des robes composées et des robes mélangées.

A. Robes simples. — 1° *Le blanc* lapins blancs de Vendée, du Bouscat, de l'Oural, de Hotot, de Vienne, de Pologne) ; 2° *Le noir* (Alaska, noir de Hotot) ; 3° *Le bleu* (de Beveren, de Vienne, de Saint-Nicolas) ; 4° *Le havane;* 5° *Le fauve* (fauve de Bourgogne).

B. Robes composées. — 1° Le *gris* : gris ordinaire, gris foncé, gris fer ; 2° L'*argenté,* couleur vieil argent (argenté de Champagne) ; 3° L'*écaille,* couleur provenant de l'association du jaune, de l'orange et du blanc (exemple le lapin japonais) ; 4° Le *chinchilla,* rappelant la nuance du chinchilla sauvage, les poils étant gris foncé à leur base, noirs et blancs à l'extrémité.

---

1. Cet article est de M. le professeur Létard.

C. Robes mélangées. — 1º Le *blanc à extrémités noires* (lapin russe); 2º Le *blanc à taches noires* (lapin papillon); 3º Le *blanc associé à une autre couleur qui est dominante* : blanc localisé notamment au bout du nez, au chanfrein, au cou, aux épaules, aux membres antérieurs, à l'extrémité des membres postérieurs (variétés du lapin hollandais); 4º Les *robes marquées de feu*, c'est-à-dire tachées de fauve rougeâtre en certains points, notamment au pourtour des yeux, à l'extrémité des membres et autres parties déclives; ces robes sont le plus souvent la noire, la bleue, la havane, ou l'argentée.

Dans cette longue énumération nous n'avons pas donné place à d'autres teintes qui sont encore en voie de fixation, telles que le *lilas*, le *gris perle*, le *petit-gris*, la *zibeline*, l'*opposum*.

SECTION II. — TAILLE

La taille des quadrupèdes se mesure verticalement du sommet du garrot au sol; elle est extrêmement variable entre individus de la même espèce; qu'il nous suffise de dire, pour le prouver, qu'il existe des chevaux à peine aussi grands que des chiens de Terre-Neuve (0 m. 75 à 0 m. 80), tandis que d'autres atteignent jusqu'à 2 mètres. Entre ces deux extrêmes existent tous les intermédiaires; la taille moyenne de l'espèce est d'environ 1 m. 50. Dans une même race, les différences sexuelles sont souvent noyées dans les variations individuelles; cependant, en général, les chevaux sont plus grands que les juments.

Taille moyenne de quelques races chevalines.

Poney shetlandais.	1 m. 00 à 1 m. 10
Cheval corse	1 m. 35 à 1 m. 40
Cheval de la Camargue.	1 m. 40 à 1 m. 45
Cheval arabe et cheval barbe.	1 m. 45 à 1 m. 55
Cheval de Tarbes	1 m. 50 à 1 m. 55
Cheval de pur sang anglais.	1 m. 50 à 1 m. 60
Cheval demi-sang anglo-normand.	1 m. 55 à 1 m. 65
Cheval ardennais et cheval breton.	1 m. 55 à 1 m. 65
Cheval percheron	1 m. 60 à 1 m. 70
Cheval boulonnais.	1 m. 65 à 1 m. 75
Cheval belge	1 m. 68 à 1 m. 78

Dans les remontes de la cavalerie française. on ne reçoit pas de chevaux au-dessous de 1 m. 48, si ce n'est en Algérie, où, par tolérance, on descend quelquefois jusqu'à 1 m. 44 lorsqu'il s'agit de sujets rachetant leur insuffisance de taille par une conformation à peu près irréprochable. Les chevaux de chaque arme ont une taille réglementaire proportionnée au poids du cavalier et de son armure, qui est de 1 m. 48 à 1 m. 54, pour la cavalerie légère (chasseurs et hussards); 1 m. 52 à 1 m. 57 pour la cavalerie de ligne (dragons); 1 m. 55 à 1 m. 64 pour la cavalerie de réserve (cuirassiers); 1 m. 49 à 1 m. 62 pour les chevaux d'artillerie et du train des équipages; 1 m. 46 à 1 m. 55 pour les montures des officiers d'infanterie; 1 m. 48 à 1 m. 54, pour les mules et mulets.

Les personnes qui ont la pratique du cheval jugent de sa taille au coup d'œil, à quelques centimètres près. Pour la mesurer on emploie un instrument appelé potence, toise, hippomètre, qui consiste essentiellement en une tige de 2 mètres de longueur, graduée en décimètres et centimètres et pourvue d'une traverse perpendiculaire que l'on peut faire monter, descendre, ou fixer en un point à l'aide d'une vis de pression. Lorsqu'on veut s'en servir, on commence par placer l'animal sur un sol horizontal, de manière que les membres du bipède antérieur et ceux du bipède postérieur, prenant tous appui, soient en regard l'un de l'autre et se couvrent sur l'animal vu de profil, et que la tête soit maintenue en attitude moyennement élevée; alors on approche l'instrument de l'épaule en prévenant l'animal par une caresse, ou en lui faisant fermer l'œil du même côté, s'il est peureux; la tige de l'hippomètre, posée vers les talons du pied, est maintenue verticalement en regard du sommet du garrot pendant qu'on fait descendre doucement le curseur jusqu'à affleurement de cette région au point d'intersection de l'épine scapulaire prolongée; on fixe alors celui-ci par un tour de vis et il ne reste plus qu'à lire la graduation correspondante pour connaître la taille.

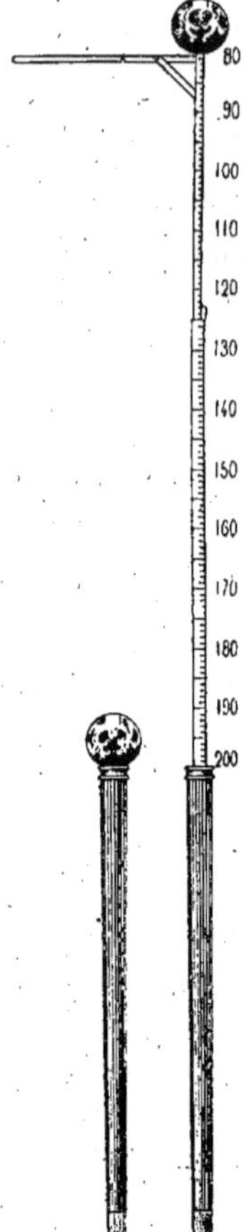

Fig 98. — *Canne hippométrique rentrée et déployée. (La taille est indiquée au point de sortie de la tige graduée de son enveloppe).*

On construit aussi des hippomètres formés de plusieurs segments ou articles susceptibles de s'engainer les uns dans les autres et dans une enveloppe commune, à la manière des cannes à pêche que tout le monde connaît : ce sont des cannes hippométriques (fig. 98).

Autrefois, on se servait, pour mesurer la taille des chevaux, d'une chaîne de six pieds, marquée à chaque pied et à chaque pouce d'un fil de laiton et terminée par un plomb. Celui-ci posant à terre vers le talon, on tendait la chaîne le long du membre jusqu'au garrot, et l'on comptait les pieds et les pouces. Aujourd'hui certains marchands agissent de même avec leur fouet, dont le manche a un mètre et dont la lanière est marquée d'un nœud tous les décimètres ou même tous les demi-décimètres. Chaîne ou fouet donnent toujours une taille supérieure à la taille réelle et d'autant plus excédente que le contour de l'épaule est plus convexe; ils exposent donc à des erreurs qu'un coup d'œil exercé pourrait ne pas commettre; aussi recommande-t-on d'indiquer dans le signalement si la taille a été prise sous potence ou à la chaîne.

Toutes les fois que l'on veut juger de la taille d'un cheval, il est essentiel de porter son attention sur la hauteur des sabots, qui peuvent n'avoir pas été parés depuis longtemps, ainsi que sur l'épaisseur des fers et de leurs crampons, toutes choses susceptibles de hausser l'animal de plusieurs centimètres. Il faut aussi savoir que l'on donne l'apparence d'une taille plus grande en plaçant l'arrière-main en contre-bas.

La taille des bêtes bovines est en moyenne de 1 m. 35 à 1 m. 40. Dans chaque race elle est plus grande chez les taureaux que chez les vaches; les premiers, châtrés de bonne heure, grandissent encore davantage, au point de dépasser beaucoup les femelles de leur race. On se borne généralement, dans les signalements de bovins, à dire qu'ils sont de grande taille (races normande, vendéenne, hollandaise, charolaise), de moyenne taille (races jurassique, d'Aubrac, tarentaise), ou de petite taille (races bretonne, jerseyaise, camarguaise).

Pour ce qui est des petites espèces, l'indication de la race suffit, car elle contient implicitement celle de la taille.

SECTION III. — CONFECTION DU SIGNALEMENT

Nous sommes dès maintenant en possession de tous les éléments du signalement, il ne nous reste plus qu'à faire connaître la méthode suivie pour l'établir.

Il y a lieu de distinguer, pour le cheval, le signalement civil, le signalement militaire et le signalement des haras.

A. **Signalement civil.** — Le signalement civil s'établit dans l'ordre suivant : 1º espèce et sexe; 2º race; 3º service; 4º âge; 5º taille; 6º état de la queue et des crins; 7º robe; 8º marques particulières; 9º date.

Espèce et sexe. — Dire si l'animal est un cheval entier, un cheval hongre ou une jument. Le cheval entier employé comme reproducteur est un étalon.

Race. — Vous vous contenterez de dire, en attendant les connaissances zootechniques nécessaires : de race distinguée ou de race commune.

Service. — On dit, suivant les cas : propre à la selle, au trait léger, au gros trait, à deux fins.

Les chevaux de trait léger ne se distinguent pas toujours des chevaux de selle; beaucoup ont assez de distinction pour être montés ou attelés, indifféremment, ils sont alors à deux fins. Par contre, les chevaux de gros trait sont toujours des animaux communs, bien que parfois capables d'une assez grande célérité.

Age. — On dit : prenant tel âge, tel âge, tel âge fait, ou tel âge environ.

Taille. — On dit : 1 m. 40, 1 m. 50, etc., sous potence, à la chaîne, ou environ si elle n'a pas été mesurée.

Etat de la queue et des crins. — On dit : écourté, anglaisé, queue en balai, en catogan, à tous crins, crinière en brosse, crinière double, crinière rasée, etc.

Robe. — On indique d'abord la robe proprement dite, puis ses particularités en suivant l'ordre dans lequel nous les avons décrites : particularités sans siège fixe, particularités de la tête, particularités du tronc, particularités des membres.

Marques particulières. — Les taches accidentelles, bien qu'elles appartiennent au pelage, sont indiquées comme marques particulières.

Date. — Elle ne doit pas être omise, à cause des changements qui peuvent survenir dans la robe.

Spécimen de signalement simple :
Cheval hongre, de race limousine, propre à la selle, six ans, 1 m. 54 sous potence, anglaisé, sous poil alezan clair doré, légèrement en tête, balzanes diagonales gauches, trace de balzane antérieure droite; marqué d'un P sur la cuisse droite.

Lyon, le...

Spécimen de signalement plus complet.

Cheval entier, de race barbe, propre à la selle, quinze ans environ,

1 m. 45 sous potence, à tous crins, sous poil bai clair, neigé sur la croupe et les flancs, petite liste en tête se prolongeant entre les naseaux par du ladre, buvant incomplètement dans son blanc de la lèvre inférieure, trois balzanes dont une antérieure gauche herminée, les deux autres grandes et dentées, taches accidentelles sur les deux côtés du garrot et sur le côté droit du dos, traces de feu en pointes sur le tendon antérieur gauche et de feu en raies sur un éparvin du jarret droit.

Lyon, le...

B. **Signalement militaire.** — Le signalement du cheval de troupe comprend les éléments suivants : 1° le numéro matricule marqué au fer rouge sur le sabot antérieur gauche; 2° le nom, 3° le sexe; 4° l'âge; 5° la taille; 6° l'état de la queue et des crins; 7° la robe; 8° les marques particulières; 9° la date.

Exemple :

Numéro matricule 243, *Martha*, jument prenant huit ans, 1 m. 58, écourtée, sous poil bai châtain, miroité sur les épaules et la croupe, fortement rubican sur les joues, l'encolure et le dos, en tête en croissant à droite, prolongée par une trace de liste déviée à gauche, ladre entre et dans le naseau gauche [1], principe de balzane postérieure droite, couronnée au genou droit, taches accidentelles à l'appui de la selle.

Lyon, le...

Sur les registres de l'armée, on ajoute au signalement de chaque cheval de troupe des renseignements d'ordre administratif, tels que le dépôt de remonte d'où il vient, le prix d'achat, l'arme à laquelle il est affecté, etc., en outre, une fiche sanitaire.

C. **Signalement des haras.** — Ce signalement comporte des indications supplémentaires relatives au *pedigree* et aux *performances*.

Le pedigree d'un cheval, c'est sa généalogie, dont fait foi un livre spécial, sorte de registre d'état civil, qu'on appelle *Stud-book*. Le cheval inscrit au *Stud-book* est « tracé »; celui qui ne l'est pas est « non tracé ». Les juments sont mentionnées au *Stud-book* avec leur descendance et le nom du père de chacun de leurs poulains.

Les performances sont les hauts faits d'un cheval d'hippodrome, c'est-à-dire les épreuves qu'il a subies et les prix qu'il a gagnés.

Exemple :

Delphine, jument de pur sang anglais, née le 20 avril 1895, inscrite au

______

1. Cette locution « entre et dans le naseau gauche » signifie entre les naseaux et dans le naseau gauche; elle est consacrée par l'usage en hippologie, quoique non grammaticale.

Stud-book français, 1 m.55 sous potence, sous poil bai clair, quelques poils en tête, ladre au bout du nez, balzanes latérales droites, la postérieure haut chaussée et herminée.

Son père, *Bob-Booly;* sa mère, *Pope-Mare.* Le père de *Bob-Booly, Chanticleer;* sa mère, *Ferne.* Le père de *Pope-Mare, Waxy-Pope,* sa mère, *Lady-Sara* (pedigree).

1900, *Plulus* par *Candide,* 1902. — *Niobé* par *Tigris,* 1903. — *Lady* par *Jupiter* (descendance).

Premier prix de steeple-chase aux courses du Grand-Camp de Lyon du 18 juin 1930 (performances).

D. **Signalement des bêtes bovines.** — Voici maintenant deux exemples de signalement chez le bœuf :

1º Vache de race bernoise, prenant cinq ans, taille moyenne; sous poil pie rouge, dos et ventre blancs, mufle rose; cornes grises se recourbant en arrière.

Lyon, le...

2º Vache de race comtoise, six ans, taille moyenne, sous poil pie-froment, front, chanfrein et chignon blancs, les taches froment plus larges sur le côté droit, membres postérieurs blancs jusqu'au grasset, sauf quelques mouchetures à la face externe du membre gauche, cornes blanches, la droite veinée de gris, mesurant en ligne droite entre leurs extrémités 52 centimètres, mufle rose marbré de brun autour du naseau droit.

Lyon, le...

De plus en plus l'habitude se répand, en vue de la sélection des races bovines, de *Herd-book,* c'est-à-dire de registres généalogiques semblables aux *Stud-book,* où le signalement de chaque animal est suivi de l'indication de ses parents, et de sa progéniture s'il s'agit d'une vache. Au point de vue de la pureté et de l'amélioration des races, il est très bon d'adopter cette pratique; aussi a-t-on aujourd'hui non seulement des *Stud-book* et des *Herd-book,* mais encore des *Hound-book* pour les chiens, des *Pig-book* pour les porcs, des *Flock-book* pour les moutons, etc.

Nous n'avons rien à dire de particulier sur la confection du signalement dans les petites espèces.

SECTION IV. — AUTRES MOYENS D'IDENTIFICATION

La méthode de signalement que nous venons d'exposer ne suffit pas toujours à caractériser sans contestation possible les individus d'une même espèce. Il en est parmi eux qui sont de même race et ont sensiblement la même robe avec les mêmes particularités

D'autre part, chez le même individu la robe est changeante, ainsi
que nous l'avons déjà dit. Enfin la même robe, vue par diverses
personnes également compétentes, est souvent qualifiée différem-
ment; un vieux proverbe ne dit-il pas que « des goûts et des couleurs on ne peut disputer ». Aussi arrive-t-il assez souvent que
l'identité d'un animal signalé donne lieu à contestation. C'est
pourquoi on a recours de plus en plus aujourd'hui à des moyens
complémentaires, surtout quand il s'agit d'animaux de grand prix.
Une photographie, une silhouette ou un croquis représentant som-
mairement telle ou telle particularité caractéristique de la conformation ou de la robe, une empreinte d'un tégument papillaire
comme le mufle des bovins, la truffe ou les coussinets plantaires du
chien (à l'imitation de ce qui se fait chez l'homme avec la paume de
la main) : voilà autant de fiches à annexer à un signalement, qui
augmentent singulièrement sa valeur probante; un simple coup
d'œil sur l'une ou l'autre de ces fiches fait souvent reconnaître l'animal dont il s'agit avec plus de certitude que la lecture d'un signalement détaillé.

Il y a encore les marques artificielles usitées pour reconnaître
les animaux vivant en troupe, appartenant à des propriétaires
différents, ou destinées à stigmatiser des animaux réformés, ou,
au contraire, à distinguer les animaux sélectionnés, inscrits aux
livres généalogiques, qui ont de ce fait une valeur supérieure aux
autres. Autrefois ces marques étaient imprimées au fer rouge sur
la peau de diverses parties du corps, notamment l'encolure, le
défaut de l'épaule, la cuisse. Aujourd'hui on a plutôt recours au
tatouage d'une partie facile à observer telle que l'oreille, la face
interne d'une lèvre, et surtout aux boutons matricules fixés à
l'oreille.

Nous laissons maintenant la parole à notre excellent collègue,
M. Létard, pour présenter au lecteur quelques détails sur ce sujet
nouveau et intéressant.

a) *Dans l'espèce bovine* le signalement est souvent très difficile,
en raison de l'homogénéité des robes; aussi, pour les livres d'origine, est-il bon de recourir au tatouage de la face interne de l'oreille,
ou au bouton matricule fixé en ce même point.

Pour les sujets de robe pie dont les plaques colorées, très diverses
de siège et d'étendue sont difficiles à décrire, il y a avantage à
recourir à une *fiche-silhouette* représentant les deux côtés de l'animal ainsi qu'une vue de face, fiche permettant de préciser l'emplacement et la forme sinon de toutes les taches, au moins des plus

remarquables. Le pourtour des yeux, la base des oreilles, l'extrémité des membres sont en général les régions les plus caractéristiques.

Enfin on peut prendre l'empreinte du mufle qui a la même valeur pour l'identification des bovins que le bertillonnage chez l'homme, c'est-à-dire l'empreinte des crêtes papillaires des doigts de la main. Péterson, directeur du Service de l'identité judiciaire de l'Etat de Minnesota, a en effet démontré que la surface chagrinée du mufle forme un dessin très riche et divers, caractéristique pour chaque individu, la croissance l'amplifie sans y rien changer, ce dessin considéré successivement aux divers âges reste toujours le même, tandis qu'il diffère d'un individu à l'autre. Pour en prendre l'empreinte, on essuie d'abord soigneusement la région, puis on applique à sa surface une mince couche de cire à modeler qui avait été préalablement étalée sur une plaque de verre afin d'en effacer toute empreinte digitale. Une fois détachée, cette couche est touchée légèrement avec un pinceau extrêmement souple qui la recouvre d'un enduit de plombagine faisant ressortir le dessin imprimé, qui est alors photographié et dont on tire les épreuves positives nécessaires.

Ce procédé est un peu délicat et compliqué, mais il donne toutes garanties. Il est surtout à recommander pour les reproducteurs de grand prix. Il permet de contrôler sur le champ l'identité d'un sujet par comparaison de l'empreinte de son mufle sur la cire avec la photographie annexée à son livret généalogique : comparaison considérablement facilitée par les repères que constituent la ligne médiane et le contour du mufle.

b) *Dans l'espèce chevaline*, on a songé à utiliser pour le signalement le contour d'implantation des châtaignes qui est très variable d'un sujet à l'autre, mais, pour chacun, fixe dans sa forme. Une châtaigne de devant étant préalablement rognée, presque au ras de la peau, on appose sur sa base une petite plaque de cire à modeler; l'empreinte est ensuite calquée à l'aide d'un papier translucide ou d'un réflectographe, puis reproduite sur la fiche signalétique. (Voy. A. M. Leroy. *L'identification des chevaux au moyen des châtaignes.* Congrès des livres généalogiques, 1923).

L'identification des chevaux a parfois une si grande importance, notamment pour ceux qui sont assurés ou inscrits aux Stud-books, qu'il ne faut négliger aucun signe susceptible de la confirmer. Les épis peuvent y contribuer. Il en est de *convergents circulaires*, de *divergents circulaires*, de *divergents quadrangulaires*, de *convergents linéaires* et de *divergents linéaires*. Les Japonais n'en distinguent pas moins de 70. Il suffit d'adopter des signes conventionnels correspondant à chacune des cinq catégories précitées, et de les dessiner sur des fiches représentant l'animal de face, de profil à droite ou de profil à gauche. Ainsi l'on peut plus facilement qu'avec une photographie délivrer copie du signalement original (Voy. P. et Ed. Dechambre. *L'identification du cheval par les épis*. Congrès des livres généalogiques, 1923).

La même méthode pourrait être employée pour les épis des bovins et rendrait les mêmes services.

c) *Dans l'espèce canine* l'identification par le signalement n'est pas moins difficile que dans les autres espèces, au contraire. Heureusement la photographie de l'animal lui est souvent adjointe. On pourrait en outre prendre l'empreinte des coussinets plantaires d'une patte, qui ne serait pas moins caractéristique que celle de la main humaine si ces coussinets n'étaient pas usés et plus ou moins crevassés par la marche. Mieux vaut prendre celle de la truffe, tout aussi probante. Il y a deux manières d'opérer. Dans la première on prend l'empreinte sur papier; le nez préalablement nettoyé et asséché est enduit d'une encre grasse, ensuite on applique à sa surface une feuille de papier aussi rigide que possible, sur laquelle le dessin s'imprime. Dans la deuxième manière on prend l'empreinte sur cire : avec de la cire à modeler rouge ou blanche, on façonne de minces rondelles d'un à deux millimètres d'épaisseur, de la largeur d'une pièce de deux francs; on en choisit une que l'on applique sur une plaque de verre qui la rend parfaitement lisse, on la décolle, on la retourne et on la remet par son autre face sur la plaque de verre, que l'on appuie contre la partie plane de la truffe. On procède ensuite comme pour le mufle du bœuf.

Il est inutile d'ajouter que les fiches-silhouettes montrant les particularités les plus définissantes de la robe ou de la conformation peuvent avoir la même utilité que dans les autres espèces (Létard).

CHAPITRE III

APLOMBS

Lecoq a défini les aplombs : « la direction que doivent suivre les membres, considérés dans leur ensemble et dans leurs différentes régions en particulier, pour que le corps soit supporté de la manière la plus solide et en même temps la plus favorable à l'exécution des mouvements ».

L'étude des aplombs doit être précédée de quelques considérations générales sur le centre de gravité et l'équilibre.

SECTION I. — CENTRE DE GRAVITÉ. ÉQUILIBRE CONDITIONS THÉORIQUES DU BON APLOMB

A. **Centre de gravité.** — Les procédés généralement employés pour la détermination du centre de gravité sont difficilement applicables aux corps vivants; aussi est-ce par le raisonnement autant que par l'expérimentation que l'on est arrivé à fixer approximativement la position de ce point.

Borelli, dans son fameux ouvrage, *De motu animalium*, plaçait le centre de gravité, chez les quadrupèdes, à la moitié de la hauteur du tronc, sur la perpendiculaire élevée du point d'intersection des diagonales de la base de sustentation; ainsi le poids du corps se répartirait également sur les quatre extrémités. « Mais, dit Lecoq, si l'on considère, d'une part, que les quatre membres sont plus que suffisants pour faire équilibre à la portion de l'encolure et de la tête qui dépasse la hauteur du tronc; d'autre part, que l'encolure et la tête forment, en avant des membres antérieurs, une masse pesante qui n'a pas son équivalent en arrière des membres postérieurs, on placera le centre de gravité un peu plus bas qu'à la moitié de la hauteur du tronc et plus près des membres antérieurs que des postérieurs, c'est-à-dire environ au tiers antérieur du quadrilatère formé par l'assiette des quatre pieds. La symétrie latérale des

partics qui forment le corps nous indique suffisamment que ce
point doit être placé dans le plan médian. »

D'après Colin (*traité de physiologie comparée*), il se trouverait,
chez le cheval, en regard de la jonction du tiers moyen et du tiers
inférieur de la huitième côte, c'est-à-dire un peu en arrière de la
base du cœur (fig. 99).

Il est certain que la *ligne de gravitation*, verticale tombant du
centre de gravité, est beaucoup plus rapprochée des membres anté-

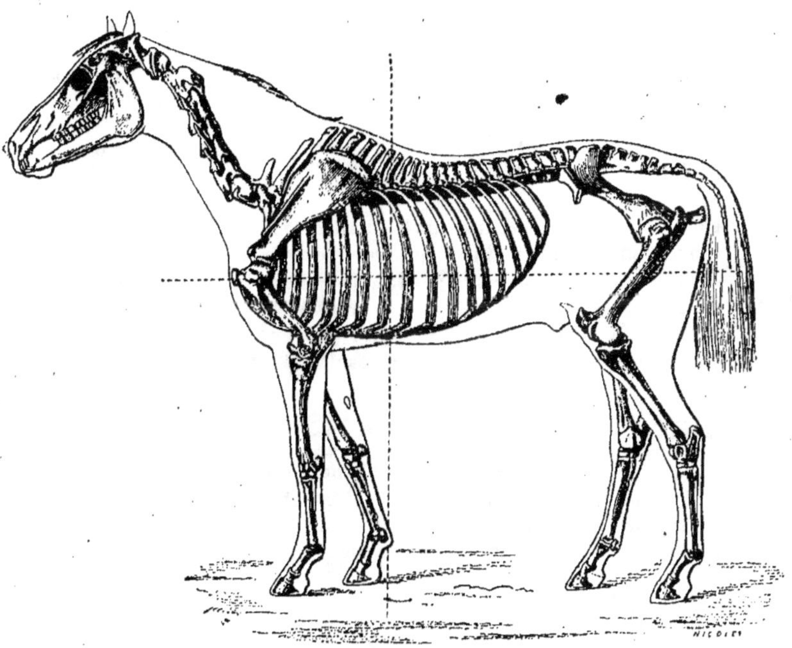

Fig. 99. — *Situation du centre de gravité chez le cheval* (Goubaux et Barrier)

ricurs que des postérieurs, les premiers sont d'ailleurs organisés
en vue de cette surcharge. Au surplus, le centre de gravité n'a
aucune fixité; il varie dans les divers individus suivant leur conformation, et, dans le même animal, suivant son attitude ou son
allure; le moindre changement de position de l'encolure et de la
tête et même les oscillations respiratoires du diaphragme le déplacent. C'est ce que démontre une expérience célèbre faite en 1835
par l'écuyer Baucher et le capitaine Morris, qui devint plus tard

général. Ce dernier en rend compte dans les termes suivants :

Nous pesâmes plusieurs chevaux sur des balances de porportion à planchers mobiles. Les deux bascules furent placées de manière que les extrémités antérieures reposassent sur le milieu de la première et les extrémités postérieures sur le milieu de la seconde. Les deux planchers étant parfaitement sur le même niveau et appartenant à des bascules de même proportion pouvaient être pris pour les deux plateaux d'une balance ordinaire; nous y fîmes monter une jument de selle assez régulièrement conformée, bien qu'elle eût la tête et l'encolure un peu fortes relativement au reste du corps; elle resta sellée et bridée. Les balances, abandonnées au poids de la jument tenue dans un complet état d'immobilité, nous donnèrent les résultats suivants, en conservant sa tête dans la position ordinaire, plutôt basse qu'élevée :

Avant-main	Arrière-main	Poids total	Différence en plus sur l'avant-main
210 kilos	174 kilos	384 kilos	36 kilos
(55 %)	(45 %)		

Il s'était établi une fluctuation de 3 à 5 kilogrammes qui se fixaient alternativement sur l'avant-main et sur l'arrière-main par suite des mouvements produits sur les viscères par la respiration. Nous fîmes baisser la tête de manière que le bout du nez se trouvât à la hauteur du poitrail. Le mouvement achevé et l'immobilité obtenue dans cette position, l'avant-main se chargea de 8 kilogrammes dont l'arrière-main fut allégée :

Avant-main	Arrière-main	Poids total	Différence en plus sur l'avant-main
218 kilos	166 kilos	384 kilos	52 kilos.

La tête relevée ensuite jusqu'à ce que le bout du nez fût à la hauteur du garrot, avec les mêmes précautions pour l'immobilité, l'avant-main rejeta 10 kilogrammes de son poids sur le plateau de l'arrière-main, et les extrémités s'équilibrèrent avec les différences de poids suivantes :

Avant-main	Arrière-main	Poids total	Différence en plus sur l'avant-main
200 kilos	184 kilos	384 kilos	16 kilos

La tête étant revenue à sa position première, on la ramena sur l'encolure, par l'action du filet en l'élevant un peu; alors elle rejeta sur l'arrière-main une partie de son poids égal à 8 kilogrammes et nous donna :

Avant-main	Arrière-main	Poids total	Différence en plus sur l'avant-main
202 kilos	182 kilos	384 kilos	20 kilos

Ces résultats prouvent évidemment que plus la tête est élevée, si ce n'est naturellement du moins par l'action de la main, plus son poids et celui de l'encolure sont également répartis sur les extrémités, si toutefois la position n'est pas forcée.

Après ces expériences, M. Baucher monta la jument ; les deux plateaux s'équilibrèrent alors avec les poids suivants :

Avant-main	Arrière-main	Poids total	Différence en plus sur l'avant-main
251 kilos	197 kilos	448 kilos	54 kilos

Le cavalier, placé dans une position académique, avait donc distribué son poids de 64 kilogrammes de cette manière : 41 kilogrammes sur l'avant-main et 23 sur l'arrière-main, c'est-à-dire environ deux tiers sur le devant un tiers sur le derrière.

S'étant assis davantage en portant le haut du corps en arrière, M. Baucher fit passer 10 kilogrammes de plus sur l'arrière-main ; puis, ramenant la tête du cheval suivant sa méthode, il surchargea encore l'arrière-main de 8 kilogrammes ; total 18 kilogrammes. Dans cette position nous eûmes :

Avant-main	Arrière-main	Poids total	Différence en plus sur l'avant-main
233 kilos	215 kilos	448 kilos	18 kilos

En se portant entièrement sur les étriers, le poids de l'avant s'accrut de 12 kilogrammes.

Ces différences de poids, d'après la position de l'encolure et de la tête et celle du cavalier, qui n'ont pas un grand effet dans les exercices ordinaires du cheval, acquièrent cependant une haute importance dans les courses, où les poids croissent dans une porportion énorme avec la fatigue. »

En 1857, le général Morris, avec la collaboration du vétérinaire en premier Bellanger, répéta les mêmes expériences sur un certain nombre de chevaux de conformations diverses et en tira les conclusions suivantes : Le poids de l'avant-main l'emporte sur celui de l'arrière-main, en moyenne, d'un neuvième du poids total. Les encolures longues surchargent plus l'avant-main que les encolures courtes et fortes. Les changements de position de la tête peuvent facilement faire passer 10 kilogrammes d'un bipède sur l'autre, d'où résulte un accroissement de 20 kilogrammes dans la différence des poids qui leur incombent.

Les expériences de Colin, de Goubaux et Barrier ont confirmé ces conclusions. Ces derniers auteurs se sont appliqués particulièrement à démontrer l'influence exercée par la hauteur relative de l'avant-main et de l'arrière-main sur la répartition du poids entre les deux bipèdes : la surélévation de la croupe, qui entraîne le dos plongeant surcharge les membres de devant, celle du garrot surcharge au contraire les membres de derrière, le poids versant toujours du côté le plus bas.

B. **Equilibre.** — La condition *sine qua non* de l'équilibre, c'est

que la ligne de gravitation ou verticale descendant du centre
de gravité tombe dans la base de sustentation. On appelle
ainsi l'espace circonscrit par le ou les membres à l'appui. Les
quadrupèdes au repos reposent au moins sur trois membres,
deux antérieurs et un postérieur ou deux postérieurs et un antérieur, la base de sustentation est donc triangulaire; si la base de ce
triangle, est en avant l'équilibre est plus stable que dans le cas

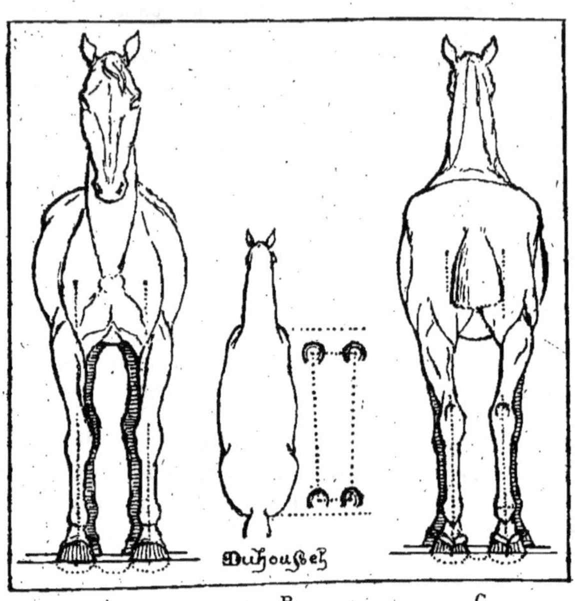

Fig. 100. — *D'après le colonel Duhoussel.*

A, cheval vu par devant, montrant les membres postérieurs dans l'intervalle des antérieurs.
B, cheval vu par-dessus et sa base de sustentation pour montrer les rapports de la longueur de
celle-ci à celle du corps.
C, cheval vu par derrière montrant les membres postérieurs débordés par les antérieurs.

contraire, vu que la ligne de gravitation est beaucoup plus près des
membres de devant que des membres de derrière. C'est une des
raisons pour lesquelles dans la station libre normale, le membre
au repos est toujours l'un des postérieurs. Dans la station forcée
les quatre membres prennent part à l'appui, en sorte que la base
de sustentation est un quadrilatère, mais, comme le montre la
figure 100, B, ce quadrilatère n'est pas un rectangle, c'est un trapèze car les pieds de devant sont plus distants l'un de l'autre que

les pieds de derrière; le cheval vu par devant laisse apercevoir ses membres postérieurs dans l'intervalle des antérieurs (fig. 100, A), tandis que, vu par derrière, il montre ses membres antérieurs débordant les postérieurs (fig. 100, C).

La longueur normale de la base de sustentation est assez exactement les 3/4 de la longueur scapulo-ischiale, qui est elle-même égale à la taille; un cheval de 1 m. 60 a donc une base de sustentation d'environ 1 m. 20.

L'équilibre est d'autant plus stable que la base de sustentation est plus étendue, soit en longueur soit en largeur, que le centre de gravité est plus bas et que la ligne de gravitation tombe plus près du milieu de la base de sustentation. Par conséquent, le cheval dont les membres sont rapprochés ou très longs est en équilibre moins stable que celui dont les membres sont écartés ou courts. Or, il faut aux chevaux rapides un équilibre moins stable qu'aux chevaux de trait; c'est une des raisons pour lesquelles on recherche chez eux une grande longueur des membres, tandis que l'on proscrit un excès d'ampleur du corps écartant ceux-ci outre mesure. En effet, *l'instabilité de l'équilibre, dans une allure quelconque, donne la mesure de la vitesse.* Le cheval qui se déplace meut ses membres avec d'autant plus de précipitation et d'amplitude qu'il est plus menacé de tomber, il court pour ainsi dire après son centre de gravité; la marche, a dit Dugès est une chute indéfiniment retardée. Voyez-le lancé sur l'hippodrome, la tête et l'encolure en avant : la ligne de gravitation sort à tout instant de la base de sustentation, mais les membres arrivent en hâte pour recevoir le corps et prévenir les chutes. Voyez-le, au contraire, quand il ralentit son allure : il relève la tête et l'encolure, afin de refouler le centre de gravité en arrière et d'augmenter la stabilité de son équilibre. Ces parties, projetées en avant du corps, fonctionnent comme un véritable balancier d'équilibre régulateur des allures.

C. **Conditions théoriques du bon aplomb.** — La direction des membres considérés dans leur ensemble et dans leurs différents rayons a la plus grande importance sur la solidité de la sustentation et sur les aptitudes locomotrices. On en juge lorsque l'animal est au « placer », c'est-à-dire dans l'attitude debout, les quatre membres appuyant naturellement sur le sol en se couvrant deux à deux de profil, comme dans la figure 101.

On peut dire, d'une manière générale, que *l'aplomb d'un membre est bon quand le centre d'appui et le centre de suspension de ce membre sont sur la même verticale et que son plan médian est parallèle au plan médian du corps.* Comme l'a fort bien dit Sanson, « le tronc étant un poids à supporter, il est évident que les membres y suffiront d'une manière d'autant plus heureuse et plus en rapport avec la conservation de leur intégrité que ce poids agira toujours, dans la station, suivant la direction normale de sa propre gravitation; c'est-à-dire que la disposition des brisures qui se font remarquer dans la constitution des colonnes de soutien sera agencée de telle sorte que les diverses composantes se résoudront toutes en une

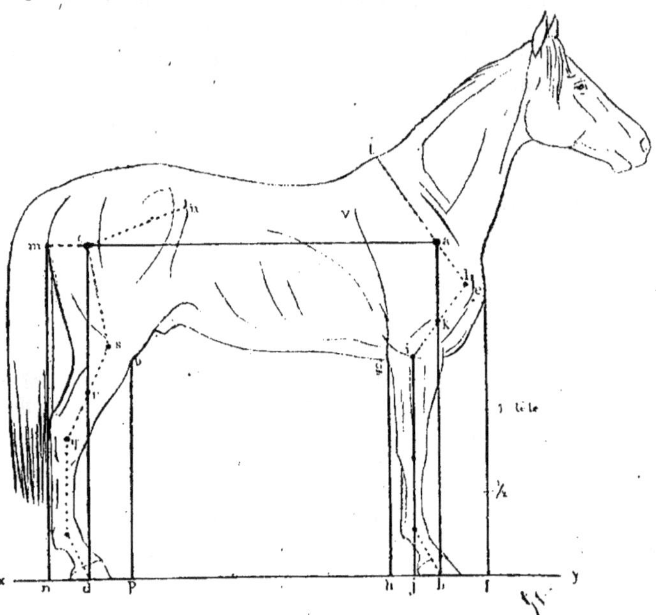

Fig. 101. — *Lignes d'aplomb du cheval vu de profil* (Goubaux et Barrier).
Les lignes pointillées marquent les axes des rayons des membres.

résultante unique et invariablement parallèle à la direction du fil à plomb ».

Le centre d'appui coïncide sans conteste avec le centre de la face plantaire du pied. Le centre de suspension du membre postérieur ne peut être autre que l'articulation de la hanche, vu que le coxal fait corps avec le tronc et ne prend aucune part aux oscillations locomotrices. Il faut donc, pour que ce membre soit d'aplomb, que le pied soit verticalement au-dessous de l'articulation coxo-fémorale(fig. 101); alors la ligne directrice unissant ces deux points coupe

le tibia par le milieu et se trouve à peu près à égale distance de la
verticale descendant de la rotule et de celle descendant de la pointe
de la fesse. La question est moins simple pour le membre antérieur
à cause de l'absence de connexion articulaire avec le tronc. Goubaux et Barrier admettant hypothétiquement que le plan de suspension des deux bipèdes suit l'horizontale placent le centre de
suspension du membre antérieur à l'intersection de l'axe de l'épaule
avec l'horizontale passant par le centre coxo-fémo-
ral; quand le pied se trouve verticalement au-dessous
de ce point, la ligne directrice du membre coupe le
bras par le milieu et est équidistante des verticales
de la pointe de l'épaule et de la pointe du coude, en
sorte que l'analogie est frappante entre les deux
membres (fig. 101). Mais il reste cette grave objec-
tion : que le centre de suspension précité est tout
à fait arbitraire et ne correspond pas à l'axe fictif
autour duquel le scapulum bascule sur le thorax,
axe situé plus haut, à l'insertion du muscle grand
dentelé. Or il est rationnel de prendre cet axe
comme centre de suspension du membre antérieur.
Si l'on suppose le pied verticalement au-dessous,
la ligne directrice du membre, au lieu de couper
l'humérus par le milieu, passe par le centre de l'articulation du coude, et le segment radio-métacar-
pien, au lieu d'être en direction verticale, est légèrement oblique sous le corps, condition favorable
au raidissement du genou en extension, qui, sans
doute, importe plus qu'une parfaite verticalité
pour la solidité de la sustentation. Nous admettrons
donc comme condition de bon aplomb du membre
antérieur vu de profil celle qu'indique la figure 102,
sans insister davantage sur ce sujet dont l'importance est surtout théorique, car, dans la pratique,
on juge des aplombs par des verticales, dites lignes

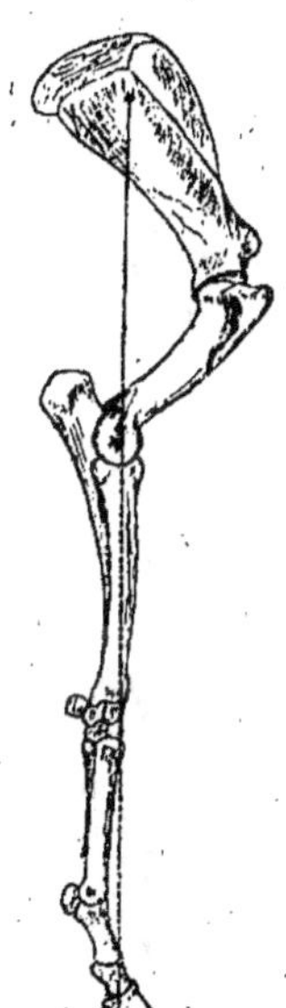

Fig. 102. — *Ligne
directrice du
membre anté-
rieur en adop-
tant comme cen-
tre de suspension
de ce membre
l'axe de bascule
du scapulum sur
le thorax.*

d'aplomb, sur lesquelles tout le monde est d'accord, verticales
partant de points de repère extérieurs, faciles à trouver, et qui
ont été pour la plupart déterminées par Bourgelat lui-même.

SECTION II. — LIGNES D'APLOMB

Nous allons les envisager successivement dans les membres antérieurs, vus de profil et vus par devant; puis dans les membres
postérieurs, vus de profil et vus par derrière.

ARTICLE I. — MEMBRES ANTÉRIEURS

§ 1. — De profil.

1º *Une verticale abaissée de la pointe de l'épaule jusqu'au sol
doit rencontrer ce dernier un peu en avant de la pince du pied*
(fig. 103, A).

Si cette ligne tombe à une grande distance en avant de la pince,

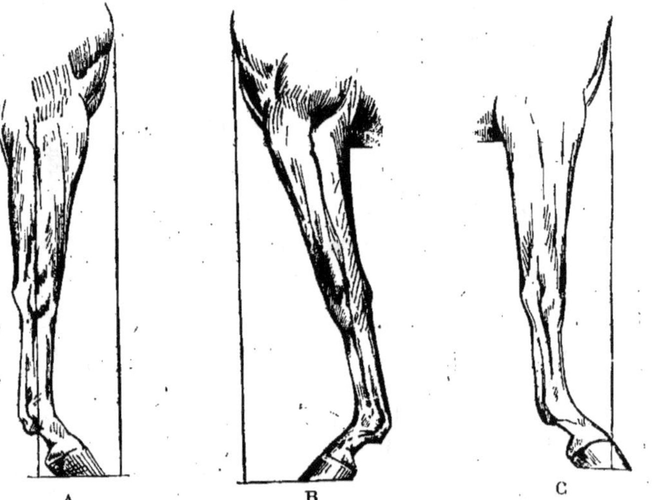

Fig. 103. — *Aplombs de profil du membre antérieur.*

A, normal.   B, sous lui.   C, campé.

le cheval est sous lui du **devant**. Si, au contraire, elle tombe sur le
sabot avant de rencontrer le sol, le cheval est campé du devant.

Cheval sous lui du devant (fig. 103, B).— Dans le cheval sous lui
du devant, l'épaule est nécessairement plus ou moins redressée; la
partie libre du membre, oblique de haut en bas et d'avant en
arrière, est d'autant plus exposée à fléchir du genou qu'elle est

encore surchargée par sa proximité de la ligne de gravitation. A
cause de l'obliquité du canon, qui ferme plus ou moins l'angle
du boulet, les cordes tendineuses de soutènement de cette dernière
région, et particulièrement le perforant, éprouvent des tractions
exagérées qui peuvent aller jusqu'à la distension pour peu que
l'animal soit long jointé comme dans le cas de la figure 103, B,
Le plus souvent, il est vrai, le paturon est court et plus ou moins
droit, de manière à former avec le pied un angle ouvert en avant, ce
qui est de nature à soulager un peu le suspenseur et le perforé, mais
ne fait qu'aggraver la charge du perforant. Le pied supporte un
excès de pression en pince. Il ne faudrait pas croire, sous prétexte
que l'équilibre est rendu plus instable, que l'animal gagne en
vitesse, c'est le contraire que l'on observe : il fait de petites enjambées en rasant le tapis; en effet, il entame d'autant plus difficilement le terrain que le membre restant sur le sol est plus surchargé;
le corps, constamment sollicité en avant par l'inclinaison du
membre à l'appui, ne laisse pas le temps de lever assez haut le
membre au soutien, de là tendance à buter, à forger et à faire des
faux pas. « Aussi un cheval sous lui du devant est-il peu propre
au service de la selle, car, sous l'homme, la difficulté de la marche et
l'imminence de la chute ne peuvent qu'augmenter, puisque le poids
du cavalier est supporté en majeure partie par l'avant-main. C'est
seulement pour le service du trait, et surtout du gros trait, que
l'on peut utiliser ce cheval, le collier lui fournissant un point
d'appui et le préservant des chutes auxquelles il est exposé. »
(Lecoq).

Ajoutons que ce défaut d'aplomb est particulièrement commun
chez les chevaux de trait; peut-être est-il une conséquence de leur
mode d'utilisation; c'est en effet l'attitude nécessaire du membre
au moment où l'animal donne un fort coup de collier; on conçoit
que, à la longue, elle puisse devenir permanente; ne sait-on pas que
l'épaule est susceptible de se redresser sous l'influence des pressions
du collier? or le redressement de l'épaule met forcément l'animal
sous lui. Ces considérations invitent à ne pas être trop sévère à
l'égard d'un cheval de trait sous lui du devant quand le défaut n'est
pas exagéré.

Cheval campé du devant (fig. 103, C). — Il est assez rare qu'un cheval soit naturellement campé du devant; quand cela se produit, le
défaut est peu prononcé et résulte d'une exagération d'obliquité de
l'épaule ou d'un dénivellement antéro-postérieur du pied. Le plus
souvent l'animal prend cette attitude par suite d'une douleur qu'il

éprouve dans le pied, soit qu'il ait les talons serrés, soit qu'il ait
ressenti les atteintes de la fourbure; il manifeste alors une gêne
particulière dans les mouvements du membre en restreignant le
jeu de l'épaule pour diminuer l'amplitude des pas et l'intensité des
battues.

Quoi qu'il en soit, les membres antérieurs, bien que déchargés
d'une partie du poids qu'ils supportent chez un cheval d'aplomb,
parce que plus éloignés de la ligne de gravitation, n'en sont pas
moins exposés à la fatigue puisqu'ils ont perdu leur verticalité.
Les postérieurs sont surchargés de tout le poids dont les précé-

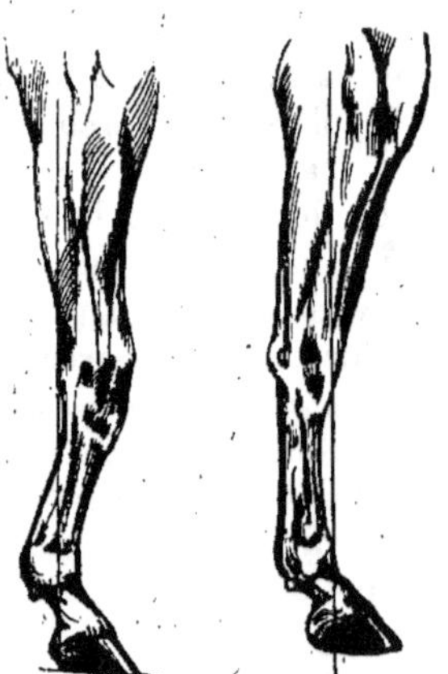

FIG. 104. — *Déviations du genou.*
arqué   *effacé*

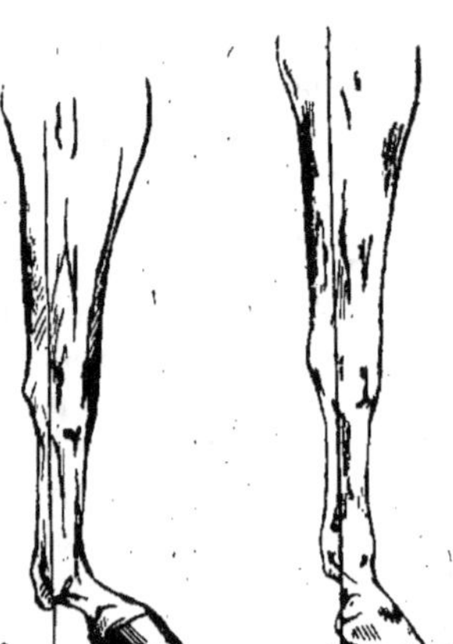

FIG. 105. — *Déviations du pâturon.*
bas-jointé   *droit-jointé*

dents sont allégés, et l'animal, acculé sur le derrière, se fatigue
d'autant plus les reins et les jarrets qu'il est d'ordinaire en même
temps sous lui du derrière. L'allure est considérablement ralentie,
non seulement parce que la région digitale est souvent le siège d'une
douleur qui porte instinctivement l'animal à restreindre ses enjambées, mais encore parce que l'équilibre est plus stable et que les
membres raccourcissent nécessairement leur oscillation du côté
de leur obliquité. Malgré la plus grande inclinaison du paturon,
l'angle du boulet est plus ouvert que normalement, ce qui n'empêche pas les cordes qui le soutiennent d'être exposées aux tiraillements. L'appui du pied s'effectue principalement sur les talons,
qui sont ainsi exposés aux meurtrissures.

2° *L'avant-bras, le genou, le canon, le boulet doivent être sur une même ligne, qui rencontre le sol un peu en arrière des talons* (fig. 103, A).

Si le genou fait saillie en avant de cette ligne, on le dit *arqué* ou *brassicourt*. S'il se porte, au contraire, en arrière, il est *creux, effacé, renvoyé* ou de *mouton* (fig. 104). Chacune de ces déviations offre des inconvénients que nous étudierons à propos du genou.

La ligne précitée peut, après avoir partagé le boulet, tomber trop en arrière des talons ou, au contraire, trop s'en rapprocher et même traverser le pied avec le paturon (fig. 105); il peut aussi arriver que le boulet soit projeté en avant, à la manière du genou arqué. De là diverses défectuosités ou tares qui seront étudiées à propos du boulet et du paturon et qui donnent lieu aux dénominations de *bas-jointé, droit-jointé, bouleté*. En général, l'animal bas-jointé est aussi long-jointé, et le droit-jointé, court-jointé, ce qui revient à dire que le paturon long est ordinairement très incliné tandis que le paturon court l'est peu; mais cette corrélation comporte de nombreuses exceptions, ainsi que nous l'expliquerons en étudiant cette région.

3° *Le pied doit être dans l'exact prolongement du paturon, le rayon digité étant rectiligne depuis le boulet jusqu'au sol.*

Si un angle existait à la couronne, ouvert en avant ou en arrière le pied étant en hyperextension ou en flexion, cela témoignerait soit d'un déplacement général du membre, pour lequel le pied fait socle, soit d'un dénivellement plantaire qui a détruit le parallélisme avec le contour inférieur de la phalangette. Nous reviendrons sur cet important sujet à propos de l'article consacré spécialement au pied. Bornons-nous ici à dire que, dans les conditions naturelles, c'est-à-dire chez les chevaux non ferrés, la face inférieure du sabot s'adapte généralement à la direction du membre de manière à conserver toujours la rectilignité phalangienne et l'horizontalité de l'appui. Si le membre est vertical, la face plantaire du sabot doit être parallèle à la face inférieure de la troisième phalange. Si le membre est oblique le sabot ne peut rester en ligne avec le paturon et maintenir l'horizontalité de son appui qu'à la condition de se déniveler, c'est-à-dire de diminuer sa hauteur du côté opposé à la déviation : il y a allongement des talons chez l'animal sous lui du devant ou campé du derrière, allongement de la pince chez l'animal campé du devant ou sous lui du derrière. Mais il est des limites au delà desquelles cette adaptation par le seul dénivellement plantaire du pied n'est plus suffisante et alors un angle se forme à la couronne qui brise la rectitude du rayon digité. C'est aussi ce que l'on remarque chez les animaux ferrés lorsque le maréchal n'a pas rogné l'ongle également à son pourtour; de deux choses l'une, ou ce dénivellement entraîne le déplacement du membre du côté de l'allongement du sabot, ou bien il est compensé à l'articulation du pied par un angle qui met ce dernier en extension, flexion, abduction ou adduction.

On le voit il y a réaction réciproque du membre sur le pied et du pied sur le membre. Dans les conditions naturelles c'est l'aplomb du membre qui commande l'aplomb du pied. Chez les animaux ferrés, il n'est pas facile de discerner si la rupture du parallélisme plantaire est une heureuse adaptation du pied à une mauvaise direction naturelle du membre, ou si, au contraire, la mauvaise direction du membre n'est pas la conséquence du dénivellement du pied. Pour en juger, il faudrait laisser l'animal pendant quelque temps déferré. Quoi qu'il en soit, il est permis d'affirmer que, dans tous les cas, le bon aplomb du pied implique la rectilignité phalangienne qui le met dans une attitude neutre, aussi éloignée de l'extension que de la flexion, de l'abduction que de l'adduction.

§ 2. — De face.

1º Une verticale abaissée de la pointe de l'épaule doit partager le genou, le canon, le boulet, le paturon et le pied en deux parties sensiblement égales.

 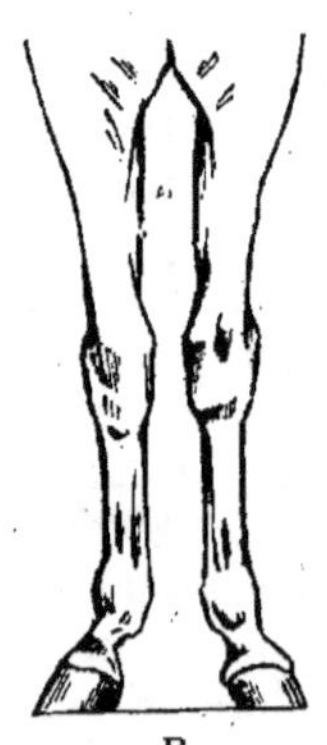 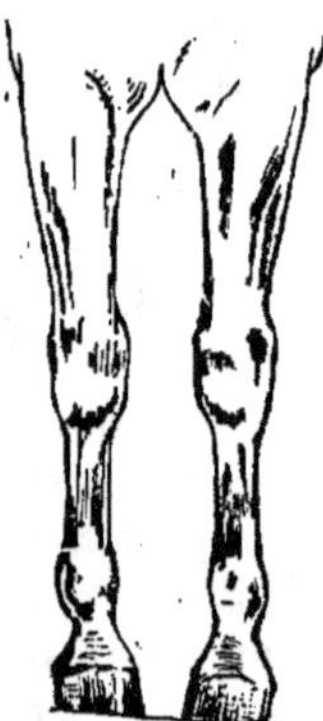

A   B   C

FIG. 106. — *Membres antérieurs vus de face.*

A, aplomb normal.   B, membres panards.   C, membres cagneux

2º *Le plan médian du membre doit être parallèle au plan médian du corps* (fig. 106, A).

Déviation totale. — *Membre panard* (fig. 106, B). *Membre cagneux* (fig. 106, C). — Il arrive souvent que les déviations relativement à la verticale tombant de la pointe de l'épaule sont le fait d'une simple rotation du membre en dehors ou en dedans, à partir de la cavité glénoïde du scapulum. Si on se place alors en face du membre et non en face de l'animal, on constate que celui-là n'a rien perdu de sa rectitude, mais qu'il a seulement tourné sur son axe. Quand la rotation s'est faite en dehors, il est panard; quand elle s'est faite en dedans, il est cagneux. Dans le premier cas, les pieds divergent par la pince, les coudes sont tournés en dedans et serrés au corps; dans le second cas, au contraire, la pince des pieds regarde en dedans et les coudes en dehors.

La panardise s'observe de préférence chez les petits chevaux, à poitrine serrée; la cagnardise, chez les gros chevaux, à vaste poitrail. Il est à remarquer que, pendant les grands efforts de tirage, surtout à la montée, la plupart des chevaux deviennent momentanément cagneux des membres antérieurs; ainsi s'explique sans doute que ce défaut d'aplomb soit particulièrement fréquent chez les animaux de trait. Remarquons que les pieds panards sont évasés de la mamelle externe, les pieds cagneux évasés de la mamelle interne, et qu'il suffit de déniveler la face plantaire du sabot suivant un de ses diamètres diagonaux pour produire l'une ou l'autre de ces défectuosités; par exemple, en abattant outre mesure la mamelle interne ou, ce qui revient au même, en exhaussant l'externe, on rend le membre panard; il devient au contraire cagneux après résection de la mamelle externe ou exhaussement de l'interne. Ainsi il suffit de surajouter un croissant de corne à telle ou telle partie du contour du sabot pour produire la plupart des défauts d'aplomb; mais cela ne prouve pas qu'ils soient toujours le fait du maréchal, souvent la déformation du pied est l'effet et non la cause de la rotation du membre.

Le pied situé à l'extrémité d'un membre panard supporte un excès de pression sur la mamelle interne et le talon externe, c'est-à-dire sur les parties qui se trouvent à l'intersection du plan que le membre devrait occuper. Dans la cagnardise, au contraire, l'excès de pression se fait sentir sur la mamelle externe et le talon interne. Pendant l'action, ces deux défauts nuisent à la régularité et à la vitesse de l'allure et exposent à des faux pas, car les membres ne jouent plus exactement dans le sens de la progression, c'est-à-dire parallèlement au plan médian du corps. Lecoq écrit que le cheval panard *billarde*, c'est-à-dire jette ses pieds en dehors pendant le soutien, cela peut s'observer, mais exceptionnellement; Goyau a fait remarquer avec raison que c'est au contraire le cheval cagneux qui billarde, tandis que le panard jette plutôt ses pieds vers le plan médian; aussi ce dernier est-il très exposé à s'atteindre, tandis que le cagneux est pour ainsi dire à l'abri de ce défaut.

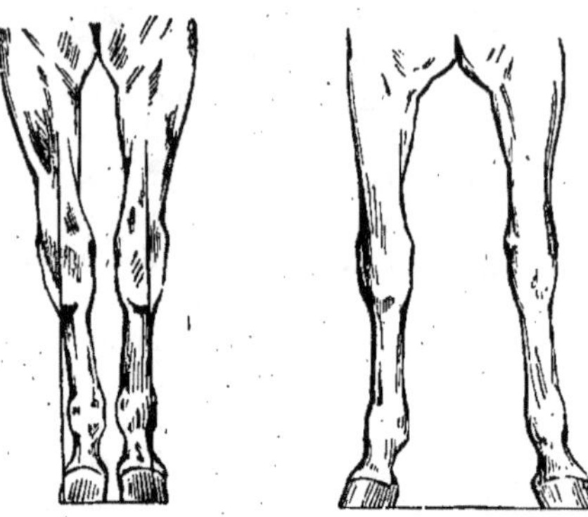

Fig. 107. — *Membres antérieurs vus de face.*

A, serré du devant.   B, ouvert du devant.

Serré du devant (fig. 107, A). *Ouvert de devant* (fig. 107, B). — Lorsque les membres antérieurs sont obliques de haut en bas et de dehors en dedans, de manière à converger par leur extrémité, le cheval est serré du devant; alors les pieds, rapprochés l'un l'autre, rétrécissent la base de sustentation, ce qui expose l'animal à se couper ou même à tomber sur le côté. Il ne faut pas confondre le cheval serré du devant avec le cheval étroit du devant; celui-ci présente, par suite de l'étroitesse de son poitrail, un défaut d'écartement des deux membres antérieurs qui n'est pas incompatible avec leur exact parallélisme et leur verticalité. Dans un cheval de moyenne ampleur, l'intervalle compris entre les deux pieds de devant équivaut à peu près à la largeur d'un sabot.

Lorsque les membres antérieurs sont obliques de haut en bas et de dedans en dehors, de manière à diverger par l'extrémité, le cheval est ouvert du devant; alors la base de sustentation est élargie, l'animal n'est pas exposé à s'atteindre, mais son allure alourdie s'accompagne d'un bercement qui se fait en pure perte et exclut la vitesse. L'exhaussement artificiel du quartier externe du sabot tend à déterminer l'écartement du membre, comme l'exhaussement du quartier interne, le rapprochement du plan médian; nous savons en effet que, dans tous les cas où le pied est dénivelé, il y a tendance du membre à se déplacer du côté où la muraille est anormalement longue.

Le cheval ouvert du devant ne doit pas être confondu avec le cheval large du devant, dont les membres antérieurs sont seulement très écartés, en raison du grand développement du poitrail, tout en restant d'aplomb; cet excès d'ampleur ne peut être nuisible qu'aux chevaux de vitesse.

Déviations partielles. — Les déviations partielles des membres antérieurs considérés de face se produisent au genou, au boulet ou au pied. Nous les étudierons en détail à propos de ces régions.

Le genou est dit *de bœuf* (fig. 108, A) quand il est dévié en dedans, car telle est sa position normale dans l'espèce bovine. Il est *cambré* (fig. 108, B) quand il est dévié en dehors. Ces deux défectuosités s'accompagnent d'une rotation de toute la partie inférieure du membre, en sorte que le pied est panard avec le genou de bœuf, cagneux avec le genou cambré.

Le boulet est également susceptible de se dévier en dedans ou en dehors par suite d'une obliquité anormale du paturon, et ces déviations, qui font qualifier l'animal de *serré des boulets* ou *ouvert des boulets*, s'accompagnent ordinairement d'une rotation de l'extrémité digitée, produisant la panardise avec les boulets serrés, la cagnardise avec les boulets ouverts.

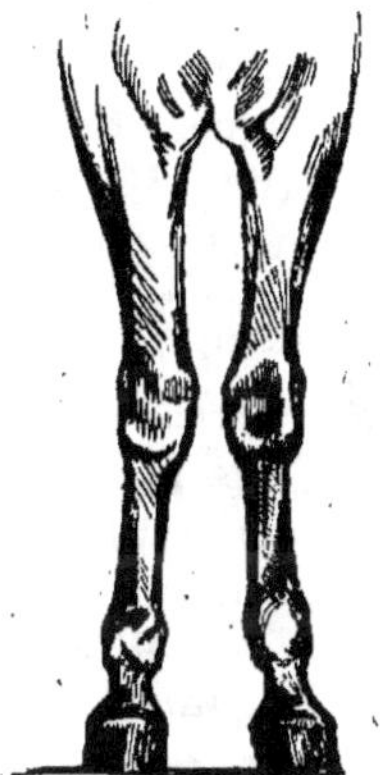

FIG. 108. — *Déviations à partir du genou.*
A, genoux de bœuf.   B, genoux cambrés.

Enfin, si l'axe du membre se brise au niveau de l'articulation du pied, de telle sorte qu'un angle latéral se forme à la couronne, le pied est *de travers en dehors* (en abduction) ou *de travers en dedans* (en adduction); souvent, en outre, il est panard ou cagneux, la déviation latérale étant accompagnée de rotation.

La panardise ou la cagnardise peut donc avoir son point de départ à la cavité glénoïde du scapulum, au genou, au boulet ou à l'articulation même du pied, ce que l'on exprime en disant que l'animal est panard ou cagneux du coude, du genou, du boulet ou de la couronne.

ARTICLE II. — MEMBRES POSTÉRIEURS

§ 1. — De profil.

Une verticale abaissée de la pointe de la fesse doit rencontrer la pointe du jarret, suivre à peu près le bord postérieur du tendon et quitter le membre au boulet pour arriver au sol à petite distance du talon. Le pied doit être dans le prolongement du paturon, comme au membre antérieur (fig. 109).

Si le membre, dans son ensemble, est placé en avant de cette ligne, le cheval est *sous lui du derrière* (fig. 110, A). Si, au contraire, il est traversé par elle, le cheval est *campé du derrière* (fig. 110, B).

Si la déviation ne commence qu'au jarret, celui-ci est ou *coudé* ou *campé* (fig. 111), ce qui revient à dire que le canon est oblique en avant ou oblique en arrière.

Si elle se manifeste à partir du boulet, l'animal est, suivant le cas, *bas-jointé*, *droit-jointé* ou *boulelé*, la bouleture impliquant comme au membre de devant une projection antérieure du boulet. Les sujets droit-jointés sont souvent en même temps court-jointés; les bas-jointés, long-jointés, comme aux membres antérieurs.

Enfin le pied peut ne pas être dans l'exact prolongement du paturon et former un angle à la couronne, ouvert en

Fig. 109. — *Aplomb régulier du membre postérieur vu de profil.*

avant ou en arrière. Nous n'étudierons ici que les déviations générales, renvoyant l'étude des déviations partielles aux régions qu'elles intéressent particulièrement.

Cheval sous lui du derrière. — Les membres postérieurs, obliques de haut en bas et d'arrière en avant, sont engagés sous le corps et considérablement surchargés; le jarret est plus ou moins coudé et le paturon ordinairement trop incliné, ce qui expose les articulations tarsiennes et métatarso-phalangiennes à une ruine précoce et les talons du pied à un excès de pression. D'autre part, pendant l'action, la détente de ces membres sert autant à soulever le corps qu'à le

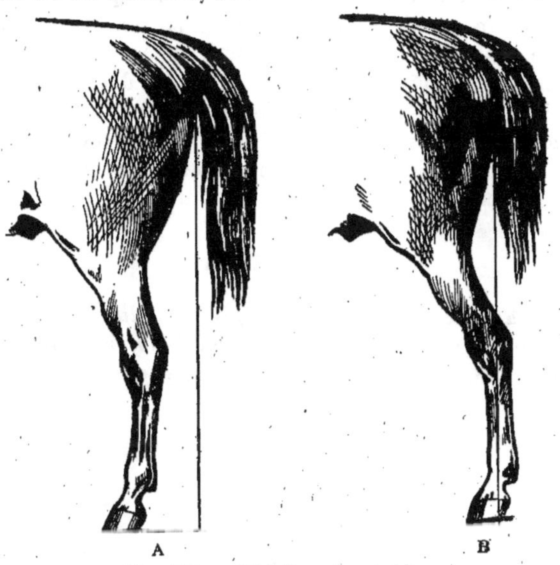

Fig. 110. — *Déviations d'ensemble.*

A, sous lui.   B, campé.

pousser en avant; étant déjà portés en avant, ils embrassent moins de terrain à chaque pas; enfin ils sont très exposés aux glissades dans les descentes.

Cheval campé du derrière. — Les membres postérieurs, arc-boutés contre le tronc, refoulent le centre de gravité vers les membres antérieurs, qui sont ainsi exposés à une usure prématurée, d'autant plus certaine que l'animal est en général à la fois campé du derrière et sous lui du devant. Les angles articulaires, particulièrement ceux de la hanche et du jarret, sont trop ou-

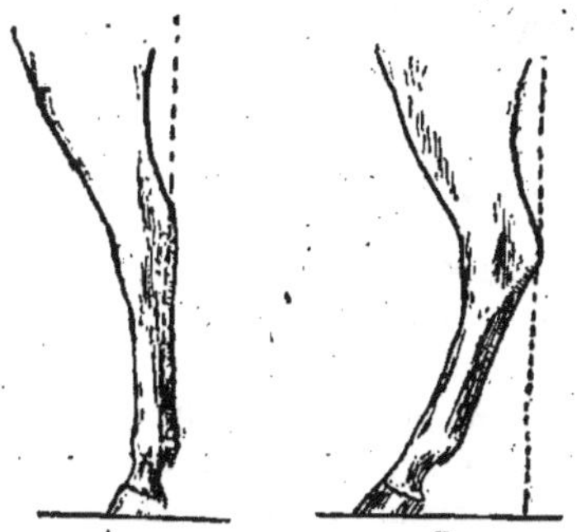

Fig. 111. — *Déviations à partir du jarret.*

A, jarret campé.   B, jarret coudé.

verts; il en résulte une détente moins puissante, mais celle-ci est employée tout entière à la propulsion; les animaux campés du derrière sans excès ont, comme on le dit, « beaucoup de chasse ». Il n'en est pas de même si l'obliquité est exagérée, car le membre postérieur se posant moins en avant sera déjà appuyé trop en arrière du tronc lorsqu'il arrivera à la fin de sa détente et n'aura qu'une moindre action sur l'impulsion de la masse. Notons enfin que la région dorso-lombaire d'un cheval campé du derrière est moins bien soutenue qu'avec des membres postérieurs d'aplomb et, dès lors, exposée à la fatigue et à l'ensellure.

§ 2. — De face.

La verticale abaissée de la pointe de la fesse doit diviser également la partie inférieure du membre à partir de la pointe du jarret (fig. 112 A).

Les défauts d'aplomb relatifs à cette ligne sont les mêmes que

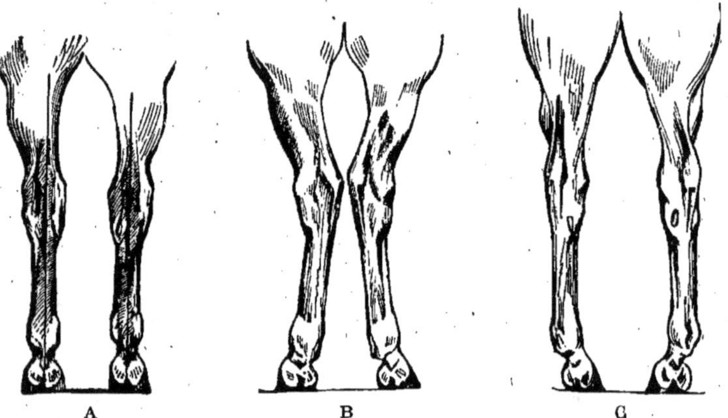

Fig. 112. — *Trois aplombs différents des membres postérieurs vus par derrière.*

A, aplomb régulier.　　　　B, panard.　　　　C, cagneux.

pour le membre antérieur. Le membre peut avoir éprouvé dans son ensemble, à partir de la cavité cotyloïde du coxal, un mouvement de rotation qui le rend panard ou cagneux; il peut être oblique en dedans et l'animal serré du derrière, ou, au contraire, oblique en dehors et l'animal ouvert du derrière; il peut aussi avoir éprouvé des déviations partielles intéressant le jarret, le boulet, le pied.

Membre panard (fig. 112, B). *Membre cagneux* (fig. 112, C). — L'un et l'autre ont pu tourner sur leurs centres de suspension et d'appui sans rien changer à leur ligne directrice. Dans le panard, il y à divergence des pinces et des grassets, convergence des pointes des jarrets; dans le cagneux, il y a au contraire convergence des pinces et des grassets, divergence des pointes des jarrets. L'un et l'autre sont obligés de rectifier leur position à chaque pas au moment de leur détente; il s'ensuit une oscillation latérale très perceptible aux pointes des jarrets qui fait qualifier ceux-ci de vacillants et n'est pas sans quelque inconvénient pour la fermeté de l'appui et la force de la détente. Il convient cependant de ne pas exagérer l'importance de ces défauts; la panardise, en particulier, est extrêmement fréquente aux membres postérieurs, qui y ont une tendance naturelle; par contre, ces membres sont assez rarement cagneux, à moins qu'ils ne le soient devenus par suite d'une ferrure défectueuse ayant dénivelé la plante du pied. La cagnardise du derrière, quand elle est très pro-

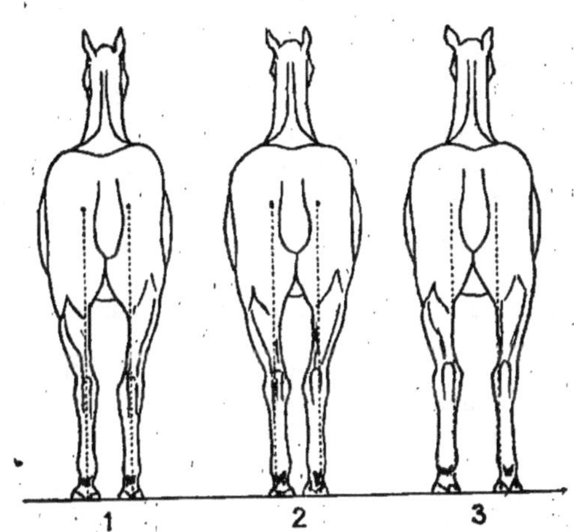

Fig. 113. — *Trois chevaux vus par derrière.*

1, d'aplomb.   2, serré du derrière.   3, ouvert du derrière.

noncée, ne laisse pas que d'avoir des inconvénients assez sérieux, surtout pour les chevaux de vitesse, car elle apporte une gêne à la flexion de la cuisse par suite de la situation trop interne du grasset relativement au ventre.

Cheval serré du derrière (fig. 113, 2). — Le cheval serré du derrière, c'est-à-dire à membres convergents par l'extrémité, ne doit pas être confondu avec celui qui est étroit du derrière, dont les membres postérieurs manquent d'écartement tout en étant d'aplomb. On estime que, en moyenne, chez le cheval de selle, l'intervalle compris entre les pieds de derrière doit être sensiblement égal à la largeur d'un boulet, tandis que celui entre les pieds de devant doit équivaloir à la largeur d'un sabot. La base de sustentation n'est pas un rectangle parfait, mais un trapèze (fig. 100).

Le cheval serré du derrière est exposé à se couper et à tomber par le fait du rapprochement des pieds et du rétrécissement de la base de sustentation.

Cheval ouvert du derrière (fig. 113, 3). — Le cheval ouvert du derrière, qu'il faut distinguer du cheval simplement large du derrière, a les membres divergents à l'extrémité, la base de sustentation élargie, ce qui l'expose à se bercer de l'arrière-main et ralentit son allure.

Déviations partielles. — Quant aux déviations partielles, brisant l'axe du membre dans un sens ou dans l'autre, ce sont : le *jarret en dedans* et le *jarret en dehors* ou *cambré*, rappelant le genou de bœuf et le genou cambré et s'accompagnant comme eux de panardise ou de cagnardise; les *boulets en dedans* et les *boulets en dehors*, accompagnés ou non de panardise ou de cagnardise; enfin les *pieds de travers* en dedans ou en dehors, susceptibles d'être en même temps cagneux ou panards. Toutes ces déviations seront étudiées en détail à propos des régions qu'elles intéressent.

SECTION III. — INFLUENCES GÉNÉRALES DES APLOMBS

Nous terminerons cette étude des aplombs en faisant valoir qu'ils influent :

1º Sur la solidité de la sustentation et le mode de station.

2º Sur la direction et la souplesse de la colonne dorso-lombaire.

3º Sur le mode de répartition des pressions sur les diverses surfaces articulaires du membre et sur la face plantaire du pied.

4º Sur le mode de répartition du poids du corps entre les os, les ligaments et les tendons.

5º Sur les angles articulaires.

6º Enfin sur l'amplitude des enjambées.

a) Il n'est pas besoin de démontrer que la sustentation du tronc présente son maximum de solidité lorsque la ligne directrice des membres suit la verticale, tandis que, au contraire, elle est d'autant moins solide que cette ligne s'éloigne davantage, dans un sens ou dans l'autre, de la verticale. Une pareille proposition a la valeur d'un axiome.

La déviation des membres en avant ou en arrière peut se compenser dans les deux bipèdes et ne rien changer à la longueur de la base de sustentation, par exemple lorsque l'animal est au même degré sous lui du devant et campé du derrière, ou, inversement, campé du devant et sous lui du derrière. Elle peut raccourcir cette base comme dans le rassembler, ou, au contraire, l'allonger comme dans le camper. Dans la station rassemblée l'animal est sous lui des deux bipèdes ou de l'un d'eux, ou encore plus sous lui du devant qu'il n'est campé du derrière, ou plus sous lui du derrière qu'il n'est campé du devant. Enfin, dans la station campée, l'animal est campé des deux bipèdes ou de l'un d'eux, ou encore plus campé du derrière qu'il n'est sous lui du devant ou plus campé du devant qu'il n'est sous lui du derrière.

La station est *neutre* quand les deux bipèdes suivent la verticale ou s'en éloignent en sens inverse de la même quantité. L'animal est *sur les épaules* quand les deux bipèdes sont obliques en arrière ou que l'un d'eux présente cette obliquité, tandis que l'autre est vertical ou même légèrement oblique en sens inverse. L'animal est *sur les hanches* quand les deux paires de membres sont obliques en avant ou au moins l'une d'elles, l'autre étant verticale ou légèrement oblique en sens inverse (fig. 114).

b) La direction de la colonne vertébrale est, jusqu'à un certain point, solidaire de celle des membres. Quand l'animal est dans l'attitude campée, le rachis dorso-lombaire est en état d'extension et par conséquent tend à l'ensellure; il tend au contraire à se fléchir, c'est-à-dire à se vousser en contre-haut, lorsque les membres se rassemblent sous le corps; comme si les deux bipèdes avec la partie de colonne vertébrale qui les unit constituaient une sorte d'arc dont le centre ressent tous les déplacements des extrémités.

c) Suivant qu'un membre est porté en avant, en arrière, en dedans ou en dehors de la verticale, les différentes articulations et la surface d'appui du pied sont évidemment surchargées du côté opposé, ce qui les expose à la fatigue et aux maladies. Par exemple, l'animal campé du devant ou sous lui du derrière subit un excès de pressions sur la partie postérieure des articulations et du pied du membre dévié; au contraire, dans l'animal sous lui du devant ou campé du derrière, la surcharge est infligée à la partie antérieure des articulations et du pied; s'il est serré du devant ou du derrière, c'est le côté externe qui est surmené; s'il est trop ouvert, c'est le côté interne. Tout cela se comprend au simple énoncé, mais il est un point sur lequel il est nécessaire d'insister, c'est l'influence de la déviation du membre sur le niveau plantaire et, réciproquement, du dénivellement plantaire sur la direction du membre.

Un membre dévié de la verticale ne peut conserver l'horizontalité de son appui qu'à l'une ou l'autre de ces deux conditions : ou que la surface plantaire devienne oblique relativement à l'axe du membre, ou que, si cette surface ne change pas, l'angularité des

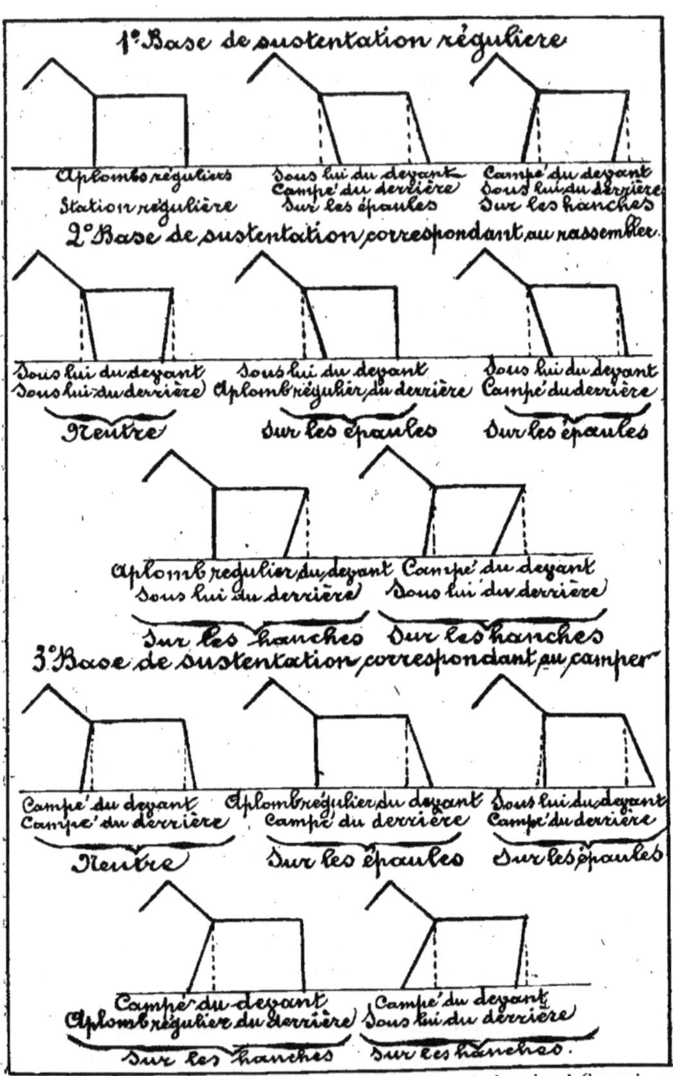

FIG. 114. — *Schémas des attitudes du cheval d'après le colonel Gossart.*

articulations se modifie quelque part. Dans ce dernier cas, la compensation se fait le plus ordinairement à l'articulation du pied, et celui-ci, au lieu de rester dans le prolongement du paturon, forme un angle avec lui, ce qui est toujours défectueux. Réciproquement, lorsque la face plantaire est dénivelée, par exemple sous l'action du rogne-pied ou du boutoir du maréchal, le membre ne peut conserver l'horizontalité de son appui qu'à la condition ou de se déplacer dans son ensemble ou de modifier l'angularité de ses rayons; s'il se déplace, ce sera toujours du côté anormalement allongé du sabot, c'est-à-dire en avant dans le cas de pince allongée, en arrière dans le cas de talons exhaussés, en dehors dans le cas d'exhaussement du quartier externe, en dedans dans le cas d'exhaussement du quartier interne, et, si le dénivellement s'est fait dans un sens oblique, que, par exemple, une mamelle ait été exhaussée ou le talon opposé exagérément abattu, le membre, tournant sur son axe, devient panard ou cagneux. La compensation du dénivellement plantaire peut aussi s'établir par formation d'un angle anormal à la couronne ou quelque autre changement de l'angularité articulaire sans que le membre se déplace.

Nous reviendrons sur cette importante question à propos de l'aplomb du pied; qu'il nous suffise de dire ici que, si l'aplomb du pied est influencé par l'aplomb du membre, non moins souvent c'est l'aplomb du membre qui subit les variations de l'aplomb du pied; les surfaces articulaires elles-mêmes, les ligaments, les tendons arrivent à la longue à s'adapter à cette condition nouvelle, en sorte que la déviation devient irréductible.

d) La répartition du poids du corps entre les os, les ligaments et les tendons est aussi considérablement influencée par les aplombs. Par exemple, chaque fois qu'une articulation se dévie par formation d'un angle anormal ou exagération d'un angle normal, il y a, au moins temporairement, surpression des surfaces articulaires du côté du sinus de l'angle, hypertension ligamenteuse et tendineuse du côté opposé, c'est-à-dire au sommet dudit angle. C'est ainsi que, dans le genou de bœuf, l'excès de pression est en dehors, l'excès de tension en dedans; dans le genou cambré, l'excès de pression est du côté interne et l'excès de tension du côté externe, etc.

e) Lorsque les aplombs sont bons, ils n'ont aucune influence sur les angles articulaires, attendu qu'un membre peut se ployer ou s'étendre sans que ses deux extrémités cessent d'être sur la même verticale. Ainsi, des chevaux de vitesse et des chevaux de trait peuvent être parfaitement d'aplomb tout en ayant des angles articulaires fort différents. Mais, du moment qu'un membre se dévie, en avant ou en arrière, ce ne peut être qu'en modifiant l'angularité de ses rayons. Nous verrons plus tard l'importance, au point de vue des actes locomoteurs, de la direction de chacun de ceux-ci et des angles qu'ils forment par leur rencontre.

f) Enfin il est notoire que les enjambées sont à leur maximum d'amplitude quand les membres au repos suivent la bissectrice de l'angle d'oscillation qu'ils sont capables de décrire pendant la marche, c'est-à-dire quand ils sont verticaux. S'ils sont obliques en avant ou en arrière, leur oscillation est, par cela même, raccourcie dans le même sens.

Voilà de nombreuses raisons pour lesquelles il faut accorder à l'examen des aplombs du cheval une attention toute particulière.

Dans les animaux domestiques autres que les Solipèdes, cette question n'offre pas, à beaucoup près, la même importance, mais elle repose sur les mêmes principes et donne lieu aux mêmes expressions. Remarquons toutefois que, dans le Bœuf et le Mouton, le genou forme normalement un angle entre l'avant-bras et le canon et que cette conformation a servi de terme de comparaison pour désigner certains vices d'aplomb chez les Solipèdes.

CHAPITRE IV

ATTITUDES. MOUVEMENTS SUR PLACE. ALLURES

Les muscles sont les agents du mouvement. Les effets de leur action comprennent : les attitudes, les mouvements sur place et les mouvements progressifs ou allures.

SECTION I. — ATTITUDES

Il y a l'attitude debout ou station, l'attitude couchée ou décubitus et l'attitude assise.

ARTICLE PREMIER. — STATION

On distingue la station bipède, propre à l'homme et aux oiseaux et la station quadrupède, qui est celle de tous nos mammifères domestiques. L'une et l'autre comportent les deux modes *plantigrade* et *digitigrade*.

Dans la station plantigrade l'appui se fait par toute l'étendue de la plante des pieds ou de la paume des mains, en sorte que le calcanéum justifie son nom tiré du latin *calcare* (fouler au pied), car il est l'os du talon. C'est ce que l'on observe chez l'homme, les singes, les ours.

Dans la station digitigrade l'appui se fait par les doigts qui présentent à cet effet des callosités naturelles formant ce que l'on appelle des coussinets plantaires; ainsi le tarse et le carpe se trouvent plus ou moins éloignés du sol, l'un constituant le jarret, dont la pointe répond au calcanéum, l'autre, le genou. Exemples : le chien, le chat, le lapin, etc. Suivant l'étendue de l'appui par les doigts la digitigradie offre différents degrés qui conduisent par une transition presque insensible à la plantigradie; aussi se sert-on parfois des épithètes *subdigitigrade* ou *subplantigrade*. Le comble de la digitigradie est réalisé par l'appui exclusif d'ongles extrêmement développés appelés sabots ou onglons qui emboîtent l'extrémité des doigts en embrassant les coussinets plantaires, ainsi qu'on le remarque chez les Solipèdes, les Ruminants à l'exception des Camélidés, les Porcins, tous animaux que de Blainville a qualifiés justement d'*ongulogrades*.

Dans la plupart des quadrupèdes, comme dans l'homme, la station ne laisse pas que d'imposer, pour raidir les membres et la colonne vertébrale et soutenir la tête, des contractions musculaires qui deviennent vite fatigantes; aussi y restent-ils le moins longtemps possible, et, s'ils y sont contraints, ils s'arrangent de manière à mettre tour à tour chacun de leurs membres au repos. Les chevaux jouissent, sous ce rapport, d'un véritable privilège; ils peuvent rester debout longtemps sans se fatiguer et dormir ainsi; il en est qui ne se couchent pour ainsi dire jamais; ceux qui se couchent souvent sont tenus, à juste titre, pour des rosses; il est bon toutefois qu'un cheval reste couché quelques heures par nuit. Les Arabes disent qu'il faut se méfier d'un cheval qui ne se couche pas comme de celui qui se fouette avec la queue. On distingue chez le cheval la station libre et la station forcée.

Station libre. — Dans la station libre, le cheval, abandonné à lui-même, ne repose que sur trois membres, le quatrième, qui est toujours un membre postérieur, est à demi fléchi, la hanche affaissée et ne touche le sol que par la pince; tous ses muscles, relâchés, se reposent pendant que ceux du membre opposé assurent la rigidité nécessaire au soutien de l'arrière-train. Périodiquement et à intervalles à peu près réguliers, le membre à l'appui est remplacé par son congénère et se repose à son tour. Si l'un d'eux se trouvait plus souvent au repos que l'autre, on devrait présumer qu'il est fatigué ou souffrant. La même déduction serait à tirer à l'égard d'un membre antérieur qui se soustrairait fréquemment ou constamment à l'appui et obligerait ainsi les autres membres à se surmener, l'équilibre stable n'étant guère possible que sur trois pieds. Ce membre est alors porté en avant de son voisin, ce qui fait dire que l'animal *pointe, fait des armes*, ou encore qu'il *montre le chemin de saint Jacques* (saint Jacques était-il donc équarrisseur?). Le membre postérieur souffrant est de même porté légèrement en avant, le boulet projeté dans le même sens, par flexion, et le pied posé généralement à plat sur le sol, sans appuyer.

Grâce à certaines dispositions de structure, la station libre n'exige pas chez les Solipèdes un grand effort musculaire. Le membre antérieur étant droit et sensiblement vertical du coude ou boulet, il

n'y a à se préoccuper que du soutènement des angles métacarpo-
phalangien, huméro-radial et scapulo-huméral. Nous verrons plus
tard comment le boulet est soutenu d'une manière toute passive
par son ligament suspenseur et par les tendons fléchisseurs des
phalanges aidés de leurs brides de renforcement. Les deux angles
supérieurs sont maintenus solidairement par la plus faible contraction de la masse des muscles olécraniens, dont l'action sur le sommet du coude se répercute sur l'angle de l'épaule par l'intermédiaire
du biceps brachial. Celui-ci, entrecoupé de lames tendineuses, agit en
effet comme un lien inextensible, jeté du scapulum au radius, qui
immobilise le premier os quand le second est lui-même assujetti;
son tendon supérieur, épaissi et consistant, fait alors pression sur
l'angle de l'épaule à l'instar d'une sorte de rotule. Remarquons
en outre que l'extension de l'avant-bras entraîne celle du genou
et que la bride fibreuse lancée par le biceps à l'extenseur antérieur
du métacarpe maintient passivement l'extension du canon. Ainsi
le membre antérieur tout entier peut résister à la flexion que tend
à déterminer le poids du corps en contractant un seul muscle,
l'un ou l'autre des extenseurs de l'avant-bras, alternativement.

Le membre postérieur, lui aussi, présente certaines dispositions
anatomiques propres à le raidir pendant la station; toutefois il est
mieux organisé pour la propulsion que pour la sustentation et c'est
ce qui explique que, dans la station libre, les deux membres postérieurs appuient généralement tour à tour tandis que les antérieurs
n'ont pas besoin normalement de ce repos intermittent. Le boulet
est soutenu comme dans le membre antérieur, à cette différence
près que la bride tarsienne du perforant est très faible et même
absente chez l'âne et le mulet. L'angularité du jarret est assurée
par le perforé, presque réduit à une corde fibreuse, très forte,
bridant le sommet du calcanéum. L'angle fémoro-tibial est facilement assujetti par la plus légère contraction du triceps crural, aidée
de l'accrochement de la rotule au-dessus de la trochlée fémorale,
dont la lèvre interne forme une sorte de cran d'arrêt. Enfin le
fémur, déjà fixé à son extrémité inférieure par la corde fémoro-
métatarsienne, est encore maintenu dans son inclinaison statique
par le puissant muscle fessier moyen. Le jarret, en quelque sorte
bandé par la corde fémoro-métatarsienne et le perforé, équilibrés
de tension, est solidaire de l'articulation fémoro-tibiale et fonctionne
avec elle synergiquement.

Les muscles qui soutiennent la tête et l'encolure ne se fatiguent pas plus que ceux des membres, aidés qu'ils sont par le remarquable appareil élastique qu'est le ligament cervical.

Et voilà pourquoi la station, qui est si fatigante chez l'homme et la plupart des quadrupèdes non reptiles, peut se conserver presque indéfiniment chez le cheval.

FIG. 115. — *Les trois modes de station forcée : le placer, le rassembler, le camper* (Goubaux et Barrier).

Station forcée (fig. 115). — La station forcée est celle dans laquelle les quatre membres, placés l'un en regard de l'autre dans chaque bipède transversal, prennent part à l'appui. C'est une attitude que l'animal ne garde que lorsqu'on l'y contraint; si on l'abandonne à lui-même, il ne tarde pas à prendre la station libre, qui est beaucoup moins pénible. On distingue dans la station forcée :

1º Le *placer*, dans lequel les membres gardent leur direction naturelle, plus ou moins voisine de la verticale. C'est au placer qu'on juge des aplombs, ainsi que nous l'avons déjà dit;

2º Le *rassembler*, dans lequel les membres antérieurs et postérieurs convergent sous le tronc : attitude momentanée, préparatoire à divers mouvements;

3º Le *camper*, dans lequel les membres antérieurs sont portés fortement en avant et les postérieurs fortement en arrière : attitude artificielle que les cochers infligent à leurs chevaux sous le vain prétexte de leur donner plus d'élégance, mais qui est extrêmement fatigante pour les membres et pour la colonne vertébrale.

Les nombreuses attitudes représentées schématiquement fig. 114 ne sont pas, pour la plupart, des états d'immobilité traduisant la direction naturelle des membres mais des attitudes momentanées en cours d'allure.

ARTICLE II — DÉCUBITUS

L'attitude couchée ou décubitus est essentiellement l'attitude du repos, vu que le tronc porte directement sur le sol.

Ainsi que nous l'avons déjà dit, les bons chevaux se couchent peu ou point; il n'y a que les chevaux mous, épuisés de fatigue ou malades, qui se couchent souvent et longtemps. Les Ruminants, au contraire, ne se reposent qu'au décubitus; à l'étable ou au pâturage, ils se couchent dès qu'ils ont cessé de manger, pour se livrer à la rumination. Le porc et les Carnivores se couchent également chaque fois qu'ils veulent se reposer.

L'animal qui veut se coucher rapproche ses quatre membres par une sorte de piétinement, les fléchit par relâchement de leurs muscles, tout en baissant la tête, et se laisse ainsi tomber doucement d'un côté ou de l'autre. Ce sont les membres antérieurs qui se fléchissent et cèdent les premiers au poids du corps.

Variétés de décubitus. — Le chien et le chat se *couchent en rond* sur un côté du corps, soit de tout leur long, soit en relevant la tête. Les grands quadrupèdes prennent généralement le *décubitus sterno-costal*, c'est-à-dire qu'ils reposent sur le sternum et l'un des côtés du corps, la tête et l'encolure étant relevées et penchées du côté opposé, les membres à demi fléchis, les uns pris sous le tronc, les autres libres. Chez le bœuf, le genou se ploie à fond de telle sorte que le canon et le pied sont au contact de l'avant-bras et du coude. Chez le cheval, le genou reste ordinairement demi-fléchi; quand, par exception, il se ploie complètement, on dit que l'animal se « couche en vache », le fer peut alors porter sur le coude et y déterminer à la longue la formation d'une éponge. Les chameaux prennent le *décubitus sternal*, c'est-à-dire que la poitrine repose uniquement sur le sternum, dont l'avant-dernière sternèbre présente un renforcement spécial correspondant à une forte callosité extérieure devenue héréditaire.

Le décubitus sterno-costal ou franchement sternal n'est, en quelque sorte, qu'un décubitus partiel, puisque la partie antérieure du corps reste dressée, ce qui demande quelque effort musculaire, malgré l'aide du ligament cervical. L'attitude couchée n'est complète, pour ainsi dire, que dans le *décubitus latéral*, c'est-à-dire lorsque l'animal repose de tout son long sur l'un ou l'autre côté, ce qui ne s'observe guère, dans nos grands quadrupèdes, que chez les individus gravement malades, extrêmement faibles ou surmenés.

Quant au *décubitus dorsal*, il est à peu près impossible chez les quadrupèdes; ces animaux ne peuvent rester en équilibre sur le dos qu'à la condition d'y avoir été dressés spécialement, comme on le voit dans les cirques, ou de s'appuyer contre une paroi verticale. Remarquons en passant que le cheval atteint de coliques prend parfois cette attitude momentanément.

Relever. — Pour se relever, les petits animaux n'éprouvent aucune difficulté; mais il n'en est pas de même des grands, qui ne se remettent debout qu'au prix de véritables efforts; tout le monde sait que, quand un cheval tombe dans la rue, ce n'est pas toujours commode de le faire relever, surtout s'il est dans les brancards, souvent il faut lui venir en aide. De même, le bœuf, pour peu qu'il soit malade, refuse obstinément de se lever; il n'y a qu'une excitation très douloureuse qui puisse l'y décider, telle qu'une compression exercée sur la queue ou à la base des cornes, ou encore la crainte inspirée par la vue d'un chien.

Le cheval qui veut se remettre debout élève la tête et l'encolure, déploie les membres antérieurs en les portant en avant, puis dresse l'avant-main tout entier de manière à prendre momentanément l'attitude du chien assis sur son derrière, et enfin soulève le train postérieur par la détente des membres pelviens. Il est bon de connaître ces détails quand on veut lui prêter aide; il faut d'abord dégager les membres de devant et les étendre, ensuite tirer sur la longe ou la bride du côté opposé à celui sur lequel l'animal est couché, pendant qu'une ou plusieurs autres personnes cherchent à le soulever par la queue.

Le bœuf ne se relève pas de la même manière; c'est le train de derrière qui se dresse le premier; l'animal reste un instant agenouillé, le corps oblique d'arrière en avant et de haut en bas, puis il achève d'étendre ses membres antérieurs.

Aussitôt après s'être relevés, les animaux bien portants, principalement les Bovins, font une *pandiculation*, ils s'étirent, comme on dit vulgairement, c'est-à-dire qu'ils étendent l'échine ainsi que les membres postérieurs, alternativement; souvent, en outre, ils bâillent.

ARTICLE III. — ATTITUDE ASSISE

Cette attitude, dans laquelle le corps repose verticalement sur les ischiums ou os du siège, est impossible chez nos grands quadru-

pèdes. Les chiens et les chats la prennent quelquefois, surtout
quand on les y a dressés, on dit alors qu'ils sont assis sur leur
derrière; le plus souvent ils reposent en même temps sur les pattes
de devant dans l'attitude du sphinx de la fable. Les chevaux
atteints de coliques, en passant du décubitus à la station, restent
parfois un instant sur leur derrière avant de se relever complètement.

SECTION II. — MOUVEMENTS SUR PLACE

Les mouvements qui s'effectuent sur place ou du moins ne
transportent le corps qu'à de faibles distances sont : le cabrer, la
ruade et le saut.

ARTICLE Ier. — CABRER

L'animal qui se cabre est celui qui, soulevant son train antérieur,
prend momentanément l'attitude bipède (fig. 116). Le cabrer est une

Fig. 116. — *Le cabrer* (Duhousset).

attitude très instable, du moins chez les grands quadrupèdes, et qui ne peut être maintenue quelques instants qu'au prix de grands efforts. Les animaux se cabrent pour exécuter le coït ou bien par gaîté, rétivité ou impatience. La mobilité de la région lombaire chez le bœuf rend le cabrer beaucoup plus difficile que chez le cheval; il arrive souvent qu'il faille réformer un taureau devenu trop lourd pour pratiquer la saillie.

Dans le mouvement du cabrer il y a à distinguer la préparation et l'exécution : le cheval qui veut se cabrer engage d'abord les extrémités postérieures sous le centre de gravité, élève la tête et l'encolure de manière à rejeter le poids du corps sur le derrière, puis détache du sol tout le train antérieur par l'action simultanée de la détente des membres antérieurs et d'un mouvement de bascule du bassin sur les têtes des fémurs. Ce sont les puissants muscles cruraux postérieurs ou ischio-tibiaux qui produisent ledit mouvement de bascule entraînant toute la partie antérieure du corps grâce à la rigidité communiquée à la colonne vertébrale par la contraction des muscles spinaux. Le levier mis en œuvre est du premier genre; son point d'appui ou centre d'oscillation est à l'articulation coxo-fémorale, le point d'application de la puissance est à la tubérosité ischiale, la résistance n'est autre chose que le poids des parties antérieures du corps qu'il s'agit de soulever.

Chez l'animal cabré, les membres postérieurs, plus ou moins fléchis, supportent tout le poids du corps; ils n'y résistent que par une contraction énergique de leurs muscles extenseurs, qui soumet leurs articulations, particulièrement le jarret et le boulet, à de rudes épreuves. Cette attitude ne peut durer, non seulement parce qu'elle exige de violents efforts musculaires et articulaires, mais encore parce qu'elle met l'animal en équilibre tout à fait instable, son centre de gravité étant très haut et sa base de sustentation très restreinte. Il y a cependant des chevaux qui peuvent rester cabrés quelques instants, mais à la condition de déplacer constamment leur base de sustentation ou bien de marcher dans cette attitude; ils maintiennent ainsi la ligne de gravitation sur la base de sustentation et l'empêchent d'en sortir en avant.

Il peut arriver que le mouvement du cabrer dépasse la mesure et que l'animal se renverse en arrière, tombe sur la nuque au risque de se briser le crâne et d'exposer la vie de son cavalier, s'il est monté.

D'après ce que nous venons de dire, il est facile de comprendre que les chevaux qui se cabrent avec le plus de facilité sont ceux dont l'avant-main est léger, le garrot bien sorti, les reins solides, les jarrets forts, la croupe longue et la fesse bien fournie.

ARTICLE II. — RUADE

La ruade est un mouvement inverse du cabrer, dans lequel l'arrière-main, subitement relevé, permet aux membres postérieurs d'effectuer une détente rapide en arrière (fig. 117). Le cheval rue pour attaquer ou se défendre, ou encore pour compléter le saut

FIG. 117. — *La ruade* (Duhousset).

quand il franchit un obstacle élevé qui pourrait arrêter les membres postérieurs au passage; quelquefois la ruade n'est qu'une manifestation de pétulance. L'animal qui veut ruer baisse la tête pour alléger la charge de l'arrière-main, porte les membres antérieurs en avant et les arc-boute contre le tronc afin qu'ils résistent à la projection du derrière; puis il soulève son arrière-main par la détente brusque des membres postérieurs, qui se projettent en arrière; en même temps les muscles spinaux du dos et des lombes se contractent avec énergie pour raidir la colonne vertébrale et au besoin étendre le bassin.

Quelquefois, notamment dans l'espèce asine, la ruade se fait

surtout en hauteur, la projection des membres en arrière est peu
considérable, on dit très vulgairement que l'animal lève le cul;
alors, au lieu de se camper du devant comme dans le cas précédent,
il se met au contraire sous lui pendant que le train postérieur se
détache du sol.

La ruade est tout instantanée, les membres postérieurs reviennent
aussitôt en avant pour recevoir le poids du corps et prévenir une
chute dangereuse. Plusieurs ruades peuvent se succéder sans interruption.

Les chevaux qui ruent d'habitude se font remarquer par leur
dos et leur rein courts et larges et par leur arrière-main relativement
léger. Il est toujours possible de s'opposer à la ruade ou de la
rendre très difficile en relevant fortement la tête de l'animal de
manière à surcharger son derrière. Le mulet et l'âne ruent plus
souvent que le cheval; le dernier surtout abaisse fortement la tête
pour détacher la ruade et la cache presque entre ses membres
antérieurs. Le bœuf rue rarement; quand il frappe avec ses pieds
postérieurs, il les emploie isolément et les dirige plutôt sur le côté
qu'en arrière (coup de pied en vache).

ARTICLE III. — SAUT.

« Le saut est un déplacement subit du corps dans des directions
variables, mais le plus souvent en avant, opéré par la détente
rapide soit des quatre membres, soit de membres isolés ou réunis
par paires » (Lecoq).

On distingue : le saut de bas en haut, le saut de haut en bas, le
saut d'arrière en avant, le saut d'avant en arrière, le saut de côté,
le saut de mouton et les sauts mixtes. Quelle qu'en soit la variété,
le saut peut être précédé d'un élan au trot ou au galop, ou se faire
de pied ferme.

1° Saut de bas en haut, saut en hauteur ou saut de barrière.
— Tantôt l'animal l'exécute sans modifier la vitesse de son allure,
et alors ce n'est en quelque sorte qu'une période de projection du
trot ou du galop; tantôt il s'arrête ou au moins ralentit son allure
au pied de l'obstacle comme pour en mesurer la difficulté, et alors
le mouvement se fait en trois temps comme de pied ferme : préparation, exécution, descente (fig. 118). Dans le premier temps,
l'animal se rassemble, fléchit ses membres et relève la tête. Dans le
deuxième temps, il s'enlève du devant comme dans le cabrer, puis
soulève le train de derrière par une détente énergique des membres

postérieurs comme dans la ruade. Enfin, dans la descente, les deux membres antérieurs arrivent à l'appui presque simultanément, un peu en avant l'un de l'autre, et se relèvent aussitôt pour laisser la place libre aux deux pieds postérieurs, qui viennent toucher terre très près en arrière des premiers; il se peut même que ceux-ci ne soient pas encore levés quand ceux-là se posent. Les uns et les autres arrivent au contact du sol en état de semi-flexion afin d'atténuer les secousses. La vitesse acquise oblige l'animal à continuer son allure quelques pas ou même à exécuter une série d'autres sauts si l'impulsion était très grande. Au passage de l'obstacle les membres se ploient plus ou moins pour éviter de le heurter, de manière à amener les pieds antérieurs vers les coudes, et les pieds postérieurs vers les grassets. Dans les grands sauts au contraire, ils s'étendent presque dans le prolongement du corps, les antérieurs jusque sous la tête, en longeant l'encolure (fig. 119). L'espace libre sous le corps est encore augmenté chez les chevaux dressés à cet exercice par un mouvement d'extension du bassin sur la colonne vertébrale. L'aptitude au saut de barrière tient autant à la disposition des membres au passage de l'obstacle qu'à l'élévation du centre de gravité.

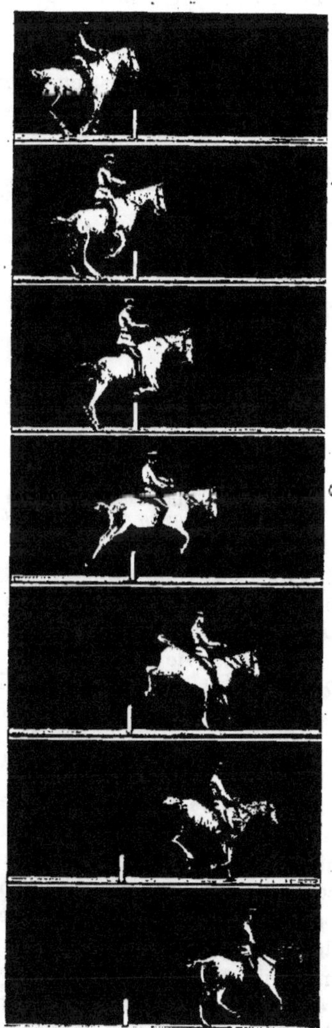

Fig. 118. — *Chronophotographie d'un saut de barrière* (cliché de M. Guérin Catelain).

Il faut, pour l'exécution facile du saut en hauteur, des extrémi-

tés postérieures très développées et des extrémités antérieures
très solides; c'est la détente des premières, agissant comme des
ressorts, qui est l'agent principal du mouvement; c'est la solidité
des secondes qui prévient la culbute au moment de la descente;
quand cette solidité est en défaut, l'animal « fait panache » et peut
se blesser gravement ou même s'assommer. Il faut aussi un rein

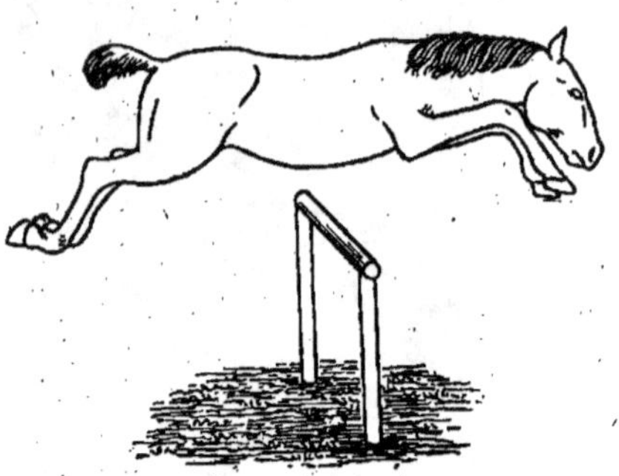

Fig. 119. — *Attitude des membres au passage
de l'obstacle dans un saut à grande hauteur.*

puissamment musclé, et
un sol résistant pour
fournir un solide point
d'appui aux membres.

Lorsque toutes ces
conditions sont réunies
et que l'animal a été
bien entraîné, il peut
arriver à franchir, monté,
des obstacles de plus de
2 mètres de hauteur; le
record est détenu, si je
suis bien informé, par un
cheval américain qui a
sauté un obstacle à 2 m. 46

du sol. Nous sommes loin, on le voit, de la limite donnée autrefois
par le baron de Curnieu, qui prétendait que le cheval monté pouvait
sauter jusqu'à 1 m. 46 et qu'un saut de 1 m. 60 se voit une ou deux
fois dans la vie d'un sportsman. Cet hippologue rapporte toutefois qu'un cheval irlandais en liberté franchit un mur de 2 m. 08
sans le toucher. De pied ferme, c'est-à-dire sans élan, on a vu
des chevaux sauter des obstacles de 1 m. 20, 1 m. 50 et jusqu'à 1 m. 80.

2º **Saut de haut en bas.** — L'animal l'exécute sur un sol qui
n'est pas de niveau en s'élançant en avant et en bas, la pesanteur
aidant. Il s'y prépare en se rassemblant et en relevant la tête,
comme pour le saut de bas en haut. Puis il détend ses membres
postérieurs qui le projettent en avant et en bas. Au moment de la
descente, il renverse fortement la tête en arrière; néanmoins les
membres antérieurs qui reçoivent le corps éprouvent de violents
contre-coups exigeant de leur part une solidité à toute épreuve et,
de la part du cavalier, beaucoup d'assiette.

3º **Saut d'arrière en avant ou saut en longueur.** — Il est
toujours intercalé dans une allure rapide, le trot ou, plus souvent,
le galop, dont il n'est pour ainsi dire qu'une des périodes de pro-

jection prolongée. Il sert à franchir un fossé, une rivière ou tout autre obstacle étendu sur le trajet. Le temps de préparation est à peine perceptible; cependant, à l'approche de l'obstacle, l'animal ralentit légèrement son allure et fléchit davantage ses extrémités, qu'il rapproche sous le corps tout en précipitant leurs battues dans chaque bipède. L'exécution se fait par la brusque détente des membres, en dernier lieu, des postérieurs qui ne quittent le sol que dans un état d'extrême obliquité, de manière à pousser le corps en avant plutôt qu'à le soulever; simultanément l'encolure et la tête se projettent horizontalement pour favoriser cette propulsion. La descente se fait comme dans le saut en hauteur, d'abord par les membres antérieurs, qui se succèdent au sol à bref intervalle, ensuite par les postérieurs, qui retombent de la même façon, soit avant soit après le lever du membre antérieur terminant le pas de saut. Il arrive souvent que l'animal change le sens de l'allure en sautant, que, par exemple, galopant à droite avant de s'enlever, il galope à gauche après la descente; ce changement est d'autant plus facile que, dans chaque bipède, les deux pieds se trouvant sensiblement en face l'un de l'autre, ont tout le temps d'intervertir leur position pendant que le corps est en l'air.

En longueur, un cheval bien monté, bien entraîné, peut franchir d'un bond 7 à 8 mètres.

4º Saut d'avant en arrière ou saut rétrograde. — Nous le citons pour mémoire, car il ne se produit guère dans la locomotion normale des quadrupèdes.

5º Sauts de côté, à gauche ou à droite. — Ces sauts, dits écarts, se font assez souvent, surtout chez le cheval cherchant à désarçonner son cavalier. Il suffit aussi de les mentionner.

6º Saut de mouton. — Il s'effectue sur place par l'enlever alternatif de l'avant-main et de l'arrière-main, associant en quelque sorte un cabrer et une ruade. Dans les écoles de cavalerie, on dresse des chevaux à faire des sauts de mouton pour initier les élèves aux difficultés de l'équitation.

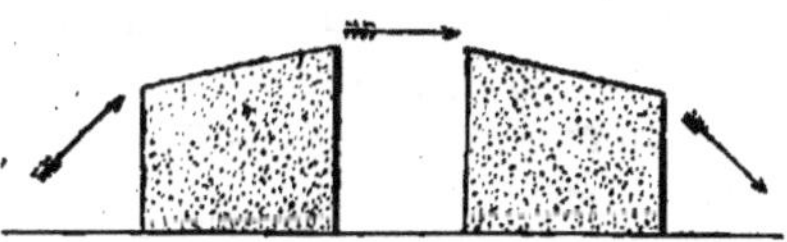

F g. 120. — *Schéma de la banquette irlandaise.*

7° **Sauts mixtes.** — Sur les hippodromes, le saut de la douve précédée d'une haie est un saut en hauteur et en longueur; il embrasse communément de 6 m. 50 à 7 mètres. Le saut de la banquette irlandaise, représentée schématiquement figure 120, comprend trois sauts successifs : un de bas en haut, un d'arrière en avant et un de haut en bas.

Considérations générales sur le saut. — Le saut implique, comme nous venons de le voir, une flexion préalable des membres d'autant plus grande que l'impulsion doit être plus forte; *saltus non fit nisi priùs articuli pedum inflectantur*, dit Borelli. D'après cet auteur, il est d'autant plus long que les leviers des membres sont eux-mêmes plus longs (*quo longiores sunt vectes extremi crurum, saltus majores fuint*); en effet, puisque la détente de tous les muscles extenseurs des articulations se fait avec la même vélocité, plus ces leviers seront longs, plus long sera le cercle décrit par eux, et plus vite ils devront se mouvoir dans un temps donné; aussi voyons-nous les animaux dont les extrémités postérieures sont très développées, comme le lièvre, le kanguroo, courir très vite et par bonds, et trouve-t-on généralement dans les chevaux bons coureurs les jambes plus allongées que dans les autres.

« Lorsque le corps a été élevé au-dessus du sol par le saut, les extrémités qui le reçoivent doivent se fléchir de nouveau, et d'autant plus que le corps retombe de plus haut ou qu'il est lancé avec plus de force; car, sans cette flexion, les articulations, malgré leur solidité, ne résisteraient pas au choc, et les organes contenus dans les cavités splanchniques éprouveraient une secousse qui leur deviendrait fatale.

« La direction du saut est toujours influencée par celle de l'encolure : si l'animal veut franchir un obstacle, s'élever fortement, il relève la tête, et, par ce simple mouvement, l'avant-main, refoulée sur l'arrière-main, donne à la détente une direction plus verticale; si, au contraire, il veut seulement, comme dans la course, avancer rapidement sur un plan horizontal, l'encolure devient parallèle au terrain, et la tête, passant au plus grand degré d'extension, porte aussi en avant qu'il est possible le centre de gravité, en même temps que cette disposition redresse les voies respiratoires et donne à l'air un accès plus facile vers le poumon; les extrémités postérieures chassent alors le corps en l'élevant de terre seulement de la quantité nécessaire pour permettre aux membres d'exécuter leurs mouvements » (Lecoq).

SECTION III. — ALLURES

ARTICLE PREMIER. — ÉTUDE GÉNÉRALE

On désigne sous le nom d'allures les divers modes de la locomotion terrestre ou progression.

Les allures des quadrupèdes ont fait l'objet d'un grand nombre de travaux de la part des vétérinaires, des hippologues, des écuyers et des physiologistes [1]. C'est chez le cheval qu'elles ont été le mieux étudiées, car les services que cet animal peut rendre dépendent étroitement de la force et de la liberté de ses mouvements.

Divisions. — *a*) ALLURES NATURELLES.—ALLURES ACQUISES.— AIRS DE MANÈGE. — On distingue des allures naturelles et des allures acquises, les premières exécutées d'instinct, sans aucun dressage, les secondes exigeant le plus souvent une éducation spéciale. Chez le cheval, il y a trois allures naturelles : le pas, le trot et le galop; les autres allures, telles que l'amble, le pas relevé, le traquenard, le galop de course, etc., sont ordinairement acquises, mais ce n'est pas une raison de les considérer comme défectueuses, il n'y a véritablement qu'une seule allure défectueuse, parce qu'elle exprime l'altération de l'appareil locomoteur, c'est l'aubin. Sous le nom d'airs de manège, on désigne un certain nombre de mouvements cadencés que l'on apprend notamment aux chevaux de

1. Citons particulièrement les suivants :

BORELLI, *De motu animalium*, 1734.

VINCENT et GOIFFON, *Mémoire artificielle des principes relatifs à la fidèle représentation des animaux tant en peinture qu'en sculpture*, 1769.

MAREY, *La machine animale. — La chronophotographie.*

LECOQ, *Traité de l'extérieur du cheval et des principaux mammifères domestiques.*

COLIN, *Traité de physiologie comparée.*

LAULANIÉ, *Eléments de physiologie.*

RAABE, Divers travaux résumés dans « l'*Art équestre* » de BARROIL, 1887.

LENOBLE DU TEIL, *Etude sur la locomotion du cheval et des quadrupèdes en général*, 1873; *Les allures du cheval dévoilées par la méthode expérimentale*, 1893; *Examen de « l'art équestre »* de M. E. BARROIL, 1890.

MUYBRIDGE, *The attitudes of Man, the Horse and other Animals in Motion.*

MAGNE DE LA CROIX, *Los andores Cuadrupedales y bipedales del hombre y del mono Semana medica*, n° 48. 1929, Buenos Aires.

GOUBAUX et BARRIER, *Extérieur du cheval*, 2ᵉ édition.

Colonel DUHOUSSET, *Le cheval dans la nature et dans l'art.*

Lieutenant-colonel GOSSART, *Les allures du cheval*, 1907.

DE GASTÉ, *Le modèle et les allures.*

GUÉRIN-CATELAIN, *Le mécanisme des allures du cheval*, 1912.

Capitaine MACHART, *Le cheval. Allures et vitesse*, 1898.

Commandant PICARD et Dʳ BOUCHARD, *Album d'hippiatrique.*

CUROT, *Galopeurs et trotteurs. Hygiène, élevage, entraînement*, etc., 1925.

G. LAFON, *Sur le mécanisme de l'impulsion* (*Rev. vétér.*, 1901).

cirque, tels que le *piaffer*, la *courbette*, le *passage*, la *ballottade*, etc
Nous ne nous en occuperons pas.

b) **ALLURES MARCHÉES. — ALLURES SAUTÉES.** — Une allure est
marchée quand le corps ne quitte jamais complètement le sol,
soutenu qu'il est par un ou plusieurs membres; exemples : le pas,
l'amble. Dans toute allure marchée, non seulement les appuis d'un
même bipède, antérieur ou postérieur, se succèdent sans intervalle,
mais encore ils chevauchent plus ou moins, en sorte qu'un membre
commence son appui avant que son congénère ait achevé le sien;
c'est ce que Lenoble du Teil a appelé la période d'échange d'appui
et Marey la période de double appui. Cette période est d'autant
plus brève que l'allure marchée est plus rapide et l'animal plus énergique; aussi est-elle plus courte à l'amble qu'au pas et, dans cette
dernière allure, plus courte chez le cheval nerveux et vibrant que
chez le cheval mou et lymphatique.

Une allure est sautée quand, durant son exécution, le corps quitte
le sol à chaque pas, projeté dans l'espace par la détente des membres; exemples : le trot, le galop.

c) **ALLURES LATÉRALES. — ALLURES DIAGONALES.** — Une allure
est latérale quand les membres se meuvent dans l'ordre latéral,
ceux d'un même côté agissant ensemble ou se succédant à bref intervalle; exemples : l'amble, l'amble rompu. Une allure est diagonale
quand les quatre membres ou seulement deux d'entre eux sont associés en diagonale; exemples : le trot, le galop.

d) **ALLURES A DEUX TEMPS, A TROIS TEMPS, A QUATRE TEMPS.** —
Les allures à 2 temps ne font entendre à chaque pas que 2 battues,
les membres agissant 2 à 2 soit dans le sens latéral comme dans
l'amble, soit dans le sens diagonal comme dans le trot. Les allures
à 4 temps font entendre 4 battues, chaque membre agissant isolément; exemple : le pas. Les allures à 3 temps c'est-à-dire à 3 battues
impliquent nécessairement l'action isolée de deux membres et
l'action simultanée des deux autres, tel est le galop de charge,
allure dans laquelle un appui bipédal en diagonale s'intercale
entre les appuis des deux membres restants.

e) **ALLURES SYMÉTRIQUES. — ALLURES NON SYMÉTRIQUES.** —
Dans les allures symétriques les membres de chaque bipède jouent
alternativement le même rôle à une demi-évolution d'intervalle,
c'est-à-dire qu'ils se succèdent à intervalles égaux, soit à l'appui,
soit au soutien, en sorte que, dans les pas successifs, c'est tantôt le
membre gauche tantôt le membre droit qui fait son appui en avant
de l'autre; exemples : le pas, le trot, l'amble. Au contraire, dans

les allures non symétriques, les deux membres de chaque bipède
n'ont pas une action égale, il en est un qui, dans les pas successifs
est toujours en avance sur l'autre. C'est le cas pour le galop. Si
l'animal galope à droite, les appuis des membres droits ont de
l'avance sur les gauches, et, inversement s'il galope à gauche;
(voir plus loin la notation de cette allure).

f) ALLURES HAUTES OU BASSES, LÉGÈRES OU LOURDES, ALLON-
GÉES OU RACCOURCIES. — L'allure est relevée ou basse suivant que
les oscillations des pieds dans l'espace se font loin du sol ou près
du sol. Elle est légère ou lourde, suivant la durée des appuis et
l'intensité des battues. Elle est allongée ou raccourcie suivant la
longueur des pas. C'est la longueur des pas, autant sinon plus que
leur répétition qui détermine la vitesse d'une allure. Les frères
Weber exagèrent quand ils écrivent que la longueur du pas
augmente avec sa fréquence. « Si cette loi était établie, il suffirait, comme le dit Marey, pour accélérer la marche d'un corps de
troupe, de précipiter la cadence du tambour ou du clairon qui
règle la fréquence des pas. Mais les expériences ont montré que
la loi des frères Weber n'est vraie que jusqu'à une limite à partir de
laquelle l'accélération de la cadence amène le raccourcissement des
pas et bientôt la diminution de la vitesse. »

Appui. — Soutien. — Dans une allure quelconque, les membres
sont tour à tour à l'appui et au soutien; c'est l'oscillation qu'ils
éprouvent dans ces deux états qui détermine les déplacements du
corps. Jusqu'à ces derniers temps, on admettait en principe que la
durée des appuis est égale à celle des soutiens; le mouvement
du tronc étant uniforme, on concluait que celui des pieds devait
être nécessairement deux fois plus rapide, puisqu'il s'effectuerait
en deux fois moins de temps. Soit en effet (fig. 121) le membre antérieur droit AD au moment où il aborde le sol, oblique en avant; à
partir de cet instant, il oscille autour du point D et finit par prendre
la direction A' D, inverse de sa direction initiale; à ce moment, qui
coïncide avec la fin de son appui, le membre antérieur gauche
ayant achevé son soutien aborde le sol en G et à son tour décrit son
oscillation d'appui en entraînant le membre droit, qui est ainsi
transporté pendant son soutien et vient retrouver le sol en D'.
L'oscillation de soutien de ce dernier membre DD' est donc double
de son oscillation d'appui AA', ce qui revient à dire que la vitesse du
pied est deux fois plus grande que celle du centre de gravité.

Ce raisonnement n'est que spécieux, car il ne tient compte ni des
périodes de projection des allures sautées, qui augmentent la

durée des soutiens, ni des périodes d'échange d'appui, qui au contraire augmentent la durée des appuis dans les allures marchées. Le lieutenant-colonel Gossart a démontré, par une analyse chrono-photographique et mathématique rigoureuse, que la durée relative des appuis et des soutiens, dans chaque pas, est extrêmement variable suivant l'allure envisagée et, dans chaque allure, suivant les individus et les circonstances. Les appuis sont d'autant plus courts et, conséquemment, les soutiens d'autant plus longs que l'allure est plus rapide. Plus le soutien est prolongé, plus la vitesse des pieds en l'air se rapproche de celle du tronc; plus il est écourté,

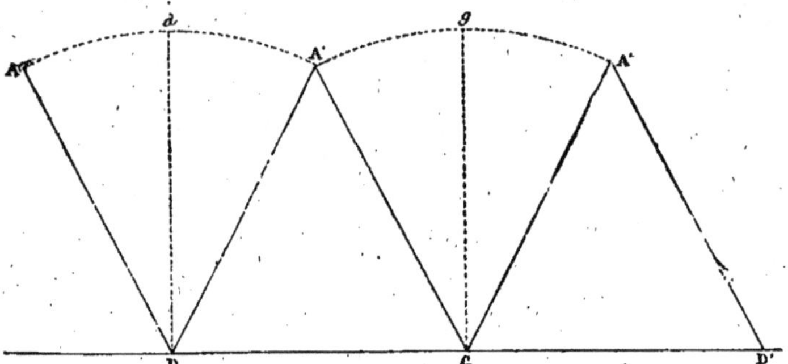

Fig. 121. — *Schéma du déplacement des membres à leurs deux extrémités*
(d'après Laulanié, *Eléments de physiologie*).

plus la vitesse des pieds est grande relativement à celle du tronc. Par exemple, au pas, les appuis prennent en moyenne les deux tiers de la durée de chaque pas et les soutiens un tiers, les pieds doivent donc parcourir le même espace que le tronc en trois fois moins de temps; si l'on suppose un pas de 120 mètres à la minute, 2 mètres à la seconde, la vitesse des pieds sera d'environ 6 mètres à la seconde. Dans le galop de course, au contraire, la durée des appuis n'est guère que d'un quart, tandis que celle des soutiens est des trois quarts; la vitesse moyenne des pieds en l'air n'est donc que les quatre tiers de celle du tronc; si celle-ci est de 900 mètres à la minute, 15 mètres à la seconde, celle-là sera donc d'environ 20 mètres à la seconde. La vitesse des pieds au soutien n'est donc pas proportionnelle à la vitesse de l'allure puisque, au pas, ils vont seulement trois fois un tiers moins vite qu'au galop de course (6 : 20), tandis que les vitesses de ces deux allures sont entre elles comme 120 est à 900 à la seconde, c'est-à-dire comme 1 : 6,66 Au trot, la durée des appuis

est toujours inférieure à 1 : 2 puisqu'il y a projection; la durée
des soutiens est prédominante; par conséquent la vitesse moyenne

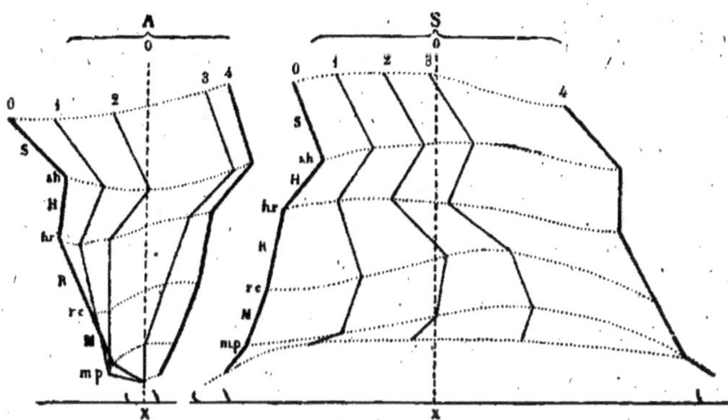

Membre antérieur.

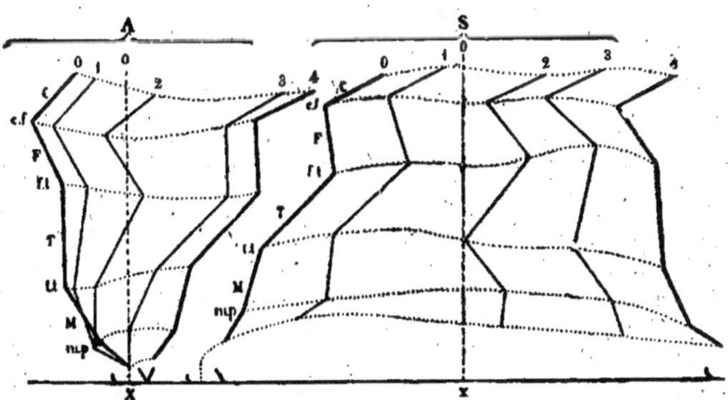

Membre postérieur.

Fig. 122. — *Analyse cinématique du jeu des membres dans le trot* (d'après Marey et Pagès).

A, phase d'appui; S, phase de soutien; OX, milieu de l'une et de l'autre de ces deux phases;
   0, 1, 2, 3, 4, états successifs des membres.
S, scapulum; *sh*, articulation scapulo-humérale; H, humérus; *hr*, articulation huméro-radiale;
   R, radius; *rc*, articulation radio-carpienne; M, métacarpe; *mp*, articulation métacarpo-phalangienne.
C, ilium; *cf*, articulation coxo-fémorale; F, fémur; *ft*, articulation fémoro-tibiale; T, tibia; *tt*, articulation tibio-tarsienne; M, métatarse; *mp*, articulation métatarso-phalangienne.

des pieds est inférieure au double de celle du tronc; pour une
vitesse de 240 mètres à la minute, c'est-à-dire de 4 mètres à la
seconde, la vitesse des pieds est inférieure à 8 mètres.

En résumé, la vitesse de l'oscillation des pieds dans l'espace ne

dépend pas seulement de celle de l'allure envisagée, elle dépend
encore de la durée relative des périodes d'appui et de soutien.

Analysons maintenant les mouvements des membres pendant
l'appui et pendant le soutien (fig. 122).

A l'appui (A), ils oscillent sur le sabot tout en passant par
deux états successifs : d'abord ils se raccourcissent par flexion
passive de leurs rayons, ensuite ils s'allongent activement par
extension; tel un ressort qui se tend et se détend. La première
phase, pendant laquelle le membre s'affaisse sous le poids du corps,
coïncide avec l'amortissement des réactions. La deuxième, pendant
laquelle il s'allonge sous l'action de ses muscles redresseurs, préside
à l'impulsion. C'est évidemment lorsque le membre est oblique en
arrière que sa détente est le plus efficace pour pousser le corps en
avant, mais il ne faudrait pas croire qu'elle attende pour s'effectuer
que le membre ait passé la verticale, elle commence en réalité au
début de l'appui, comme réaction immédiate à l'affaissement
produit par le poids du corps, et elle cumule progressivement ses
effets; Laulanié a d'ailleurs fait remarquer que l'angle coxo-fémoral
s'ouvre pendant toute la durée de l'appui, de même qu'il se ferme
pendant toute la durée du soutien. Il n'y a pas que les muscles
extenseurs qui puissent produire l'allongement des membres
pendant l'appui et contribuer à l'impulsion, certains fléchisseurs,
comme les ischio-tibiaux, le perforant, le perforé, interviennent
puissamment dans cet acte, ainsi que les pectoraux profonds :
les ischio-tibiaux, en redressant la cuisse et la jambe qui forment
une sorte d'arc bandé par les muscles rotuliens; le perforé et le perforant, en soulevant le boulet et en pressant sur le sommet de
l'angle du jarret; les pectoraux profonds, en ouvrant l'angle de
l'épaule qu'ils tirent en arrière. L'avant-bras et le canon restent
dans le prolongement l'un de l'autre pendant presque toute la
durée de l'appui, la flexion du genou ne commence qu'à la fin,
lorsque le paturon se redresse, en sorte que c'est par l'extension
carpienne que s'achève la détente du membre antérieur.

Au soutien (S), les membres ne sont fixes ni à l'une ni à l'autre de
leurs extrémités, attendu que, tout en effectuant leur oscillation pen-
dulaire, ils sont entraînés par la translation du corps. Ils passent,
comme pendant l'appui, par les deux phases successives de raccourcissement et d'allongement. Le raccourcissement est une flexion
active de leurs divers rayons qui les élève plus ou moins au-dessus du
sol; l'allongement, une extension produisant l'embrassée du terrain.
Ils oscillent autour de leur centre de suspension de telle sorte que

l'épaule, au membre antérieur, la cuisse, au membre postérieur, deviennent de plus en plus obliques; l'articulation huméro-radiale et la fémoro-tibiale ne s'étendent qu'à la fin du soutien et il en est de même pour le genou et le jarret. Quant au paturon, d'abord fléchi de manière à tourner la face plantaire du sabot en arrière ou même en haut, il s'étend ensuite de telle sorte que le pied arrive à l'appui soit d'emblée par toute sa face inférieure, soit en bascu-lant sur la pince, soit en basculant au contraire sur les talons. Dans les allures à grandes enjambées, particulièrement chez les chevaux steppeurs, le pied commence son appui par les talons et bascule d'arrière en avant, tandis que, dans les allures lentes ou moyennes, il pose à plat ou en commençant par la pince. Sa vitesse d'oscillation peut dépasser 20 mètres par se-conde dans le galop de course; bien qu'elle se ralentisse à l'instant qui précède le poser, on conçoit, quelle secousse produirait une pareille quantité de mouvement quand le pied arrive au sol si les membres n'étaient doués d'une admirable élasticité amortissante. Nous n'in-sisterons pas sur la trajectoire des diverses jointures, elle est suffi-samment indiquée par les lignes pointillées de la figure 122.

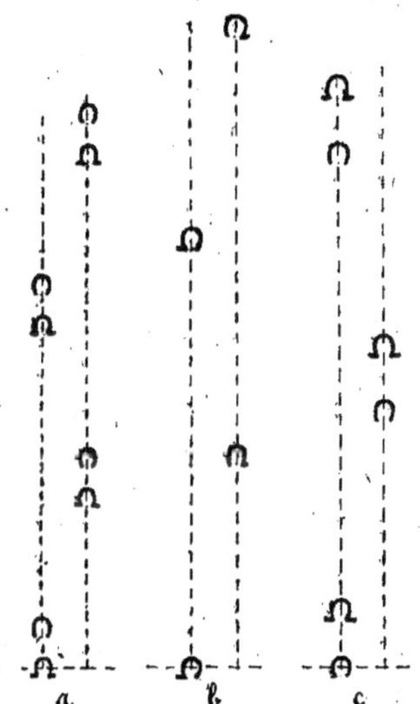

Fig. 123. — *Spécimens de pistes.*

a, piste double avec déjugé; b, piste simple (les foulées postérieures confondues avec les antérieures); c, piste double avec méjugé.

Dans toutes les allures, le jeu des membres est essentiellement le même; ce qui varie, c'est la vitesse du mouvement, la durée relative des appuis et des soutiens, l'étendue de l'enjambée, enfin l'ordre de succession des membres qui, suivant le cas, agissent un à un, deux à deux, par paire latérale, par paire diagonale, etc. Plus l'allure est rapide, plus la période d'appui sur chaque membre est écourtée et plus l'enjambée est étendue; la vitesse s'obtient moins par augmentation du nombre des pas, dans un temps donné, que par augmentation de l'amplitude de chacun d'eux.

Le commencement de l'appui s'appelle *poser;* le commencement du soutien, *lever.*

Pas complet. — Quand les quatre membres ont passé chacun par l'appui et le soutien, l'animal a fait un pas complet. La longueur d'un pas complet se mesure par la distance comprise entre deux foulées successives d'un même membre.

Battues. — On désigne sous le nom de battues les bruits que font les pieds en percutant le sol, bruits plus ou moins forts et plus ou moins rapprochés suivant l'état du sol, la légèreté et la vitesse de l'allure. Selon que les membres se meuvent isolément ou s'associent par bipède, il y a, dans un pas complet, quatre battues, trois battues, deux battues; c'est pourquoi l'on distingue des allures à quatre temps (pas), à trois temps (galop), à deux temps (amble, trot).

Foulées. Pistes. — Les empreintes que les pieds laissent sur un sol mou sont appelées foulées. Ce même nom est aussi donné aux périodes d'appui.

La succession des foulées constitue la piste. Dans une allure quelconque, il est facile, à l'examen de la piste, de mesurer la longueur d'un pas, puisque c'est la distance entre deux foulées successives d'un même pied.

La piste est simple ou double selon que les empreintes des pieds postérieurs se superposent ou non à celles des pieds antérieurs. Quand il y a superposition, le membre de derrière emboîtant le pas au membre de devant du même côté, on dit que l'animal *se couvre* ou *se juge*. Dans la piste double, c'est tantôt le pied de derrière, tantôt le pied de devant qui se pose en avant de l'autre; si le pied de derrière se pose en arrière, l'animal *se découvre* ou *se déjuge*, ainsi qu'on le voit dans les allures raccourcies (petit pas, petit trot); si c'est l'inverse qui se produit, l'animal *se mécouvre* ou *se méjuge*, comme par exemple dans les allures allongées(grand trot, amble, pas rapide).

Le diagramme d'une piste consiste en deux lignes parallèles sur lesquelles les empreintes des pieds antérieurs sont indiquées par la figure d'un fer sans crampons, celles des pieds postérieurs par un fer à deux crampons et les empreintes superposées des deux pieds du même côté par un fer à crampon unilatéral (fig. 123).

Déplacement vertical ou latéral du centre de gravité. Réactions. — Dans toute allure, la progression du corps s'accompagne de deux autres déplacements : 1º d'un mouvement latéral résultant du support alternatif sur les membres droits et gauches et proportionnel à leur écartement, mouvement qui est toutefois considérablement atténué par les efforts musculaires du tronc;

2º d'un mouvement vertical résultant du jeu d'extension et de flexion alternatives des membres à l'appui et parfois aussi de la projection du corps dans l'espace.

Aux moments où les pieds arrivent à terre, le corps éprouve des secousses plus ou moins vives qu'on appelle *réactions*. Ces secousses, transmises au cavalier, ne sont pas toujours en rapport avec la vitesse de l'allure ni avec l'étendue des déplacements verticaux du centre de gravité; leur intensité varie beaucoup selon l'allure de l'animal, sa conformation, l'état du sol, etc.; on dit, suivant le cas, que les réactions sont *dures* ou *douces*. Si, dans les allures vives, le choc des membres se répercutait intégralement au tronc, il s'ensuivrait des commotions incompatibles avec la vie; fort heureusement, ce choc est amorti par l'élasticité des membres, décomposé et dispersé au niveau des diverses jointures, ce n'est que la plus faible part qui arrive au corps.

Moyens d'étude des allures. — Dans chaque allure, il y a lieu d'étudier la cinématique et la dynamique, c'est-à-dire la nature et le rythme des mouvements, d'une part, la force dépensée, d'autre part.

a) **Cinématique.** — La cinématique d'une allure comprend : le mode de succession des appuis et des soutiens, la durée de chacune de ces phases, les mouvements des diverses régions des membres avec les variations des angles articulaires, les oscillations verticales et latérales du centre de gravité, la longueur des pas, etc.; c'est, en un mot, l'analyse complète du mouvement. On y arrive par l'examen de la piste, l'observation des membres en oscillation et l'audition des battues; mais ce n'est pas toujours facile, à cause de la rapidité ou de la complexité du mouvement dans certaines allures; souvent, les diverses positions d'un membre se succèdent si vite dans l'espace qu'elles se fondent dans l'œil, qui ne voit distinctement alors que les attitudes initiale et terminale. C'est pourquoi la solution complète et indiscutable du problème dont il s'agit n'a pu être donnée que par la méthode expérimentale. Deux moyens ont été successivement employés : la méthode graphique et la méthode photographique.

Méthode graphique. — C'est le professeur Marey, du Collège de France, qui a eu le premier l'idée d'appliquer les appareils enregistreurs à l'étude de la locomotion, terrestre ou aérienne. A cet effet, des ampoules de caoutchouc adaptées sous les pieds du cheval, comme l'indique la figure 124, sont mises en communication, par des tubes fixés le long des membres, avec des tambours écrivant leurs tracés sur un cylindre enregistreur porté par un cavalier (fig. 125). Quand le pied arrive sur le sol, la chaussure explo-

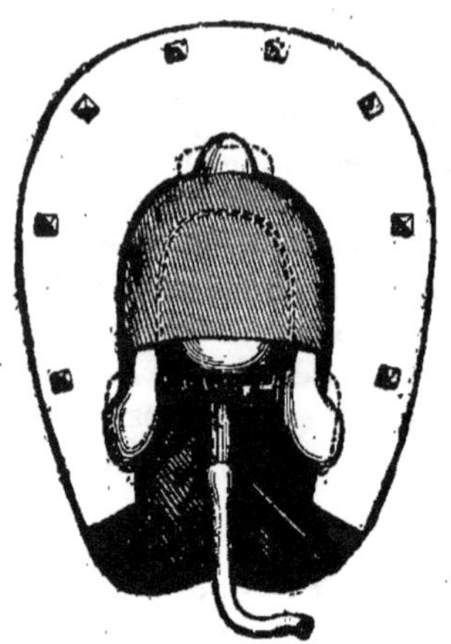

ratrice est comprimée et le style inscripteur décrit une ligne ascendante; aussitôt que le pied quitte le sol, l'ampoule reprend ses dimensions premières et le style descend. On obtient ainsi quatre tracés, superposés deux à deux, que l'on peut étudier à loisir et qui révèlent certains détails échappant à la simple observation. La chaussure exploratrice ne saurait toutefois résister aux allures vives, sur les routes macadamisées; aussi Marey employait-il, dans ce cas, une sorte de bracelet fixé sur le canon (fig. 126) et portant en avant un tambour actionné par les mouvements d'inertie d'une petite

Fig. 124. — *Chaussure exploratrice de Marey, à air comprimé.*

balle de plomb chaque fois que le pied touche ou quitte le sol.

Fig. 125. — *Appareil enregistreur de Marey, en place sur un cheval au trot.*

Pour le galop de course, ce dernier moyen était lui-même trop délicat, aussi remplaçait-il les tambours fixés aux bracelets des canons par des tubes métalliques dans lesquels les posers et les

levers des membres faisaient se mouvoir comme des pistons de
petites masses de plomb suspendues chacune par deux ressorts à
boudins; d'autre part l'appareil enregistreur était enfermé dans
une boîte maintenue par des bretelles sur le dos du cavalier; une
boule de caoutchouc que celui-ci tenait dans sa bouche lui permettait, en la serrant entre ses dents, de mettre l'appareil en marche.

Comme il se proposait, en somme,
de marquer les moments précis du
poser et du lever des membres, Marey
eût pu, ainsi qu'il le dit lui-même, se
servir de signaux électriques et remplacer les tubes encombrants de caoutchouc par de minces fils conducteurs.
M. l'inspecteur général G. Barrier a
réalisé ce desideratum au moyen
d'une ferrure spéciale qui ferme et
ouvre alternativement un courant
électrique aux moments des posers et
des levers.

Les tracés obtenus par Marey lui
ont servi à établir une notation horizontale des allures qui en facilite singulièrement l'étude. Prenons pour
exemple l'amble, allure dans laquelle
les membres se meuvent par bipède
latéral et dont l'image est donnée par
deux hommes marchant au pas l'un
derrière l'autre; on en obtient par le
procédé de Marey les courbes de la
figure 127. Si l'on projette sur les
lignes d'abscisse les points de ces
courbes qui correspondent au début

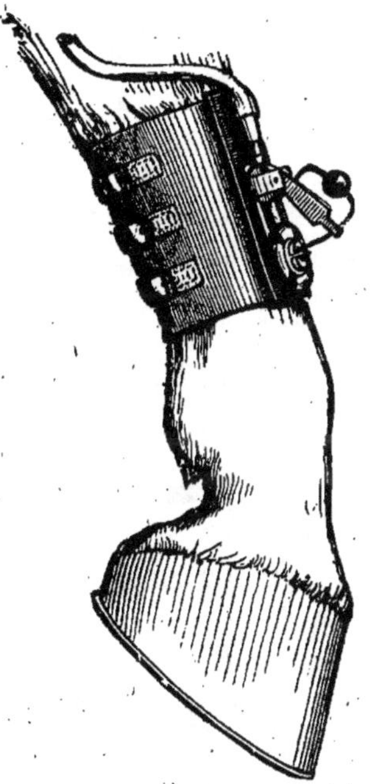

Fig. 126. — *Bracelet explorateur de
Marey pour l'enregistrement des
allures vives sur terrain dur.*

et à la fin des appuis, et que l'on réunisse ces points par des
doubles traits, en ayant soin de distinguer, dans chaque bipède, les
appuis du membre gauche et ceux du membre droit, on obtient
une notation rigoureuse de l'allure en question. On est convenu de
représenter les appuis de chaque bipède sur la même ligne d'abscisse, les droits en clair au-dessous de cette ligne, les gauche en
foncé au-dessus. Les périodes synchrones des deux portées de cette
notation sont exactement superposées, c'est-à-dire sur les mêmes
ordonnées. La lecture se fait de gauche à droite. Ainsi on a pour

l'amble, choisi comme exemple, la notation de la figure 128 1, dont on peut déduire à première vue : 1° que c'est une allure marchée puisque les appuis se succèdent sans interruption sur les deux portées de la notation; 2° que c'est une allure latérale puisque les appuis des membres du même côté sont toujours exactement superposés; 3° enfin que c'est une allure à deux temps puisque les

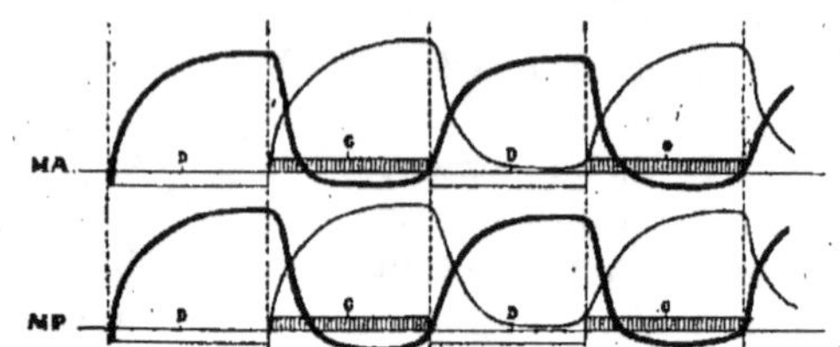

FIG. 127. — *Tracé et notation de l'amble* (d'après Marey).

MA, ligne d'abscisse des courbes des membres antérieurs; MP, ligne d'abscisse des courbes des membres postérieurs. Les courbes des membres droits sont en trait fort, celles des membres gauches en trait mince. Les ordonnées marquent le commencement et la fin des appuis de chaque membre; D, notation horizontale des appuis des membres droits; G, notation horizontale des appuis des membres gauches.

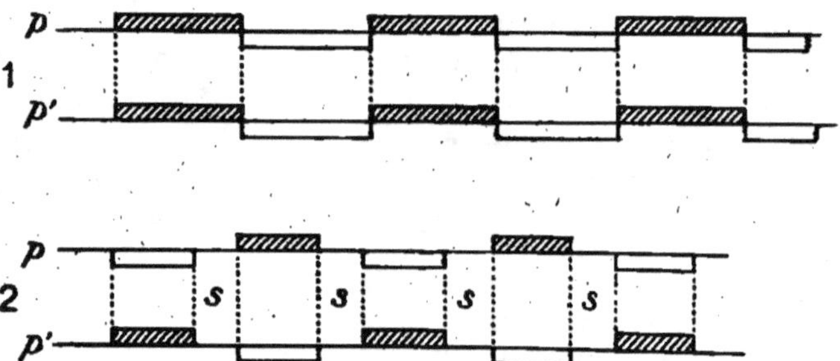

FIG. 128. — *Notation d'après Marey : 1, de l'amble; 2, du trot.*

p, ligne de portée des appuis antérieurs; *p'*, ligne de portée des appuis postérieurs; *s*, phases de suspension dans le trot.

membres sont associés par paire et, dès lors, ne peuvent faire entendre que deux battues à chaque pas.

Soit maintenant le trot, la notation qu'on en obtient par projection des tracés de Marey est représentée figure 128,2, comparativement à celle de l'amble. Elle montre à première vue : 1° que c'est une allure sautée, puisque les appuis sont discontinus; 2° que c'est une allure diagonale, puisque le membre antérieur d'un côté effectue son appui en même temps que le membre postérieur du côté opposé; 3° enfin que c'est une allure à deux temps.

La notation de Marey a donné la clef de la question des allures, jugée autrefois si abstruse. Ce physiologiste éminent a en outre déterminé graphiquement les réactions au garrot et à la croupe en superposant à ces régions des tambours *ad hoc* qui recueillent leurs secousses et les transmettent à l'appareil enregistreur porté par le cavalier.

MÉTHODE PHOTOGRAPHIQUE. — La photographie a été appliquée de deux manières à l'étude de la locomotion : 1° en fournissant des images d'un animal à des moments successifs de son allure (fig. 129); c'est le procédé des *photographies instantanées*, inauguré en 1879 par Muybridge de San-Francisco, et perfectionné par Anschutz, de Lissa; 2° en donnant des images en séric se suivant à de très courts intervalles de temps égaux, de manière à embrasser toutes les attitudes réalisées successivement pendant l'exécution d'un pas complet : c'est la *chronophotographie* imaginée par Marey. Le premier procédé exige une série d'appareils photographiques que l'animal en marche met en fonction d'une manière successive au fur et à mesure qu'il passe au devant, grâce à un système de déclic qu'il est superflu de décrire ici. Le second procédé ne demande qu'un seul appareil, dont l'obturateur est un disque rotatif percé de trous équidistants qui viennent se placer successivement devant l'objectif, de manière à donner sur la plaque sensible vingt, trente et jusqu'à soixante images à la seconde, dont on évite le chevauchement au moyen d'un mouvement d'horlogerie qui fait avancer cette dernière. Pour les rendre plus démonstratives, on a le soin de marquer sur l'animal les centres articulaires par des points brillants, des pains à cacheter, par exemple, que l'on réunit ensuite sur les photographies de manière à se rendre compte des divers axes de mouvement de chaque membre. C'est ainsi que l'on a pu obtenir des épures comme celles de la figure 122, au moyen desquelles on peut pousser très loin l'analyse cinématique des allures, car on y constate non pas seulement les mouvements d'ensemble de chaque membre, à l'appui et au soutien, mais encore la trajectoire de ses diverses régions ou d'une partie quelconque du corps, les changements des angles articulaires, etc.

La méthode photographique a permis de saisir et de fixer en quelque sorte des phases et attitudes qui échappent absolument à l'œil, tant elles sont fugitives, et dont quelques-unes paraissent même invraisemblables (voy. fig. 129). Les allures ainsi dissociées

Fig. 129. — *Silhouettes de photographies instantanées du galop de course d'après Muybridge.*

peuvent être reconstituées de toutes pièces en faisant passer rapidement sous les yeux le film des images photographiques successives qu'on en a obtenues, soit au moyen de ces instruments rotatoires bien connus sous les noms de zootropes, praxinoscopes, ou mieux en les projetant sur un écran à l'aide d'un *cinématographe;* alors ces images se fondent dans l'œil par leur rapide succession et donnent l'illusion d'un animal se déplaçant à l'allure étudiée. En mettant le cinématographe *au ralenti* rien n'est plus facile que de la décomposer en ses diverses phases. La cinématique des allures n'offre plus aujourd'hui de secrets.

b) **Dynamique.** — L'étude dynamique d'une allure consiste à apprécier la force dépensée dans cette allure. D'une manière générale, une allure est d'autant plus fatigante que sa vitesse est plus grande, non pas proportionnellement à cette vitesse, mais à son carré, conformément à la formule $T = 1/2\ MV^2$, c'est-à-dire que le travail produit est égal à la moitié de la masse déplacée multipliée par le carré de la vitesse. C'est donc à juste titre que l'on dit : « c'est le train qui tue. » Mais ce n'est pas seulement en raison de la force musculaire dépensée, c'est aussi et surtout en raison de la dépense nerveuse; d'une manière générale le galop est plus fatigant que le trot, et le trot plus que le pas, même à égalité de vitesse; toutefois cela n'a rien d'absolu : passé un certain degré d'accélération, une allure quelconque devient plus fatigante que l'allure immédiatement supérieure en vitesse; par exemple, un cheval poussé outre mesure à l'allure du pas ou du trot préfère prendre le trot ou le galop pour faire le même chemin dans le même temps. En toutes choses il y a une mesure à ne pas dépasser.

Après ces quelques considérations générales sur les allures et les moyens de les étudier, nous allons procéder à l'étude de chacune d'elles, en allant de la plus simple à la plus compliquée.

ARTICLE II. — ÉTUDE PARTICULIÈRE DES ALLURES

§ 1. — Allures de l'Homme.

Il n'est pas superflu de jeter un rapide coup d'œil sur les allures de l'Homme, attendu que les allures des quadrupèdes ne sont que le résultat de la combinaison des allures de leurs deux bipèdes, antérieur et postérieur; l'image en est donnée par deux hommes qui se déplaceraient solidairement l'un derrière l'autre. On distingue dans notre espèce deux allures principales, symétriques, le pas et la course, équivalentes respectivement au pas et au trot des quadrupèdes, et une allure accessoire, asymétrique, que le colonel Gossart assimile au galop de ces derniers (fig. 130).

a) Le *pas* est une allure marchée dans laquelle les deux membres se succèdent à l'appui sans le moindre intervalle. Marey en donna tout d'abord la notation ci-dessous (fig. A, 1) faisant coïncider le lever d'un membre avec le poser de l'autre; mais la chronophotographie est venue démontrer qu'il y a chevauchement des appuis successifs, chaque membre effectuant son poser avant le lever du

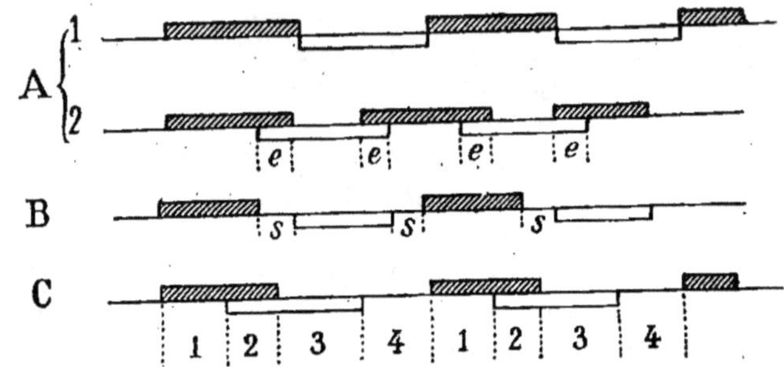

FIG. 130. — *Notation des allures de l'Homme*

A, pas; 1, sans tenir compte des phases de double appui; 2 avec indication de ces phases (*e*)
B, trot; la lettre *s* indique les phases de suspension.
C, galop (allure asymétrique) 1, appui unipédal gauche; 2, appui bipédal; 3, appui unipédal droit; 4, phase de suspension. L'appui droit dans chaque pas est en avant du gauche et notablement plus long; la notation est donc celle d'un galop à droite.

membre précédent, comme l'indique la figure A, 2. Il s'ensuit de courts appuis bipédaux, intercalés aux appuis unipédaux.

b) La *course* est une allure sautée, dans laquelle s'intercalent, entre les appuis plus ou moins raccourcis des membres, des périodes pendant lesquelles le corps a perdu tout contact avec le sol. Ces périodes, dites de projection ou de suspension, augmentent avec la vitesse de la course. Cette allure (fig. 130, B) équivaut au trot des quadrupèdes.

c) Le véritable *galop*, que l'on appelle généralement galop des enfants, est une sorte de course boiteuse dans laquelle les deux membres se succèdent rapidement au poser, le second prolongeant et accentuant son appui, pour projeter le corps dans l'espace. C'est une allure à deux temps rapprochés, suivis d'un long silence; elle présente, comme l'indique la figure 130, C, quatre périodes à chaque pas : 1° appui unipédal; 2° appui bipédal; 3° autre appui unipédal; 4° projection. Si c'est le membre droit qui projette le corps en l'air et vient à chaque pas se poser en avant du gauche, on *galope sur le pied droit*. Dans le cas contraire on *galope sur le pied gauche*. Qu'il s'agisse du galop à droite ou du galop à gauche, c'est une allure non symétrique et nous verrons plus loin qu'il en est de même pour toutes les variétés de galop des animaux.

§ 2. — **Allures des quadrupèdes et plus particulièrement du cheval.**

A. — AMBLE.

Définition. — L'amble est une allure marchée, latérale, à deux temps, assez exactement représentée par deux hommes marchant au pas l'un derrière l'autre, ce qui revient à dire que les membres du même côté se lèvent et se posent ensemble et restent parallèles pendant toute la durée de leur évolution (fig. 131).

FIG. 131. — *Cheval à l'amble* (Duhousset).

Notation. — Marey, faisant abstraction des périodes d'échange d'appui, en donnait la notation de la figure 128, 1, d'après laquelle le corps serait constamment porté sur deux pieds du même côté, les bipèdes latéraux se succédant sans interruption. En réalité, la notation est celle de la figure 132 montrant qu'il y a chevauchement

des appuis de chaque bipède et que, de ce fait, des appuis quadrupédaux s'intercalent aux appuis latéraux. La période de soutien
n'est donc pas égale à la période d'appui; elle équivaut seulement
au tiers environ de la durée du pas, tandis que la période d'appui
en occupe les deux tiers, d'où il suit que la vitesse des pieds en l'air
est trois fois plus grande que celle du tronc, qui est d'environ 2 m. 40
à la seconde.

Piste et longueur des pas. — La longueur des pas dépasse d'un tiers
environ la distance qui existe naturellement entre le pied de devant

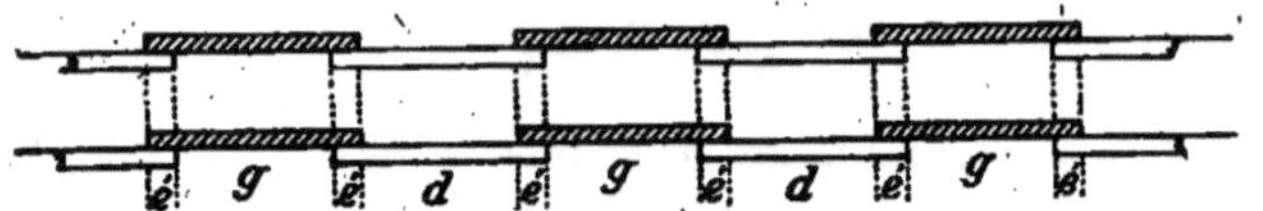

Fig. 132. — *Notation de l'amble d'après la chronophotographie.*

é, appuis quadrupédaux; *g*, appuis du bipède latéral gauche; *d*, appuis du bipède
latéral droit.

et le pied de derrière du même côté, c'est-à-dire qu'elle égale sensiblement la taille au garrot, puisque la longueur de la base de jus-
tentation est assez exactement les trois quarts de la taille (1 m. 20
pour un cheval de 1 m. 60). Il en résulte que la foulée du pied postérieur vient se placer fortement en avant de celle laissée par le pied
antérieur; l'animal se mécouvre (fig. 133).

Déplacements du centre de gravité. Réactions. — Le corps passant

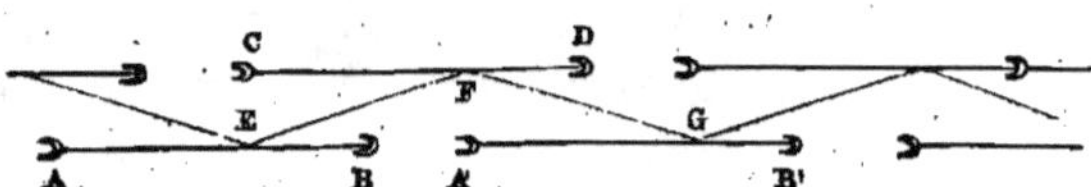

Fig. 133. — *Schéma de la piste et des déplacements latéraux du centre de gravité.*

Fig. 134. — *Schéma des oscillations verticales du centre de gravité.*

E, F, G, moments du poser des membres.

d'un bipède latéral sur l'autre par l'intermédiaire de courts appuis
quadrupédaux, le centre de gravité doit, à chaque pas complet,
se porter successivement sur la ligne qui joint les deux pieds de
chacun de ces bipèdes (fig. 133). Ainsi, lorsque le corps appuie sur
le bipède latéral droit AB, le centre de gravité se trouve au point E

de la ligne comprise entre les pieds A et B, d'où il se portera en F, sur la ligne qui réunit les pieds C et D lorsque le bipède latéral gauche fera son appui, pour, de là, se porter en G sur la ligne A'B', lorsque le retour du bipède latéral droit viendra compléter le pas. Ces déplacements latéraux du centre de gravité occasionnent un bercement très marqué; de plus, en rendant l'équilibre instable dans le sens latéral, ils obligent l'animal à répéter fréquemment le jeu des membres et à les mouvoir très près du sol, c'est-à-dire à *raser le tapis;* l'amble est le type des allures basses; les chutes sur le côté seraient inévitables sans des efforts musculaires continuels destinés à maintenir la ligne de gravitation dans la base de sustentation.

En revanche, les déplacements verticaux du centre de gravité sont très faibles (fig. 134) et les réactions très douces. Ces déplacements se produisent aux moments des appuis, par conséquent deux fois à chaque pas.

Vitesse. — L'amble ne peut être qu'une allure rapide, puisque l'équilibre est instable; sa vitesse moyenne, pour un cheval de 1 m. 60, est de 2 m. 40 à la seconde, soit de 144 mètres à la minute et de 8.640 mètres à l'heure, d'après Lenoble du Teil. Cette vitesse peut être beaucoup plus grande; on cite une jument ambleuse qui allait aussi vite de Paris à Fontainebleau que des chevaux anglais au galop, mais l'amble ne peut atteindre une pareille rapidité qu'en perdant son caractère normal d'allure marchée; des périodes de suspension s'intercalent alors entre les appuis latéraux successifs et l'équilibre devient extrêmement instable, l'animal ne le maintient qu'au prix d'efforts musculaires dont bien peu de chevaux sont capables : c'est l'*amble volant,* dont la figure 135 donne la notation.

L'amble est toujours une allure fatigante pour le cheval, l'exposant à buter et à tomber; mais elle est recherchée chez certains chevaux de selle pour la douceur des réactions.

ANIMAUX QUI VONT L'AMBLE. — L'amble est une allure naturelle chez l'éléphant, les chameaux, la girafe; on l'observe exceptionnellement chez le bœuf et le chien; tandis que c'est le plus souvent, chez le cheval, une allure acquise; il n'est pas rare toutefois de voir de jeunes poulains qui vont l'amble naturellement, mais presque toujours ils perdent cette allure à mesure qu'ils prennent de l'âge et de la force; les chevaux faibles des reins ou usés et ruinés par le travail s'y livrent aussi quelquefois. En Bretagne et en Algérie, on rend les chevaux et les mulets ambleurs en leur attachant ensemble, au-dessus du genou et du jarret, les membres d'un même côté, mais il est rare qu'ils conservent longtemps l'allure ainsi acquise.

Si l'amble est l'allure préférée des chameaux, de la girafe, des éléphants, si quelques poulains y sont aussi prédisposés, cela s'explique vraisemblablement par la brièveté de leur corps relativement à la longueur de leurs membres, brièveté qui exposerait ceux-ci à l'entre-choc dans le cas d'une allure diagonale comme le trot; mais il n'est pas vrai, comme on l'a prétendu, que les chameaux ne trottent ni ne galopent jamais, quand on les pousse en vitesse, on les voit souvent prendre le galop, parfois même le trot, au grand dam de ceux qui les montent.

Le terme d'amble vient du latin *ambulare*, se promener. A

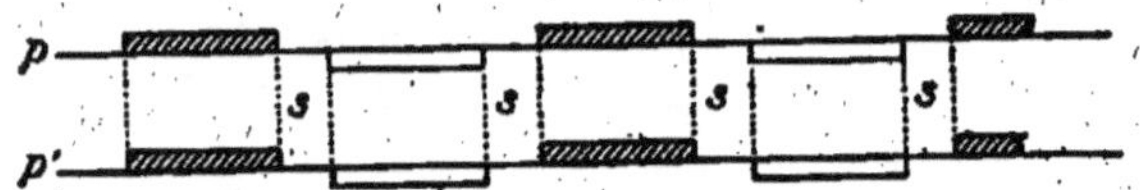

Fig. 135. — *Notation de l'amble sauté ou amble volant.*
p, ligne de portée des appuis antérieurs; p', ligne de portée des appuis postérieurs;
s, phases de suspension.

l'époque où les longs voyages se faisaient à cheval, les chevaux ambleurs étaient en effet fort prisés pour leurs réactions douces, et beaucoup plus nombreux qu'aujourd'hui. Depuis Bourgelat, cette allure est proscrite des manèges, vu la difficulté de la transition aux autres allures; ainsi que le dit le baron de Curnieu, il est facile de faire passer un cheval du pas au trot, du pas au galop, du trot au galop, etc., il ne l'est pas du tout de le faire passer de l'amble au pas ou au trot, « il faut l'arrêter, changer les aplombs et tout l'ensemble du mécanisme ».

Amble rompu. — L'amble rompu, qu'il ne faut pas confondre avec le traquenard, est une variété d'amble dans laquelle les

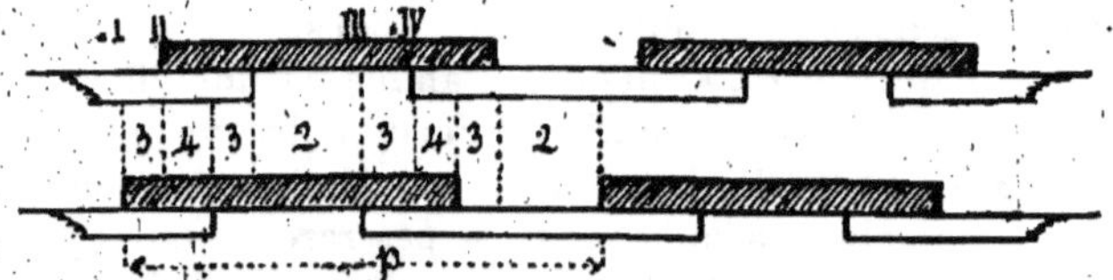

Fig. 136. — *Notation de l'amble rompu.*
p, longueur d'un pas; I, II, III, IV, les quatre battues groupées 2 à 2; 3, 4, 3, 2,
3, 4, 3, 2, nombres de membres tour à tour à l'appui pendant la durée d'un pas.

membres se meuvent encore par bipède latéral, mais en dissociant leurs battues, le postérieur atteignant le sol un peu avant l'antérieur,

comme l'indique la **notation de la fig. 136.** On entend donc
quatre battues, rapprochées deux à deux, et, au lieu de quatre
périodes d'appui dans chaque pas, comme dans l'amble normal,
il en existe huit, attendu que, entre les appuis latéraux, notablement écourtés, s'intercalant un appui quadrupédal et deux
appuis tripédaux. L'équilibre a donc plus de stabilité; néanmoins
c'est une allure que les chevaux ambleurs prennent lorsqu'on les
pousse à un surcroît de vitesse; ne pouvant prendre alors l'amble
sauté dont bien peu de sujets sont capables, ils adoptent l'amble
rompu, qui leur fournit le moyen d'augmenter leurs enjambées et
conséquemment leur vitesse. Comme dans l'amble ordinaire, les
mouvements des membres sont rapides et se font près de terre,
l'allure est agréable pour le cavalier, mais fatigante pour l'animal
qui est très exposé à buter si le sol n'est pas très uni.

Vallon rapporte que, de son temps, l'amble rompu était assez
commun en Algérie, où les Arabes y dressaient leurs chevaux;
«les chevaux barbes, dit-il, font facilement deux lieues et demie
à l'heure à cette allure et parcourent en une journée 25 et quelquefois même 30 lieues. »

B. — Trot.

Définition. — Le trot est une allure sautée, diagonale, à deux
temps, assez bien représentée par deux hommes *courant* l'un derrière l'autre et entamant le terrain l'un à droite l'autre à gauche, au
même instant (fig. 137).

C'est par excellence, l'allure du cheval utilisé pour le service du
trait léger, celle qui permet le plus facilement le développement
continu de la force musculaire pour la production du mouvement
rapide. Il fut un temps, avant l'invention des étriers, où elle était
fort peu en honneur parmi les cavaliers; les anciens Romains dési-
gnaient le cheval trotteur sous les noms de *succussator, crucialor,
tormentor*, exprimant les secousses et tortures qu'il inflige à celui
qui le monte. Il n'en est plus de même aujourd'hui grâce aux étriers
et à l'habitude qui s'est répandue de trotter à l'anglaise; néanmoins
on dit encore quelquefois « cheval de trot, cheval de trait, cheval de
galop, cheval de selle ». Si le trot est l'allure dans laquelle les
réactions sont le plus dures, c'est aussi celle dont les mouvements
sont le plus réguliers; aussi y soumet-on les animaux dont on veut
reconnaître les défauts ou qualités des actions locomotrices. On
peut dire, en somme, que la plupart des chevaux travaillant aux

allures vives font le plus habituellement leur service au trot.

Notation. — La notation du trot, d'après les tracés de Marey,
est celle de la figure 138, démontrant que les appuis sont diagonaux
et de même durée pour les deux bipèdes, et que, entre deux appuis
successifs, il y a une période de suspension pendant laquelle l'animal
est complètement détaché du sol.

Piste. — L'examen de la piste donne des renseignements très importants : l'animal se couvre, c'est-à-dire que l'empreinte des pieds de derrière vient exactement se superposer à celle laissée par le pied de devant du même côté (piste simple); il faut évidemment, pour qu'il en soit ainsi, que le pied antérieur ait quitté le sol au moment où le pied postérieur vient prendre sa place, et cela seul, en l'absence de toute autre preuve, suffirait à démontrer l'intercalation d'une phase de suspension entre les appuis diagonaux attendu que, dans une allure diagonale comme celle-ci, deux membres du même côté ne peuvent être en l'air en même temps sans que les deux autres y soient aussi puisque l'antérieur va de concert avec le postérieur opposé, et *vice versa*. Il existe d'ailleurs un autre moyen de s'assurer que le corps est par instants sans support, c'est d'examiner l'animal lancé à cette allure en se plaçant dans un enfoncement, de manière que les yeux se trouvent au niveau du plan sur lequel il chemine. La chronophotographie enfin donne des preuves péremptoires et permanentes du fait (fig. 153).

D'après Vincent et Goiffon, les phases de suspension seraient

Fig. 137. — *Cheval au trot.*

1, appui diagonal gauche;
2, phase de suspension;
3, appui diagonal droit.

égales aux périodes d'appui, de telle sorte que chaque membre serait au soutien trois fois autant de temps qu'à l'appui. « Cette opinion, dit Lecoq, peut être vraie pour quelques trotteurs remarquables; elle est fortement exagérée pour le plus grand nombre »; les tracés

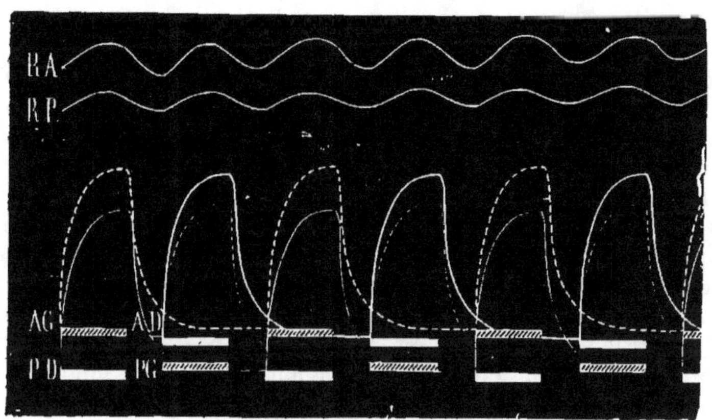

Fig. 138. — *Tracés, notation et réactions du trot d'après Marey.*

RA, réactions au garrot; RP, réactions à la croupe; AG et PD, posers du bipède diagonal gauche; AD et PG, posers du bipède diagonal droit.

de Marey (fig. 138) le démontrent nettement; mais il existe une grande variété dans les durées relatives des appuis et des suspensions : certains chevaux, surtout attelés, restreignent la phase de suspension jusqu'à la supprimer presque complètement, tandis que les trotteurs rapides l'accroissent au contraire aux dépens de la durée des appuis. Nous reviendrons sur ce point quand nous étudierons les variétés du trot.

Déplacements du centre de gravité. Réactions. — En ce qui concerne

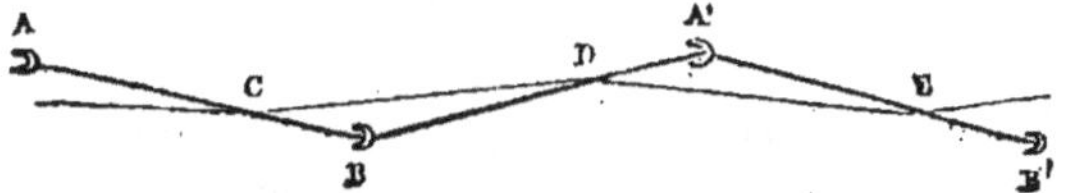

Fig. 139. — *Schéma du déplacement horizontal du centre de gravité.*

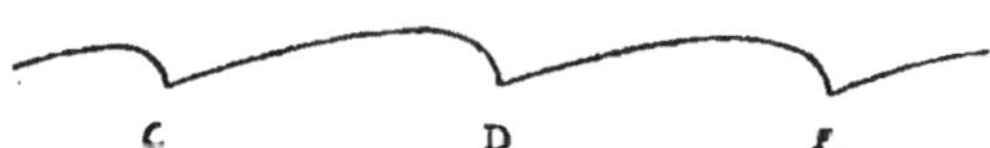

Fig. 140. — *Schéma du déplacement vertical du centre de gravité.*

les déplacements latéraux, puisque le corps est supporté successivement par des bipèdes diagonaux, le centre de gravité devra toujours se trouver sur un point de la ligne qui réunit les deux membres associés. Si nous le prenons (fig. 139) au point C de la diagonale AB, nous le trouverons en D, sur la diagonale BA', lorsque le bipède diagonal gauche sera venu à l'appui, et il passera en E, sur la diagonale A'B', lorsque l'appui du bipède diagonal droit aura commencé un nouveau pas. On voit donc que les oscillations latérales de ce point sont beaucoup moins étendues dans le trot que dans l'amble et que l'animal a moins d'efforts à faire pour empêcher les chutes sur le côté dans la première allure que dans la seconde.

Le déplacement vertical du centre de gravité ne peut plus être ici représenté par les deux courbes uniformes que nous avons trouvées dans l'amble. Comme le corps est enlevé par l'effort des membres et retombe ensuite, le centre de gravité doit, de toute nécessité, décrire deux lignes paraboliques telles que CD, DE (fig. 140), le poids du corps retombant avec plus de vitesse qu'il n'a été enlevé, quoique l'impulsion en avant soit toujours uniforme »

Les tracés de Marey (fig. 138, RA, RP) montrent que les réactions coïncidant avec les appuis diagonaux successifs sont beaucoup plus prononcées au garrot qu'à la croupe.

Vitesse. Longueur des pas. — La vitesse moyenne du trot est, d'après l'ordonnance de cavalerie de 1829, de 4 mètres à la seconde, 240 mètres à la minute, approximativement 1 kilomètre en quatre minutes, un peu plus que le double de la vitesse à l'allure du pas. Elle est très variable suivant la taille des sujets, la longueur des pas et la fréquence de leur répétition. L'entraînement peut l'accroître beaucoup en développant l'enjambée. En moyenne, on compte une centaine de pas par minute, un peu plus chez les petits chevaux que chez les grands. Pour un même espace parcouru, c'est un rythme moyennement précipité qui fatigue le moins : trop lent, l'animal se berce, lève trop les membres; trop rapide, il préfère se mettre au galop.

D'après Lenoble du Teil, la longueur moyenne du pas, dans le trot, est de 2 m. 40 pour un cheval de 1 m. 60, soit environ deux fois la longueur de la base de sustentation.

Variétés du trot.

Ce que nous venons de dire s'applique au trot ordinaire, dans lequel les appuis des deux bipèdes sont égaux et la piste simple;

mais il existe de nombreuses variétés de trot : variétés de vitesse,
variétés de rythme par dissociation des battues diagonales ou par
inégalité des appuis antérieurs et postérieurs.

a) **Variétés de vitesse et de piste.** — Plus la vitesse est

Fig. 141. — *Notation d'un trot dont les appuis diagonaux se succédaient sans
interruption ni chevauchement.*

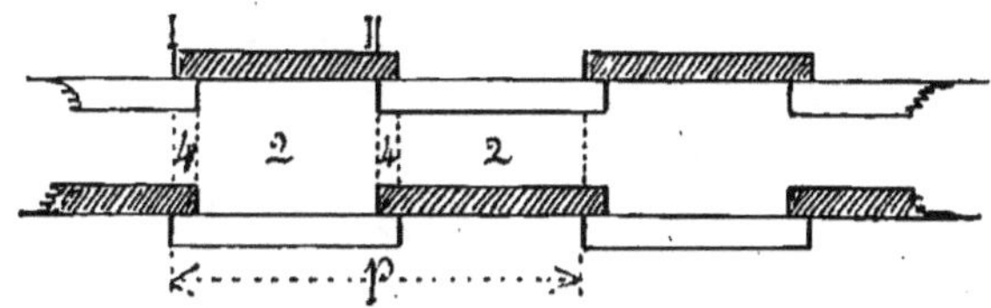

Fig. 142. — *Notation d'un trot marché.*

4, 2, 4, 2, nombres des membres successivement à l'appui pendant la durée d'un pas, *p*; I et
II, les deux posers de ce pas.

grande, plus les temps de projection sont longs; ils augmentent au
point de devenir égaux, peut-être même supérieurs à la durée de
chaque appui; tandis que, dans le petit trot ou trot raccourci, ils
diminuent jusqu'à disparaître (fig. 141), et même l'allure peut se
transformer en allure marchée, de brefs appuis quadrupédaux
s'intercalant aux appuis diagonaux comme le montre la figure 142.

La vitesse ne s'obtient pas tant par multiplication des pas que
par augmentation de l'amplitude de chacun d'eux; en général,
plus le trot est allongé, plus les battues sont espacées. Dans le grand
trot, l'étendue des enjambées n'est pas seulement en rapport avec
l'obliquité des membres aux moments du poser et du lever, elle est
aussi déterminée, pour une certaine part, par l'extension de la
colonne vertébrale dorso-lombaire, qui forme avec les deux bipèdes
une sorte d'arc prenant appui sur le sol par les membres postérieurs
et se détendant à l'extrémité opposée. Assurément cette détente
est beaucoup moins considérable que dans les animaux, comme le
chien, le chat, le porc, qui ont l'épine dorsale très convexe; elle
n'est cependant pas négligeable. En courbant en bas la région du dos
elle explique peut-être, pourquoi les réactions éprouvées par le
cavalier sont moins dures dans le trot allongé que dans le trot
ordinaire.

Dans le grand trot les foulées des pieds de derrière se font en avant de celles des pieds de devant du même côté, et le méjugé est proportionnel à la vitesse. La piste est double aussi dans le petit trot ou trot raccourci, mais, pour des raisons inverses, les pieds de derrière effectuant leurs empreintes en arrière de celles des pieds de devant, c'est-à-dire que l'animal se déjuge ou se découvre (fig. 143).

Du petit trot au grand trot, les différences de vitesse sont énormes; le cheval qui trottine ne va guère plus vite qu'au pas accéléré; celui qui trotte sur les hippodromes peut franchir plus de 11 mètres à la seconde, la longueur de chacun de ses pas atteignant jusqu'à cinq bases de sustentation; déjà à trois bases de sustentation (3 m. 60 pour un cheval de 1 m. 60), la vitesse est celle d'un grand trot.

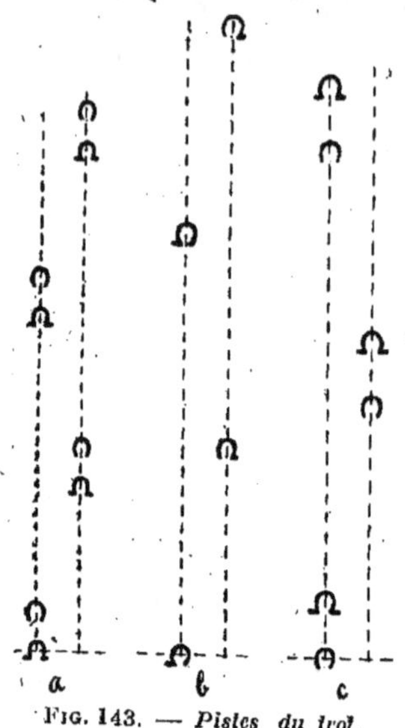

FIG. 143. — *Pistes du trot.*

a, dans le trot raccourci; *b*, dans le trot ordinaire; *c*, dans le trot allongé.

b) **Variétés de rythme par détraquement des battues.** — Au lieu de deux battues à chaque pas, le trot peut en faire entendre quatre, rapprochées deux à deux — *tara-tara* au lieu de *tra-tra* — soit qu'il y ait anticipation du pied antérieur sur le postérieur associé (fig. 144), soit au contraire qu'il y ait anticipation du postérieur sur l'antérieur (fig. 145). Ce trot rompu ou décousu est connu sous le nom de *traquenard;* c'est tantôt une manifestation de surmenage ou d'un mauvais dressage, tantôt un moyen d'atteindre à une vitesse plus grande.

Les chevaux de manège, que l'attitude élevée et ployée de leur balancier céphalo-cervical met plus ou moins sur les hanches sont exposés à traquenarder par retard des posers antérieurs. Alors il suffit souvent au cavalier de se porter en avant en lâchant les rênes pour rétablir la régularité de l'allure. Tout autre est le cas des chevaux qui traquenardent pour ménager tels ou tels membres plus ou moins fatigués ou usés : s'il s'agit d'atténuer les commotions aux membres antérieurs, l'animal anticipe du derrière, c'est-à-dire traquenarde sur les hanches comme dans le cas précédent, car les membres antérieurs arrivant en second lieu à l'appui, effectuent

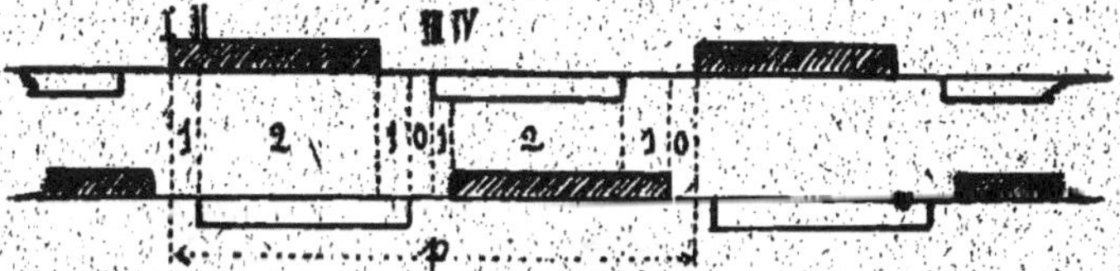

Fig. 144. — *Traquenard par anticipation des membres antérieurs.*

I, II, III, IV, les quatre posers d'un pas; p; 1, 2, 1, 0, 1, 2, 1, 0, nombres de membres
successivement à l'appui.

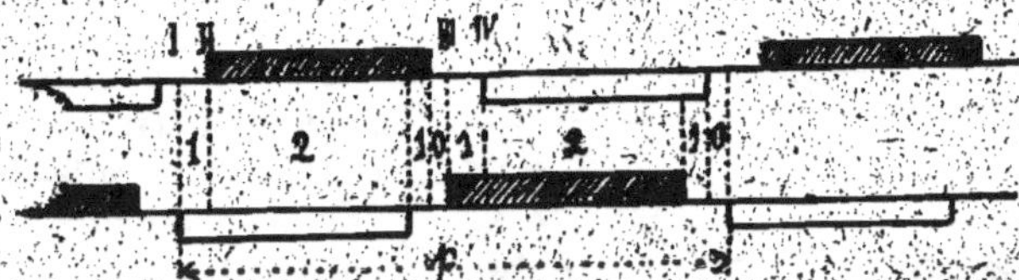

Fig. 145. — *Traquenard par anticipation des membres postérieurs.*

I, II, III, IV, les quatre posers d'un pas; p; 1, 2, 1, 0, 1, 2, 1, 0, nombres de membres
successivement à l'appui.

Fig. 146. — *Traquenard avec suppression des phases de projection.*

I, II, III, IV, les quatre battues d'un pas p; 1, 2, 1, 1, 2, 1, nombres de membres
successivement à l'appui.

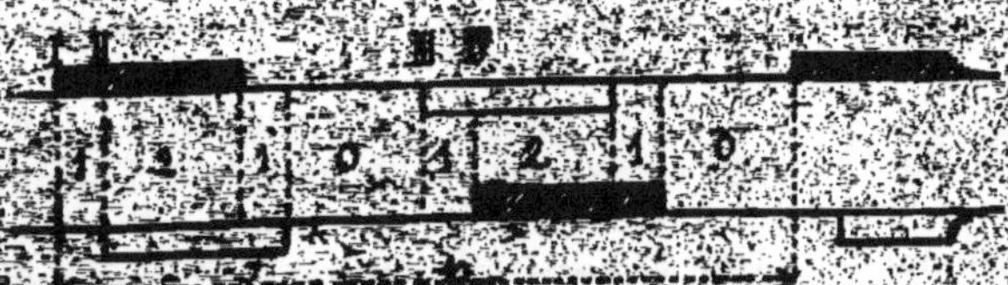

Fig. 147. — *Trot ou saut au traquenard.*

I, II, III, IV, les quatre posers d'un pas; p; 1, 2, 1, 0, 1, 2, 1, 0, nombres de membres
successivement à l'appui.

des battues moins intenses; s'il s'agit, au contraire, de ménager les membres postérieurs, l'anticipation se fait par les membres de devant, c'est-à-dire que l'animal traquenarde sur les épaules. Dans les deux cas, l'allure est toujours ralentie et ses temps de projection diminués ou même remplacés par les appuis unipédaux intercalés aux appuis diagonaux (fig. 146); les commotions sur les membres fatigués se trouvent prévenues par l'anticipation du poser des membres sains.

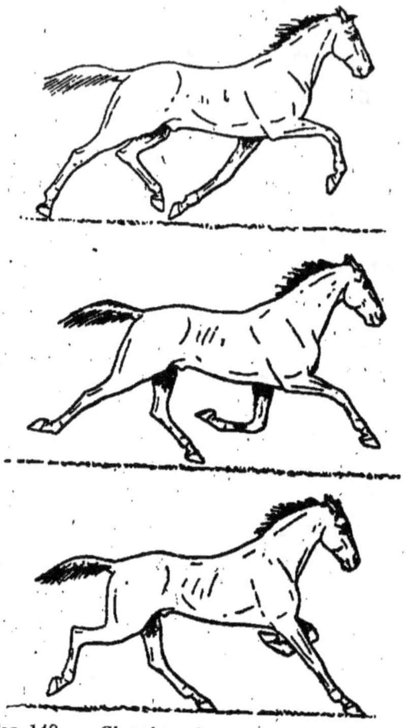

Trot de course ou « flying-trot ». — Le trot rompu peut aussi être une adaptation à une vitesse plus grande. C'est ainsi que les bons trotteurs dont on force l'allure se mettent souvent à traquenarder; ils offrent alors un léger bercement, très appréciable pour le cavalier, qui fait dire qu'ils «roulent sur leurs hanches», bercement donnant aux réactions plus de douceur et résultant de l'intercalation d'appuis unipédaux au commencement et à la fin de chaque période de projection (fig. 147). Lesdits appuis unipédaux, ne supprimant pas les phases de suspension, ne peuvent évi-

Fig. 148. — *Cheval au flying trot ou trot volant (Il traquenardait par anticipation des pieds postérieurs).*

demment que favoriser la vitesse en augmentant l'instabilité de l'équilibre. Voilà pourquoi le trot de course ou *flying-trot* (c'est-à-dire rapide comme le vol de l'oiseau) se détraque le plus souvent et se convertit en traquenard, tantôt par anticipation des membres postérieurs (fig. 148), ce qui donne plus de latitude à l'enjambée antérieure, tantôt par anticipation des membres antérieurs, ce qui donne aux postérieurs un champ de mouvement plus étendu, car les premiers, se posant plus tôt, se lèvent aussi plus tôt, et risquent moins d'être atteints par leurs congénères du même côté. Ainsi que le dit Lenoble du Teil, ces diverses formes de l'allure se rencontrent souvent chez le même cheval, et elles varient d'un pas à l'autre; l'action du cavalier y est pour beaucoup; en relevant la tête de sa monture il peut transformer instantanément un trot à deux temps en un trot à quatre temps sur les hanches; si au contraire il pousse la vitesse et lâche les rênes, ce sont les membres antérieurs qui arrivent les premiers à l'appui, et ce trot sur les épaules est en somme plus favorable que le précédent à l'extrême vitesse, soit parce que la tension

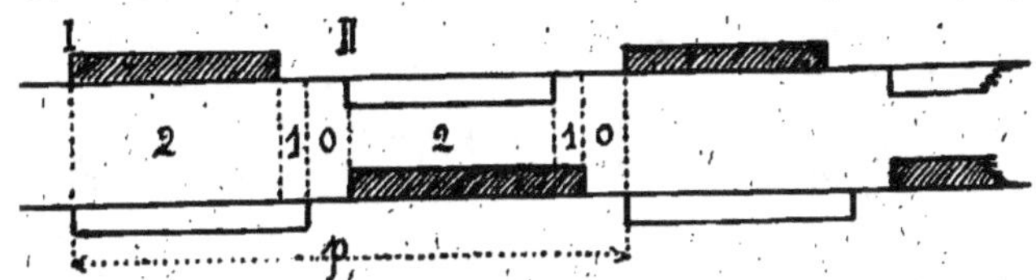

Fig. 149. — *Trot à deux temps avec prédominance des appuis postérieurs. (Des appuis unipédaux précèdent les phases de suspension).*
I, II, les deux battues d'un pas p; 2, 1, 0, 2, 1, 0, nombres de membres à l'appui successivement

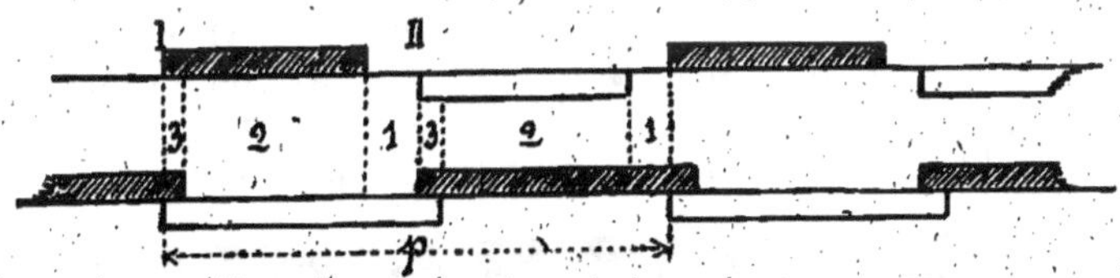

Fig. 150. — *Trot marché du derrière.*
I, II, les deux battues d'un pas p; 3, 2, 1, 3, 2, 1, nombres de membres à l'appui successivement.

de la tête et de l'encolure augmente l'instabilité de l'équilibre et contribue au roidissement vertébral, soit parce que les membres antérieurs sont les mieux disposés pour recevoir le corps à chaque retombée des énormes projections qu'il subit, soit enfin parce que les membres postérieurs, relativement déchargés, sont dans de meilleures conditions pour produire une impulsion maximum.

Le trot de course, quel qu'en soit le mode, est suceptible d'atteindre une vitesse de 11 à 12 mètres à la seconde et son méjugé presque 2 mètres.

c) **Variétés de rythme par inégalité des appuis antérieurs et postérieurs.** — Contrairement à ce qui était admis autrefois, les appuis des deux bipèdes, antérieur et postérieur, ne sont pas toujours égaux; il arrive fréquemment, dans une allure quelconque,

que l'appui des membres antérieurs soit plus court que celui des membres postérieurs; les premiers étant ainsi plus libres, plus dégagés que d'habitude, on dit que l'animal *a du geste*. Ce fait important a été particulièrement mis en lumière par le colonel Gossart, auquel nous empruntons les notations des figures 149 et 150 établies à l'aide de chronophotographies : la première montrant que les périodes de suspension sont précédées chacune d'un appui unipédal postérieur, la seconde se rapportant à un trot marché du derrière, dans lequel l'animal se traîne en quelque sorte de l'arrière-main, trot comportant six périodes d'appui à chaque pas, sans aucune phase de suspension.

Les trots rompus ou désunis ne sont pas moins sujets que les trots à deux temps à cette augmentation de la durée des appuis postérieurs; mais nous n'insisterons pas davantage sur ce point.

C. — GALOP.

Définition. — Le galop type est une allure sautée, à trois temps, dans laquelle deux membres en diagonale agissent ensemble et les deux autres isolément, les battues simultanées s'intercalant entre les deux autres de sorte que chaque pas commence par l'appui d'un membre postérieur et se termine par celui du membre antérieur opposé.

C'est l'allure la plus rapide pour le cheval et aussi la plus fati-

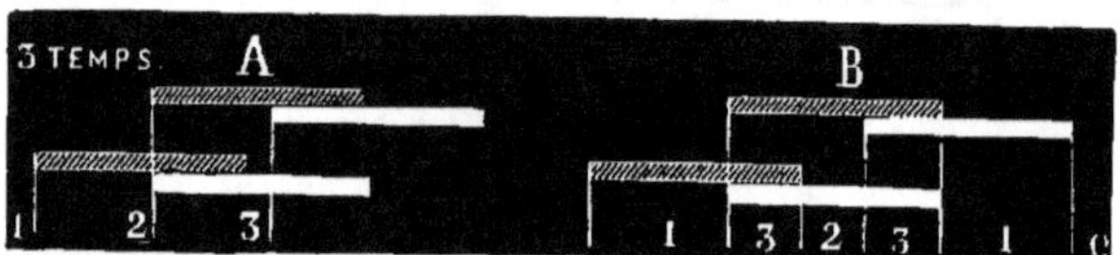

FIG. 151. — *Notation du galop à trois temps d'après Marey.*
A, premier pas; 1, 2, 3, les trois battues; B, deuxième pas; 1, 3, 2, 3, 1, 0, nombres de membres à l'appui successivement.

gante, non seulement à cause de sa rapidité, mais encore à cause du mode de succession des extrémités. Si le galop est en principe l'allure la plus favorable à la vitesse, elle peut aussi, par artifice d'équitation, devenir la plus favorable à la lenteur; c'est ainsi qu'un écuyer célèbre réussit à mettre trois quarts d'heure pour parcourir au galop la distance du manège de Versailles à la cour de Marbre, c'est-à-dire 500 mètres environ.

Notation. — La notation de la figure 151 démontre nettement que, dans un pas complet, on voit arriver successivement à l'appui :

1º un membre postérieur; 2º un bipède diagonal; 3º le membre
antérieur restant, après quoi le corps est projeté en l'air jusqu'au
pas suivant. C'est aussi ce que montre les figures 152 et 153.

Les trois battues sont à peu près également espacées; mais les
appuis chevauchent de telle sorte que le corps est supporté successivement : par un membre, par trois membres, par deux membres
par trois membres et par un membre, avant d'être en l'air (fig. 151),
Entre la battue simple de devant, qui constitue le troisième bruit

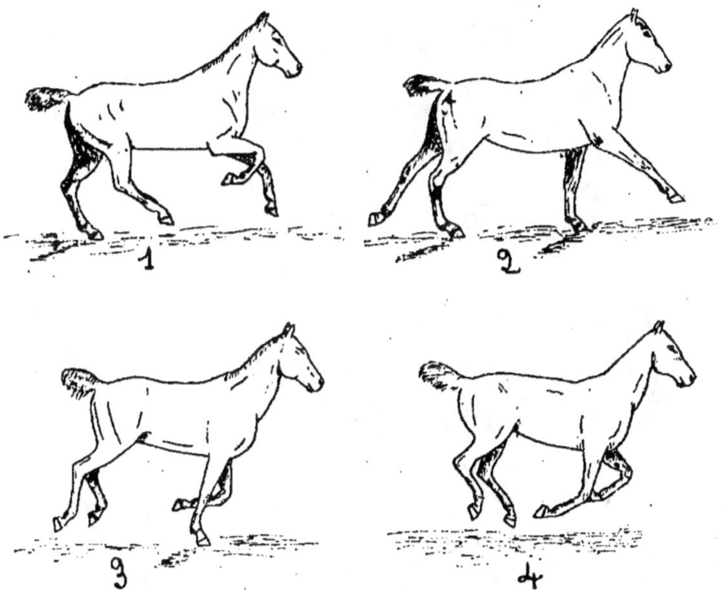

Fig. 152. — *Attitudes correspondant aux 1er, 2e, 3e temps et à la phase de projection
dans un galop à droite.*

et la première battue du pas suivant, règne un silence dont la durée
est sensiblement plus grande que celle des trois battues prises
ensemble :

pan-pan-pan————————pan-pan-pan.

Ainsi qu'on le voit, le galop ne présente pas, comme les autres
allures, une succession symétrique des mouvements des membres;
il y a deux membres qui agissent isolément et deux qui agissent de
concert. On admet généralement que les premiers se fatiguent

FIG. 153. — *Analyse chronophotographique des trois allures habituelles du cheval*
(Cliché de E. J. Marey).

Les trois séries de photogrammes se classent du haut en bas de la figure.

plus que les seconds; le postérieur commençant chaque pas doit en
effet recevoir le poids du corps qui tombe et lui imprimer une nouvelle impulsion; l'antérieur qui le termine doit projeter le corps
dans l'espace; tandis que les deux mem-
bres associés sur lesquels le corps bascule
au milieu de chaque pas paraissent ac-
complir un travail beaucoup moindre.
Tel n'est pas l'avis de M. André Mangin,
dont la thèse de doctorat vétérinaire
(Alfort, 1926) tend à démontrer, contrairement à l'avis unanime des auteurs, que
les deux membres du bipède dissocié se
fatiguent moins que les deux autres,
c'est-à-dire que ceux agissant ensemble?
Que ce soient les uns ou les autres, il
n'en reste pas moins qu'il y a toujours
deux membres en diagonale fonctionnant
plus intensément que les deux autres.
Et voilà pourquoi l'animal intervertit de
temps en temps le sens de son galop, en
changeant, après une période de suspension, le membre postérieur par lequel il
retombe sur le sol.

Galop à droite, galop à gauche. —
Suivant que c'est le membre antérieur
droit ou l'antérieur gauche qui agit isolément, on dit que l'animal galope à
droite ou qu'il galope à gauche. Dans le
galop à droite, les foulées du bipède
latéral droit sont toujours en avant de
celles du bipède latéral gauche, et *vice
versa*, dans le galop à gauche. Sur une
piste curviligne, le cheval galope ordinairement du côté sur lequel il tourne,
car les membres de ce côté, arrivant à

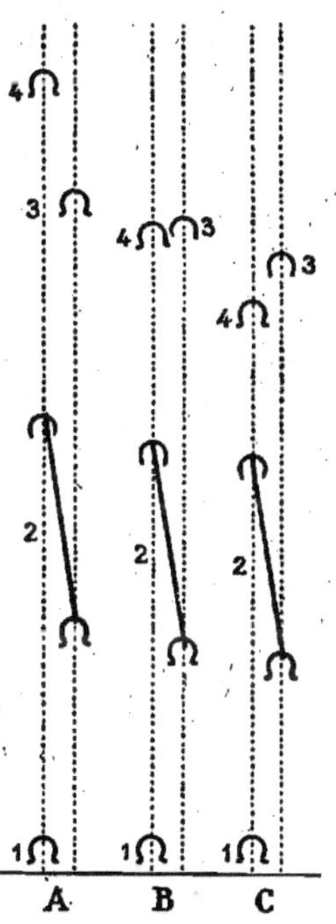

Fig. 154. — *Trois pistes
de galops à droite.*

A, galop ordinaire ou allongé, l'animal se mépiste; B, petit galop,
l'animal se piste; C, galop encore
plus raccourci, l'animal se dépiste.
1, appui postérieur gauche; 2, appui diagonal gauche; 3, appui
antérieur droit; 4, première foulée du pas suivant.

l'appui en avant des autres, préviennent les chutes en dedans auxquelles l'animal serait exposé par la position inclinée qu'il est
obligé de prendre pour résister à la force centrifuge.

La notation de la figure 151, est celle d'un galop à droite; on voit
en effet que, dans chaque bipède, l'appui du membre droit est plus
avancé que celui du membre gauche.

Chronophotographie (fig. 153). — Au moyen de la chronophotographie, on constate nettement que l'allure du galop peut être assimilée à une succession de cabrers et de ruades s'effectuant chacun sur un seul membre, cabrers et ruades accouplés dans chaque pas comme si le corps basculait sur un bipède diagonal, et séparés entre les pas successifs par autant de sauts en avant.

Longueur des pas. Vitesse. — La longueur des pas, dans le galop, est très variable; cette allure est plus ou moins rapide suivant les sujets et suivant les circonstances. En moyenne la longueur du pas est de trois fois celle de la base de sustentation (Raabe), soit 3 m. 60 pour un cheval de 1 m. 60. L'ordonnance de cavalerie de 1829 la fixe à 3 m. 25, et la vitesse de l'allure à 5 mètres à la seconde, 300 mètres à la minute.

Piste. — Dans le galop ordinaire et le grand galop, la première foulée de chaque pas se fait en avant de la dernière du pas précédent (fig. 154, A); on dit que l'animal *se mépiste.* Dans le galop raccourci, les deux foulées en question se font côte à côte (fig. 154, B); on dit que l'animal *se piste.* Si le galop est encore plus raccourci, le pied postérieur vient retomber en arrière de l'empreinte qu'a laissée l'antérieur opposé (fig. 154, C), c'est-à-dire que l'animal *se dépiste.* Enfin, lorsque le galop se fait presque sur place, le pied de derrière arrive à peine à occuper la place laissée par le pied de devant du même côté et parfois même tombe en arrière, c'est-à-dire que l'animal se couvre à peine ou même se découvre. Dans tous les cas, les foulées des membres du côté sur lequel l'animal galope sont en avance sur celles du côté opposé.

Déplacements du centre de gravité. Réactions. — Les oscillations horizontales sont faciles à déduire d'après le rythme des appuis. Ainsi (fig. 155), le centre de gravité, supporté d'abord par le membre

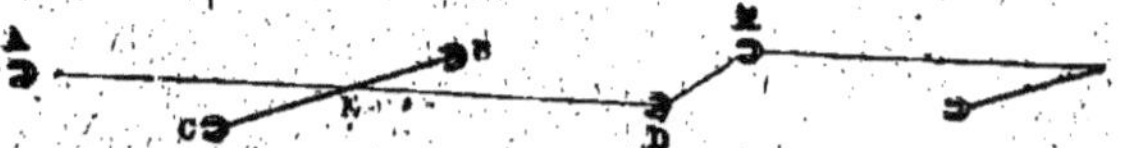

Fig. 155. — Schéma du déplacement horizontal du centre de gravité dans un galop à droite (Lecoq).

postérieur gauche A, se porte en E sur la ligne comprise entre les deux extrémités B et C formant le bipède diagonal gauche, et de là en D sur l'extrémité antérieure droite. Entre la foulée de ce membre et celle du pied postérieur qui la suit, par conséquent pendant le temps de projection du corps, il se porte en A' pour recommencer la même succession de déplacements. L'équilibre est fort instable puisque la base de sustentation n'est représentée dans certaines phases de l'allure que par la largeur d'un seul pied; la vitesse s'impose. Entre les deux appuis unipédaux de chaque pas s'opère le mouvement de bascule sur un bipède diagonal.

Quant au mouvement vertical du centre de gravité, « il décrit, comme dans le trot, une parabole, plus grande à la vérité et plus courbée que dans cette allure, mais il faut observer que le pas complet du galop n'en exige qu'une seule, tandis qu'il en faut deux pour compléter le pas du trot » (Lecoq).

Malgré que la pression des pieds sur le sol soit particulièrement intense dans le galop, vu la violence des impulsions, les réactions sont beaucoup moins dures pour le cavalier que celles du trot, car les membres sont plus souples à l'appui, cèdent davantage au poids du corps que dans cette dernière allure. A l'inverse de ce que l'on observe dans le trot, les réactions du galop sont plus intenses à la croupe qu'au garrot.

Variétés du galop.

a) **Galops à trois temps.** — Le galop à trois temps comporte diverses variétés suivant la manière dont les appuis du bipède antérieur se superposent à ceux du bipède postérieur sur la notation.

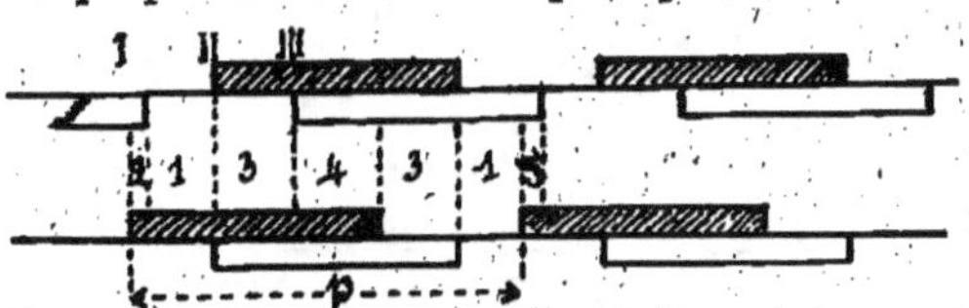

Fig. 156. — *Petit galop marché à trois temps.*

I, II, III, les trois battues d'un pas *p;* 2, 1, 3, 4, 3, 1, nombres de membres à l'appui successivement; *ch*, phase de chevauchement caractérisant le galop marché, le poser du membre postérieur commençant le pas s'effectue avant le lever du membre antérieur terminant le pas précédent.

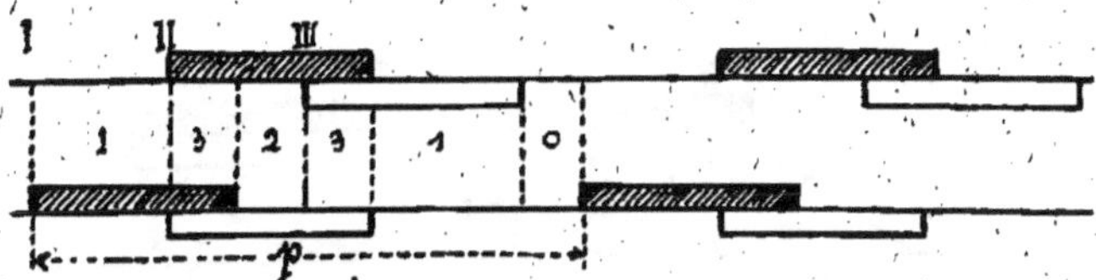

Fig. 157. — *Galop allongé à 3 temps. (Les appuis du bipède antérieur sont portés vers la droite, et, dans les deux bipèdes le chevauchement des appuis est peu étendu; il en résulte une sustentation moins stable.)*

I, II, III, les trois battues d'un pas *p;* 1, 3, 2, 3, 1, 0, nombres de membres à l'appui successivement.

Plus les premiers se portent à droite des seconds, plus l'équilibre est instable et plus la vitesse est grande.

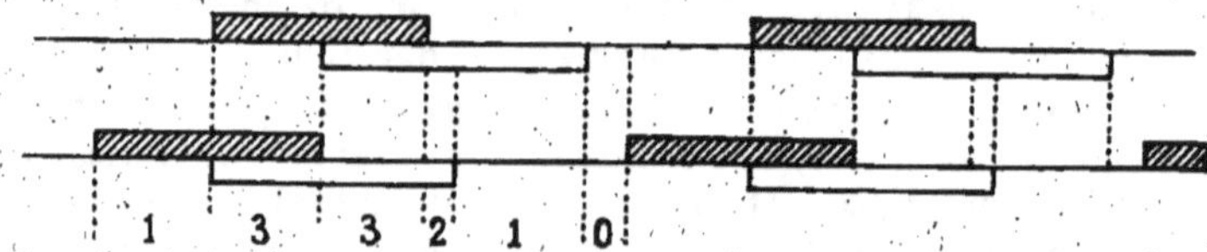

Fig. 158. — *Galop à 3 temps avec prédominance des appuis du côté sur lequel l'animal galope.*

Les chiffres indiquent le nombre de membres à l'appui successivement pendant la durée d'un pas.

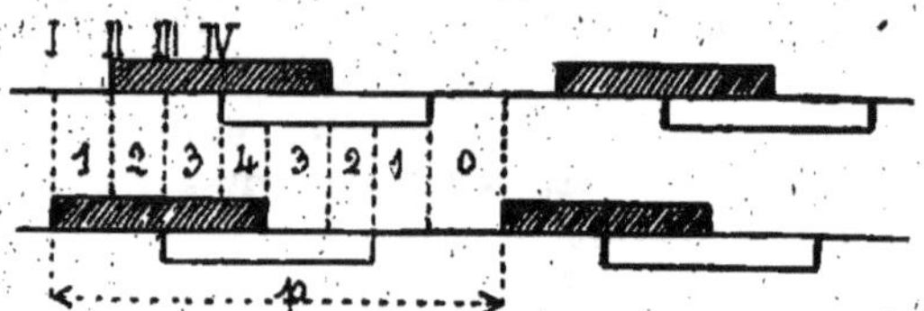

Fig. 159. — *Petit galop à quatre temps sur les épaules (la phase de suspension 0 a été exagérée sur la figure).*

I, II, III, IV, les quatre battues d'un pas p; 1, 2, 3, 4, 3, 2, 1, 0, nombres de membres à l'appui successivement.

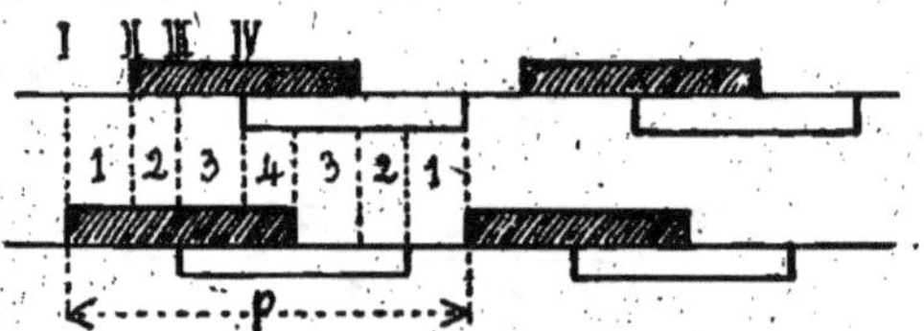

Fig. 160. — *Petit galop à quatre temps sur les épaules avec suppression de la phase de suspension; parfois même il y a chevauchement du dernier appui d'un pas avec le premier des pas suivants.*

I, II, III, IV, les quatre battues d'un pas p; 1, 2, 3, 4, 3, 2, 1, nombres de membres à l'appui successivement.

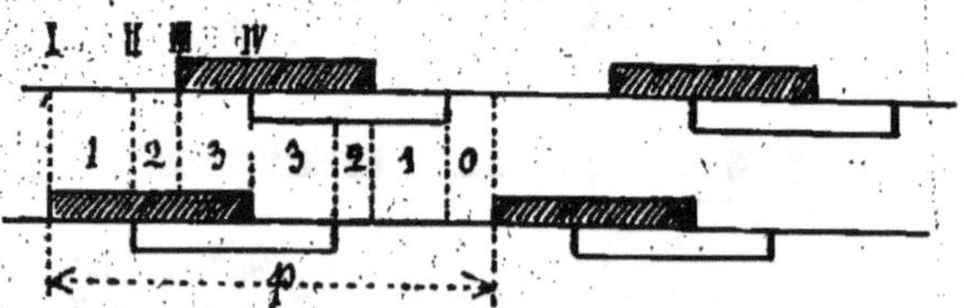

Fig. 161. — *Petit galop à quatre temps sur les hanches (galop de manège).*

I, II, III, IV, les quatre battues d'un pas p; 1, 2, 3, 3, 2, 1, 0, nombres de membres à l'appui successivement.

Dans le galop ordinaire ou galop de charge, pris pour type, le poser du bipède diagonal donnant lieu à la deuxième battue se

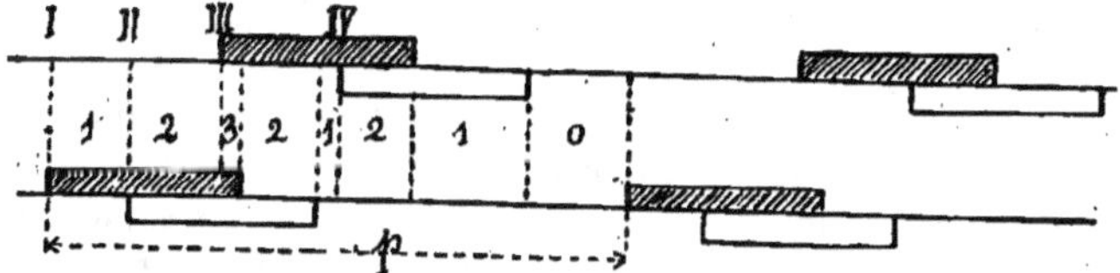

FIG. 162. — *Grand galop à quatre temps sur les hanches*
(galop de charge du colonel Gossart).

I, II, III, IV, les quatre battues d'un pas *p*; 1, 2, 3, 2, 1, 2, 1, 0, nombres de membres
à l'appui successivement.

fait vers le milieu de l'appui du membre postérieur précédent (fig. 151). Dans le petit galop à trois temps ce poser se fait au premier tiers du dit appui (fig. 156). Dans le galop allongé, il se fait au contraire vers le dernier tiers (fig. 157).

De ces différences résulte que, à chaque pas, l'appui se fait tour à tour sur :

1, 3, 2, 3, 1 membres dans le galop ordinaire;

1, 3, 4, 3, 1 membres dans le petit galop;

1, 3, 2, 3, 1, avec allongement plus ou moins considérable des appuis unipédaux, dans le grand galop.

Dans ces diverses variétés de galop à trois temps l'étendue des pas est déterminée principalement par l'obliquité des membres à leur poser et à leur lever. Les périodes de suspension ne sont pas seulement diminuées par le ralentissement de l'allure, elles peuvent l'être aussi dans certaines formes du galop allongé, soit par une anticipation du bipède antérieur soit par un allongement des appuis des membres sur lesquels l'animal galope. Voici, par exemple, (fig. 158), une notation prise dans l'ouvrage du colonel Gossart dans laquelle la durée de la période de suspension était à peine le dixième de la durée du pas, bien qu'il s'agisse d'un galop assez allongé; l'allongement de l'appui du membre postérieur droit avait entraîné la formation d'un bref appui latéral précédant le deuxième appui unipédal; le rythme des appuis dans chaque pas était 1, 3, 3, 2, 1.

Dans les galops très ralentis, les périodes de suspension disparaissent, il peut même arriver que le poser du membre postérieur commençant le pas se fasse avant le lever du membre antérieur terminant le pas précédent, on dit alors que le galop est marché (fig. 156).

Quant à la piste, nous avons dit plus haut que, suivant la vitesse de son galop, le cheval se *mépiste*, se *pise*, se *dépiste*, se *couvre* ou se *découvre*. Nous n'y reviendrons pas (v. fig. 154).

b) **Galops à quatre temps.** — Le galop à quatre temps présente lui-même d'assez nombreuses variétés. C'est tantôt une allure ralentie, tantôt une allure ultra-rapide.

Le petit galop à quatre temps est dit *sur les épaules* ou *sur les hanches* suivant que la dissociation des battues du bipède intermédiaire se fait par anticipation du membre antérieur ou du membre postérieur. Par exemple une surcharge de l'avant-main peut imposer à l'animal la précipitation de ses posers antérieurs; s'il galope à droite, la première battue sera frappée par le membre postérieur gauche, la deuxième par l'antérieur gauche, la troisième par le postérieur droit et la quatrième par l'antérieur droit (fig. 159). Les phases de suspension sont toujours très diminuées dans le galop sur les épaules, souvent même supprimées comme dans la figure 160.

Le petit galop à quatre temps sur les hanches est un galop de manège, élégant, cadencé, très enlevé du devant, dans lequel le pied de devant du bipède diagonal intermédiaire est en retard sur le pied de derrière; l'animal galopant à droite, on voit se succéder, à chaque pas le membre postérieur gauche, le membre postérieur droit, le membre antérieur gauche, le membre antérieur droit comme dans la figure 161 et 162.

Nous avons expliqué ci-dessus, à propos du galop à trois temps, que, plus il est rapide, plus les appuis du bipède antérieur considérés sur la notation se portent vers la droite de ceux du bipède postérieur. Cela entraîne une augmentation de durée des appuis unipédaux qui impose un surcroît de travail aux membres agissant isolément; aussi arrive-t-il un moment où les deux membres en diagonale qui agissaient de concert se dissocient, le postérieur précipitant son appui pour venir en aide à son congénère qui reçoit le poids du corps après chaque période de suspension, l'antérieur retardant le sien pour remplir le même office à l'égard de son congénère qui frappe la dernière battue de chaque pas et projette le corps en l'air. Ainsi s'opère le passage du rythme à trois temps au rythme à quatre temps. La première et la deuxième battue se sont rapprochées tandis que la deuxième et la troisième se sont éloignées. Cette dissociation s'accentuant de plus en plus, les battues finissent par se grouper deux à deux, d'abord celles du bipède antérieur, ensuite celles du bipède postérieur, et par se succéder si rapidement dans chaque bipède qu'on a l'illusion d'une succession de sauts exécutés tour à tour par les membres postérieurs et par les antérieurs. Tel est le galop de course. Mais il y a entre ce galop et le galop pris pour type une transition insensible que montrent bien les notations. : l'équilibre devient de plus en plus instable, corrélativement à l'accroissement de la vitesse; les appuis se succèdent sur un et deux membres par suite de la diminution progressive des appuis tripédaux aboutissant à leur suppression; en même temps les périodes de suspension augmentent; et on arrive ainsi au galop de course.

Galop de course. — Il a été considéré longtemps comme une allure particulière dans laquelle le corps serait transporté par une succession de sauts exécutés dans une direction aussi horizontale que possible par l'action successive du bipède antérieur et du bipède postérieur. Richard du Cantal soutenait que c'est un galop à trois temps extrêmement allongé, exécuté très près de terre et laissant entendre les trois battues du galop ordinaire, séparées à chaque pas complet par un intervalle. Lecoq, Colin et la plupart des hippologues se rallièrent à cette opinion jusqu'à ce que Marey démontrât par la méthode graphique qu'en réalité c'est un galop à quatre temps. Néanmoins la controverse ne prit fin que grâce à la chronophotographie.

Pour Marey, le galop de course était un galop à quatre temps rapprochés deux à deux, dont les battues des membres postérieurs se suivent à si court intervalle que l'oreille n'en perçoit qu'une seule, et dont les phases de suspension, au lieu de s'intercaler entre les pas successifs, se placent dans chaque pas entre les appuis postérieurs et les appuis antérieurs (fig. 165).

Lenoble du Teil, en analysant les photographies instantanées de Muybridge, montra que, si le galop de course est bien une allure à quatre temps, il ne diffère pas des autres galops quant aux moments où se fait la projection du corps dans l'espace (fig. 163).

Enfin le colonel Gossart, perfectionnant l'étude chronophotographique de ladite allure, en obtint la notation de la figure 164, dont l'exactitude a été vérifiée par Forgeot [1], notation montrant : 1º qu'il s'agit d'une allure à quatre temps dans laquelle les battues postérieures sont plus rapprochées que les antérieures comme l'avait dit Marey; 2º que les appuis sont alternativement unipédaux et

---

1. FORGEOT. Le galop de course (*Bulletin de la Soc. des sciences vétérinaires*, Lyon, 1909).

bipédaux comme le montre aussi la notation de Lenoble du Teil;
3° que la phase de projection, située après chaque pas, équivaut au
cinquième environ de la durée du pas.

La piste du galop de course offre un mépisté considérable et une

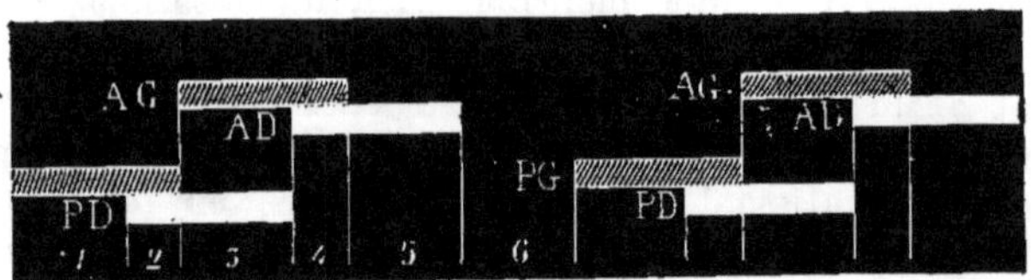

Fig. 163. — *Notation du galop de course, d'après Lenoble du Teil.*

PG, PD, AG, AD poser des pieds postérieur gauche, postérieur droit, antérieur gauche,
antérieur droit; 1, 2, 3, 4, 5, 6, les six phases d'un pas.

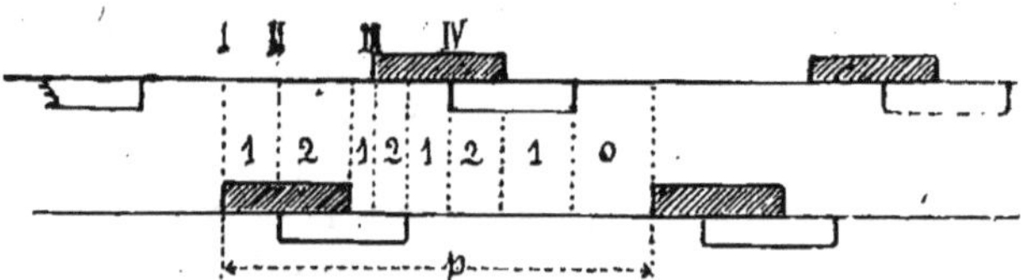

Fig. 164. — *Galop de course, d'après le colonel Gossart.*

I, II, III, IV, les quatre battues d'un pas p; 1, 2, 1, 2, 1, 2, 1, 0, nombres de membres
successivement à l'appui.

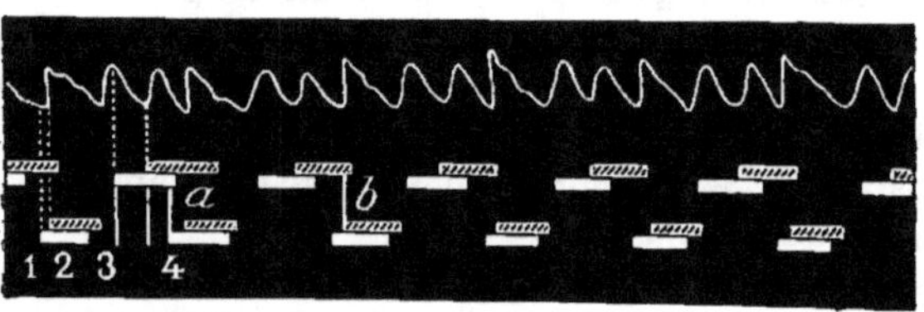

Fig. 165. — *Tracé et notation du galop de course, d'après Marey.*

1, 2, 3, 4, lignes pointillées marquant les 4 posers et par conséquent les
quatre temps d'un pas, les deux derniers plus espacés que les deux premiers.
a et b, deux ordonnées correspondant aux posers des membres postérieurs,
d'après lesquelles ce poser se ferait avant le lever du membre antérieur du
même côté, ce qui est impossible avec du mépister. Cette notation n'est donc
pas exacte.

grande distance entre les foulées diagonales correspondant aux
deuxième et troisième battues. La longueur du pas, variable d'un
moment à l'autre, est en moyenne de 5 à 7 mètres, c'est-à-dire de
quatre à six bases de sustentation. Le nombre de pas à la minute

est de 155 à 160, ce qui fait une vitesse de 14 à 15 mètres à la seconde; certains chevaux atteignent 16 mètres et plus. Il est évident qu'un pareil train ne peut être soutenu plus de quelques minutes, car la respiration devient vite haletante et les battements du cœur exagérément précipités.

Les oscillations latérales du centre de gravité sont négligables; les foulées se suivent presque sur la même ligne, ce qui correspond à une réduction extrême de la base de sustentation dans le sens transversal et, par conséquent, à une grande instabilité de l'équilibre. Quant au déplacement vertical de ce centre, il consiste, pour chaque pas, dans une courbe parabolique d'autant plus légère que le cheval court plus près de terre, condition essentielle pour la rapidité parce que la force employée à soulever le corps est perdue pour son impulsion en avant.

En résumé la dissociation des battues du bipède diagonal ne va jamais, si ce n'est peut-être chez le chien lévrier et autres animaux dont la colonne vertébrale se prête à une forte détente extensive, jusqu'à supprimer l'appui diagonal et intercaler ainsi une période de suspension entre les foulées postérieures et les antérieures. Cela ne se produit qu'au saut d'un obstacle; en dehors de cette circonstance le corps du cheval au galop ne quitte le sol qu'entre les pas successifs et ces périodes de suspension sont beaucoup plus brèves qu'on est tenté de le croire (un dixième de seconde tout au plus).

Avant qu'on eût étudié les allures au moyen de la chronophotographie et du cinématographe les peintres et les sculpteurs commettaient de fréquentes erreurs dans la représentation des animaux en mouvement, notamment des chevaux au galop; le plus souvent ils figuraient ceux-ci le corps en l'air avec les membres allongés presque horizontalement comme dans certains sauts d'obstacles.

Défectuosités du galop.

a) **Galop faux.** — On dit que le galop est faux quand le cheval, tournant à droite, galope à gauche, ou bien qu'il galope à droite en tournant du côté opposé. Les chutes en dedans sont alors faciles et fréquentes, on le comprend sans peine.

b) **Galop désuni.** — Le galop est désuni lorsque le bipède antérieur ne galope pas du même côté que le bipède postérieur, ainsi que le montre la figure 166. Si le pied antérieur gauche effectue ses foulées en avant de celles du pied antérieur droit, le pied postérieur gauche, au contraire, opère les siennes en arrière de celles du pied postérieur droit. Inversement, si le pied antérieur droit a une avance sur son opposé, le pied postérieur droit est au contraire en retard sur le gauche. Ainsi que le font remarquer Goubaux et Barrier, le

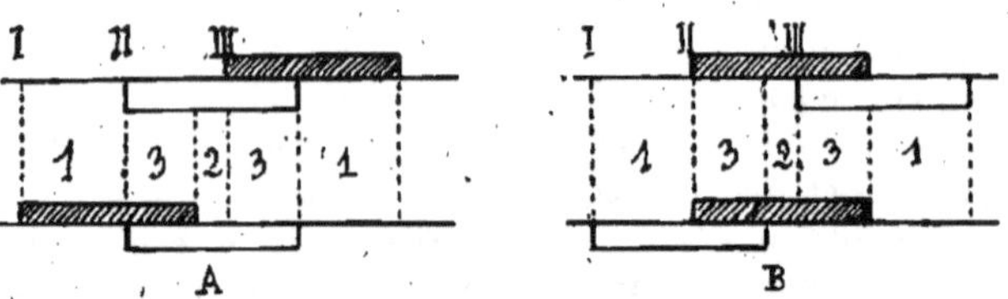

FIG. 166. — *Galop désuni.*

A, latéral droit.   B, latéral gauche.

I. II, III, les trois battues d'un pas; 1, 3, 2, 3, 1, nombres de membres à l'appui successivement entre les phases de suspension.

galop désuni est une sorte de *galop latéral* qui est à l'amble ce que le galop franc ou *galop diagonal* est au trot; aussi le cheval ambleur a-t-il une tendance particulière au galop désuni, allure très défectueuse qui ôte à l'animal toute sa solidité et l'expose à des chutes d'autant plus fréquentes qu'il n'y a plus la moindre régularité dans l'action des deux bipèdes latéraux, l'un traçant ses pistes rapprochées, l'autre leur laissant un grand écartement.

D. — Pas.

Définition. — Le pas est une allure marchée, à quatre battues régulièrement espacées, dans laquelle chaque membre antérieur est précédé par le postérieur du même côté et suivi par le postérieur du côté opposé, c'est-à-dire que l'allure est diagonale à partir d'un membre antérieur, latéral à partir d'un membre postérieur. Si, par exemple, elle est entamée par le membre antérieur droit, les battues se succèdent ainsi : membre antérieur droit, membre postérieur gauche, membre antérieur gauche, membre postérieur droit.

Comme l'a remarqué Borelli, chaque membre n'attend pas pour se lever que celui qui le précède ait effectué son poser, c'est quand un membre est à la moitié de son soutien que celui qui doit le suivre commence le sien, et c'est quand un membre est à la moitié de son appui que celui qui doit le suivre effectue son poser (fig. 167).

Notation. Chronophotographie. — La figure 167 démontre ce
rythme d'une manière frappante. On y constate que les battues

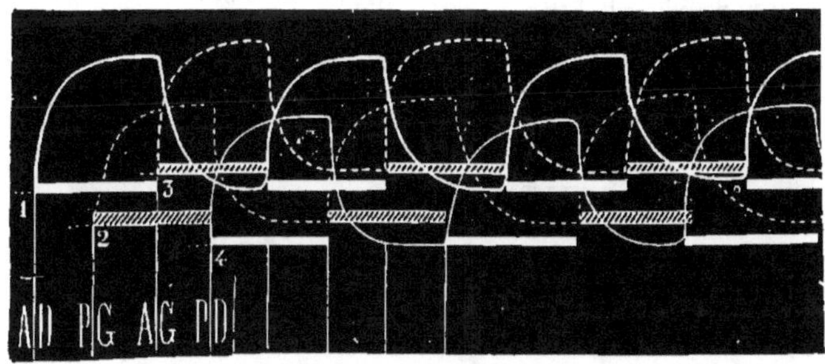

Fig. 167. — *Tracés et notation du pas* (Marey).

AD, poser du membre antérieur droit; PG, poser du membre postérieur gauche; AG, poser
du membre antérieur gauche; PD, poser du membre postérieur droit; 1, 2, 3, 4, les
quatre temps d'un pas. (Les phases d'échanges d'appui ne sont pas indiquées).

sont équidistantes et que les appuis, alternativement latéraux et
diagonaux, sont égaux. Dans un pas complet, par exemple, à partir

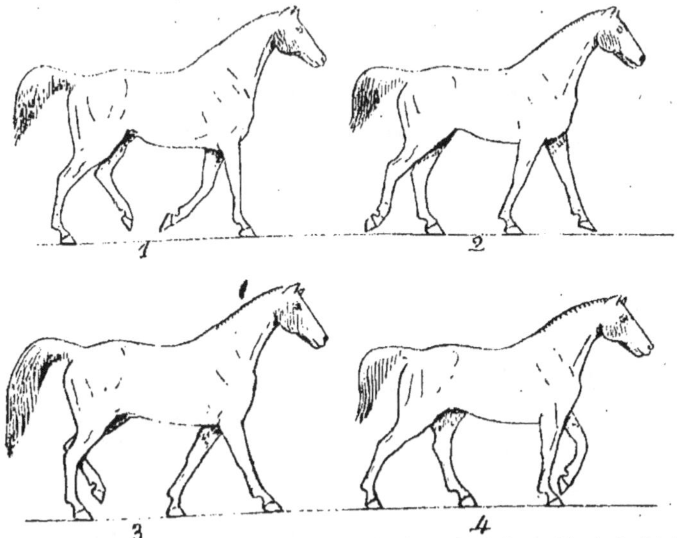

Fig. 168. — *Quatre attitudes d'un cheval au pas (décalques de photographies instantanées)*.

1, appui latéral droit; 2, appui diagonal droit; 3, appui tripédal postérieur droit (échange d'appui
des membres antérieurs); 4, appui tripédal antérieur droit (échange d'appui des membres postérieurs).

du poser du membre postérieur gauche, le corps repose successivement sur le bipède diagonal droit, le bipède latéral gauche, le bipède diagonal gauche, le bipède latéral droit, et ainsi de suite dans les pas suivants.

La figure 168 montre que, dans les appuis latéraux les membres divergent par l'extrémité, tandis que, au contraire ils convergent

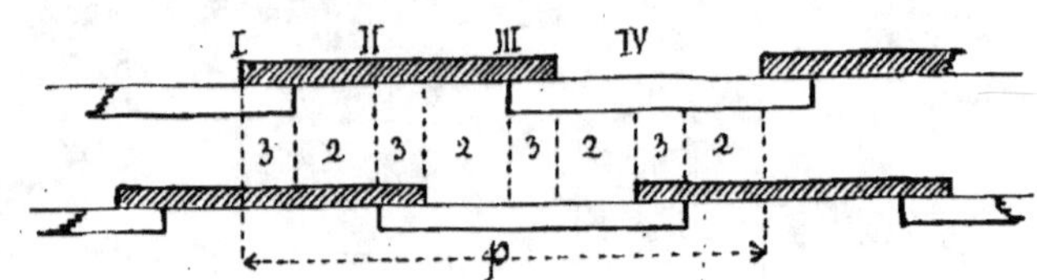

FIG. 169. — *Notation d'un pas normal à 4 temps égaux*, I, II, III, IV.

3, 2, 3, 2, 3, 2, 3, 2, nombres de membres à l'appui successivement pendant la durée d'un pas.

sous le corps dans les appuis diagonaux. C'est que, en effet, le support sur un bipède latéral se forme par le poser d'un membre antérieur qui s'est éloigné du postérieur, tandis que celui sur un bipède diagonal se forme par le poser d'un membre postérieur qui s'est rapproché de l'antérieur.

Périodes d'échange d'appui. — La notation de la figure 167 n'est pas rigoureusement exacte, car elle ne tient pas compte du chevauchement d'appui que l'on observe, dans toute allure marchée, entre membres d'un même bipède, antérieur ou postérieur. Il est facile de s'assurer par la chronophotographie (fig. 153) que, par exemple, quand le pied antérieur droit se pose, le pied antérieur gauche n'est pas au lever, comme on l'a cru longtemps, mais bien à la fin de son appui; c'est lorsque le pied droit a commencé son appui que son opposé se lève; et il en est de même pour les pieds postérieurs. Il y a donc de courtes périodes d'échange d'appui pendant lesquelles la base de sustentation est nécessairement tripédale, ainsi que le montrent nettement la figure 168 et la notation de la figure 169.

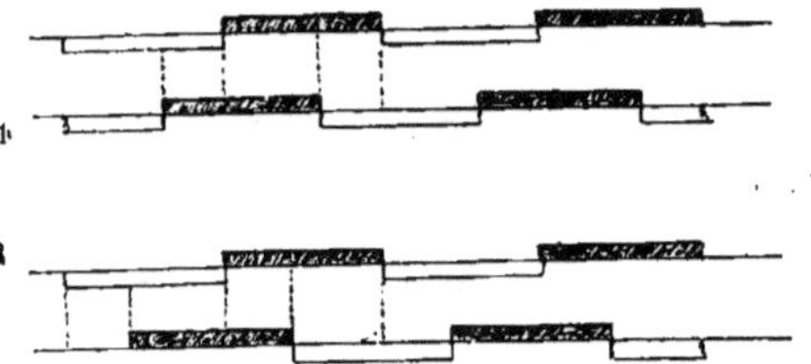

FIG. 170. — *Variétés de rythme dans le pas. (Pour plus de clarté les phases d'échange d'appui n'ont pas été représentées).*

1, pas Lecoq, avec prédominance des appuis latéraux; 2, pas Raabe, avec prédominance des appuis diagonaux.

Variétés de pas. — Le rythme du pas est susceptible de modifications :

1º Les battues, au lieu d'être également espacées, comme dans le pas que nous venons de prendre pour type, peuvent être rapprochées deux à deux, soit par bipède latéral, soit par bipède diagonal (fig. 170). Dans le premier cas, que Lecoq prenait pour type, la notation se rapproche de celle de l'amble rompu ; il y a prédominance des appuis latéraux sur les appuis diagonaux. Dans le second cas, admis comme type par Raabe, ce sont, au contraire, les appuis diagonaux qui l'emportent sur les appuis latéraux. Il ne semble pas que ces modifications aient une grande importance ; on est toutefois autorisé à penser que le *pas latéral* de Lecoq est plus

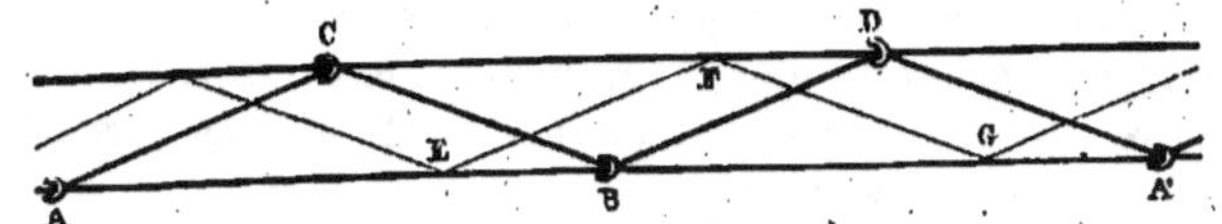

FIG. 171. — *Schéma du déplacement horizontal du centre de gravité dans le pas,*
d'après Lecoq.

AB, CD, BA', appuis latéraux ; AC, CB, BD, DA', appuis diagonaux ; EFG, ligne
de déplacement du centre de gravité.

fatigant mais plus rapide que le *pas diagonal* de Raabe, parce qu'il donne lieu à un équilibre moins stable.

2º D'autres variétés résultent de l'inégalité des appuis antérieurs et des postérieurs, ceux-ci l'emportant en durée sur ceux-là. Par exemple, lorsque l'animal est attelé à une lourde charge ou retient la voiture à une descente l'équilibre acquiert plus de stabilité par l'augmentation de durée des appuis tripédaux, il peut même se former des appuis quadrupédaux.

Longueur des pas. — *Vitesse.* — D'après l'ordonnance de cavalerie de 1829, le nombre des pas à la minute doit être de 60 et l'espace parcouru pendant ce temps de 100 mètres, ce qui fait pour chaque pas 1 m. 66, c'est-à-dire une longueur peu différente de la taille au garrot. Raabe et Vallon donnent comme vitesse moyenne 112 mètres à la minute, Lenoble du Teil, 108 mètres, et, comme longueur de chaque pas, 1 m. 80, pour un cheval de 1 m. 60. Ces diverses estimations conduisent à admettre une vitesse de 6 à 7 kilomètres à l'heure pour les chevaux de taille moyenne.

Piste. — Dans le pas ordinaire, l'animal se couvre, la piste est simple. Dans le pas raccourci, tel que celui d'un cheval montant une côte ou traînant une charge, il se découvre, la piste est double.

Si le fardeau est très lourd, le temps de l'appui l'emportant beaucoup sur celui du soutien, le corps est presque constamment alors supporté par trois pieds à la fois, chaque extrémité retardant son lever jusqu'au poser de celle qui l'a précédée. Dans le pas allongé, la piste est également double, mais, pour une raison inverse, l'animal se mécouvre; s'il chemine sur un plan horizontal, il faut s'assurer alors qu'il ne forge pas, ne s'atteint pas et est ferme à l'arrêt, car souvent c'est à la faiblesse du rein qu'il faut attribuer cet excès d'ouverture de l'enjambée (Lecoq). A la descente, le pas s'allonge naturellement et comporte du méjugé, à moins que l'animal ne soit attelé à une lourde charge, auquel cas il raccourcit son allure pour éviter d'être entraîné par l'accélération du mouvement.

Il est digne de remarque que les trois variétés de piste du pas (ordinaire, raccourci, allongé) rappellent exactement celles du trot ordinaire, du petit trot et du grand trot, abstraction faite, bien entendu, de la longueur des pas (Voy. fig. 143).

Déplacements du centre de gravité. — Les oscillations latérales ont lieu comme dans l'amble; seulement, le passage d'un côté à l'autre de la base de sustentation se fait en deux temps, car le centre de gravité saute d'abord au tiers antérieur d'un appui diagonal pour atteindre le bipède latéral opposé (fig.171). Quant aux oscillations verticales, elles sont au nombre de quatre pour chaque pas, mais peu manifestes, surtout à la croupe,

« Le pas est l'allure la plus lente du cheval, la moins fatigante, tant qu'on ne cherche pas à l'accélérer : mais, si l'on veut la forcer, l'animal se fatigue bientôt de ce mode de progression et passe à un petit trot qui lui fait faire plus de chemin avec moins d'efforts, le déplacement horizontal du centre de gravité étant, comme nous l'avons vu, beaucoup moindre dans le trot que dans le pas » (Lecoq).

E. — Pas relevé ou haut pas.

Sous ces dénominations, très impropres, on désigne une allure intermédiaire entre le pas et le trot, une sorte de trot décousu au dernier degré, dans lequel les périodes de suspension seraient supprimées. En effet, dans le pas relevé, le cheval fait entendre quatre battues qui se succèdent dans le même ordre que dans le pas, mais sont beaucoup plus précipitées et ordinairement rapprochées par paires diagonales, en sorte que les appuis diagonaux l'emportent considérablement en durée sur les appuis latéraux (Voy. fig. 172).

Les noms de pas relevé, haut pas, porteraient à croire qu'il s'agit d'une allure dans laquelle le centre de gravité décrit de grandes oscillations verticales; il n'en est rien cependant, la rapidité avec laquelle elle s'exécute ne permet pas aux membres de s'élever beaucoup de terre, ils ont au contraire tendance à raser le tapis. Il en résulte une grande douceur de réactions qui faisait autrefois rechercher les chevaux de haut pas ou *bidets d'allure* par les personnes voyageant beaucoup à cheval.

« Parmi les chevaux qui vont au pas relevé, il en est, qualifiés de « patineurs » en Normandie, qui l'exécutent en quatre battues à peu près également espacées; cette allure ne diffère alors du pas ordinaire que par la rapidité avec laquelle les membres se succèdent et par le bercement qu'elle occasionne, qui est toujours d'autant plus grand, dans une allure quelconque, qu'elle s'éloigne davantage du trot. » (Lecoq).

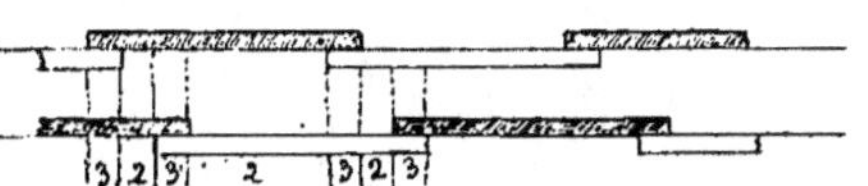

Fig. 172. — *Notation du pas relevé, d'après Goubaux et Barrier. (Les chiffres indiquent le nombre des membres à l'appui successivement).*

(Les chiffres indiquent le nombre des membres à l'appui successivement).

La piste du pas relevé est à peu près celle du petit trot; elle montre que les foulées postérieures se font un peu en arrière des antérieures (il y a du déjugé).

Les chevaux de haut pas, autrefois communs en Normandie et formant en quelque sorte une race particulière [1], sont aujourd'hui très rares. Cette allure est d'ailleurs véritablement défectueuse car elle est très fatigante et expose à buter; la douceur des réactions pour le cavalier ne saurait faire compensation. Il est possible de communiquer artificiellement le haut pas à de jeunes chevaux en réunissant leurs membres en diagonale au moyen de cordes et en les obligeant à marcher vite, ainsi entravés, sans toutefois prendre le trot.

F. — RECULER (fig. 173).

Le reculer ou rétrogression n'est ordinairement que le pas à rebours; on voit cependant dans les cirques des chevaux dressés à reculer au trot. En général, l'animal entame cette allure rétrograde

---

1. Consulter, à leur sujet, le travail de MAZURE dans les *Mémoires de la Société vétérinaire du Calvados et de la Manche*, année 1837.

par un membre postérieur et meut successivement les autres membres dans l'ordre diagonal; ces mouvements sont lents et difficiles, car les membres antérieurs et les membres postérieurs doivent, dans une certaine mesure, intervertir leur rôle normal, ceux-ci entamant le terrain, ceux-là devenant rétropulseurs [1].

La force rétropulsive est développée par les membres à l'appui surtout lorsqu'ils sont obliques en avant. Raidis sous l'action de leurs muscles antagonistes, ils oscillent alors en bloc d'avant en

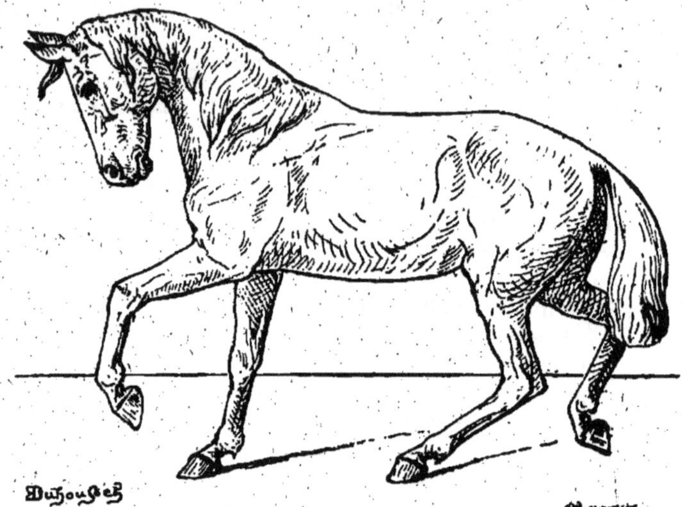

Fig. 173. — *Cheval au reculer* (Duhousset).

arrière à leur extrémité faisant corps avec le tronc, par suite de la contraction soit des muscles pectoral ascendant, pectoral scapulaire et grand dorsal, s'il s'agit des membres antérieurs, soit des muscles ischio-tibiaux s'il s'agit des membres postérieurs. Pour que ces derniers muscles, qui sont les principaux agents du reculer, produisent une poussée en arrière sur la cavité cotyloïde du coxal, il faut évidemment que le fémur et le tibia soient préalablement immobilisés l'un sur l'autre; ils le sont par l'action des muscles antagonistes, les psoas pour le fémur, le triceps crural pour le tibia, et cela entraîne une voussure lombaire plus ou moins accentuée et de fortes pres-

1. Voy. *Revue générale de médecine vétérinaire*, 1912; Le mécanisme du reculer chez les Solipèdes, par PÉCHEROT.

sions sur les assises tarsiennes. Ainsi s'explique que le reculer exige un jarret et un rein solides pour s'effectuer facilement.

Le balancier céphalo-cervical intervient aussi : en se fléchissant il raidit le rachis et contribue à le soulever concurremment avec les psoas. La poussée d'avant en arrière qui accompagne ce raidissement, n'étant pas absorbée par la détente des membres postérieurs, est un facteur de rétrogression, attendu que ceux-ci fonctionnent alors comme de simples leviers que des muscles extrinsèques font osciller à leur extrémité supérieure où se trouve la résistance à déplacer, leviers du troisième genre c'est-à-dire interpuissants.

Lorsque l'animal recule étant attelé, ses efforts sont augmentés de toute la charge qu'il doit déplacer; mais alors il prend point d'appui sur l'avaloire et le levier mis en œuvre est du deuxième genre, c'est-à-dire plus favorable à la force que le précité : le point fixe est au sol, la puissance à l'articulation de la hanche et la résistance au point de contact de la fesse avec l'avaloire. Ainsi les pieds de derrière appuient fortement sur le sol et sont très exposés aux glissades en avant.

Le cheval qui y a été exercé recule de lui-même assez facilement : mais si on le force à exécuter cette action, il se laisse d'abord acculer sur son derrière par la traction des rênes; ce n'est que lorsque le corps est menacé de tomber qu'il commence le recul, et il y a le plus souvent trois membres à l'appui et un seul au soutien.

Le reculer est extrêmement fatigant, nous le répétons, pour les jarrets et les reins; aussi devient-il très difficile lorsque ces régions sont malades; il s'accompagne alors d'un bercement très marqué de l'arrière-main et d'un fort mouvement d'abduction des membres postérieurs.

L' « immobilité », affection causée le plus souvent par l'hydropisie des ventricules cérébraux ou par le développement de cholestéatomes dans ces cavités, entraîne une extrême difficulté ou même l'impossibilité complète du reculer.

Nous avons dit déjà que l'on peut voir dans les cirques, des chevaux reculer au trot; il paraît même que l'on arrive à en faire reculer au galop? Ce sont là des allures artificielles qui ne sauraient retenir notre attention.

Il est beaucoup d'animaux qui exécutent plus aisément que le cheval les allures rétrogrades : par exemple, le taureau, le bélier se préparent à fondre sur leur ennemi en reculant d'abord.

G. — AUBIN.

« L'aubin, dit Lecoq, est la seule allure réellement et complètement défectueuse. Il consiste dans un mélange confus des mouvements du trot et du galop. On voit souvent de vieux chevaux
arrivés au dernier degré d'usure qui, pressés par le fouet de leur
conducteur et ne pouvant soutenir un trot accéléré, cherchent à se
soulager momentanément en prenant le galop. Leur force n'étant
plus en rapport avec leur volonté, ils élèvent bien l'avant-main
comme s'ils allaient galoper, mais leurs membres postérieurs n'ont
plus assez d'énergie pour qu'un seul des deux puisse à la fois supporter la masse du corps et la rejeter rapidement en haut et en
avant; et, malgré l'enlèvement de l'avant-main, le train postérieur
continue le trot ne pouvant faire davantage. L'aubin ne peut donc
être exécuté que pendant quelques pas, et toujours il indique une
ruine complète de l'animal, auquel il donne d'ailleurs une démarche
très disgracieuse. »

Goubaux et Barrier écrivent qu'il y a des chevaux qui « aubinent »
presque constamment durant un travail de vitesse; d'autres, au
contraire, seulement lorsqu'ils sont fatigués ou poussés trop vive-
ment. Et, indépendamment des chevaux qui *aubinent du devant*,
c'est-à-dire galopent du devant et trottent du derrière, il y en
aurait d'autres qui *aubinent du derrière*, c'est-à-dire trottent du
devant et galopent du derrière.

§ 3. — Transitions entre les différentes allures.

Pour bien comprendre, dit Marey, ce qui se passe dans ces transitions, il faut revenir à la comparaison de **Dugès** et se représenter
deux marcheurs qui se suivent au pas, au trot ou au galop. Dans
les allures soutenues, ces deux marcheurs présentent un rythme
constant dans la relation de leurs mouvements, tandis que dans les
transitions, le marcheur d'arrière ou celui d'avant, suivant le cas,
précipite ou ralentit ses mouvements de manière à changer le
rythme des battues. Par exemple, dans la transition du pas au trot
(fig. 174, A) les posers postérieurs gagnant de vitesse sur les antérieurs, leurs appuis reculent sur l'échelle de notation et ainsi arrivent graduellement à coïncider avec les antérieurs par bipèdes
diagonaux. Si au contraire il y avait retard des posers postérieurs

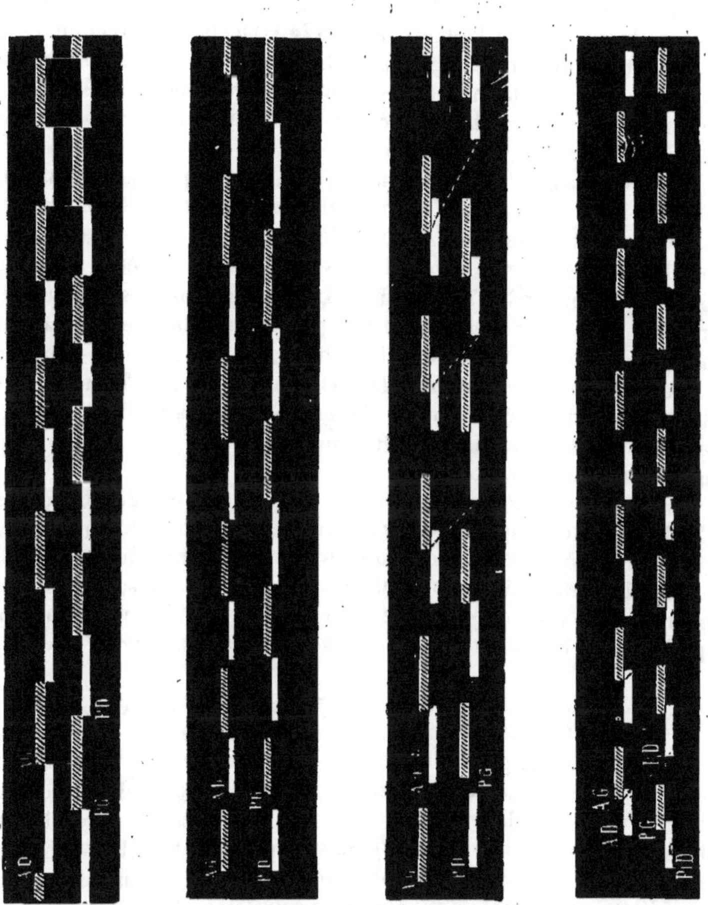

Fig. 174. — *Transition entre les différentes allures* (d'après Marey).
A, du pas au trot; B, du trot au pas; C, du trot au galop; D, du galop au trot. (Ces notations se lisent de bas en haut).

sur les antérieurs, cela s'exprimerait sur la notation par un déplacement des premiers vers la droite qui aboutirait à l'exacte superposition des appuis du même côté c'est-à-dire à l'allure de l'amble. Dans la transition du trot au pas (fig. 174, B) les battues diagonales se dissocient de plus en plus par suite du retard des posers postérieurs en sorte que, sur la notation, les appuis postérieurs se déplaçant vers la droite arrivent à coïncider chacun par moitié avec deux appuis antérieurs.

Dans le passage du trot au galop (fig. 174, C) on constate que dès le début le trot est un peu décousu par retard des pieds postérieurs, mais ce décousu se localise tout de suite à un bipède diagonal, soit le gauche soit le droit, tandis que l'autre bipède diagonal continue à confondre ses battues. La dissociation des battues du premier ne se fait pas seulement par retard du pied postérieur mais encore par l'avance du pied antérieur, de sorte que deux des battues diagonales qui dans le trot étaient synchrones laissent entre elles un grand intervalle où se placent les battues de l'autre bipède restées simultanées. Ainsi l'allure à deux temps s'est convertie en une allure à trois temps.

Un changement inverse produit le passage du galop au trot (fig. 174, D). Remarquons en terminant que l'animal qui va partir au galop, soit de pied ferme soit au cours du trot, commence l'allure par un demi cabrer qui se reproduit ensuite à chaque pas; aussi la première battue est toujours celle d'un membre postérieur; voilà pourquoi l'on dit couramment que l'*animal s'enlève au galop*.

§ 4. — Conditions de beauté des allures.

D'une manière générale, on peut dire qu'une allure quelconque est belle : 1º quand son rythme est régulier; 2º quand les membres se meuvent parallèlement au plan médian du corps, le pied effectuant son oscillation ni trop près ni trop loin du sol; 3º quand le mouvement est *iride*, c'est-à-dire se fait avec franchise, fermeté et rapidité, sans toutefois manquer de souplesse; 4º quand toutes les articulations y participent d'une manière normale; 5º quand les battues sont légères et régulièrement espacées; 6º quand les oscillations latérales ou verticales du tronc ne sont pas exagérées, non plus que celles de l'encolure et de la tête, etc.

Il est inutile d'insister sur ces diverses conditions de beauté, elles se comprennent au simple énoncé et se déduisent de l'étude qui vient d'être faite.

§ 5. — Défectuosités générales des allures.

On dit que :

1º L'animal *trousse* ou *trotte du genou* quand il relève fortement les extrémités antérieures, ce qui peut convenir au cheval de manège ou de parade, mais n'en est pas moins défectueux d'une manière générale, car la force employée à trousser l'est en pure perte au point de vue de la vitesse.

Il ne faut pas confondre le cheval qui trousse avec celui qui *steppe*. A la vérité, celui-ci trotte haut comme celui-là, mais par forte projection du corps en hauteur et non par extrême flexion du genou; il développe ses membres jusqu'à l'extrême limite de l'extension, de manière à atteindre le maximum de l'enjambée, et leur oscillation de soutien se termine par un petit mouvement de projection du pied qui fait effectuer le poser par les talons. Il n'y a que les chevaux à grands moyens qui soient capables de stepper; on dirait qu'ils veulent embrasser l'espace au-delà même de ce que leur permet la longueur de leurs membres.

2º L'animal *rase le tapis* quand ses pieds antérieurs oscillent trop près du sol, ce qui l'expose à buter et à s'abattre. Nous avons déjà dit que, dans certaines allures comme l'amble, le pas relevé, les membres se succèdent avec une telle rapidité qu'ils rasent nécessairement le tapis.

3º L'animal *billarde* quand l'extrémité des membres, surtout des antérieurs, décrit un arc en dehors, ce qui est très disgracieux et s'observe soit chez les chevaux cagneux, soit chez ceux qui ont le pied large et plat.

4º L'animal *se berce* lorsque, pendant les allures, son corps éprouve un balancement latéral très prononcé, que l'on a comparé aux oscillations d'un berceau. Il peut se bercer du devant ou du derrière ou des deux trains à la fois. Il est d'autant plus exposé à ce mouvement que la base de sustentation est plus large et qu'il va à une allure latérale comme l'amble. Souvent les chevaux se bercent par faiblesse ou fatigue; tous se berceraient, quelles que soient leur conformation et leur allure, n'étaient les efforts musculaires qu'ils font pour limiter les oscillations latérales du centre de gravité.

5º L'animal *se coupe* quand le pied au soutien heurte le membre opposé à l'appui. Suivant le degré, on dit qu'il *se frise* s'il y a simple effleurement des deux membres, les poils seuls se redressant au point touché; qu'il *s'atteint* ou *se taille* si la région choquée est entamée; qu'il *s'entre-taille* si les deux membres du même bipède transversal se blessent tour à tour; qu'il *s'attrape* si les chocs ne portent pas toujours au même point, ainsi que cela arrive pendant le galop de course.

L'atteinte se produit ordinairement au boulet; mais elle peut aussi se faire plus haut ou plus bas, suivant que l'allure est plus ou moins relevée.

Les chevaux se coupent plus souvent derrière que devant, parce que les membres postérieurs sont généralement plus rapprochés que les antérieurs. Les jeunes chevaux, dont les allures ne sont pas encore bien raffermies, se coupent fréquemment; mais, chez eux, le défaut peut disparaître avec l'âge. Les chevaux faits se coupent souvent aussi, après un travail prolongé, sous la seule influence de la fatigue. Les causes les plus ordinaires de ce défaut d'allure sont : des aplombs défectueux, des pieds trop larges, une mauvaise ferrure.

On peut empêcher un cheval de se couper par une ferrure appropriée, ou bien encore en protégeant les parties atteintes avec un bracelet ou un anneau de cuir.

6° L'animal *se croise* ou *tricole en marchant* quand le pied du membre au soutien exécute, en même temps que son oscillation de progression, des oscillations latérales très marquées, de manière à croiser le membre à l'appui en avant ou en arrière, mais ordinairement sans le toucher. Ce défaut expose aux faux pas et aux chutes.

7° L'animal *forge* lorsque, pendant la marche, au trot ou au pas, il fait entendre un bruit particulier provenant du choc du pied postérieur sur l'antérieur correspondant. Ce choc résulte de ce que le membre antérieur ne se lève pas suffisamment tôt pour laisser le champ libre au membre postérieur du même côté, ou bien de ce que celui-ci précipite son poser. C'est ordinairement la pince du pied de derrière qui vient frapper le fer de devant, tantôt en éponge, tantôt en voûte. L'animal peut se déferrer et même s'abattre. Quelquefois le pied frappe plus haut que le fer, par exemple les talons, voire même le boulet ou le tendon; il peut en résulter des blessures graves. Le cheval peut forger par suite de faiblesse ou de fatigue, de surcharge de l'avant-main, d'excès de longueur des membres postérieurs, de défaut de longueur du corps, de faiblesse du rein, etc., toutes conditions susceptibles de rompre l'harmonie dans le mouvement réciproque des deux bipèdes. Il arrive aussi que des chevaux forgent par la faute du cavalier, qui, se por-

tant trop en avant et laissant trop de longueur aux rênes, surcharge ainsi les membres antérieurs et en retarde le lever.

« Les chevaux que l'on monte trop jeunes sont sujets à forger;
mais on peut espérer de voir disparaître ce défaut lorsque, avec l'âge,
ils prendront de la force. On voit d'ailleurs des chevaux qui ne
forgent pas habituellement le faire lorsqu'ils sont fatigués. La
ferrure peut, jusqu'à un certain point, remédier à ce défaut, mais il
est difficile de l'empêcher de reparaître, surtout après un exercice
violent et prolongé. On doit, dans tous les cas, se méfier des allures
d'un cheval chez lequel on voit aux pieds de derrière des fers à
pince tronquée, et à ceux de devant des fers très dégagés en voûte
ou à éponges raccourcies » (Lecoq).

8° L'animal *fauche* lorsqu'un membre s'élevant à peine pour se
porter en avant décrit dans son ensemble un arc de cercle en dehors
afin d'éviter la rencontre du sol. C'est un symptôme qui accompagne la plupart des maladies s'opposant à la libre flexion des articulations, surtout de celles des rayons supérieurs; on l'observe,
par exemple, dans l'*effort* ou *écart* de l'épaule ou de la hanche.

Bornons-nous à une simple mention en ce qui concerne les défectuosités d'allures résultant du *tour de rein*, des *épaules froides* ou
chevillées, des *jarrets vacillants*, de l'*éparvin sec*, etc.; elles seront
étudiées dans le chapitre suivant consacré aux régions. Et arrivons
enfin aux boiteries.

§ 6. — **Boiteries.**

Il y a boiterie ou claudication quand l'action d'un ou de plusieurs
membres est diminuée ou annulée sous l'influence d'une maladie.
Le ou les membres atteints se soustraient à l'appui ou tout au
moins en diminuent l'intensité et la durée, en sorte que l'allure
devient irrégulière. Les boiteries présentent de nombreux degrés;
lorsqu'elles sont légères, on dit que l'animal *feint*; si, au contraire,
elles sont très marquées et que l'animal appuie à peine sur le
membre malade, il *boite tout bas*; dans les cas extrêmes le membre
malade ne sert plus du tout à l'appui, l'animal *marche à trois jambes*.

Le diagnostic d'une boiterie est loin d'être toujours facile; il
faut en effet trouver : 1° le ou les membres boiteux; 2° le siège de la
boiterie dans le membre boiteux; 3° enfin la nature du mal. Rien
que pour trouver le membre boiteux, il faut parfois beaucoup
d'expérience et de coup d'œil. Les oscillations de la tête et de
l'encolure, celles de la croupe, aident considérablement dans cette

constatation, car elles tendent à rejeter le poids du corps sur les membres sains pour soulager le membre malade au moment où il arrive à l'appui. Le moyen employé par l'animal est différent suivant qu'il boite d'un membre antérieur ou d'un postérieur; s'il boite du devant, quand il pose le membre malade, il rejette la tête en arrière et un peu de côté pour verser sur le bipède postérieur et sur le membre antérieur non souffrant une plus forte partie du poids du corps, l'appui du membre douloureux est plus court que celui de son congénère, qui prolonge le sien pour suppléer à la diminution de celui de l'extrémité souffrante; si, au contraire, le cheval boite d'un membre postérieur, c'est la croupe qui se soulève au moment de l'appui pour diminuer le poids que supportera le membre, et souvent en même temps l'abaissement de la tête attire sur le bipède antérieur le poids de l'arrière-main. Dans ce cas, comme dans le précédent, on observe l'inégalité de l'appui des deux membres du bipède.

De la thèse très remarquable de M. Leblois chef de clinique à l'Ecole d'Alfort (*Essai sur la cinématique et la dynamique des claudications chez le cheval*, Paris, 1925), nous extrayons les conclusions suivantes corroborant ce qui vient d'être dit :

« *a*) Chez un cheval boiteux la durée d'appui du membre malade est abrégée tandis que la durée du soutien de ce même membre est augmentée. Au contraire la durée d'appui du membre congénère est augmentée tandis que la durée du soutien est abrégée, en sorte qu'il y a compensation.

b) Au soutien la vitesse moyenne de déplacement du membre boiteux est diminuée, celle du membre compensateur est augmentée.

c) Les foulées du membre boiteux, soit au pas soit au trot, au lieu d'être équidistantes de celles du membre congénère se trouvent en deçà du milieu des intervalles de celles-ci.

d) Lorsque l'animal boite d'un membre postérieur, la croupe se soulève au moment de l'appui de ce membre et au contraire s'abaisse à l'appui de son congénère. Ces oscillations sont sous la dépendance exclusive du membre sain; elles ne sauraient donc en aucun cas dépendre du siège ou de la nature de la lésion déterminant la boiterie et ne comportent aucune exception.

e) Dans le cas de boiterie d'un membre antérieur, l'élévation de la tête coïncide avec l'appui du membre malade, et son abaissement, avec l'appui du membre sain. Ici encore ces mouvements sont complétement indépendants de la nature et du siège de la lésion qui détermine la boiterie. Ils augmentent d'intensité avec la gravité de celle-ci et avec la vitesse de l'allure.

f) Lorsque la boiterie d'un membre dépasse un certain degré elle peut avoir répercussion sur le train opposé : une boiterie de derrière sur le train de devant, une boiterie de devant sur le train de derrière.

Dans le cas de boiterie d'un membre postérieur, on peut voir au trot la tête s'abaisser à l'appui du membre antérieur opposé en diagonale au membre malade et, conséquemment, au moment même de l'appui de celui-ci. Par exemple un cheval boiteux du membre postérieur gauche baisse la tête à l'appui du membre antérieur droit. Au pas, la tête s'abaisse à l'appui du membre antérieur opposé en latéral au membre malade; par exemple un cheval boiteux du membre postérieur gauche fait tomber sa tête à l'appui du membre antérieur gauche, c'est-à-dire du membre qui va lui succéder.

Dans le cas de boiterie d'un membre antérieur, la répercussion sur le train de derrière est beaucoup moins nette que dans le cas inverse. Au trot on constate que la croupe s'abaisse à l'appui du membre postérieur opposé en diagonale au membre malade, c'est-à-dire au moment même de l'appui de ce dernier. Au pas cet abaissement se produit à l'appui du membre postérieur du côté du membre malade.

En résumé la répercussion dans un sens ou dans l'autre se traduit par un mouvement inverse de celui qui se produit dans le train qui est le siège de la boiterie. Quand la tête s'élève la croupe s'abaisse, quand la croupe s'élève la tête s'abaisse. Ces deux régions se comportent comme les plateaux d'une balance.

g) Les répercussions dont nous venons de parler ne laissent pas que de compliquer le problème du diagnostic des boiteries. Les personnes insuffisamment averties ou exercées peuvent s'en laisser imposer par les oscillations de la tête chez un animal boitant du derrière ou par les oscillations de la croupe chez un animal boitant du devant. *Au trot les simulations se font du même côté*, c'est-à-dire qu'une boiterie du membre antérieur gauche peut laisser croire à une boiterie du membre postérieur gauche. *Au pas les simulations se font* en diagonale.

On évitera l'erreur en considérant que ces mouvements de répercussion sont subordonnés à des mouvements inverses, beaucoup plus amples et réguliers, siégeant au train opposé.

h) Mais ce n'est pas tout. Il peut y avoir coexistence de plusieurs boiteries. Voici par exemple un cheval au trot dont la tête s'abaisse à l'appui de l'A D, et dont la croupe s'abaisse à l'appui du P D. S'agit-il d'une boiterie A G, d'une boiterie P G ou des deux à la fois? Si l'oscillation cervicale est étriquée, dysharmonique, il s'agit uniquement d'une boiterie postérieure à répercussion antérieure. Si ladite oscillation est du type harmonique, la boiterie antérieure est certaine; quant à la boiterie postérieure elle est possible, mais on ne peut l'affirmer que par la persistance de l'arythmie pelvienne après neutralisation de la boiterie antérieure au moyen de l'anesthésie cocaïnique. Une boiterie intense avec répercussion accentuée peut cacher une boiterie légère dans le bipède supposé normal, et alors il

y a impossibilité complète de conclure à l'unité ou à la dualité de la claudication »

Nous en avons assez dit pour faire comprendre les difficultés,
parfois inextricables du diagnostic du ou des membres boiteux.
Cette question résolue, il reste ensuite à trouver la région du membre
où siège l'obstacle mécanique ou la douleur qui fait boiter. Dans
le plus grand nombre des cas, c'est le pied qui est en cause; aussi
doit-on l'explorer toujours en premier lieu, après l'avoir déferré.
La chaleur du sabot, l'appui sur la pince pendant la marche doivent faire redoubler d'attention dans cette exploration. Un moyen
qu'on peut employer avec avantage pour distinguer si la boiterie
est due à la souffrance du pied ou d'une autre région du membre
consiste à faire marcher l'animal boiteux sur un fumier épais : la
claudication diminue ou disparaît si elle procède du pied, au contraire elle persiste ou augmente si elle est occasionnée par toute
autre cause. Si la boiterie a son siège à l'épaule, le membre s'élève
à peine pour se porter en avant, l'animal fauche. Si c'est à l'articulation coxo-fémorale, le soulèvement de la croupe au moment de
l'appui est plus prononcé que dans les autres boiteries. La claudication provenant du grasset est caractérisée par la difficulté
qu'éprouve la jambe à se porter en avant, vu que tous les extenseurs de ce segment du membre prennent leur insertion à la rotule.
L'effort du genou ou du jarret se manifeste pendant l'action par la
difficulté qu'éprouve l'animal à fléchir ces articulations et par l'arc
de cercle que décrit le membre en dehors.

« Les boiteries, lorsqu'elles sont peu intenses, dit Lecoq, sont
souvent difficiles à reconnaître. On doit, pour les rendre plus sensibles, faire exercer le cheval sur un terrain dur, pavé s'il est possible, et l'examiner surtout au trot, car les vives percussions qui
ont lieu dans cette allure augmentent toujours la douleur, en même
temps que la moindre irrégularité devient plus facile à saisir dans
une allure symétrique à deux temps. On peut, en outre, s'il y a
encore doute, faire tourner l'animal sur l'extrémité soupçonnée :
celle-ci, éprouvant une surcharge, se fléchira promptement pour
s'y soustraire »

Nous n'insisterons pas davantage sur cette importante question
des boiteries car elle relève surtout de la pathologie et de la clinique.

Et nous terminons ici l'étude sommaire que nous avions à faire
de la locomotion chez les mammifères en général et plus particu-

lièrement le cheval. Sans doute aurait-il été intéressant de l'envisager au point de vue des arts du peintre et du sculpteur, mais cela nous aurait entraîné au-delà des limites que nous nous sommes imposées; nous renvoyons donc les lecteurs que cette question pourrait intéresser aux ouvrages du colonel Duhousset, de Guérin Catelain (*loc.cit.*), à la thèse, superbement éditée, du docteur vétérinaire Guillot : *Le cheval dans l'art. Essai d'iconographie hippique*, Paris, 1927; et à l'article du Dr B. Bord sur *le cheval dans l'art*, paru dans le journal *Esculape*, septembre 1928.

Rares sont les artistes, même des temps modernes, qui ont su figurer avec exactitude les animaux en mouvement, notamment le cheval. Sans doute il est, dans certaines allures, comme le galop, des attitudes tellement fugitives qu'elles échappent à la simple observation et dès lors paraissent invraisemblables. Ce ne sont pas celles que l'artiste doit choisir, mais les attitudes limites, initiale ou terminale, que notre œil peut saisir. Il ne doit pas, quoi qu'on dise, sortir de la vérité et rien n'est plus facile aujourd'hui grâce à la chronophotographie et au cinématographe.

CHAPITRE V

ÉTUDE DES RÉGIONS

Bourgelat divisait le corps du cheval en trois parties : *l'avant-main* en avant du cavalier, l'*arrière-main* en arrière, le *corps* entre ses jambes. Cette division, couramment usitée pour le cheval de selle, ne saurait s'appliquer logiquement au cheval de trait et, *a fortiori*, aux animaux des autres espèces; qui ne servent pas de monture; aussi y a-t-il lieu de lui préférer la division anatomique en *tronc* et *membres*, qui est d'une application générale. Pour la même raison, il serait bon de rejeter les expressions *côté montoir* et *côté hors montoir* évoquant l'acte de monter à cheval et de les remplacer par les termes plus simples et compris de tout le monde de « côté gauche et côté droit ».

Assez souvent il y a lieu, chez les quadrupèdes, d'opposer les parties antérieures du corps aux parties postérieures; on se sert alors des expressions *train antérieur* ou *avant-train* et *train postérieur* ou *arrière-train*. Une verticale passant à égale distance des deux bipèdes en est la limite approximative.

SECTION I. — TRONC

Le tronc est la partie du corps qui a pour squelette la tête, la colonne vertébrale, les côtes et le sternum. Il comprend les trois grandes cavités, cranio-rachidienne, pectorale et abdominale, renfermant les organes essentiels à la vie, et il est supporté et transporté par les membres. On le divise en un grand nombre de régions que nous allons étudier d'avant en arrière (fig. 175 et 176).

Il est des auteurs qui ne mettent dans le tronc ni la tête, ni l'encolure, ni la queue, ces parties étant appendiculaires au même titre que les membres. Nous les décrirons en premier lieu.

ARTICLE Ier. — TÊTE

La tête est très importante à étudier, non seulement pour sa
complexité de structure et de fonctions, mais encore comme masse
appendue à l'extrémité d'un long cou et formant avec lui un balan-

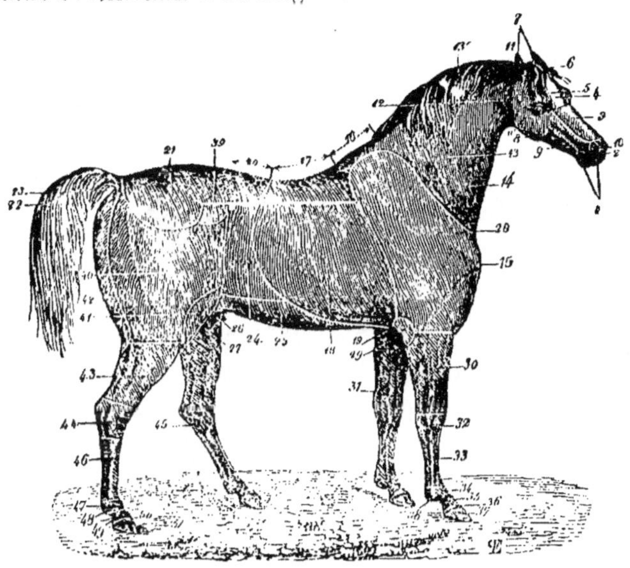

FIG. 175. — *Topographie du corps du cheval.*

1, lèvres; 2, bout de nez; 3, chanfrein; 4, front; 5, salière; 6, toupet; 7, oreilles; 8, ganache; 9, joue;
10, naseau; 11, gorge; 12, parotide; 13, encolure; 13', crinière; 14, gouttière jugulaire; 15, poitrail; 16, garrot; 17, dos; 18, côte; 19, passage des sangles; 20, rein; 21, croupe; 22, queue;
23, anus; 24, flanc; 25, ventre; 26, fourreau; 27, testicules; 28, épaule et bras; 29, coude; 30, avant-
bras; 31, châtaigne; 32, genou; 33, canon; 34, boulet; 35, paturon; 36, couronne; 37, pied;
38, ergot et fanon; 39, hanche; 40, cuisse; 41, grasset; 42, fesse; 43, jambe; 44, jarret; 45, châtaigne; 46, canon; 47, boulet; 48, ergot et fanon; 49, paturon; 50, couronne; 51, pied.

cier d'équilibre, et aussi comme siège de la physionomie, tableau
mobile où se révèlent le caractère, l'énergie et la distinction de
l'animal. Nous l'envisagerons d'abord d'une manière générale
puis dans le détail de ses diverses régions.

§ I. — Tête en général.

Considérée en général, la tête offre à envisager : ses dimensions, le
degré de développement de ses parties molles, sa direction, sa forme,
ses attaches, enfin ses corrélations harmoniques.

A. Dimensions. — La tête peut être longue ou courte, ce qui équivaut à dire grosse ou petite.

La *tête longue* est pesante, portée généralement en attitude basse; le cheval prend appui sur la bride, on dit qu'il« pèse à la main »; c'est une monture peu maniable et sans distinction. La longueur de la tête, mesurée de la nuque au bout du nez avec le compas d'épaisseur, est normale quand elle égale trois fois sa largeur, prise immédiatement au-dessous des yeux, ou deux fois son épaisseur mesurée

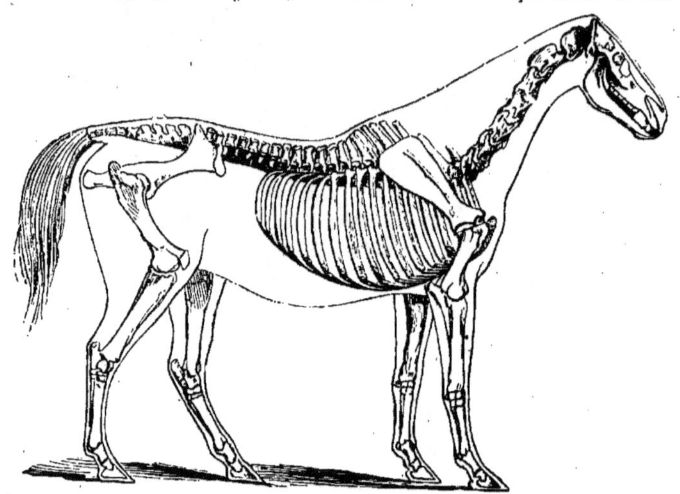

Fig. 176. — *Profil et squelette de cheval.*
(La colonne dorso-lombaire est ensellée).

perpendiculairement de la ganache au front, ou encore deux fois la distance de l'œil au naseau; alors elle est assez exactement comprise deux fois et demie dans la taille au garrot si l'animal est bien proportionné. Remarquons tout de suite que les variations de la longueur de la tête portent surtout sur la partie faciale, c'est-à-dire sur les mâchoires et n'intéressent que fort peu la partie cranienne.

La *tête courte* est légère, mobile, bien portée; elle convient particulièrement au cheval de vitesse et, à notre avis, ne saurait être imputée à défaut dans aucun cas, puisqu'elle traduit seulement la brièveté des mâchoires; son peu de longueur est d'ailleurs compensé en général par un allongement proportionnel de l'encolure, en sorte que le balancier de l'avant-main ne perd rien de sa puissance.

FIG. 177. — *Tête bien dirigée.*

FIG. 178. — *Tête verticale.*

FIG. 179. — *Tête encapuchonnée.*

FIG. 180. — *Tête horizontale.*

FIG. 181. — *Tête carrée.*

FIG. 182. — *Tête busquée.*

FIG. 183. — *Tête camuse.*

FIG. 184. — *Tête de rhinocéros.*

B. — Degré de développement des parties molles. — Il s'ensuit la tête sèche, la tête décharnée ou la tête grasse.

La *tête sèche* est celle dont la peau fine et le tissu conjonctif peu abondant modèlent très bien toutes les saillies sous-jacentes, osseuses, musculaires, vasculaires, voire même nerveuses. Elle est l'attribut du cheval de sang, du cheval fin.

La *tête décharnée* ou *tête de vieille* est celle dont les muscles atrophiés, particulièrement les masséters et les temporaux laissent saillir démesurément toutes les éminences osseuses. Les salières sont extrêmement creuses, le chanfrein évidé sur les côtés, les lèvres minces et flasques, proéminentes; bref, l'animal présente l'aspect de la vieillesse.

La *tête grasse* est l'opposé de la précédente; les saillies sont empâtées dans une peau épaisse, doublée d'un tissu conjonctif abondant; la physionomie manque d'expression et d'énergie; l'animal est commun, plus ou moins lymphatique.

C. Direction. — Au point de vue de sa direction, la tête peut être : intermédiaire entre la verticale et l'horizontale, verticale, encapuchonnée, horizontale.

On juge de la direction de la tête quand l'animal, abandonné à lui-même, est dans l'attitude naturelle du repos. La meilleure est *intermédiaire entre la verticale et l'horizontale* (fig. 177), et à angle droit sur l'encolure, car alors elle est également éloignée de la limite de l'extension et de celle de la flexion, ce qui augmente son champ de mouvement, et les muscles qui la meuvent sont dans les conditions les plus favorables à leur puissance. C'est aussi la direction qui convient le mieux pour l'action du mors.

Lorsque la tête est *verticale* (fig. 178), ou bien oblique de haut en bas et d'avant en arrière, c'est-à-dire *encapuchonnée* (fig. 179), l'encolure est nécessairement recourbée, car, si elle restait droite, les condyles de l'occipital tendraient à sortir des cavités de l'atlas par en haut et la moelle épinière risquerait d'être tiraillée ou comprimée. L'animal offre ainsi une attitude gracieuse, élégante, des allures enlevées, qui le font rechercher pour le service du manège et de la parade; mais il n'est pas difficile de démontrer, en s'en tenant aux principes de physiologie et de mécanique, qu'une pareille attitude, si plaisante qu'elle soit à l'œil, est véritablement défectueuse; elle est d'ailleurs rarement naturelle, mais presque toujours acquise par l'usage prolongé de la martingale ou de rênes trop serrées. En ployant l'encolure, elle diminue la force des muscles cervicaux et gêne la respiration; en refoulant en arrière le centre de gravité, elle ralentit l'allure; en modifiant la direction du regard, elle ne permet à l'animal que de voir les obstacles de près, à un moment où il lui est souvent impossible de les éviter. En outre, lorsque la tête est fortement encapuchonnée, l'animal peut appuyer les branches du mors contre son poitrail et se soustraire à l'influence du cavalier.

Néanmoins Bourgelat, qui avait pris le cheval de manège de son époque pour type de la beauté chevaline, préconisait la tête verticale avec l'encolure de cygne.

Quand la tête se rapproche de l'horizontale, on dit que l'animal *porte au vent* (fig. 180); l'encolure est ordinairement tendue, projetée en avant et incurvée supérieurement de manière que les condyles de l'occipital ne sortent pas des cavités de l'atlas par-dessous. Cette attitude, que n'offrent guère les gros chevaux, est favorable à la vitesse, vu qu'elle transporte le centre de gravité vers les membres antérieurs; elle est généralement prise par les animaux irritables, agacés par le mors, qui parviennent de cette façon à diminuer l'action de celui-ci ou même à s'y soustraire complètement. En effet, le canon de cet instrument ne presse pas alors sur les barres avec autant d'intensité, il tend à glisser en arrière, et l'animal favorise ce déplacement en « battant à la main », c'est-à-dire en donnant de fréquents coups de tête dans le sens vertical; ainsi le mors peut venir prendre appui contre les premières molaires où il ne développe aucune sensibilité permettant de maîtriser le cheval; dans ces conditions, on dit que celui-ci « a pris le mors aux dents », il peut s'emballer sans que son cavalier ou son conducteur puisse le réfréner, quelle que soit la traction exercée sur les rênes. En outre, l'animal qui porte au vent ne voit les obstacles que de loin; il ne les voit plus quand il aurait à les éviter; il est donc exposé à buter et à tomber.

Pour obvier à ces inconvénients, on recommande l'usage de la martingale, lanière de cuir s'étendant du poitrail à la muserolle et limitant les mouvements de la tête en avant et en haut; on se sert aussi de coulants agissant comme poulies de renvoi pour rendre la traction des rênes perpendiculaire aux barres et éviter le glissement du mors en arrière.

D. Forme. — Au point de vue de sa forme, la tête peut être : carrée, conique, busquée, camuse.

La *tête carrée* (fig. 181) représente le type de beauté; elle est à profil droit de la nuque au bout du nez, à face antérieure plane avec front large et haut, à ganaches écartées, à chanfrein court mais large, à naseaux amples, et offre un ensemble de caractères indiquant l'énergie et la distinction, tels que : oreilles courtes et dressées, yeux grands et bien ouverts, regard éclatant, lèvres minces quoique fermes, sécheresse dégageant les traits de la physionomie, etc. Une pareille tête se rencontre chez le cheval arabe, qui, sous beaucoup de rapports est un modèle de conformation, ainsi que chez le cheval de pur sang anglais.

La *tête conique* est exagérément atténuée du bout et allongée. Elle est défectueuse parce qu'il y a lieu de craindre que le chanfrein ne soit trop étroit et la respiration insuffisante. Quand les amateurs disent d'un cheval à tête fine et distinguée « qu'il pourrait boire dans un verre », cela n'implique nullement la défectuosité que nous signalons, mais indique simplement une très grande mobilité et une très grande finesse des lèvres, leur permettant de s'allonger, de s'étirer comme ne le pourraient jamais les lèvres épaisses d'un cheval commun.

La *tête busquée* (fig. 182) est celle dont le profil antérieur est convexe, tantôt depuis la nuque jusqu'au bout du nez, *tête de vielle*, tantôt exclusivement au niveau du front, *tête de lièvre*, ou au niveau du chanfrein, *tête de mouton*. La tête busquée était autrefois à la mode et particulièrement commune en Danemark et en Normandie; toutes les peintures ou figurations quelconques du cheval de carrosse datant du règne de Louis XIV nous le montrent avec une tête fortement busquée. On la rencontre encore aujourd'hui chez beaucoup de chevaux du midi de la France, de l'Espagne et de nos possessions d'Afrique (cheval barbe); mais la busqûre n'est plus aussi prononcée qu'autrefois, on s'efforce de l'atténuer par des croisements avec des races à profit droit; c'est ainsi que l'ancienne race normande a été croisée avec le cheval anglais de pur sang et donne aujourd'hui des métis anglo-normands dont le profil est presque droit ou du moins peu busqué. En tant que la busqûre est légère, localisée au front ou au chanfrein, et qu'elle n'exclut pas une largeur suffisante des premières voies respiratoires, elle n'est point préjudiciable; mais, si elle est très prononcée et totale, comme dans la tête de vielle, elle est corrélative de l'étroitesse du front et du chanfrein, du défaut d'écartement des ganaches, et indique un individu dégénéré, prédisposé au cornage.

La *tête camuse* (fig. 183) est l'opposé de la tête busquée, c'est-à-dire qu'elle est de profil antérieur concave. Quand la concavité siège exclusivement sur le chanfrein, à l'appui de la muserolle, et qu'elle est déterminée par les pressions de cette pièce du licol amoncelant les parties molles vers le bout du nez on a affaire à une variété accidentelle de tête camuse appelée *tête de rhinocéros* (fig. 184), laquelle est plus disgracieuse que défectueuse; cependant il peut se produire, dans ce cas, une forte usure des os propres du nez, qui les expose à des fractures dont la consolidation entraîne la formation d'un cal susceptible de gêner la respiration. Les chevaux qui ont naturellement la tête camuse présentent la déformation de profil entre le front et le chanfrein; ce sont principalement des bretons, landais, sardes, corses et quelques belges. Ils ne sont pas moins bons que ceux à profil droit, mais ils ont quelque chose de sauvage dans la physionomie qui les fait regarder du vulgaire comme méchants.

E. ATTACHES. — La tête peut être : bien attachée, plaquée ou décousue.

Elle est *bien attachée* quand elle s'unit à l'encolure d'une façon harmonieuse, indiquant une grande liberté de mouvement; alors les deux lignes de la nuque et de la gorge sont de contour gracieux, et la région de la parotide est convenablement évidée.

La tête est *plaquée* quand, par suite de l'effacement des gouttières parotidiennes, elle semble se continuer sans démarcation avec l'encolure, qui est presque toujours, dans ce cas, courte et épaisse. Elle manque alors de souplesse et ne saurait convenir à un cheval de selle; mais elle n'a guère d'inconvénients pour le trait.

La tête est *décousue* quand elle s'unit sans harmonie à une encolure trop grêle, en donnant lieu à une dépression parotidienne exagérée. C'est un défaut très désagréable à l'œil, qui se lie ordinairement à une disproportion générale, en sorte que le cheval tout entier est décousu et non pas seulement la tête. Il peut aussi résulter d'une atrophie des glandes parotides qu'il n'est pas rare de rencontrer chez les vieux chevaux et qui s'accuse par un enfoncement insolite de la région.

F. CORRÉLATIONS HARMONIQUES. — Comme la tête renferme des organes appartenant à plusieurs appareils (nerveux, respiratoire, digestif, des sens), sa bonne construction importe au plus haut point, car elle implique, d'une manière générale, pareille qualité dans la totalité des appareils dont elle fait partie. Par exemple, si les naseaux sont amples et le chanfrein large, il y a tout lieu de croire que le poumon et la poitrine participent de cette ampleur et que la respiration est puissante; si le front est très développé, le cerveau qui s'abrite sous sa voûte l'est aussi, de même que la moelle épinière, qui n'est pour ainsi dire que la queue du cerveau, c'est-à-dire que l'animal a des chances d'être bien doué au point de vue de l'intelligence et du pouvoir sensitivo-moteur, etc.

Le professeur R. Baron admettait que les trois formes types de la tête, carrée, busquée, camuse, ont une répercussion sur la conformation générale : la tête carrée allant de pair avec l'encolure droite, le dos rectiligne et les membres d'aplomb; la tête busquée, avec l'encolure rouée, le dos de mulet et les membres arqués; la tête camuse, avec l'encolure renversée, le dos ensellé, et les genoux creux. Ces corrélations, prétendues harmoniques, ne sont à notre avis qu'une vue de l'esprit.

Différences. — Dans l'espèce bovine, la tête, généralement forte, varie beaucoup suivant le sexe. Elle est belle, dans le taureau, quand elle est courte et présente une grande largeur et beaucoup de force, surtout vers la partie supérieure qui porte les cornes. Elle est forte aussi, mais plus allongée, dans le bœuf qui a été châtré jeune. Elle offre dans la vache des dimensions relatives moins considérables. Son profil antérieur peut être droit, concave ou convexe. On apprécie dans les bêtes de travail une tête forte et large. Au contraire, dans les vaches laitières, la petitesse de la tête est préférée, et l'on doit aussi rechercher cette conformation dans toutes les races bovines destinées exclusivement à la boucherie.

Si l'on prend comme limite du crâne et de la face la ligne qui unirait les angles internes des yeux, on constate en général que ces deux parties se partagent à peu près également la longueur de la tête. Une face allongée est ordinairement accompagnée d'un cou et de membres eux-mêmes longs, ce qui n'est pas le propre d'une bête améliorée.

Dans l'espèce ovine, il y a lieu de préférer une tête courte, petite, mais large du front; une tête longue et plate sur les côtés s'observe en général chez les animaux hauts sur membres et à poitrine serrée. La busqûre est ordinairement plus accentuée chez les béliers que chez les brebis; elle est d'ailleurs très variable suivant les races; c'est ainsi que le dishley a le chanfrein presque droit, tandis que le bergamasque l'a très convexe. La tête peut être entièrement chauve, la toison s'arrêtant à la gorge et en arrière de la nuque (dishley), ou être plus ou moins couverte de laine; sur un grand nombre de moutons, la toison s'étend sur la nuque et le front; dans les mérinos, elle envahit même le chanfrein et les joues, jusque vers l'extrémité de la tête, et, comme pour lui offrir encore un plus vaste champ, la peau du nez présente une série de plis transversaux.

Chez le porc, la tête est longue, droite ou peu camuse dans les races peu améliorées, confinant au sanglier; elle est beaucoup plus courte et extrêmement camuse dans les races améliorées, surtout dans les races anglaises.

Dans les nombreuses races de chiens, la tête varie beaucoup soit en longueur, soit en largeur, soit par la proportion relative du crâne et de la face. Quelles différences n'y a-t-il pas entre la tête du bouledogue ou du carlin et celle des lévriers, entre le crâne sphéroïdal et pour ainsi dire bulleux de certains petits chiens d'appartement et le crâne puissamment musclé à crête sagittale et à vastes fosses temporales des mastiffs! Toutes ces variations, y compris celles du crâne, tiennent beaucoup moins au développement de l'encéphale qu'à celui des mâchoires et des muscles masticateurs.

§ 2. — Régions de la tête.

Nuque.

Sous ce nom, tiré du latin *nux, nucis, noix*, on désigne chez l'homme le derrière du cou et surtout sa partie creuse, située immédiatement sous la protubérance occipitale. Chez nos animaux, la nuque, située entre les deux oreilles, répond au sommet de la tête et à la partie antérieure du bord supérieur de l'encolure. C'est sur elle que chez le cheval repose la têtière de la bride ou du licol, et l'on y coupe pour cette raison les crins qui unissent la crinière au toupet.

ANATOMIE TOPOGRAPHIQUE. — Cette région a pour base l'occipital et l'articulation occipito-atloïdienne. On y trouve, de la surface à la profondeur : 1º une peau fine, mobile sur les parties latérales, adhérente sur la ligne médiane, où elle donne implantation à la partie antérieure de la crinière; 2º sur la ligne médiane, la corde du ligament cervical à son insertion à la protubérance occipitale externe; 3º de chaque côté, les trois petits muscles cervico-auriculaires, se dessinant en un relief transverse d'autant plus saillant que l'oreille est plus tombante, les deux minces aponévroses superposées du mastoïdo-huméral et du splénius, insérées à la crête mastoïdienne, le tendon de la portion supérieure du petit complexus, qui borde en dehors l'aponévrose du splénius et aboutit à l'apophyse mastoïde, la terminaison du grand complexus, le petit oblique et les droits postérieurs de la tête, enfin l'articulation occipito-atloïdienne, fermée par un ligament capsulaire. Lorsque cette articulation est en flexion, les condyles de l'occipital sortent plus ou moins des cavités de l'atlas par en haut et laissent un large espace qui donne à l'instrument piquant un accès facile dans le canal vertébral ou dans le crâne; on pénètre sûrement dans cet espace, par exemple dans le but de tuer l'animal par sidération nerveuse, lorsqu'on enfonce l'instrument à une distance de trois travers de doigt en arrière du sommet de la protubérance occipitale.

CONDITIONS DE BEAUTÉ. — La nuque doit être *large, saillante* et *nette*.

Elle doit être *large* parce que sa largeur est subordonnée à celle du front et du crâne tout entier; on en juge par l'écartement des oreilles à leur base qui équivaut en moyenne à la moitié de la largeur maximum du front. Elle doit être *saillante*, parce que la protubérance occipitale qui détermine sa saillie forme un bras de levier pour les muscles extenseurs de la tête. Enfin elle doit être *nette*, c'est-à-dire exempte de tares, ce dont on s'assure en passant la main à sa surface. De ces trois conditions de beauté, les deux premières sont purement théoriques car les minimes différences de largeur et de saillie échappent à la simple observation.

TARES ET MALADIES. — Si l'on découvrait une sensibilité anormale dans cette région, il faudrait redouter le *mal de nuque* ou *mal de taupe*, qui se développe par suite de coups ou de pressions violentes et répétées exercées par la têtière du licol ou de la bride, coups ou pressions déterminant une tumeur phlegmoneuse dans laquelle s'établissent des fistules purulentes difficiles à guérir, car il y a nécrose du ligament cervical, et dangereuses à cause du voisinage de la moelle épinière. Les marchands cherchent quelquefois à dissimuler ce mal à l'aide du capuchon ou bonnette.

Différences. — La nuque est très large dans l'espèce bovine et située immédiatement derrière le chignon; c'est sur elle que repose le joug.

Dans le mouton, elle présente chez le mâle, au temps du rut, une tumeur particulière que l'on regarde comme un indice de l'aptitude du bélier à la génération. Les races anglaises importées en France ont la nuque aplatie.

Le développement de la protubérance occipitale et de la crête sagitale est extrêmement variable dans l'espèce canine suivant les races. Il est pour les chasseurs un indice de la bonté du chien pour la chasse.

Chez les porcs améliorés, la protubérance occipitale est extrêmement saillante par suite d'une sorte de relèvement du crâne sur la face.

Toupet.

Le toupet est une touffe de crins implantée sur le sommet de la nuque et le haut du front, tombant sur cette dernière région; ce n'est absolument que la partie antérieure de la crinière; aussi présente-t-il les mêmes considérations sous le rapport de la qualité et de la quantité des crins qui le forment; c'est ainsi que les chevaux de sang ont le toupet fin, soyeux et de moyenne longueur, tandis que les chevaux communs ont le toupet long, abondant composé de crins raides et épais; les barbes et les arabes cependant, font exception à cette règle, ils ont un toupet très fourni qui descend souvent jusqu'entre les deux naseaux, mais il a la finesse et la densité de crins que l'on observe chez tous les chevaux de sang.

Le toupet sert sans doute à protéger le crâne contre les insolations et les yeux contre les insectes ou une trop vive lumière; il est en effet beaucoup plus touffu chez les chevaux orientaux que chez ceux d'Europe. C'est en outre un ornement pour la tête, qui contribue à donner à la physionomie du cheval ce cachet de noblesse et de fierté qui lui sied si bien. Les Arabes estiment beaucoup les chevaux dont le toupet est long et fourni; « au temps de la peur, disent-ils, monte une cavale dont la tête est ornée par une crinière épaisse. »

Dans certains moutons, la laine du front se développe assez pour constituer une sorte de toupet.

Front.

Le front occupe le haut de la face antérieure de la tête. Il est borné en haut par la nuque, en bas par le chanfrein, avec lequel il se continue insensiblement dans l'intervalle des yeux, de chaque côté par l'œil, la salière et la tempe.

CONFIGURATION ET ANATOMIE. — On peut le diviser en une région supérieure ou pariétale et une région inférieure ou frontale proprement dite, car il a pour base, chez les Solipèdes, le pariétal et le frontal. La partie supérieure présente : de chaque côté, la saillie du crotaphite recouvert du cartilage scutiforme et d'une expansion formée par divers muscles de la conque; sur la ligne médiane, les deux crêtes temporales formant un V renversé et séparant à la manière d'un éperon les deux fosses de même nom. La partie inférieure, plus ou moins plane, est formée par le frontal recouvert seulement par l'aponévrose épicrânienne et par la peau. Cet os comprend, entre ses deux lames, les sinus frontaux séparés l'un de l'autre par une cloison médiane; le cerveau présente donc ici une double enveloppe osseuse.

La peau du front, épaisse, extrêmement adhérente, souvent

marquée de blanc, offre un très bel épi irradiant; elle donne insertion supérieurement au toupet.

Chez les poulains, cette région est fortement bombée avec des crêtes temporales à peine marquées; ce n'est que vers quatre ou cinq ans qu'elle acquiert sa forme plus ou moins aplatie, définitive.

On rencontre sur quelques chevaux deux petites éminences qui ont la valeur morphologique de rudiments de cornes, attendu qu'elles se développent sur les points homologues du frontal qui, dans les ruminants, donnent naissance à ces appendices; elles correspondent en effet aux extrémités cartilagineuses des ailes du sphénoïde qui ont traversé la lame externe du frontal en la soulevant.

Conditions de beauté. — Pour être beau le front doit être *haut*, *large*, et *plat*.

Sa hauteur se mesure du sommet de la nuque à une ligne transverse qui réunirait les arcades orbitaires; elle égale un tiers de la longueur de la tête. Sa largeur, prise au maximum au niveau de celles-ci, dépasse la dimension précédente de 1 à 2 centimètres. Tous les auteurs répètent qu'il faut rechercher le front haut et large, comme témoignant de l'intelligence de l'animal, et proscrire au contraire le front étroit et bas qui accuse l'abâtardissement et la dégénérescence. « Le cheval, disent les arabes, doit avoir quatre choses larges : le front, le poitrail, la croupe et les membres. » La largeur du front s'accuse à première vue par l'écartement des oreilles et des yeux. Les dimensions de cette région sont toutefois moins variables qu'on pourrait le croire; la craniométrie chez les animaux n'a pas, à beaucoup près, l'importance qu'elle offre chez l'homme. Mais il en est autrement de la cranioscopie : on a remarqué, par exemple, que les chevaux vicieux ou épileptiques présentent assez souvent des déformations du front ou un rétrécissement de la région, à sa partie supérieure, qui rapproche les oreilles.

Le front doit être plat (sans préjudice d'un bon développement des éminences formées par les crotaphites), parce que, s'il était bombé ou concave, la rectitude du profil antérieur de la tête serait atteinte, et l'on aurait soit la tête busquée, soit la tête camuse. Dans beaucoup de chevaux, tels que les barbes, la convexité du front est un caractère de race qui ne saurait être imputé à défaut, à moins qu'elle soit exagérée.

Tares et maladies. — Sous l'influence de blessures, à la suite de chutes, il peut se produire des cicatrices sur le front. De même, on peut en observer qui résultent de l'opération de la trépanation des sinus frontaux; il y a lieu alors de percuter ces derniers pour s'assurer qu'ils sont vides, et d'examiner s'il n'y a pas un jetage par le nez. D'autres fois, on constate un enfoncement de la partie inférieure du front, consécutif à un coup violent qui heureusement avait porté au niveau des sinus.

Différences. — Dans l'espèce bovine, le front, extrêmement étendu, à peu près carré, est constitué exclusivement par le frontal, qui s'étend jusqu'à la nuque, où il se termine entre les deux cornes par une sorte de bourrelet, appelé *chignon*, prolongé de chaque côté par les chevilles des cornes. La forme du chignon est en corrélation avec le mode d'insertion et la direction des cornes. Lorsque celles-ci s'insèrent tout en haut du front en se dirigeant supérieurement, comme on l'observe ordinairement dans les zébus, le chignon est directement transverse et peu accentué. Lorsqu'elles se dirigent de côté ou, *a fortiori*, en bas, leur insertion se trouve de ce fait plus ou moins abaissée, et le chignon forme dans leur intervalle une convexité prononcée. Si les cornes tendent à une direction postérieure, leur insertion un peu reculée fait saillir le chignon en avant. Enfin, si ces appendices font défaut, le chignon forme une simple éminence entre les deux oreilles, à la manière de la protubérance occipitale des solipèdes (oxycéphalie).

On aime chez les vaches laitières des cornes courtes, lisses et pointues; les cornes longues et raboteuses accusent toujours, d'ailleurs, un âge avancé. Aussi les marchands ont-ils soin de raccourcir les cornes et de les limer pour donner à leurs vaches une apparence plus avantageuse.

Dans le mouton, le front comprend le frontal et le pariétal, la saillie de la nuque est formée comme d'habitude par l'occipital. C'est une région à profil très convexe, fuyant au delà des cornes et des oreilles. Lorsque celles-là existent, elles sont situées à proximité des yeux et peu distantes l'une de l'autre à leur base. En général leur présence est l'indice d'un état peu amélioré, mais cette règle n'est pas sans exception. Elles sont, comme nous l'avons déjà dit, ridées transversalement et généralement contournées en spirale sur le côté de la tête, quelquefois tordues sur elles-mêmes en tire-bouchon. Leur couleur est en rapport avec celle de la toison.

Le front de la chèvre est plus allongé que celui du mouton, généralement pourvu de cornes chez les mâles; les femelles en sont souvent dépourvues ou en ont de moins fortes. Ces appendices s'insèrent encore plus près l'un de l'autre que chez ce dernier animal, ils sont plus comprimés (en forme de lames de sabre) et ordinairement relevés en arc.

Nous avons déjà dit que, dans les races porcines rustiques confinant au sanglier, le profil antérieur de la tête tend à la ligne droite, tandis que, dans les races améliorées, il forme un angle rentrant extrêmement marqué par suite de la surélévation du front.

Le front du chien bombe plus ou moins sur le chanfrein et offre inférieurement un sillon médian plus ou moins profond. Suivant le développement des muscles crotaphites, les arcades zygomatiques sont plus ou moins écartées et les crêtes temporales plus ou moins marquées; chez les chiens à fortes mâchoires, celles-ci se réunissent supérieurement en une crête sagitale qui prolonge longuement la protubérance occipitale.

Chanfrein.

CONFIGURATION ET BASE ANATOMIQUE. —Le chanfrein fait voûte aux fosses nasales et paroi externe aux sinus maxillaires. Il est borné : en haut par le front, en bas par le bout du nez, de chaque côté par l'œil, la joue et le naseau. Il diminue de largeur de haut en bas et offre à étudier : 1º une partie médiane, plus ou moins plane, constituée par les os propres du nez recouverts en haut par la mince expansion aponévrotique des releveurs communs de l'aile du nez et de la lèvre supérieure, en bas par les tendons convergents des deux releveurs propres de la lèvre supérieure; 2º deux parties latérales, bombées chez les jeunes sujets, plus ou moins excavés chez le vieux, et constituées par les os sus-maxillaires, lacrymaux et zygomatiques; on y voit des reliefs formés par l'épine maxillaire, par le corps charnu du releveur propre de la lèvre supérieure et par des veines qui, de l'épine maxillaire, se dirigent vers l'œil ou le naseau.

CONDITIONS DE BEAUTÉ. — Le chanfrein doit être : *court*, *large* et *droit*.

Il doit être *court*, parce que sa brièveté accuse la prédominance du crâne sur la face; *large*, parce que sa largeur indique l'ampleur des fosses nasales et de l'appareil respiratoire tout entier; *droit*, car autrement la tête serait ou busquée ou camuse.

MALADIES ET TARES. — On peut observer au chanfrein : 1º une déviation latérale congénitale, parfois accompagnée de torsion de la face; 2º des déformations accidentelles dues à une fracture des sus-nasaux, à une altération d'une dent molaire, à une collection purulente des sinus maxillaires, etc.; 3º des cicatrices survenues après blessures ou témoignant d'une trépanation des sinus précités; 4º des traces de feu indiquant que l'animal a été traité pour une maladie des yeux ou des cavités nasales; toutefois ce traitement n'est plus guère en usage de nos jours.

Différences. — Dans le bœuf, le chanfrein est peu étendu, en voûte ogivale, de plein cintre ou surbaissée. On appelle larmier la partie de cette région située au-dessous de l'œil; mais cette dénomination n'est adoptée que par analogie, car le véritable larmier ou sinus sous-oculaire que l'on observe chez plusieurs ruminants (mouton, cerf, etc.) n'existe pas chez le bœuf. Un chanfrein large et busqué dénote peu d'amélioration.

Le chanfrein du mouton est convexe dans sa longueur dans la plupart des races. Celui du bélier porte souvent des rides transversales.

Le chanfrein des caprins est généralement droit, moins long que celui des ovins; il est dépourvu de fosse larmière.

Le chanfrein du porc est extrêmement variable en longueur, il n'y a, pour s'en convaincre, qu'à comparer un yorkshire à un craonnais.

Bout du nez.

Le bout du nez, compris entre les deux naseaux, fait suite au chanfrein et forme avec la lèvre supérieure une sorte d'appendice charnu très mobile. Il est constitué essentiellement par la partie élargie des cartilages des naseaux, recouverte par le dilatateur des narines, l'expansion tendineuse commune aux deux releveurs propres de la lèvre supérieure et la peau, qui est en cet endroit fine et peu adhérente, revêtue d'un court duvet parsemé de poils tactiles.

Cette région n'offre à envisager ni beautés ni défectuosités; il y a lieu de s'occuper simplement de son intégrité, car, s'il y avait des blessures ou des cicatrices, cela indiquerait que l'animal a fait une chute et que, peut-être, il est sujet à cet accident, ou encore qu'on lui a appliqué le tord-nez d'une manière répétée ou excessive; dans le premier cas, il faudrait s'assurer si les incisives ne sont pas ébréchées et les genoux couronnés; dans le second cas, reconnaissable à la forme circulaire de la blessure ou de la cicatrice, il y aurait à craindre que l'animal ne soit difficile à ferrer ou n'ait subi quelque opération très douloureuse.

Différences. — Chez les bovins, le bout du nez est remplacé par le *mufle*, large surface glabre dans laquelle sont percés les naseaux et dont le tégument tient le milieu entre la peau proprement dite et la membrane muqueuse. Des glandes nombreuses versent à sa surface une rosée fraîche et limpide, dont l'abondance est regardée comme un indice de santé. Le mufle devient chaud, sec et rugueux toutes les fois que la bête est atteinte d'une maladie un peu grave. Son développement indique, dit-on, un animal gros mangeur.

Le bout du nez du mouton n'offre point de mufle, non plus que celui de la chèvre, en outre il est divisé par un sillon médian où convergent les deux naseaux.

Celui du porc s'élargit et porte le nom de *groin* ou *boutoir*; c'est un instrument de fouissage très robuste, soutenu par un os particulier et mu par des muscles puissants. On a l'habitude d'y placer un anneau de fil de fer pour empêcher l'animal de fouir et de détériorer ses habitations.

Celui du chien est un véritable mufle, frais et humide, arrondi, grenu, de couleur variable, que l'on désigne communément sous le nom de *truffe*. Il est séparé en deux par un sillon médian vertical, quelquefois assez profond pour en faire deux parties distinctes, ce qui fait dire que l'animal est « à deux nez ».

Naseaux.

Les naseaux sont les orifices extérieurs des cavités nasales, les seules voies par lesquelles les Solipèdes puissent respirer, à cause du grand développement de leur voile du palais et de la fermeture de l'isthme du gosier par l'épiglotte.

Configuration et base anatomique. — Ils sont situés de chaque côté du bout du nez, convergents l'un vers l'autre inférieurement, en forme d'ellipse incurvée ou mieux de virgule renversée et offrent à étudier deux lèvres ou ailes et deux commissures.

La lèvre ou aile interné est convexe, soutenue par un cartilage dont l'extrémité se recourbe en bas pour entrer légèrement dans l'aile externe; ce cartilage assure la béance du naseau sans nuire à sa mobilité.

La lèvre ou aile externe, concave et molle, est constituée essentiellement par le muscle canin et l'une des branches du releveur commun de l'aile du nez et de la lèvre supérieure.

La commissure supérieure montre une sorte de chevauchement en crosse de la lèvre externe sur l'interne; elle conduit dans un curieux cul-de-sac compris entre le prolongement des os du nez et l'apophyse montante de l'intermaxillaire, revêtu d'une peau noire sécrétant de la matière sébacée, cul-de-sac dont les usages sont inconnus et qu'on appelle la *fausse narine*. L'air s'y engouffre et le gonfle dans les grandes inspirations.

La commissure inférieure est arrondie; elle montre, à quelque profondeur, l'égout lacrymal, trou quelquefois double semblant percé à l'emporte-pièce, où débouchent les larmes.

Les naseaux sont revêtus en dedans et en dehors par la peau, la muqueuse nasale, dite *pituitaire*, ne commence qu'à plusieurs centimètres de leur ouverture, et l'on remarque que l'égout lacrymal est toujours percé sur la peau, mais tout près de sa continuité avec la muqueuse. Cette peau est fine, adhérente, noire (hormis le cas où il y a du ladre), couverte de poils fins et courts, entremêlés de quelques poils tactiles plus longs et profondément implantés.

CONDITIONS DE BEAUTÉ. —Les naseaux, pour être beaux, doivent être : *amples, à peu près immobiles au repos et reprendre rapidement leur immobilité après l'exercice; ils ne doivent être le siège d'aucun écoulement notable; enfin la pituitaire doit être uniformément colorée d'un rose vif et de surface unie.*

a) Les naseaux bien ouverts accusent l'amplitude de la respiration et donnent à la partie inférieure de la tête une apparence courte et carrée. Les naseaux étroits, au contraire, accompagnent une poitrine serrée et indiquent peu de puissance respiratoire. On croyait autrefois remédier à ce défaut en fendant la fausse narine; il va sans dire qu'on n'atteignait nullement le résultat cherché, mais cette opération met obstacle au hennissement.

b) Au repos, les naseaux doivent être à peu près immobiles. S'ils exécutaient d'une façon manifeste des mouvements alternatifs de dilatation et de resserrement correspondant au jeu de soufflet du thorax, ce serait un indice de dyspnée (exemple : pousse).

Sous l'influence de l'exercice, l'activité de la respiration augmentant, les naseaux s'agrandissent et entrent en mouvement; mais, dès que l'exercice cesse, ils doivent revenir bien vite à leur dimension première et à leur quasi-immobilité, en même temps que le flanc et les côtes reprennent leur rythme normal. Si, pendant le travail, les naseaux exprimaient, par leur dilatation outrée et leurs mouvements exagérés, une certaine angoisse, si, après le travail, ils mettaient longtemps à revenir à l'état normal, l'animal serait *court d'haleine* ou *souffleur* et probablement atteint de quelque affection des voies respiratoires, notamment de la pousse.

c) Dans l'état de santé, les naseaux ne laissent échapper, vers leur commissure inférieure, que quelques gouttes de liquide limpide provenant du canal lacrymal et une petite quantité de mucus incolore sécrété par la pituitaire. Cet écoulement, qui échapperait à un examen sommaire, entretient à l'entrée des voies respiratoires une humidité nécessaire. Il ne faut pas le confondre avec le *jetage* ou catarrhe nasal produit par diverses maladies de l'appareil respiratoire. Le jetage se fait par un seul ou par les deux naseaux; il est muqueux, purulent ou muco-purulent; blanc, rouillé ou jaune verdâtre; sanguinolent; odorant ou sans odeur; il tombe à flocons ou adhère aux ailes du nez, etc. : tous caractères utilisés pour le diagnostic des affections dont il est le symptôme. Notons en passant que le jetage de la morve est jaune verdâtre, souvent strié de sang et unilatéral, et qu'il adhère beaucoup au pourtour du naseau.

Pour faire reparaître un jetage qui aurait été dissimulé par un nettoyage préalable des naseaux, il suffit de faire éternuer l'animal en pressant sur les fausses narines (on dit alors qu'il *s'ébroue*), ou bien de le faire tousser en lui comprimant la gorge; ces deux actes produisent un violent courant d'air d'expiration qui projette au dehors la matière du jetage.

d) La pituiraire ou muqueuse nasale doit être de surface unie et de couleur uniformément rose vif. Elle se congestionne par l'exercice et peut arriver jusqu'au rouge foncé. L'inflammation (coryza) détermine d'une manière persistante ce même changement de couleur. Dans la morve chronique, la pituitaire est au contraire pâle, blafarde, et présente souvent des chancres ou des cicatrices blanches leur ayant succédé; ces accidents de surface ne sont pas toujours faciles à voir, ils peuvent être dissimulés sous le repli de l'aile interne du naseau ou encore siéger trop profondément; c'est pourquoi il est bon de compléter l'examen à l'œil par une exploration avec le doigt.

Tares et maladies. — Une excroissance fongueuse appelée *polype* peut se développer sur la muqueuse d'une fosse nasale. Dans ce cas, la respiration se fait inégalement par les deux naseaux, ainsi qu'il est facile de s'en apercevoir en mettant les mains devant ces orifices, ou bien, si le temps est froid, en comparant les deux colonnes de buée qui en sortent; en outre, la respiration est difficile et bruyante (cornage). L'intérieur des naseaux peut être le siège, comme nous l'avons dit, de l'éruption chancreuse de la morve, qu'il faudra bien distinguer d'une autre éruption, toute bénigne, celle du *horse-pox* ou vaccine du cheval.

Différences. — L'âne et le mulet ont les naseaux moins dilatés que le cheval; l'égout lacrymal se trouve placé à l'aile externe, non loin de la commissure supérieure.

Le bœuf, pouvant respirer en partie par la bouche, présente des naseaux beaucoup plus petits que ceux des Solipèdes, à lèvres moins mobiles, et percés dans l'épaisseur du mufle.

Les naseaux du mouton et de la chèvre convergent l'un vers l'autre et forment une sorte d'Y avec le sillon de la lèvre supérieure.

Les naseaux du porc sont étroits, arrondis, percés dans le groin.

Dans le chien, ils ont la forme de deux virgules opposées par leur partie convexe.

Bouche.

Au point de vue de l'Extérieur, la bouche est importante à envisager, non seulement parce qu'elle renferme les dents, d'après lesquelles on juge de l'âge, mais encore parce qu'elle est le lieu d'application du mors, instrument au moyen duquel on peut diriger et au besoin maîtriser le fier et fougueux animal qu'est le cheval.

A. — Mors et son action.

Le mors se compose (fig. 185) : 1° d'une tige droite ou courbée dans son milieu (liberté de langue) passant transversalement dans la bouche et reposant sur la langue, les barres et la lèvre inférieure, tige appelée *canon* ou *embouchure;* 2° de deux *branches* restant en dehors de la bouche, unies l'une à l'autre par le canon et recevant à leur extrémité inférieure l'insertion des rênes ou guides; 3° enfin de la *gourmette*, chaîne plate unissant l'extrémité supérieure des deux branches, en arrière de la lèvre inférieure, en prenant appui sur la région de la barbe.

Cet instrument agit comme un levier géminé tour à tour du premier et du deuxième genre suivant que le point d'appui se trouve sur les barres ou à la barbe. C'est un levier du premier genre quand les branches basculant sur les barres rapprochent la gourmette de la barbe et l'appliquent avec force contre cette région; alors le bras de la puissance s'étend du canon à l'insertion des rênes, le bras de la résistance, du canon à l'insertion de la gourmette; mais le jeu de ce levier est bientôt arrêté par la résistance du maxillaire inférieur, et, à partir de ce moment le double levier, figuré par les branches du mors, trouvant point fixe sur la barbe agit sur la langue et les barres par l'intermédiaire du canon et devient inter-résistant, c'est-à-dire du deuxième genre, le bras de la puissance étant représenté par toute la longueur des branches depuis l'insertion des guides jusqu'aux attaches de la gourmette, et celui de la résistance par la partie de ces branches allant du canon à la gourmette. Ce dernier levier est d'autant plus puissant que lesdites branches sont plus allongées à leur extrémité inférieure, que les rênes s'y attachent plus perpendiculairement et que le canon est plus mince. Il ne faudrait pas croire toutefois, qu'il y ait là un frein comparable à celui d'une voiture, c'est-à-dire permettant de contrebalancer la force impulsive du cheval; le mors n'agit pas sur la masse toute entière de cet animal pour en arrêter le mouvement, il localise son effet mécanique à la bouche, principalement sur les barres, où

Fig. 185. — *Mors vu de profil. (On voit l'une de ses branches donnant attache à la gourmette à une extrémité, portant à l'autre extrémité une boucle pour recevoir une rêne et présentant sur son trajet le lieu de soudure du canon ou embouchure.*

il développe une pression plus ou moins douloureuse qui incite l'animal à s'arrêter, pression qui peut aller jusqu'à couper la langue et briser le maxillaire inférieur, Chez les chevaux bien dressés, le mors ne doit jamais être un instrument de torture, mais simplement un moyen de transmettre la volonté du cavalier ou du conducteur.

Suivant l'impression qu'il produit, on donne à la bouche les différents qualificatifs ci-dessous :

Elle est *bonne, loyale, assurée*, à *pleine main*, quand le mors y produit une impression modérée, mais suffisante;

Elle est *sensible, tendre, fine* ou *légère*, quand elle perçoit les moindres impressions du mors et y répond avec justesse.

Elle est *dure, forte* ou *épaisse* quand elle ne cède qu'aux tractions énergiques des rênes;

Elle est *égarée* quand, pour cause de sensibilité extrême, elle réagit à faux devant les indications du mors;

Enfin, elle est *fraîche* quand l'animal bridé mâchonne constamment et se remplit la bouche d'écume, alors on dit aussi qu'il *goûte le mors*.

Après ce préambule relatif au mors et à son mode d'action, il faut considérer en détail diverses régions de la bouche, telles que les lèvres, les dents, les barres, le palais, le canal et la langue.

B. — Régions de la bouche.

Lèvres. — Les lèvres ferment la bouche antérieurement et jouent un rôle important dans la préhension des aliments et des boissons ainsi que dans l'exercice du toucher.

Base anatomique. — Elles sont constituées, indépendamment de la peau et de la muqueuse qui tapissent leurs faces, par le muscle labial ou orbiculaire, commun aux deux lèvres; par l'expansion tendineuse des deux releveurs propres de la lèvre supérieure; par la terminaison du canin et d'une branche du releveur commun de l'aile du nez et de la lèvre supérieure; par le muscle de la houppe du menton et ses suspenseurs; par la terminaison de l'abaisseur de la lèvre inférieure; par les muscles incisifs; enfin par la partie antérieure du buccinateur donnant insertion au risorius de Santorini.

DESCRIPTION. — Les lèvres offrent à étudier : leur face externe, leur face interne, leur bord libre, leur bord adhérent et leurs commissures.

La face externe est revêtue d'une peau fine et très adhérente, couverte de poils courts et fins, entremêlés de tentacules. Ces derniers s'implantent profondément jusque dans les muscles et reçoivent à leur base de nombreuses terminaisons nerveuses (poils tactiles à sinus sanguin). Nous avons dit déjà que certains chevaux portent à la lèvre supérieure deux faisceaux de poils raides et courts formant moustaches. Cette même lèvre offre une légère dépression médiane, comprise entre deux lobes latéraux, tandis que la lèvre inférieure ne montre pas trace de sillon, mais est suivie d'une protubérance musculaire appelée houppe du menton.

La face interne des lèvres est revêtue par la muqueuse buccale arrosée du produit d'un assez grand nombre de glandules sous-jacentes; elle est concave et exactement moulée sur le bout des mâchoires.

Par leur bord libre, mince et tranchant, les lèvres s'opposent exactement l'une à l'autre. Ce bord, primitivement régulier, se ride en général avec l'âge, ainsi que nous l'avons déjà dit (p. 44); on y voit la transition brusque de la peau à la muqueuse.

Leur bord adhérent est marqué à l'intérieur de la bouche par le pli de réflexion de la muqueuse formant le sillon labio-gingival, supérieur ou inférieur.

Les commissures ou coins des lèvres sont arrondies et situées à peu près en regard du milieu des barres. C'est à leur entour que les rides se montrent tout d'abord.

CONDITIONS DE BEAUTÉ. — Pour être belles, les lèvres doivent être : *minces, fermes, d'une mobilité expressive, moyennement fendues.*

Les lèvres minces accusent la finesse du sujet. Leur fermeté dénote un tonus grâce auquel la bouche est maintenue exactement fermée, et que partage tout le système musculaire. Leur grande mobilité ajoute beaucoup à l'expression de la physionomie et révèle un cheval de sang. La bouche est moyennement fendue quand les commissures des lèvres se trouvent ni trop près des incisives, ni trop près des molaires.

DÉFECTUOSITÉS. — Les défectuosités sont : les lèvres trop

épaisses, trop minces, trop ou trop peu fendues, enfin la lèvre inférieure pendante.

Les lèvres épaisses manquent de jeu; elles ne s'observent jamais sur les sujets distingués; en outre, elles prennent une part trop grande à l'appui du canon du mors et amoindrissent son action sur les barres. Les lèvres trop minces sont généralement flasques et caractérisent les sujets vieux ou émaciés; elles n'amortissent aucunement les pressions du mors sur les barres, à moins qu'elles ne se replient contre elles.

Lorsque les lèvres manquent de ton, l'inférieure cédant à la pesanteur devient pendante; alors la bouche entr'ouverte laisse la salive s'écouler en pure perte, l'animal est vieux ou extrêmement affaibli. Cependant on a signalé des chevaux pleins d'énergie qui avaient la lèvre inférieure pendante par conformation spéciale, héréditaire, et nullement par atonie.

La bouche trop fendue a l'inconvénient de permettre au canon du mors de glisser plus facilement jusqu'aux molaires et de faire perdre ainsi à cet instrument une partie de son action. Trop peu fendue, elle prédispose aux excoriations des commissures pour peu qu'on exerce des tractions intenses sur les rênes.

Habitudes vicieuses. — Certains chevaux bridés agitent constamment leur lèvre inférieure; on dit qu' « ils cassent la noisette ». D'autres cherchent à saisir les branches du mors et gênent l'action des guides.

Tares et maladies. — Signalons : 1º les blessures, suivies plus tard de cicatrices, produites par l'application du tord-nez; elles se distinguent à leur forme circulaire et doivent faire craindre que l'animal ne soit pas très maniable ou qu'il n'ait subi quelque opération plus ou moins grave; 2º les déchirures, excoriations, ulcères, boutons et toutes irrégularités du bord libre, qui peuvent gêner la préhension des boissons en s'opposant à la fermeture hermétique de la bouche et aussi rendre douloureuse l'application du mors.

Différences. — Les lèvres du bœuf sont épaisses, peu fendues et peu mobiles; la supérieure se confond avec le mufle. Elles servent peu à la préhension des fourrages, qui est exercée surtout par la langue. La bouche doit être large et le mufle grand, les mâchoires bien concordantes. Il n'est pas extrêmement rare que la mâchoire inférieure soit trop courte ou, au contraire qu'elle proémine par suite de la brièveté de son opposée; il s'ensuit une difficulté pour la préhension des fourrages.

Les lèvres du mouton et de la chèvre sont minces et très mobiles, la supé-

rieure divisée par un sillon médian. A quelque distance en arrière de l'inférieure existe, chez beaucoup de boucs et même de chèvres, un bouquet de
longs poils formant *barbiche*. Elles permettent à ces animaux, surtout au
mouton, de saisir les herbes les plus courtes et les plus fines qui échap-
peraient aux coups de langue du bœuf; aussi peuvent-ils trouver à s'alimenter dans les plus maigres pâturages.

Dans le porc, la bouche est extrêmement fendue; la lèvre supérieure, confondue avec le groin, est très habile à pousser dans la bouche les grains les
plus menus; l'inférieure est pointue, peu développée.

Chez le chien, la bouche, très fendue, mérite, comme celle du porc, le
nom de gueule; la lèvre supérieure, beaucoup plus ample que l'inférieure,
la déborde; celle-ci se fait remarquer par son bord libre, mince et festonné,
qui souvent se renverse et laisse échapper la salive.

Chez le chat, la lèvre supérieure est garnie de deux pinceaux latéraux de
longs et volumineux poils tactiles, dont le rôle est en rapport avec le genre
de vie nocturne de cet animal : ce sont les moustaches.

Dents. — Les dents, avec les gencives, sont des parties de la
bouche que nous avons étudiées en grand détail à propos de l'âge.
Nous ajouterons seulement que les incisives sont quelquefois
brisées ou plus ou moins ébréchées à la suite de chutes violentes
sur le devant, et que cela doit faire redoubler d'attention dans
l'examen des membres et des allures. Il faut aussi être en garde
contre le tic et contre les irrégularités d'usure des molaires, celles-ci
produisant des éminences aiguës, tranchantes, qui blessent les
joues ou la langue et empêchent les animaux de manger. Signalons
encore qu'une ou plusieurs dents peuvent être cariées, ce qui occasionne une fétidité repoussante et constitue une affection d'autant
plus à redouter qu'elle empêche l'animal de se bien nourrir et que
l'extraction des molaires des Solipèdes est une des opérations les
plus laborieuses de la chirurgie vétérinaire.

Dans les Ruminants, et surtout dans le mouton et la chèvre, l'intégrité
de l'arcade incisive de la mâchoire inférieure et du bourrelet qui la remplace à la mâchoire opposée est une condition essentielle pour que l'animal
ne souffre pas de la faim au pâturage.

Le chien présente assez souvent une carie d'une ou plusieurs dents, de la
pyorrhée alvéolaire avec gencives gonflées et saignantes (sorte de scorbut);
il est commun aussi de trouver un dépôt plus ou moins abondant de tartre.

Barres. — Les barres répondent aux espaces interdentaires
inférieurs et donnent appui au canon du mors; elles s'étendent des
crochets aux molaires chez le mâle, des coins aux molaires chez la

femelle, et ont pour base un bord osseux plus ou moins épais, recouvert par la muqueuse buccale.

Pour être belles, les barres doivent être : *moyennement arrondies et saillantes, tapissées d'une muqueuse souple et moyennement sensible.* Dans ces conditions, l'impression du mors n'est ni insuffisante ni exagérée, la bouche est bonne.

Si les barres sont tranchantes ou leur muqueuse trop sensible, la bouche est tendre. Si, au contraire, elles sont arrondies ou protégées contre les pressions du mors par une langue et des lèvres trop épaisses, la bouche est dure.

Nous avons déjà dit comment on peut faire varier la puissance du mors en allongeant ou en raccourcissant ses branches; ajoutons ici que, dans le cas de bouche trop sensible, il est indiqué d'augmenter l'épaisseur du canon ou mieux de le revêtir de caoutchouc, de gutta-percha, d'étoffe; tandis que, dans le cas de bouche dure, on amincira cette partie afin de concentrer les pressions sur les barres. Ce serait toutefois une erreur de croire qu'il est toujours possible de déduire la sensibilité de la bouche à l'action du mors de la disposition anatomique de cette cavité; elle résulte avant tout de l'impressionnabilité générale du sujet; tel cheval de camion avec des barres tranchantes peut avoir la bouche plus dure qu'un cheval de sang à barres arrondies. Mais il est incontestable que, de deux chevaux également impressionnables, c'est celui dont les barres sont les plus aiguës qui a la bouche la plus sensible.

Les barres peuvent devenir calleuses par l'abus que l'on fait du mors, ou bien être blessées. Les pressions qu'elles ont à subir sont parfois si intenses que le bord maxillaire se nécrose ou même se brise. Ce dernier résultat démontre bien que le mors multiplie la force exercée sur les rênes, car l'homme le plus fort ne l'obtiendrait pas par simple traction directe.

Canal. — Le canal fait paroi inférieure ou plancher à la bouche; c'est une gouttière angulaire logeant la langue, limitée par les deux branches maxillaires entre lesquelles se trouvent jetés les deux muscles mylo-hyoïdiens, branches maxillaires réunies en spatule à leur extrémité. Le canal est divisé par le frein de la langue en deux rigoles latérales dans chacune desquelles on voit la crête sublinguale et le barbillon; celui-ci est un petit appendice flottant situé un peu en avant du bord libre du frein précité.

Le canal n'est à examiner qu'au point de vue de sa netteté. Il peut en effet montrer une inflammation du canal de Wharton résultant de la pénétration accidentelle d'un corps étranger à son intérieur, ou bien une fistule de ce même canal déversant dans la bouche une salive mélangée de pus et d'odeur infecte.

Dans le bœuf, le barbillon est volumineux, aplati de dessus en dessous, crénelé à son bord et couché à une petite distance de l'arcade incisive. Une rangée de papilles s'observe de chaque côté au fond du canal.

Langue. — La langue est un organe charnu moulé dans le canal et remplissant la bouche dans l'état de rapprochement des mâchoires. Nous renvoyons au cours d'anatomie pour l'étude de sa structure.

Rappelons seulement qu'elle comprend une partie fixe et une partie libre et que cette dernière, la plus intéressante au point de vue de l'Extérieur, se modèle sur le corps en spatule du maxillaire inférieur et reçoit par sa face inférieure l'attache du frein. Sa face supérieure contribue à l'appui du canon du mors. La langue sert à la fois, chez les Solipèdes, à la mastication, à la préhension des boissons, à la déglutition et à la gustation.

Pour être belle, elle doit être *moyennement épaisse, exempte de blessures et ne pas se montrer hors de la bouche.*

La langue trop épaisse ou grosse nuit à l'action du mors en amortissant outre mesure les pressions sur les barres. La langue mince, au contraire, rend celles-ci plus sensibles. Certains chevaux ont la langue pendante, ce qui est un défaut disgracieux, occasionnant des pertes considérables de salive; d'autres ont la langue serpentine, c'est-à-dire sortant de la bouche et y rentrant sans cesse, défaut qui a les mêmes inconvénients que le précédent mais moins prononcés; d'autres ont l'habitude de la replier en dessous du mors pour diminuer l'intensité de la pression supportée par les barres. Enfin il en est qui ont la langue entamée transversalement sur la face supérieure par suite d'un usage excessif du mors et surtout de l'habitude de *tirer au renard*, c'est-à-dire de reculer violemment quand ils sont attachés; si alors ils sont bridés ou s'ils ont une longe ou un billot dans la bouche, ils peuvent se couper la langue plus ou moins profondément et même se l'amputer; aussi est-il prudent de ne jamais attacher un cheval par la bride, mais tout simplement par une longe de licol, qu'on se gardera bien de passer dans la bouche La langue de beaucoup de chevaux présente, sans inconvénient notable, un sillon transversal produit par l'appui répété du mors.

Chez les vieux chevaux, la langue est assez souvent écorchée sur les bords latéraux par des molaires inférieures devenues irrégulières de table; il en résulte une certaine gêne pour la mastication.

Différences. — La langue du bœuf, très épaisse, dépourvue de sillon médian, pointue et très protractile, lui sert à la préhension des fourrages; elle est portée facilement jusqu'à l'intérieur des naseaux. Sa face supérieure est hérissée de papilles cornées récurrentes qui la rendent rude et râpeuse au toucher.

Dans le mouton et la chèvre, la préhension des fourrages se fait surtout par les lèvres; aussi la langue est-elle moins charnue et moins rude que celle du bœuf.

La langue du porc est encore plus douce au toucher; sa face inférieure est un lieu d'élection pour les vésicules de la ladrerie.

Celle du chien est large et mince, douce, et de coloration rouge vif; elle sert à laper. Elle se recouvre souvent, ainsi que les gencives, la face interne des joues et des lèvres, de nombreuses verrues ou papillomes.

Celle du chat porte une véritable râpe sur sa pointe, due à un développement exubérant de papilles cornées, dirigées en arrière.

Palais. — Le palais forme la paroi supérieure ou plafond de la bouche. Il a pour base les os intermaxillaires, les apophyses palatines des grands sus-maxillaires et une portion des os palatins, ainsi qu'une muqueuse épaisse, parcourue de chaque côté par une vingtaine de sillons curvilignes, transversaux, séparés par des crêtes d'autant plus effacées qu'elles sont plus postérieures, sillons et crêtes se joignant d'un côté à l'autre par l'intermédiaire d'un sillon médian ou raphé qui commence en arrière des incisives à la base d'un petit tubercule. Une couche vasculaire sous-muqueuse donne au palais, dans le jeune âge, une sorte d'érectilité. Le palais est souvent engorgé dans les jeunes chevaux, où il est à peu près de niveau avec les incisives; il devient moins saillant, se dessèche à mesure que l'animal vieillit. Pendant la période d'éruption dentaire, il peut se congestionner au point de déborder les incisives, on dit alors vulgairement que l'animal a le *lampas;* on a vu, dans ce cas, des maréchaux détruire par le fer rouge la couche proéminente; cela s'appelait « brûler le lampas », pratique aussi barbare qu'inutile, à laquelle il peut être indiqué de substituer la saignée au palais, s'il y a une forte inflammation de la bouche; et il n'est pas besoin de l'antique corne de chamois pour pratiquer cette saignée, il suffit d'une lancette ou d'un bistouri; l'essentiel est de prendre garde de ne pas atteindre les artères palatines, accident que l'on évite en saignant vers la ligne médiane postérieurement au troisième sillon.

Différences. — Dans le bœuf, les crêtes du palais n'existent que sur les deux tiers antérieurs de la région; ces crêtes sont très prononcées et dentelées en arrière. A la place des incisives, existe un bourrelet muqueux en forme de croissant, présentant deux petites fentes en T ou en Y qui font communiquer la bouche et les fosses nasales (canaux de Stenson). Le palais des bovins est assez souvent pigmenté ainsi que le mufle, la langue et la muqueuse des lèvres.

Chez le mouton et la chèvre, les crêtes du palais sont à peine crénelées. Celui-ci est souvent gris, ou noir, ou marbré, et on a remarqué de temps immémorial qu'un bélier blanc à palais ou langue pigmentés donne souvent des agneaux noirs ou tachetés.

Le palais est étroit, allongé et plus ou moins desséché chez le porc.

Dans le chien, il est ordinairement pigmenté et offre huit ou neuf crêtes non dentées qui se réunissent d'un côté à l'autre en formant des sortes d'accolades.

Les petits ruminants, le porc, les carnivores, sont pourvus de canaux de Stenson, comme les bovins, tandis que cette communication bucco-nasale manque aux Solipèdes.

Barbe.

La barbe est une région située en arrière de la houppe du menton, au-devant de l'auge, et qui correspond au lieu de réunion des deux branches maxillaires (symphyse du menton), recouvert d'une peau mobile. Elle n'a d'autre intérêt que de fournir appui à la gourmette et d'en recevoir une impression plus ou moins vive suivant qu'elle est tranchante ou arrondie. Pour prévenir les pressions douloureuses de cette partie du mors et les blessures qui en sont la conséquence, il est bien simple d'employer une gourmette plus large, ou bien de la garnir d'un coussin de feutre.

Les blessures de la barbe sont fréquentes en Algérie, à cause de la disposition spéciale de la gourmette arabe, qui est un mince anneau métallique.

Auge.

Configuration et base anatomique. — L'auge est limitée de chaque côté par les ganaches, fait suite à la barbe et précède la gorge. C'est une cavité plus ou moins profonde, de forme angulaire, qui a pour bords les branches maxillaires donnant insertion au muscle ptérygoïdien interne et à la portion antérieure du digastrique, et pour fond soit les deux muscles mylo-hyoïdiens réunis, sur lesquels repose la langue, soit le corps de l'hyoïde où viennent se terminer les omo-hyoïdiens et les sterno-hyoïdiens et qui comprend le larynx dans sa fourche. On trouve, en outre, de chaque côté, contre le ptérygoïdien interne, une traînée de ganglions lymphatiques, roulant sous le doigt (ganglions sous-maxillaires ou sous-glossiens), et, par dessus le tout, le peaussier de la face, extrêmement mince à cet endroit, et une peau lâche portant des poils plus longs qu'ailleurs.

CONDITIONS DE BEAUTÉ. — L'auge doit être : *large, sèche, et ses ganglions petits, roulants et insensibles.*

L'auge large ne va guère sans un front et un chanfrein larges; elle loge la gorge à l'aise dans la flexion de la tête.

L'auge sèche est bien évidée, dépourvue de tout engorgement. Dans les chevaux communs et lymphatiques, cette région est toujours plus ou moins empâtée; il en est de même, comme nous allons le dire, sous l'influence de diverses maladies.

Les ganglions de l'auge, connus du vulgaire sous le nom de glandes, doivent être petits, roulants et insensibles; s'il en était autrement, ils seraient malades. L'adénite sous-glossienne s'observe notamment dans toutes les affections des cavités nasales.

MALADIES. — La gourme, maladie des jeunes chevaux, se traduisant par un état catarrhal et purulent des premières voies respiratoires, s'accompagne toujours de l'engorgement de l'auge et y détermine assez souvent des abcès; alors les ganglions sont parfois énormes, au point de dépasser le niveau des ganaches, et souvent douloureux. Le simple coryza ou rhume de cerveau, inflammation de la muqueuse nasale, entraîne aussi le gonflement des ganglions de l'auge, qui deviennent plus ou moins douloureux mais restent mobiles. La morve chronique, affection générale, contagieuse, transmissible à l'homme, dont les trois symptômes cardinaux sont des *chancres* sur la pituitaire, un *jetage* nasal et du *glandage* dans l'auge, offre un glandage d'un caractère particulier : les ganglions ne sont généralement pris que d'un seul côté, dans une auge sèche, et sont durs au toucher, adhérents à la branche maxillaire.

Pour supprimer tout soupçon sur l'état sanitaire des chevaux glandés, certains marchands extirpent les ganglions malades; aussi faut-il se tenir en garde contre l'animal qui présenterait des cicatrices dans l'auge.

Différences. — L'auge du bœuf n'offre aucun évidement; elle présente au contraire un pli de peau plus ou moins pendant qui se continue sous le cou. Il peut s'y développer une tumeur plus ou moins volumineuse, dure, témoignant d'une adénite tuberculeuse.

Chez le mouton, cette région montre quelquefois un engorgement dépassant les ganaches, qui disparaît lorsque l'animal, rentré du pâturage, a mangé pendant quelque temps au râtelier; c'est un œdème connu des bergers sous le nom de « bouteille », qui indique l'existence de la maladie appelée *cachexie aqueuse*, vulgairement *pourriture*, due à l'invasion du foie par les douves, maladie épidémique sévissant sur les troupeaux pendant les années pluvieuses.

Ganaches.

Les ganaches bordent latéralement la cavité de l'auge et sont constituées par le bord inférieur des branches maxillaires donnant insertion en dehors au masséter, en dedans au ptérygoïdien interne et au digastrique. La portion droite de ce bord est épaisse dans le jeune âge, tandis qu'elle devient mince et tranchante dans les âges avancés; nous avons déjà expliqué la raison de ce changement. La portion recourbée, épaisse et refoulée, donne attache au tendon du sterno-maxillaire.

Les parties molles sont plus ou moins abondantes et donnent lieu à des ganaches plus ou moins légères. Si elles épaississent et empâtent outre mesure la région, on dit que l'animal est *chargé de ganaches*. Il faut rechercher les chevaux à ganaches sèches mais écartées.

Au niveau de la scissure maxillaire, la ganache présente quelquefois une fistule du canal de Sténon, dont l'écoulement devient très apparent quand les mâchoires sont en mouvement. Sur la partie droite, on peut observer une fistule purulente pénétrant entre les tables de l'os jusqu'à la racine d'une molaire cariée.

Différences. — Chez le bœuf, les ganaches sont moins chargées que dans le cheval et plus écartées; elles contribuent à donner à la tête cette forme courte et carrée que l'on recherche surtout chez le taureau. En outre, elles sont convexes dans toute leur longueur.

Oreilles.

Les oreilles sont placées sur le sommet de la tête, de chaque côté de la nuque; elles ont pour base anatomique le cartilage conchinien, sorte de cornet fixé au tube osseux auditif par l'intermédiaire du cartilage annulaire, et mû en tous sens par des muscles rayonnant de sa base qui gagnent soit les crêtes temporales, directement ou par l'intermédiaire du cartilage scutiforme, soit l'arcade zygomatique, soit la terminaison du ligament cervical, soit enfin la face externe de la parotide. Les oreilles sont recouvertes à l'extérieur

par une peau fine sous laquelle courent quelques veines, à l'intérieur par une peau encore plus fine, garnie de longs poils très ténus
enchevêtrés, qui forment une sorte de crible pour les poussières
de l'air. C'est bien à tort que certains marchands ou palefreniers
inintelligents coupent ces poils protecteurs.

Dans le langage anatomique, l'expression d'oreille se dit de tout
l'appareil de l'ouïe, et l'on distingue l'oreille externe, l'oreille
moyenne et l'oreille interne.L'oreille externe comprenant la conque
et le conduit auditif s'étend jusqu'à la membrane du tympan.

CONDITIONS DE BEAUTÉ. — DÉFECTUOSITÉS. — Les oreilles
doivent être : *courtes, fines* et *bien portées.*

Les oreilles courtes et fines sont presque toujours bien portées,
elles ne s'observent d'ailleurs que chez les chevaux distingués
et énergiques.La zoologie nous apprend que, parmi les quadrupèdes,
les espèces agressives, indomptables, se font en général remarquer
par de petites oreilles dressées (exemple : lion, tigre, chat), tandis

FIG. 186. — *Oreilles
pendantes.*

que les espèces timides et inoffensives présentent plutôt des oreilles longues ou larges
et tombantes (exemples : bœuf, mouton,
chèvre, lapin, lièvre). Chez le cheval, les
oreilles longues et épaisses sont l'apanage
des individus communs; elles nuisent beaucoup à la physionomie. En général la longueur de ces appendices, mesurée contre
le bord postérieur, arrive à peine au tiers
de celle de la tête; elle est sensiblement
plus grande dans les juments que dans les chevaux. Les oreilles
comptent parmi les quatre choses que, au dire des Arabes, le cheval doit avoir courtes (oreilles, queue, rein, paturon).

Les oreilles *bien portées*, dites encore *hardies* ou *oreilles de renard*,
sont dressées sur le sommet de la tête, parallèles l'une à l'autre et
dirigées antérieurement, l'ouverture tournée en avant et en dehors;
elles sont, en outre, animées de mouvements contribuant beaucoup
à l'expression de la physionomie.

On dit que les oreilles sont *mal portées*, que le cheval est *oreillard,
mal coiffé*, lorsqu'elles tombent en dehors (fig. 186), ce qui est un
signe de fatigue ou d'apathie. L'exagération de ce défaut constitue
les *oreilles de cochon*. Ce port des oreilles est d'autant plus disgracieux qu'il occasionne pendant la marche des oscillations verticales, synchromes des appuis des membres, qui font qualifier le
cheval de *clabaud*.

Expression. — Considérées comme organes d'expression, les oreilles offrent à signaler des faits intéressants dont on peut tirer quelque indice relativement au caractère de l'animal, à son énergie, à la qualité de sa vue et de son ouïe. Quand l'ouverture est en avant, elles expriment l'attention et la crainte. Couchées en arrière sur l'encolure, elles révèlent un cheval chatouilleux ou méchant, disposé à l'attaque ou à la défense. Sans cesse en mouvement, l'une en avant l'autre en arrière, elles dénotent l'inquiétude ou la peur, on les dit *inquiètes* ou *incertaines;* c'est ainsi qu'elles se présentent chez le cheval qui a mauvaise vue, qui d'ailleurs n'est souvent ombrageux que parce qu'il voit mal; il cherche alors à suppléer au défaut de la vision par un surcroît d'activité de l'ouïe et, pour cela, change à chaque instant la direction de ses oreilles en même temps que sa physionomie dénote une attention soutenue.

Le cheval sourd a, au contraire, les oreilles peu mobiles, pendantes, sans expression, presque toujours dirigées du côté où l'œil regarde. Malgré cette particularité de la physionomie, la surdité passe souvent inaperçue au premier examen; elle n'est d'ailleurs pas incompatible avec une bonne utilisation.

Le cheval atteint d' « immobilité » a les oreilles fixes, dressées ou même rapprochées par la pointe, en même temps qu'un air d'hébétude frappant.

Signalons enfin que la plupart des chevaux, pendant qu'ils boivent, donnent un coup d'oreilles en avant à chaque déglutition. D'autres font de même pendant le travail au moment des grands efforts.

Tares et maladies. — On fendait autrefois l'oreille gauche aux chevaux de l'armée réformés au-dessous de huit ans. En Algérie, on les marquait au fer rouge d'un R sur la cuisse droite, parce que les Arabes fendent quelquefois l'oreille dans d'autres circonstances. Aujourd'hui on ne stigmatise plus les chevaux que l'on réforme; aussi l'oreille fendue ne se rencontre guère. On ne voit pas non plus de chevaux ayant les oreilles amputées à l'extrémité (cheval *moineau*, *bretaud* ou *bretaudé*); cette opération, qui avait pour but de les alléger et de leur donner meilleur port, a été complètement abandonnée. Mais on peut trouver une oreille brisée ou même complètement enlevée par un coup de pied d'un voisin ou toute autre cause, ce qui est très désagréable à la vue et peut entraîner une carie du cartilage. Si l'on découvrait à la base d'une ou des deux oreilles des traces de l'application du tord-nez, il faudrait craindre que l'animal ne soit difficile à brider, à ferrer, ou bien qu'il n'ait subi quelque grave opération ayant nécessité l'usage de cet instrument de contrainte.

Il n'est pas extrêmement rare de trouver à la base de l'oreille, chez le cheval, une petite fistule congénitale qui communique avec un kyste dentifère sous-jacent.

Différences. — Dans l'âne, les oreilles sont d'une longueur proverbiale, dépassant parfois la moitié de celle de la tête; elles sont d'autant mieux portées que l'animal a plus de vigueur.

Dans le mulet, elles ressemblent en général à celles de l'âne, mais il y a,

Fig. 187. — *Type de la tête dans chacune des trois races porcines* (Pennetier).
Race asiatique.　　　　　Race celtique.　　　　　Race ibérique.

(Les oreilles dans la race ibérique sont plus longues et moins dressées qu'elles ne sont ici représentées, elles forment avant-toit au-dessus des yeux).

sous ce rapport, de grandes variations individuelles; dans tous les cas, elles dépassent le tiers de la longueur normale de la tête; le plus souvent leur ouverture est tournée en arrière.

Dans l'espèce bovine, les oreilles sont larges, plus ou moins longues, dirigées latéralement, quelquefois dressées, plus souvent tombantes. Les nourrisseurs aiment à les trouver très velues chez la vache laitière, et, s'il y a à leur intérieur un enduit gras desquamant en plaques jaunâtres, comme des pellicules de son, c'est, dit-on, l'indice d'une bonne beurrière.

Les oreilles du mouton ont la même direction latérale, plus ou moins relevée ou tombante, que celles du bœuf, mais elles sont moins larges, mieux roulées en cornet; elles se placent dans les spires des cornes lorsque celles-ci existent. Il y a en Chine une race de moutons sans oreilles (race de Yang-Ti).

Les oreilles de la chèvre ressemblent à celles du mouton; elles sont très pendantes dans certaines races (exemples : chèvres du Thibet, de l'Egypte, du Soudan), relevées dans d'autres; leur inclinaison est proportionnée à leurs dimensions.

Chez le cochon, le port des oreilles est un caractère de race (fig. 187) : elles sont courtes et dressées, dans la race asiatique, larges et dirigées horizontalement au dessus des yeux dans la race napolitaine ou ibérique, larges et tombantes dans la race celtique,

Dans l'espèce canine, la forme, les dimensions et la direction de l'oreille ne sont pas moins variables que dans la porcine. L'oreille longue, large et bien pendante, est une beauté pour les chiens courants, les bassets, les épagneuls. Le chien de berger, au contraire, la porte relevée et pointue. D'autres l'ont ployée à l'extrémité, etc. On a l'habitude d'amputer les oreilles dans certaines races; on les arrache entièrement aux danois; on les coupe courtes aux dogues, aux bouledogues, aux mâtins, pour laisser moins de prise à leurs ennemis, en pointe à certains petits chiens, tels que les fox, pour qu'ils les portent dressées. Il existe aussi des chiens sans oreilles.

Les chiens sont très sujets au catarrhe auriculaire. Ceux à oreilles longues et larges sont en outre souvent atteints de chancre sur le bord de la conque, affection difficile à guérir à cause des mouvements continuels auxquels ils se livrent.

Il n'est pas rare de trouver des grains de plomb enkystés dans l'oreille des chiens de chasse, sans que leur présence offre le moindre inconvénient.

Tempes.

La tempe est une région en saillie, située entre la joue et le front d'une part, l'œil et l'oreille d'autre part. Elle a pour base anatomique l'articulation temporo-maxillaire résultant de l'opposition du condyle de la branche mandibulaire à la surface articulaire sculptée sur la base de l'apophyse zygomatique du temporal, opposition qui se fait par l'intermédiaire d'un disque fibro-cartilagineux dédoublant la jointure en deux interlignes possédant chacun sa synoviale.

L'articulation de la tempe, close par un simple ligament capsulaire, est longée inférieurement par d'importants vaisseaux, auxquels on peut prendre le pouls, et par les branches nerveuses du plexus facial. Elle est recouverte seulement du peaussier, très mince, et de la peau peu adhérente.

Chez les chevaux de robe foncée, comme chez l'homme, c'est à la tempe que, sous l'influence de la vieillesse, apparaissent les premiers poils blancs : de là le nom de la région, tiré du latin *tempus*, temps.

Pour toute condition de beauté, cette région doit être *nette*, c'est-à-dire exempte de toute blessure ou cicatrice. La saillie qu'elle forme l'expose beaucoup aux traumatismes, surtout dans le décubitus latéral; aussi, dans les cas de coliques violentes ou de paralysie, s'y produit-il souvent des excoriations, voire même des plaies pénétrantes ouvrant l'articulation et déterminant un écoulement de synovie, ce qui est de la dernière gravité.

Salières.

La salière est une excavation en cupule située au-dessus de l'arcade orbitaire des Solipèdes et répondant à la partie antérieure de la fosse temporale, où se trouvent l'apophyse coronoïde de la branche maxillaire avec un volumineux coussinet de graisse. Pendant les mouvements de la mâchoire inférieure, elle se gonfle et se déprime alternativement sous l'influence du va-et-vient de ladite apophyse.

Les salières se creusent par maigreur et par vieillesse, et alors contribuent beaucoup à donner à la tête l'aspect qui la fait qualifier de décharnée ou de tête de vieille. Afin de détruire cette apparence désavantageuse certains maquignons d'autrefois les remplissaient en les insufflant par une petite incision faite à la peau; mais l'emphysème ainsi produit ne dure pas, et il peut se compliquer d'un abcès.

Sourcils.

Les sourcils, arcs de poils surmontant les paupières supérieures, n'existent que chez le fœtus, ils disparaissent au milieu des poils circonvoisins quand le système pileux est développé. Il n'y a donc plus de sourcils après la naissance.

Yeux.

En extérieur, l'œil est une région située de chaque côté et en bas du front, entre le crâne et la face, et constituée : 1° par un organe essentiel, relié au cerveau par le nerf optique, le *globe* ou *bulbe* de l'œil, dont la structure, très complexe (fig. 188 et 189), est étudiée en anatomie; 2° par des organes annexes ou accessoires qui sont : la *cavité orbitaire*, des *muscles* qui font pivoter le globe sur ses différents diamètres, les *paupières* et le *corps clignotant* ou troisième paupière, qui protègent sa partie antérieure; enfin la *glande lacrymale*, qui sécrète les larmes, liquide humectant la face interne des paupières et la partie correspondante du globe et arrivant ensuite, par une succession de conduits, à l'égout lacrymal situé à l'entrée des fosses nasales.

L'intégrité de la vision importe beaucoup, surtout si le cheval doit être employé à la selle, ou seul à la voiture. Un cheval aveugle, ou même seulement borgne, perd une grande partie de son prix, soit qu'il ne puisse rendre tous les services qu'on en attend, soit en raison de l'atteinte à son esthétique. Un cheval qui voit des deux yeux mais imparfaitement vaut encore moins que s'il était aveugle car il est ombrageux et expose son conducteur à des accidents.

Grâce au *tapis* de sa choroïde le cheval voit très bien la nuit, beaucoup mieux que l'homme. Une légende arabe raconte que, pendant une nuit obscure, il se disputait avec le lion pour savoir lequel des deux avait la meilleure vue : « Ce dernier distingua un poil

Fig. 188. — *Schéma d'une coupe médiane antéro-postérieure du globe de l'œil.*

a, sclérotique; b, cornée; c, choroïde; d, cercle ciliaire; e, iris; f, procès ciliaires; g, rétine; h et h', chambres de l'humeur aqueuse; i, corps vitré; j, cristallin; x, nerf optique.

Fig. 189. — *Globe de l'œil dont on a enlevé la cornée et une zone de sclérotique pour montrer l'iris et une partie de la choroïde.*

a, cercle ciliaire; b, iris; c, pupille; d, franges pupillaires ou grains de suie; 1, sclérotique; 2, choroïde

blanc dans du lait, le cheval distingua un poil noir dans du goudron et remporta la palme ».

CONDITIONS DE BEAUTÉ. — Pour apprécier les conditions de beauté de l'œil, il est indispensable d'en connaître exactement l'anatomie et la physiologie. Ces conditions se réfèrent au globe lui-même et à ses annexes.

a) L'œil doit être grand et bien ouvert, à fleur de tête, brillant, de couleur foncée, égal à son congénère; sa vitre et ses milieux doivent être parfaitement transparents, de manière à laisser voir son fond noir bleuâtre à travers la pupille; celle-ci doit se dilater à l'obscurité et se rétrécir à la lumière; enfin la vivacité de son reflet, la hardiesse et la franchise du regard doivent animer la physionomie et lui donner la plus grande partie de son expression.

b) Les paupières doivent être fines, très écartées, très mobiles, régulièrement arquées; la muqueuse qui revêt leur face interne avec la portion contiguë du globe (conjonctive) doit être de teinte rosée, ni rouge, ni pâle; enfin, les larmes ne doivent pas déborder les paupières et se répandre sur le chanfrein ou la joue.

Commentons rapidement ces multiples conditions de beauté.

L'œil grand, bien ouvert, à fleur de tête, à reflet intense, à regard franc et énergique, donne à la physionomie une expression d'intelligence, de noblesse et de fierté que l'on trouve surtout chez les chevaux de sang. Quant à la diaphanéité de la vitre et des milieux, on en comprend sans peine toute l'importance puisque la lumière doit pénétrer sans encombre jusqu'à la rétine pour y peindre, comme sur une plaque photographique, les images de tous les corps situés au devant de l'organe. Mais cette diaphanéité ne servirait de rien si la rétine, le nerf optique ou les centres visuels étaient paralysés, c'est-à-dire non impressionnables aux excitations lumineuses. C'est pourquoi il ne faut pas manquer de consulter la sensibilité de l'iris aux variations de lumière, car cette sensibilité est subordonnée à l'intégrité de la rétine et des autres parties dont il vient d'être parlé.

La finesse, l'écartement et la mobilité des paupières sont autant de signes de distinction du sujet. La coloration de la conjonctive est en rapport avec la richesse sanguine de l'animal; elle doit être rose vif. Si cette muqueuse était pâle, infiltrée, ce serait un signe d'anémie, de débilité; si, au contraire, elle était rouge, congestionnée, ce serait l'indice d'un état général pléthorique ou d'un état local inflammatoire; si elle était nuancée de jaune ou de violet, elle dénoterait une maladie infectieuse, etc. Chez l'homme de race blanche, la richesse du sang se reflète assez bien sur le visage, tandis que, chez les animaux, le pigment et les poils masquent la couleur du derme cutané, ce qui oblige à consulter les muqueuses superficielles; et, parmi ces muqueuses, nulle ne traduit aussi bien que la conjonctive, par sa couleur, les variations de la richesse sanguine.

Les larmes ne doivent pas se répandre au dehors des paupières; leur hypersécrétion chez les animaux est en effet rarement émotive, c'est ordinairement un symptôme d'ophthalmie (larmoiement).

Défectuosités. — Nous signalerons : l'œil petit, gras ou de cochon, l'œil couvert, l'œil gros ou de bœuf, les yeux inégaux, l'œil cave ou creux, l'œil cerclé, l'œil myope, l'œil presbyte et l'œil vairon.

L'*œil petit ou gras*, dont l'exagération constitue l'*œil de cochon*, peut être petit par le défaut de volume du globe, ou, ce qui est beaucoup plus commun, par le peu d'ouverture des paupières. Il donne à l'animal un aspect désagréable et indique une prédisposition aux différentes affections de la vue.

L'*œil couvert* est une variété d'œil petit, dans laquelle la paupière supérieure, relâchée, est plus ou moins tombante, ce qui donne à l'animal un regard sournois et agressif. Cette défectuosité peut n'exister que d'un côté; elle est alors d'autant plus choquante.

L'*œil gros ou de bœuf* paraît sortir de l'orbite, non pas par excès de volume, mais par excès de convexité de la cornée; c'est l'état normal chez le bœuf. Il donne à l'animal un air hébété en même temps qu'il le rend myope.

« Les yeux peuvent être *inégaux* par suite de l'inégalité d'ouverture des paupières, ce qui n'est défectueux que pour le coup d'œil; mais, si l'inégalité réside dans le volume des globes oculaires, il faut examiner avec la plus grande attention les deux yeux, et surtout le plus petit, car il est très rare que l'inégalité de volume soit naturelle; elle est due le plus souvent à des accès répétés de fluxion périodique » (Lecoq).

« L'*œil cave ou creux* est enfoncé dans l'orbite, recouvert de paupières flasques, et souvent pleureur. On l'observe chez les chevaux minés par l'âge et le travail » (Goubaux et Barrier).

L'*œil cerclé* est celui qui laisse voir entre les paupières, autour de la cornée, un cercle blanc de sclérotique. Ce blanc de l'œil n'existe pas d'habitude, parce que la zone de sclérotique qui lui correspond est couverte d'une muqueuse pigmentée, grâce à laquelle elle se fond de couleur avec l'iris; il apparaît quand ledit pigment fait défaut, et alors l'œil est cerclé, ce qui n'influe en rien sur ses qualités visuelles mais donne à la physionomie un air de méchanceté tout particulier.

L'*œil vairon* nous est connu; c'est celui dont l'iris est décoloré, blanchâtre ou gris-perle.

L'*œil myope* se reconnaît à l'excès de convexité de la cornée: il est infiniment moins commun que dans l'espèce humaine et s'observe surtout dans le jeune âge. Il empêche de voir distinctement à quelque distance et rend l'animal ombrageux.

L'*œil presbyte* est l'opposé du précédent; il n'est pas assez convergent et est adapté à une vue à longue portée, de telle sorte que l'animal voit mal les objets et obstacles placés près de lui et est exposé à buter. La presbytie est ordinairement une infirmité des âges avancés.

MALADIES ET TARES. — Nous nous bornerons à quelques indications qui seront complétées dans le cours de *Pathologie*.

Les maladies de l'œil portent sur les parties essentielles ou sur les parties accessoires. Parmi les premières, il convient de citer :

1° Les opacités diverses de la cornée, qu'on appelle *nuage* lorsque la cornée est à peine opalescente, *taie* ou *albugo* lorsque l'opacité est complète, *leucoma* lorsque c'est une cicatrice. On jugera de la gravité de ces opacités par leur étendue et leur position; si elles sont en regard de la pupille et qu'elles la couvrent complètement l'œil peut être considéré comme perdu; si elles sont placées à la périphérie de la cornée, elles peuvent ne point gêner la vision. Chaque fois que la cornée s'enflamme (*kératite*), elle devient opaque. Elle se voile souvent d'un léger nuage au moment de l'éruption des dents remplaçantes, qui disparaît ensuite spontanément.

2° Les opacités du cristallin, constituant la *cataracte*. Celle-ci commence parfois par un ou plusieurs points blancs qu'on appelle vulgairement des *dragons*. L'œil voit mal ou ne voit pas du tout suivant que la lentille cristallinienne est partiellement ou complètement opaque. « On a bien essayé de guérir la cataracte chez les animaux, comme on le fait chez l'homme, par le déplacement ou l'extraction du cristallin; mais l'opération réussit rarement; la contraction du muscle droit postérieur (qui manque chez l'homme), en comprimant l'œil au fond de l'orbite, détermine l'expulsion du corps vitré lors de l'enlèvement du cristallin si l'on opère *par extraction*, et l'on obtient rarement de bons résultats de l'opération *par abaissement*. D'ailleurs, en admettant que l'opération réussît parfaitement, la vue serait toujours imparfaite, et l'animal devenant ombrageux serait souvent d'un service moins avantageux encore qu'avant qu'il fût opéré » (Lecoq).

3° Le *glaucome* (de γλαυκός, vert de mer), qui consiste en une coloration verdâtre du corps vitré et n'est le plus souvent qu'un symptôme de fluxion périodique. L'œil doit être considéré comme perdu.

4° L'*amaurose* ou *goutte sereine*, paralysie de la rétine que rien n'accuse extérieurement, si ce n'est l'immobilité de la pupille, tantôt resserrée, tantôt dilatée. L'œil est complètement impropre à la vision. Il ne faut pas confondre cet état avec l'*amblyopie* ou obscurcissement momentané de la vue qui se produit sous l'influence du vertige, d'une indigestion, d'une hémorragie abondante, etc.

5° L'*ophthalmie* ou inflammation de l'œil, qui est tantôt externe (conjonctivite), tantôt interne; dans ce dernier cas, elle est toujours accompagnée d'un trouble de la cornée et des humeurs. Dans toutes les ophthalmies, la conjonctive est rouge, congestionnée, l'œil est larmoyant et les larmes s'écoulent au dehors des paupières, celles-ci sont plus ou moins tuméfiées, rapprochées l'une de l'autre afin d'éviter l'action de la lumière car il y a photophobie.

6° L'*ophthalmie* ou *fluxion périodique*, qui se traduit par des symptômes assez semblables à ceux de l'ophthalmie interne simple, mais présente ce caractère particulier de se produire par accès plus ou moins longuement espacés. Et ces accès, en se répétant, aboutissent à la perte de l'œil, en même temps qu'à une réduction de son volume qui peut aller jusqu'à complète atrophie.

C'est surtout dans les premières années de la vie, et principalement à l'époque de l'éruption des dents de remplacement, que l'œil est exposé à la fluxion périodique; aussi doit-on, à cet âge, redoubler d'attention dans l'examen de cet organe. La difficulté qu'on éprouve, surtout après les premiers accès, à reconnaître les traces de la fluxion périodique a fait ranger cette maladie dans la classe des vices rédhibitoires avec un délai de garantie de trente jours (loi du 2 août 1884).

Parmi les affections des annexes, nous signalerons :

1° La *lippitude*, consistant en une hypersécrétion de chassie due à une inflammation des glandes de Meibomius incrustées dans le bord libre des paupières. Les chiens atteints de la maladie du jeune âge ont ordinairement les yeux chassieux et les paupières agglutinées.

2° Le *trichiasis* ou déviation des cils, qui viennent irriter la conjonctive et entretenir une ophthalmie permanente si on ne prend soin de les arracher.

3° L'*entropion* ou renversement en dedans du bord libre des paupières, de la supérieure principalement, accompagné toujours de conjonctivite.

4° L'*ectropion* ou renversement en dehors du bord libre des paupières, principalement de l'inférieure, faisant apparaître la conjonctive qui s'enflamme au contact de l'air et des corps étrangers. Les déviations du bord palpébral ou des cils sont particulièrement fréquentes dans l'espèce canine.

5° L'*encanthis* ou excroissance de la caroncule lacrymale, qu'on observe quelquefois chez les grands ruminants.

6° L'*onglet* ou excroissance du corps clignotant.

7° Les *verrues* des paupières.

8° Les *plaies* des paupières, fréquentes au niveau de l'arcade orbitaire chez les animaux qui se sont débattus sur la litière. Les déchirures du bord libre de ces voiles se restaurent très bien par suture; mais, si elles sont accompagnées de perte de substance, la cicatrisation entraîne une déformation plus ou moins disgracieuse.

Manière de procéder a l'examen de l'œil. — Il faut mettre l'animal à l'abri du grand jour, par exemple sous un hangar ou sur le seuil de la porte de l'écurie si elle est à l'ombre, et se placer soi-même en face de la tête. Alors on peut facilement reconnaître s'il existe quelque trouble sur la vitre ou à l'intérieur de l'œil, car on n'est pas gêné par les reflets de cette dernière, comme on le serait si on se plaçait dans la direction même de l'axe visuel et si surtout l'animal était en pleine lumière. On le fait ensuite avancer un peu pour que l'œil, frappé d'une lumière plus vive, laisse apercevoir le mouvement de rétrécissement de la pupille, qui doit être bien manifeste. Si l'on ne peut placer le cheval dans des conditions aussi favorables pour l'examen de la vue, il faut, pour reconnaître les mouvements de l'iris, boucher l'un des yeux avec la main pendant quelques secondes; aussitôt la pupille de l'œil opposé doit se dilater un peu, et, lorsque l'œil fermé est rendu à la lumière, sa pupille, fortement dilatée pendant l'occlusion, revient à ses dimensions premières. On recommande aussi, après avoir frappé légèrement sur un naseau, de menacer l'œil du même côté avec la main, sans toutefois produire un choc d'air; l'œil menacé se ferme aussitôt si la vision est bonne.

Ces divers procédés suffisent généralement aux praticiens, qui n'ont guère recours à l'ophthalmoscope que dans le cas de doute ou de suspicion de fluxion périodique.

Pour apprécier l'état de la conjonctive, il faut faire saillir le corps clignotant; on écarte, dans ce but, les paupières avec le pouce et l'index, en pressant légèrement; l'animal retire instinctivement le globe au fond de l'orbite, et ce mouvement pousse en avant la troisième paupière, qui montre à découvert toute la portion de conjonctive qui la recouvre.

Inconvénients d'une mauvaise vue. — Il vaut souvent mieux, répétons-le, qu'un cheval soit borgne ou même aveugle que s'il voyait imparfaitement. Dans le premier cas, il est évidemment taré, mais utilisable; tandis que, dans le second, il est presque toujours ombrageux et d'une utilisation dangereuse.

Nous avons dit déjà que le cheval qui voit mal a, pendant

l'allure, la physionomie inquiète et les oreilles sans cesse en mouvement. S'il est atteint de cécité complète, sa démarche est indécise, il lève haut les membres, tâte le terrain avant de prendre appui ferme, cherche en un mot à remplacer le sens qui lui manque par la suractivité des autres sens, notamment du toucher et de l'ouïe. S'il est borgne, il a tendance à porter la tête du côté de l'œil atteint de façon à diriger le sain en avant.

Différences. — La vitre de l'œil ou cornée transparente est circulaire chez le chien, le chat, le lapin, tandis qu'elle est elliptique à grand axe transversal chez les Solipèdes et les Ruminants. Elle figure, chez le porc, un ovale irrégulier dont le pôle aigu est dirigé du côté interne.

La pupille ou prunelle participe de la forme de la cornée, c'est-à-dire qu'elle est elliptique dans les Ruminants et les Solipèdes, ronde chez le chien et le lapin, à peu près ronde chez le porc quand elle est dilatée, allongée transversalement quand elle est resserrée. Dans le chat, elle n'est circulaire que lorsqu'elle est très dilatée; en se rétrécissant, elle devient elliptique de haut en bas et arrive même, sous l'influence d'une vive lumière, à ne plus figurer qu'une étroite fente verticale. Cet orifice est toujours plus variable, plus contractile chez les animaux nocturnes que chez les autres animaux.

La couleur de l'iris est généralement moins foncée chez les Ruminants que chez les Solipèdes; elle est ordinairement bleuâtre chez la chèvre, brunâtre chez le porc, jaune brun ou jaune doré chez le chien, jaune doré ou verdâtre dans le chat adulte, quelquefois bleu clair dans les très jeunes chats, etc.

Quant à la couleur du fond de l'œil, chez les animaux autres que les Solipèdes, elle est en général moins foncée que dans ces derniers, exception faite pour le porc, où elle est à peu près aussi sombre que chez l'homme. Cette couleur n'est que le reflet de la choroïde, qui, dans la généralité de nos animaux, présente un tapis clair plus ou moins étendu; ce tapetum, ordinairement bleu verdâtre et plus ou moins nuancé de jaune chez les Solipèdes, est d'un beau vert doré, virant au bleu à la périphérie chez le bœuf et le mouton; il est jaune doré ou verdâtre dans le chat et un grand nombre de chiens, bleu jaunâtre, rouge, tacheté de vert, etc., chez d'autres chiens. Dans les espèces à tapis clair, notamment les Carnivores, le fond de l'œil est parfois phosphorescent à l'obscurité. Mentionnons enfin que, chez les albinos, comme le lapin et le rat blancs, il présente une couleur uniformément rouge due aux vaisseaux sanguins de la choroïde, vus par transparence à travers la rétine.

« Dans l'espèce ovine, la conjonctive pâle indique une tendance à la *pourriture* ou *cachexie aqueuse;* mais il faut avoir soin de constater cet état lorsque les moutons sont dehors depuis quelque temps, car, à la bergerie, les gaz irritants qui s'échappent du fumier rendent à cette membrane une couleur rouge qui disparaît bientôt à l'air libre; c'est même une fraude employée quelquefois par les marchands » (Lecoq).

Joues.

Située sur le côté de la tête, la joue est bornée : en haut par la tempe, l'œil et le chanfrein; en bas, par la ganache; en arrière, par l'encolure; en avant, par la commissure des lèvres. Elle présente deux régions : 1° le *plat*, limité par le bord circulaire de la branche maxillaire et répondant au puissant muscle masséter, recouvert par un mince peaussier et les branches nerveuses du plexus facial; 2° la *poche*, répondant au muscle buccinateur et à son satellite, l'abaisseur de la lèvre inférieure, ainsi qu'au zygomatique et au risorius de Santorini. La poche, légèrement convexe, plus ou moins flasque, est surplombée par le plat. Dans le sillon qui les délimite rampent l'artère faciale (à laquelle on prend le pouls), la veine faciale et le canal de Sténon; ce dernier croise obliquement les vaisseaux sanguins par dessous pour venir faire embouchure à la face interne de la région, au niveau de la troisième dent molaire supérieure, sur un tubercule muqueux. Ajoutons la peau en dehors, la muqueuse en dedans, les glandes molaires dans l'épaisseur, et nous aurons indiqué les parties constituantes essentielles des joues.

CONDITIONS DE BEAUTÉ. — La beauté de la joue consiste dans une *sécheresse* qui n'exclut pas un bon développement du muscle masséter. Lorsque le plat est plus ou moins bombé, par suite de l'épaisseur de la peau et de l'abondance du tissu conjonctif, l'animal est *chargé de ganaches*. Lorsque, au contraire, il est déprimé, c'est l'indice de l'atrophie du masséter, qu'il est commun de rencontrer chez les sujets âgés.

TARES ET MALADIES. — Indépendamment de l'atrophie précitée, on peut rencontrer, chez les vieux chevaux, la poche de la joue atone ou même complètement paralysée, laissant les aliments s'accumuler entre sa face interne et les molaires, de manière à prendre la forme rebondie d'une abajoue; on dit alors que le cheval *fait magasin*. Cet amas d'aliments, entrant en putréfaction, donne à la bouche une odeur infecte qui dégoûte l'animal ainsi que ses voisins.

On peut trouver exceptionnellement sur le plat de la joue la trace de sétons ou de cautères appliqués dans le but de traiter une maladie des yeux ou du nez; il faut alors redoubler d'attention dans l'examen de ces organes. Il est recommandé aujourd'hui de ne pas poser de séton sur la joue, afin d'éviter de léser les nerfs du plexus facial, ce qui produirait une paralysie des muscles de la face avec déviation des lèvres et du bout du nez du côté opposé, déviation que l'on peut aussi constater à la suite de coups assénés sous la tempe.

Enfin la joue peut être le siège d'un calcul dans le canal de Sténon ou d'une fistule salivaire de ce canal, particulièrement manifeste quand la mâchoire est en mouvement.

Différences. — Chez le bœuf, le mouton, la chèvre et les autres Ruminants, les joues présentent, à leur face interne, c'est-à-dire dans la bouche, une muqueuse hérissée de grosses et longues papilles coniques, dirigées en arrière, que l'on aime à trouver très développées dans les femelles laitières.

Chez le porc, le chien, le chat, la bouche, largement fendue et justifiant l'appellation de gueule, réduit beaucoup l'étendue de la joue. Dans les deux derniers animaux, la forme arrondie et saillante de cette région accuse le développement du masséter et la force des mâchoires.

ARTICLE II. — ENCOLURE

Le cou allongé du cheval porte le nom d'encolure. Il s'unit en arrière avec le garrot, les épaules et le poitrail, et supporte en avant la tête, avec laquelle il forme une sorte de balancier qui règle l'équilibre, contribue à la propulsion et donne à l'avant-main toute sa grâce.

Physiologie. — Situé au-devant du bipède antérieur dans une direction intermédiaire à la verticale et à l'horizontale, ce balancier n'est pas seulement un balancier d'équilibre, à l'instar des bras de l'homme, c'est en outre un balancier d'impulsion dont le rôle est de première importance.

Comme balancier d'équilibre, il règle, ainsi que nous l'avons déjà dit (p. 154), la répartition du poids du corps sur les membres en faisant varier le centre de gravité et par cela même la vitesse des allures. Tendu en avant lorsque l'animal est lancé à une allure rapide, de manière à augmenter l'instabilité de l'équilibre, il se ploie et se raccourcit lorsque l'animal recule afin d'alléger la charge des membres antérieurs et de faciliter ainsi leur impulsion rétrograde, il s'élève fortement lorsque l'animal se cabre, afin que la ligne de gravitation tombe entre les deux pieds postérieurs, au contraire il s'abaisse dans la ruade pour dégager le train postérieur.

Pendant les allures, l'encolure et la tête, plus ou moins élevées et redressées suivant la vitesse, exécutent des oscillations latérales ou vertébrales, rythmées avec les mouvements des membres de manière à alléger le ou les membres qui se lèvent et à reporter le poids du corps sur ceux qui restent à l'appui. Ces mouvements oscillatoires sont si bien en harmonie avec le jeu des membres que, par eux seulement, on peut diagnostiquer une boiterie. Si, par exemple, l'animal boite du membre antérieur gauche, on le voit pendant l'allure donner un coup de tête en haut et à droite chaque fois qu'il pose le membre malade, afin de surcharger les membres sains et de diminuer d'autant l'appui du membre souffrant. S'il est usé des membres postérieurs ou boiteux de l'un d'eux, il les ménage en tenant la tête et l'encolure basses et en donnant un coup de tête en avant chaque fois que c'est leur tour d'agir, etc. Nous pourrions multiplier les exemples (voir p. 248).

Comme *balancier d'impulsion*, la masse de la tête et du cou agit surtout dans la propulsion en raidissant la colonne dorso-lombaire par l'intermédiaire du ligament cervical qui tire en avant les apophyses épineuses du garrot et fait basculer en arrière les corps vertébraux correspondants de telle sorte que le rachis se trouve soulevé et en quelque sorte bandé pour mieux transmettre l'effort impulsif du membre postérieur. C'est ainsi qu'un brusque coup de tête en avant peut faire sauter par-dessus la selle un cavalier inexpérimenté, tandis que, au contraire, un mouvement de tête en haut et en arrière relâche la région dorsale et tend à l'enseller. Les apophyses épineuses du garrot sont de véritables leviers de tension pour la colonne vertébrale, sur lesquels agit la masse pesante et mobile de la tête et du cou par l'intermédiaire d'un ligament extrêmement développé s'étendant de la nuque au garrot et aussi élastique que du caoutchouc (ligament cervical).

Le balancier en question complète et met en œuvre l'arc d'impulsion constitué par le membre postérieur à l'appui et la tige dorso-lombaire, solidarisés l'un avec l'autre par une intime union à la base du sacrum, *arc puissant* de Prince, qui est l'instrument essentiel de la propulsion (fig. 190). Quand le cheval, lancé sur l'hippodrome projette à chaque pas la tête et l'encolure en avant, ce n'est pas seulement pour rendre l'équilibre plus instable et décharger les membres propulseurs, c'est aussi pour raidir au maximum le rachis dorso-lombaire; voyez d'ailleurs celui qui démarre péniblement une lourde charge, il prend la même attitude, et l'on ne saurait alors invoquer une raison d'équilibre. Dans l'un et l'autre cas, les corps vertébraux soumis à deux poussées de sens contraire, l'une d'avant en arrière qui est le fait de la projection en avant de la tête et du cou, l'autre d'arrière en avant qui est produite par la détente de l'arc puissant de Prince, les corps vertébraux disons-nous, peuvent être comprimés à tel point qu'ils s'écrasent réciproquement, en dépit de la forme évidée de chacun d'eux qui augmente singulièrement leur résistance, et cela entraîne consécutivement les boursouflures et ankyloses que l'on observe si souvent à l'autopsie des chevaux. Telle est sans doute la cause de beaucoup de « tours de rein ».

Remarquons enfin que les deux poussées en question ne se neutra-

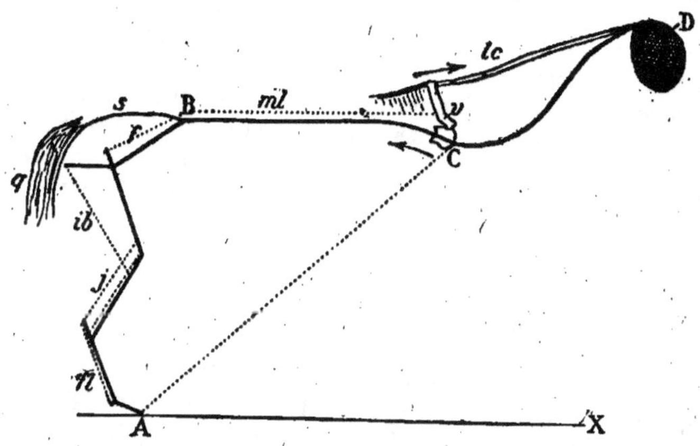

Fig. 190. — *Schéma de l'arc de propulsion et du balancier cervico-céphalique*

ABC, arc de propulsion (arc puissant de Prince); AC, corde de cet arc; CD, balancier cervicocéphalique; AX, ligne de terre; v, vertèbre du garrot; lc, ligament cervical, dont les tractions font basculer les vertèbres du garrot comme l'indiquent les flèches; s, sacrum; q, queue; ml, muscles des gouttières vertébrales; f, muscles fessiers; ib, muscles ischiotibiaux; j, muscles jumeaux de la jambe; fl, tendons des muscles fléchisseurs des phalanges.

lisent pas mais au contraire s'additionnent pour augmenter la force de propulsion. Nous verrons dans la suite de cet ouvrage d'autres cas où des forces musculaires en apparence antagonistes ajoutent leurs effets.

On le voit le cheval *tire* par le jeu de son balancier cervico-céphalique autant que par la détente de ses membres. Il n'y a qu'à le voir au démarrage pour s'en rendre compte. Et ce balancier n'est pas un simple auxiliaire, c'est un promoteur.

Configuration et base anatomique. — L'encolure, aplatie d'un côté à l'autre, plus large en arrière qu'en avant, offre à étudier :

deux faces latérales, un bord supérieur, un bord inférieur, une base
et une extrémité.

A. FACES. — Chaque face présente :

1º En regard des vertèbres cervicales, une saillie arrondie plus
ou moins développée suivant le volume du muscle mastoïdo-
huméral, principal agent de l'embrassée du terrain.

2º En avant de cette saillie, une gouttière à peu près parallèle
au bord inférieur de l'encolure, commençant à la région parotidienne et se terminant sur la ligne médiane du poitrail en s'unissant
à celle du côté opposé. Cette gouttière, répondant à l'intervalle
compris entre le mastoïdo-huméral et le sterno-maxillaire, est
appelée *gouttière jugulaire*, du nom de la veine qui s'y trouve;
elle loge aussi la carotide primitive avec ses nerfs satellites (récurrent et cordon vago-sympathique) et, à la partie inférieure du cou,
du côté gauche, l'œsophage. Quand on la comprime inférieurement,
on la voit se gonfler au-dessus du point comprimé, par suite de
l'accumulation du sang dans la jugulaire. Ce gonflement, qui cesse
avec la compression, démontre que cette veine n'est point oblitérée.

3º En arrière de la saillie du mastoïdo-huméral, les faces de
l'encolure forment un grand méplat triangulaire correspondant au
splénius, à l'angulaire de l'omoplate et à la portion cervicale du
trapèze et du rhomboïde. Souvent le bord antérieur de ce dernier
muscle se dessine en un relief oblique qui s'élève jusqu'au-dessus
du milieu du bord supérieur de la région.

B. BORDS. — Le bord supérieur donne implantation à la crinière;
il a pour base la corde du ligament cervical, qui, chez les chevaux
communs, surtout les entiers, est noyée dans une abondante quantité de tissu cellulo-graisseux augmentant considérablement l'épaisseur de ce bord et le rendant plus ou moins ballottant, tandis qu'il
doit être plutôt mince, sec et très ferme.

La crinière « est à l'encolure du cheval ce qu'est un chapiteau à la
colonne qu'il surmonte; elle l'embellit en dissimulant sous ses
touffes ondoyantes l'angularité de son bord supérieur et lui donne
un aspect gracieux que ses formes trop abruptes ne comportent
pas » (H. Bouley). Cet ornement est particulièrement beau pendant
l'action quand l'animal agite la tête et que les crins flottent au vent.
La crinière a aussi son utilité pour le cavalier, auquel elle fournit
un point d'appui pour monter à cheval. Elle est généralement plus
fournie et plus longue chez les chevaux entiers que chez les chevaux
hongres et les juments, chez les individus communs que chez les

sujets distingués. Dans ces derniers, les crins sont fins, soyeux, brillants, denses, on dit qu' « ils pèsent à la main ».

La crinière tombe par son propre poids d'un côté ou de l'autre; on la fait toujours tomber du côté montoir chez le cheval de selle, du côté excentrique chez les chevaux attelés à deux. Quand elle est très fournie, elle tombe des deux côtés et est dite *double*. Chez les petits chevaux, notamment les poneys, on coupe ordinairement la crinière à une petite distance du bord de l'encolure, de manière qu'elle se tienne dressée; on la dit alors en « brosse, en vergette, ou à la hussarde ». Depuis quelque temps la mode se répand, bien à tort, de couper ras la crinière des chevaux de luxe. Les Arabes de l'Algérie la rasent deux ou trois fois à leurs poulains pour la rendre plus fournie et plus longue. Mercier, vétérinaire à Évreux, a fait remarquer que les chevaux blancs ou gris clair qui ont la crinière frisée, crépue, ont presque toujours des mélanoses à l'intérieur du corps, sinon au dehors.

Le bord inférieur de l'encolure, épais, arrondi d'un côté à l'autre, a pour base la trachée, couronnée du larynx et enveloppée par les muscles sterno-maxillaires, sterno-hyoïdiens, sterno-thyroïdiens, omo-hyoïdiens et peaussier du cou. Il faut s'assurer, en y passant la main, que la trachée n'est le siège d'aucune déformation capable de gêner le passage de l'air, telle que : aplatissement contre le muscle long du cou, torsion, rétrécissement, redressement d'un ou de plusieurs cerceaux, etc.

La portion de ce bord qui répond au larynx et au principe de la trachée et s'engage dans l'auge lors des mouvements de flexion de la tête est décrite comme région spéciale sous le nom de *gorge*.Elle ne forme point de saillie comparable à la pomme d'Adam de l'homme, car le larynx des solipèdes est couvert par les muscles omo-hyoïdiens réunis et les sterno-hyoïdiens. De chaque côté de l'origine de la trachée, on sent rouler sous la pression de la main les deux corps thyroïdes.

On recommande de s'assurer de la largeur de la gorge et surtout de comprimer les premiers cerceaux de la trachée pour provoquer la toux : si la moindre pression déterminait un accès de toux, ce serait l'indice d'une angine; si la toux était courte, avortée, pénible, il y aurait lieu de craindre que l'animal ne soit poussif. La toux normale est forte, retentissante et s'exécute sans effort. Un jetage intermittent ou dissimulé par un nettoyage des naseaux peut apparaître sous l'influence d'une quinte de toux.

C. **Base.** — La base de l'encolure doit se fondre sans heurt ni ressaut avec le garrot, le poitrail et les épaules, auquel cas on dit que l'encolure est « bien sortie, bien greffée ».

D. Extrémité. — L'extrémité ou sommet s'unit à la tête de la manière que nous avons indiquée à propos des attaches de cette dernière. Nous ajouterons seulement qu'elle forme, de chaque côté, entre l'aile de l'atlas et la portion refoulée du bord maxillaire, une région plus ou moins évidée, dite *région de la parotide*, à cause de la glande qui en est la base, glande recouverte par le peaussier et le parotido-auriculaire, traversée par la jugulaire et recouvrant la terminaison du sterno-maxillaire, le digastrique, l'occipito-hyoïdien, l'extrémité supérieure de la grande branche de l'hyoïde et du muscle stylo-hyoïdien, la poche gutturale, la base de la conque, enfin des vaisseaux et des nerfs nombreux et importants. Il n'y a pas de région plus compliquée de structure que celle de la parotide, ce n'est jamais sans hésitation que le chirurgien y porte l'instrument tranchant.

Conditions de beauté. Défectuosités. — Les conditions de beauté de l'encolure, variables suivant les services, dépendent de la forme, du port, du volume, de la longueur et des attaches.

A. Forme. — On distingue : l'encolure droite ou pyramidale, l'encolure rouée, l'encolure de cygne, l'encolure renversée ou de cerf et l'encolure penchée.

L'*encolure droite* ou *pyramidale* (fig. 176) est celle dont les bords sont sensiblement rectilignes; elle s'unit à angle droit avec la tête et favorise les mouvements de cette dernière ainsi que ceux de l'épaule; elle est donc à rechercher pour tous les services, mais surtout pour ceux de grande vitesse. C'est la forme d'encolure de presque tous les chevaux de course.

L'*encolure rouée* (fig. 191) est convexe du garrot à la nuque, concave du poitrail à la gorge. Par suite de cette flexion, la trachée est relâchée, la gouttière jugulaire profonde et la tête plus ou moins encapuchonnée; l'animal a une certaine élégance d'allure, mais nous avons déjà dit que c'est au préjudice de sa solidité et de sa vitesse.

L'encolure de la plupart des chevaux de gros trait est plus ou moins convexe à son bord supérieur, par suite de sa forte musculature, sans avoir subi le plus souvent de flexion dans son axe vertébral.

L'*encolure de cygne* (fig. 192), ordinairement longue et un peu grêle, n'est rouée qu'à son extrémité, de telle sorte que son bord supérieur est gracieusement courbé en console. Elle facilite pour la tête la position verticale que Bourgelat admettait comme la meilleure, mais alors elle participe des inconvénients de l'encolure rouée dont elle n'est qu'une variété.

L'*encolure renversée* ou *de cerf* (fig. 193) est l'opposé de l'encolure rouée; son bord supérieur est légèrement concave, l'inférieur convexe; la trachée est tendue, la gouttière jugulaire peu marquée; la tête est horizontale. Nous en avons fait connaître déjà les inconvénients. On dit que l'animal « porte au vent ».

Fig. 191. — *Encolure rouée.*

Fig. 192. — *Encolure de cygne.*

Fig. 193. — *Encolure de cerf.*

Fig. 194. — *Encolure penchée.*

L'*encolure penchée* ou *penchante* (fig. 194) est celle dont le bord supérieur, surchargé de tissu inutile, est dévié du côté où tombe la crinière. Elle se remarque surtout dans les chevaux communs, à crinière épaisse, ou qui ont eu la gale psoroptique.

B. Port. — L'encolure peut être : verticale, horizontale ou en attitude intermédiaire.

L'encolure est dite *verticale* quand elle se rapproche de la direction du fil à plomb (sans jamais l'atteindre bien entendu). Ce port donne à l'avant-main beaucoup de distinction, rend la tête plus légère, soulève l'angle de l'épaule et donne de l'enlever aux allures; mais, en revanche, il refoule en arrière le centre de gravité, surcharge les membres postérieurs et diminue la vitesse; en outre, il prédispose à l'enselure en relâchant la colonne dorso-lombaire.

Dans l'encolure *horizontale*, le bord supérieur tend à se mettre sur le prolongement de la ligne du dos, ainsi qu'on le voit chez l'âne; la tête est « entre les jambes », pesante à la main, portée sans aucune grâce. Une pareille attitude surcharge les membres antérieurs et expose l'animal à buter et à tomber; on l'observe soit chez les chevaux peu énergiques qui n'ont pour ainsi dire pas la force de soutenir leur tête, soit chez les chevaux ruinés des membres postérieurs et notamment des jarrets, qui cherchent instinctivement à alléger la fonction des membres les plus faibles en allongeant l'encolure pour surcharger les autres membres. Dans ce dernier cas, la tête oscille verticalement, pendant les allures, d'une façon exagérée et disgracieuse qui fait dire que l'animal *encense*.

Le port le meilleur, sinon le plus élégant, est celui de l'encolure *oblique à* 45°; il permet des mouvements également étendus du côté de la verticale et du côté de l'horizontale et donne ainsi une très grande latitude aux déplacements du centre de gravité.

Remarquons qu'il y a un certain rapport entre la direction de l'encolure et celle de l'épaule; en règle générale, si l'encolure est verticale, l'épaule est très oblique; inversement, si l'encolure est horizontale, l'épaule est droite. En effet, l'insertion cervico-céphalique du mastoïdo-huméral ne peut s'élever ou s'abaisser sans que son insertion scapulo-humérale suive. Or, avec une encolure verticale et une épaule très oblique, les oscillations de celle-ci se font beaucoup en hauteur, et le mouvement du membre tout entier s'effectue loin du sol; tandis que, dans le cas opposé, l'oscillation scapulaire se fait presque directement en avant, et le membre est exposé à raser le tapis, ce qui nuit encore à la solidité du devant.

Il n'est pas besoin de répéter que le port de l'encolure se modifie considérablement pendant les allures et que, par exemple, tel cheval de course qui, au repos, a l'encolure à 45° prend une encolure horizontale quand il est lancé sur l'hippodrome.

C. Volume. — L'encolure doit être bien musclée, mais sans exagération de volume chez le cheval destiné à la vitesse. Si elle était *grêle*, elle manquerait de puissance, la tête serait mal portée et le système musculaire tout entier participerait à ce défaut de développement. Si elle était *large* et *épaisse*, elle manquerait de jeu,

pourrait convenir à un cheval de trait, mais serait défectueuse
pour un cheval de selle. Rappelons que les chevaux entiers ont
toujours l'encolure épaisse et que la castration la leur allégit considérablement.

En moyenne, l'encolure est large de cinq sixièmes de tête au
devant de l'épaule, d'une demi-tête au niveau de la gorge.

D. Longueur. — Bourgelat mesurait l'encolure, en ligne droite,
de la partie postérieure de la nuque au garrot, et estimait qu'elle
doit avoir la longueur même de la tête; mais son cheval modèle
avait l'encolure ployée et partant un peu courte. Le bord supérieur
de cette région, mesuré de la protubérance occipitale au sommet
du garrot, varie en longueur de plus d'une tête un tiers à moins
d'une tête un quart; on peut admettre comme moyenne 1 tête 3/10.
Chez un même animal, il est susceptible de s'allonger ou de
se raccourcir beaucoup suivant la tension plus ou moins grande
du ligament cervical; c'est pourquoi le colonel Duhousset a proposé
de mesurer l'encolure le long de son bord inférieur, c'est-à-dire
du poitrail à l'auge; on trouve alors environ cinq sixièmes de
tête, comme l'avait indiqué Bourgelat; mais cette dernière dimension subit elle même les variations de longueur de la trachée, qui ne
sont pas négligeables. Aussi la meilleure manière de mesurer l'encolure est-elle de suivre son axe osseux, en allant de la saillie supérieure de l'atlas au bord antérieur de l'épaule; on trouve ainsi une
tête en moyenne; les variations individuelles vont de quelques
centimètres en plus à quelques centimètres en moins.

Il est quatre choses, disent les Arabes, que le cheval doit avoir
longues : l'encolure, la croupe, les rayons supérieurs des membres
et le ventre. En effet, si l'encolure est bien musclée, on ne saurait
assigner de limite à sa longueur, car une encolure longue et bien
musclée supporte la tête sans effort, au repos, et est douée d'une
grande puissance pendant l'action; tous les chevaux de vitesse,
à grands moyens, les chevaux de course, par exemple, ont, comme
on le dit, « de la branche », c'est-à-dire une encolure très longue.
Mais si l'encolure longue est en même temps grêle, sa longueur ne
fait qu'exagérer son impuissance et ajoute par conséquent à sa
défectuosité.

De ce que la longueur de l'encolure, alliée à une musculature
convenable, est particulièrement importante pour le cheval de
vitesse, il ne faut pas conclure qu'elle soit nuisible ou indifférente
au cheval de trait; c'est à tort, pensons-nous, qu'on dit que celui-ci
doit avoir l'encolure courte; les beaux modèles l'ont longue,

elle ne paraît courte que relativement à sa grande largeur.

E. Attaches. — Les attaches avec la tête ont été déjà étudiées nous n'y reviendrons pas, si ce n'est pour ajouter que les Arabes accordent de l'importance à la saillie des apophyses transverses de l'atlas, qui leur fait dire que le cheval « a des cornes » et présager une aptitude à la course.

Quant aux attachés inférieures, elles doivent unir la région par transition insensible et harmonieuse avec le garrot, le poitrail et les épaules, ce que l'on exprime en disant que l'encolure est *bien sortie, bien greffée*. Elle est *fausse, mal sortie, fichée dans le thorax*, lorsqu'elle semble s'implanter brusquement dans le poitrail et les épaules, ce qui arrive généralement quand elle est décharnée.

On désigne sous le nom de *coup de hache* une dépression très marquée, située à l'union du bord supérieur de l'encolure avec le garrot, que l'on observe particulièrement sur les petits chevaux à encolure de cerf. Le *coup de lance* est une fossette naturelle qui se remarque chez quelques chevaux, au devant de l'épaule, en regard de l'une des insertions cervicales du muscle angulaire de l'omoplate. Goubaux a montré que cette particularité est due à l'atrophie d'une dentelure de ce muscle.

Tares et maladies. — On peut rencontrer sur l'encolure les traces de diverses opérations chirurgicales, telles que : saignée, séton, feu, trachéotomie, œsophagotomie, laryngotomie, etc.

On saigne le plus souvent à la jugulaire gauche pour la commodité de l'opérateur, qui est ordinairement droitier, vers le tiers supérieur pour éviter les atteintes à la carotide, qui, à cet endroit, est séparée de la veine par le muscle omo-hyoïdien. C'est une opération que l'on pratique souvent, à tort et à travers, et qui cependant n'est pas sans danger; sans parler de l'entrée de l'air dans la veine ouverte, qui peut occasionner une mort foudroyante, il y a les complications de *thrombus* et de *phlébite*. Le thrombus est une tumeur qui se forme au lieu de la saignée par suite de l'extravasation du sang dans le tissu conjonctif environnant lorsque la saignée a été mal faite ou que l'animal s'est frotté après l'opération. La phlébite ou inflammation de la veine succède parfois au thrombus; sa terminaison la plus heureuse aboutit à l'oblitération du vaisseau, que l'on reconnaît à ce qu'il ne se gonfle plus quand on comprime la partie inférieure de la gouttière jugulaire. Si les deux jugulaires étaient ainsi oblitérées, la circulation de retour de la tête pourrait être insuffisante pendant le travail et prédisposer à la congestion du cerveau. Fort heureusement, ces complications de la saignée sont rares; l'opération ne laisse habituellement d'autre trace qu'une cicatrice linéaire, noire, presque imperceptible (cachée qu'elle est par les poils), ou encore une petite dilatation de la veine qui se manifeste lorsque celle-ci est gonflée. Ces traces ne permettent aucune déduction sérieuse, puisqu'on saigne non seulement les chevaux malades, mais encore ceux qui se portent bien (saignées de printemps, saignées de précaution).

On pose les sétons à l'encolure au niveau du méplat de ses faces latérales, de préférence du côté où tombe la crinière, afin d'en cacher les traces. Celles-ci consistent en petites cicatrices aux ouvertures d'entrée et de sortie; elles permettent d'inférer que l'animal a été traité pour une maladie des yeux, du nez ou de l'encéphale, qui peut-être n'est pas complètement guérie.

On met très exceptionnellement le feu sur l'encolure.

Si l'on rencontrait vers le milieu du bord inférieur de cette région une cicatrice intéressant la peau et la trachée, ce serait la preuve d'une ancienne trachéotomie, il faudrait être en garde contre les maladies des voies respiratoires, notamment le cornage; de même s'il y avait sous la gorge une cicatrice témoignant d'une ancienne laryngotomie. Il est presque superflu de dire que, si l'animal portait encore un tube de trachéotomie, il aurait perdu, de ce fait, la plus grande partie de sa valeur.

Nous avons signalé déjà les déformations diverses de la trachée, congénitales ou accidentelles, qui peuvent gêner le passage de l'air; nous n'y reviendrons pas. Il ne nous reste plus qu'à mentionner les *cordes de farcin* de la gouttière jugulaire, la *gale de la crinière* ou *rouvieux*, et le *mal d'encolure*, ce dernier consistant essentiellement en une nécrose du ligament cervical avec fistules purulentes sur le bord supérieur de la région.

Différences. — Dans l'âne, l'encolure est courte, souvent grêle, excepté dans le mâle entier, presque toujours dépourvue de crinière, mal unie au poitrail et, de plus, droite et horizontale.

Sans être aussi grêle, celle du mulet n'arrive jamais au degré de musculature qu'elle présente chez certains chevaux; elle est généralement droite, pourvue d'une crinière courte et peu abondante, toutefois celle-ci offre d'assez grandes différences suivant les sujets.

Dans l'espèce bovine, l'encolure, courte et complètement dépourvue de crinière, présente à son bord inférieur un repli de peau qui commence à l'auge et se prolonge jusque sous le poitrail, c'est le *fanon*. Ce repli, plus ou moins pendant, est le point que l'on préfère pour l'application des exutoires; il est peu développé dans les races de boucherie, considérable dans les races rustiques. L'encolure du taureau se fait remarquer par sa grande épaisseur et par la convexité de son bord supérieur. Celle du bœuf, d'autant plus amincie que l'animal a été châtré plus jeune, est cependant toujours beaucoup plus forte que celle de la vache. Elle varie du reste en longueur et en épaisseur suivant les races. Dans toutes on estime l'encolure courte, car, outre que cette conformation est un indice de vigueur, le cou ne donne qu'une viande de peu de qualité, mais il ne doit pas être grêle.

L'encolure du mouton et, plus encore, celle de la chèvre sont proportionnellement plus longues et plus grêles que celle du bœuf; elles sont dépourvues de fanon. Les pendeloques sont très fréquentes sous la gorge des animaux de l'espèce caprine, exceptionnelles chez les ovins. Ceux-ci présentent parfois des plis de peau à la partie inférieure de la région, formant ce qu'on appelle vulgairement la *cravate* ou *jabot* (exemple : mérinos de Rambouillet).

Le cou du porc est très court et très fort, ce qui est en rapport avec la faculté de fouir. Il peut offrir des pendeloques ou, plus souvent, à leur place, deux petits culs-de-sac cutanés d'où sort une touffe de poils; il est parfois nécessaire d'extirper ces culs-de-sac connus sous le nom de *soyons* ou *sayons*.

Le cou du chien est d'autant plus fort qu'il est plus court, comme on peut s'en rendre compte en comparant le bouledogue aux autres chiens.

ARTICLE III. — QUEUE

La queue est un appendice mobile prolongeant la partie médiane de la croupe et terminant la colonne vertébrale. Elle offre à considérer son tronçon et ses crins.

a) Le tronçon est conique, constitué essentiellement par les vertèbres coccygiennes (vulgairement nœuds de la queue), au nombre de dix-sept à vingt lorsqu'on n'en a pas retranché, par les muscles sacro-coccygiens, contenus dans une aponévrose commune, enfin par une peau très épaisse, très adhérente, qui n'est dépourvue de crins que sur une surface triangulaire allant de la région anale vers le milieu de sa face inférieure. Au niveau de cette surface relativement glabre, existe le prolongement sous-coccygien de la tunique charnue du rectum, formant enclave entre les deux sacro-coccygiens inférieurs qui se dessinent en saillie lorsqu'on relève la queue. Sur les côtés de l'anus, on devine les muscles ischio-coccygiens qui sortent de la profondeur du bassin pour aller s'insérer de chaque côté de la base de la queue.

b) Les crins sont en tout semblables à ceux qui garnissent le bord supérieur de l'encolure et le sommet de la tête, et présentent les mêmes différences de quantité et de qualité suivant les races et les individus (voy. p. 298). Dans la plupart des chevaux ils sont ondulés, parfois, au contraire, ils sont absolument droits, sans la moindre ondulation, c'est le cas chez les chevaux barbes, ainsi que chez les mulets.

« La queue n'est pas seulement un ornement; elle sert, par ses mouvements continuels, à chasser les insectes qui, pendant l'été, tourmentent l'animal de leurs piqûres. Les chevaux souffrent souvent du séjour au pâturage lorsqu'on les a en partie privés de cette arme naturelle, que l'on doit autant que possible conserver intacte chez les juments destinées à la reproduction » (Lecoq).

« J'ai vu souvent, dit mylord Pembrocke, des chevaux refuser de manger, trépigner, ruer, se blesser les uns les autres et dépérir à vue d'œil, dévorés par les mouches, faute de queue pour les chasser; tandis que ceux des régiments étrangers, qui avaient tous leurs crins, les chassaient facilement, étaient tranquilles, mangeaient paisiblement et se portaient bien. »

Conditions de beauté. — La queue doit être : *courte, forte à la base, attachée haut, dirigée horizontalement ou en trompe,* enfin *résistante à la main qui la soulève.*

a) La queue courte s'observe surtout chez les chevaux de sang. Les Arabes disent que les bons chevaux ont, comme les vipères, la queue brève.

b) La queue forte à la base indique sa musculature qui est en rapport avec celle de toute la colonne vertébrale;

c) La queue attachée haut ne peut se rencontrer que dans le cas de croupe horizontale, puisqu'elle prolonge le sacrum;

d) La queue bien détachée d'entre les fesses, portée horizontalement ou en trompe, se remarque chez les chevaux énergiques, pendant le travail, car alors les muscles sacro-coccygiens supérieurs et latéraux se contractent simultanément avec les extenseurs et raidisseurs de la colonne dorso-lombaire. L'arrière-main gagne beaucoup en distinction lorsque la queue est ainsi portée. Toutefois si la croupe était avalée, la queue en trompe ferait un contraste disgracieux permettant de dire qu'elle est « plantée comme dans une pomme » ou encore que l'animal a la *queue de lapin.*

e) Il ne faut pas manquer de soulever la queue du cheval que l'on achète; on peut juger, jusqu'à un certain point, de sa vigueur par la résistance éprouvée. « Les renseignements fournis par cette espèce de dynamomètre, dit H. Bouley, conduisent rarement à l'erreur. »

Indices fournis par les mouvements de la queue. — Pendant le travail, la queue se redresse et reste à peu près immobile. Si elle remuait sans cesse, il faudrait craindre un animal chatouilleux ou bien une jument pisseuse et prendre garde aux morsures ou aux ruades. Les chevaux qui *fouettent leurs fesses* en courant sont mauvais, au dire des Arabes. Tout animal menacé par derrière serre instinctivement la queue entre les fesses, comme s'il voulait

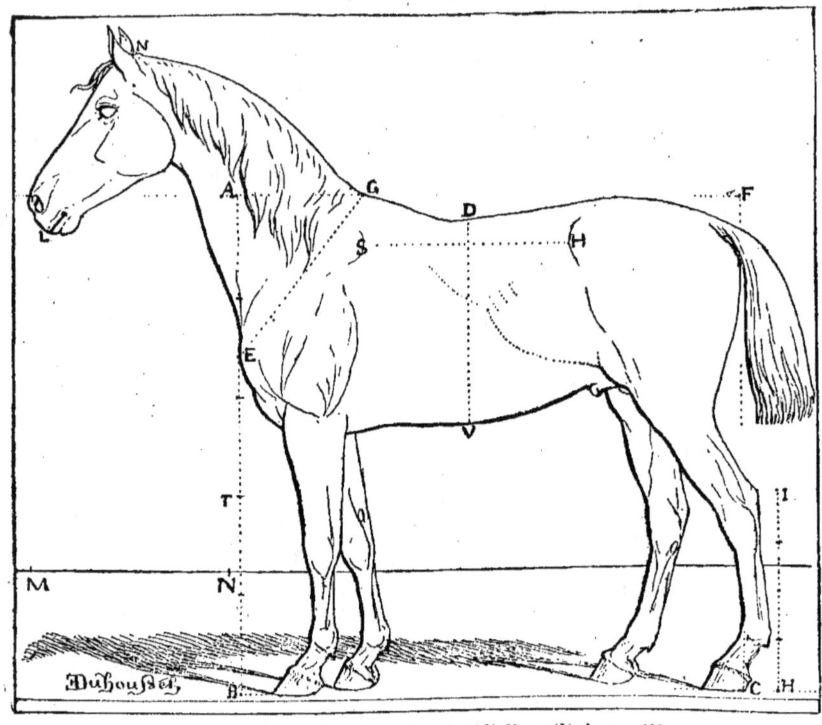

FIG. 195. — *Profil d'un beau cheval médioligne* (Duhousset)[1].

N, nuque; G, garrot; D, dos; H; hanche; S, angle postérieur de l'omoplate; E, angle de l'épaule. AB, verticale tangente à cet angle; F, verticale tangente à la pointe de la fesse; la distance entre ces deux verticales, c'est-à-dire la longueur du corps, est égale à la taille prise au garrot ou à la croupe. Les distances SH, DV, GE, HI, sont sensiblement égales à la longueur de la tête NL. La distance du passage au sol est de 1 tête 2/6 et la hauteur pectorale de 1 tête 1/6.

ainsi l'abriter ou protéger son anus. Le cheval le plus méchant saisi solidement par la queue cesse souvent de se défendre.

Lorsque le marchand de chevaux présente à l'acheteur ses animaux, il leur introduit parfois un morceau de gingembre dans l'anus, qui, en leur faisant soulever la queue, leur donne l'apparence d'une vigueur qu'ils n'ont pas toujours.

Particularités de la queue résultant d'opérations diverses pratiquées sur ses crins ou son tronçon. — Le cheval est *à tous crins* lorsque la queue (tronçon et crins) est entière;

Fig. 196. — *Écorché du cheval : muscles superficiels à l'exception du pannicule charnu enlevé avec la peau.*

1, portion cervicale du rhomboïde longeant la corde du ligament cervical; 2, splénius; 3, anguli ire de l'épaule; 4, mastoïdo-huméral; 5, sterno-maxillaire; 6, sus-épineux; 7, sous-épineux; 8, deltoïde; 9, 10, 11, muscles olécraniens ou extenseurs de l'avant-bras; 12, portion du trapèze; 13, grand dorsal; 14, pectoral descendant; 15, partie postérieure du pectoral ascendant; 16, oblique externe de l'abdomen; 17, tunique abdominale; 18, pointe antérieure du fessier moyen; 18', ligne pointillée correspondant au bord du pannicule charnu; 19, fessier superficiel; 20, tenseur du fascia lata; 20', ligne de l'hypocondre; 21, droit antérieur de la cuisse; 22, vaste externe du triceps crural; 23, portion antérieure du long vaste; 24, demi-tendineux; 25, demi-membraneux; 26, portion postérieure du long vaste.

elle peut tomber alors jusqu'à terre. Il est *écourté* ou *courte-queue* lorsqu'elle a été amputée d'un certain nombre de vertèbres. Si on a laissé les crins en sectionnant le tronçon, de manière qu'ils forment une longue pointe terminale, la queue est en *balai*. Elle est en *calogan* ou *cadogan* quand elle a été coupée très courte, les crins formant éventail à son extrémité, comme dans les anciennes coiffures mises à la mode par lord Cadogan. La queue en cadogan était autrefois très prisée chez les chevaux de luxe. De nos jours on donne la préférence à la *queue en brosse* très courte comme la précédente, mais dont les crins forment une touffe arrondie. La *queue en sifflet* est celle dont les crins sont coupés obliquement par dessous. Chez les chevaux de halage, les crins de la queue doivent être tenus très courts pour qu'ils ne s'embarrassent pas dans les câbles auxquels ils sont attelés. La *queue de rat* est celle qui, naturellement ou par suite de maladie, est en grande partie dépourvue de crins, ce qui est très disgracieux et nullement désirable, en dépit du proverbe : « Jamais cheval à queue de rat n'a laissé son maître dans l'embarras. »

Le cheval est *niquelé* quand, par un certain nombre d'incisions transversales, on lui a coupé les muscles sacro-coccygiens inférieurs, de manière à donner prépondérance à leurs antagonistes et à relever la queue en permanence. Si celle-ci a été en même temps amputée à l'extrémité, on dit que l'animal est *anglaisé* ou qu'il a la *queue à l'anglaise.* Le niquetage est une opération tombée justement en désuétude parce qu'elle n'est pas sans danger, qu'elle laisse des cicatrices indélébiles, et qu'enfin elle répond à une fausse conception de l'esthétique.

MALADIES ET TARES. — Indépendamment des plaies fistuleuses qui se développent quelquefois à la suite du niquetage ou de l'amputation et qui témoignent d'une nécrose des os coccygiens, il faut signaler les blessures produites par le culeron de la croupière, un prurit anal portant l'animal à se frotter la base de la queue contre les corps à sa portée, à s'ébouriffer les crins et même à les casser, enfin, chez les animaux blancs ou gris clair, des tumeurs mélaniques pour lesquelles cette région, avec la marge de l'anus, est un lieu de prédilection.

Différences. — La queue de l'âne, grêle et ordinairement portée entre les fesses, n'est un peu garnie de crins qu'à son extrémité.

Celle du mulet tient le milieu entre la queue de l'âne et la queue du cheval ; les crins dont elle est pourvue ne sont jamais ondulés, comme ils le sont ordinairement chez le cheval, et ils sont d'autant plus longs qu'ils approchent davantage de l'extrémité, en sorte qu'ils forment une touffe conique à base inférieure.

Dans l'espèce bovine, la queue, fortement relevée à sa naissance, surtout dans certaines races, tombe ensuite à peu près verticalement ; elle est couverte de poils ordinaires dans toute son étendue, excepté à son extrémité,

qui porte un bouquet de crins ondulés désigné sous le nom de *toupillon*.
Elle est généralement large à la base, mince à l'extrémité dans les races les
plus propres à l'engraissement. Sa base est un des points de maniement
explorés par les bouchers. La surélévation de son attache est une défectuosité disgracieuse que l'on est parvenu à corriger dans les races améliorées, qui se font en outre remarquer par la brièveté relative de cet
appendice.

Chez les bêtes ovines la queue porte la laine la moins estimée. On la
retranche dans la brebis pour faciliter la copulation et, en général, dans
toute l'espèce pour éviter qu'elle ne ramasse la boue et salisse la toison
lorsque le troupeau est atteint de diarrhée. Dans certaines races d'Afrique,
la queue se charge de loupes graisseuses dont le volume est variable et
souvent très considérable.

La chèvre a la queue courte, relevée sur la croupe, et c'est là une des
différences les plus constantes entre les deux espèces ovine et caprine.

La queue du porc est d'habitude enroulée en tortillon; elle se déroule et
devient tombante quand il est malade.

Celle du chien varie beaucoup suivant les races. Dans toutes, elle offre le
caractère commun d'être recourbée plus ou moins en arc et d'incliner à
gauche (Linné), et, lorsqu'elle présente du blanc, d'en porter toujours à
l'extrémité (Desmarets). Elle est fortement contournée dans le doguin,
garni de poils soyeux dans l'épagneul, le chien-loup, etc. On la coupe à
diverses longueurs dans certaines races. Quelques chiens naissent sans
queue ou avec une queue très courte, comme tronquée. La queue est un
des principaux moyens d'expression du chien : son agitation rapide est un
signe de plaisir, le chien d'arrêt la tient immobile et horizontale dès qu'il
fixe le gibier arrêté, le chien effrayé ou malade l'abaisse et la cache entre
ses jambes, etc.

ARTICLE IV. — RÉGIONS DU TRONC PROPREMENT DIT

Garrot.

Le garrot (du celte *gar*, piquant) fait suite au bord supérieur
de l'encolure, précède le dos et surmonte les épaules. C'est une
région culminante, formée de deux plans inclinés réunis sur une
arête médiane.

CONFIGURATION ET BASE ANATOMIQUE. (fig. 176, 195 et 196). —
Elle a pour base squelettique les huit ou neuf apophyses épineuses
dorsales qui suivent la première et les cartilages de prolongement
des deux scapulums. Lorsque l'encolure est épaisse, comme chez
beaucoup de chevaux de trait, elle semble empiéter sur le garrot,
qui ne se dessine nettement qu'à partir de la troisième ou quatrième

apophyse épineuse dorsale et se trouve ainsi considérablement raccourci.

Sur la ligne médiane on trouve, au-dessous d'une peau quelque peu mobile et donnant implantation à la fin de la crinière, la corde du ligament cervical qui se continue en arrière insensiblement avec le ligament surépineux dorso-lombaire, puis les sommets renflés des apophyses épineuses sus-indiquées, sommets restant toute la vie à l'état cartilagineux parce que sans cesse sollicités par les tractions du ligament cervical.

Sur les parties latérales existent, sous une peau assez mobile, le

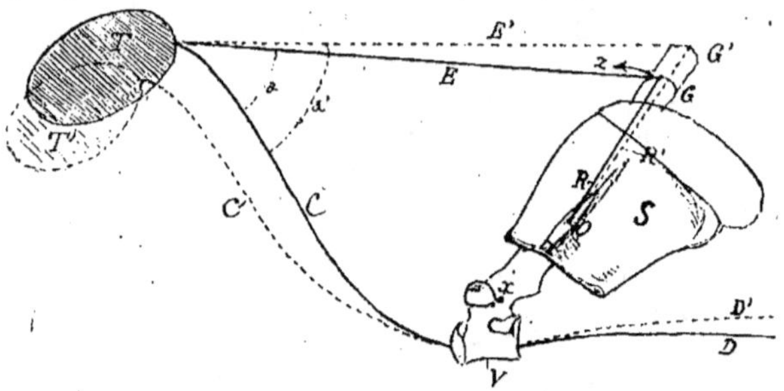

Fig. 197. — *Schéma pour démontrer les avantages du garrot haut.*

V, une vertèbre du garrot; G, sommet de son apophyse épineuse; G', sommet de la même apophyse épineuse avec un garrot haut; S, partie supérieure du scapulum; T, masse représentant la tête; T', cette même masse lorsque l'animal allonge le cou; C et C', axe du cou dans les deux attitudes de la tête; D et D', axe dorsal dans ces deux cas; E, E', direction du ligament cervical avec un garrot bas et avec un garrot haut; a et a', son angle d'incidence dans l'un et l'autre cas; O, insertion du trapèze; R, R', longueur de ce muscle avec un garrot bas et avec un garrot haut; x, axe fictif d'oscillation de la vertèbre quand le cou et la tête s'allongent; z, direction du mouvement des apophyses épineuses à ce moment.

trapèze, le cartilage sus-scapulaire, dont le bord aminci n'arrive jamais jusqu'au sommet des apophyses épineuses, le rhomboïde doublé intérieurement d'une lame élastique, l'aponévrose commune au splénius, au grand complexus et au petit dentelé antérieur, enfin les muscles de la gouttière vertébrale : long épineux, long dorsal, long costal, transversaire épineux, sus-costaux.

Chez la jument, en général, les cartilages scapulaires se rapprochent plus de la ligne de sommet des apophyses épineuses que chez le cheval; il en résulte un garrot plus épais, moins sorti, différence tenant à ce que le thorax est suspendu plus bas entre les épaules ou bien à ce que les apophyses épineuses sont sensiblement moins longues que dans le mâle en raison du moindre développement de la tête et du cou; elle est d'ailleurs souvent compensée par les variations individuelles, on rencontre journellement des juments qui ont le garrot plus saillant que certains chevaux.

CONDITIONS DE BEAUTÉ. DÉFECTUOSITÉS. — Le garrot doit être : *bien sorti, très prolongé en arrière, sec tout en présentant une épaisseur suffisante à la base, et net.*

a) Le garrot doit être bien sorti, c'est-à-dire très saillant par rapport à la ligne du dos, parce que sa saillie, conséquence d'une longueur plus grande ou d'une obliquité moindre des apophyses épineuses qui en sont la base, favorise le raidissement du rachis ainsi que l'action des muscles élévateurs de l'encolure et de la

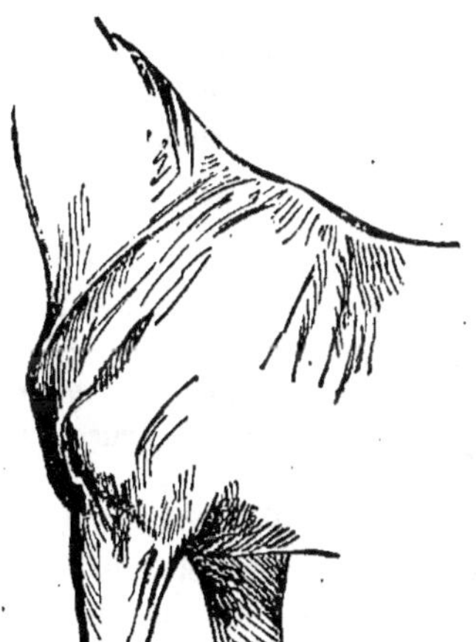

FIG. 198. — *Garrot haut et épaule oblique.*

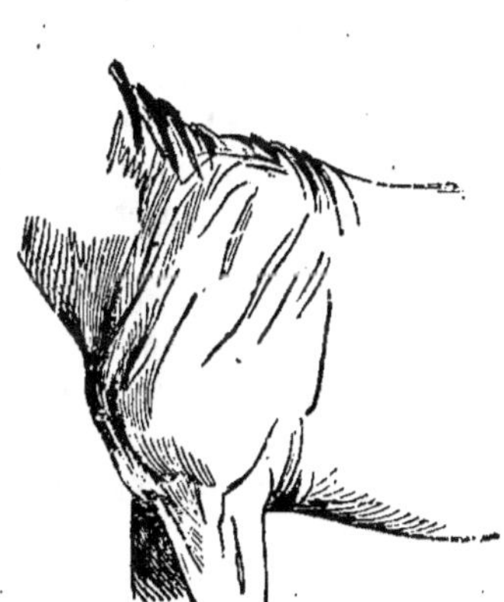

FIG. 199. — *Garrot bas, et épaule droite.*

tête, et celle des releveurs des épaules (fig. 197). Les apophyses épineuses du garrot étant, comme nous l'avons déjà dit, de véritables leviers sur lesquels agit la masse de la tête et du cou pour raidir et même soulever la tige dorso-lombaire, remplissent d'autant mieux cet office qu'elles sont plus longues; le relief du garrot favorise donc la solidité du dos. D'autre part, il donne à la corde du ligament cervical et aux muscles extenseurs du cou et de la tête une incidence plus favorable. Enfin il entraîne l'allongement des muscles releveurs de l'épaule (trapèze et rhomboïde), qui gagnent ainsi en étendue de contraction.

Pour toutes ces raisons, la saillie du garrot est éminemment favorable à l'enlever des allures et au cabrer. Mais il ne faut pas confondre le cheval haut du devant, c'est-à-dire dont le garrot proémine notablement sur la croupe, avec le cheval à garrot haut, c'est-à-dire saillant sur le dos; par exemple les chevaux de course sont ordinairement bas du devant tout en ayant le garrot très sorti. En ce cas la selle a tendance à glisser en avant, et la saillie de celui-ci, si prononcée qu'elle soit, ne suffit pas à l'arrêter.

Si nous ajoutons que le garrot bien sorti va ordinairement de pair avec une épaule longue et oblique (fig. 198), nous aurons suffisamment fait comprendre que c'est une beauté de premier ordre. L'observation démontre en effet que les chevaux à garrot très saillant ont beaucoup de distinction et de jeu de l'avant-main, qu'ils se cabrent et galopent avec aisance; tandis que ceux à garrot bas (fig. 199), comme le mulet et surtout l'âne, ont l'épaule droite portent mal la tête et l'encolure, se cabrent et galopent avec peine.

b) Le garrot doit être très prolongé en arrière et se continuer insensiblement avec le dos. Il peut alors comprendre une ou deux apophyses épineuses de plus et empiéter vraiment sur le dos. Les avantages qui s'attachent à la saillie du garrot sont à multiplier par le nombre des apophyses épineuses qui y entrent. Il est de plus à remarquer que le garrot prolongé en arrière implique généralement l'obliquité de l'épaule. Si le garrot se terminait brusquement, il serait *coupé*.

Les chameaux et les girafes, avec leur encolure longue et souple, les bisons et les yacks, avec leur cou volumineux et leur tête puissante, d'une manière générale, les animaux à train antérieur prédominant se font remarquer par un énorme garrot qui se continue parfois jusqu'aux lombes en supprimant la région du dos.

Par suite de ses limites inconstantes, en arrière comme en avant, la longueur du garrot peut varier de 1 à 2 chez les chevaux de même taille; elle doit être au moins d'une demi-tête.

Dans l'appréciation de la saillie du garrot, il faut tenir grand compte de l'âge de l'animal : elle existe à peine dans les premiers mois qui suivent la naissance, ce n'est qu'à partir d'un an à dix-huit mois que le garrot se met à sortir et il n'atteint toute sa hauteur que vers cinq à six ans. On sait en effet que le sommet des apophyses épineuses de cette région reste cartilagineux toute la vie et dès lors se prête à une croissance prolongée.

c) Le garrot doit être sec, c'est-à-dire peu chargé de parties molles, mais sans que cette sécheresse exclue une certaine épaisseur à la base. Si les deux plans inclinés qui le forment se rencontraient à angle trop aigu, cela témoignerait de l'étroitesse de la poitrine ou de l'atrophie des muscles releveurs des épaules, le garrot serait *tranchant* et très exposé à se blesser, à moins que l'on ne fasse usage d'une selle *ad hoc*, à arcade de devant étroite et très élevée.

L'opposé du garrot tranchant est le garrot *gras* ou *empâté*, qui est épais, surchargé de parties molles et toujours bas, car la sécheresse du garrot est évidemment proportionnelle à son degré d'émergence.

d) Le garrot doit être net, c'est-à-dire exempt de tares; on s'en assure en passant la main à sa surface, lorsqu'il n'est le siège d'aucune sensibilité anormale.

TARES ET MALADIES. — En raison de sa position culminante, le garrot est très exposé aux coups, aux morsures d'autres chevaux et aux blessures de la selle ou de la sellette. Tant que ses lésions ne dépassent pas la peau, elles n'ont aucune gravité et ne laissent après elles que des taches accidentelles ou de légères cicatrices; mais, si elles intéressent les parties sous-jacentes, elles peuvent se compliquer de nécrose du ligament cervical voire même des apophyses épineuses, et de fistules purulentes intarissables, c'est-à-dire donner lieu au *mal de garrot*, un des plus tenaces que le vétérinaire ait à traiter.

Différences. — Chez le mulet et surtout l'âne, le garrot est toujours bas; cette conformation s'accorde avec les allures peu enlevées de ces animaux.

Fig. 200. — *Bœuf magnifique dont la saillie du garot s'étendait jusqu'aux lombes.*

Chez le bœuf européen, le garrot est bas et épais, à peine saillant sur le dos, surtout dans la femelle, le bord supérieur des omoplates arrive jusqu'à son sommet; garrot, dos, rein, croupe se trouvent à peu près sur la même ligne horizontale; mais, comme l'a fait remarquer Bieler, il ne faut pas en conclure que la saillie du garrot soit toujours à proscrire. Quand elle n'est pas la conséquence d'un développement excessif de la tête et du cou, elle est au contraire avantageuse au double point de vue de la solidité de la colonne dorso-lombaire et du développement des muscles des gouttières vertébrales. Le bœuf représenté figure 200 réalise le comble de la beauté avec son garrot manifeste, prolongé jusqu'aux lombes, (Bieler, *Les évolutions du garrot*, Lausanne, 1903).

Dans certains pays où les bêtes bovines sont attelées au moyen d'un joug prenant appui en avant du garrot, cette région présente, par suite de cet appui, une callosité qui augmente son volume.

Le garrot du mouton est généralement effacé comme celui du bœuf. Il s'accentue davantage chez la chèvre en raison de la facilité avec laquelle elle s'enlève de l'avant-main. Chez le porc il se nivelle aussi avec le dos.

Le garrot du chien ne présente de remarquable que le mouvement des épaules, qui dépassent son niveau à chaque appui du membre sur le sol pendant la marche.

Dos.

Le dos fait suite au garrot et se continue par le rein.

CONFIGURATION. — C'est une région formée de deux plans latéraux, légèrement inclinés, qui se réunissent sur une arête médiane peu saillante. Quelquefois, par suite du peu de développement des muscles des gouttières vertébrales, les parties latérales du dos sont trop inclinées et plus ou moins déprimées; alors la crête médiane, exagérée, fait qualifier le dos de *tranchant*. D'autres fois, au contraire, les parties latérales de cette région sont rebondies et laissent entre elles, en arrière, un sillon qui se continue, en devenant plus profond, sur le rein et la croupe : on dit que le dos, le rein, la croupe sont *doubles*.

FIG. 201. — *Dos droit et convenablement incliné.*

Base anatomique. — Le dos a pour base squelettique toutes les vertèbres dorsales qui n'entrent pas dans le garrot, c'est-à-dire les huit ou neuf dernières, avec l'extrémité supérieure des côtes correspondantes.

Sur la ligne médiane, la peau, très adhérente, se moule sur le sommet des apophyses épineuses, surmontées du ligament sur-épineux dorso-lombaire et réunies par les ligaments interépineux.

Sur les parties latérales, la peau, non moins adhérente, repose sur une épaisse aponévrose, commune au grand dorsal et au petit dentelé postérieur, laquelle est appliquée lâchement sur les muscles long épineux, long dorsal et long costal. Plus profondément existent le transversaire épineux, les sus-costaux et la partie supérieure des intercostaux.

Conditions de beauté et défectuosités.—Elles se déduisent aisément de la physiologie. 1° La colonne dorso-lombaire, formant pont d'un bipède à l'autre, supporte le poids du corps et la charge qu'on lui impose (cavalier, brancards, bât). 2° Elle transmet l'impulsion développée par les membres postérieurs et peut y prendre part, comme nous l'avons déjà dit (p. 297), en formant avec eux un arc puissant prenant appui sur le sol et se détendant par l'action simultanée des volumineux muscles disposés sur sa convexité (muscles des gouttières vertébrales, fessiers, ischio-tibiaux, jumeaux de la jambe et fléchisseurs de la jambe), de manière à pousser le corps en avant tout en soulevant plus ou moins le train de devant. 3° Enfin la partie dorsale de cette colonne, considérée en particulier, fait plafond à la cavité pectorale.

A ce triple point de vue, le dos doit être : *droit, légèrement incliné d'arrière en avant, court, large et bien musclé.*

a) **Direction.** — Le dos droit et légèrement incliné d'arrière en avant transmet sans perte et sans surcharge pour l'un ou l'autre bipède les forces propulsives du derrière; en outre, il allie la solidité à la souplesse (fig. 201).

La ligne du dos n'est horizontale que lorsque l'animal est très surélevé du devant ou extrêmement bas du derrière; chez les chevaux bien proportionnés, elle s'abaisse en avant d'au moins 5 ou 6 centimètres; le Dr Nicolas, vétérinaire militaire, a trouvé sur 150 chevaux de l'armée une différence variant de 4 à 14 centimètres entre la hauteur de l'origine du dos et celle du sommet de la croupe. Le dos n'est vraiment *plongeant* (fig. 202) que lorsque cette différence dépasse une dizaine de centimètres. Cette défectuosité résultant d'une surélévation de l'arrière-main entraîne une surcharge des membres antérieurs pendant les allures ainsi qu'une tendance de la selle à se porter sur le garrot et à produire des trac-

Fig. 202. — *Poney à dos plongeant et encolure épaisse* (Cliché Létard).

tions sur la croupière susceptibles d'endommager la base de la queue.

Le dos est *ensellé* (fig. 203) lorsqu'il est concave d'avant en arrière. Alors les apophyses épineuses convergent par leurs som-

Fig. 203. — *Dos ensellé.*

mets, les corps vertébraux plus ou moins affaissés, ne font plus voûte les uns par rapport aux autres, et le ligament vertébral commun inférieur est exposé à des tiraillements. Dans ces conditions, le dos transmet mal l'impulsion qu'il reçoit, est peu apte à porter, en un mot, est peu solide; et il n'est pas vrai qu'il soit plus souple, car, toutes choses étant égales d'ailleurs, le cheval ensellé a des réactions plus dures que le cheval à dos droit. En effet, dans le cas d'ensellure, la colonne dorsale approche de la limite de sa dépressibilité, tout effort tendant à l'affaisser davantage tiraille le ligament vertébral commun inférieur et sans doute occasionne une douleur que l'animal prévient en roidissant brusquement son rachis à contre-temps des réactions produites par les membres. Au contraire, dans le cas de dos droit, le rachis a une direction moyenne qui lui laisse égale latitude pour se vousser en contre-haut ou en contre-bas, il est donc plus souple. L'ensellure est une défectuosité absolue et grave pour tous les services quand elle est très prononcée; toutefois, il est des chevaux qui ne sont ensellés qu'en apparence, chez lesquels la concavité de la ligne de sommet des apophyses épineuses n'implique aucun affaissement des corps vertébraux, en sorte que la solidité de la région n'en est pas affectée; mais il est impossible de distinguer sur le vivant cette fausse ensellure de l'ensellure véritable. Celle-ci est rarement congénitale; le plus souvent, elle résulte

Fig. 204. — Dos de carpe.

du poids excessif que prend le ventre des poulains mal nourris, ou bien encore de ce qu'on les a montés ou attelés trop jeunes. Le port élevé de la tête ou l'usage d'un râtelier trop haut prédisposent à cette déformation, ainsi que nous l'avons expliqué à l'article « Encolure ».

L'opposé du dos ensellé est le *dos de mulet*, dont l'exagération constitue le *dos de carpe* (fig. 204). La région est alors convexe d'avant en arrière, ce qui nuit à sa souplesse ainsi qu'à la bonne transmission de la propulsion, mais augmente la force de la colonne vertébrale pour porter, car elle fait voûte; aussi l'âne et le mulet qui présentent habituellement cette conformation conviennent-ils spécialement pour le service du bât.

b) **Longueur.** — Le dos uni au rein figure une sorte de pont jeté de la croupe au garrot, supporté par les membres, suspendu au ligament surépineux par les apophyses épineuses, raidi et tendu par la masse de la tête et du cou. On comprend qu'il soit d'autant plus solide qu'il est plus court, et inversement, toutes choses restant égales d'ailleurs. Or la solidité est la qualité maîtresse à lui demander, chez le cheval de selle comme chez le cheval de trait. La brièveté

du dos est donc une beauté absolue, particulièrement nécessaire
aux limoniers. On peut tolérer quelque longueur chez les animaux
de vitesse, vu qu'ils ont besoin d'une certaine souplesse de rachis,
d'une grande profondeur de poitrine et d'un espacement convenable
des deux bipèdes, mais à la condition que cette longueur n'exclue
pas la rectitude et que le garrot soit bien sorti; la saillie de cette
dernière région est, comme nous l'avons expliqué, un excellent
correctif du dos long. En un mot, il faut que la longueur du dos ne
compromette pas sa solidité et ne rompe point l'espèce de synergie
qui doit exister dans l'action de l'avant-main et de l'arrière-main.
De l'origine du dos au sommet de la croupe, on trouve en moyenne
5/6 de tête chez les sujets bien proportionnés.

Il est deux points de repère, faciles à trouver, dont la distance
permet de se rendre un compte assez exact de la longueur dorso-
lombaire: c'est, d'une part, l'angle postérieur du scapulum, d'autre
part, l'angle externe de l'ilium. Quand cette distance ne dépasse
pas la longueur de la tête ou ne la dépasse, chez les chevaux de
vitesse, que de quelques centimètres, il y a lieu d'être satisfait de
la longueur du pont vertébral (fig. 195).

c) **Largeur et musculature.** — La largeur et la musculature
du dos sont étroitement solidaires et en rapport avec le développement transversal de la poitrine. On ne doit point leur imposer de
limite chez les chevaux de gros trait, travaillant en mode de masse,
lesquels ont tout avantage à avoir un dos, un rein et une croupe
doubles; mais elles ne sauraient prendre un pareil développement
chez les animaux destinés à la vitesse; il suffit à ces derniers qu'ils
n'aient pas le dos étroit et tranchant, une semblable conformation
impliquant le resserrement de la poitrine et l'insuffisance du système musculaire, c'est-à-dire l'impuissance de la machine motrice.

MALADIES ET TARES. — Le dos est sujet à des contusions ana-
logues à celles du garrot et produites, généralement par la selle ou
la sellette. Elles sont toutefois beaucoup moins dangereuses en
raison de la moindre complication anatomique de la région. Quelquefois il s'ensuit, à l'extrémité des apophyses épineuses des vertèbres, une petite tumeur osseuse sans importance.

Différences. — Chez l'âne et le mulet, le dos est étroit, tranchant,
légèrement voûté.

Chez les Bovins, il se confond généralement avec le garrot en empiétant
sur lui, mais il vaut mieux que ce soit le garrot qui absorbe le dos. Il doit
être le plus large et le plus long possible. A son union avec le rein il présente

assez souvent de petites fossettes interépineuses que l'on recherche chez les vaches comme un signe laitier; c'est ce que les praticiens appellent, les *portes du lait supérieures*, par opposition aux *portes du lait inférieures*, terme sous lequel ils désignent les orifices par lesquels les veines mammaires traversent la paroi thoraco-abdominale. Pendant l'été, il est commun de rencontrer sur le dos et le rein des tumeurs d'œstres, sortes de galles animales recélant chacune une larve d'*hypoderma bovis* qui, à un moment donné, traverse la peau pour effectuer sa métamorphose dans le monde extérieur. Quand ces tumeurs sont nombreuses, elles ne laissent pas que d'endommager sérieusement le cuir au point de vue de ses usages industriels. Les peaux ainsi trouées sont qualifiées de *varonnées* par les tanneurs, les larves en question étant connues sous le nom vulgaire de *varons*.

Rein.

Le rein ou les reins font suite au dos, précèdent la croupe et sont bornés latéralement par les flancs (fig. 195 et 196).

CONFIGURATION. — Cette région se confond avec le dos et en affecte la configuration, à cette différence près : que ses parties latérales tendent à se mettre sur le même plan et que son arête médiane est peu saillante, souvent même remplacée par un sillon, ce qui constitue le rein double. Le rein, plus large que le dos, forme avec lui une surface triangulaire dont le sommet se continue par le garrot, tandis que la base s'adosse à la croupe, en sorte que le cheval, vu par-dessus, est en forme de coin.

BASE ANATOMIQUE. — Le rein a pour base squelettique les vertèbres lombaires, au nombre de six chez la plupart des chevaux, parfois de cinq, exceptionnellement de sept. D'après Sanson, les chevaux de la race africaine, c'est-à-dire les barbes, seraient caractérisés par cinq vertèbres lombaires, comme les ânes, au lieu de six que présenteraient tous les autres chevaux. En réalité, le nombre cinq peut s'observer anormalement dans toutes les races chevalines et n'est pas plus fréquent dans l'africaine que dans les autres [1].

Les vertèbres lombaires donnent appui par leurs longues apophyses costiformes à la « masse commune», excavée pour recevoir la pointe antérieure du fessier moyen et recouverte par l'aponévrose du grand dorsal qui adhère beaucoup à la peau. Sur la ligne

1. Voy. CORNEVIN et LESDRE, Mémoire sur les variations numériques de la colonne vertébrale et des côtes chez les Mammifères domestiques (*Bull. de la Soc. centrale de méd. vétér.*, Paris, 1897).

médiane, existe la série des apophyses épineuses, dont le sommet est couronné du ligament surépineux. En dessous des vertèbres, c'est-à-dire au plafond de la cavité abdominale, se trouvent le carré des lombes, le grand et le petit psoas, enfin les glandes urinaires ou reins qui s'avancent inégalement sous les dernières côtes, la droite plus que la gauche.

CONDITIONS DE BEAUTÉ. DÉFECTUOSITÉS..—Quand nous aurons dit que le rein est le trait d'union de l'arrière-main avec le corps, nous aurons suffisamment fait comprendre que sa beauté consiste essentiellement dans sa solidité. La nature semble avoir accumulé dans cette région les conditions de la rigidité : les vertèbres y sont élargies et empilées d'une manière serrée, leurs apophyses articulaires sont emboîtées les unes dans les autres, leurs apophyses transverses ou costiformes sont articulées entre elles à la partie postérieure de la région, etc.; il est manifeste que la colonne vertébrale est ici organisée pour recevoir et transmettre les détentes, souvent violentes, des membres postérieurs.

On juge que le rein est solide quand il est : *droit, court, large, bien attaché, souple au pincement, non vacillant pendant la marche.*

a) Le rein participant de la direction du dos, il est inutile d'insister de nouveau sur les avantages de la direction rectiligne et les inconvénients de la direction concave ou convexe. Dans les animaux sauteurs, on observe souvent une hypertrophie particulière des muscles sus-lombaires, donnant lieu à ce que les écuyers appellent la *bosse du saut.*

b) La brièveté du rein est à rechercher chez tous les chevaux. Les chevaux de course, particulièrement exposés aux commotions de cette région, paraissent avoir plus souvent que les autres cinq vertèbres lombaires seulement. C'est une des quatre choses que le cheval doit avoir courtes d'après les Arabes (avec les oreilles, la queue et le paturon).

c) Le rein doit être large pour les mêmes raisons que le dos. Quand il est double, il est beau pour le gros trait, mais défectueux pour un service de vitesse. Quand il est tranchant, il est défectueux d'une manière absolue.

d) Le rein doit être bien attaché, c'est-à-dire s'unir harmonieusement à la croupe, sans heurt ni ressaut. Il est qualifié de mal attaché quand il est en brusque dépression, relativement à la croupe (rein bas), ou que son profil supérieur est échancré à la jonction de cette dernière région. Cela n'implique pas toujours sa faiblesse.

L'inclinaison de la croupe, en soulevant les pointes des hanches fait souvent paraître le rein bas.

e) La pandiculation provoquée par le pincement de l'épine lombaire en indique la souplesse et est regardée généralement comme une preuve de santé. Si les reins étaient insensibles au pincement, il faudrait en conclure que les vertèbres lombaires sont ankylosées ou que l'animal est sous l'influence d'une maladie aiguë portant atteinte à son état général. S'ils étaient au contraire trop sensibles, que l'animal s'affaissât même sur ses membres, il faudrait craindre une affection douloureuse de la région.

f) La solidité des lombes s'accuse pendant la marche : le cheval qui vacille des reins et de la croupe, ne s'arrête pas franchement, recule péniblement, a les reins faibles ou malades. Il ne faut jamais manquer de soumettre à l'épreuve du reculer et de l'arrêt **brusque** l'animal que l'on veut acheter.

Tares et maladies. — Ce sont presque toujours des blessures de harnachement produites par le porte-manteau et en tout semblables à celles que nous avons signalées sur le dos. Ces lésions, sans importance, constituent ce que certaines personnes appellent bien improprement le *mal de rognon*.

Il y a aussi l'*effort de rein*, vulgairement *tour de rein, tour de bateau*, « état douloureux de la région, a dû un effort ou à toute autre cause, et qui ôte à l'animal la force de son arrière-main en détruisant l'harmonie qu'établit le rachis entre la partie antérieure et la partie postérieure du corps. Le cheval affecté d'effort de rein offre dans la marche une vacillation très forte du train postérieur, dont les membres se posent sur le sol sans régularité et sans solidité, imitant jusqu'à un certain point la marche d'un homme ivre. Lorsqu'on veut le faire tourner, l'avant-main seul exécute le mouvement, les pieds de derrière, restant à peu près fixes, servent de pivot et ne se déplacent que lorsque la croupe est prête à tomber. Si on essaye de le faire reculer, on ne peut y parvenir, et on détermine chez lui une douleur qui le porte à se jeter de côté pour éviter toute contraction un peu forte des muscles de la colonne vertébrale. L'effort de rein, même léger, doit faire rejeter le cheval qui en est atteint, car cette maladie est rarement suivie de guérison complète» (Lecoq).

Différences. — La région lombaire de l'âne ne comptant que cinq vertèbres, les reins devaient naturellement être plus courts que ceux du cheval; ils gagnent en force ce qu'ils perdent en souplesse.

Chez le mulet il y a tantôt cinq, tantôt six vertèbres lombaires.

Chez le bœuf, la longueur des six vertèbres lombaires et l'épaisseur des disques fibro-cartilagineux qui les unissent donnent au rein une grande étendue qui explique le peu d'aptitude de cet animal pour porter; le bœuf le plus robuste porte avec peine un quintal sur son dos, tandis qu'un cheval de selle porte avec aisance et rapidité une charge beaucoup plus grande. D'un autre côté, l'absence d'articulations intertransversaires entre les dernières vertèbres lombaires ainsi qu'entre la dernière et la base du sacrum permet des mouvements latéraux bien plus prononcés dans les Bovins que dans les Solipèdes et explique la vacillation de leur croupe pendant la marche. Contrairement à ce que l'on recherche chez ces derniers, la région dorso-lombaire du bœuf ne saurait être trop longue, ni trop large, car les muscles qui la garnissent donnent une viande de première qualité. Cette région doit céder à la pression exercée à pleine main sur les apophyses épineuses; toutefois, si la flexion était trop forte et accompagnée d'une plainte, il y aurait lieu de craindre une affection de poitrine. Le rein du bœuf doit être large et plat comme une table, plutôt bombé qu'ensellé.

Dans le mouton, la région dorso-lombaire doit être, comme dans le bœuf, longue, large et droite, et la crête épineuse des lombes noyée dans les masses musculaires.

Dans la chèvre, cette région est sensiblement moins longue, mais surtout moins large, plus tranchante que dans le précédent animal, et souvent un peu convexe.

Chez le porc, le dos et le rein sont d'autant plus convexes que l'animal est plus maigre et de race plus rustique; ils tendent à la ligne droite dans les sujets améliorés et engraissés.

Le rein du chien est très long (sept vertèbres), et très souple, légèrement voûté.

Croupe.

La croupe a pour base osseuse le bassin, c'est-à-dire : 1° le sacrum dépendant de la colonne vertébrale, 2° les coxaux appartenant aux membres postérieurs (fig. 205). Plusieurs auteurs la décrivent comme une région de ceux-ci, au même titre que les épaules dans les membres antérieurs. Nous sommes avec ceux qui la placent dans le tronc, parce que, extérieurement, elle se confond avec le rein et s'unit avec lui d'une manière peu mobile, que, d'autre part, l'enceinte du bassin ou cavité pelvienne prolonge la grande cavité abdominale, enfin que le sacrum est un segment vertébral, qui ne saurait être distrait du tronc. Au surplus nous avons déjà eu lieu de dire que le centre de suspension du membre postérieur n'est pas l'articulation sacro-iliaque, mais bien l'articulation coxo-fémorale.

CONFIGURATION. — La croupe est une région plus ou moins arrondie, qui, ordinairement, forme arête au niveau de l'épine sacrée. Lorsque ses muscles sont peu développés, cette arête est exagérément saillante, l'angle interne de l'ilium ou angle de la croupe apparaît, et les parties latérales de la région sont inclinées comme les pentes d'un toit : on dit que la coupe est *tranchante* ou *de mulet* (fig. 206).Cette conformation,peu agréable à la vue, n'est pas seulement l'expression d'une grande maigreur, elle caractérise certaines races, telles que la barbe et l'espagnole, qui sont loin de manquer d'énergie, le peu de volume de leurs muscles fessiers étant sans doute compensé par leur densité et la force de leurs fibres. Lorsque, au contraire, la croupe, fortement charnue, forme deux éminences latérales entre lesquelles l'épine sacrée disparaît dans un sillon, elle est dite *double* (fig. 207).

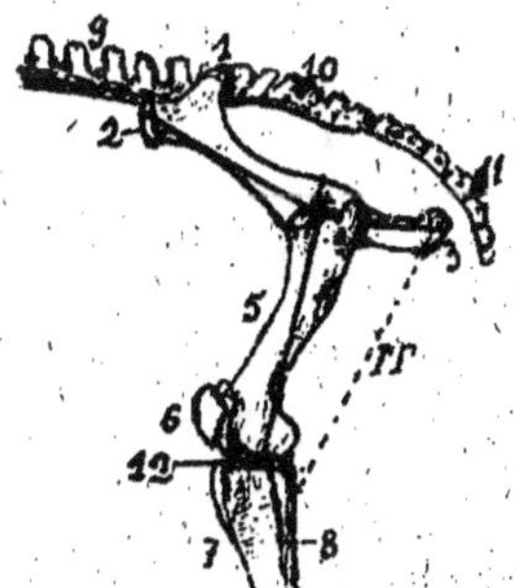

FIG. 205. — *Squelette de la partie supérieure de l'arrière-main.*

1, angle interne de l'ilium ; 2, angle externe ; 3, tubérosité de l'ischium ; 4, articulation coxo-fémorale ; 5, fémur ; 6, rotule ; 7, tibia ; 8, péroné ; 9, vertèbres lombaires ; 10, sacrum ; 11, premières vertèbres caudales ; 12, articulation fémoro-tibiale ; IT, muscles ischio-tibiaux produisant le mouvement de bascule des coxaux sur la tête des fémurs.

BASE ANATOMIQUE (fig. 196). — A la partie médiane existe le sacrum avec les ligaments surépineux et sacro-iliaques supérieurs et l'origine des muscles sacro-coccygiens.

FIG. 206. — *Croupe tranchante.*

FIG. 207. — *Croupe double.*

Sur les parties latérales se trouvent la masse des muscles fessiers et l'extrémité supérieure des ischio-tibiaux, reposant sur la fosse iliaque et sur le ligament sacro-sciatique, le tout recouvert de l'aponévrose fessière qui adhère non moins à la peau qu'aux muscles. Dans beaucoup de sujets, la peau se plisse transversalement au niveau de l'articulation coxo-fémorale quand la cuisse s'étend.

CONDITIONS DE BEAUTÉ. DÉFECTUOSITÉS. — La croupe doit être : *longue, large, bien dirigée* et *bien musclée*.

a) **Longueur.** — La longueur se mesure de la hanche (angle externe de l'ilium) à la pointe de la fesse (tubérosité ischiale). Bourgelat pensait qu'elle devait équivaloir à la distance comprise entre la nuque et la commissure des lèvres, c'est-à-dire aux cinq sixièmes de la longueur de la tête. Cette proportion se trouve en effet chez beaucoup de chevaux, mais elle peut atteindre six septièmes, sept huitièmes et même neuf dixièmes de tête, et la croupe n'en est que plus belle. « Le cheval dont la croupe est aussi longue que le rein et le dos réunis, disent les Arabes, prends-le les yeux fermés, c'est une bénédiction. » Et ils ne parlent ainsi que de la longueur projetée sur l'horizontale.

A égalité de taille, les variations de longueur du coxal sont de quelques centimètres tout au plus; elles exercent néanmoins une grande influence sur les aptitudes locomotrices, car les muscles fessiers, participant à l'allongement du coxal, gagnent en étendue de contraction; d'autre part, les ischiums se projetant davantage en arrière de l'articulation coxo-fémorale favorisent l'action des muscles ischio-tibiaux et, par conséquent, l'enlever de l'avant-main. En effet, dans le mouvement de bascule qu'éprouve le coxal sur la tête du fémur par la contraction de ces muscles, l'ischium représente le bras de la puissance; il ne saurait donc être trop développé; sa longueur est approximativement le tiers de la longueur totale du coxal. Chez le lièvre, animal essentiellement sauteur, la cavité cotyloïde se trouve presque à mi-longueur de l'os. On s'est demandé si, chez le cheval, la croupe ne s'allonge ou ne se raccourcit pas exclusivement par les ischiums? Les mensurations démontrent que les coxaux s'allongent ou se raccourcissent en totalité, sans changer notablement le rapport de l'ischium à l'ilium.

b) **Largeur.** — La largeur de la croupe se mesure par l'écartement des hanches. En moyenne, elle égale sa longueur, de sorte que la région est inscriptible dans un carré. Les animaux à vaste poitrine et surtout les juments se font remarquer par leur croupe un peu plus large que longue. Au contraire, les individus étriqués ont cette région plus longue que large. Si le développement musculaire n'est pas exagéré, la largeur de la croupe n'a pas plus de limite pour les chevaux de vitesse que pour les chevaux de trait; cette région compte parmi les quatre choses que, au dire des Arabes, le cheval doit avoir larges, de même que parmi les quatre qu'il doit avoir longues. On dit de l'animal qui a la croupe large, les hanches saillantes et les cuisses bien musclées, *qu'il a un beau carré de derrière*. Pour tous les services, il faut proscrire la croupe étroite comme manquant de puissance parce qu'elle s'allie à une poitrine serrée et à une musculature insuffisante.

c) **Direction.** — Beaucoup d'hippologues jugent de la direction

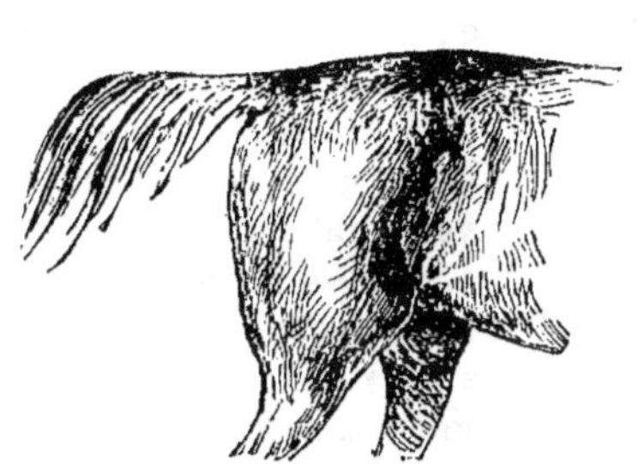

Fig. 208. — *Croupe horizontale.*

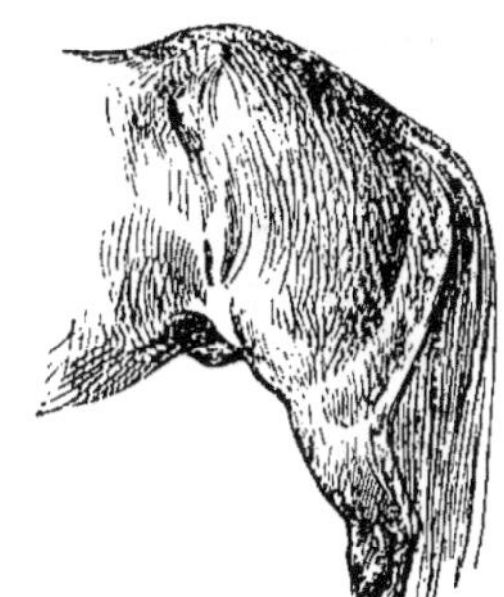

Fig. 209. — *Croupe avalée.*

de la croupe par l'épine sacrée formant sa ligne de sommet et déclarent que la croupe est *horizontale* quand cette ligne tend à se mettre de niveau avec celle du dos et du rein (fig. 208), qu'elle est oblique quand cette même ligne est inclinée de haut en bas et d'avant en arrière, et, si l'obliquité est considérable, ils disent que la croupe est *avalée* (fig. 209), qu'elle est *en pupitre*, ou encore qu'elle est *coupée*, ce défaut la faisant paraître plus courte.

Il est plus rationnel de juger de la direction de cette région par le coxal. Cet os, il est vrai, est effacé sous les muscles, mais ses deux points extrêmes, l'angle externe de l'ilium et la tubérosité ischiale, s'accusent par des éminences superficielles qu'il suffit de réunir par la pensée pour juger de sa direction d'ensemble. On peut objecter que l'ischium n'est pas sur le prolongement de l'ilium et que, de ce fait, la ligne qui réunit la hanche à la pointe de la fesse ne se superpose pas exactement au coxal; cela importe peu, car les variations de l'angle ilio-ischial sont sans importance et échappent à l'observation extérieure. On peut aussi se demander s'il n'y a pas entre la direction du sacrum et celle du coxal une corrélation telle que l'on puisse juger de celle-ci par celle-là. Il est évident que, d'une manière générale, le coxal est d'autant moins incliné que le sacrum approche davantage de l'horizontale, mais ce rapport n'est pas fixe, l'écartement angulaire des deux os, déterminant ce que l'on appelle l'épaisseur de la croupe, est quelque peu variable. En sorte qu'il est préférable, en définitive, de juger de la direction de la croupe par celle du coxal, qui est son véritable axe mécanique.

Quelle doit-elle être pour être la meilleure? C'est là une des questions les plus controversées de l'Extérieur. Pour en trouver la solution, il ne suffit pas de considérer cette direction en soi, il faut l'envisager dans ses rapports avec celles de la cuisse et de la jambe, ainsi qu'avec la colonne vertébrale.

En soi, à supposer qu'elle varie seule d'inclinaison sans influencer les rayons inférieurs, la croupe est d'autant plus belle qu'elle est moins inclinée. Soient en effet (fig. 210) les deux coxaux AB et A'B', le premier oblique à 15°, le second à 30°; il n'est pas difficile de comprendre, à première vue,

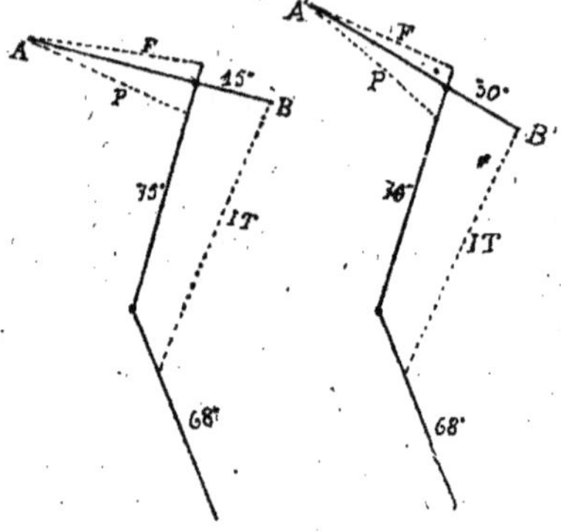

Fig. 210. — *Schéma montrant que, toutes choses étant égales d'ailleurs, la croupe est d'autant plus favorable à l'action des muscles que les coxaux approchent davantage de l'horizontale.*

que celui-ci est beaucoup moins favorable à l'action des muscles que celui-là : les fessiers, F, sont plus courts et ont une incidence moins bonne, les psoas, P, agissent aussi moins perpendiculairement, quant aux ischiotibiaux, IT, l'abaissement de l'ischium les raccourcit d'une manière fort préjudiciable. La détente du membre est donc moins puissante; elle tend à soulever le corps autant qu'à le pousser en avant; le mouvement de bascule qui produit l'enlever de l'avant-main est plus difficile; et tous ces désavantages diminuent au fur et à mesure que la croupe se relève en arrière et approche de l'horizontale. L'obliquité du coxal n'arrive jamais à 0°; elle est encore de 15° à 20° quand on qualifie la région d'horizontale. Si elle atteint 35° à 40°, la croupe est avalée. Plus considérable, elle donne lieu à la croupe en pupitre ou coupée.

En fait, la direction de la croupe commande jusqu'à un certain point celles de la cuisse et de la jambe ainsi que l'aplomb général du membre (voy. fig. 211); il faut donc la juger en tenant compte

de cette corrélation. Lorsqu'elle est horizontale, la cuisse et la jambe
sont plus ou moins redressées, comme si le membre avait été allongé
par une force qui aurait
soulevé les pointes is-
chiales; celui-ci a ten-
dance à se camper.Lors-
qu'elle est oblique, la
cuisse et la jambe sont
au contraire en état de
flexion plus grande, et le
membre tout entier est
plus ou moins affaissé
ou même engagé sous
le corps.Dans le premier
cas, il gagne en étendue
d'oscillation, mais perd
en force de détente;dans
le second cas, au con-
traire, il gagne en puis-
sance, mais perd en en-
jambée. Voilà pourquoi
les chevaux de vitesse se
font remarquer en géné-
ral par leur croupe plus
ou moins horizontale et
les chevaux de trait par
leur croupe plus ou moins

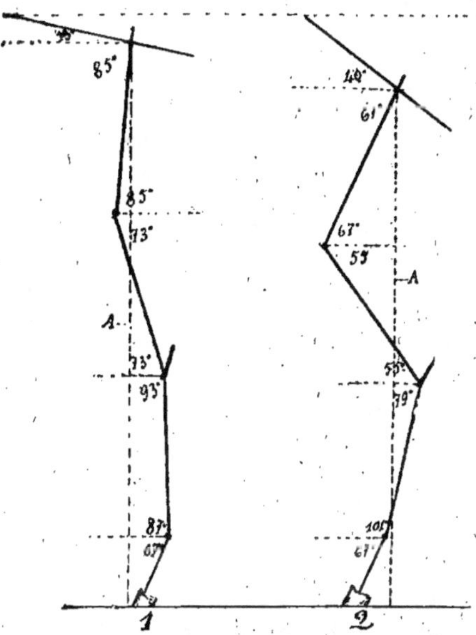

Fig. 211. — *Schéma montrant la corrélation de direc-*
tion entre la croupe et les rayons du membre ainsi
que l'influence de cette direction sur l'aplomb de
celui-ci.

1, avec une croupe horizontale; 2, avec une croupe avalée.

oblique. Le comble de la beauté chez ceux-ci serait une croupe
horizontale qui ne préjudicie point à l'obliquité de la cuisse et de
la jambe; de même que le comble de la beauté chez le cheval de
vitesse serait une croupe horizontale qui ne redresse pas outre
mesure ces deux rayons.

En résumé, les fortes obliquités de la croupe sont à proscrire
pour tous les services, principalement pour ceux de vitesse; mais
on ne peut juger des obliquités moyennes qu'en considération des
rayons inférieurs du membre; il vaut mieux, même pour un cheval de vitesse, une croupe un peu oblique avec une inclinaison convenable de la cuisse qu'une croupe horizontale avec une cuisse
verticale.

Remarquons en outre que le coxal qui se rapproche de l'horizontale tend à basculer en avant sur le fémur et se trouve dans de

mauvaises conditions pour soutenir la colonne vertébrale avec
fermeté. C'est sans doute ce que Bourgelat a voulu dire dans ce passage de son livre d'Extérieur :

« En ce qui concerne la longueur du corps qui serait due à l'extension des
os des iles, il est évident que l'allongement de ces bras de levier tendant à
ployer les vertèbres lombaires en contrebas et à les faire obéir au fardeau
donnerait à ce même fardeau un avantage considérable sur la résistance
qu'opposeraient les muscles. Pour se délivrer de l'effet de ce poids, les
chevaux en qui ce défaut existe s'efforcent, par un mouvement automa-
tique et totalement contraire à cet effet, de voûter l'épine en contre haut,
et la plupart forgent, s'atteignent, s'attrapent, etc... »

On le voit, la question de la direction de la croupe, est complexe
et sa solution toute relative; c'est ce qui explique les divergences
d'opinion des hippologues.

d) **Développement musculaire.** — La longueur et la bonne
direction de la croupe ne serviraient de rien si ses muscles étaient
atrophiés; l'observation démontre que les chevaux bons sauteurs,
ceux qui galopent facilement et longtemps, ont la croupe bien
musclée. Toutefois les chevaux fins n'ont jamais des muscles assez
volumineux pour rendre la croupe double, comme elle l'est chez les
beaux chevaux de trait; ces organes gagnent par leur densité, par le
peu d'abondance du tissu conjonctif qui les infiltre, ce qu'ils perdent
par leur volume. La croupe double donne, chez les chevaux destinés aux allures rapides, un trop grand poids au train postérieur et
leur fait perdre une partie de leur force, qui est employée à se bercer.

La croupe tranchante, anguleuse ou de mulet, accusant un défaut
de musculature, est toujours défectueuse, bien qu'on l'observe chez
certains chevaux très énergiques, comme les barbes, qui sont bons
malgré leur mauvaise croupe mais seraient encore meilleurs si
celle-ci était plus musclée.

MALADIES ET TARES. —Signalons : 1º les blessures produites par
la croupière; 2º l'entorse de l'articulation coxo-fémorale, vulgairement appelée *écart de la hanche ou allonge*, qui motive souvent
l'application du feu ou d'un exutoire; 3º enfin l'atrophie unilatérale
des muscles fessiers, se traduisant par une asymétrie de la région
et résultant le plus souvent d'un défaut de jeu du jarret correspondant, dû à un éparvin calleux.

Différences. —Chez l'âne et le mulet, la croupe est courte, tranchante,
étroite, peu inclinée d'avant en arrière et pointue postérieurement.

Dans l'espèce bovine, elle est très saillante du sacrum, ce qui la fait paraître tranchante tant que l'animal n'est pas arrivé au dernier degré de l'engraissement; l'ischium est très allongé, relevé à son extrémité postérieure qui arrive jusque sous la peau. On doit rechercher un grand développement des muscles de la croupe, qui donne à l'animal plus de force pour le travail et à la boucherie une viande de qualité supérieure; d'ailleurs, ce développement coïncide toujours avec celui des fesses et des cuisses qui fournissent aussi une viande très estimée. La longueur et la largeur de la croupe ne sauraient être trop considérables; elles arrivent à atteindre un tiers de la longueur du corps. La largeur au niveau des articulations coxo-fémorales ne doit pas être bien inférieure à celle prise entre les hanches. Quant à la largeur postérieure, au niveau des tubérosités ischiales, elle peut atteindre, chez la vache, jusqu'à 70 % de la largeur des hanches, ce qui est un bon signe; elle est beaucoup moindre chez les mâles[1].

Chez le mouton, la croupe est moins longue, moins horizontale, moins tranchante, plus musclée que chez le bœuf; au lieu de se relever en arrière, les ischiums tendent à se mettre sur le prolongement des iliums.

Dans la chèvre, elle est notablement plus étroite que dans le mouton; l'allongement particulier des ischions indique l'aptitude au saut.

Hanches.

En principe, on désigne sous ce nom la région qui a pour base le coxal (*coxa*, hanche); aussi l'articulation coxo-fémorale est-elle communément appelée articulation de la hanche; mais, chez les quadrupèdes, l'usage du mot « croupe » a fait prévaloir l'habitude de restreindre la hanche à l'angle externe de l'ilium ou épine iliaque antérieure et supérieure, qui forme une saillie dominant le flanc.

CONFIGURATION. CONDITIONS DE BEAUTÉ. DÉFECTUOSITÉS. — Cet angle osseux offre, chez le cheval, quatre tubérosités, deux supérieures et deux inférieures, qui donnent attache au petit oblique de l'abdomen et au tenseur du fascia lata. Son relief plus ou moins considérable dé-

Fig. 212. — *Cheval cornu.*

pend souvent de la direction du coxal ou de l'état d'embonpoint de l'animal : plus la croupe est avalée, plus les hanches sont relevées et proéminentes; plus elle approche de l'horizontale, plus les

1. A noter que les muscles ischio-tibiaux s'arrêtent à la tubérosité ischiale; ils sont remplacés entre cette tubérosité et le sacrum par un cordon fibreux tendu sous la peau, qui se relâche à l'approche du part.

hanches sont basses et effacées. On comprend aussi, sans qu'il soit nécessaire d'insister, que l'amaigrissement des parties circonvoisines augmente d'une manière relative la saillie des hanches. Quand, pour l'une ou l'autre de ces causes, cette saillie est exagérée, on dit que le cheval est *cornu* (fig. 212), conformation disgracieuse plutôt que défectueuse.

Il ne faudrait pas croire qu'il y ait lieu de donner toujours la préférence aux hanches que l'on qualifie d'*effacées, coulées, noyées, fondues;* loin de là, les hanches saillantes, en tant qu'elles ne résultent pas d'une mauvaise direction de la croupe ou de l'atrophie des muscles à l'entour, et qu'elles tiennent au développement même du coxal, constituent une beauté de premier ordre. Les formes anguleuses valent mieux en général que les formes arrondies et potelées, surtout pour les chevaux de vitesse.

Maladies et tares. — Les hanches sont très exposées aux coups, particulièrement lorsque l'animal tombe sur le côté ou qu'il se débat dans l'attitude décubitale; aussi présentent-elles souvent des excoriations, des plaies plus ou moins profondes ou des cicatrices. Parfois l'angle externe de l'ilium s'est fracturé, ou tout au moins décollé s'il n'était pas encore soudé au restant de l'os (décollement épiphysaire); il est alors entraîné par la contraction musculaire, soit en avant par le petit oblique de l'abdomen, soit en bas par le tenseur du fascia lata, et il se soude en position défectueuse, de sorte que les deux hanches perdent leur symétrie; on dit alors que l'animal est *épointé, éhanché,* qu'il a *reçu un coup de balai,* ce qui n'est le plus souvent nuisible qu'au coup d'œil. La fracture est autrement grave quand elle porte sur le col de l'ilium : si, par exception, elle n'oblige pas à abattre l'animal, elle entraîne la formation d'un cal dont la saillie intrapelvienne peut mettre obstacle au part chez les femelles destinées à la reproduction.

Différences. — Les hanches sont très saillantes dans l'espèce bovine, et surtout dans la vache, à cause du peu d'épaisseur de la croupe et de l'enfoncement du flanc; il faut toutefois préférer celles qui le sont le moins.

Poitrail.

Configuration. Base anatomique. — Le poitrail, situé au-dessous du bord inférieur de l'encolure, entre les deux angles des épaules, répond à l'entrée de la poitrine et à l'extrémité antérieure du sternum. On y voit : 1° sur la ligne médiane, un sillon semblant faire suite aux gouttières jugulaires réunies et se prolongeant sur l'inter-ars, le long de la carène sternale; 2° sur les parties latérales, une proéminence plus ou moins accentuée, due au muscle pectoral descendant, sous lequel existent l'insertion humérale du pectoral ascendant et l'inflexion du pectoral scapulaire. La peau de la région est remarquable par sa laxité.

Dans quelques chevaux émaciés, les muscles pectoraux sont tellement atrophiés qu'ils laissent en relief le bord sternal qui les sépare, le poitrail est dit *tranchant*. D'autre part, chez les vieux chevaux, ruinés des membres antérieurs, il arrive souvent que les pointes des épaules se portent en avant de manière à excaver le poitrail, qui est alors qualifié de *creux ou enfoncé*.

Fig. 213. — *Poitrail suffisam-ment large pour un cheval de vitesse.*

Fig. 214. — *Poitrail étroit.*

Conditions de beauté. Défectuosités. — Le poitrail doit être proéminent, large et bien musclé : trois conditions n'en faisant qu'une car elles sont solidaires.

a) La proéminence du poitrail, qui le fait qualifier parfois de poitrail avancé, tient soit à sa forte musculature, soit à la situation un peu reculée des pointes des épaules par rapport à l'extrémité antérieure du sternum. Elle témoigne du développement de la poitrine et conséquemment de la capacité respiratoire.

b) La largeur est en raison directe de celle de la poitrine (fig. 213 et 214). Le poitrail étroit va de pair avec une côte plate, une poitrine serrée et des avant-bras grêles; il indique peu de fond et est à proscrire pour tous les services. Il ne faut pas toutefois que cette dimension dépasse certaines limites chez les chevaux de vitesse, car il en résulterait un trop grand écartement des membres antérieurs et le défaut de se bercer; il vaut mieux, pour ces derniers, que la poitrine se développe en profondeur qu'en largeur.

Le fait de la proportionnalité entre la largeur du poitrail et celle de la poitrine est certain, il reste à en donner l'explication. Richard du Cantal a fait observer avec raison que l'écartement des premières côtes de l'un à l'autre côté varie peu dans les chevaux de même taille; arc-boutées sous les apophyses transverses des vertèbres dorsales correspondantes, couvertes par les épaules, elles ne participent guère à la mécanique respiratoire; leurs faibles différences d'écartement sont hors de proportion avec les variations considérables dont la largeur du poitrail est susceptible. Cette largeur relève du développement musculaire, qui est lui-même en rapport avec la capacité pectorale, et ainsi s'explique, indirectement, la corrélation de largeur du poitrail et du thorax. Dans les chevaux de gros trait, à musculature athlétique, le poitrail est extrêmement large et proéminent; au contraire, dans les chevaux rapides, dont les formes doivent être plus ou moins élancées et sveltes, ce qui exclut un développement très considérable de la poitrine et des muscles, le poitrail ne saurait être large, il suffit qu'il ne soit pas trop étroit ni enfoncé.

c) La musculature du poitrail déterminant sa largeur et sa proéminence, les trois conditions n'en font qu'une. Le poitrail se rétrécit et s'enfonce quand l'animal maigrit, il s'élargit et s'avance quand l'animal engraisse. Parmi les causes qui doivent faire totalement exclure un cheval du service de guerre, les Arabes mettent en première ligne le poitrail étroit et enfoncé.

Tares. — Il faut signaler spécialement les traces de séton que l'on rencontre tantôt sur la ligne médiane, tantôt sur les parties latérales, et dont il ne faut rien déduire de grave, car c'est la région préférée pour l'application des sétons dits de précaution. Un cheval qui n'a jamais été malade peut donc présenter des traces laissées par ces exutoires.

Différences. — Le poitrail du mulet et surtout de l'âne est naturellement étroit.

On doit rechercher dans toutes les races de bœufs, mais surtout dans celles destinées à la boucherie, un poitrail bien développé, très projeté en avant des membres antérieurs, qui fait dire que l'animal a du *bréchet*. Le fanon qui garnit le bord inférieur de l'encolure se prolonge sur cette région, mais il disparaît presque complètement dans les races améliorées. Ce repli de peau se rencontre aussi dans certaines races de moutons. La largeur du poitrail est aussi une qualité de premier ordre pour les moutons et les porcs. Les chiens bouledogues se font remarquer particulièrement sous ce rapport.

Ars.

L'ars sépare le poitrail de l'avant-bras et répond au pli de jonction du tronc avec le membre antérieur. C'est l'équivalent de l'aisselle de l'homme, à cette différence près que, chez ce dernier, le membre thoracique se détache du tronc à partir de l'articulation de l'épaule, tandis que, chez nos grands animaux, il ne se libère qu'à partir de l'articulation du coude.

La peau de l'ars est extrêmement lâche et plissée pour permettre les mouvements du membre. Au-dessous, l'on sent, au toucher, la bride tendue que le biceps brachial envoie à l'extenseur antérieur du métacarpe, sur laquelle repose la veine céphalique ou veine de l'ars, à laquelle on pratique quelquefois la saignée.

Après une marche prolongée, sur une route poussiéreuse, pendant les chaleurs, les chevaux gras s'excorient parfois le pli de l'ars; on les dit alors *frayés aux ars*. C'est une blessure superficielle qui guérit promptement par le repos.

Inter-ars.

Compris, comme son nom l'indique, entre les deux ars, l'inter-ars fait suite au poitrail dans l'intervalle des membres antérieurs. Il participe de la configuration et des bases anatomiques de cette dernière région, mais, au lieu des pectoraux descendants, on trouve ici les pectoraux transverses recouverts d'une peau très lâche et plissée.

Les conditions de beauté sont intimement subordonnées à celles du poitrail.

On y rencontre souvent des traces de séton.

Passage des sangles.

Cette région fait suite à l'inter-ars, en arrière des coudes, et se continue insensiblement avec le ventre. Elle est plate sur son milieu, arrondie par côté et progressivement élargie d'avant en arrière. Elle a pour base la partie postérieure du sternum, aplatie de dessus en dessous, et les cartilages de prolongement des côtes correspondantes.

Sous la peau, beaucoup moins mobile que celle des régions précédentes, existent le pectoral ascendant, la partie antérieure de l'oblique externe et du droit de l'abdomen, les intercostaux, enfin le triangulaire du sternum tapissé par la plèvre.

Le passage des sangles n'offre à considérer que des excoriations produites quelquefois par la sangle ou la sous-ventrière au moyen desquelles on maintient la selle ou la sellette sur le dos, ou encore des dépilations ayant succédé à des applications vésicantes employées pour traiter une maladie de poitrine. Ces dépilations tarent gravement l'animal et autorisent à suspecter l'intégrité des organes pectoraux.

On appelle *sanglés* les bœufs qui présentent une forte dépression derrière les coudes, et on les regarde comme peu disposés à l'engraissement. C'est une défectuosité, même pour les vaches laitières, quoi qu'en aient dit certains auteurs.

Côte.

Configuration et base anatomique (fig. 195 et 196). — Sous le nom de côte, on désigne la région qui a pour base toutes les côtes qui ne sont pas cachées par l'épaule, c'est-à-dire les douze ou treize dernières. La côte forme à la poitrine une paroi dont la convexité augmente d'avant en arrière. En dessous de la peau, doublée du panicule charnu, on remarque le grand dorsal et le grand dentelé, à la partie antérieure, — la portion charnue du grand oblique de l'abdomen, au tiers inférieur, — enfin les intercostaux et la plèvre costale, celle-ci libre normalement de toute adhérence avec le poumon.

Mouvements. — Les arcs costaux exécutent incessamment sur les côtés de la colonne vertébrale un mouvement d'oscillation qui est très visible chez les sujets maigres, surtout dans le cas de dyspnée. Dans l'inspiration, ils se portent en avant, s'éloignent les uns des autres et tendent à devenir perpendiculaires au rachis, de manière à embrasser un espace maximum. Dans l'expiration, ils reviennent en arrière et se rapprochent, de manière à diminuer la capacité pectorale. Ces mouvements alternatifs, combinés avec ceux du diaphragme, entraînent la ventilation du poumon, indispensable à l'exercice des échanges gazeux de la respiration.

Conditions de beauté.. — Elles ont trait à la convexité, à la longueur et à l'obliquité des côtes.

a) La *côte ronde* (fig. 213) donne à la poitrine une forme cylindrique impliquant un grand diamètre transversal de cette cavité;

tandis que la *côte plate* (fig. 214) dénonce une poitrine serrée. Les chevaux de gros trait ont souvent, vu l'ampleur générale de leurs formes et la surcharge des parties molles, une rotondité extrême de la côte, qui ne serait pas à envier pour les chevaux de vitesse; ceux-ci, sans avoir la côte plate, doivent posséder une poitrine de coupe elliptique plutôt que circulaire.

b) Les côtes doivent être *suffisamment longues;* si elles étaient courtes, la respiration manquerait de puissance, et l'animal de fond. Leur longueur est d'ailleurs assez généralement proportionnelle à leur degré de courbure, en sorte que le diamètre vertical et le diamètre transversal de la poitrine augmentent ou diminuent ensemble. C'est ainsi que les chevaux de gros trait se font remarquer par leur poitrine très développée en hauteur comme en largeur.

c) Les côtes doivent être *très obliques en arrière;* alors les espaces intercostaux sont plus larges, la poitrine plus étendue en profondeur c'est-à-dire dans le sens antéro-postérieur, et les mouvements respiratoires ont plus d'amplitude.

MALADIES ET TARES. — Les jeunes chevaux qui, par suite de maladie ou de débilité, se couchent souvent et du même côté, finissent par s'aplatir le thorax de ce côté-là. Ceux que l'on a traités pour une maladie de poitrine présentent parfois sur la région costale une dépilation de vésicatoire ou bien des traces de séton. Ceux qui servent de monture sont exposés à recevoir de l'éperon du cavalier une blessure susceptible d'ouvrir la veine sous-cutanée thoracique et de donner lieu à une hémorragie. Cette veine, communément nommée veine de l'éperon, longe le bord supérieur du muscle pectoral ascendant avant de s'engager sous la masse des muscles olécraniens.'

Les harnais (selle, sellette, sangles, traits) occasionnent fréquemment des blessures sur la côte; les plus graves sont les *cors*, tumeurs dures, plus ou moins volumineuses, résultant d'une mortification de la peau par compression, et laissant après leur élimination une plaie souvent profonde, difficile à guérir, qui parfois se complique de la carie d'une côte.

Enfin les heurts, les chutes sur le côté produisent assez souvent une fracture d'une ou de plusieurs côtes, qui ne se répare qu'au prix d'un cal et d'une adhérence pulmonaire au point lésé.

Différences. — Dans l'espèce bovine, la côte est généralement plate, mais très évasée, pour encadrer le ventre volumineux qui lui fait suite. On estime toutefois, surtout dans le taureau, les côtes aussi arrondies que possible, et on proscrit d'une manière générale les animaux sanglés, c'est-à-dire à poitrine serrée derrière les coudes. La dernière côte, pendant l'engraissement, se recouvre d'une grande quantité de graisse et devient, pour les engraisseurs et les bouchers un des meilleurs points de maniement.

Dans les espèces ovine, caprine, porcine, canine, la longueur et la convexité des côtes sont toujours à rechercher, comme tout ce qui indique la capacité pectorale.

Poitrine en général.

ANATOMIE ET PHYSIOLOGIE. — La poitrine est une cavité qui a pour paroi extérieure des régions que nous avons étudiées en détail : garrot, dos, poitrail, inter-ars, passage des sangles, côtes. Elle est séparée de la cavité abdominale par le diaphragme, cloison musculo-aponévrotique, fortement oblique de haut en bas et d'arrière en avant, convexe en avant, concave en arrière. La convexité de cette cloison intérieure détermine une sorte d'empiètement du ventre sur la poitrine, à cause duquel celle-ci est beaucoup moins capace qu'elle ne le paraît extérieurement.

La poitrine renferme les organes essentiels de la respiration et de la circulation, c'est-à-dire le poumon et le cœur. Le vide régnant dans cette cavité, le poumon se trouve condamné à en épouser la forme et à en suivre servilement les mouvements. C'est ainsi que le jeu alternatif d'inspiration et d'expiration du thorax renouvelle l'air d'une manière incessante dans l'organe de l'hématose.

La poitrine a été comparée, avec juste raison, au foyer de la machine motrice que représente le cheval. Le travail musculaire est en effet subordonné à la puissance de la respiration, et la masse des muscles est en corrélation avec la capacité thoracique. Aussi doit-on tenir grand compte de la conformation de la poitrine dans l'appréciation de la valeur du cheval.

CONDITIONS DE BEAUTÉ. — Elles se résument en un mot : la poitrine doit être *suffisamment spacieuse*. On juge de sa capacité par ses principales dimensions : largeur, hauteur, profondeur, circonférence.

a) La *largeur*, déterminée par l'arcure des côtes, va en augmentant d'avant en arrière. Les variations considérables dont elle est susceptible, chez les chevaux de même taille, n'intéressent guère, nous le répétons, les premières côtes, qui, cachées sous l'épaule, sont à peine arquées et presque immobiles. Cette dimension s'accuse, comme nous l'avons déjà dit, par l'ampleur du poitrail et par la

rotondité de la côte. Elle ne doit pas être excessive chez le cheval
de vitesse, sous peine d'alourdir l'allure.

b) La *hauteur* se mesure verticalement du sommet du garrot au
passage des sangles; elle n'est pas moins variable que la largeur;
en moyenne, elle équivaut à une tête un sixième et la distance
du passage des sangles au sol à une tête deux sixièmes, ce qui fait
deux têtes et demie de taille; dans ces conditions, un cheval de
1 m. 50 aurait 0 m. 70 de hauteur de poitrine et 0 m. 80 du sternum
au sol, la longueur de la tête étant de 0 m. 60.

En s'accroissant en hauteur, la poitrine descend entre les membres de devant, tandis que les coudes paraissent remonter sur les
côtes. La partie libre ou infrasternale des membres étant elle-même

Fig. 215. — *Profil d'un cheval de course. (Type élancé : la hauteur verticale du sternum
l'emporte considérablement sur celle de la poitrine et la taille dépasse la longueur du
corps).*

sujette à varier, il s'ensuit que le rapport entre les deux éléments
de la taille au garrot est très changeant : dans les chevaux de course,
il peut descendre jusqu'à 4 : 5, et la distance du passage des sangles
au sol l'emporter de 15 à 20 centimètres sur la hauteur de la poitrine (fig. 215) tandis que dans les chevaux de gros trait, il arrive à
l'unité et même la dépasse, c'est-à-dire qu'il y a égalité des deux
dimensions en question ou même prédominance de la hauteur
pectorale sur la distance du passage des sangles au sol (fig. 216).
Entre ces deux extrêmes, on trouve tous les intermédiaires.

On désigne sous le nom d'*indice thoracique* le rapport de la largeur
de la poitrine, prise derrière les épaules, au niveau de la partie la
plus convexe des côtes, à sa hauteur mesurée comme il a été dit.
Cet indice, corrélatif de la forme de la section transversale du
thorax en arrière du garrot, est en raison directe de la capacité

respiratoire, qui est elle-même proportionnelle au développement musculaire. Il est en moyenne de 0,90 dans le format bréviligne ou trapu, ladite section approchant du cercle; de 0,70 dans le format élancé ou longiligne, la section pectorale ayant la forme d'une ellipse à grand axe vertical; de 0,80 dans le format moyen ou médioligne [1].

D'après ces indices, le professeur Baron, grand amateur de néologismes, distinguait les *eurythorax*, les *sténothorax* et les *mésothorax*.

c) La *profondeur* de la poitrine se mesure d'avant en arrière, du poitrail à la dernière côte. Elle est d'autant plus grande, le nombre

Fig. 216. — *Profil d'un cheval de gros trait.* (*Type trapu : la hauteur pectorale l'emporte sur la distance du passage des sangles au sol et la longueur du corps dépasse la taille*).

des côtes restant le même (dix-huit), que les espaces intercostaux sont plus étendus et les côtes plus obliques. C'est une dimension importante à considérer chez les chevaux de vitesse, car elle peut compenser, dans une certaine mesure, le manque de hauteur et de largeur; d'autre part, elle augmente l'amplitude des mouvements respiratoires en éloignant les côtes de la perpendiculaire au rachis; il est évident, en effet, que, si les côtes au repos étaient perpen-

1. Dechambre donne des chiffres différents : au-dessus de 0,90 pour les brévilignes, au-dessous de 0,85 pour les longilignes, de 0,86 à 0,88 pour les médiolignes, car il prend la hauteur pectorale en arrière du garrot, sur le même plan que la largeur.

diculaires à la colonne vértébrale, leur champ d'inspiration serait réduit à zéro, tandis que ce champ se développe au fur et à mesure qu'elles s'inclinent en arrière. Ajoutons que la grande profondeur de la poitrine ne va pas sans quelque allongement de la région dorsale, et nous aurons suffisamment fait comprendre que cette dimension est surtout à rechercher chez les chevaux de vitesse tandis qu'il faut préférer pour les chevaux de trait un développement en hauteur et en largeur.

d) Le *périmètre* ou *circonférence* de la poitrine, pris en arrière du garrot, est aussi un excellent signe de la capacité pectorale puisqu'il résume la hauteur et la largeur. Tantôt il ne dépasse la taille que de 10 à 20 centimètres; tantôt il l'emporte sur elle de 40 à 45 centimètres et même davantage (voy. fig. 215 et 216); le rapport va de moins de 11 à 10 à plus de 13 à 10. Par exemple, je relève, parmi les nombreuses mensurations que j'ai pratiquées, les deux cas extrêmes suivants : 1° un cheval de formes étriquées qui avait 1 m. 54 de taille au garrot et seulement 1 m. 64 de circonférence pectorale, 2° un magnifique cheval de gros trait, haut de 1 m. 70, qui avait un tour de poitrine de 2 m. 20.

On est en droit de suspecter le « fond » des chevaux dont le périmètre thoracique ne dépasse pas la taille d'au moins un septième. Cette dimension n'est jamais trop grande dans les chevaux de gros trait car elle témoigne de la masse et de la force musculaires. Il en est autrement pour les chevaux de vitesse, auxquels il faut une certaine légèreté; d'ailleurs le cheval vite est nécessairement un nerveux, c'est-à-dire un animal de sang, et, d'une manière générale, le tempérament nerveux exclut les formes massives.

L'*indice corporel* ou rapport de la longueur du corps à la circonférence pectorale est un bon moyen de se rendre compte du développement général des muscles. Il est d'environ 0,80 chez les brévilignes, 0,90 chez les longilignes, 0,85 chez les médiolignes.

Ventre.

Configuration et base anatomique. — Le ventre fait suite au passage des sangles, se continue latéralement avec les côtes et les flancs, et s'unit en arrière avec les membres postérieurs au niveau des aines. C'est une région arrondie d'un côté à l'autre et d'avant en arrière, qui a pour base anatomique la paroi abdominale inférieure, constituée de chaque côté par quatre muscles superposés (deux obliques, un droit et un transverse) renforcés exté rieurement par la tunique abdominale et tapissés intérieurement par le péritoine.

La *ligne blanche* est une sorte de raphé médian sous-cutané, au niveau duquel se fait la réunion des muscles de l'un et de l'autre côté; elle offre vers son tiers postérieur la cicatrice ombilicale, non apparente à l'extérieur.

L'*hypocondre* est la partie correspondant au cercle cartilagineux des fausses côtes.

En arrière, le ventre supporte les testicules, la verge et le fourreau chez le mâle, les mamelles chez la femelle: toutes parties que nous décrirons à part, sous la rubrique « Régions génitales ».

L'*aine* (en latin *inguen*) n'est autre chose que le pli de jonction du ventre avec le membre postérieur. Elle s'étend de l'entre-deux des cuisses à l'angle externe de l'un et de l'autre ilium, couverte en dehors par la peau passant de la cuisse au flanc. On y trouve sous la peau l'arcade crurale et le canal inguinal.

FIG. 217. — *Ventre avalé avec dos ensellé.*

CONDITIONS DE BEAUTÉ. DÉFECTUOSITÉS. — Le ventre doit être : *moyennement volumineux et se fondre doucement avec les hypocondres et les flancs.*

S'il était trop volumineux et son profil exagérément convexe (fig. 217), il serait *tombant, avalé* ou *de vache*, et indiquerait un grand développement des viscères digestifs, survenu ordinairement à la suite d'un mauvais régime. Les chevaux nourris de fourrages grossiers sont obligés d'en prendre de très grandes quantités pour suffire à leurs besoins, leur estomac et leur intestin, toujours encombrés, finissent par se dilater, et leur ventre participe nécessairement à cette amplification; dès lors, ces animaux sont surchargés d'un poids inutile, gênant considérablement les mouvements du diaphragme et rendant la respiration courte et d'autant plus difficile que ce muscle a été refoulé davantage du côté du thorax.

Les jeunes chevaux vivant au pâturage ont presque toujours le ventre de vache; mais ce défaut disparaît progressivement quand on les met au régime de l'avoine. Les juments poulinières, même dans l'intervalle des gestations, gardent le ventre volumineux (fig. 218). Enfin les chevaux ensellés ont en général le ventre avalé par corrélation avec l'affaissement de leur colonne vertébrale. Il en est de même des chevaux à côte plate dont la poitrine resserrée rejette en arrière les viscères abdominaux.

Si, au contraire, le ventre manquait de volume, que sa ligne de profil, à peu près droite, s'élevât brusquement vers les aïnes (fig. 219), il serait *levretté*, *retroussé*, et l'animal *étroit de boyaux*. C'est une conformation recherchée chez le cheval de course, où on l'obtient par un régime très substantiel, contenant sous un petit volume beaucoup de matière alibile; l'animal se trouve ainsi allégé,

Fig. 218. — *Jument poulinière (Cliché Dechambre)*.

il respire plus aisément et plus amplement. Mais, en dehors de cette circonstance toute spéciale de l'entraînement aux courses, le ventre retroussé ne s'observe guère que chez les chevaux dont les digestions sont mauvaises, qui boudent devant le râtelier et rejettent dans leurs crottins, mal formés, une partie de leurs aliments non attaquée par les sucs digestifs (chevaux vidards). Et ce défaut est encore aggravé par le fait que les individus qui en sont atteints sont le plus souvent très nerveux, pleins de flamme et portés à des efforts au-dessus de leurs forces : c'est d'eux que l'on dit : « la lame use le fourreau».

On ne saurait trop insister sur l'influence de l'alimentation sur le développement du ventre. Tant que l'animal est soumis au régime lacté, son gros intestin reste relativement petit; cette partie du tube digestif ne s'accroît qu'après le sevrage et se développe

proportionnellement à l'abondance des résidus de la digestion.
C'est ainsi que les poulains nourris exclusivement de fourrages
prennent le ventre plus volumineux que ceux dans la nourriture
desquels entrent des grains. Mais il faut bien savoir que, par organisation, le cheval est essentiellement herbivore et granivore; un
régime de quintessence ne lui convient pas comme régime permanent; sans être grossiers, ses aliments doivent contenir un certain
caput mortuum pour lester l'intestin.

Les Arabes placent le ventre parmi les quatre choses que le cheval
doit avoir longues (avec l'encolure, la croupe et les rayons supé-

Fig. 219. — *Ventre levrelté.*

rieurs des membres). En réalité ce n'est pas tant le ventre qu'ils
visent que le profil inférieur du corps compris entre les deux bipèdes.
Tout en restant courts du dos et du rein les chevaux de vitesse
ont en effet besoin d'un espacement convenable des deux bipèdes,
c'est-à-dire que leur *ligne de dessous* doit être longue avec une *ligne
de dessus* plutôt courte.

MALADIES ET TARES. — *a*) Signalons d'abord les *hernies*, consistant dans la sortie d'une anse intestinale, d'une portion d'épiploon
ou d'une partie d'un autre viscère, hors de la cavité abdominale,
dans une poche sous-cutanée en communication avec elle. On distingue sur le ventre : 1° la *hernie ombilicale, exomphale où ompha-
locèle*, déterminée par la persistance de l'ouverture ombilicale, à
l'intérieur de laquelle une portion d'intestin ou d'épiploon s'est
engagée de manière à refouler la peau et à former tumeur extérieure; cette hernie s'observe rarement chez les chevaux adultes
car on en guérit très bien les poulains; 2° la *hernie ventrale*, qui s'est
faite à travers une ouverture accidentelle, en un point quelconque
du ventre ayant reçu un violent choc; il ne faut pas confondre la
hernie ventrale avec l'éventration. Dans celle-ci la peau elle-même

a été rompue et le ventre ouvert de manière à laisser sortir l'intestin, particulièrement l'intestin grêle, toujours prêt à faire irruption au dehors; 3° la *hernie inguinale*, qui se produit chez le mâle par le passage d'une anse d'intestin dans la gaine vaginale du testicule nous en reparlerons plus loin.

Fig. 220. — *Vache bretonne* (Cliché Dechambre).

b) L'*œdème* consiste dans une infiltration séreuse non inflammatoire de la partie la plus déclive du ventre. Il est souvent le résultat d'un repos prolongé ou de l'approche du part dans la jument. On le rencontre aussi chez des sujets faibles et épuisés. On le distingue facilement de toute autre tumeur à ce qu'il conserve pendant un certain temps l'impression du doigt.

Différences. — Le ventre du mulet et de l'âne est naturellement peu volumineux; mais il grossit souvent chez ces animaux, chez l'âne surtout, parce qu'on leur fait consommer des aliments de qualité inférieure, contenant, sous un grand volume, peu de matériaux nutritifs.

Dans l'espèce bovine et dans les autres ruminants domestiques, le ventre est généralement volumineux (fig. 220), surtout chez la vache après plusieurs vêlages; il ne faut pas toutefois que, en dehors de la gestation, son volume dépasse certaine limite, car cela témoignerait d'une alimentation défectueuse. Les hernies ventrales ne sont pas rares, donnant passage à une portion plus ou moins considérable du rumen, ou de la matrice si l'on a affaire à une femelle pleine. Sur la partie inféro-latérale du ventre de la vache, se remarque un gros cordon flexueux, formé par la veine mammaire antérieure ou sous-cutanée abdominale, qui, du pis se dirige vers un orifice situé en arrière du sternum pour aller se réunir à la veine thoracique interne. Le volume de ce vaisseau ainsi que la grandeur de l'anneau qui lui livre passage dans le thorax (anneau connu sous le nom vulgaire de porte ou fontaine du lait) sont des indices que la bête est bonne laitière, car ils témoignent de la grande activité circulatoire des mamelles, évidemment en rapport avec leur activité sécrétoire.

Dans le chien, comme dans tous les carnivores, le ventre est peu volumineux en général; il est fortement retroussé dans les lévriers.

Flanc.

CONFIGURATION ET BASE ANATOMIQUE. — Le flanc répond à la portion de paroi abdominale qui s'étend entre la dernière côte et la hanche jusqu'au rein. Il a pour base principale la portion charnue du muscle petit oblique et offre à considérer trois parties plus ou moins distinctes suivant les sujets : 1º à la partie supérieure, le *creux*, dépression triangulaire au niveau de laquelle la paroi abdominale, très mince, est constituée surtout par le muscle transverse; 2º au-dessous du creux, la *corde*, relief cylindrique étendu obliquement de la hanche à la dernière côte et déterminé par la partie supérieure du petit oblique ployée sur elle-même; 3º le *fuyant* ou *partie fuyante*, s'inclinant en dedans et en bas pour se continuer insensiblement avec le ventre au niveau d'un pli de peau qu'il reçoit de la région rotulienne (*pli du grassel*).

Le creux est produit par la pression atmosphérique, il s'efface dès que l'air peut entrer dans la cavité abdominale, par exemple à la suite d'une ponction.

MOUVEMENTS. — Bien que faisant paroi à la cavité du ventre, le flanc exécute des mouvements respiratoires beaucoup plus faciles à observer que ceux du thorax et traduisant si bien l'état de la respiration qu'on le qualifie de « miroir de la poitrine».

Ces mouvements sont essentiellement la conséquence des oscillations du diaphragme : pendant l'inspiration, ce muscle se porte en arrière en refoulant les viscères digestifs, la cavité abdominale, relativement incompressible, prend en largeur ce qu'elle perd en longueur, et ainsi le fuyant du flanc se gonfle tandis que la corde s'efface; pendant l'expiration, au contraire, le diaphragme et la masse des viscères abdominaux revenant à leur position première, la partie fuyante du flanc se déprime et la corde se dessine, fort souvent aussi, à ce moment, l'hypocondre fait relief. Ces deux phénomènes successifs constituent un mouvement respiratoire; ils se répètent sans interruption environ dix fois par minute chez le cheval sain au repos, un peu moins souvent chez les gros chevaux que chez les petits, plus souvent chez les poulains que chez les chevaux faits. Les mouvements respiratoires s'exécutent automatiquement, sans que la volonté y participe, mais ils peuvent être modifiés par elle, et ainsi s'expliquent les grands mouvements qui, de temps en temps, les entrecoupent.

CONDITIONS DE BEAUTÉ. DÉFECTUOSITÉS. — Le flanc doit être : *court, arrondi de haut en bas et exécuter des mouvements lents et réguliers.*

a) La longueur se mesure d'avant en arrière, de la hanche à la dernière côte; elle est en rapport soit avec la longueur des lombes, soit avec le degré d'obliquité des côtes, soit enfin avec le degré d'inclinaison de la croupe; or nous avons établi précédemment que la brièveté du rein, la forte projection des côtes en arrière et la faible obliquité du coxal sont à rechercher; par conséquent, le flanc ne saurait être trop court.

b) Le flanc doit être arrondi de haut en bas, c'est-à-dire que son creux et sa corde doivent être peu apparents et sa partie fuyante se fondre avec le ventre et l'hypocondre.

Le flanc *creux* s'observe chez les chevaux mous, à ventre avalé, car alors les viscères digestifs tendent à quitter le plafond de la cavité abdominale pour peser sur sa paroi inférieure.

Le flanc *cordé* est en même temps *retroussé;* l'animal, étroit de boyaux, a les intestins délicats, hormis le cas où il a été soumis au régime spécial de l'entraînement aux courses.

Quand le flanc est à la fois creux, cordé et retroussé, on dit que l'animal est *efflanqué;* cela se remarque à la suite d'une grande fatigue, d'une longue maladie ou d'un extrême amaigrissement.

c) Le flanc doit exécuter des mouvements lents et réguliers, abstraction faite des mouvements volontaires qui les entrecoupent par intervalles.

La fréquence de la respiration varie suivant qu'on examine l'animal au repos ou après l'exercice. Au repos on compte normalement 9 à 10 mouvements respiratoires par minute chez l'adulte, 10 à 12 chez le poulain. Après l'exercice, ce nombre s'élève approximativement à 18 après cinq minutes de pas, à 52 après cinq minutes de trot, à 60 ou 70 après cinq minutes de galop (Laulanié); il arrive un moment où les mouvements du flanc sont si précipités qu'on a peine à les compter, et, chose curieuse, cette accélération, qui ne va pas sans une émotion correspondante du cœur, est plus grande immédiatement après l'exercice que pendant sa durée. Elle varie d'ailleurs pour le même travail suivant les individus : il en est qui « battent du flanc» très vite et mettent longtemps à reprendre, par le repos, le rythme normal de leur respiration, on dit qu'ils sont *souffleurs* ou *courts d'haleine;* d'autres, au contraire, ne s'essoufflent qu'après un travail intense et de longue durée, et retrouvent vite le calme du repos quand ce travail cesse, on dit qu'ils ont du

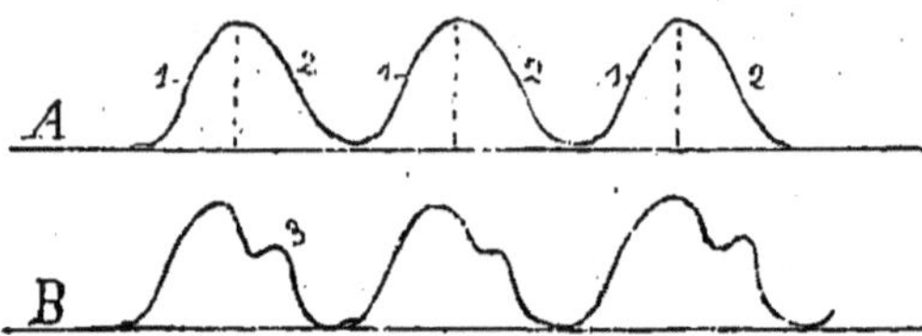

FIG. 221. — *Diagrammes de trois mouvements respiratoires automatiques.*

A, à l'état normal; B, dans le cas de pousse; 1, inspiration; 2, expiration;
3, soubresaut de la pousse.

fond. Ces différences tiennent non seulement au degré de développement de la poitrine, mais encore, toutes choses étant égales d'ailleurs, au degré d'entraînement; comme toutes les fonctions de l'économie, la respiration peut être considérablement fortifiée par une gymnastique méthodique.

La régularité des mouvements du flanc est traduite assez fidèlement par le diagramme de la figure 221, A, montrant que, dans chaque mouvement respiratoire, l'inspiration et l'expiration se font d'une manière progressive, sans arrêt ni ressaut, — celle-ci étant un peu plus longue que celle-là —, que les mouvements respiratoires sont égaux entre eux et se succèdent sans aucune pause, leur courbe est indiscontinue, nulle part interrompue par des lignes droites, abstraction faite, bien entendu, des pauses et des mouvements volontaires qui rompent par moments l'automatisme de la fonction.

Quand les mouvements du flanc deviennent irréguliers, c'est le plus souvent la conséquence d'une maladie des organes respiratoires. L'altération qu'il importe le plus d'envisager ici est celle produite par la *pousse,* sorte d'asthme chronique dû ordinairement à l'emphysème pulmonaire. Le cheval poussif exécute l'expiration, c'est-à-dire le mouvement de descente du flanc, en deux temps séparés par une pause ou par un léger rebondissement, ainsi que l'indique le diagramme 221, B; cette interruption du mouvement expiratoire, dite *soubresaut, coup de fouet, coup de vent,* s'exagère beaucoup après l'exercice; elle n'est toutefois un symptôme caractéristique de la pousse qu'autant que l'animal ne présente aucun signe de maladie aiguë. « Les chevaux poussifs, outre l'altération du flanc, sont souvent affectés d'une toux fréquente et sèche; quelquefois aussi, il s'écoule de leurs nascaux un mucus glaireux, limpide et peu abondant. Si la pousse est arrivée à un certain degré, les ailes des nascaux sont constamment écartées comme si l'animal venait de fournir une course rapide » (Lecoq).

L'emphysème pulmonaire se produit à la suite de violents et brusques efforts qui ont déchiré ou distendu les vésicules pulmonaires; aussi se rencontre-t-il plutôt chez les chevaux ardents et francs de collier que chez les rosses, souvent chez les vieux, rarement chez les jeunes. La loi du 2 août 1884 l'admet au nombre des vices rédhibitoires.

MÉTHODE D'EXAMEN DU FLANC. — Pour que les mouvements du flanc soient le miroir fidèle de la poitrine, il faut examiner l'animal à jeun, dans un état de calme et d'abandon qui laisse à la respiration tout son automatisme; il faut notamment éviter autant que possible les tracasseries des insectes. Le matin est le moment le plus favorable pour cet examen. On se place en avant, à environ un mètre de l'épaule, de manière à porter le regard obliquement sur la région, et l'on examine principalement la partie fuyante à son union avec l'hypocondre. On peut aussi se placer en arrière, en regard de la croupe, mais on risque de recevoir un coup de pied si l'animal est méchant. Il est bon d'examiner successivement les deux flancs, leurs mouvements n'étant pas toujours identiques à cause des viscères différents qui les avoisinent.

L'examen doit se faire d'abord au repos, puis après un certain temps d'exercice au trot. Il arrive en effet qu'une irrégularité imperceptible dans le premier cas devient manifeste dans le second. Pour être plus certains que l'attention de l'animal est complètement détournée de tout objet qui pourrait l'inquiéter, certains vétérinaires lui font donner un peu d'avoine et l'observent pendant qu'il mange; cette manière de faire n'est pas à recommander car il est démontré en physiologie que la déglutition se fait avec le concours du diaphragme et peut, de ce chef, troubler quelque peu les mouvements respiratoires.

Maladies et tares. — Le flanc peut être le siège de cicatrices consécutives à des blessures produites par l'anneau de l'avaloire. Il peut aussi présenter une hernie à la suite d'un coup ayant rompu la paroi abdominale sous la peau.

Différences. — Le flanc du bœuf est long, comme ses reins, et toujours un peu creux lorsque l'animal n'est pas engraissé. Le gauche est souvent rempli par la saillie que forme le rumen; c'est lui qui est le plus soulevé et que l'on ponctionne dans le cas de météorisation. On recherche chez les bovins des flancs bien arrondis, peu déprimés, et se rattachant aux cuisses sans brusque transition. « On peut, dans la vache, lorsque la gestation est à mi-terme environ, reconnaître la présence du veau par la compression du flanc droit : on applique le poing graduellement sur sa partie inférieure de manière à repousser l'utérus, puis on le retire brusquement et on le réapplique aussitôt, le fœtus, s'il est assez volumineux, vient le heurter en reprenant sa position » (Lecoq).

Anus.

L'anus, situé sous la queue, est un orifice fermé comme l'entrée d'une bourse à coulant, circonscrit par un bourrelet froncé constitué par son sphincter rouge. Il ne s'entr'ouvre que pour l'évacuation des gaz ou des excréments.

On trouve, dans cette région, une peau fine, onctueuse, dépourvue de poils et noire (à moins qu'il n'y ait du ladre), en dessous de laquelle existent deux sphincters, l'un rouge, l'autre blanc. La muqueuse, lâche et plissée, fait procidence dans les efforts de défécation.

L'anus est fixé à la base de la queue par un prolongement de la couche charnue du rectum, qui s'étend en une pointe triangulaire sous les premières vertèbres coccygiennes, entre les deux muscles sacro-coccygiens inférieurs. Il est en outre fixé au sacrum par son sphincter interne formant un anneau suspenseur qui se projette inférieurement en un double cordon sur la verge ou sur la vulve. Malgré cela, l'anus se laisse refouler en arrière pendant la défécation et, d'une manière générale, dans tous les grands mouvements inspiratoires; aussi existe-t-il un muscle spécial, l'ischio-anal, pour le ramener à sa position normale.

Conditions de beauté. Défectuosités.—L'anus doit former une saillie arrondie et ferme indiquant la tonicité de son sphincter rouge; on le dit alors *bien marronné*. S'il était flasque et béant, s'il oscillait constamment, ce serait l'indice d'un défaut d'énergie

ou d'une vieillesse avancée, l'animal ne pourrait retenir, surtout
pendant la marche, ses excréments et les gaz qui les accompagnent,
il évacuerait des crottins mal formés renfermant des particules non
digérées; il serait en un mot *vidard*. « Méfie-toi, disent les Arabes
du cheval dont l'anus est béant ou venteux, ou dont les crottins ne
sont pas égaux ».

MALADIES ET TARES. — Le cheval poussif est très sujet aux
flatuosités, c'est-à-dire à l'expulsion bruyante de gaz par l'anus,
notamment aux moments des efforts de toux; c'est ce qui avait fait
imaginer à certains empiriques d'autrefois la curieuse opération
dite du « rossignol » consistant à pratiquer une fistule à l'anus, par
laquelle ils prétendaient « débarrasser le cheval de la grande quantité d'air qu'il avait dans le corps »!

A la suite du niquetage, on peut voir se produire sur la marge de
l'anus une fistule purulente souvent difficile à oblitérer.

Nous avons dit que, chez les chevaux de robe claire, l'anus est un
siège de prédilection pour les mélanoses, qui peuvent s'y accumuler
au point de gêner ou même d'empêcher la défécation.

Signalons enfin que, pendant l'été, on voit souvent se cramponner
à l'anus des mouches plates ou mouches-araignées, appelées hippo-
bosques, qui tourmentent les animaux jusqu'à les mettre en fureur.
Lorsqu'il y a des oxyures dans le rectum, il n'est pas rare de rencontrer quelques-uns de ces petits vers sur la marge de l'anus.

Différences. — Dans le bœuf, l'anus n'est pas saillant, ni bordé du
bourrelet qu'on observe dans le cheval. Il s'enfonce beaucoup chez les
vieux animaux.

L'anus du chien, au lieu de devenir rentrant comme celui du bœuf ou des
solipèdes, est au contraire d'autant plus saillant que l'animal est plus vieux.

Périnée et raphé.

A. Le périnée s'étend entre les deux cuisses, depuis l'anus jusqu'à la région génitale, c'est-à-dire, chez le mâle, de l'anus aux
testicules, chez la femelle, de l'anus à la vulve. Anatomiquement
parlant, le périnée de celle-ci n'est donc que la mince cloison inter-
posée entre ces deux orifices; mais, par extension, on donne également ce nom à l'espace compris entre la vulve et les mamelles.
Dans les deux sexes, la peau du périnée est très fine, non adhérente,
couverte de menus poils et noire ou marbrée de ladre. Chez le mâle,
elle recouvre la portion fixe de la verge, et l'on y voit le flot de

l'urine pendant les fortes mictions; une cicatrice en ce point doit
faire craindre que l'animal n'ait été opéré de l'urétrotomie ou n'ait
eu quelque blessure capable de produire un rétrécissement de
l'urètre.

B. Le raphé n'est autre chose qu'une petite ligne saillante,
sorte de couture médiane, que présente le périnée, et qui, dans le
mâle, se prolonge parfois jusqu'au fourreau en passant entre les
deux testicules.

RÉGIONS GÉNITALES

La région génitale du mâle comprend : la masse testiculaire,
c'est-à-dire les testicules et leurs enveloppes, la verge et son fourreau.

La région génitale de la femelle est formée de la vulve et des
mamelles.

Testicules.

A l'extérieur, les testicules forment, au-dessous des anneaux
inguinaux inférieurs, une masse arrondie, bilobée, constituée :
1º par les deux glandes spermatiques et leurs cordons suspenseurs
(canaux déférents et vaisseaux); 2º par les enveloppes de ces organes
communément appelées *bourses* (fig. 222).

L'enveloppe externe ou *scrotum* n'est autre chose que la peau,
qui, à cet endroit, est noire, très fine, onctueuse et à peu près
glabre. L'enveloppe interne ou gaine vaginale est une évagination
du péritoine à travers le canal inguinal, formant à chaque testicule
une poche séreuse en communication avec la cavité abdominale
au niveau de l'anneau inguinal supérieur. Entre la peau et la séreuse
s'interposent la tunique fibreuse, le crémaster et le dartos. Le
scrotum est la seule enveloppe commune aux deux testicules;
encore offre-t-il un sillon médian répondant à l'intervalle de ces
organes, les autres sont doubles. La verge passe entre les deux sacs
dartoïques.

Les testicules ne sont ni également pendants, ni placés exactement l'un en face de l'autre; le gauche est généralement plus
inférieur et plus postérieur que le droit, disposition au moyen de
laquelle se trouvent évitées leurs compressions réciproques lors
des mouvements d'adduction des membres postérieurs.

Ces glandes se développent à la région sous-lombaire, comme les
ovaires de la femelle; la migration curieuse en vertu de laquelle

elles viennent se loger dans les bourses est connue sous le nom de
« descente testiculaire»; nous renvoyons pour l'étude détaillée de
cette migration au mémoire que nous avons publié en 1901 dans le
Journal de médecine vétérinaire et de zootechnie; qu'il nous suffise
ici de dire que cette descente commence à s'effectuer dans les
derniers mois de la vie intra-utérine, mais ne s'achève que longtemps

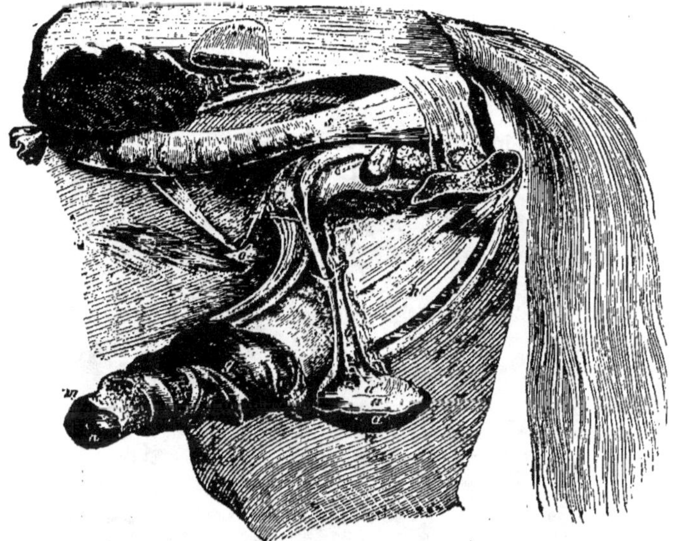

Fig. 222. — *Organes génitaux d'un cheval, vus en place, l'abdomen et le bassin étant
ouverts du côté gauche.*

a, peau; *a'*, scrotum; *a''*, dartos; *a'''*, tunique fibreuse; *b*, crémaster; *c*, canal déférent à la sortie,
de la gaine vaginale; *c'*, son renflement pelvien; *d*, vésicule séminale gauche; *e*, prostate
f, glande de Cowpev du côté gauche; *g*, prépuce ou fourreau (plissé); *h*, corps caverneux de la
verge, *i*, muscles blancs suspenseurs et rétracteurs de la verge; *k*, muscle bulbo-caverneux;
couvrant le canal de l'urètre; *l*, muscle ischio-caverneux, couvrant la racine gauche de la verge;
m, gland; *n*, terminaison de l'urètre; *o*, anneau vaginal du côté droit, dans lequel entrent les
vaisseaux et les nerfs du testicule enveloppés par le repli (*p*) du péritoine, et dont sort le canal
spermatique *q*; *r*, vessie; *s*, rectum. (D'après Leyh).

après la naissance. Chez le nouveau-né, on sent déjà les testicules
dans l'aine; il serait facile d'opérer la castration. Quelques semaines
après, ils remontent apparemment dans les canaux inguinaux pour
ne parachever leur descente que vers la fin de la première année,
souvent même beaucoup plus tard; jusqu'à trois ans, il ne faut pas
désespérer de les voir arriver dans les bourses. Dans cette migration,
il n'est pas rare que l'un des organes soit en retard sur l'autre de
deux ou trois mois; il peut même ne pas descendre du tout ou s'arrêter définitivement dans le canal inguinal, en sorte que l'animal

paraît n'avoir qu'un testicule, on dit improprement qu'il est *monor-chide*. Si les deux testicules ne subissent pas leur migration normale, l'animal est qualifié de *cryptorchide* (de χρύπτειν, cacher, et ὄρχις, testicule); on le distingue du cheval châtré à l'absence de cordon à l'intérieur des bourses et de cicatrice déprimée à leur surface: La monorchidie, telle qu'on la comprend communément, n'est en réalité que de la cryptorchidie unilatérale.

Qu'elle soit simple ou double, la cryptorchidie peut être *abdominale* ou *inguinale*, abdominale quand le testicule est resté dans le ventre, inguinal quand il s'est arrêté dans le canal de ce nom.

Le cheval atteint de cryptorchidie abdominale double (vulgaire-

Fig. 223. — *Étalon boulonnais* (Cliché Dechambre).

(Pour montrer la prépondérance du train antérieur chez les chevaux entiers).

ment cheval pif, cheval vert), est infécond, quoique très porté à l'acte de la génération; il est méchant et d'une utilisation dangereuse. La castration peut réformer son caractère, mais elle n'est pas sans difficulté ni sans danger à cause de la situation profonde des testicules.

CONDITIONS DE BEAUTÉ. DÉFECTUOSITÉS. — Les testicules doivent être : *volumineux, fermes, moyennement pendants, mobiles dans leurs enveloppes, qui doivent être minces, souples et luisantes.* Dans ces conditions, l'animal est non seulement apte à la reproduction, mais encore il a des chances d'être doué d'une grande vigueur générale.

Le cheval dont les testicules sont atrophiés, mous, met aussi

peu d'ardeur au travail que dans l'acte procréateur. Celui qui les
a trop pendants dénote aussi une certaine faiblesse. Celui qui les
présente constamment rétractés vers les anneaux inguinaux souffre
des viscères abdominaux. Cette rétraction ne doit pas être confondue
avec celle opérée par le froid, qui ride en même temps les bourses :
la première résulte du raccourcissement du cordon testiculaire, la
deuxième, de la contraction du dartos.

A l'état normal, les testicules fuient sous la pression de la main,
et, dans l'opération de la castration, ce n'est pas sans peine qu'on
arrive à les maintenir au fond des bourses. Le muscle crémaster
produit ces mouvements de brusque ascension, auxquels on peut
mettre fin en piquant la lèvre supérieure de l'animal ou en y appliquant un tord-nez.

Si les testicules étaient adhérents à leurs enveloppes, cela témoignerait d'une inflammation antérieure des gaines vaginales et peut-
être d'une altération de leur propre substance.

Castration ou émasculation. — Le cheval *hongre* est celui
qui a été châtré. Le cheval *entier* est possesseur de ses deux testicules; s'il est employé à la reproduction, on le qualifie d'*étalon*.
La castration a pour but de rendre le cheval plus docile et plus
maniable en supprimant ses ardeurs génésiques; mais elle ne laisse
pas que de porter atteinte à sa force et à sa vigueur. On la pratique
généralement à l'âge de deux à trois ans par le procédé des casseaux, consistant à découvrir le cordon testiculaire, nu ou recouvert
de la fibreuse et du crémaster, et à le comprimer jusqu'à écrasement
entre deux morceaux de bois, appelés casseaux, représentant les
moitiés d'un cylindre. On excise le testicule immédiatement ou
quelques jours après, quand on enlève les casseaux, et il reste
deux plaies qui mettent quinze à vingt jours à se cicatriser, beaucoup moins si l'opération a été faite aseptiquement.

L'animal châtré jeune tend à prendre les particularités de conformation qui distinguent la jument, c'est-à-dire que les parties
antérieures du corps s'allégissent, tandis que les postérieures prennent un développement plus considérable. Il est exceptionnel chez
les Solipèdes que le développement des canines soit influencé par
la castration (Fig. 223).

Maladies et tares. — Après la castration, l'extrémité tronquée
du cordon testiculaire peut végéter et donner naissance à une
tumeur appelée *champignon*, qui se développe soit hors des bourses
(champignon extrascrotal), soit à l'intérieur, en remontant dans
le trajet inguinal (champignon intrascrotal ou intra-inguinal). Ce

dernier s'accuse par une fistule plus ou moins profonde, donnant un pus abondant qui salit la face interne des cuisses.

Le *sarcocèle* est une tumeur du testicule qui en augmente le volume en le déformant. Il gêne la marche et détermine des tiraillements douloureux du cordon.

L'*hydrocèle* ou hydropisie de la gaine vaginale coexiste généralement avec l'ascite ou hydropisie du ventre, en raison de la communication entre ces deux cavités. Les bourses sont alors tendues, luisantes et fluctuantes au toucher.

La *hernie inguinale* est due, nous l'avons déjà dit, au passage d'une anse d'intestin grêle ou de côlon flottant dans la gaine vaginale, dont l'ouverture supérieure a été forcée. Elle se produit le plus souvent pendant un violent effort, car alors l'intestin, fortement comprimé, tend à s'engager dans tous les orifices que lui offre la surface interne de l'abdomen. L'anse herniée occasionne un gonflement des bourses plus ou moins considérable suivant la quantité d'aliments qu'elle renferme. Si ceux-ci s'y accumulent jusqu'à engorgement, la hernie s'étrangle et l'animal meurt dans des coliques intenses, à moins que, d'urgence, on y porte remède. La hernie inguinale est d'autant plus sujette à l'étranglement que l'anneau vaginal est plus étroit. Lorsque cet orifice est très dilaté, la hernie peut se réduire spontanément et se reformer dans un effort subséquent : c'est alors la *hernie inguinale intermittente*.

L'*orchite* ou inflammation du testicule survient ordinairement à la suite de traumatismes quand elle n'est pas une manifestation de la morve. Elle occasionne une vive douleur et entraîne la perte fonctionnelle de l'organe.

Différences. — Dans le mulet et surtout dans l'âne, les testicules sont très volumineux.

Dans le taureau, ils sont oblongs, piriformes et pendants. La région des bourses, chez le bœuf, varie suivant l'époque de la castration et le mode opératoire mis en usage. Si l'animal a été bistourné, on retrouve les testicules atrophiés. En général le bœuf s'engraisse d'autant plus facilement qu'il a été châtré plus jeune et par ablation complète des testicules; la région des bourses est un des points de maniement que les bouchers consultent pour s'assurer du degré de graisse de l'animal. On trouve en avant quatre petits mamelons qui sont les représentants du pis de la vache.

Dans le bouc et le bélier, les testicules ressemblent beaucoup à ceux du taureau, seulement ils sont séparés inférieurement, dans le bouc surtout, par un sillon assez profond, et ils ne portent que deux mamelons au lieu de quatre. Le scrotum du bélier présente souvent à sa partie inférieure un bouquet de laine qu'il n'est pas rare de voir s'étendre sur le périnée.

Les testicules du porc, de forme sphéroïde, sont situés presque immédiatement en dessous de l'anus et peu pendants.

Les testicules du chien, assez semblables à ceux du porc pour la forme et la situation, deviennent un peu pendants pendant la vieillesse. Ils sont assez sujets au sarcocèle et à une dartre rongeante qui perfore quelquefois le scrotum.

Verge et fourreau (fig. 222).

La verge, pénis ou membre, est l'organe copulateur du mâle; c'est une tige érectile prenant naissance à l'arcade ischiale par deux racines et se terminant vers l'ombilic par un renflement appelé gland. Elle est constituée par le corps caverneux et la portion extra-pelvienne de l'urètre; celui-ci après avoir longé le bord inférieur de celui-là, excavé à cet effet, se termine en bas du gland par un petit appendice appelé tube urétral, à la base duquel on remarque le sinus urétral. La verge devient libre au-devant des testicules, au centre d'un pli de peau qu'on appelle le fourreau et qui équivaut au prépuce de l'homme; là elle est revêtue d'un tégument lisse, onctueux, très sensible, de couleur variable, mais le plus souvent noirâtre ou marbré, lubrifié intérieurement par une abondante matière sébacée gris noirâtre (smegma préputial) qu'on appelle très vulgairement le cambouis. Le fourreau est accolé au ventre; il se constitue par une invagination de la peau qui s'efface entièrement au moment de l'érection de la verge, celle-ci s'allongeant alors beaucoup sous le ventre.

Il est à remarquer que l'érection du gland est indépendante de celle du restant de la verge et toujours plus tardive; lorsqu'elle se produit, ce renflement affecte la forme d'une pomme d'arrosoir avec un rebord très saillant appelé couronne du gland.

CONDITIONS DE BEAUTÉ. DÉFECTUOSITÉS.—La verge doit être : *plutôt petite que grosse, paraître à l'entrée du fourreau et n'en sortir qu'au moment de la miction ou de l'érection. Le fourreau doit être ferme et suffisamment ample, sans être trop volumineux.*

Quelquefois la verge, frappée d'une espèce de paralysie, pend hors du fourreau et ballotte pendant la marche, ce qui est très désagréable à l'œil et gênant pour le cheval. La verge pendante indique ordinairement un étalon surmené ou un vieux cheval épuisé. Quand, au contraire, la verge reste constamment dans le fourreau, même au moment de l'émission des urines, on dit que l'animal

« pisse dans son fourreau »; l'urine y entrant en fermentation détermine un gonflement inflammatoire qui rétrécit l'entrée de la cavité
et détermine du *phimosis*. Beaucoup de chevaux hongres pissent
dans leur fourreau, par suite de la rétraction que la verge a éprouvée
à la longue sous l'influence du défaut d'érection.

Quelquefois, notamment chez les chevaux à ventre levretté,
le fourreau est trop étroit; alors les mouvements de la verge sont
gênés, les glandes sébacées, irritées, sécrètent un smegma sura-
bondant susceptible de se concréter, notamment dans le sinus
urétral, et de contrarier la miction. Il peut aussi arriver que la verge
sortie soit bridée en arrière du gland et ne puisse rentrer dans sa
gaine cutanée; c'est le *paraphimosis*.

D'autres fois, au contraire, notamment chez les chevaux lymphatiques, à ventre avalé, le fourreau est trop volumineux, flasque;
pendant la marche, il va et vient sur la verge et occasionne un bruit
particulier résultant d'un appel d'air dans sa cavité; c'est ce que
l'on appelle le *bruit de grenouille*.

MALADIES ET TARES.—La verge peut être le siège de verrues
donnant lieu à une suppuration de mauvaise odeur, d'ulcères qui
doivent faire craindre la maladie du coït ou dourine.

Le fourreau peut être le siège d'un œdème, de tumeurs mélaniques, de verrues, d'ulcérations, etc.

Différences. — « L'âne et le mulet portent souvent au fourreau des
fics ou poireaux plus ou moins volumineux, qui se reproduisent presque
toujours après l'amputation et même après la cautérisation. On retrouve
aussi ces productions sur beaucoup d'autres régions de ces animaux. »
(Lecoq).

La verge du bœuf, grêle, longue et peu extensible, décrit dans la région
du périnée un double coude (S pénien), où s'arrêtent souvent des calculs
urinaires. Son fourreau est peu saillant sous le ventre, mais très allongé;
il se termine par un petit prolongement obtus, à ouverture étroite, que la
verge ne franchit que dans l'état d'érection, prolongement garni d'un bouquet de poils longs et rudes, particulièrement développé dans le taureau.
Quatre muscles peaussiers, deux protracteurs et deux rétracteurs, sont
disposés pour mouvoir cette gaine tégumentaire, qui est revêtue intérieurement d'une véritable muqueuse. Lorsque le fourreau s'engorge et
s'ulcère, il en résulte une rétention d'urine qui fait souffrir et maigrir l'animal, à laquelle on porte remède en débridant largement son ouverture.

Dans le bélier et le bouc, la verge, disposée d'une manière générale
comme celle du bœuf, se termine par un appendice vermiforme de plusieurs centimètres à l'extrémité duquel débouche l'urètre. Dans le cas
d'obstruction du fourreau et de rétention d'urine, les bergers incisent par-

fois cette enveloppe et en retirent la verge qui reste ensuite au dehors.

Chez le porc, la verge est longue, grêle et pointue, doublement coudée à sa base, légèrement contournée en tire-bouchon à son extrémité. Le fourreau offre à son entrée un diverticule glandulaire spécial, connu sous le nom de *bourse de Lacauchie*.

Chez le chien, la partie libre de la verge a pour base un os particulier faisant suite au corps caverneux et portant deux renflements érectiles qui se gonflent beaucoup au moment du coït et en prolongent la durée. « Elle présente souvent, ainsi que son fourreau, des végétations morbides provoquant un écoulement purulent ou sanguinolent, contagieux; une opération chirurgicale devient nécessaire dans ce cas » (Lecoq).

Chez le chat, la verge est courte, dirigée en arrière à l'état de repos, en avant pendant l'érection. Sa partie libre, soutenue par un os pénien comme dans le chien, est hérissée de petites papilles cornées dirigées vers sa base et susceptibles de se redresser pendant l'érection.

Vulve.

La vulve ou *sinus uro-génital* est le vestibule des voies génitales de la femelle en même temps que l'embouchure des voies urinaires. Elle s'ouvre au dehors par une fente située sous l'anus, à laquelle on distingue deux lèvres et deux commissures.

Les lèvres sont arrondies, ridées transversalement, tapissées en dedans par la muqueuse, en dehors par une peau fine, semblable à celle de l'anus; elles doivent fermer exactement l'orifice qu'elles entourent. Des plis à leur côté externe indiquent que la jument a pouliné; leur nombre et leur étendue augmentent avec les parturitions.

La commissure supérieure est aiguë, séparée de l'anus par un petit intervalle correspondant au périnée anatomique. L'inférieure est arrondie et laisse voir, quand la vulve est entr'ouverte un corps érectile, fixé à l'arcade ischiale, sorte de verge en miniature qu'on appelle *clitoris*. Quand la jument est en chaleur, elle entr'ouvre fréquemment la vulve et découvre une muqueuse congestionnée avec un clitoris turgide; elle est alors irritable et chatouilleuse, se campe fréquemment pour évacuer de petits jets d'urine. Certaines juments sont constamment dans cet état; on les dit « pisseuses».

La vulve doit être *nette*, c'est-à-dire exempte de tares ou maladies. Si elle présentait des verrues, il y aurait lieu de rejeter la jument de la reproduction, car ces tumeurs sont transmissibles à l'étalon et passent pour héréditaires. S'il y avait des ulcérations, il faudrait s'assurer que ce n'est pas un symptôme de la dourine ou maladie du coït. Une éruption en cet endroit peut aussi être un symptôme de horse-pox ou vaccine du cheval. La vulve est parfois déchirée, surtout à la commissure supérieure, au moment de l'accouchement, ou du coït; il peut même arriver que l'étalon fasse erreur de lieu et engage sa verge dans l'anus au risque de déchirer le rectum, ce qui est un accident mortel.

Différences. — Dans la vache, les lèvres de la vulve sont plus flasques que dans la jument; la commissure inférieure forme une espèce de bec garni d'un pinceau de poils; le clitoris, très petit, est dissimulé au fond d'une sorte de fourreau. Des traces de suture à la vulve doivent mettre en garde contre la chute du vagin.

« La vulve de la chienne a une forme triangulaire. Elle présente souvent un écoulement morbide ou un grand développement occasionnés soit par des condylomes ou végétations polypeuses dont la cure radicale est difficile à obtenir, soit par des tumeurs de nature squirrheuse, arrondies, qui se développent dans ses parois » (Lecoq).

Mamelles.

Les mamelles de la jument occupent la place des testicules; elles sont donc inguinales. Elles forment deux saillies à peine marquées chez la jument qui n'a pas encore pouliné, lesquelles augmentent considérablement de volume au moment du part et pendant la lactation. Elles figurent alors deux éminences hémisphériques, séparées par un sillon et terminées chacune par un mamelon, trayon ou tétine percée de deux petits orifices. Ces glandes sont recouvertes d'une peau participant des caractères de celle de toute la région génito-anale.

Il faut s'assurer qu'elles ne sont le siège d'aucune induration ou tuméfaction anormale, glandulaire ou ganglionnaire. Leur richesse en lymphatiques fait que, lorsque le farcin se développe, elles en sont fréquemment atteintes.

Différences. — Dans les ruminants la masse mammaire a reçu le nom de *pis*. Elle comprend, chez la vache, quatre mamelles ou quartiers, deux de chaque côté, situées dans la même région que celles de la jument, et susceptibles d'acquérir un énorme volume, surtout dans les bonnes laitières qui ont plusieurs fois vêlé (fig. 224). Chaque mamelle porte un long et volumineux trayon, percé d'un unique orifice à son sommet. Il est très commun de rencontrer une ou plusieurs mamelles surnuméraires en arrière des normales, à l'état de trayons rudimentaires et imperforés, ou

d'organes bien développés, susceptibles d'entrer en fonction. Sanson a
signalé une vache de l'école de Grignon qui avait sept tétines donnant
toutes du lait. Nous en avons vu nous-même qui en possédaient six, régulièrement alignées en deux séries, et, chez l'une d'elles, il existait en plus
un septième trayon, rudimentaire, situé postérieurement. Cette hyper-
genèse glandulaire est considérée comme un bon signe au point de vue de la
faculté laitière, même quand les glandes surnuméraires ne sont pas susceptibles d'entrer en fonction. On recherche aussi le grand volume du pis,
mais à la condition qu'il soit dû au tissu glandulaire même; s'il tenait,
seulement à l'abondance du stroma conjonctivo-adipeux, le pis manque-

Fig. 224. — *La vache laitière aux 40 litres de lait, par Rosa Bonheur.*

(On recherche aujourd'hui des laitières plus développées de poitrine et de muscles).

rait de dureté, il serait *charnu*. Pour augmenter le volume et la tension des
mamelles et donner ainsi une meilleure apparence laitière, les marchands
ont le soin d'exposer les vaches en vente longtemps après la traite, ruse
dont on s'aperçoit facilement à l'inquiétude et au piétinement de la bête,
à la douleur qu'elle éprouve lorsqu'on lui presse le pis, et souvent au lait
qui s'échappe de lui-même des trayons.

La forme du pis n'est pas indifférente; on préfère celui qui s'étend
beaucoup sous le ventre (fig. 224) à celui qui est trop pendant (fig. 225).

Enfin, on tient aussi un certain compte de l'*écusson, gravure ou miroir du
lait*, espace circonscrit par une ligne nodale de poils sur la face postérieure
du pis : la vache est d'autant meilleure laitière que son écusson est plus
étendu et plus régulier, qu'il est formé du poil le plus fin et d'une peau
mince, souple, onctueuse et jaunâtre, dont se détachent des pellicules
semblables à du son. Si, au contraire, son écusson est petit, irrégulier, couvert d'un poil clair et grossier, elle doit être tenue pour mauvaise laitière.

L'écusson s'aperçoit déjà dans les veaux des deux sexes : aussi y a-t-il lieu de le prendre en sérieuse considération lorsqu'on fait choix des jeunes destinés à la reproduction, mâles ou femelles. C'est à François Guénon, agriculteur de Libourne, que l'on doit la connaissance de cet indice, que nous ne faisons que mentionner ici, car il sera étudié en détail à propos du choix des vaches laitières. (Guénon, *Traité des vaches laitières et de l'espèce bovine en général*, 1851).

Le pis de la vache présente souvent des verrues, peu volumineuses, qui ne deviennent incommodes que par leur grand nombre. Les crevasses ont beaucoup plus d'inconvénients, surtout lorsqu'elles sont profondes, la douleur qu'elles occasionnent rendant la vache difficile à traire. Quelquefois, par suite d'une inflammation antérieure, un quartier du pis s'est atrophié ou induré et est devenu impropre à la sécrétion.

Les mamelles de la brebis et de la chèvre, au nombre de deux seulement, forment un pis volumineux et pendant. Il n'est pas rare de rencontrer des mamelles

Fig. 225. — *Vache vue de profil.*
Pis insuffisamment développé sous le ventre.

surnuméraires plus ou moins développées, pouvant même donner du lait; mais, contrairement à ce que l'on observe chez la vache, elles sont situées en avant des normales. Le pis de la chèvre est en général plus pendant que celui de la brebis et ses tétines plus grosses; celui de la brebis est plus arrondi et ses trayons plus reportés en avant. L'un et l'autre sont exposés à l'induration comme celui de la vache.

Dans la truie on trouve deux rangées de cinq, six ou même sept mamelles, s'étendant, de chaque côté, depuis le pli de l'aine jusque sous la poitrine. Il n'est pas rare de trouver une mamelle de plus d'un côté que de l'autre, par exemple cinq-six ou six-sept. Les antérieures sont ordinairement plus développées que les postérieures, ce qui est précisément le contraire de ce que l'on observe chez la chienne. Chaque tétine est percée de plusieurs orifices à l'extrémité.

Les mamelles de la chienne sont disposées comme celles de la truie; on en compte généralement cinq paires, rarement quatre, les inguinales sont les plus développées. Les tétines sont percées chacune de cinq à huit orifices. Avant que les mamelles soient entrées en fonction, celles-ci sont courtes et comme enfoncées dans une invagination cutanée, tandis qu'elles sont longues et étirées chez les chiennes qui ont déjà nourri. Pareils faits s'observent aussi chez la truie. Les mamelles de la chienne sont très sujettes à l'induration squirrheuse; elles sont alors susceptibles d'atteindre un volume considérable qui rend nécessaire leur extirpation.

Signalons enfin que les mamelles existent aussi chez les mâles, en même nombre et à la même place que dans les femelles de la même espèce, mais rudimentaires. Ce n'est que dans des cas tout à fait exceptionnels et anormaux qu'on les voit entrer en fonction.

Dans l'espèce du cheval, ces rudiments mammaires, distincts chez le fœtus, ne persistent que chez quelques rares individus où on les voit sur le fourreau vers son entrée; tandis que chez l'âne et le mulet, ils forment à cet endroit deux mamelons très apparents. Ils existent en avant du scrotum chez les Ruminants, ainsi que nous avons déjà eu lieu de le dire. Enfin les deux rangées en sont très visibles sous le ventre du porc, du chien et du chat.

<h3 style="text-align:center">SECTION II. — MEMBRES</h3>

<h4 style="text-align:center">ARTICLE Iᵉʳ. — CONSIDÉRATIONS GÉNÉRALES</h4>

Les membres sont des colonnes de support et de transport. Les antérieurs, plus voisins de la ligne de gravitation, sont surtout sustentateurs; les postérieurs, surtout propulseurs. Tout dans leur structure indique cette adaptation différente; en effet, les premiers, moins brisés que les seconds, sont à peu près droits et verticaux depuis l'articulation du coude jusqu'à celle du boulet, et, pour maintenir l'obliquité des rayons restants, les muscles sont puissamment aidés par certaines brides fibreuses agissant d'une manière passive et conséquemment sans fatigue, telles que la bride que le biceps brachial envoie à l'extenseur antérieur du métacarpe, celles qui renforcent les tendons perforant et perforé, enfin le ligament suspenseur du boulet. Au contraire, le membre postérieur ne présente pas deux rayons sur le prolongement l'un de l'autre; ses angles articulaires, alternativement ouverts en avant et en arrière, peuvent être modifiés dans leur degré par des muscles volumineux, amoncelés aux régions supérieures, et dont l'action se répercute jusqu'à l'extrémité digitée; c'est un puissant ressort arc-bouté sous la partie postérieure du corps et communiquant à celui-ci l'effet de sa détente. Il est le principal agent de l'impulsion mais le membre antérieur y participe aussi de même que le postérieur participe à la sustentation; la spécialisation des membres n'est pas exclusive.

L'analyse cinématique du jeu des membres dans la locomotion a été déjà faite pages 195 et suivantes. Nous avons vu que chacun d'eux, alternativement à l'appui et au soutien, passe dans l'une et l'autre de ces phases par les deux états de flexion et d'extension (fig. 226).

a) **Au premier temps de l'appui, le membre fléchit passivement**

sous le poids du corps, d'autant plus que celui-ci est animé d'une
plus grande quantité de mouvement, de manière à amortir les
réactions. Ensuite il s'allonge par redressement de ses divers rayons
pour donner l'impulsion; à ce moment, tous les muscles susceptibles
de l'allonger agissent avec une remarquable synergie : par exemple,
au membre antérieur, l'extension de l'avant-bras, opérée par la
masse puissante des olécraniens, entraîne le redressement de
l'épaule ou au moins sa fixation en extension, attendu que le biceps
brachial, rendu inextensible par ses nombreuses intersections
fibreuses, ne peut être déplacé à son extrémité inférieure sans que
l'extrémité opposée exerce une traction sur l'angle glénoïdien du
scapulum; toute la force développée par les extenseurs de l'avant-
bras se répercute ainsi sur cet angle, et c'est pourquoi le tendon du
biceps est si volumineux, si consistant; il agit sur sa coulisse à la
façon d'une rotule. L'extension de l'avant-bras, pendant l'appui,
entraîne aussi celle du canon et peut prévenir les chutes sur le
devant. D'autre part les fléchisseurs des phalanges interviennent
simultanément pour élever le rayon digité. Rappelons enfin que le
pectoral ascendant et le pectoral scapulaire contribuent puissamment au redressement de l'épaule et du bras. Ainsi, tous les rayons
du membre s'étendent à la fois pour transmettre au tronc un seul
et même effort propulseur. — Au membre postérieur, l'extension
propulsive se fait avec non moins de synergie : la cuisse et la
jambe, bandées par les muscles rotuliens, se redressent l'une sur
l'autre par l'action combinée du fessier moyen et des ischio-tibiaux,
à la manière d'un arc qui prendrait appui sur les assises tarsiennes
et se détendrait contre la cavité cotyloïde du coxal. Et cette détente
est accrue par l'extension du métatarse et le redressement du rayon
digité sous l'influence du gastro-cnémien et des fléchisseurs des
phalanges. Le jarret est alors particulièrement exposé au surmenage,
non pas tant par la part qu'il prend à l'impulsion que par les pressions auxquelles il se trouve soumis comme point d'appui de l'arc
fémoro-tibial.

b) Durant le soutien, la fonction des membres est incomparablement moins fatigante; ils se raccourcissent d'abord, de manière
à s'éloigner du sol, puis ils s'allongent pour embrasser le terrain,
et l'on observe encore une étroite solidarité dans le jeu de leurs
différents rayons; par exemple, la flexion de l'angle fémoro-tibial,
ordinairement simultanée avec celle de l'angle coxo-fémoral,
entraîne passivement celle du jarret et celle du boulet, la première
par l'intermédiaire de la corde fémoro-métatarsienne, la seconde

par les tractions du tendon perforant glissant alors de bas en haut
dans la gaine tarsienne. De même l'extension de l'angle fémoro-
tibial qui s'opère en même temps que celle de l'angle coxo-fémoral
se communique à l'angle du jarret par le perforé, presque réduit à
l'état fibreux.

Cette synergie d'extension et de flexion des membres est une
des particularités les plus remarquables de la locomotion chez les
Solipèdes.

ARC DE PROPULSION (fig. 190). — Pendant l'impulsion le segment
moyen de la colonne vertébrale ne fonctionne pas seulement comme
une tige de transmission de la force développée par les membres postérieurs : uni à ces membres de la manière la plus intime par la base
du sacrum, il se solidarise avec eux et prend part à leur détente.
On est alors en présence d'une sorte d'arc comprenant à la fois un
ou les deux membres postérieurs et la colonne dorso-lombaire, arc
prenant appui sur le sol et se détendant par l'action simultanée de
tous les muscles disposés sur sa convexité, lesquels comptent parmi
les plus puissants de l'Economie, à savoir : ceux des gouttières
vertébrales, les fessiers, les ischio-tibiaux, les jumeaux de la jambe,
et les fléchisseurs des phalanges. Cet arc, complété et mis en œuvre
par le balancier cervico-céphalique, ainsi qu'il a été dit à propos de
l'encolure (p. 296), constitue le mécanisme essentiel de tous les
mouvements exigeant beaucoup de force, tels que le cabrer, le saut,
le démarrage et toutes les allures vives. Aussi Prince, qui, le premier
en a compris l'importance, l'appelait-il l'arc puissant [1].

Si son extrémité fixe est éloignée de la ligne de gravitation,
comme dans l'attitude campée du derrière, la détente s'opère à peu
près exclusivement dans le sens de la propulsion. Si, au contraire,
elle en est rapprochée, les membres postérieurs étant engagés sous
le corps, la détente soulève le corps autant ou plus qu'elle le pousse
en avant et peut même le projeter en l'air; ainsi se produisent les
sauts en hauteur. Les sauts en longueur, les périodes de suspension
des allures sautées relèvent de détentes qui s'effectuent à la fois
en avant et en haut.

Le mécanisme que nous venons d'exposer explique comment la
puissance de l'arrière-main peut compenser le défaut de solidité de
l'avant-main, et aussi pourquoi les animaux à locomotion bondis-
sante, tels que les lièvres, les chiens, les gazelles et autres ruminants coureurs ont un rachis convexe et souple, doué d'une grande

____

1. PRINCE. *Journal de méd. vétér.*, Lyon, 1846.

puissance d'extension qui leur permet de soulever considérablement. leur train antérieur et d'augmenter l'amplitude de leurs enjambées. Dans ces espèces les deux parties de l'arc de propulsion sont moins synergiques que dans les solipèdes, la colonne vertébrale continue sa détente après achèvement de celle des membres postérieurs.

ARTICLE II. — MEMBRE ANTÉRIEUR

Épaule.

Les deux régions supérieures du membre antérieur sont appliquées sur la paroi latérale de la poitrine, de telle sorte que ce dernier ne se détache du tronc qu'à partir de l'avant-bras; elles sont, d'autre part, fondues l'une avec l'autre et étroitement solidaires dans leurs mouvements; aussi beaucoup d'hippologues les envisagent-ils en commun sous le nom d'épaule. Cependant, du moment qu'il existe, chez les animaux comme chez l'homme, un humérus avec un scapulum, il est rationnel de distinguer pour tous un bras avec une épaule; d'ailleurs, dans les petits quadrupèdes, le bras est plus ou moins détaché du tronc et ne saurait être confondu avec l'épaule.

CONFIGURATION ET BASE ANATOMIQUE. — L'épaule a pour base anatomique l'omoplate, la partie supérieure des muscles olécraniens, le sus-épineux, le sous-épineux, le deltoïde, le petit rond, le sous-scapulaire, le grand rond, enfin divers muscles extrinsèques, tels que le grand dentelé, l'angulaire, le rhomboïde, le trapèze, le mastoïdo-huméral, l'omo-trachélien, le pectoral ascendant et le pectoral scapulaire (fig. 195 et 196).

Le tout forme une région elliptique qui s'unit d'une manière plus ou moins insensible avec l'encolure en avant, la côte en arrière, le garrot en haut, le bras en bas. La partie répondant à l'articulation scapulo-humérale forme, par côté du poitrail, une proéminence arrondie sur laquelle presse le collier pendant le tirage : c'est l'*angle de l'épaule* ou *pointe du bras*. On y trouve, sous la peau, l'épanouissement terminal du mastoïdo-huméral et de l'omo-trachélien, la portion réfléchie du pectoral scapulaire, le tendon supérieur du biceps dans sa coulisse, enfin la terminaison humérale des muscles sus-épineux et sous-épineux. La partie répondant aux muscles olécraniens, en arrière de l'articulation scapulo-humérale, est parfois désignée spécialement sous le nom de *défaut de l'épaule*.

CONDITIONS DE BEAUTÉ. — Pour être belle, l'épaule doit être :

longue, convenablement oblique, bien située, bien musclée et avoir un jeu libre et étendu sur le thorax.

a) **Longueur.** — La longueur de l'épaule se mesure, au maximum, de sa pointe au sommet du garrot; elle dépasse toujours celle de la croupe et oscille autour d'une tête, depuis 5 centimètres en moins jusqu'à 5 centimètres en plus; il faut la rechercher la plus grande possible. L'épaule longue, en effet, a plus d'amplitude d'oscillation, ses muscles gagnent en étendue de contraction, et l'enjambée se trouve accrue; une faible différence dans l'oscillation scapulaire s'amplifie considérablement à l'extrémité du membre; c'est le jeu de l'épaule qui commande l'étendue du pas; les chevaux à épaule longue et mobile vont à grandes enjambées, tandis que ceux à épaule courte ou peu mobile vont à petits pas.

Si nous ajoutons que l'épaule longue est généralement oblique et va de pair avec une poitrine bien développée en hauteur [1], nous aurons montré qu'elle est à rechercher pour tous les services. Il est cependant des personnes qui pensent que l'épaule longue et oblique, rendant la pointe du bras plus saillante et les pressions du collier plus intenses, est défectueuse pour les chevaux de trait; c'est une erreur, l'amplitude du pas n'est pas plus à dédaigner chez un cheval de trait que chez un cheval de vitesse; nombreux même sont les chevaux de trait qui l'emportent sur les chevaux d'hippodrome au point de vue de la longueur et de l'obliquité des épaules, d'ailleurs la hauteur considérable de leur poitrine facilite le développement scapulaire; si beaucoup d'entre eux ont l'épaule un peu droite, cela tient le plus souvent aux pressions intenses et réitérées du collier qui l'ont redressée à la longue.

b) **Obliquité.** — L'inclinaison de l'épaule sur l'horizon varie de 45° à 65°; elle est en moyenne de 55°. On en juge par l'épine acromienne qui coïncide assez bien avec l'axe scapulaire. On admet généralement que l'épaule est d'autant plus belle qu'elle est plus oblique, surtout chez le cheval de vitesse; c'est, à notre avis, une exagération, ce qu'il faut à l'épaule, avant tout, c'est une grande mobilité; or, une grande mobilité ne saurait s'observer sur une épaule qui, à l'état statique, est voisine de sa position limite antérieure. L'épaule doit avoir, au repos, une direction intermédiaire aux deux directions extrêmes qu'elle est susceptible de prendre en oscillant, c'est-à-dire de 50° à 60° sur l'horizontale (fig. 226). Dans

---

1. Cette corrélation n'est pas constante : on peut trouver des épaules courtes sur une poitrine bien descendue et, inversement, des épaules longues sur une poitrine manquant de hauteur.

ce cas, sa pointe, en oscillant en avant, se porte suffisamment en
haut pour donner aux rayons inférieurs toute liberté de se déployer
sans que l'animal soit exposé à raser le tapis; de plus, l'angle
scapulo-huméral approche de l'angle droit, ce qui donne plus de
ressort contre les réactions et meilleure incidence aux muscles.

Les grands trotteurs et, d'une manière générale, tous les chevaux
à grandes enjambées se font remarquer par leurs épaules longues et
obliques; s'il arrive, exceptionnellement, qu'un cheval à épaules

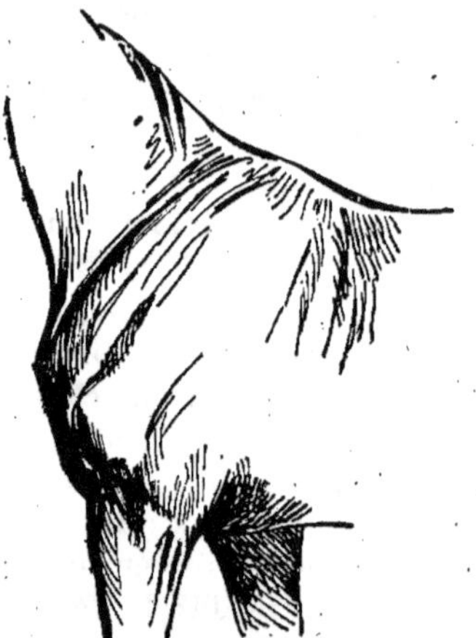

Fig. 226. — *Epaule convenablement
oblique.*

Fig. 227. — *Epaule droite.*

défectueuses fournisse de la vitesse, cela tient à ce qu'il répète les
pas avec plus de fréquence et rattrape par leur nombre ce qu'il
perd par leur insuffisante étendue. Mais l'obliquité de l'épaule
peut être excessive; deux conséquences également nuisibles à la
vitesse en résultent : l'attitude élevée de l'encolure et de la tête
et le redressement du bras. Il y a en effet une certaine corrélation
de direction entre l'épaule, le cou et le bras; l'épaule s'incline en
général d'autant plus que le cou s'élève davantage, comme si
l'insertion inférieure du mastoïdo-huméral devait nécessairement
participer à l'élévation de son insertion supérieure; or, le port élevé
de la tête peut bien ajouter à la grâce de l'avant-main et à l'enlever
des allures, mais, à coup sûr, il ne peut que nuire à la vitesse et
même à la force de propulsion. D'autre part, le bras se redresse
proportionnellement à l'inclinaison scapulaire (sans toutefois faire

compensation pour l'angle scapulo-huméral, qui est toujours moins
ouvert avec une épaule oblique qu'avec une épaule droite); le
membre se trouve donc dans son ensemble porté en avant; au-delà
d'un certain degré, l'articulation huméro-radiale et le pied ne sont
plus sur la verticale descendant du centre de bascule de l'épaule;
par conséquent l'aplomb est vicié. Il ne faut donc pas douter que
l'épaule puisse être trop oblique, comme elle peut être trop droite
(fig. 227).

On admet généralement que cette région augmente d'obliquité
sous l'influence d'un bon dressage qui l'assouplit et la rend plus
mobile, ainsi que d'un râtelier placé haut, obligeant l'animal à
élever l'encolure et la tête. On admet aussi que l'épaule se redresse
quand l'animal prend souvent une attitude basse de la tête et du
cou, comme au pâturage, ou bien chez le cheval de trait par
suite des pressions exercées par le collier.

c) **Situation.** — L'épaule est bien située quand elle n'est pas
trop en avant. On en juge par la position de son angle postérieur
relativement au garrot et par la distance de cet angle à la hanche.
Chez certains chevaux, il est trop en avant, comme si l'épaule
empiétait sur l'encolure, et cela ne laisse pas que de restreindre son
inclinaison et sa mobilité.

d) **Musculature.** — L'épaule doit être bien musclée tout en
restant *sèche*. Si ses reliefs osseux, notamment l'épine acromienne
et l'angle dorsal du scapulum, étaient trop apparents, s'il y avait
dépression à la place occupée par les muscles sus-épineux, sous-
épineux, deltoïde, l'épaule serait *maigre, décharnée*, et l'animal plus
ou moins émacié ou atteint d'une paralysie des nerfs des muscles
précités. Si, au contraire, l'épaule était surchargée de parties molles,
ainsi qu'on l'observe chez les chevaux de gros trait, elle serait
charnue, noyée, plaquée, et indiquerait un cheval commun.

e) **Mouvements.** — L'épaule doit avoir un jeu libre et étendu
sur le thorax. On en juge en examinant l'animal en action; on la
voit alors basculer à chaque pas autour d'un axe fictif qui passerait
vers son tiers supérieur, à l'attache du grand dentelé, de telle sorte
que son extrémité inférieure se porte en avant et en haut et son
extrémité supérieure en arrière et en bas. Ce mouvement entraîne
le membre antérieur tout entier et nous avons déjà eu l'occasion
de dire qu'une différence très faible dans l'oscillation scapulaire
est considérablement amplifiée à l'extrémité du membre; aussi,
dans les allures de grand train, voit-on le cheval coucher en quelque
sorte ses épaules sur l'encolure tendue et projeter ses pieds de

devant presque à la hauteur du bout du nez. Quand l'épaule manque de mobilité, l'animal marche à pas raccourcis, comme sur des épines; on dit qu'il a les *épaules froides* si celles-ci récupèrent leurs mouvements après quelque temps d'exercice, c'est-à-dire à chaud, qu'il les a *chevillées* si elles conservent toujours de là gêne, comme si elles étaient fixées au thorax par une cheville.

Le défaut de mobilité de l'épaule est ordinairement la conséquence d'une maladie de pied, notamment du resserrement des talons et de l'encastelure, car alors l'animal diminue instinctivement l'amplitude des enjambées pour éviter des réactions douloureuses. Que la souffrance du pied vienne à cesser, comme, par exemple, à la suite d'une névrotomie, et l'animal récupère du même coup la liberté de ses épaules.

Maladies et tares. — Signalons :

1º Les excoriations, taches accidentelles, cicatrices, tumeurs sous-cutanées, produites par les colliers mal adaptés, lourds et ballottants. Les contusions du bord antérieur de la région sont en général de peu d'importance; mais il n'en est pas de même de celles de l'angle de l'épaule, « il se développe assez fréquemment sur ce point une tumeur très dure, quelquefois très volumineuse, sans chaleur bien sensible, et qui renferme presque toujours un petit foyer purulent dans son centre, cette tumeur est toujours d'une guérison lente, elle empêche l'animal de tirer et se renouvelle si on le remet trop tôt au service après la guérison; on doit donc se tenir en garde contre tout noyau d'induration situé en ce point» (Lecoq).

2º L'entorse scapulo-humérale ou écart de l'épaule, qu'accuse un certain gonflement ou tout au moins quelque douleur à la pression ou pendant les mouvements; l'animal boite d'une manière particulière, en portant le membre en dehors, on dit qu'il *fauche.* On traite cette affection par des frictions vésicantes, des exutoires, quelquefois même par le feu; les traces de ce traitement doivent engager à examiner le membre de très près; toutefois il arrive assez souvent que l'on impute à l'épaule une boiterie dont on n'a pas trouvé le siège ailleurs.

Différences. — L'épaule de l'âne est toujours moins longue que la tête et droite. Celle du mulet est encore proportionnellement courte mais moins que la précédente. L'épaule du bœuf, plus mobile que celle du cheval, est longue et saillante, surtout à sa partie inférieure, à cause du grand développement de l'épine acromienne vers ce point. On doit la rechercher, autant que possible, longue, large, oblique et charnue; son bord postérieur est un des points de maniement des engraisseurs; le supérieur s'élève jus-

qu'au sommet du garrot, et ses mouvements y sont très visibles. L'épaule
des bovins est beaucoup moins bien adaptée au thorax que celle des solipèdes.

Dans le chien et le chat, le scapulum est dépourvu de cartilage de prolongement; néanmoins il arrive jusqu'au sommet du garrot, où son bord
supérieur fait saillie à chaque appui du membre.

Bras (fig. 195 et 196).

Le bras a pour base anatomique l'humérus, recouvert en arrière
par les muscles olécraniens, en avant par la terminaison du mastoïdo-huméral et du pectoral descendant, le biceps et le brachial
antérieur. Comme il fait masse avec le tronc, il n'exécute que deux
mouvements principaux, l'extension et la flexion, solidaires de
l'oscillation scapulaire, tandis que, chez l'homme, il est libre et peut
se mouvoir en tous sens.

CONDITIONS DE BEAUTÉ. DÉFECTUOSITÉS. — Les conditions de
beauté du bras sont dépendantes de celles de l'épaule et ont trait
à sa longueur et à sa direction.

a) **Longueur.** — Lorsque l'épaule est longue et oblique, le bras
ne saurait être trop long, car l'enjambée en est favorisée; mais,
lorsque l'épaule est courte et droite, la longueur du bras peut être
excessive, car il ne peut alors se déployer librement sans exposer
l'animal à raser le tapis. De la pointe de l'épaule à la pointe du
coude, on mesure au maximum deux tiers de tête.

b) **Direction.** — Il faut envisager la direction du bras relativement à l'horizontale et relativement au plan médian du corps.

L'inclinaison sur l'horizontale varie de 45° à 60°; elle est, comme
nous l'avons déjà dit, en raison inverse de celle de l'épaule, c'est-à-
dire que le bras très oblique s'observe avec l'épaule droite, et le
bras droit avec l'épaule oblique. Il y a lieu seulement de s'assurer
que cette compensation n'a rien d'exagéré ni dans un sens ni dans
l'autre.

Le bras doit être dans un plan parallèle au plan médian du corps
sous peine de fausser l'aplomb du membre tout entier. Il arrive
souvent que l'humérus a éprouvé un mouvement de rotation sur la
cavité glénoïde, qui a porté le sommet du coude en dehors ou en
dedans et dévié le membre jusqu'à son extrémité. Si les coudes sont
serrés au corps, l'extrémité du membre est tournée en dehors,
l'animal est panard; si, au contraire, les coudes sont écartés,
l'extrémité du membre est tournée en dedans, l'animal est cagneux,

Les gros chevaux, très larges du devant, sont souvent cagneux.
sinon d'une manière permanente, au moins pendant les efforts de
tirage; au contraire les petits chevaux, à poitrail étroit, sont plutôt
panards.

MALADIES ET TARES. — Ce sont des contusions, des plaies, des
fêlures ou même des fractures de l'humérus, déterminées notamment par des coups de pied ou des chutes sur le côté.

DIFFÉRENCES. — Dans le chien et le chat, le bras est en grande partie
distinct de l'épaule et détaché du tronc.

Avant-bras.

CONFIGURATION ET BASE ANATOMIQUE (fig. 195 et 196). —
L'avant-bras, situé entre le bras et le genou, a pour base squelettique le radius et le cubitus, soudés l'un à l'autre chez les grands

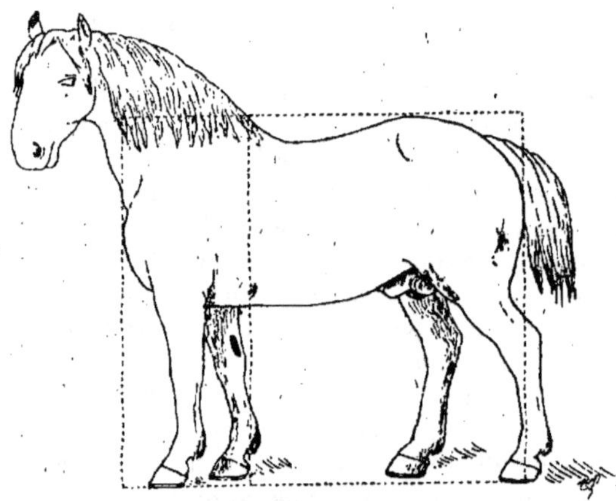

FIG. 228. — *Profil d'un cheval entier de gros trait plus long que haut et dont la
hauteurde la poitrine égale sensiblement la distance du sternum au sol. La distance du pli du genou au sol est inférieure à la longueur de l'avant-bras prise
à partir du sommet du coude.*

quadrupèdes domestiques. C'est une région en forme de cône renversé, aplati d'un côté à l'autre, à laquelle on peut distinguer deux
faces et deux bords.

La face externe est surplombée par les muscles olécraniens
relâchés; elle montre la saillie des antibrachiaux antérieurs et
postérieurs, séparés les uns des autres inférieurement par un sillon

au fond duquel on sent le petit muscle extenseur latéral des phalanges.

La face interne est presque plane; on y distingue le bord interne du radius, croisé par la veine sous-cutanée médiane de l'avant-bras, et les deux masses formées en avant et en arrière par les muscles antibrachiaux. Vers le tiers inférieur, non loin du bord postérieur, se trouve la *châtaigne*, production cornée en forme de plaque elliptique, irrégulière, rugueuse, peu développée dans les races fines, saillante quelquefois à l'instar d'un ergot qu'il faut rogner de temps en temps. Il existe aussi une châtaigne au membre postérieur, à la face interne du jarret; mais elle est plus petite que la précédente et susceptible même de manquer, notamment chez certains petits chevaux, ainsi que cela s'observe normalement dans l'âne. Les anatomistes philosophes admettent que les châtaignes sont un vestige ongulé du pouce, premier doigt de la main ou du pied.

Le bord antérieur de l'avant-bras forme supérieurement une proéminence considérable accusant le développement du muscle extenseur antérieur du métacarpe.

Le bord postérieur décrit du sommet du coude au pli du genou une très légère concavité.

MOUVEMENTS. — L'avant-bras s'articule avec le bras en charnière parfaite et serrée; les seuls mouvements qu'il exécute sont la flexion et l'extension, cette dernière bornée par la réception du bec de l'olécrâne dans la fosse olécranienne.

CONDITIONS DE BEAUTÉ. — L'avant-bras doit être : *long, bien musclé et vertical.*

a) **Longueur.** — La longueur favorisant l'enjambée ne saurait être trop grande pour tous les services, mais surtout pour la vitesse. D'après Bourgelat, la charnière du genou, indiquée par le pli de la région, est, dans les chevaux de proportions moyennes, à égale distance du sol et du sommet du coude, et chacune de ces dimensions équivaut aux trois quarts de la longueur de la tête. En fléchissant à fond le genou de manière à appliquer le segment métacarpo-digité contre l'avant-bras, on constate en effet que, dans beaucoup de chevaux, les talons du pied arrivent juste au niveau du sommet de l'olécrâne; mais ce rapport, est très sujet à varier : par exemple, dans les chevaux de course, dont les proportions des membres rappellent souvent celles du poulain par l'élongation des canons et des paturons, la distance du genou au sol l'emporte sur la longueur antibrachiale, tandis qu'on observe ordinairement le contraire chez les chevaux près de terre, comme

les chevaux de trait (fig. 228). En anatomie comparée, il y a très
généralement une proportionnalité inverse de longueur entre
l'avant-bras et la main, un avant-bras long correspond à une
main courte et un avant-bras court à une main longue; cette loi
est frappante quand on compare le mouton à la chèvre, la gazelle,
le cerf ou le chevreuil au bœuf, etc. : les uns ont l'avant-bras court
et le canon long, les autres le canon long et l'avant-bras court.
Depuis Bourgelat la plupart des hippologues répètent qu'une
pareille corrélation s'observe entre les divers individus de l'espèce
chevaline et ils préconisent fort judicieusement la longueur du
rayon musculeux, l'avant-bras, avec la brièveté du rayon tendineux
et passif, le canon. Il est incontestable que, pour tous les chevaux
de service, le premier n'est jamais trop long et le second jamais
trop court; en effet plus le genou est descendu plus il offre de résistance à la flexion au moment de l'appui et le membre de solidité.
Mais la corrélation prétendue ne s'observe pas toujours, tant s'en
faut, nos mensurations établissent que les deux segments en question peuvent varier dans le même sens ou l'un à l'exclusion de
l'autre, et que le plus changeant est l'inférieur, les régions de la
main et du pied (canons et paturons) sont par excellence les parties
malléables et adaptatives des membres. C'est ainsi que la plupart
des chevaux d'hippodrome se font remarquer par l'élongation
simultanée de la région antibrachiale ou jambière d'une part, et
de la région métacarpo ou métatarso-digitée d'autre part, tandis
que les beaux chevaux de trait ont les genoux et les jarrets près de
terre non pas tant par allongement de leurs avant-bras ou de leurs
jambes que par raccourcissement de leurs canons et de leurs paturons. Les premiers gagnent en vitesse aux dépens de la solidité
des membres; les seconds gagnent en solidité ce qu'ils perdent en
vitesse. Pour tous les chevaux auxquels on demande non pas des
prouesses de vitesse, mais un véritable service, il faut rechercher un
avant-bras long et un canon court.

b) **Musculature.** — L'avant-bras doit être bien musclé. La
musculature se traduit par la largeur et l'épaisseur de la région,
notamment par la saillie des muscles extenseurs. Lorsque cette
condition de beauté est réalisée, elle entraîne généralement la
bonne construction de toute l'extrémité du membre, car les tendons
longeant cette extrémité ne sont que le prolongement des muscles
antibrachiaux, et il y a des chances pour que les premiers se développent en proportion des seconds.

L'avant-bras grêle accompagne toujours le poitrail étroit,

la poitrine serrée, et dénote peu de force et de résistance.

c) **Direction.** — L'avant-bras doit être vertical ou à peine oblique en arrière, sous peine de défectuosités d'aplomb que nous avons déjà fait connaître (Voy. p. 161 et suivantes).

MALADIES ET TARES. — Un coup porté sur la face interne de la région, où le radius n'est couvert que par la peau et l'aponévrose antibrachiale, peut déterminer une fêlure ou même une fracture de cet os. Une saignée à la veine sous-cutanée médiane peut occasionner un thrombus.

Différences. — L'avant-bras de l'âne est grêle comparativement à celui du cheval, les châtaignes y sont dépourvues de tout relief, les postérieures manquent. Dans le mulet, les châtaignes postérieures sont généralement plus petites que dans le cheval et souvent si exiguës qu'elles échappent facilement à l'observation; elles peuvent même faire complètement défaut comme chez l'âne.

L'avant-bras du bœuf, plus court que celui du cheval et plus volumineux, est toujours un peu oblique de haut en bas et de dehors en dedans. Cette même obliquité se trouve aussi chez le mouton, particulièrement dans les individus améliorés, très ouverts du devant. Dans la chèvre, l'avant-bras est notablement plus long que dans les ovins; par contre le canon est plus court.

Chez le chien et surtout le chat, l'avant-bras, très long, est formé de deux os bien distincts, susceptibles de légers mouvements de pronation et de supination. Il est tordu dans la race des chiens courants qu'on appelle *bassets à jambes torses.*

Coude.

ANATOMIE. PHYSIOLOGIE. — En principe, le coude correspond à l'articulation du bras avec l'avant-bras et offre à considérer : *son pli* en avant, sa *pointe* ou *sommet* en arrière; mais, chez les quadrupèdes, on restreint ordinairement cette appellation à la saillie formée par l'olécrâne, énorme apophyse surmontant en arrière l'articulation huméro-radiale et donnant insertion aux extenseurs de l'avant-bras. Ainsi envisagé, le coude du cheval est placé contre la paroi costale, à une distance variable du sternum suivant que la poitrine est plus ou moins descendue (fig 228); il est recouvert d'une peau extrêmement lâche lui permettant les mouvements les plus étendus. Peu accentué lorsque le membre est à l'appui, il devient très apparent dans les mouvements de flexion.

Le coude forme un bras de levier pour les muscles olécraniens.

Si le membre est en l'air figure 229, B. le levier mis en œuvre est du premier genre. Si le membre est à l'appui (fig. 229, A), le levier est du deuxième genre, car son point d'appui se trouve transféré à l'articulation du pied, et la résistance (poids du corps) s'exerce par l'intermédiaire de l'humérus sur l'articulation huméro-radiale; le bras de la puissance PO l'emporte sur celui de la résistance RO, et ainsi les mus-muscles olécraniens contribuent puissamment à l'effort impulsif.

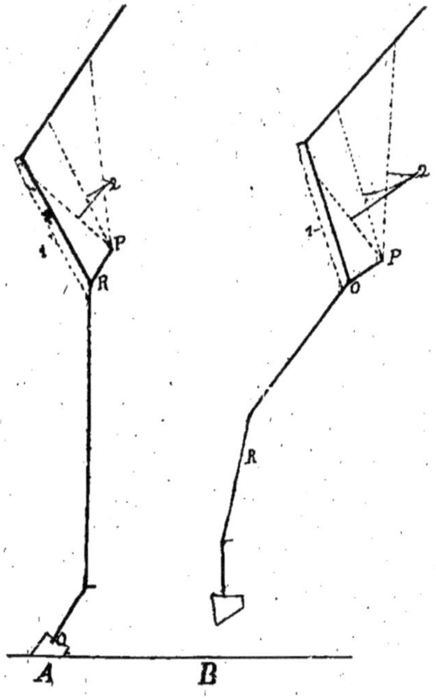

Lorsque le membre à l'appui, oscillant sur le sabot, redresse ses rayons pour communiquer la détente au corps, l'angle huméro-radial ne peut augmenter d'ouverture sans que l'angle scapulo-huméral augmente de la même quantité, attendu que l'extrémité supérieure du biceps brachial doit nécessairement suivre le mouvement éprouvé par l'extrémité inférieure du fait de l'extension de l'avant-bras, ce muscle étant rendu inextensible par les lames fibreuses qui l'entrecoupent. Ainsi toute la force développée par les extenseurs de l'avant-bras se répercute sur la pointe de l'épaule, de manière à assurer la fixité de leurs attaches supérieures.

Fig. 229. — *Schéma du levier d'extension du coude.*

A, à l'appui; B, au soutien. — 1, biceps brachial; 2, muscles olécraniens; P, point d'application de la puissance; R, point d'application de la résistance; O, point d'appui.

CONDITIONS DE BEAUTÉ. — Les coudes doivent être : *dans un plan parallèle au plan médian du corps et très saillants.*

a) La situation du coude, déterminée par celle du bras, commande l'aplomb de tout le membre. Si les coudes sont tournés en dedans, c'est-à-dire serrés au corps, l'animal est panard; si, au contraire, ils sont tournés en dehors, c'est-à-dire divergents l'un par rapport à l'autre, l'animal est cagneux. Ces déviations, résultant d'une rotation du membre sur la cavité glénoïde du scapulum, paraissent en corrélation avec l'ampleur pectorale, ainsi que nous l'avons déjà dit (Voy. p. 167).

b) Les coudes doivent être très saillants, puisqu'ils forment bras de levier pour les muscles olécraniens; mais c'est là une condition de beauté toute théorique, les minimes différences qui peuvent exister dans la longueur de l'olécrâne échappent à la simple observation.

MALADIES ET TARES. — Sous l'influence des frottements réitérés de la sous-ventrière, de la sangle, ou des branches du fer si l'animal se couche en vache, on voit se développer sur le coude une tumeur indolente et mobile, susceptible de prendre un grand volume : c'est l'*éponge;* elle ne gêne pas les mouvements de l'articulation, mais elle est désagréable à l'œil; on en prévient le développement chez les chevaux qui se couchent en vache en tronquant les parties postérieures du fer ou bien en entourant le canon d'un bourrelet qui empêche sa flexion complète et tient l'extrémité digitée à distance du coude.

Nous ne ferons que signaler les fractures de l'olécrâne.

Différences. — « Le coude du bœuf est plus saillant, plus écarté du thorax et plus remonté sur la paroi costale que celui du cheval. Celui des Carnivores est peu saillant, mais complètement détaché du tronc. On y voit assez souvent, chez le chien, une tumeur analogue à celle que l'on nomme éponge chez le cheval. » (Lecoq).

Genou.

CONFIGURATION ET ANATOMIE. — Centre de réunion de l'avant-bras et du canon, le genou a pour base, outre les extrémités des os de ces régions, les deux rangées superposées des os carpiens (fig. 230 et 231). Il équivaut au poignet de l'homme, tandis que le genou de l'homme correspond au grasset des animaux.

Le genou, irrégulièrement triangulaire sur les sections horizontales, offre à étudier : une face antérieure, une face externe, une face interne, et trois bords, deux latéraux et un postérieur.

La face antérieure est à peu près droite de haut en bas, à peine proéminente sur l'avant-bras et le canon; elle est convexe d'un côté à l'autre, presque plane sur le beau genou. Sous une peau épaisse, doublée d'un tissu conjonctif dense, on y trouve les tendons de l'extenseur oblique du métacarpe, de l'extenseur antérieur du métacarpe et de l'extenseur antérieur des phalanges, lesquels glissent, au moyen de synoviales allongées, dans des coulisses *ad hoc*, sur l'extrémité inférieure du radius et le ligament capsulaire du carpe.

La face externe est convexe en regard du ligament latéral externe, qui est traversé par le tendon de l'extenseur latéral des phalanges; elle est à peu près plane dans la partie répondant à l'os sus-carpien et au ligament piso-métacarpien. Le sus-carpien ou pisiforme, qu'il ne faut pas confondre avec l'os crochu, est creusé d'une coulisse

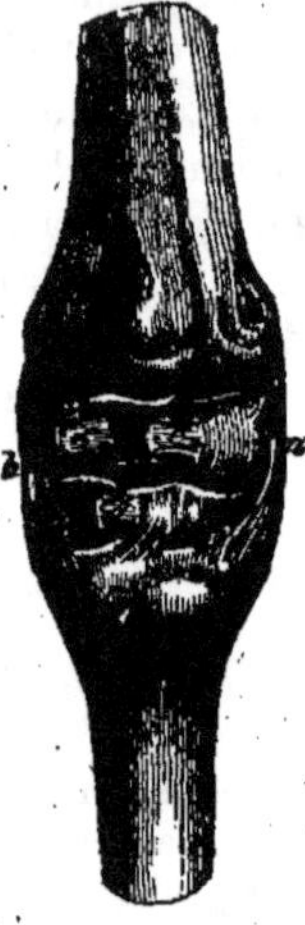

FIG. 230. — *Articulations carpiennes vues par devant, le ligament capsulaire étant enlevé.*

a, ligament interne, *b,* ligament externe; *c,* ligaments interosseux de la première rangée; *d,* ligaments interosseux de la deuxième rangée.

FIG. 231. — *Articulations carpiennes vues par derrière montrant la gaine carpienne et l'origine du ligament supérieur du boulet.*

a, arcade fibreuse jetée du sus-carpien au côté interne du carpe; *b,* ligament commun postérieur formant paroi antérieure à la gaine carpienne et se prolongeant par la bride de renforcement du perforant (non figurée).

pour le passage de l'un des tendons du fléchisseur externe du métacarpe.

La face interne est, de même, convexe antérieurement, où elle répond au ligament latéral interne longé en arrière par le tendon du fléchisseur interne du métacarpe, légèrement concave dans le restant de son étendue qui correspond à la gaine carpienne traversée par les deux tendons fléchisseurs des phalanges.

Les bords latéraux limitent la face antérieure quand on examine le genou par devant; ils commencent en haut à deux éminences osseuses dont l'interne est plus saillante que l'externe, et descendent en décrivant une convexité légèrement onduleuse jusqu'aux lignes qui limitent le canon de face, avec lesquelles ils se continuent sans ressaut.

Le bord postérieur profile la région en arrière; il est brisé par la saillie du sus-carpien; la partie située au-dessus de cette saillie èt répondant aux tendons des deux muscles cubitaux fait suite d'une manière insensible au bord postérieur de l'avant-bras; la partie déprimée située au-dessous est connue sous le nom de *pli du genou*, car c'est ici que la région se ploie et que la peau se plisse au moment de la flexion; elle se continue sans démarcation avec le profil de la région du tendon.

PHYSIOLOGIE. — Le genou est une des principales charnières du membre antérieur, charnière lâche permettant, indépendamment de l'extension et de la flexion, de petits mouvements de latéralité ét même de rotation, particu-lièrement prononcés lorsqu'il est en flexion. Les grands interlignes antibrachio - carpien et carpo-carpien s'entr'ouvrent en avant pendant la flexion et se ferment au moment de l'extension, tandis que la deuxième rangée carpienne reste fixée sur le métacarpe ou du moins n'éprouve, comme les os de chaque rangée entre eux, que des mouvements restreints de glissement n'ayant d'autre effet que de faciliter la coap-tation des grandes surfaces articulaires et d'amortir les réac-tions.

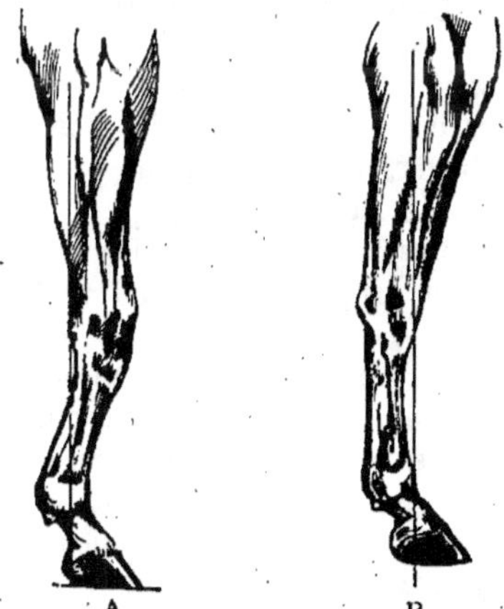

FIG. 232. — *Déviations du genou vu de profil.*
A, arqué.   B, effacé.

CONDITIONS DE BEAUTÉ. DÉ-FECTUOSITÉS.—Le genou doit être: *sec, net, épais, large* et *bien dirigé.*

a) Le genou sec a des contours vigoureux; il témoigne de la distinction de l'animal. S'il était arrondi, empâté par une peau épaisse et un tissu conjonctif trop abondant, comme cela s'observe chez les chevaux communs et lymphatiques, il serait qualifié *genou de veau.*

b) Le genou net est exempt de tares, pur dans ses lignes de contour.

c) Le genou épais, c'est-à-dire très développé d'un côté à l'autre, indique le développement de ses assises articulaires; dans toute jointure, l'étendue des surfaces en présence est une condition première de solidité, les pressions étant alors plus disséminées et partant moindres pour l'unité de surface.

d) La largeur du genou se mesure de la saillie du sus-carpien à la face antérieure; elle indique non seulement le développement antéro-postérieur des surfaces articulaires, mais encore le degré de projection en arrière du sus-carpien, qui forme bras de levier pour les muscles cubitaux : double raison qui doit faire rechercher cette dimension aussi grande que possible.

e) Enfin le genou doit être bien dirigé, c'est-à-dire en ligne droite avec l'avant-bras et le canon : condition indispensable à la solidité de la sustentation. Il peut être dévié en avant, en arrière, en dedans, en dehors.

Le genou est dévié en avant, c'est-à-dire en semi-flexion permanente (fig. 232, A), soit par suite d'une conformation naturelle, alors l'animal est *brassicourt*, soit, le plus souvent, par suite d'usure, alors il est *arqué*. Dans les deux cas la flexion commencée tend à s'achever, et ce n'est qu'au prix de grands efforts du muscle extenseur antérieur du métacarpe ou des olécraniens que l'agenouillement peut être empêché; aussi les animaux atteints de ce défaut sont-ils souvent couronnés. Cependant il n'est pas rare de trouver, même parmi les chevaux de course, des individus brassicourts, à genoux plus ou moins vacillants pendant le repos, qui, en action, ne bronchent pas, leur défaut d'aplomb étant sans doute compensé par la force des muscles précités ou par la puissance de l'arrière-main.

Lorsque le genou est dévié en arrière (fig. 232, B), il est qualifié de *creux, effacé, renvoyé, genou de mouton*. C'est un défaut naturel qui entraîne une tension excessive du ligament commun postérieur du carpe et l'expose aux tiraillements, ainsi que la bride de renforcement du perforant, et qui, en outre, surcharge la partie antérieure des surfaces articulaires.

Lorsque le genou est dévié en dedans (fig. 233, A), il est dit *genou de bœuf;* en même temps les canons sont divergents et les pieds panards; les pressions articulaires se font alors particulièrement sentir du côté externe, tandis que le ligament latéral interne est exposé aux tiraillements.

Plus rarement le genou est dévié en dehors, c'est-à-dire *cambré* (fig. 233, B); en même temps les canons sont convergents et les pieds cagneux. Le côté interne des articulations carpiennes est surchargé, le ligament latéral externe exposé à être distendu.

Ces diverses déviations nuisent plus ou moins à la solidité du membre et à la régularité des allures. Le genou arqué compte parmi les tares les plus graves, surtout s'il est en même temps couronné.

MALADIES ET TARES. — Nous distinguerons : 1° celles qui siègent à la peau; 2° celles qui siègent dans le tissu conjonctif sous-cutané;

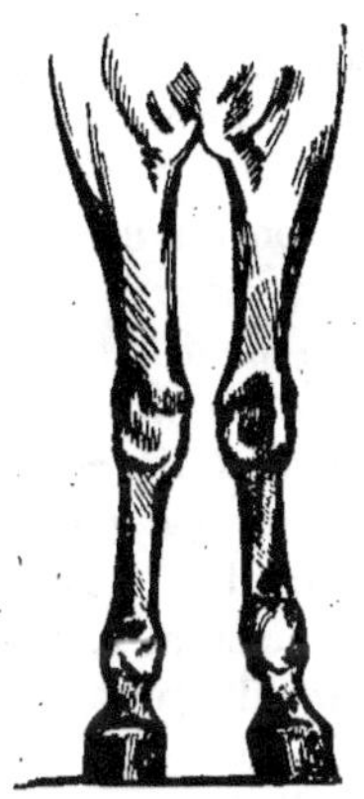

A   B

FIG. 233. — *Déviations des genoux vus de face.*

A, genoux de bœuf.   B, genoux cambrés.

3° celles qui procèdent des synoviales; 4° celles qui se développent sur les os eux-mêmes.

a) Les plus fréquentes des tares cutanées résultent de chutes sur les genoux dont les conséquences sont très variables suivant les circonstances. Quelquefois l'animal, ayant été retenu à temps par son conducteur, s'est à peine brisé le poil ou excorié superficiellement la peau, il en résulte tout au plus une tache accidentelle; d'autres fois, la peau a été profondément entamée ou même complètement enlevée, il reste alors, après guérison, une cicatrice dénudée, de forme circulaire, qui fait dire l'animal « couronné » et le déprécie beaucoup. Les cicatrices de couronnement se distinguent par leur siège, non moins que par leur forme arrondie, de celles succédant à des blessures quelconques; on les observe en effet à la partie inférieure et médiane du genou, au niveau de la deuxième rangée des os du carpe. Tous les chevaux couronnés ne sont pas faibles du devant; il en est qui sont tombés par inattention, ou bien par glissade en gravissant un chemin difficile; il faut donc, pour juger de la gravité de la tare, voir si la cicatrice n'est pas calleuse, si le bout de la tête et les incisives sont intacts, enfin si le membre antérieur est bien construit et s'il se meut avec assurance et à une hauteur convenable du sol.

Pour masquer la trace du genou couronné, les marchands l'enduisent de corps gras noirs qui la dissimulent assez bien sur les chevaux de robe foncée. On pratique aussi, depuis quelques années, une opération consistant à enlever la cicatrice et à fermer la plaie résultant de cette excision au moyen d'une fine suture dont la trace est cachée plus tard par les poils.

« Il faut bien se garder, dit Lecoq, de porter un pronostic trop grave sur la plaie d'un genou récemment couronné. Quelquefois l'animal paraît tellement blessé que l'on peut croire au premier abord qu'il y a ouverture de l'articulation. Le plus souvent cependant le dommage se borne à la peau et au tissu conjonctif sous-cutané, tout au plus observe-t-on l'ouverture des gaines synoviales des tendons extenseurs, ce que l'on reconnaît à l'écoulement de la synovie. » Quand, par exception, les articulations elles-mêmes sont ouvertes, il survient presque inévitablement une arthrite, et l'on préfère abattre immédiatement l'animal plutôt que de tenter un traitement long et incertain dans ses résultats.

On peut aussi rencontrer sur le genou des traces de cautérisation au fer rouge ou des crevasses, anciennement appelées *malandres*, que l'on observe au pli de la région et qui se convertissent quelquefois en plaies d'été et deviennent alors extrêmement difficiles à guérir.

b) Le tissu conjonctif sous-cutané de la face antérieure du genou peut devenir le siège d'un épanchement de sérosité donnant lieu à un *hygroma*, ou s'indurer sous l'influence de frottements ou de contusions répétés.

c) Les synoviales, en devenant hydropiques, se dilatent aux endroits où elles sont le moins soutenues et déterminent des *vessigons*, que l'on distingue en articulaires ou tendineux suivant qu'ils procèdent d'une synoviale articulaire ou d'une synoviale tendineuse (fig. 234). Les vessigons articulaires du genou apparaissent soit à la partie supéro-externe, au-dessus de l'arthrodie pisi-cubitale, soit en avant, dans l'intervalle des tendons extenseurs; le plus commun est celui de la face externe, il résiste presque toujours aux moyens de traitement les plus énergiques. Les vessigons tendineux proviennent rarement des gaines des extenseurs;

quand il en est ainsi, ils forment des tumeurs oblongues sous la peau de la face antérieure de la région; le plus fréquent a pour point de départ la gaine carpienne donnant passage aux tendons fléchisseurs des phalanges; or cette gaine, distendue par l'hypersécrétion, ne peut se développer qu'au niveau de son cul-de-sac supérieur, entre les os de l'avant-bras et la masse des muscles fléchisseurs, le cul-de-sac inférieur, fortement contenu par une aponévrose, ne peut produire autre chose qu'un empâtement de la région du tendon. C'est assez dire que le vessigon de la gaine carpienne se montre au-dessus du genou, du côté externe parce qu'à l'opposé l'aponévrose antibrachiale ne se laisse pas repousser. On le distingue du vessigon articulaire susceptible de se développer sur la même face à ce qu'il siège plus haut et un peu plus en arrière. L'un et l'autre sont susceptibles de s'isoler de la synoviale dont ils procèdent et de se convertir en kystes.

d) Les os eux-mêmes, surtout dans les points où ils donnent attache aux ligaments, peuvent produire des végétations ou exostoses, qui, au genou, ont reçu le nom d'*osselets*. Quand plusieurs osselets se réunissent de manière à entourer le genou d'une enceinte inextensible, on dit que celui-ci est *cerclé*. On trouve parfois des osselets développés indépendamment du squelette, dans les parties fibreuses périphériques.

Les exostoses et les tumeurs synoviales du genou sont des tares plus ou moins graves, nuisant à la liberté de ses mouvements et attestant l'usure ou même la ruine de la jointure.

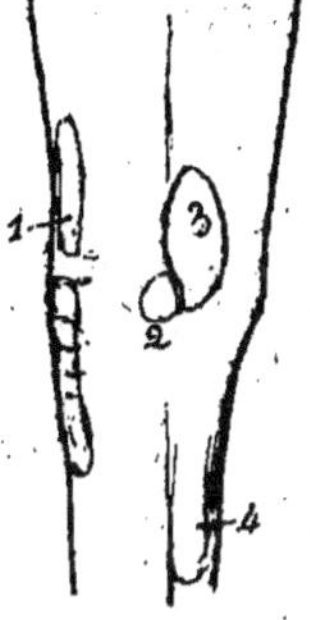

Fig 234. — *Face externe du genou montran l'emplacement des principaux vessigons.*

1, vessigon de la synoviale d'un tendon extenseur; 2, vessigon de la synoviale articulaire radio-carpienne; 3, vessigon du cul-de-sac supérieur de la gaine carpienne; 4, cul-de-sac inférieur de cette même gaine dont le gonflement est limité par l'arcade carpienne.

Différences. — Dans le bœuf le genou est fortement porté en dedans et cette disposition nous a servi de type de comparaison pour une conformation vicieuse de celui du cheval; sa face antérieure est convexe transversalement au lieu d'être planiforme.

Le genou du mouton et de la chèvre, sec et porté en arrière, donne au membre antérieur un profil d'apparence brisée. Dans le mouton il est souvent en outre plus ou moins dévié en dedans. Chez le chien et le chat, le genou est très descendu. Il présente quelquefois, chez le chien, de l'arcure, que l'on peut corriger par la section des tendons des muscles cubitaux.

ARTICLE III. — MEMBRE POSTÉRIEUR

Nous quittons le membre antérieur au genou, parce que les régions situées au-dessous sont très semblables à celles de mêmes noms qui font suite au jarret; nous en ferons une étude commune après avoir passé en revue les régions supérieures du membre postérieur.

Cuisse.

CONFIGURATION ET BASE ANATOMIQUE (fig. 195 et 196). — La cuisse a pour base le fémur qui, comme on le sait, est homologue de l'humérus; ce n'est, par conséquent, que la deuxième région du membre postérieur; nous avons dit pourquoi la croupe, qui en est la première, a été étudiée avec le tronc.

La cuisse de nos grands animaux domestiques, considérée extérieurement, est assez mal circonscrite par suite de son union avec le flanc au moyen de la peau couvrant le pli de l'aine. C'est à peine si on la distingue en dessous de la croupe, entre la fesse d'une part, le flanc et le grasset d'autre part.

Sa face externe est plus ou moins convexe suivant les individus. On y trouve, sous une peau très adhérente, le *fascia lata* et son muscle tenseur qui recouvrent la masse des muscles rotuliens, le long vaste, dont la limite postérieure est indiquée dans les chevaux fins par un sillon bien marqué, qu'on observe aussi chez les chevaux émaciés où il est connu sous le nom de *raie de misère*. Le fémur, noyé sous une épaisse couche musculaire, ne s'accuse par aucune saillie extérieure; ce n'est qu'en cas d'extrême amaigrissement que l'on voit se dessiner extérieurement le grand trochanter, oscillant pendant la marche, et le troisième trochanter ou crête sous-trochantérienne.

La face interne ou *plat de la cuisse* s'unit à la même face de la cuisse opposée sous la symphyse pelvienne; elle est légèrement convexe, recouverte d'une peau fine, laissant saillir la veine saphène interne, à laquelle on pratique quelquefois la saignée, veine accompagnée d'une petite artère, de plusieurs filets nerveux et d'un paquet de vaisseaux lymphatiques. Les muscles internes de la cuisse sont : en plan superficiel, le droit interne ou muscle du plat de la cuisse, et le couturier, qui ménagent entre eux, vers l'aine, le triangle de Scarpa, où se trouve un groupe important de ganglions lymphatiques; en plan profond, le pectiné, le petit et le grand adducteur de la cuisse, le demi-membraneux, sans compter le carré crural et les obturateurs du bassin relégués sous la symphyse pelvienne.

Le bord antérieur de la cuisse n'est pas libre; la peau passe de cette région sur le flanc en formant inférieurement un pli connu sous le nom de *pli du grasset*.

Le bord postérieur est décrit comme région spéciale sous le terme impropre de *fesse*.

Mouvements. — Bien que la cuisse soit unie à la croupe par

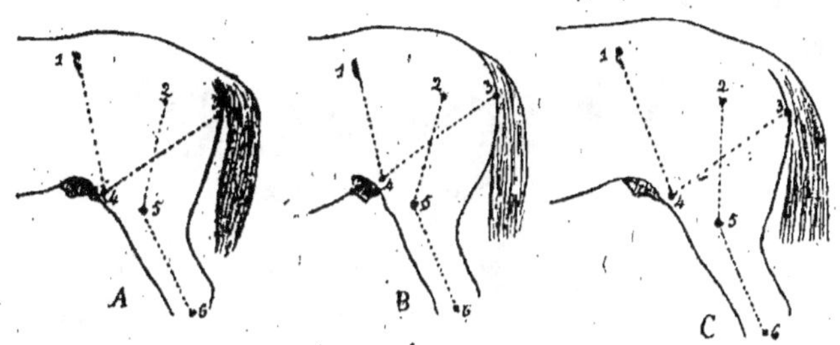

Fig. 235.

A, cuisse bien dirigée, les deux lignes 1 à 4 et 3 à 4 sont égales; B, cuisse trop oblique, la ligne 3 à 4 l'emporte sur l'autre; C, cuisse droite, la ligne 1 à 4 l'emporte sur l'autre; 1, pointe de la hanche; 2, centre articulaire coxo-fémoral; 3, pointe de la fesse; 4, rotule; 5, centre articulaire fémoro-tibial; 6, centre articulaire tibio-astragalien.

énarthrose, elle n'exécute que deux mouvements principaux, la flexion et l'extension; l'abduction est particulièrement restreinte par le faisceau pubien du ligament rond, propre aux Solipèdes.

Conditions de beauté. Défectuosités. — La cuisse doit être : *longue, bien dirigée* et *bien musclée*.

a) La longueur entraîne l'amplitude de son oscillation et l'étendue de contraction des muscles qui la couvrent; à ce double titre c'est une beauté importante;

b) La direction doit être envisagée relativement au plan médian du corps et relativement à l'horizontale.

Les cuisses sont toujours divergentes à leur extrémité inférieure, la distance qui sépare les articulations fémoro-tibiales l'emportant de beaucoup sur celle comprise entre les articulations coxo-fémorales. Cette obliquité latérale a pour effet de donner à la région la liberté de se mouvoir sur le côté du ventre; nous dirons, à propos du grasset, qu'elle peut être insuffisante ou excessive.

Quant à l'obliquité relativement à l'horizontale, on ne peut en apprécier les avantages ou les inconvénients qu'en considération de la direction de la croupe et des aplombs du membre. D'une façon générale, avons-nous déjà dit, la cuisse est d'autant plus oblique que la croupe l'est elle-même davantage; toutefois l'accroissement

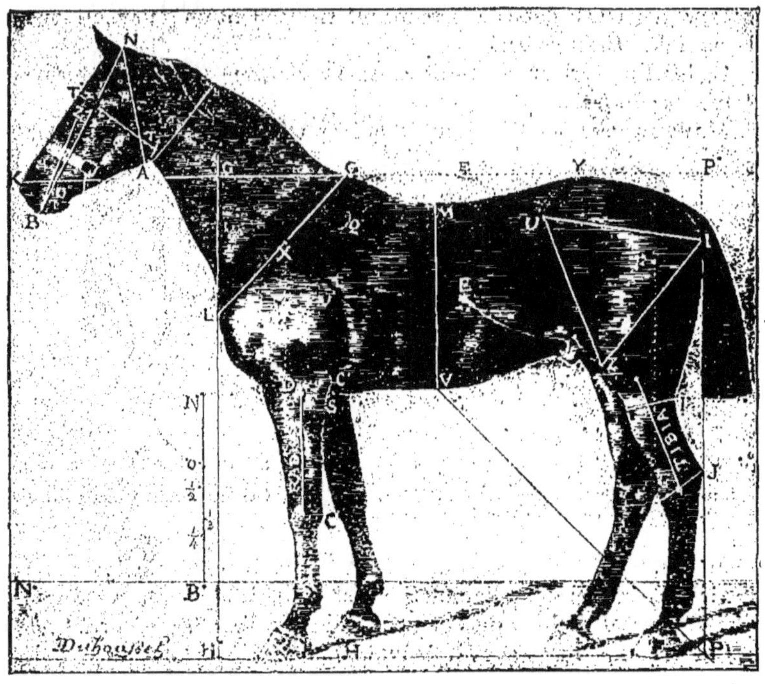

Fig. 236. — *Profil d'un beau cheval médioligne* (Duhousset).

La longueur égale la taille, le corps s'inscrit dans un carré; l'une et l'autre sont égales à 2 têtes 1 /2; la hauteur de la poitrine égale 1 tête 1 /6, le sternum à 1 tête 2 /6; la longueur de l'encolure est de 1 tête 1 /3; la longueur de l'épaule et la hauteur de la poitrine derrière le garrot sont égales chacune à une tête. Les axes de l'avant-bras et de la jambe sont indiqués ainsi que le centre articulaire coxo-fémoral; U, I, Z, triangle équilatéral tracé par des lignes unissant la hanche, la pointe de la fesse et la rotule.

de cette obliquité antérieure dans le cas de croupe avalée n'arrive pas à une compensation relativement à l'angle coxo-fémoral, qui est toujours plus ouvert que dans le cas de croupe horizontale; d'ailleurs, à supposer que ledit angle reste invariable, il vaudrait mieux qu'il tînt sa fermeture de l'horizontalité de la croupe que de l'obliquité de la cuisse, car, avec une croupe avalée, le fémur ne peut s'incliner beaucoup sans mettre l'animal sous lui du derrière.

On reconnaît que la cuisse est en bonne direction quand la rotule est à peu près à égale distance de la hanche et de la pointe de la fesse (fig. 235, A), cette distance étant sensiblement la même que celle comprise entre ces deux derniers points (cinq sixièmes de tête). Si donc l'on réunit par la pensée la hanche à la pointe de la fesse, la pointe de la fesse à la rotule et la rotule à la hanche, on obtient un triangle équilatéral. Quand la rotule est plus près de la tubérosité ischiale que de l'angle externe de l'ilium (fig. 235, C), la cuisse est droite ou la croupe avalée et, dans les deux cas, la détente du membre manque d'étendue et de force. Quand, au contraire, la rotule est plus près de l'angle de la hanche que de la pointe de la fesse (fig. 235, B), la cuisse est trop oblique et par conséquent le grasset trop élevé, ce qui diminue le champ de la flexion fémorale. En résumé l'équilatéralité du triangle que nous appellerons désormais le triangle Duhousset est un des meilleurs critériums de la beauté de l'arrière main (fig. 236).

Pour la cuisse comme pour l'épaule, la bonne direction doit suivre la bissectrice de l'angle d'oscillation. En prenant pour axe la ligne qui joindrait le centre articulaire coxo-fémoral au centre articulaire fémoro-tibial, on constate que la cuisse est le plus souvent oblique en avant (10° à 20° en moyenne par rapport à la verticale); mais elle peut être verticale et même oblique en arrière, ce qui diminue son **champ d'extension** et partant sa puissance de détente.

L'angle coxo-fémoral, à son maximum de fermeture, est encore obtus (95° à 100°). D'après Goubaux et Barrier, un angle de 105° dont 80° pour le fémur et 25° pour l'ilium, réalise les meilleures conditions pour un cheval de selle.

c) La bonne musculature de la cuisse s'apprécie par son volume et par la rondeur de sa face externe; on dit alors que l'animal est *bien culotté.* Si elle était insuffisante, si le fémur se révélait sous la peau, si la place du triceps crural était marquée par un enfoncement, la cuisse serait *maigre, plate* ou de *grenouille,* et le cheval manquerait de force. Chez certains chevaux de trait, les masses musculaires de cette région acquièrent au contraire un tel développement qu'on la dit *chargée de cuisine.* Cela ne saurait être recherché chez les chevaux destinés à la vitesse, qui doivent être des sujets fins, dont le volume des muscles est contenu dans de justes limites grâce à une densité particulière de leur tissu.

Maladies et tares. — Signalons : les traces d'un traitement, par le fer rouge, les exutoires ou les vésicants, d'une maladie de l'articulation de la hanche, les thrombus de la saphène interne, les lymphangites et les cordes de farcin du plat de la région, l'atrophie du triceps crural, etc.

Différences. — La cuisse est plate dans l'âne et le mulet, chez lesquels elle présente toujours peu de développement, elle est plate aussi chez le bœuf, mais on doit la rechercher aussi volumineuse que possible.

Dans les moutons améliorés pour la boucherie, on aime à trouver des cuisses très charnues prenant contact entre elles sur une grande partie de leur longueur quand on examine l'animal par derrière.

Dans le chien, la cuisse se détache du tronc et forme, à cause de sa grande longueur, un rayon distinct que l'on aime à rencontrer bien garni de muscles chez les individus destinés à soutenir des courses rapides et prolongées.

Fesse.

CONFIGURATION ET BASE ANATOMIQUE. — La fesse de nos quadrupèdes n'équivaut pas à la fesse de l'homme, représentée chez eux par la croupe; ce n'est, comme nous l'avons déjà dit, que le bord

FIG. 237. — *Fesse longue ou bien descendue.*   FIG. 238. — *Fesse courte ou coupée.*

postérieur de la cuisse, lequel s'étend, en décrivant une courbe plus ou moins accentuée, depuis l'origine de la queue jusqu'à la naissance de la corde du jarret. Elle a pour base le muscle demi-tendineux, qui, dans les chevaux très maigres et les chevaux de sang, est séparé des muscles externes de la cuisse par un sillon plus ou moins prononcé [1]. On appelle *pointe* ou *angle de la fesse* la saillie légère correspondant à la tubérosité ischiale couverte par le prolongement coccygien des ischio-tibiaux, *pli de la fesse* la partie inférieure de la région formant un angle avec la corde du jarret.

Conditions de beauté. — La fesse doit être : *longue, bien musclée et sa pointe saillante.*

a) Quand la fesse est longue (fig. 237), on la dit aussi *bien des-*

Fig. 239. — *Un taureau bien culotté.*

cendue, car elle paraît empiéter sur la corde du jarret; mais ce n'est qu'une apparence, le muscle demi-tendineux ne saurait ainsi promener son insertion inférieure le long du tibia, les variations de longueur de la fesse sont purement corrélatives de celles de la cuisse ou du degré d'obliquité de la croupe. L'abaissement des ischiums dans le cas de croupe avalée ne peut être compensé par l'inclinaison plus grande des fémurs en ce qui concerne la longueur des muscles ischio-tibiaux, les fesses sont donc nécessairement courtes avec une pareille croupe. Si la fesse est longue, lesdits muscles, ayant une étendue de contraction plus considérable, exécutent plus amplement le mouvement de bascule du bassin qui produit l'enlever de l'avant-main, ainsi que le mouvement de redressement de la cuisse et de la jambe sur le jarret qui est le principal facteur de l'impulsion. La fesse courte est aussi qualifiée de *fesse ronde, fesse coupée* (fig. 238).

1. Ce sillon ne correspond pas dans toute son étendue à l'interstice du demi-tendineux et du long vaste; sa partie inférieure suit l'intersection fibro-élastique de la portion postérieure de ce dernier muscle.

b) La fesse doit être bien musclée, *bien fournie;* on en juge par son épaisseur qui est en rapport avec le développement des muscles cruraux postérieurs, dont nous connaissons le rôle important dans la propulsion et le cabrer. Les marchands ont toujours le soin de trousser la queue aux chevaux qu'ils exposent en vente afin de donner plus d'apparence à la musculature des fesses.

c) Enfin la pointe de la fesse doit être saillante, car sa saillie, en tant qu'elle est due à la longueur et à la bonne direction de la croupe et non à sa maigreur, traduit la puissance du bras de levier ischial.

MALADIES ET TARES. — Des traces de sétons ou d'applications vésicantes doivent mettre en garde contre les suites de quelque maladie interne ou de quelque affection du membre.

Différences. — La fesse est longue et très développée dans le bœuf bien conformé. Elle présente surtout cette conformation dans les races perfectionnées pour la boucherie, telles que celle de Durham et mieux encore celle du Charolais, où elle est très convexe et descend très près du jarret (fig. 239).C'est cette partie que le boucher désigne sous le nom de *culotte* et qui donne une viande de choix. La réunion de la fesse à la croupe, à la base de la queue, est un des points de maniement que l'on consulte pour s'assurer de l'état d'engraissement des animaux de boucherie. Nous avons déjà dit que le demi-tendineux et le demi-membraneux ne s'élèvent pas au-dessus de la tubérosité ischiale, qui, pour cette raison, est immédiatement sous-cutanée, ainsi que le bord postérieur du ligament sacro-sciatique.Chez la vache, aux approches du part, ce dernier se relâche, ce qui fait dire au vulgaire que la croupe « se casse ».

Grasset.

CONFIGURATION ET BASE ANATOMIQUE. — Le grasset correspond à l'articulation fémoro-rotulienne. C'est une région située sur le côté et un peu au-dessous du ventre, auquel elle est unie par un pli de peau renfermant l'extrémité postérieure du pannicule charnu (*pli du grasset*). Lorsque le membre est à l'appui, au repos, la rotule, accrochée au-dessus de la trochlée fémorale, est surplombée par la masse relâchée du triceps crural. Elle descend sur la trochlée quand l'articulation fémoro-tibiale se fléchit; alors le triceps se tend et le grasset forme une grosse saillie anguleuse qui s'avance et s'élève contre le ventre, car il y a flexion simultanée de la cuisse et de la jambe. Les trois ligaments tibio-rotuliens solidarisent les mouvements de la rotule avec ceux du tibia et en font une sorte d'olécrâne mobile. C'est par l'intermédiaire de ces ligaments que l'action du triceps est transmise à ce dernier os.

« L'examen du grasset mérite la plus sérieuse attention; un coup peut déterminer un engorgement qui se guérit toujours lentement, fait boiter fortement l'animal et est assez souvent suivi de l'émaciation du membre, surtout s'il y a plaie et s'il se développe des fistules. Lorsque l'engorgement persiste après une apparente guérison, il est rare que le membre ne reste pas plus faible que l'autre. On doit examiner avec le plus grand soin les allures d'un cheval portant au grasset des traces d'incisions ou de cautérisation » (Lecoq).

CONDITIONS DE BEAUTÉ. — Le grasset doit être *bien placé* et *net*.

a) Il est bien placé quand il se trouve à une certaine distance du ventre et un peu en dehors, de manière à se mouvoir librement. S'il était trop près du ventre par suite d'un excès d'inclinaison de la cuisse, ses mouvements seraient gênés dans les grandes allures. S'il en était trop distant, cela témoignerait d'une insuffisante obliquité de la cuisse. S'il en était trop écarté latéralement, l'animal serait à la fois jarreté et panard. Si, au contraire, il ne l'était pas assez, l'animal serait trop ouvert des jarrets et cagneux. Les déviations latérales du grasset produites par rotation du fémur dans la cavité cotyloïde du coxal ont donc exactement les mêmes conséquences que celles du coude, région homologue du membre antérieur.

b) Le grasset net est celui qui est exempt de tares.

MALADIES ET TARES. — Signalons :

1° *L'hydarthrose du grasset*, hydropisie de la synoviale fémororotulienne, se traduisant extérieurement par une tumeur fluctuante sur les côtés des ligaments tibio-rotuliens et dans leurs intervalles;

2° *L'arrêt de la rotule*, consistant en une sorte d'accrochement de cet os au-dessus de la trochlée fémorale, de telle manière qu'il ne peut plus se mobiliser sur celle-ci. Il suffit alors de porter le membre en avant avec une plate-longe et de presser sur la rotule en dehors pour que, instantanément, elle reprenne sa mobilité; mais l'accident est très sujet à récidive. On l'observe surtout sur les jeunes chevaux; aussi les anciens hippiâtres le désignaient-ils sous le nom de *poulinaille*;

3° Des traces de vésicatoire, de feu, de sétons ou de contusions qui doivent faire redoubler d'attention dans l'examen de la région et du membre tout entier.

Différences. — Dans l'espèce bovine, le pli du grasset est un des meilleurs points de maniement. Dans les petites espèces, il n'y a, comme chez l'homme, qu'un seul ligament tibio-rotulien et une seule synoviale pour toute l'articulation fémoro-tibiale.

Jambe.

CONFIGURATION ET BASE ANATOMIQUE. — Le mot « jambe » est employé dans deux acceptions différentes, soit, vulgairement, comme synonyme dé membre, soit, comme ici, pour désigner un segment du membre pelvien homologue de l'avant-bras. La jambe est, chez les Solipèdes, le premier rayon du membre postérieur qui, extérieurement, se détache complètement du tronc. Elle a pour base le tibia et le péroné, entourés en arrière et du côté externe par les muscles fléchisseurs ou extenseurs du métatarse et du doigt. C'est une région aplatie d'un côté à l'autre, plus large en haut qu'en bas, à laquelle on peut distinguer deux faces et deux bords.

La face externe est convexe, surtout à l'endroit où se trouve le ventre de l'extenseur antérieur des phalanges. La face interne, presque plane, ne présente entre le tibia et la peau que quelques aponévroses, avec la veine saphène interne qui s'élève du pli du jarret et se poursuit sur le plat de la cuisse après avoir croisé obliquement le tibia, veine accompagnée d'une petite artère et de vaisseaux lymphatiques. Le bord antérieur est convexe. Le postérieur, étendu du pli de la fesse à la pointe du jarret, a pour base le tendon d'Achille, que nous décrirons dans la région suivante sous le nom de corde du jarret.

On remarquera que, chez les grands animaux domestiques, il n'y a point de saillie du mollet, le gastro-cnémien étant dissimulé par les muscles ischio-tibiaux, qui descendent longuement sur la jambe pour la maintenir en flexion permanente. Le creux poplité qui, chez l'homme, se trouve derrière l'articulation fémoro-tibiale, entre le biceps fémoral et le demi-tendineux, est ici complètement fermé.

MOUVEMENTS. — La jambe exécute solidairement avec la cuisse les deux mouvements d'extension et de flexion. Si étendue que soit l'extension, elle ne lui permet jamais de se mettre sur le prolongement de la cuisse et à l'angle fémoro-tibial de s'effacer comme chez les bipèdes.

La jambe ne se meut pas seulement sur le fémur, elle se meut aussi sur l'astragale : pendant l'appui, au moment où le membre donne sa détente, on la voit se redresser sur le jarret, solidairement avec la cuisse, par la contraction des ischio-tibiaux, et nous avons déjà dit que ce mouvement, combiné avec l'extension du canon et le redressement du paturon, est la principale cause de cette détente.

CONDITIONS DE BEAUTÉ. — La jambe doit être : *longue, bien musclée, bien dirigée.*

a) Sa longueur ne saurait être trop grande, surtout pour la vitesse. On trouve en moyenne cinq sixièmes de tête de la rotule au centre de l'articulation tibio-astragalienne et autant de cette même articulation au sol. Les variations en longueur de ces deux dimensions correspondent exactement à celles des segments homologues du membre antérieur : sommet du coude au pli du genou et pli du genou au sol.

b) On juge de la musculature de la jambe à la saillie formée par les muscles de la région jambière antérieure. Si cette saillie est très accentuée, le cheval est *bien gigolé*. Dans le cas contraire, la jambe est *grêle, mince, plate*, ce qui diminue considérablement la force du membre.

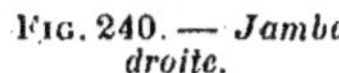

Fig. 240. — *Jambe droite.*

Fig. 241 — *Jambe oblique et jarret coudé.*

c) L'aplomb du membre étant normal, le pied placé verticalement au-dessous de l'articulation de la hanche, la direction de la jambe comme celle de la cuisse est en général subordonnée à celle de la croupe, c'est-à-dire d'autant plus oblique que celle-ci est plus avalée, d'autant plus droite au contraire qu'elle est plus horizontale. Il semble que, dans le cas de croupe horizontale, les tubérosités ischiatiques aient été soulevées de manière à redresser à la fois la cuisse et la jambe et à ouvrir davantage les angles fémoro-tibial et tibio-métatarsien. En conséquence, il y a lieu de conclure qu'une jambe *droite* (sans excès) convient au cheval de vitesse, tandis qu'une jambe *très oblique* est préférable pour le cheval de trait; la première (fig. 240) allonge le membre et augmente l'amplitude de ses enjambées, la seconde (fig. 241) le raccourcit mais augmente sa force de détente. L'inclinaison de la jambe doit être de 65° à 70° chez les chevaux de vitesse, de 55° à 60° chez les chevaux de trait.

MALADIES ET TARES. — Les coups sur la face interne de cette

région risquent de fêler et même de fracturer le tibia. On peut observer sur cette même face un thrombus consécutif à une saignée à la saphène interne, ainsi qu'une lymphangite, qui peut être de nature farcino-morveuse.

A la suite d'un mouvement d'extension outrée du canon, la corde fémoro-métatarsienne qui, comme on le sait, solidarise la flexion des angles fémoro-tibial et tibio-métatarsien, peut se rompre; il s'ensuit une boiterie caractéristique, dans laquelle on voit, à chaque lever du membre, l'angle du jarret s'ouvrir démesurément, le tendon d'Achille se relâcher, le canon ballotter en quelque sorte à la suite de la jambe, et le pied traîner sur le sol par la pince.

A l'écurie, il n'est pas rare que des chevaux, en ruant contre leurs voisins, se mettent à cheval sur un bat-flanc ou une barre de séparation, on dit qu'ils sont *embarrés*. Dans les efforts qu'ils font pour se dégager, ils peuvent se blesser plus ou moins grâvement à la face interne du membre et notamment de la jambe : c'est une *embarrure*.

Différences. — La jambe est courte et forte dans le bœuf; elle est plus longue dans le mouton et plus encore dans la chèvre, où elle se rapproche par ses dimensions de celle des ruminants coureurs comme le chevreuil, la gazelle, etc. Elle est très longue dans le chien et le chat et présente ainsi que l'avant-bras, son maximum de développement dans la race des lévriers.

Il arrive assez souvent, dans l'espèce bovine, que la jambe manque d'obliquité, défectuosité qui est surtout à considérer chez les bêtes de travail et chez les taureaux; ceux-ci éprouvent alors de la difficulté pour se cabrer et pratiquer la saillie.

Dans les animaux autres que les Solipèdes, la veine saphène externe se dessine nettement sous la peau en bas de la région, où on la voit croiser la corde du jarret pour s'engager sous la masse des ischio-tibiaux. On y pratique quelquefois la saignée.

Jarret.

CONFIGURATION ET BASE ANATOMIQUE. — Chez l'homme, on désigne sous le nom de jarret (du bas breton *garr*, jambe), la partie qui est derrière le genou et où se fait la flexion de la jambe; tandis que, chez nos animaux, cette dénomination s'applique à la partie qui correspond à l'articulation du cou-de-pied de l'homme. Situé entre la jambe et le canon, le jarret a pour base, outre les extrémités correspondantes des os de ces deux régions, le massif tarsien, comprenant deux os principaux, astragale et calca-

néum, et quatre ou cinq pièces accessoires en rangée inférieure
(cuboïde en dehors, scaphoïde sous l'astragale, grand et petit cunéi-
formes sous le scaphoïde, le petit cunéiforme susceptible de se
dédoubler) (fig. 242 et 243).

La configuration du jarret permet d'y reconnaître : une face
antérieure, une face externe, une face interne, deux bords latéraux
et un bord postérieur (fig. 244).

a) La face antérieure, centre de l'angle tibio-métatarsien, porte

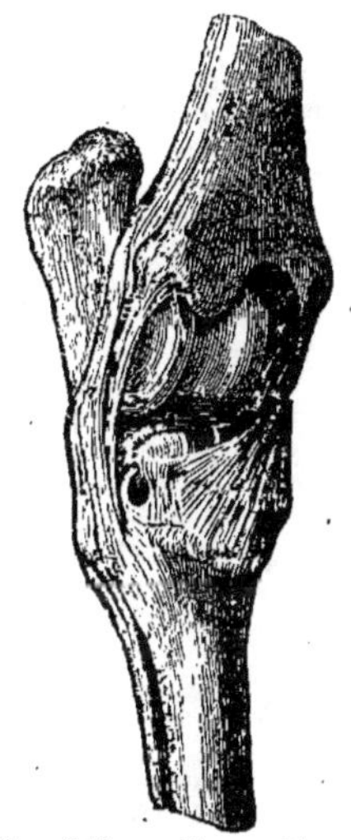

Fig. 242. — *Face antéro-externe
des articulations tarsiennes.*

a, ligament latéral externe; b, ligament
astragalo-métatarsien.

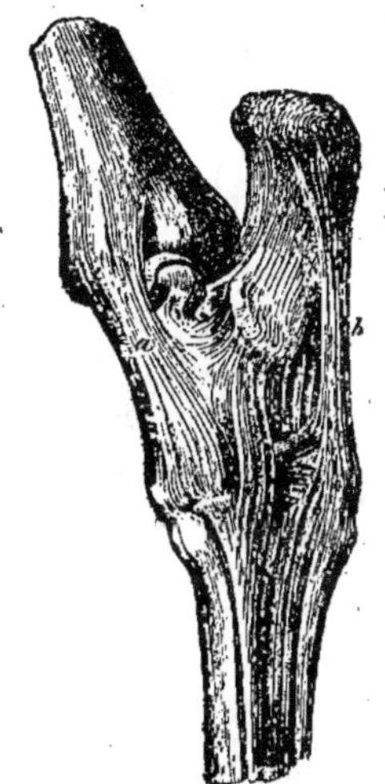

Fig. 243. — *Face postéro-interne
des articulations tarsiennes.*

a, ligament latéral interne; b, ligament calcanéo-métatarsien. (On voit la partie supérieure du ligament suspenseur du boulet).

le nom de *pli du jarret;* elle est légèrement convexe en tous sens
et présente, sous une peau qui se plisse en travers pendant la flexion,
un paquet de tendons appartenant à l'extenseur antérieur des
phalanges, au tibial antérieur et à la corde fémoro-métatarsienne,
tendons assujettis par trois brides fibreuses. Du côté interne, le
ligament capsulaire, très mince, donne appui à la veine saphène
interne et se laisse facilement soulever par la synoviale tibio-astragalienne lorsqu'elle est hydropique.

b) La face externe est convexe en avant, au niveau du ligament
commun latéral externe qui, comme on le sait, s'étend de la malléole

externe au métatarse, très légèrement concave en arrière, en regard
de la face externe du calcanéum.

c) La face interne est assez semblable à l'externe, par conséquent
convexe en avant, dans la partie correspondant au ligament commun latéral interne (qui va de la malléole interne au métatarse),
concave en arrière, au niveau de la gaine tarsienne, dans laquelle
passe le tendon perforant. On y voit, à sa partie inféro-postérieure,
une petite châtaigne allongée dont nous avons déjà eu l'occasion
de parler (p. 373).

Chacune des faces latérales du jarret est surmontée d'une excavation appelée *creux du jarret*, comprise entre le tendon d'Achille

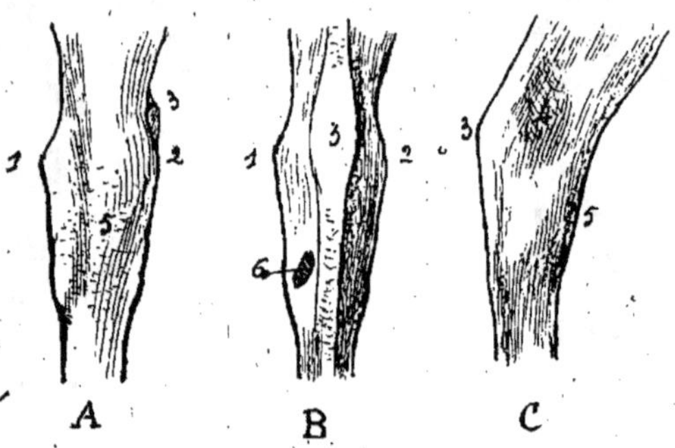

Fig. 244. — Conformation du jarret.

A, vu par devant; B, vu par derrière; C, vu par la face externe. — 1, malléole interne;
2, malléole externe; 3, pointe du jarret; 4, creux du jarret; 5, pli du jarret; 6, châtaigne.

et l'extrémité inférieure du tibia. Les deux creux du jarret ne sont
séparés que par la peau adossée à elle-même.

d) Les bords latéraux limitant la région vue de face par devant
ou par derrière figurent deux lignes courbes ondulées qui descendent
des saillies malléolaires et se continuent insensiblement avec les
lignes de face du canon. La malléole interne est toujours plus proéminente et mieux circonscrite que l'externe. Celle-ci livre passage
dans une coulisse *ad hoc* au tendon de l'extenseur latéral des phalanges; celle-là est contournée en arrière par le tendon du fléchisseur
interne des phalanges.

e) Vu de profil le jarret est limité en avant par une ligne à
peine convexe, en arrière par un bord coudé au sommet du calcanéum constituant la *pointe du jarret*. La partie supérieure de ce
bord n'est autre chose que la *corde du jarret*, formée par les tendons

enroulés du gastro-cnémien et du perforé, renforcés par une bride de l'aponévrose jambière; la partie inférieure est un bord épais, rectiligne ou très légèrement concave, qui se continue insensiblement avec le profil de la région du tendon; elle répond au bord postérieur du calcanéum, longé par le ligament calcanéo-métatarsien et le tendon perforé; chez les chevaux fins, la tête du métatarsien externe s'y accuse souvent par un léger relief qu'il ne faut pas prendre pour une jarde.

MOUVEMENTS. — Le jarret est le siège de deux mouvements précis et exclusifs, l'extension et la flexion, dont l'articulation tibio-astragalienne fait tous les frais; les os du tarse n'exécutent entre eux ou sur le métatarse que des mouvements fort obscurs, en sorte qu'ils forment avec ce dernier un seul et même rayon.

Bien que la flexion du canon ait à son service le muscle tibial antérieur, elle se produit généralement d'une manière passive, synchroniquement avec celle de la cuisse et de la jambe, grâce à la corde fémoro-métatarsienne. En effet, quand l'articulation fémoro-tibiale se fléchit, il se fait une rotation des condyles du fémur sur le plateau articulaire du tibia, qui élève l'insertion supérieure de cette corde et oblige, vu son inextensibilité, l'insertion inférieure à suivre le mouvement; l'articulation fémoro-tibiale ne peut donc se plier sans que la tibio-astragalienne se plie aussi et dans la même mesure. Quand, pour une cause ou pour une autre, la jambe ne se

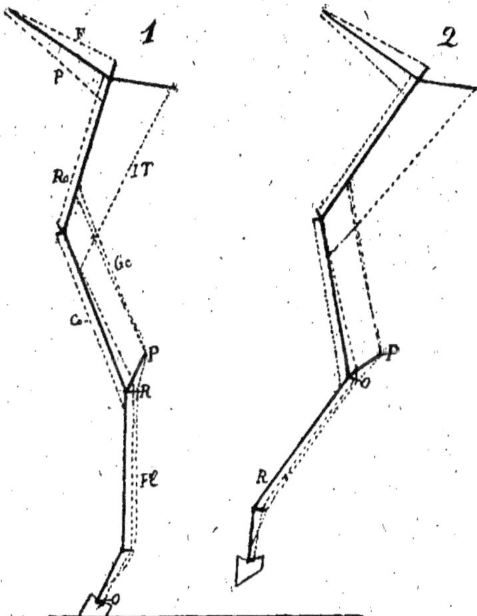

FIG. 245. — *Schémas du membre postérieur : 1, à l'appui; 2, au soutien.*

P, point d'application de la puissance au sommet du calcanéum; R, résistance; O, point d'appui du levier d'extension du jarret; F, muscles fessiers; P, psoas-iliaque; Ro, triceps crural; IT, muscles ischio-tibiaux; Gc, gastro-cnémien et perforé; Ca, corde fémoro-métatarsienne; Fl, tendons fléchisseurs des phalanges.

fléchit pas en même temps que la cuisse, il y a seulement soulèvement du canon, mais non flexion.

La même solidarité s'observe dans l'extension entre les deux
articulations précitées; c'est ainsi que, pendant l'appui du membre,
le redressement de la cuisse et de la jambe ne peut s'effectuer sans
que le perforé, presque réduit à l'état fibreux, transmette le mouvement à l'extrémité du calcanéum [1]. Ainsi se répercute sur les assises
tarsiennes tout l'effort impulsif développé par les muscles cruraux
postérieurs et fessier moyen.

Ajoutons que l'extension du canon dispose aussi d'un muscle
volumineux, le gastro-cnémien, dont l'action est singulièrement
favorisée par le bras de levier que lui fournit le calcanéum. Ce levier
varie suivant que le membre est au soutien ou à l'appui (fig. 245);
dans le premier cas, il est du premier genre ou interfixe, le point
d'appui ou centre d'oscillation étant à l'articulation tibio-astragalienne; dans le second cas, il est du deuxième genre ou interrésistant,
c'est-à-dire favorable à la puissance; le point d'appui se trouvant
transféré à l'articulation du pied. celle-ci a pour bras de levier
toute la distance qui s'étend du sommet du calcanéum à ladite
articulation. Les fléchisseurs externe et interne des phalanges contribuent encore à la détente du jarret, pendant l'appui du membre,
en pressant sur la coulisse calcanéenne.

On voit, d'après les explications qui viennent d'être données, que
le jarret est un centre où convergent tous les efforts de propulsion
du membre postérieur; il n'y a pas de région fonctionnant d'une
manière plus intense et qui soit plus sujette à se tarer; aussi faut-il
attacher une grande importance à sa bonne conformation et à son
intégrité.

CONDITIONS DE BEAUTÉ. DÉFECTUOSITÉS. — Le jarret doit être :
*sec et net, large, épais, convenablement ouvert, bien dirigé par rapport
au plan médian du corps et par rapport à l'axe du membre, enfin
doué de mouvements étendus et souples.*

a) Le jarret sec et net se fait remarquer par la pureté de ses lignes
de contour, témoignant de la finesse du sujet et de l'absence de tares.

b) Sa largeur se mesure par côté, de la pointe au pli; elle est
considérablement influencée par le degré d'ouverture de l'angle
tibio-métatarsien; mais, cet angle restant le même, si elle varie,
ce ne peut être qu'en raison de l'allongement du calcanéum, de sa
projection en arrière, ou du développement antéro-postérieur des

1. G. BARRIER, *Société de biologie*, 1899. Rôle de la corde fémoro-métatarsienne
des Equidés.

surfaces articulaires, toutes choses auxquelles on ne saurait assigner de bornes. Le jarret large est donc une beauté importante. Il ne suffit pas qu'il soit large à sa partie supérieure, il doit l'être aussi au niveau de ses assises inférieures; s'il en était autrement, il serait *étranglé* et prédisposé notamment à la jarde.

c) L'épaisseur du jarret se mesure d'un côté à l'autre par la distance de ses bords latéraux; elle indique le développement transversal des surfaces articulaires, qui ne saurait être trop grand.

d) Le jarret doit être convenablement ouvert. Son angle varie corrélativement à la direction de la jambe ou à celle du canon.

1° Si le membre est d'aplomb et le canon vertical ou presque vertical, le degré de cet angle est déterminé par l'obliquité de la jambe; or nous avons déjà dit que, d'une manière générale, la jambe est d'autant plus oblique que la croupe l'est elle-même davantage, qu'elle est au contraire d'autant plus droite que la croupe est plus horizontale; par conséquent le jarret doit être moins ouvert chez les chevaux de trait que les chevaux de vitesse. Dans ceux-ci, le *jarret droit* (fig. 240) est à rechercher parce qu'il

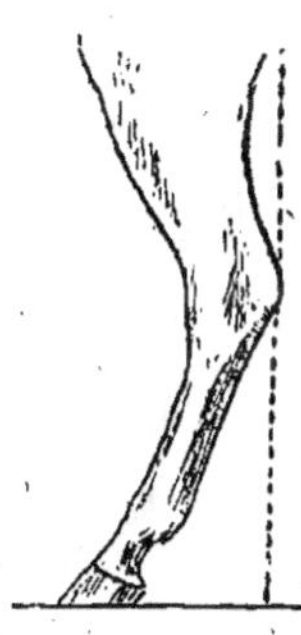
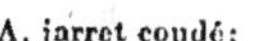
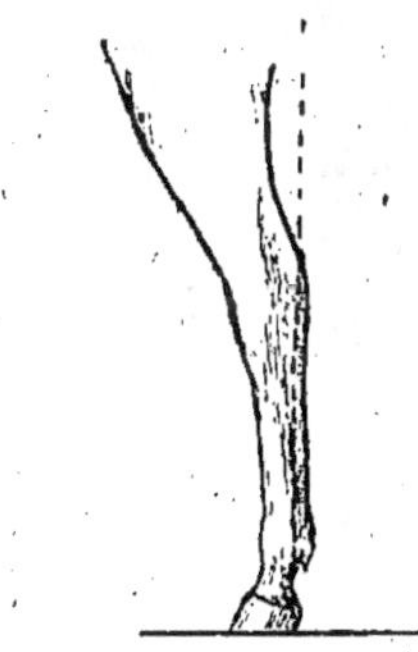

A, jarret coudé;   Fig. 246.   B, jarret campé.

implique une direction favorable de la croupe et un allongement du membre; mais en soi, il est moins puissant et moins souple que le jarret fermé du cheval de trait (fig. 241), car le bras de levier calcanéen tend au parallélisme avec le tibia; aussi existe-t-il une limite au delà de laquelle le redressement de la jambe devient défectueux même pour les services de vitesse, et cette limite est atteinte lorsque cette région fait avec la verticale un angle de moins de 20°.

2° L'ouverture du jarret est aussi subordonnée à la direction du canon quand le membre n'est pas d'aplomb. Si le canon est oblique en avant, le jarret est *coudé* (fig. 246, A); s'il est oblique en arrière, le jarret est *campé* (fig. 246, B). Le jarret coudé est nécessairement très large à sa partie supérieure, vu l'état de flexion du canon, mais sa détente est employée à soulever le corps autant qu'à le pousser en avant; en outre, l'extrémité du membre, étant portée en avant, glisse facilement et reçoit une plus grande part du poids du corps, ce qui expose les jointures tarsiennes et métatarso-phalangienne à une ruine précoce; c'est donc une défectuosité que ne saurait compenser un peu de brillant et de souplesse de l'allure. Avec le défaut inverse, le jarret a perdu toute largeur et toute puissance de détente, sans la moindre compensation. Après section ou rupture de la corde fémoro-métatarsienne, le canon, ballant, prend une attitude campée tout à fait extrême.

e) Les jarrets doivent être situés dans un plan parallèle au plan

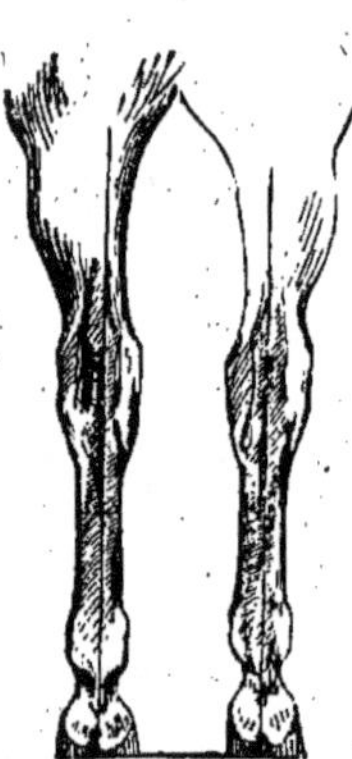
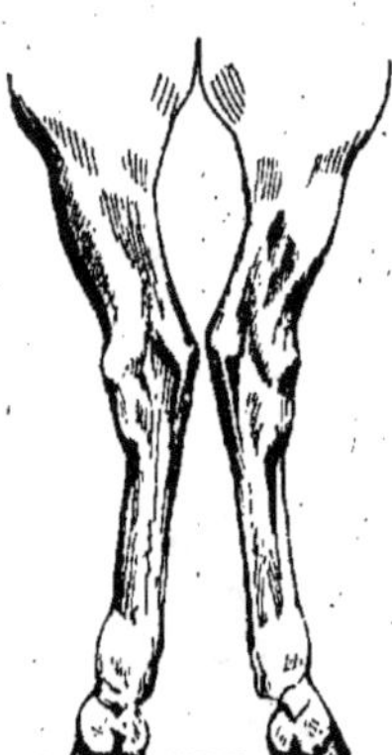
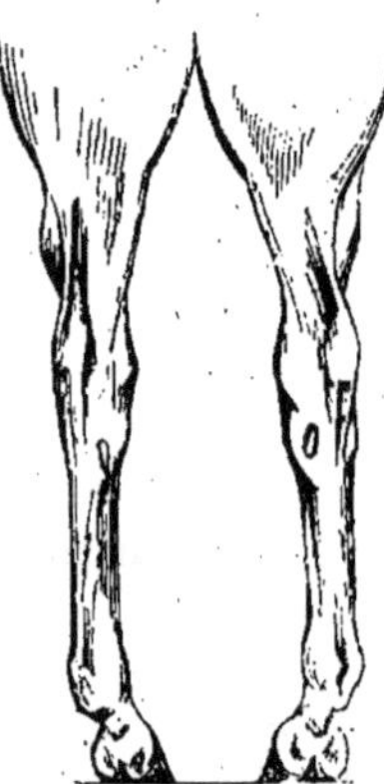

Fɪɢ. 247.

A, jarrets d'aplomb.   B, jarrets clos;   C, jarrets ouverts

médian du corps; c'est une condition indispensable de bon aplomb et de mouvements réguliers (fig. 247, A). S'ils convergent par leurs pointes, on dit qu'ils sont *crochus* ou *clos* et que l'animal est *jarrelé, jarrelier, clos du derrière;* il est toujours en même temps panard et a les grassets écartés (fig. 247, B). Si, au contraire, les pointes des jarrets s'écartent l'une de l'autre pour se porter en dehors, l'animal est *ouvert des jarrets* et en même temps cagneux avec les grassets portés en dedans (fig. 247, C). Ces déviations du jarret, déjà mentionnées à propos des aplombs, entraînent, à chaque détente du membre, une oscillation latérale qui fait qualifier la région de vacillante et ne laisse pas que de nuire, jusqu'à un certain point, à la solidité de l'appui et à la force de la détente, le premier effet de celle-ci tendant à rétablir l'aplomb par un mouvement en sens inverse de la déviation.

f) Le jarret doit être partagé en deux moitiés sensiblement égales par l'axe du membre lorsqu'on examine celui-ci de face. S'il était dévié en dedans, l'animal aurait, comme on le dit vulgairement, les *jambes en pied de banc*. Si, au contraire, il était dévié en dehors, il serait *cambré* et l'animal *bancal*. Ces deux défectuosités équivalent respectivement au genou de bœuf et au genou cambré et ont les mêmes conséquences sur l'aplomb de l'extrémité digitée : les jarrets en dedans sont toujours clos et les jarrets cambrés toujours ouverts. Mais la réciproque n'est pas vraie : les jarrets clos ne sont pas toujours en dedans, ni les jarrets ouverts nécessairement cambrés. Il importe donc de ne pas confondre ces deux sortes de déviations.

g) Il ne suffit pas d'examiner les jarrets sur l'animal au repos, il faut encore s'assurer de l'étendue, de la fermeté et de la souplesse de leurs mouvements. S'ils manquaient de flexibilité, les articulations fémoro-tibiales elles-mêmes auraient un jeu restreint et le membre tout entier aurait perdu de son ressort et de sa puissance. Si, au contraire, la flexion du jarret se faisait d'une manière exagérée, brusque et comme convulsive, l'animal serait atteint d'*éparvin sec*, irrégularité d'allure faisant dire qu'il *éparvine* ou encore qu'il *harpe*. Il est des chevaux qui harpent jusqu'à se frapper le ventre avec le boulet, ou frapper le brancard s'ils sont attelés. Après un certain temps d'exercice, ce mouvement disgracieux, rappelant l'allure de l'épervier, diminue et parfois même disparaît complètement, pour se montrer de nouveau après le repos. On a beaucoup discuté sur son étiologie et son mécanisme sans arriver à des conclusions concordantes.

H. Bouley comparaît la flexion du jarret, dans l'éparvin sec, au jeu d'un couteau à ressort qui se ferme brusquement et automatiquement lorsque la lame a été ployée au-delà d'un certain degré; ainsi la flexion du canon, une fois commencée, s'achèverait tout à coup, passivement, sur le plan incliné de l'astragale, grâce à une coaptation trop serrée des surfaces articulaires. Le resserrement de celles-ci, manifesté parfois par des rayures ou de l'usure des cartilages d'encroûtement, serait dû à un raccourcissement ligamenteux ou tendineux. De là viendrait que le défaut diminue et même disparaît sous l'influence de l'exercice, qui allonge et assouplit les ligaments, tandis qu'il reparaît après un repos prolongé, qui les rétracte sensiblement. Mais on peut objecter à cette théorie, plaçant le siège de l'affection dans le jarret lui-même, que l'articulation tibio-astragalienne est solidaire de la fémoro-tibiale et que, d'ordinaire, elle ne fait que suivre le mouvement commencé par cette dernière; son extension ou sa flexion ne sont possibles qu'autant que le grasset s'étend ou se fléchit dans la même mesure et suivant le même mode; ces mouvements ne pourraient se communiquer du jarret au grasset que par une action nerveuse réflexe; tout indique, au contraire, que c'est l'articulation fémoro-tibiale qui est le véritable promoteur. C'est pourquoi il y a lieu de croire aujourd'hui que le harper est dû à la contraction des fléchisseurs de cette articulation; il est douteux toutefois que l'on soit en présence de véritables mouvements convulsifs, la brusquerie et l'exagération de la flexion du membre peuvent s'expliquer par l'accrochement de la rotule au-dessus de la trochlée fémorale, ou plutôt par une difficulté momentanée de mobilisation de cet os sur la surface articulaire opposée, qui provoque une contraction excessive des muscles fléchisseurs de la jambe, contraction telle que, l'obstacle une fois vaincu, le mouvement dépasse les bornes physiologiques. la rotule obéissant.tout à coup à l'effort qui la sollicitait.

Une gêne dans la région digitée, comme en peuvent produire une crevasse, une seime, un entravon laissé au paturon, peut occasionner à chaque pas une flexion plus ou moins brusque et exagérée d'un membre postérieur qu'il ne faut pas confondre avec le harper.

Maladies et tares. — Les tares du jarret sont dures ou molles.

A. **Tares dures.** — Les tares dures sont des exostoses plus ou moins volumineuses qui se développent notamment à l'insertion

A   B   C

Fig. 248. — *Tares dures du jarret.*

A, courbe;   B, éparvin;   C, jarde.

des ligaments. Bien qu'elles soient de même nature sur tous les points, elles ont reçu des noms différents suivant leur position.

1° On appelle *courbe* l'exostose de la malléole interne, formée à l'attache supérieure du ligament latéral interne (fig. 248, A). C'est une tare peu fréquente se traduisant par l'exagération et l'irrégularité de la saillie naturelle qui en est le siège. Si l'on hésitait à la reconnaître, il n'y aurait qu'à comparer les deux jarrets et à passer la main sur la région, qui est toujours un peu bosselée dans le cas de courbé. Pour bien examiner le jarret au point de vue du diagnostic de la courbe, il faut se placer vers l'épaule, ou bien s'accroupir au devant des membres antérieurs et regarder dans leur intervalle les deux jarrets à la fois afin de s'assurer s'ils sont bien égaux. La courbe, en soulevant le ligament sous lequel elle se développe, en englobant le tendon du fléchisseur interne des phalanges et surtout en envahissant la face interne du tarse peut gêner les mouvements de l'articulation tibio-astragalienne et déterminer une boiterie; mais, si elle est peu développée et bien localisée à la tubérosité interne du tibia, elle n'a pas grande conséquence.

2° L'*éparvin* est l'exostose la plus fréquente du jarret; on l'observe en bas de la face interne (fig. 248, B), soit à l'attache du ligament latéral interne sur la tête du métatarsien interne et le côté adjacent du métatarsien médian, soit, en outre, sur les os plats du tarse et même sur la face interne de l'astragale. H. Bouley a proposé de distinguer, suivant les cas, l'*éparvin métatarsien*, localisé à l'extrémité inférieure du ligament latéral interne, et l'*éparvin tarso-métatarsien*, envahissant largement la face interne du tarse. Le premier est souvent peu développé, parfois à peine distinct de la saillie normale formée par la tête du métatarsien interne, à laquelle il se surajoute; il fait rarement boiter. Le deuxième, beaucoup plus grave, ankylose les articulations des os plats du tarse, soulève le ligament latéral interne ainsi que la bride cunéenne du tibial antérieur et fait souvent boiter; toutefois il ne faudrait pas croire que sa gravité soit proportionnelle à son volume, c'est souvent l'éparvin naissant ou éparvin-arthrite qui fait boiter, tandis que la boiterie cesse quand il est bien sorti et que les articulations des os plats sont définitivement ankylosées.

L'étiologie de l'éparvin est encore discutée; il est fort probable qu'il résulte tantôt de tiraillements ligamenteux, tantôt de surpressions éprouvées par les os plats du tarse; souvent il est précédé de l'arthrite de ces os, dont il n'est alors qu'une manifestation secondaire. Les jarrets droits, crochus ou coudés en dedans, ceux dont la flexion est plus ou moins restreinte, y sont particulièrement sujets. Il y a aussi une prédisposition héréditaire.

Cette tare est souvent qualifiée d'éparvin calleux pour la distinguer de l'éparvin sec dont nous avons parlé plus haut. Les deux éparvins peuvent d'ailleurs coexister, celui-ci ayant précédé celui-là.

3° La *jarde* se développe à l'insertion inférieure des ligaments latéral externe et calcanéo-métatarsien. Tantôt elle est parfaitement localisée en dehors, sur la tête du métatarsien externe et le côté adjacent du métatarsien principal, c'est-à-dire à l'opposé de l'éparvin, quelques hippologues lui donnent alors le nom de *jardon*; tantôt elle se porte en arrière et en haut, sous le tendon perforé, c'est alors la jarde proprement dite (fig. 248, C), à laquelle le jarret coudé prédispose. On diagnostique le jardon en examinant le jarret de face, soit par devant, soit par derrière; tandis qu'on reconnaît la jarde en examinant la région de profil, elle s'accuse, en bas du bord postérieur, par une convexité très manifeste; il faut toutefois se rappeler que la tête du métatarsien externe est normalement beaucoup plus développée que celle du métatarsien opposé, afin de ne pas trouver de jarde là où il n'y en a pas; chez les chevaux de pur sang, en particulier, la saillie de cet os s'accuse souvent d'une manière très nette sur le bord postérieur du jarret. La jarde est plus grave que le jardon et fait assez souvent boiter.

Il peut arriver que les exostoses que nous venons de décrire sous des noms spéciaux, et d'autres encore formées en des points variables, existent simultanément de manière à encroûter toute la périphérie de l'articulation; le jarret est alors *cerclé* et plus ou moins ankylosé par suite d'arthrite.

B. **Tares molles.** — Nous distinguerons sous ce nom les tumeurs synoviales ou vessigons, le capelet, la varice de la saphène interne, les solandres et les traces de feu.

1° On observe au jarret des *vessigons articulaires* et des *vessigons tendineux* (fig. 249). Les premiers procèdent de la synoviale tibio-astragalienne et se développent soit dans le pli du jarret, entre les tendons et le ligament latéral interne, en soulevant la capsule antérieure, soit en bas du creux du jarret, de chaque côté, en soulevant le ligament membraneux postérieur. Le vessigon articulaire du pli présente en moyenne le volume du poing; il déforme le profil antérieur ainsi que le bord interne de la région. Le vessigon articulaire du creux dépasse rarement le volume d'un œuf; il coexiste avec le précédent, et les pressions exercées sur l'un se transmettent à l'autre.

Les vessigons tendineux procèdent de diverses synoviales. Le plus fréquent est celui de la gaine tarsienne, qui se développe en haut du creux du jarret, au niveau du cul-de-sac supérieur de cette gaine, d'abord en dedans (vessigon simple), puis en dehors (vessigon chevillé), de manière à combler les deux creux du jarret et à déformer considérablement la région. Le creux du jarret peut donc être, de chaque côté, le siège d'un vessigon articulaire et d'un vessigon tendineux, que l'on distinguera l'un de l'autre, par la situation, l'articulaire occupant le fond de l'angle tibio-calcanéen, le tendineux se trouvant plus haut et plus en arrière.

Un vessigon tendineux extrêmement rare est celui de la corde du jarret, qui forme une tumeur oblongue de chaque côté de cette corde; il provient de la synoviale vésiculaire facilitant le glissement du perforé sur le tendon du bifémorocalcanéen et sur le sommet du calcanéum.

Signalons enfin le vessigon cunéen, qui reconnaît pour cause l'hypersécrétion de la petite synoviale vésiculaire de la branche cunéenne du tibial antérieur et se développe juste à l'endroit de l'éparvin, dont on ne le distingue que par le toucher. Le nom d'*éparvin mou* lui était autrefois donné. Il n'a aucune gravité.

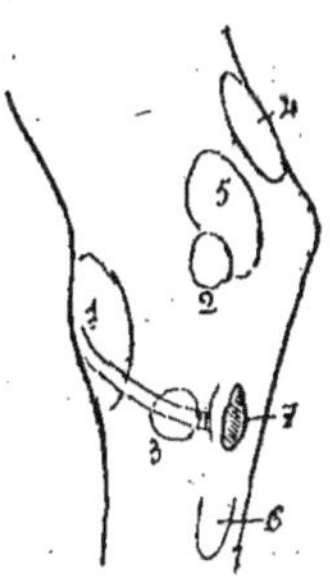

Fig. 249. — *Emplacement des vessigons du jarret.*

1, vessigon articulaire du pli; 2, vessigon articulaire du creux; 3, vessigon cunéen ou éparvin mou; 4, vessigon de la corde; 5, vessigon tendineux du creux (cul-de-sac supérieur de la gaine tarsienne) ;6, cul-de-sac inférieur de la dite gaine; 7, châtaigne.

Les vessigons, à moins qu'ils ne soient de volume extraordinaire ou qu'ils n'aient des parois indurées, sont généralement moins graves que les tares dures; ils font rarement boiter; souvent ils apparaissent chez de jeunes chevaux n'ayant pas encore travaillé, par suite d'hypersécrétion d'une synovie normale; d'autres fois, ils expriment la fatigue de l'articulation et sont remplis d'une synovie plus ou moins altérée. En général, les vessigons articulaires sont plus graves que les tendineux et d'un traitement plus délicat.

Il n'est pas rare de voir certains vessigons s'isoler des synoviales qui avaient été leur point de départ et se convertir en kystes [1].

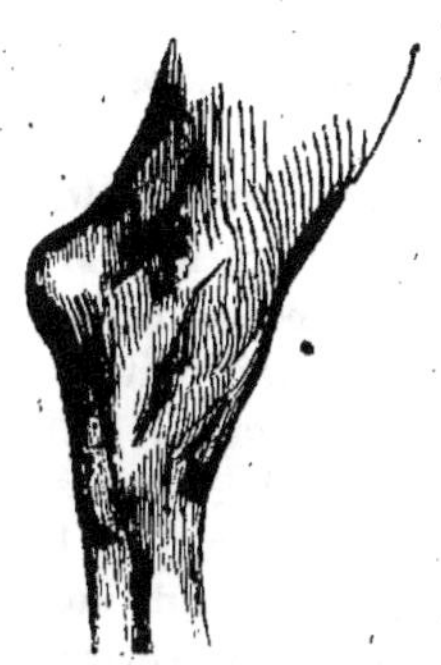

Fig. 250. — *Capelet.*

2° Le *capelet* ou *passe-campane* est une bourse séreuse hémisphérique qui coiffe la pointe du jarret à la

1. Voir C. LESBRE, *Journal de l'École de Lyon*, 1900. Sur les kystes synoviaux du jarret.

manière d'un petit chapeau ou d'une petite cloche (fig. 250). Il se développe à la suite de frottements réitérés qui dilacèrent le tissu conjonctif sous-cutané et y creusent une poche remplie de sérosité. D'autres fois ce n'est qu'un épaississement de la peau. Le capelet n'apporte aucun obstacle à la fonction du jarret, il ne tare le cheval qu'en raison de la déformation disgracieuse qu'il produit, particulièrement dépréciante chez les chevaux fins. Sa guérison est généralement difficile à obtenir. Lorsque le membre est engorgé, la boursouflure de la pointe du jarret peut simuler un capelet, mais elle disparaît facilement par l'exercice.

3° La *varice de la saphène interne*, au niveau du pli du jarret, est extrêmement rare; elle n'a d'ailleurs aucune gravité; toutefois, en raison de sa situation, elle peut donner le change et faire croire à un vessigon articulaire. Le diagnostic différentiel est facile, il n'y a qu'à comprimer la veine soit au-dessous, soit au-dessus de la tumeur : si c'est une varice, elle disparaît quand on presse au-dessous et au contraire augmente quand on presse au-dessus, si c'est un vessigon, il n'éprouve aucun changement du fait de ces manipulations.

4° Les *solandres* sont des crevasses qui se produisent dans le pli du jarret, chez quelques chevaux communs, et apportent de la gêne dans les mouvements de la région. Elles sont d'une guérison difficile, surtout si elles se transforment en plaies d'été.

5° Mentionnons enfin les *traces de feu*, en raies ou en pointes, que l'on applique souvent pour traiter les diverses tares, dures ou molles, que nous venons d'étudier.

Nous ne ferons que citer la luxation de la calotte du perforé sur le sommet du calcanéum.

Considérations générales.—En résumé, le jarret est une des régions qu'il importe d'examiner avec le plus d'attention; un vice de conformation, une tare, surtout si elle est osseuse, nuit au libre exercice de ses mouvements, occasionne tôt ou tard une boiterie et, par conséquent, enlève au cheval une partie de sa valeur. Cet examen doit être fait non seulement quand le cheval est au repos, mais principalement lorsqu'il est en action, car, à la manière dont le jarret se lève, se fléchit et s'étend, au pas, au trot, on juge de son intégrité. Quand il est taré, il faut soumettre l'animal à un exercice de longue durée, il y a en effet beaucoup de chevaux à jarrets tarés, qui ne boitent pas tout d'abord, mais viennent les efforts violents et la fatigue, alors apparaissent les inconvénients des tares avec la claudication. « Quelle que soit l'allure du cheval, écrivait le général

Morris, les différents temps doivent être *sentis*, la flexion moelleuse, l'extension franche et aussi développée que possible. Le poser doit être *marqué*, exécuté d'aplomb, terminé sans à-coup. La position de la tête et de l'encolure pendant la marche indique positivement la qualité des jarrets; un cheval qui en a de mauvais tend le nez et baisse la tête pour décharger son arrière-main; s'il la relève aux allures vives, il se soulage de suite au pas en la baissant de nouveau. De plus, quand il souffre d'une partie quelconque de ses jarrets, la foulée se termine brusquement, le membre est relevé par un mouvement très vif et même saccadé; les battues se répètent souvent et par temps irréguliers : démarche qui devient une véritable claudication après un certain temps. Il faut faire bien attention aux premiers pas du cheval en sortant de l'écurie, car ils indiquent d'une manière certaine la sensibilité de ses tares articulaires. Quand, par un léger exercice, cette sensibilité est émoussée, ce n'est plus qu'après une grande fatigue qu'on la voit reparaître. Pour celle des pieds, c'est le contraire, elle augmente toujours avec le travail. »

Différences. — Dans le bœuf, le jarret est très large par suite du développement du calcanéum et de la forme coudée de l'articulation; il doit être plat vu de côté. Le jeu de l'articulation tibio-astragalienne est moins étendu que dans les Solipèdes; par contre les articulations astragalo-calcanéenne et astragalo-scaphoïdienne jouissent d'une certaine mobilité. Les jarrets clos se présentent assez souvent (bêtes jarretières) ainsi que les jarrets droits.

Le jarret du chien est en général un peu droit, il se redresse encore à mesure que l'animal s'use par l'âge ou par la fatigue, au point d'arriver à continuer la ligne droite formée par la jambe. Il est large surtout dans le lévrier et le chien courant.

ARTICLE IV. — RÉGIONS COMMUNES AUX MEMBRES ANTÉRIEURS ET AUX POSTÉRIEURS

Canon.

CONFIGURATION ET BASE ANATOMIQUE. — Le canon est situé entre le genou et le boulet au membre antérieur, entre le jarret et le boulet au membre postérieur. Il a pour base les trois métacarpiens ou les trois métatarsiens, longés en avant par les tendons des muscles extenseurs des phalanges, en arrière par le ligament suspenseur du boulet et les tendons des muscles fléchisseurs des phalanges.

On en distrait généralement les cordes fibreuses post-métacarpiennes ou post-métatarsiennes pour en former une région spéciale appelée *tendon*.

Le canon est de forme à peu près cylindrique. Vu de face et de profil, il est limité par des lignes droites. Il se fléchit en arrière dans le membre antérieur, en avant dans le postérieur.

Le canon postérieur est plus long et moins large transversalement que l'antérieur; il n'est longé en avant, dans toute son étendue, que par le tendon de l'extenseur antérieur des phalanges, attendu que celui de l'extenseur latéral se réunit au précédent vers le tiers supérieur de la région. On mesure en moyenne une demi-tête du pli du genou à l'ergot, trois quarts de tête de la pointe du jarret à l'ergot.

Conditions de beauté. Défectuosités.—Le canon doit être : *de longueur convenable, vertical, en rapport de développement avec le poids du corps et net.*

a) En général, il faut rechercher la brièveté des canons, car elle augmente beaucoup la solidité des membres. Le genou, en particulier, a d'autant plus de tendance à céder au poids du corps et à se fléchir que le canon est plus long. Le canon long ne peut être utile qu'aux chevaux de grand train pour augmenter leurs enjambées, par exemple aux chevaux de course, qui, en effet, se font remarquer en général par l'élongation extrême de la région métacarpo ou métatarso-digitée. Ces animaux de grandes allures déploient au maximum tous les rayons de leurs membres pendant le soutien; la moindre augmentation de longueur des canons et des paturons influe sur leur vitesse. Une pareille manière de projeter l'extrémité des membres jusqu'à la dernière limite de l'extension fait dire que l'animal *steppe*. Mais, dans les allures ordinaires, le canon long se déployant incomplètement ne fait qu'augmenter le poids mort du bout du membre et déterminer le défaut de *trousser* ou, comme on dit aussi, de *trotter du genou;* il y a donc toutes raisons de préférer le canon court. Nous avons dit précédemment (v. p. 374) ce qu'il faut penser de la prétendue corrélation de longueur entre les canons et l'avant-bras ou la jambe; bornons-nous à répéter qu'elle n'existe pas chez les individus de même espèce.

b) La verticalité du canon est une condition *sine qua non* de bon aplomb et, par conséquent, de solidité du membre. Cependant, au membre de derrière, on peut tolérer une légère obliquité antérieure et, au contraire, au membre antérieur, une légère obliquité postérieure à la condition que la rectitude du genou soit maintenue (voy. p. 161).

c) Le volume du canon doit être en rapport avec la corpulence de l'animal. Il n'est pas vrai que les chevaux de sang ou chevaux fins aient toujours les os moins développés que les autres et, par conséquent, que leurs canons soient inévitablement grêles. C'est souvent la minceur de la peau et la sécheresse des formes qui donnent à leurs extrémités une apparence plus ou moins gracile; Cornevin a constaté que les chevaux anglais de course, dits de pur sang, ont une charpente osseuse particulièrement forte et résistante. Sans aucune exception donc, les canons doivent être volumineux; il s'ensuit la solidité de toute l'extrémité du membre. Leur gracilité est d'autant plus préjudiciable que la masse du corps à supporter est plus pesante; c'est un défaut fréquent chez les chevaux de trait, surtout dans la raçe percheronne. On dit alors que l'animal est *monté sur des allumettes,* ou encore qu'*il n'a rien sous les genoux.*

On désigne, sous le nom d'*indice dactylo-thoracique*, le rapport du pourtour de la région métacarpienne, mesuré à son milieu, au pourtour de la poitrine pris derrière le garrot. Cet indice doit dépasser 0,10 pour offrir des garanties de solidité.

D'après Dechambre, la hauteur du membre antérieur, de la pointe du coude au sol, est sensiblement égale à la somme des périmètres du genou, pris au niveau de la saillie du sus-carpien, du canon, mesuré à son milieu, et du boulet, chez les chevaux de format moyen; elle est inférieure à cette somme chez les brévilignes, supérieure chez les longilignes.

« Dans les pays chauds, écrit Buffon, les os des animaux sont plus durs que dans les pays froids; c'est pour cette raison que les chevaux barbes, quoiqu'ils aient le canon plus menu que ceux de ce pays-ci, ont cependant plus de force dans les jambes. » Cette observation s'applique à beaucoup de chevaux fins, dont les extrémités plus ou moins grêles sont néanmoins d'une remarquable solidité, à l'instar de celles de l'âne et du mulet. C'est chez les gros chevaux que la gracilité des canons est particulièrement à redouter.

d) On juge de la netteté du canon à la rectitude de ses lignes de contour, de face et de profil.

TARES. — Nous ne citerons que les *suros*, terme sous lequel on désigne spécialement les exostoses du canon (sur os). Les suros sont beaucoup plus fréquents au membre antérieur qu'au postérieur, et, dans chaque membre, en dedans qu'en dehors. Ils siègent ordinairement sur les interlignes des métacarpiens ou des métatarsiens (fig. 251), comme s'il y avait soudure exubérante de ces os, tantôt en un seul point bien localisé (suros simple), tantôt sur une certaine longueur (suros en fusée), tantôt sur plusieurs points rapprochés (suros en chapelet), tantôt enfin en deux points opposés, comme s'ils traversaient le canon de part en part (suros chevillé). Ces divers suros, intermétacarpiens ou intermétatarsiens, résultent vraisemblablement de la distension des ligaments interosseux par suite d'un imperceptible glissement des métacarpiens ou métatarsiens latéraux sur le métacarpien ou métatarsien médian. Or, les pressions reçues par la tête des métacarpiens latéraux sont évidemment beaucoup plus considérables que celles incombant aux méta-

Fig. 251. — Rapports de la 2e rangée du carpe avec les métacarpiens.

I, côté interne; E, côté externe. — 1, trapézoïde; 2, grand os; 3, unciforme; 4, suros intermétacarpien.

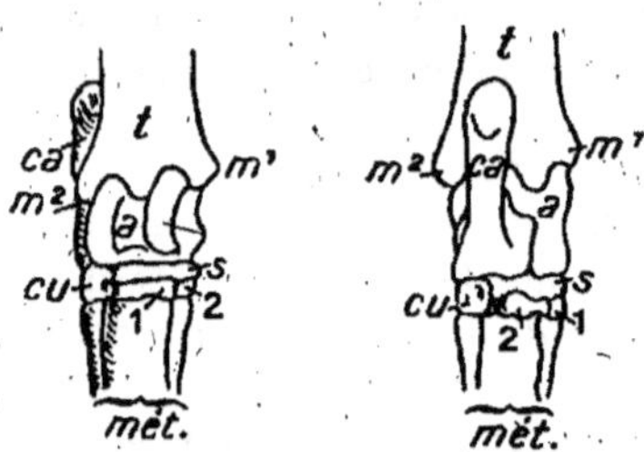

Fig. 252. — Rapports des os inférieurs du tarse avec les métatarsiens vus par la face antérieure et par la face postérieure.

t, tibia; m¹, malléole interne; m², malléole externe; ca, calcanéum; a, astragale; cu, cuboïde; s, scaphoïde; 1, grand cunéiforme; 2, petit cunéiforme; mét., les trois métatarsiens.

tarsiens latéraux, vu la proximité de la ligne de gravitation. Ces mêmes pressions doivent être aussi plus intenses sur le métacarpien ou le métatarsien interne que sur l'os opposé, à cause des différences de leurs connexions articulaires avec le carpe ou le tarse; le métacarpien interne reçoit à lui seul toutes les pressions du trapézoïde et même une petite part de celles du grand os, tandis que le métacarpien externe partage avec le médian les pressions de l'os crochu (fig. 251); le métatarsien interne supporte toutes les pressions du petit cunéiforme et une partie de celles du grand, tandis que les pressions du cuboïde sont partagées entre le métatarsien externe et le médian (fig. 252). Cette inégalité de charge explique sans doute la plus grande fréquence des suros au canon de devant qu'au canon de derrière, et, pour chacun d'eux, en dedans qu'en dehors.

Toutefois les suros ne sont pas tous intermétacarpiens ou intermétatarsiens; sans compter les suros de contusion qui peuvent se former partout où un coup a porté, il en est d'autres qui se produisent sur le bord postérieur des métacarpiens ou métatarsiens latéraux, à l'attache de l'arcade aponévrotique assujettissant les tendons fléchisseurs, par suite, semble-t-il, des tractions qu'elle exerce : ce sont les suros post-métacarpiens ou post-métatarsiens, sur lesquels Joly a attiré l'attention.

Quels qu'en soient le siège et la cause, les suros s'accusent par de légères bosselures altérant d'une manière plus ou moins évidente les lignes de contour de la région. Il faut se garder de prendre pour un suros la petite saillie formée par le bouton terminal d'un métacarpien ou d'un métatarsien latéral.

Le suros est une tare très commune, mais peu grave, que l'on peut observer même sur de jeunes chevaux n'ayant pas encore travaillé, en vertu d'une prédisposition héréditaire; il affecte alors une disposition symétrique sur les deux canons de la même paire de membres. Lorsqu'il s'étend sous le ligament suspenseur du boulet, il peut occasionner une claudication, surtout pendant la période où l'os enflammé lui donne naissance.

Remarquons, en terminant, que la synostose intermétacarpienne ou intermétatarsienne qui se produit normalement avec l'âge chez les chevaux actuels est rare chez les chevaux fossiles.

Différences. — Les canons, dans l'âne et le mulet, sont minces et graciles, ainsi que toute l'extrémité des membres, qui rappelle un peu celle des ruminants coureurs.

Chez le bœuf, les canons sont très courts et proportionnellement plus forts que ceux du cheval; ils s'élargissent vers le boulet, où le membre se divise en deux doigts.

Les canons de la chèvre sont plus courts que ceux du mouton, relativement surtout à l'avant-bras et à la jambe, qui sont au contraire plus longs dans la première espèce que dans la seconde.

Dans le porc, le chien, le chat, la région métacarpienne ou métatarsienne ne justifie plus le nom de canon, car il n'y a plus d'os tout à fait prépondérant; d'autre part, elle est considérablement raccourcie, en proportion de l'allongement du bras et de l'avant-bras. Chez le chien et le chat, notamment, elle est très courte et aplatie d'avant en arrière.

Tendon.

ANATOMIE ET PHYSIOLOGIE (fig. 253 et 254). — La région du tendon est constituée, comme nous l'avons déjà dit, par le ligament suspenseur du boulet et les tendons des muscles fléchisseurs des phalanges, ainsi que par la bride carpienne ou tarsienne renforçant le perforant, bride qui n'occupe que le tiers supérieur de la région et est très faible au membre postérieur, absente même chez l'âne et le mulet.

Le tendon du membre postérieur, plus long, comme le canon qu'il accompagne, devient apparent au-dessous du calcanéum et se trouve moins éloigné des os que celui du membre antérieur.

Les diverses cordes fibreuses de la région du tendon concourent

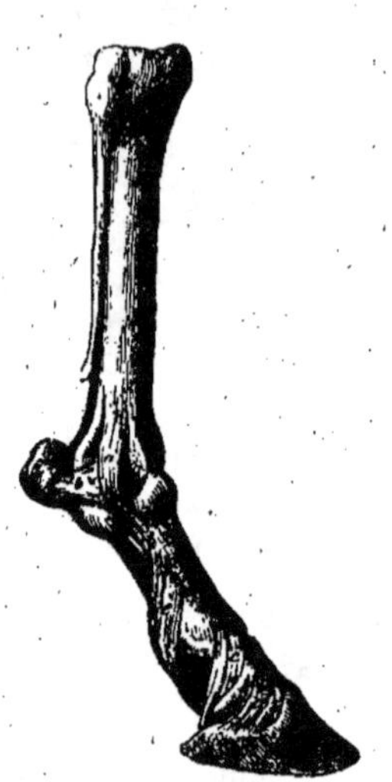

FIG. 253. — *Articulations du segment métacarpo-digité vu par côté.*

a et *b*, les deux couches d'un ligament latéral du boulet; *c*, ligament latéral de la première articulation interphalangienne; *d*, ligament latéral de la deuxième articulation interphalangienne; *e*, bride de l'aponévrose de renforcement du perforant.

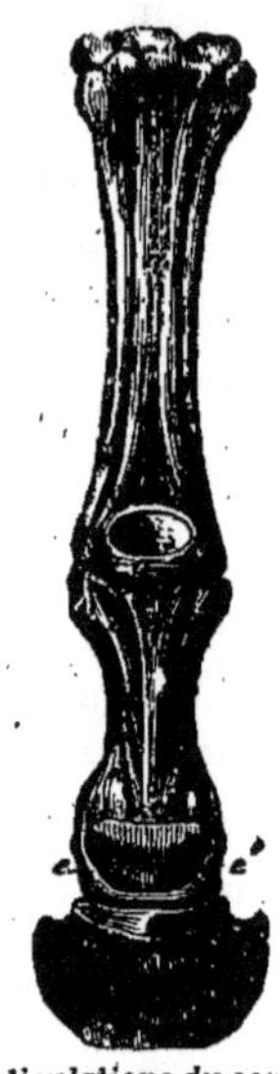

FIG. 254. — *Articulations du segment métacarpo-digité vu par derrière.*

a, ligament suspenseur du boulet; *b*, ligaments sésamoïdiens inférieurs; *c*, ligament intersésamoïdien formant coulisse pour les tendons fléchisseurs; *d*, ligaments du bourrelet glénoïdien complémentaire de la deuxième phalange; *e*, ligaments latéraux de la première articulation interphalangienne se réunissant en formant bourrelet complémentaire au petit sésamoïde.

au même résultat, le soutènement du boulet pendant l'appui du membre, mais chacune d'elles a un rôle particulier qui a été bien analysé par M. le professeur G. Barrier [1], ensuite par MM. Liénaux et Zwænepoel [2], rôle que nous allons essayer de définir.

Le ligament suspenseur du boulet est une corde à traction directe,

1. G. BARRIER, *Bull. de la Soc. centr. vétérin.*, Paris, 1891, 1892 et 1893.
2. LIÉNAUX et ZWAENEPOEL, *Ann. de méd. vétér.*, Bruxelles, 1904.

dont la fourche terminale embrasse comme une chape la poulie sésamoïdienne et la suspend par son axe. Il se tend proportionnellement à l'affaissement du paturon et, par conséquent, est exposé à la distension et à la rupture au premier temps de l'appui, c'est-à-dire pendant la phase d'amortissement. Les deux brides latérales qu'il lance au tendon extenseur se tendent aussi proportionnellement à l'abaissement du boulet, de manière à maintenir les deux premières phalanges dans la plus grande extension possible et à donner au bras de levier qu'elles constituent une rigidité croissante avec l'intensité des pressions qu'elles subissent.

Le perforé agit dans les mêmes conditions que le suspenseur; sa distension, beaucoup plus fréquente aux membres de derrière qu'à ceux de devant, se produit ordinairement au premier temps de l'appui. Il est toutefois moins tendu que le suspenseur chez le cheval en station; sa section ne provoque qu'un léger affaissement du boulet, tandis que celle du suspenseur entraîne une chute de 3 ou 4 centimètres en moyenne.

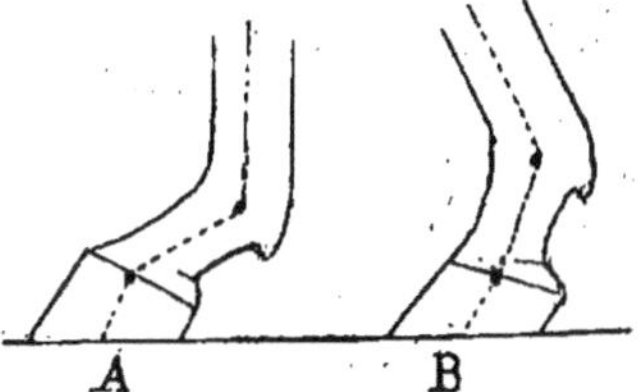

Fig. 255. — *Attitudes de l'extrémité d'un membre à l'appui.*

A, phase d'amortissement; B, phase d'impulsion.

Le perforant agit, dans le soutien du boulet, comme la corde mobile de la poulie sésamoïdienne, glissant dans un sens ou dans l'autre, plus ou moins bandée pendant l'appui. Au premier temps de l'appui, lorsque le paturon s'abaisse en oscillant sur le sabot, il se forme un angle entre la deuxième et la troisième phalange, qui implique relâchement du perforant (fig. 255, A); ainsi s'explique que la distension de ce tendon ne se produise pas d'ordinaire à ce moment, sous l'influence de l'extrême flexion du rayon digité, mais bien au deuxième temps, c'est-à-dire pendant la phase d'impulsion, alors que l'effort général de détente du membre tient l'articulation du pied en extrême extension et que le canon, très oblique, ferme l'angle du boulet sans que le perforant puisse éprouver le moindre glissement sur ses poulies sésamoïdiennes (fig. 255, B).

Pendant la station, le tendon perforant, dans les conditions normales, ne contribue en rien au soutènement du boulet; on peut le couper vers le milieu du canon sans que cette région éprouve aucune descente; mais nous avons hâte de dire que souvent il est en état de tension anormale et qu'alors sa section est suivie d'une chute plus ou moins prononcée du boulet.

On remarquera que, grâce à leurs brides de renforcement (bride carpienne pour le perforant, bride radiale pour le perforé), les deux tendons fléchisseurs du membre antérieur peuvent, à un moment donné, dériver sur elles une partie des tractions qu'ils subissent et ainsi préserver les corps charnus auxquels ils font suite de tiraillements et de ruptures. Ce n'est toutefois qu'après un certain allongement de ces corps charnus que lesdites brides se tendent et détournent l'effort sur le squelette, ainsi l'appareil suspenseur du boulet bénéficie de l'élasticité du tissu musculaire et de la ténacité du tissu fibreux.

On peut juger de l'intensité des tractions auxquelles les diverses cordes de cet appareil sont soumises par la fréquence de l'accident appelé *effort de tendon* ou *nerf-férure*, qui résulte en somme de ce que la limite de leur ténacité a été dépassée. C'est que, en effet, le poids du corps se partage, au niveau du boulet, entre le rayon osseux phalangien et l'appareil de soutènement qui nous occupe; la partie incombant à ce dernier se trouve singulièrement accrue par la quantité de mouvement dont le corps est animé lorsque le membre arrive au sol, ou par la pression résultant de l'effort impulsif lorsque le membre est à la fin de son appui. Il peut y avoir non pas seulement distension, mais rupture complète, notamment du suspenseur du boulet.

Conditions de beauté. Défectuosités.—Le tendon doit être : *très développé, sec, ferme, net, bien détaché et tomber perpendiculairement du genou ou du jarret au boulet.*

a) Le volume du tendon est assez généralement proportionné à la musculature de l'avant-bras ou de la jambe; il indique sa solidité.

b) Le tendon sec est couvert d'une peau fine, modelant les interstices des diverses cordes qui le constituent et laissant saillir particulièrement le ligament suspenseur du boulet. Dans les chevaux communs, le tendon est noyé sous une peau épaisse, garnie de poils longs et grossiers et même de véritables crins à la partie inférieure de la région.

c) La fermeté du tendon, dont on juge au toucher sur le membre à l'appui, indique la densité des tissus, l'énergie et la distinction de l'animal. Le tendon manquant de fermeté témoigne au contraire de peu de force et surtout de peu de vivacité dans les mouvements.

d) Le tendon net est exempt de tares et montre, par le toucher, l'indépendance et l'intégrité de ses organes constituants.

e) Le tendon bien détaché (fig. 256), c'est-à-dire bien séparé du canon, accuse le développement et la forte projection en arrière des grands sésamoïdes, os constituant pour les tendons fléchisseurs une poulie de renvoi qui les écarte du parallélisme avec le rayon phalangien qu'ils doivent mouvoir, ainsi qu'un bras de levier qui augmente leur puissance dans le soutien du boulet. Par conséquent le tendon bien détaché est une beauté importante.

f) Mais il faut qu'il soit également bien détaché dans toute sa longueur et qu'il tombe perpendiculairement sur le boulet. Si, vers le pli du genou, il était appliqué contre le canon, de manière que son incidence fût oblique, il serait *failli* (fig. 257); bridé alors derrière le carpe par l'arcade carpienne, il n'agirait plus normalement sur la

Fig. 256. — *Tendon bien détaché.*

Fig. 257. — *Tendon failli* (Lecoq).

poulie sésamoïdienne et, d'autre part, ne serait plus en ligne droite avec les muscles fléchisseurs, ce qui ferait perdre à ceux-ci une partie de leur puissance et exposerait l'arcade carpienne à des tensions exagérées; sans compter que cette défectuosité, en exagérant le pli du genou, donnerait à cette région l'apparence arquée. Les marchands de chevaux cherchent à la dissimuler en laissant pousser les poils à la partie supérieure du tendon et en les tondant inférieurement.

TARES. — La tare la plus fréquente, la seule que nous ayons à faire connaître ici, est l'*engorgement de tendon*, consistant en une sorte d'épaississement qui se produit à la suite de contusions et surtout de distensions ayant amené des déchirures d'une ou de plusieurs cordes de la région. Par exemple, il est assez fréquent de voir, sur les hippodromes, au plus fort d'une course, un cheval s'arrêter tout à coup et se mettre à boiter; si on lui touche le tendon du membre boiteux (généralement un antérieur), il manifeste une vive douleur, on dit qu'il a un tendon *claqué*, qu'*il s'est claqué un tendon*, ou encore qu'il est atteint d'un *effort de tendon* ou de *nerf-férure* : toutes expressions signifiant que les tractions subies par l'appareil de soutènement du boulet ont dépassé la limite de sa résistance et ont déterminé des déchirures interstitielles plus ou moins considérables, parfois même une rupture complète. Un semblable accident peut aussi se produire chez les chevaux de trait, même à l'allure du pas, au moment d'un violent effort de tirage.

Dans les deux cas, un engorgement se produit, d'abord douloureux, qui devient ensuite indolent en passant à l'état chronique. Alors la corde fibreuse lésée est renflée, pour ainsi dire noueuse, et de plus adhérente à ses voisines; presque toujours, en même temps, elle s'est raccourcie, comme pour compenser son épaississement, ainsi que le fait une corde mouillée. Il s'ensuit que le paturon se redresse et que souvent même la bouleture se produit. L'engorgement de tendon s'observe en général vers le milieu de la région, quelquefois en bas du ligament suspenseur, ou bien à la partie supérieure, sur la bride carpienne ou tarsienne du perforant. Dans ce dernier cas, il ne faut pas le confondre avec l'empâtement que peut occasionner le cul-de-sac inférieur de la gaine carpienne ou tarsienne.

Il y a lieu de distinguer : 1° la *nerf-férure d'amortissement*, qui se produit au premier temps de l'appui, par suite de l'extrême affaissement du boulet, dans les allures rapides ou dans le saut, et qui frappe principalement le suspenseur du boulet, quelquefois le perforé; 2° la *nerf-férure d'impulsion*, qui se produit au contraire à la fin de l'appui, au moment où l'effort général de détente du membre roidit à l'extrême le rayon digité, et qui intéresse surtout le perforant ou sa bride de renforcement.

M. l'inspecteur général Barrier a bien montré que la fermeture de l'angle du boulet par le canon détermine beaucoup plus facilement une distension du perforant que la fermeture de ce même angle par le paturon, car, au moment où s'affaisse celui-ci, le tendon perforant se relâche derrière le petit sésamoïde du fait de la flexion de l'articulation du pied, et ce relâchement, compensant la tension éprouvée derrière le boulet, suffit le plus souvent à prévenir la nerf-férure; mais il faut, pour cela, que l'articulation de la deuxième phalange avec la troisième ait gardé sa liberté; si elle était gênée par des exostoses, la compensation dont il vient d'être parlé ne se ferait plus, le perforant, immobilisé sur les poulies sésamoïdiennes, pourrait se distendre au commencement comme à la fin de l'appui. C'est ainsi que les formes coronaires prédisposent à la nerf-férure du perforant, et il en est de même pour l'état d'extension du pied occasionné notamment par l'allongement de la pince.

. L'effort de tendon est beaucoup moins fréquent au membre postérieur qu'à l'antérieur; aussi accorde-t-on à l'examen des tendons de devant une attention autrement grande qu'à celui des tendons de derrière. Remarquons, en terminant, que l'expression « nerf-férure » qui nous vient de l'ancienne hippiatrique dérive de *nerf féru* : *nerf* mis pour tendon, *féru* participe passé du verbe férir signifiant frapper. En effet, on attribuait autrefois l'engorgement de tendon à une contusion comme en peut produire par exemple l'entre-choc des membres. Cette étiologie est exceptionnelle; nous venons d'expliquer que le plus souvent il s'agit d'efforts entraînant distension ou rupture, mais le terme est resté.

Différences. — Le tendon du bœuf, court et fort, s'élargit inférieurement comme le canon. Son écartement de l'os n'est pas aussi grand que dans les **Solipèdes**; aussi ceux-ci présentent-ils un aplatissement latéral du membre au-dessous du genou, tandis que, chez le bœuf, cette même partie est à peu près carrée.

Dans le porc, le chien, le chat, le ligament suspenseur du boulet est remplacé par des muscles interosseux, métacarpiens ou métatarsiens, sousjacents aux tendons fléchisseurs des phalanges.

Boulet.

CONFIGURATION ET BASE ANATOMIQUE. — Ainsi nommé à cause de sa forme, le boulet fait suite au canon et au tendon et précède le paturon. Il répond à l'articulation métacarpo-phalangienne ou métatarso-phalangienne, longée en avant par le tendon de l'extenseur antérieur des phalanges et (au membre antérieur seulement) par celui de l'extenseur latéral, — complétée en arrière par les deux grands sésamoïdes, qui donnent attache au ligament suspenseur et forment poulie de renvoi pour les tendons fléchisseurs.

Le boulet n'est pas sphérique, sa coupe horizontale est un ovale à grand axe antéro-postérieur et à gros pôle tourné en avant Vu de face, il est limité de chaque côté par une ligne régulièrement convexe qui se continue insensiblement avec le canon et le paturon. Vu de côté, son profil antérieur est à peine convexe, tandis que le postérieur décèle une forte proéminence surplombant le pli du paturon. Cette proéminence est constituée par l'*ergot*, petit tubercule corné reposant sur une sorte de coussinet plantaire et se dissimulant au centre d'un bouquet de longs poils connu sous le nom de *fanon*. L'ergot est très petit dans les chevaux fins, tandis qu'il s'élargit et s'allonge dans les chevaux communs. De même, le fanon, à peine marqué dans les premiers, se développe beaucoup dans les seconds, s'étend sur le tendon et parfois tombe jusqu'à terre. Les anatomistes philosophes considèrent l'ergot comme un vestige unguéal des doigts II et IV représentés dans le squelette par les métacarpiens ou métatarsiens latéraux.

PHYSIOLOGIE. —Au niveau du boulet, le poids du corps, transmis verticalement par le canon, se divise en deux parts : l'une suivant le rayon osseux phalangien, l'autre se déversant sur la soupente sésamoïdienne, c'est-à-dire sur le ligament suspenseur et les tendons fléchisseurs. Chaque fois que le membre arrive au sol, le boulet s'affaisse, les cordes précitées se tendent, les brides latérales que le suspenseur envoie au tendon extenseur participent à cette tension et raidissent le levier du paturon oscillant de haut en bas sur la surface articulaire du pied. Bientôt l'affaissement est enrayé, il se fait une réaction en vertu de laquelle le boulet reprend sa hauteur primitive et même la dépasse, jouant ainsi comme un puissant ressort amortissant et impulsif (fig. 260). La souplesse du boulet peut être telle, particulièrement dans le jeune âge que, sur les hippodromes, il n'est pas rare de voir les ergots venir au contact du sol et s'user jusqu'au sang.

CONDITIONS DE BEAUTÉ. DÉFECTUOSITÉS.—Le boulet doit être : *large, épais, sec, net, convenablement ouvert et situé dans l'axe du membre.*

a) La largeur du boulet tient au développement antéro-postérieur des surfaces articulaires et des grands sésamoïdes; elle constitue une beauté importante, attendu que ceux-ci servent non seulement de pièces complémentaires pour l'articulation, mais encore de bras de levier et de poulie de renvoi pour les tendons fléchisseurs des phalanges.

b) L'épaisseur se mesure d'un côté à l'autre sur le boulet vu de face; elle témoigne du développement transversal des assises articulaires et, par conséquent, de la solidité de la région. Le boulet péchant par défaut de largeur et d'épaisseur, c'est-à-dire *grêle*, approche de la forme sphérique, il fait dire que l'animal *manque de poignets*, qu'il a les *poignets minces* ou les *attaches faibles*.

c) Le boulet sec, avec un ergot petit, un fanon peu marqué, atteste la distinction et la noblesse de race. Le boulet empâté, avec ergot volumineux et fanon couvrant tout le pli du paturon, est le propre des chevaux communs, élevés dans les pays humides.

d) Il y a d'autant plus de raisons de s'assurer de la netteté de cette région qu'elle est très exposée aux tares.

e) Le boulet doit être convenablement ouvert, ce qui revient à dire, dans le cas de bon aplomb ou verticalité approximative du canon, que le paturon doit être convenablement incliné. Nous étudierons, à propos de cette dernière région, l'influence considérable de l'obliquité digitale sur la répartition du poids du corps, au boulet, entre les os et les tendons; bornons-nous à dire ici que son insuffisance, tendant à effacer l'angle du boulet, fait qualifier l'animal *droit sur ses boulets, droit-joinlé, boulé, piqué sur ses membres*, etc., et que cette défectuosité se produit le plus souvent par suite de fatigue articulaire ou, au contraire, de repos prolongé entraînant une légère rétraction des ligaments et des tendons. Dans ce dernier cas, elle disparaît spontanément par l'exercice; rien n'est commun comme de voir des poulains droits sur leurs boulets prendre une inclinaison convenable des paturons sous la seule influence des ébats de la prairie.

L'angle du boulet ne varie pas seulement du fait du paturon, il varie aussi du fait du canon quand le membre n'est pas d'aplomb. Par exemple, au membre antérieur, il se ferme davantage lorsque l'animal est sous lui, ce qui augmente tout particulièrement la fonction du tendon perforant; par contre, il s'ouvre outre mesure lorsque l'animal est campé. Au membre postérieur, l'attitude campée du canon diminue l'ouverture du boulet, tandis que le jarret coudé l'augmente; il arrive souvent, avec cette dernière conformation, que l'obliquité antérieure du métatarse provoque l'oscillation du paturon de manière à projeter le boulet en avant comme dans la bouleture, ce qui fait dire que l'animal est *juché du derrière;* mais ce n'est là qu'une attitude momentanée exprimant tout au plus un peu de fatigue; le paturon reprend son inclinaison normale à chaque détente du jarret.

f) Le boulet doit être dans l'axe du membre, c'est-à-dire que le canon et le paturon, examinés par devant ou par derrière, doivent être dans le même plan, on dit *en ligne*. Si le boulet était dévié en dedans ou en dehors, un angle se formerait en sens inverse, qui compromettrait la solidité de l'extrémité digitée et ferait qualifier l'animal de *serré des boulets* ou *ouvert des boulets*. Ces déviations sont généralement dues à une obliquité latérale du paturon provoquée par un vice d'aplomb du pied, ainsi que nous l'expliquerons plus loin.

MALADIES ET TARES. — Nous signalerons :

1° Les blessures ou cicatrices de la face interne, indiquant que l'animal se coupe ou s'atteint, défaut d'autant plus grave qu'il augmente presque toujours avec la fatigue et expose à des faux pas. « On doit rechercher par un examen attentif, au repos et pendant l'exercice, si le cheval se coupe par défaut d'aplomb ou par suite d'un défaut dans la ferrure. La largeur de la plaie ou de la cicatrice, la présence de callosités sont toujours un indice de la gravité du défaut. Il est de jeunes chevaux qui se coupent par faiblesse ou par maladresse. Chez eux, l'âge peut faire disparaître le défaut » (Lecoq). Quelquefois l'atteinte cause un petit kyste séreux.

2° Les blessures ou cicatrices de la face antérieure, qui se produisent dans les chutes ou glissades et font dire que l'animal est *couronné du boulet;*

3° Les traces de feux en pointes ou en raies, au moyen desquels on traite souvent les diverses tares synoviales ou osseuses de la région;

4° L'entorse ou *effort de boulet,* qui souvent passe à l'état chronique et s'accuse à chaque poser du membre par un mouvement de flexion caractéristique;

5° Les *eaux aux jambes,* sorte de dartre humide occupant toute l'extrémité du membre et déterminant un suintement fétide de la peau avec agglutination des poils en petits faisceaux. Cette maladie ne s'observe que sur les chevaux communs, lymphatiques, principalement pendant l'hiver;

6° L'*hygroma,* petite tumeur hémisphérique se développant sur la face antérieure de la région, par suite de l'accumulation de sérosité dans le tissu conjonctif sous-cutané, et n'ayant d'autre inconvénient que la déformation produite (fig. 258).

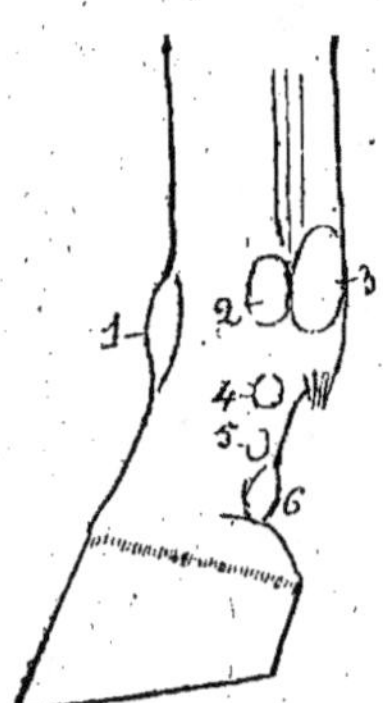

FIG. 258. — *Emplacement de l'hygroma du boulet et des molettes.*

1, hygroma; 2, molette articulaire; 3, molette du cul-de-sac supérieur de la gaine grande sésamoïdienne; 4 et 5, petites molettes des culs-de-sac latéraux de la même synoviale; 6, molette du cul-de-sac inférieur, dite molette du pli du paturon.

7° Les *molettes,* causées par l'hydropisie des diverses synoviales de la région, soit par devant, soit par côté (fig. 258). La molette antérieure procédant de la petite synoviale vésiculaire comprise

entre le ligament capsulaire et le tendon extenseur se distingue de
l'hygroma siégeant au même endroit à ce qu'elle est bilobée,
c'est-à-dire développée de chaque côté du tendon qu'elle n'a pu
soulever (fig. 267, 2). Les molettes latérales procèdent de la synoviale articulaire ou de la synoviale grande sésamoïdienne. Les articulaires s'observent de chaque côté du boulet entre le ligament
suspenseur et l'extrémité inférieure du métacarpien ou métatarsien
médian, c'est-à-dire au niveau du cul-de-sac postérieur de la synoviale articulaire (fig. 258, 2); elles sont tendues lorsque le membre
est à l'appui, dépressibles lorsqu'il est au soutien. Les tendineuses
ont absolument les mêmes caractères objectifs, on les distingue
seulement par leur siège; la plus commune correspond au cul-de-sac
supérieur de la grande gaine sésamoïdienne (fig. 258, 3) et se trouve
derrière le ligament suspenseur, de chaque côté des tendons fléchisseurs, qu'elle peut même
contourner postérieurement
(molette cerclée). On peut
aussi en rencontrer de petites
entre les brides latérales
attachant l'arcade sésamoïdienne à la première phalange
(fig. 258, 4 et 5), et, si la
synoviale est extrêmement
hydropique, au niveau de
son cul-de-sac inférieur (molette du pli du paturon)
(fig. 258, 6).

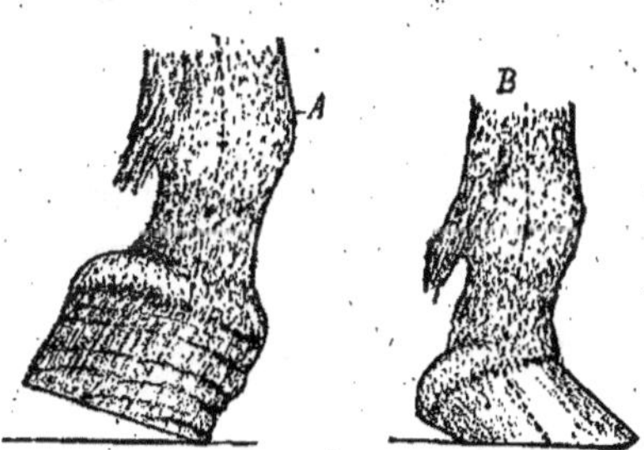

Fig. 259. — *Deux cas de bouleture.*
A, avec pied bot; B, avec appui normal du pied.

Qu'elles soient articulaires ou tendineuses, les molettes ne font
boiter que dans le cas d'extrême développement ou d'induration
de leurs parois. Parfois on en observe sur des poulains n'ayant pas
encore travaillé, ce qui autorise à penser qu'elles résultent d'une
surabondance de synovie normale; le plus souvent elles sont dues
à la fatigue ou à des efforts, et alors elles ne cèdent que difficilement
aux moyens curatifs, même les plus énergiques, et sont d'autant
plus rebelles que l'animal est plus vieux et plus usé.

8° Les *osselets*, petites exostoses développées à l'insertion des
ligaments latéraux ou sur les marges des surfaces articulaires.
Ils font souvent boiter.

9° Enfin, la *bouleture*, déviation du boulet en avant, comparable à
l'arcure du genou (fig. 259). C'est en quelque sorte l'exagération de
l'état qui fait qualifier l'animal de droit sur ses boulets, avec cette

différence toutefois que la bouleture est une tare, tandis que le boulet droit est une simple défectuosité.

Dans la bouleture, l'angle métacarpo-phalangien n'est pas seulement plus ou moins effacé, il est inversé, et l'articulation projetée en avant dans un état de flexion permanente qui enlève au membre toute sa solidité; l'animal n'est utilisable qu'au pas, il a perdu la plus grande partie de sa valeur. Au surplus, la bouleture est ordinairement accompagnée de nerf-férure, et c'est alors celle-ci qui en a été le point de départ, à cause du raccourcissement tendineux qui en est la suite.

On a proposé de remédier à la bouleture par la ténotomie du perforant; mais le résultat obtenu n'est que temporaire, la soudure des deux abouts du tendon coupé et la rétraction du tissu cicatriciel entraînent récidive; d'ailleurs, à la longue, les ligaments, les surfaces articulaires, le pied lui-même s'adaptent à la déformation, qui devient irréductible.

La vraie bouleture est rare au membre postérieur, comme la nerf-férure; il ne faut pas, en effet, considérer comme bouletés les chevaux juchés du derrière, dont nous avons déjà parlé ci-dessus, attendu que la bouleture est une déviation permanente et non une attitude momentanée.

Il est commun, dans la bouleture, de voir le pied participer à la fausse direction du paturon, de telle manière qu'il n'appuie que par la pince, malgré l'exhaussement subi par les talons; c'est le *pied bot* (fig. 259, A); mais il existe aussi des cas où le pied conserve sa forme et son assiette plantaire (fig. 259, B). Cela dépend de la corde tendineuse qui est plus particulièrement frappée de rétraction; si le perforant est épargné le pied échappe à la déviation.

Différences. — Le boulet du bœuf est épais et moins distinct que celui du cheval à cause de la largeur du paturon. Il ne porte pas de fanon, mais il offre deux ergots bien développés, en forme de petits onglons contenant chacun un osselet qui est le vestige du squelette digité que l'on trouve à l'état complet dans certains ruminants tels que le chevreuil et les chevrotains.

Dans le mouton et la chèvre, le boulet offre essentiellement la même disposition que dans le bœuf.

Dans le porc, le chien, le chat, etc., il n'existe pas à proprement parler, non plus que le canon.

Paturon.

L'expression « paturon » est tirée du vieux français *pasture* désignant la corde avec laquelle on attache les animaux au pâturage. Le paturon est en effet la région à laquelle s'attache la pasture.

CONFIGURATION ET BASE ANATOMIQUE. — Située entre le boulet et la couronne, le paturon doit à sa forme étranglée le nom de poignet qu'on lui donne quelquefois. Il a pour base la première phalange, couverte en avant par le tendon extenseur élargi par les brides que lui lance le suspenseur du boulet, couverte en arrière par les ligaments sésamoïdiens inférieurs et les tendons fléchisseurs, entre lesquels descend la synoviale grande sésamoïdienne jusqu'à la deuxième phalange. La peau de cette région est très adhérente, épaisse et de consistance aponévrotique; elle présente sur la ligne médiane de la face postérieure une ligne nodale de poils.

Le paturon est légèrement aplati d'avant en arrière, rétréci dans son milieu; sa face postérieure, dominée par l'ergot et le fanon, porte le nom de *pli du paturon*. Vu de face, il est limité par deux bords légèrement concaves, qui divergent inférieurement pour se continuer avec la couronne. Vu de profil, il est limité par deux lignes droites, à peu près parallèles.

Le paturon postérieur est sensiblement moins long, moins large et surtout moins incliné que l'antérieur.

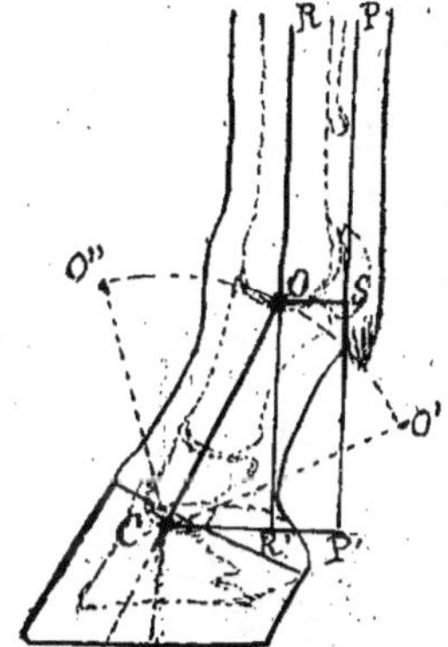

FIG. 260. — *Mécanisme de la région digitée pendant l'appui.*

O, centre articulaire du boulet; C, centre articulaire du pied; S, grands sésamoïdes; O', position du centre du boulet à la fin de la période d'amortissement; O'', position de ce même point à la fin de la période d'impulsion; RO, résistance représentée par le poids du cops; PS, puissance représentée par l'appareil de souènement du boulet; COS, levier mis en œuvre; CP', ce même levier projeté sur l'horizontale passant par son point d'appui C; CP', bras de la puissance; CR' bras de la résistance.

PHYSIOLOGIE. — Bien que la deuxième phalange soit la base de la couronne, l'os coronaire, elle est inséparable du paturon au point de vue physiologique, car elle forme avec la première phalange un seul et même levier rigide, oscillant pendant l'appui sur la surface articulaire du pied. Ce levier, qui s'abaisse d'abord, en cédant au poids du corps, et se relève ensuite sous l'action des muscles fléchisseurs des phalanges, est du deuxième genre, c'est-à-dire interrésistant. Soient en effet (fig. 260) le paturon CO appuyant sur le pied, le canon RO pesant sur l'articulation du boulet, les grands sésamoïdes OS se projetant en arrière du centre articulaire; le point d'appui du levier COS est à l'articulation du pied, C; la résistance, c'est-à-dire le poids du corps transmis par le canon, est au centre du boulet, O; la puissance PS, représentée par le ligament suspenseur et les tendons fléchisseurs, agit sur les grands sésamoïdes. Comme c'est un levier coudé (les grands sésamoïdes n'étant pas dans le prolongement du rayon phalangien), il faut, pour déterminer la valeur relative de ses bras, tirer une perpendiculaire CP' de son point d'appui sur la direction des forces qui le sollicitent, ce qui équivaut à projeter les points d'application de la puissance et de la résistance sur une ligne horizontale passant par le point d'appui; on a alors CP' comme bras de la puissance et CR' comme bras de la résistance, celui-ci inférieur à celui-là. Au début

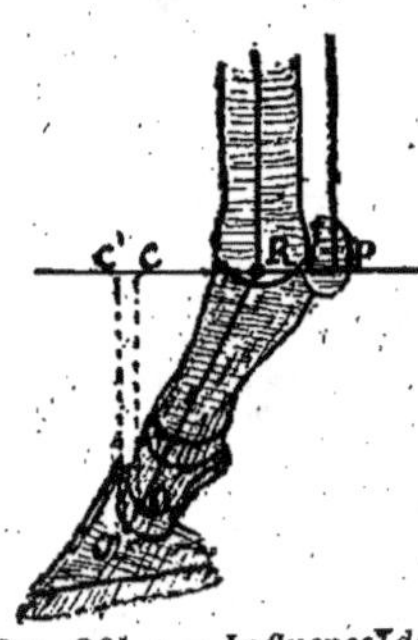

Fig. 261. — *Influence des variations de longueur du paturon.*

RO et RO' deux degrés de longueur du paturon. Au 1er degré le levier ORP projeté sur l'horizontale a pour bras de la puissance PC et pour bras de la résistance RC. Au 2e degré le levier O'RP projeté sur l'horizontale a pour bras de la puissance PC' et pour bras de la résistance RC'. Le rapport des deux bras est plus favorable à la puissance dans le premier cas que dans le second.

de l'appui, la résistance triomphe de la puissance de manière à provoquer l'affaissement du paturon; mais bientôt la puissance prend le dessus, le paturon se redresse.

CONDITIONS DE BEAUTÉ. DÉFECTUOSITÉS. — Le paturon doit être : *large, épais, sec, net, de longueur variable suivant les services, bien dirigé, soit par rapport à l'horizontale, soit par rapport à l'axe du membre, et enfin avoir un jeu libre sur le pied.*

a) Les uns mesurent la largeur du paturon d'avant en arrière et son épaisseur d'un côté à l'autre; les autres font l'inverse. Peu importe, puisque ces dimensions doivent être, l'une et l'autre, le plus développées possible, comme témoignant de la solidité de toute l'extrémité du membre.

b) La sécheresse du paturon se juge à la finesse relative de la peau et des poils. On ne l'observe que chez les chevaux de sang; les sujets communs ont cette région couverte d'une peau épaisse et de poils grossiers.

c) La netteté consiste, comme partout, dans l'absence de tares.

d) La longueur du paturon influe beaucoup sur le mode de répartition des pressions, au boulet, entre les os et les tendons. Supposons en effet (fig. 261) que le paturon RO s'allonge de la quantité OO', le levier projeté devient C'P au lieu de CP, et les bras de la puissance et de la résistance sont C'P et C'R; or, il n'est pas difficile de prouver que le rapport C'P : C'R est moins grand que CP : CR, c'est-à-dire que l'allongement du paturon a été défavorable à la puissance; en effet, si nous mesurons les distances, nous avons

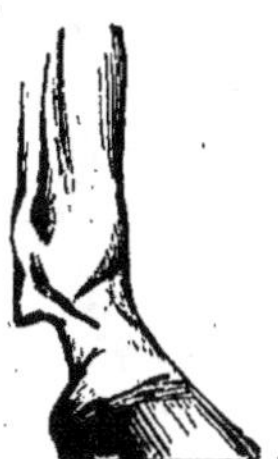

Fig. 262. — *Long et bas-jointé*.   Fig. 263. — *Court et droit-jointé*.

CC' = 2, CR = 9, RP = 6, ce qui donne pour les bras de levier 17:11 avec le paturon long, 15 : 9 avec le paturon court; or, réduites au même dénominateur, les fractions $\frac{17}{15}$ et $\frac{15}{9}$ deviennent respectivement $\frac{51}{45}$ et $\frac{75}{45}$; donc le rapport de la puissance à la résistance diminue du fait de l'allongement du paturon, ce qui revient à dire que l'appareil suspenseur du boulet a d'autant plus à faire que le paturon est plus long et que, au contraire, il fonctionne d'autant moins que le paturon est plus court. Le cheval à paturons longs est dit *long-jointé*, celui qui présente la conformation inverse est *court-jointé;* le premier a plus de souplesse du boulet, le deuxième plus de solidité. Or il faut à cette région un mélange de l'une et de l'autre dont la proportion varie suivant les services; on recherche chez les chevaux de trait des paturons courts, tandis qu'on préfère pour les animaux de vitesse des paturons d'une certaine longueur, sans excès toutefois.

  e) La direction du paturon relativement à l'horizontale est généralement en rapport avec sa longueur, c'est-à-dire que l'animal long-jointé est souvent en même temps *bas-jointé* (fig. 262), et le court-jointé, *droit-jointé* (fig. 263). Cette corrélation souffre toutefois d'assez nombreuses exceptions; par exemple, les chevaux de pur sang, bien que long-jointés en grande majorité, ont très généralement leurs boulets bien placés; de même, il n'est pas rare de rencontrer des chevaux de trait et surtout des ânes et des mulets qui sont à la fois court et bas-jointés.

On reconnaît que la direction du paturon est naturelle quand le pied est dans le prolongement de la région et que, du boulet au sol, le rayon digité est en ligne droite (fig. 260). Cette direction se modifie, comme nous l'avons déjà dit, par suite du dénivellement antéro-postérieur de la face plantaire du sabot; supposons, par exemple, que les talons de corne s'exhaussent d'une certaine quantité, que, par exemple, le maréchal ne les ait pas suffisamment abattus en parant le pied, il s'ensuit un mouvement de rotation sur

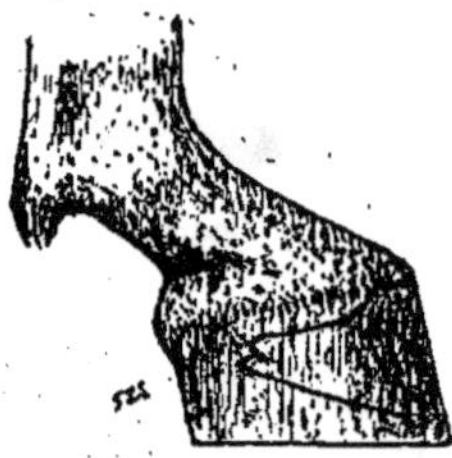

A   B

Fig. 264· — *Effets du dénivellement plantaire du pied sur la direction du paturon.*

A, par exhaussement des talons; B, par allongement de la pince.

la pince semblable à celui que l'on produirait en engageant un coin sous les talons, c'est-à-dire que la pince se redresse; le parallélisme plantaire de la troisième phalange et du sabot étant détruit, cet os se trouve *ipso facto* dans une attitude de flexion (fig. 264, A), et ainsi se forme, à la jonction du pied et du paturon, un angle ouvert en arrière qui met le perforant en relâchement et oblige le paturon à s'abaisser. Beaucoup de chevaux, et surtout d'ânes et de mulets, ne sont bas-jointés que parce qu'ils ont les pieds à talons surélevés; l'arcure de la couronne indique alors une flexion anormale du pied. Par contre, l'allongement de la pince, en mettant le pied en hyper-extension comme dans la figure 264, B, oblige le paturon à se relever.

Qu'elle soit naturelle ou accidentelle, c'est-à-dire déterminée par l'aplomb du pied, la direction du paturon exerce la même influence que sa longueur sur le jeu du levier phalangien. Soient, par exemple (fig. 265), PRO, ce levier dans le cas de pâturon peu incliné, et PRO', ce même levier dans le cas de pâturon très incliné; si nous en faisons la projection et que nous donnions aux distances leur valeur en chiffres, nous serons conduit de la même manière que tout à l'heure à démontrer que l'appareil suspenseur du boulet est d'autant plus exposé au surmenage que la direction du paturon est plus oblique. Au surplus, cette conclusion s'impose d'elle-même, car, si le paturon restait sur la verticale du canon, les cordes de soutènement du boulet n'auraient plus de raison d'être, tandis que, du moment où il s'incline en avant, il déverse sur elles une partie du poids du corps proportionnelle à son obliquité. Par conséquent, lorsque l'animal est droit-jointé, les réactions sont dures et les phalanges exposées à des surpressions susceptibles de faire naître des « formes »; lorsque, au contraire, il est bas-jointé, le boulet a une grande flexibilité, les réactions sont douces, mais les ligaments et les tendons sont surmenés et exposés aux distensions, surtout le suspenseur et le perforé.

L'inclinaison moyenne du paturon est de 55° à 60° au membre antérieur, de 60° à 65° au membre postérieur. On peut tolérer une inclinaison moindre pour les chevaux de trait et accepter une inclinaison un peu plus grande pour les chevaux de selle.

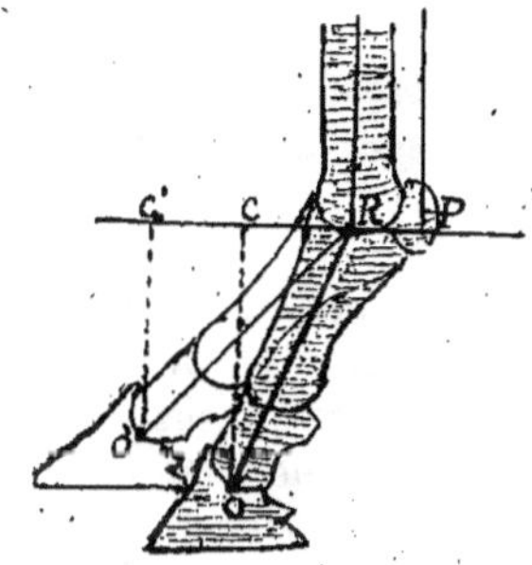

FIG. 265. — *Influence des variations de direction du paturon sur le rapport des bras de levier.*

RO, paturon peu incliné; RO', paturon très incliné; P, point d'application de la puissance; R, point d'application de la résistance; ORP, levier du paturon peu incliné; CRP, sa projection sur l'horizontale; O'RP, levier du paturon très incliné; C'RP, sa projection sur l'horizontale. Le rapport des bras de la puissance et de la résistance est CP : CR, dans le premier cas, C'P : C'R, dans le second.

f. Il faut aussi envisager la direction du paturon relativement à l'axe du membre, en se plaçant par devant ou par derrière. Cette région, au lieu d'être en ligne avec le canon et le pied, peut être déviée en dedans ou en dehors de manière à donner lieu à un angle latéral au boulet et même à la couronne. Parfois la déviation est accompagnée d'une rotation entraînant panardise ou cagnardise. Ces diverses défectuosités sont le plus souvent la conséquence d'une viciation de l'aplomb du pied; nous en reparlerons.

g. Il faut enfin s'assurer de la liberté de mouvements du paturon sur le pied, attendu que des formes coronaires peuvent restreindre et même annuler ces mouvements; alors le jeu du boulet est diminué dans la même proportion, car les deux jointures fonctionnent solidairement pendant l'appui.

MALADIES ET TARES. — Signalons :

1º Les blessures et cicatrices d'*atteintes*, assez rares au paturon, vu sa forme évidée.

2º L'*enchevêtrure* ou *prise de longe*, accident par lequel l'animal se prend le paturon dans sa longe d'attache et se blesse le pli de cette région en faisant effort pour se dégager. Les plaies d'enchevêtrure sont parfois très profondes et très graves; elles ont tendance à dégénérer en crevasses.

3º Un épaississement considérable de la peau et du tissu conjonctif sous-cutané qui remonte jusqu'au canon et rappelle l'aspect de l'extrémité du membre d'un éléphant; c'est ce que Trasbot a appelé le *fibrome éléphantiasique*.

4º Les *eaux-aux-jambes*, déjà signalées, affection grave, très difficile à guérir et qui diminue beaucoup la valeur de l'animal, car souvent elle s'accompagne d'une sorte de végétation de la peau formant *grappe*, ou se complique de furoncles, de javarts, de crapaud et autres altérations. Quelquefois les eaux disparaissent pendant la belle saison, mais la surface qu'elles ont occupée conserve une disposition hérissée des poils qui décèle leur existence, on dit que ceux-ci « font le peigne ».

5º L'engorgement du ligament sésamoïdien inférieur, auquel il faut imputer, d'après Lecoq, beaucoup de boiteries dont le siège paraît obscur.

6º Enfin, des exostoses désignées sous le nom spécial de *formes*, sur lesquelles nous reviendrons à propos de la couronne.

Différences. — Dans le bœuf, le paturon est très large, à cause de la division en deux doigts; il est plus court que dans le cheval. La peau qui réunit les doigts s'enfonce en avant dans leur intervalle. Même disposition chez le mouton et la chèvre.

Dans le porc, le chien, le chat, le lapin, la dénomination de paturon n'a plus sa raison d'être; on distingue les doigts individuellement.

Couronne.

« La couronne n'est, à proprement parler, que la partie inférieure du paturon ou la bordure qui surmonte, qui couronne le bord supérieur du sabot » (Lecoq).

CONFIGURATION ET BASE ANATOMIQUE (fig. 266). — Elle a pour base la partie de la deuxième phalange située en dehors de cette boîte cornée, ainsi que la portion supérieure des deux fibro-cartilages

complémentaires de l'os du pied. La deuxième phalange est longée
en avant par le tendon extenseur, en arrière par le tendon perforant; elle donne attache aux deux branches terminales du perforé
par l'intermédiaire du bourrelet glénoïdien. Son articulation avec la
première phalange est peu mobile; les deux os, réunis et raidis en
extension, oscillent sur la phalangette et son sésamoïde complémentaire pendant l'appui du membre.

Vue de face, la couronne est limitée par deux lignes légèrement
convexes continuant celles du
paturon et débordant à peine
le contour supérieur du pied.
Vue de profil, elle est très légèrement convexe en avant, tandis qu'en arrière elle se projette
au delà du pli du paturon en
une saillie dépressible correspondant au cartilage scutiforme.

CONDITIONS DE BEAUTÉ. —
La couronne doit être : *large,
sèche* et *nette.*

La largeur accuse le développement transverse des phalanges
et la solidité du membre. La sécheresse est indiquée par la
finesse des poils qui la revêtent
et se rabattent régulièrement sur
le bord supérieur du sabot. Enfin la netteté implique l'absence

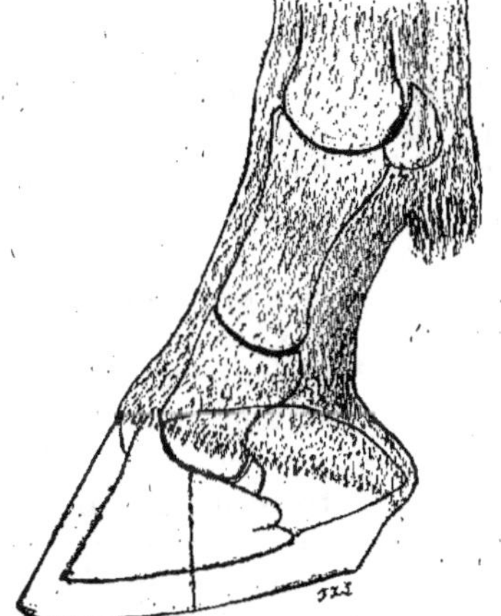

FIG. 266. — *Topographie de la région
digitée montrant le profil des os et du cartilage scutiforme. La verticale du centre
de l'articulation du pied tombe au milieu
de la face plantaire.*

de toute inégalité ou bosselure ainsi que la dépressibilité des saillies correspondant aux cartilages scutiformes.

MALADIES ET TARES. — Mentionnons :

1º Les atteintes, provenant de coups que l'animal s'est donné
lui-même ou qu'il a reçus de ses voisins, atteintes susceptibles de
dégénérer en javarts.

2º Les eaux-aux-jambes, que l'on reconnaît non seulement au
suintement de la peau, mais encore à une sorte de hérissement des
poils, qui se rassemblent en mèches et forment le peigne.

3º La *crapaudine* ou *mal d'âne*, sorte d'ulcère de la partie antérieure de la couronne, très fréquent chez l'âne et déterminant un
crevassement transversal, avec exubérance, de la corne sous-
jacente.

4° Les *javarls* (de l'italien *chiavardo*, dérivé lui-même de *chiavo*, clou), terme générique sous lequel on désigne en vétérinaire toute mortification locale portant sur un organe de la région coronaire On distingue : le javart cutané, simple ou encorné, le javart tendineux et le javart cartilagineux.

En général toutes les plaies avec perte de substance, toutes les altérations de forme à la couronne ont leur répercussion dans la croissance ou dans la direction de la paroi de l'ongle.

5° Les *formes*, tares dures siégeant soit au paturon, soit à la couronne (fig. 267). L'ossification du cartilage scutiforme donne lieu à ce que l'on appelle la *forme cartilagineuse*, qui est grave et fait souvent boiter, car l'organe ossifié a perdu toute élasticité et, de plus, a augmenté de volume de manière à déterminer des compressions sous-ongulées. Les formes cartilagineuses sont beaucoup plus fréquentes aux membres de devant qu'aux membres de derrière, au côté externe qu'au côté interne; on les observe surtout chez les gros chevaux, à pied plus ou moins plat; elles se développent généralement à partir de la troisième phalange, mais parfois elles ne lui sont rattachées que par une couche de cartilage à la manière d'une épiphyse; elles ont pour cause soit le défaut d'élasticité du sabot annihilant le jeu de ressort des cartilages scutiformes, soit un état congestionnel de la phalangette résultant de la violence des battues d'un pied plat, soit enfin une contusion de la couronne. Lorsqu'elles sont très développées d'un côté, elles peuvent entraîner une déviation rotatoire du pied du côté opposé; c'est ainsi que certains chevaux de trait deviennent exagérément cagneux des pieds de devant.

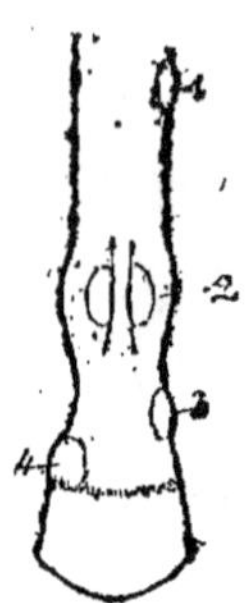

Fig. 267. — *Emplacement de quelques tares de l'extrémité digitée.*

1, suros; 2, molette tendineuse antérieure, bilobée par le passage du tendon extenseur; 3, forme phalangienne du paturon; 4, forme cartilagineuse.

Les autres formes, qualifiées de *phalangiennes*, sont des exostoses développées soit sur la première phalange à l'attache supérieure de l'aponévrose de renforcement du tendon perforant ou des ligaments latéraux de la première articulation interphalangienne, soit sur la deuxième phalange, à l'entour de l'articulation du pied, comme conséquence d'une arthrite. La moins grave est celle qui a son siège sur le côté du paturon; celles qui se trouvent à la couronne gênent les ligaments et les tendons et déterminent une boiterie le plus souvent incurable.

Il ne faut pas prendre pour des formes les saillies latérales de
l'extrémité inférieure de la première phalange, qui, dans certains
chevaux, sont particulièrement accentuées.

6° Enfin des *traces de feu*, traitement souvent usité contre les
formes.

Différences. — La couronne du bœuf est divisée en deux parties par le
sillon qui sépare les deux doigts. Ce point est quelquefois le siège d'un
furoncle, dont le bourbillon s'étend entre les deux doigts, au-dessus du ligament interdigité inférieur, jusque vers les talons.

« Dans le mouton, la couronne, de même forme que celle du bœuf, présente, dans le sillon interdigité, un orifice rond par lequel s'échappe une
matière sébacée entremêlée de poils : c'est l'orifice d'un petit cul-de-sac
recourbé sur lui-même, auquel on a donné le nom de *canal biflexe*. On ne le
trouve que très rarement dans l'espèce de la chèvre. Ce sinus cutané s'enflamme quelquefois et devient le siège d'une maladie désignée sous le nom
de *fourchet*, qu'il ne faut pas confondre avec le piétin » (Lecoq).

ARTICLE V. — PIED

En anatomie, le terme « pied » s'applique exclusivement au segment terminal du membre abdominal, comprenant le tarse, le
métatarse et les phalanges, et équivalant à la main constituée par
le carpe, le métacarpe et les phalanges du membre thoracique. En
extérieur, on désigne sous le nom de pied l'extrémité des quatre
membres, indifféremment, posant sur le sol et supportant le corps,
et l'on distingue des pieds de devant et des pieds de derrière. Dans
cette dernière acception, les pieds du cheval ne sont autre chose
que les quatre sabots avec leur contenu.

L'étude du pied, dans cet animal, est d'une importance capitale
que Xénophon indiquait déjà en le comparant aux fondations d'un
édifice, et que l'hippiatre Lafosse exprimait par cet aphorisme :
pas de pied, pas de cheval, traduit par les Anglais : *No foot, no horse*.
Nous envisagerons successivement l'anatomie de cet organe, sa
morphologie, sa physiologie, ses beautés, ses défectuosités, ses
principales maladies, enfin les différences qu'il offre dans les mammifères domestiques autres que le cheval.

A. — *Anatomie.*

Le pied est constitué par un contenant, le sabot, qui n'est qu'un
volumineux ongle, et par un contenu comprenant : la phalangette

et son sésamoïde ou os naviculaire, leur articulation avec la deuxième phalange, la terminaison de l'extenseur antérieur des phalanges sur l'éminence pyramidale, et du perforant sur la crête semi-lunaire, la synoviale petite-sésamoïdienne, un appareil d'amortissement constitué par le coussinet plantaire et les cartilages scutiformes, enfin, au contact immédiat de l'ongle, la membrane

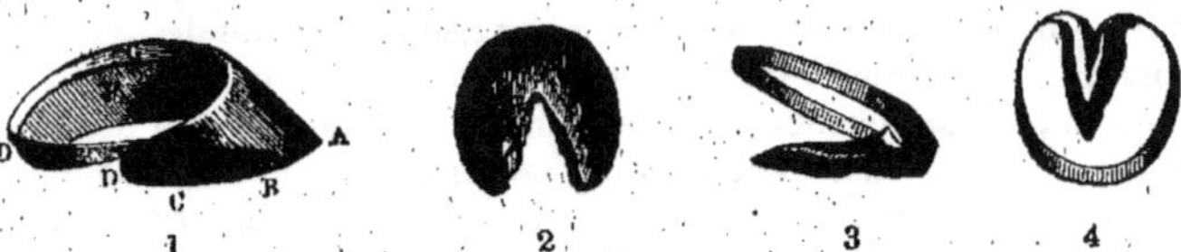

FIG. 268. — *Les parties du sabot séparées.*

1, muraille : A, pince; B, mamelle; C, quartier; D, talons; E, barre; F, kéraphylle; G, gouttière du bourrelet; 2, sole; 3, fourchette et périople vus par côté; 4, les mêmes vus par-dessous.

kératogène ou tégument sous-corné, divisée en bourrelet ou cutidure, podophylle ou tissu podophylleux, et tissu velouté ou membrane veloutée. Des vaisseaux et des nerfs complètent cette organisation, mais le sabot lui-même en est tout à fait dépourvu, il est formé d'un tissu inerte, n'ayant ni vitalité, ni sensibilité, ainsi que d'ailleurs tous les tissus cornés; sa croissance se fait par addition incessante de nouvelles cellules kératinisées, c'est-à-dire par simple juxtaposition.

Les parties internes étant supposées connues, nous allons nous attacher à l'étude du sabot.

Sabot (fig. 269 et 270). — Considéré à l'extérieur, il présente une paroi et un plancher.

FIG. 269. — *Vue d'ensemble d'un sabot de cheval dont le périople, op, a été détaché et soulevé.*

A. PAROI. — La paroi ou muraille forme toute la partie visible quand le pied pose sur le sol; c'est une épaisse lame de corne qui se rétrécit progressivement d'avant en arrière, tout en diminuant un peu d'épaisseur, et se réfléchit brusquement pour former sous le pied ce que l'on appelle les *barres ou arcs-boutants.* La partie moyenne, médiane ou antérieure, porte le nom de *pince*; on appelle *mamelles* les deux parties voisines de la pince; *quartiers*, les régions latérales; *talons*, les angles d'inflexion donnant naissance aux *barres*. On peut conventionnellement délimiter ces diverses régions sur le contour plantaire en prenant le quart du diamètre transverse de ce contour (moitié du rayon) et en portant cette mesure du milieu de la pince au talon, de chaque côté; elle s'y trouve contenue environ cinq fois, de manière à établir démarcation entre la pince, la mamelle, la partie antérieure du quartier, sa partie moyenne et sa partie postérieure (Voy. fig. 274).

La paroi a son maximum d'inclinaison en pince; son obliquité va en décroissant d'avant en arrière de manière à s'annuler et même à s'inverser en talons; mais ceux-ci n'en restent pas moins parallèles à la pince quand on considère le pied de profil. Son épaisseur est, en moyenne, d'un centimètre; elle diminue régulièrement de la pince aux talons; dans une région quelconque du pourtour, elle reste la même depuis la gouttière cutidurale jusqu'au bord plantaire; elle est sensiblement plus faible au quartier interne qu'à l'externe.

La corne de la paroi est toujours blanche dans ses couches profondes, tandis qu'elle est le plus souvent grise ou noirâtre superficiellement; elle est blanche dans toute son épaisseur au dessous d'une balzane. Sa dureté est d'autant plus grande que l'on envisage des couches plus superficielles, car elle est en rapport avec le degré de dessiccation; elle est aussi influencée par la pigmentation : plus la paroi est colorée, plus elle est dure.

La superficie de cette enveloppe est lisse, polie, luisante, finement rayée suivant sa hauteur par les fibres qui la constituent. Elle est recouverte, à sa partie supérieure, d'une mince couche épidermique desquamante, très hygroscopique, qui descend de la couronne et se confond en arrière avec les glomes de la fourchette; cette couche, qui s'en va en écailles à deux ou trois centimètres de la couronne, est connue sous le nom de *périople* ou *périonyx* (fig. 269).

L'adhérence de la muraille est presque à toute épreuve, grâce à un engrènement de sa face interne avec le podophylle, au moyen de 550 à 600 feuillets de corne ou de chair qui se pénètrent réciproquement.

Cette partie du sabot prend naissance et s'accroît sur le bourrelet, logé dans une gouttière de son bord supérieur. Chacune de ses fibres correspond à une des papilles hérissant ce bourrelet que l'on qualifie à juste titre de *matrice* de la paroi. Le développement se fait donc exclusivement en hauteur, à raison de 1 centimètre à

1 cm. et demi par mois; et cette croissance indéfinie porte le nom d'*avalure*; elle allongerait le pied sans limite, pour ainsi dire, si elle n'était compensée par une usure concomitante ou par les résections opérées par le maréchal à chaque ferrure.

A l'état normal, l'avalure est à peu près égale sur tous les points du pourtour de la paroi. Elle est plus ou moins rapide suivant les individus, les races, les saisons, l'état de santé ou de maladie, les conditions hygiéniques, etc., et en outre influencée par la longueur de la corne précédemment formée. La croissance des ongles comme celle des poils se ralentit au fur et à mesure qu'ils s'allongent, tandis qu'elle est d'autant plus rapide qu'ils sont rognés plus souvent; la corne déjà formée paraît donc être un obstacle à vaincre pour celle qui se forme subséquemment; le bourrelet étant fixe, celle-ci ne peut évidemment trouver place qu'en poussant celle-là sur le podophylle. Remarquons encore que tout changement dans l'assiette du pied peut avoir sa répercussion sur

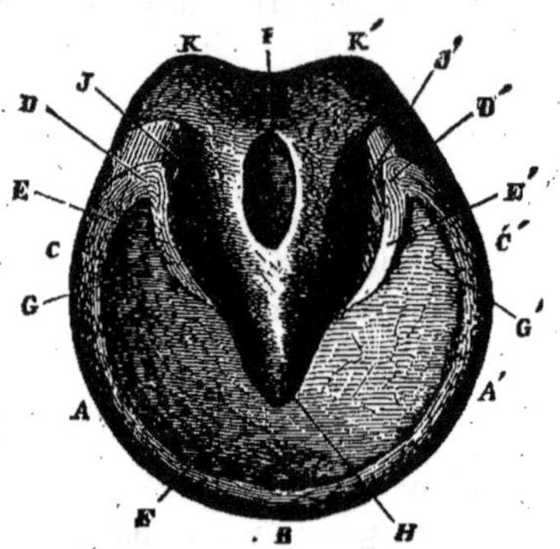

FIG. 270. — *Pied antérieur vu par-dessous*.

B, pince; AA', limite postérieure des mamelles; CC', quartiers; DD', talons, EE', barres; F, sole; GG', branches de la sole; H, pointe de la fourchette; I, lacune médiane; JJ', lacunes latérales; KK', glomes continués latéralement par le périople.
(L'engrènement de la sole avec la paroi n'est pas figuré).

l'avalure; en général, la pousse des parties dénivelées est ralentie, par exemple, la pince dans le pied à talons hauts, le talon dans le pied à talons bas, le quartier bas dans le pied de travers, etc.

B. PLANCHER (fig. 270). — Le plancher du sabot offre à considérer : le bord inférieur de la muraille, les extrémités réfléchies de celle-ci, que l'on appelle barres, la sole et la fourchette.

1° Le bord inférieur de la muraille donne implantation aux clous fixant le fer. Il s'unit avec la circonférence de la sole par une engrenure extrêmement solide résultant de la pénétration de celle-ci par l'extrémité des 550 à 600 feuillets du kéraphylle; cette zone d'union, finement dentée, que l'on voit très bien sur les pieds parés à fond, s'appelle le *nimbe ou limbe de la sole*, vulgairement *ligne blanche*.

2° Les arcs-boutants ou barres encadrent latéralement la fourchette en formant avec elle deux rigoles angulaires nommées *lacunes latérales* de la fourchette. Leur obliquité est proportionnelle à celle de la paroi extérieure; très inclinées et comme couchées dans le pied plat, elles se redressent et se rapprochent de la verticale dans le pied droit. On ne s'entend pas sur la manière dont elles s'arrêtent; les uns les décrivent et les figurent comme se confondant avec la sole vers le tiers antérieur de la fourchette; les autres les font rejoindre l'une à l'autre au devant de celle-ci. Il est incontestable que, sur les pieds parés ou usés naturellement, les barres se perdent par côté de la fourchette, sans se réunir, le kéraphylle qui les accompagne et détermine la ligne blanche n'arrive jamais jusqu'au fond de l'échancrure de la sole. Mais si l'on observe des pieds vierges de ferrure, abandonnés à leur croissance naturelle sans usure compensatrice, on voit les barres se détacher en relief jusqu'au devant de la fourchette et se réunir manifestement l'une à l'autre.

3º La *sole* correspond à la face inférieure de la troisième phalange. C'est une plaque semi-lunaire formant le creux du pied ou voûte plantaire, s'exfoliant naturellement lorsque l'usure ne suffit pas à compenser son accroissement en épaisseur; s'unissant, comme il a été dit, au bord inférieur de la paroi d'une manière si solide qu'il ne faut pas moins de cinq ou six mois de macération pour obtenir un désengrènement. Les branches de la sole, c'est-à-dire les cornes du croissant qu'elle représente, sont enclavées dans les angles des talons et juxtaposées aux apophyses rétrossales de la phalangette.

L'épaisseur de la sole est à peu près la même que celle de la paroi. Sa dureté est beaucoup moindre. Sa couleur, plus ou moins masquée par l'exfoliation, est tantôt noire ou brune, tantôt blanche marbrée de noir, tantôt complètement blanche, suivant l'état de pigmentation du tissu velouté sous-jacent; elle s'atténue de la profondeur à l'extérieur, en sorte que, si elle est noire au contact de la membrane kératogène, elle est seulement ardoisée dans ses couches superficielles.

La sole a essentiellement la même structure que la paroi; elle est formée de fibres cornées, parallèles à celles de cette dernière et allant obliquement d'une face à l'autre, fibres correspondant, une à une, aux papilles du tissu velouté qui revêt la troisième phalange. La croissance se fait donc ici en épaisseur et non en surface.

4º La *fourchette* constitue un coin de corne souple et flexible encastré entre les barres et moulé sur le coussinet plantaire, *fourchette de chair* des hippiatres. Elle constitue une forte saillie trian-

gulaire, simple en avant, divisée en arrière en deux branches grâce
à une sorte de pli rentrant qu'on appelle *lacune médiane*. Les lacunes
latérales ou commissures correspondent aux deux sillons angulaires
situés entre la fourchette et les barres, sillons au fond desquels ces
parties se réunissent par continuité de substance. Les branches de
la fourchette se terminent postérieurement par deux renflements
arrondis, souples et élastiques, qu'on appelle *glomes* et qui se continuent par dessus les talons avec le périople. La pointe ou sommet
de la fourchette dépasse un peu, en avant, le niveau de la crête
semi-lunaire de la troisième phalange, où s'insère le tendon perforant.

L'épaisseur de cette partie du sabot est au maximum sur son
plan inférieur; elle diminue beaucoup latéralement, ainsi que dans
la lacune médiane et sur les glomes où la corne fait transition à
l'épiderme cutané. Sa couleur est toujours plus foncée que celle des
autres parties de l'ongle; elle est noir d'ébène lorsque la paroi est
noirâtre, elle tire sur le gris ou le jaunâtre lorsque celle-ci est
blanche. La fourchette s'exfolie superficiellement, en fines écailles
imbriquées, ou bien en filandres si l'usure fait défaut. Elle a la
structure du périople et des châtaignes, c'est-à-dire que, au lieu de
fibres cornées comme on en trouve dans la paroi et dans la sole, elle
renferme de simples tubes à moelle traversant obliquement son
épaisseur et correspondant aux papilles du coussinet plantaire.

B. — Morphologie.

D'après Bracy-Clark, le sabot du cheval serait un segment de
cylindre coupé obliquement comme le montre la figure 271 et
reposant sur la surface de section. Si, en effet,
on examine un pied par côté, on constate que
ses lignes de profil (pince et talon) sont parallèles
(fig. 272). Mais, si on l'examine de face, on
voit qu'il s'évase plus ou moins à la partie
inférieure, et l'on est conduit à faire dériver
sa forme du cône (fig. 273). En réalité, ce n'est
exactement ni un segment de cylindre ni un
tronc de cône. D'ailleurs, la beauté du pied, de
même que la beauté générale, n'est pas une, il

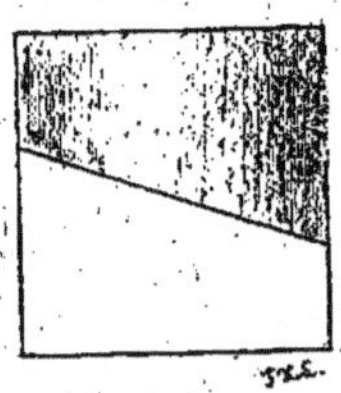

FIG. 271. — *Forme
du sabot, d'après
Bracy-Clark.*

y a non seulement la beauté du pied de devant et celle du pied
de derrière, mais encore, pour chacun d'eux, des beautés adaptatives liées à la conformation, au genre de vie, à l'état du sol, etc.

Nous allons décrire la belle forme moyenne des pieds de devant et des pieds de derrière; nous indiquerons ensuite l'évolution qu'elle a subie depuis la naissance.

PIED ANTÉRIEUR. — De *profil*, la ligne du talon est approxima-tivement égale à la moitié de celle de la pince, laquelle équi-vaut à peu près aux deux tiers de la lon-gueur plantaire. L'in-clinaison de ces deux lignes parallèles est la même que celle du paturon lorsque le membre est d'aplomb (fig. 272).

De *face*, la largeur à la couronne est envi-ron les cinq sixièmes de la largeur plantaire, en sorte que les lignes

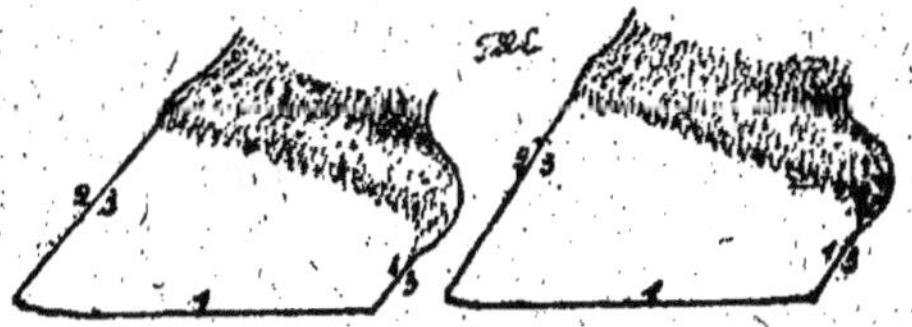

FIG. 272. — *Pied antérieur et pied postérieur vus par côté.*

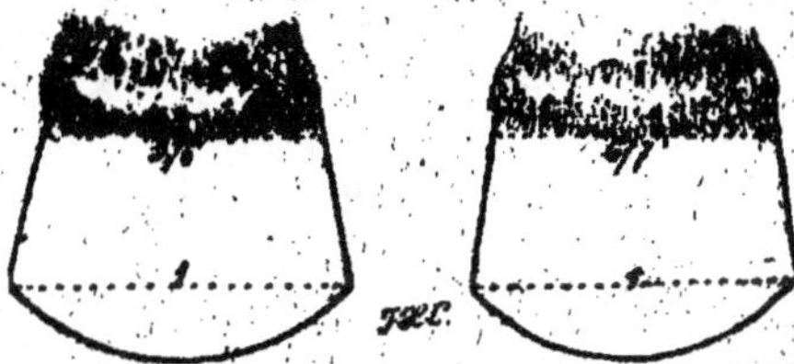

FIG. 273. — *Pied antérieur et pied postérieur vus de face par devant.*

des quartiers divergent inférieurement en formant chacun un an-gle de 10° à 15° avec la verticale. Ces lignes sont symétriques et de même hauteur, l'axe du membre cou-pant le pied en deux parties égales (fig. 273).

Vu par dessous, le beau pied de devant est à peu près aussi large que long; son contour est en forme d'ovale tronqué pos-térieurement, c'est-à-dire par le petit bout. La moitié antérieure de ce contour est un demi-cercle; le restant est formé de deux arcs

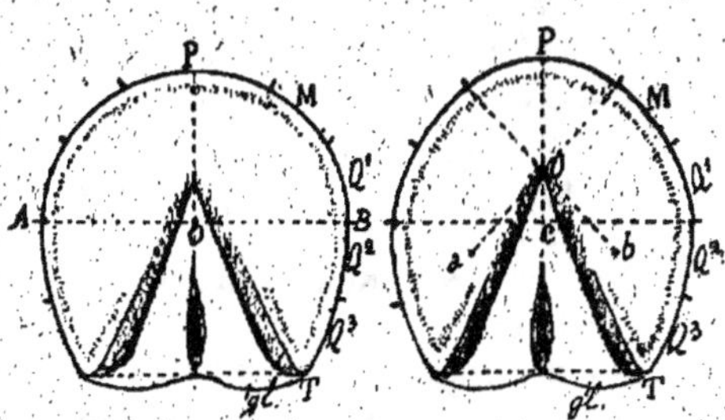

FIG. 274. — *Face plantaire d'un pied antérieur et d'un pied postérieur.*

AB, ligne de largeur maximum; P, pince; M, mamelle; Q¹, par-tie antérieure du quartier; Q², partie moyenne du quartier; Q³, partie postérieure du quartier; T, talon; gl, glome.
Pied antérieur : O, centre du demi-cercle APB; A, centre de l'arc BT; B, centre de l'arc opposé symétriquement.
Pied postérieur : O, centre de l'arc P; a, centre de l'arc MQ¹; b, centre de l'arc symétrique au précédent.

qui ont respectivement pour centre l'extrémité opposée du diamètre transverse. La largeur en talons équivaut presque aux deux tiers

de la largeur maximum, de telle sorte qu'il y a place pour une fourchette volumineuse (fig. 274).

Pied postérieur. — Le pied postérieur est moins évasé, plus
étroit, plus creux que l'antérieur, et un peu allongé de la pince
(fig. 272 à 274 côté droit, le côté gauche de ces figures concernant
le pied antérieur).

De profil, la pince et le talon, participant du redressement du
paturon, sont moins inclinés qu'au pied antérieur.

De face, les lignes des quartiers se montrent peu divergentes
(5° à 10° sur la verticale), de sorte que la largeur coronaire atteint
les six septièmes de la largeur plantaire.

Par dessous, la sole est plus concave, la paroi un peu plus épaisse,
et son contour notablement différent dans la moitié antérieure,
qui est en segment d'ellipse au lieu d'être en demi-cercle, comme
s'il y avait eu allongement de la pince. Les barres sont aussi moins
inclinées qu'au pied antérieur.

Pieds gauches et pieds droits. — La distinction du pied
gauche et du pied droit, dans chaque bipède, repose sur une légère
inégalité d'épaisseur et d'obliquité des deux quartiers, l'externe
étant en général un peu plus épais et oblique que l'interne, différence
qui se traduit sur le contour plantaire par une convexité sensiblement plus grande en dehors qu'en dedans. Mais il convient d'ajouter
que le beau pied, qui n'a pas encore été déformé par la ferrure, tend
à la parfaite symétrie bilatérale. L'iné-
galité d'épaisseur des quartiers est sans
doute en rapport avec l'inégalité d'épaisseur de la peau sur les deux faces latérales du membre.

Évolution morphologique. — L'ongle du fœtus de jument est pointu comme
une griffe obtuse, et complètement mou
jusqu'à cinq ou six mois de gestation
(fig. 275). Il se kératinise dans les derniers mois; mais, au moment de la naissance, il porte encore à l'extrémité un
tampon épithélial, blanc jaunâtre, mou,
élastique, que l'on dirait surajouté dans
le but d'amortir les chocs contre les an-

Fig. 275. — *Extrémité ongu-
lée d'un fœtus de jument.*

nexes fœtales et la paroi utérine. Ce débris de l'ongle fœtal disparaît en
quelques jours par dessiccation et il s'ensuit une sorte d'amputation
qui donne lieu à une surface plantaire et convertit la pseudo-griffe en

sabot véritable. Mais ce sabot est loin de présenter la forme et les proportions qu'il est appelé à acquérir : sa surface d'appui devra s'étendre de plus en plus pour les besoins de la sustentation, et le tronc de cône à base supérieure qu'il représente (fig. 276) passera d'abord à la forme cylindrique (fig. 277), puis à la forme tronco-

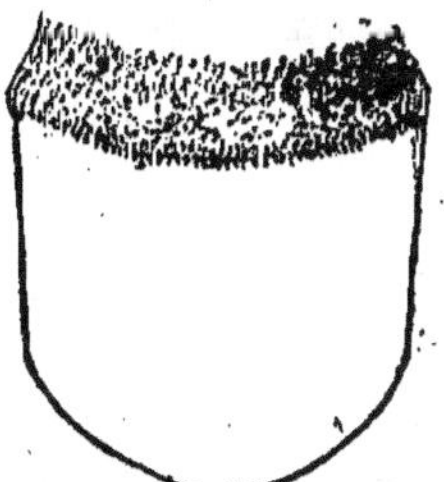

FIG. 276.— *Pied d'un poulain de quelques semaines vu par devant.*

Il est plus large à la couronne qu'à la face plantaire.

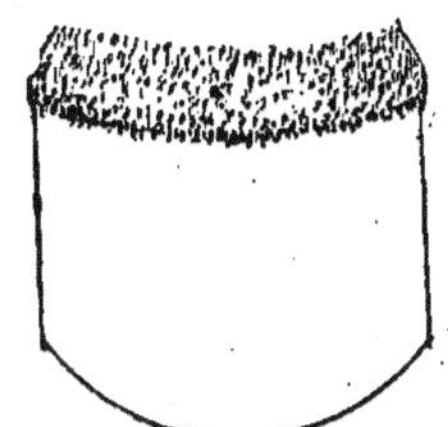

FIG. 277. — *Pied d'un poulain d'un an.*

Il est à peu près cylindrique.

nique à base inférieure (fig. 278). De huit mois à un an, le pied arrive à la forme cylindrique; il la conserve jusqu'à quinze à dix-huit mois; ensuite il s'évase du bas progressivement et prend sa forme définitive.

Il est à remarquer que cet élargissement plantaire se fait proportionnellement au développement du poids du corps et qu'il s'accom-

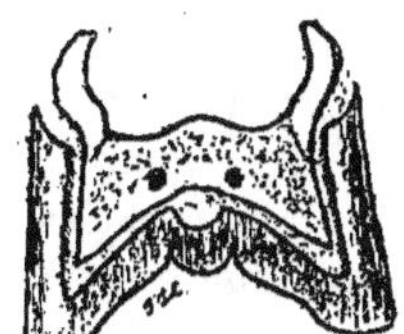

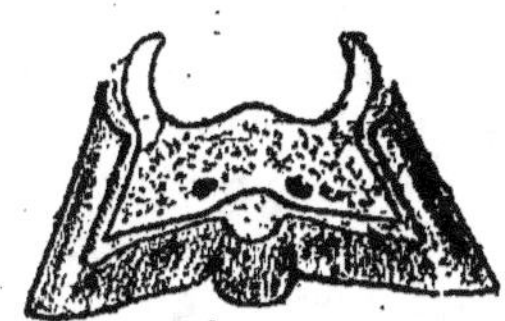

FIG. 278. — *Coupe transversale des deux types extrêmes de pied : l'un creux et droit, l'autre plat et évasé.*

pagne d'un aplanissement de la sole et d'une inclinaison de plus en plus grande des barres (fig. 278). C'est ainsi que les petits chevaux ont en général les pieds moins évasés et plus creux que les gros, et que, chez un même individu, les pieds de devant, auxquels incombe une plus forte charge, sont plus larges et moins creux que les pieds de derrière.

Le climat, l'état du sol, le tempérament ont aussi leur part d'influence dans l'évolution de la forme du pied. C'est un organe qui, en dépit de sa dureté, présente une véritable plasticité. Par exemple, les animaux nés et élevés dans les pays bas et humides ont une tendance marquée au pied plat, comme pour faciliter la marche sur un sol mou, tandis que les chevaux originaires des contrées méridionales, ceux élevés dans les lieux hauts et secs ou bien à l'écurie, sur un sol pavé, ont plutôt des sabots petits et durs. De même, les animaux nerveux ont généralement les pieds petits et creux, les lymphatiques les pieds grands et plats.

C. — *Physiologie.*

Il y a à considérer : 1° les conditions de l'appui plantaire normal, 2° l'aplomb du pied, 3° son élasticité, 4° le levier qu'il constitue.

1° CONDITIONS DE L'APPUI PLANTAIRE NORMAL. —Ces conditions sont : la participation de la fourchette et une répartition à peu près égale des pressions sur le pourtour inférieur de la muraille.

Rôle de la fourchette. — L'appui plantaire ne doit pas seulement se faire par le bord inférieur de la paroi et le nimbe solaire; la fourchette doit y prendre part dès le premier contact avec le sol. Quant à la sole, elle ne doit arriver à l'appui que secondairement, lorsque le pied s'imprime dans un sol mou; son excavation, sa juxtaposition à la face inférieure de la phalangette sans aucun coussin intermédiaire, enfin les fréquents accidents de foulure auxquels elle est sujette prouvent suffisamment qu'elle n'est pas faite pour recevoir des percussions.

Le rôle de la fourchette comme organe d'appui a été et est encore trop souvent méconnu. Bracy-Clark, par exemple, proclamait qu'elle ne doit pas subir la pression du terrain, que c'est en quelque sorte la clé de voûte du pied. Cependant l'anatomie indique assez ses véritables usages : qu'est-ce, en effet, que la fourchette, sinon l'épiderme du coussinet plantaire? Or il est évident que les coussinets plantaires des solipèdes n'ont pas un autre rôle que ceux des autres animaux, par exemple du chien, du chat, des chameaux; le nom même de coussinet exprime assez qu'il s'agit de pelotes ou de tampons élastiques, amortissants, développés comme des callosités naturelles sur les points de l'extrémité digitée exposés aux pressions du sol. Les coussinets plantaires du cheval sont même mieux adaptés encore aux fortes pressions que ceux des autres espèces, attendu que, dans leur structure, les lobules adipeux sont remplacés par des fibres élastiques. Prétendre que de pareils organes, avec la couche de corne souple qui les recouvre, ne doivent pas recevoir les pressions et percussions de l'appui est aussi absurde que d'affirmer que le ligament cervical ou la tunique abdominale ne contribuent en rien au soutien de la tête ou des viscères du ventre.

L'appui de la fourchette n'est pas seulement nécessaire à l'amortissement des réactions et à l'*adhérence* du pied au sol, il est encore indispensable au maintien de l'intégrité de cet organe. Lorsque la fourchette et le coussinet plantaire sont empêchés de remplir leur rôle, ils entrent en atrophie progressive et le pied se resserre en talons, *s'encastelle* à la longue. La fourchette est bien, comme on le dit, la gardienne de l'écartement des talons; mais ce n'est pas en tant que coin de corne enclavé entre les barres qu'elle remplit ce rôle, — elle est si molle que ce serait, suivant l'expression même de Bracy-Clark, comme un coin de pâte employé à fendre un bloc de bois, — c'est en tant qu'organe d'appui dont le jeu est nécessaire à la conservation de son volume et de celui du coussinet plantaire qui en est le substratum. Ce dernier, faisant corps avec les cartilages

scutiformes, ne peut s'atrophier sans entraîner leur rapprochement et, par conséquent, le resserrement des talons.

Quant à la répartition des pressions sur le pourtour de la muraille, elle est subordonnée à l'aplomb du membre, dont nous avons déjà parlé, et à l'aplomb du pied, que nous allons maintenant envisager.

2° APLOMB DU PIED. — L'aplomb du pied a été l'objet, dans ces derniers temps, d'importants travaux qui ont modifié notablement les idées régnantes sur ce sujet [1]. Le pied figure une espèce de socle sur lequel le membre est articulé, en charnière imparfaite, au niveau de la deuxième articulation interphalangienne. Or le plan de sup-

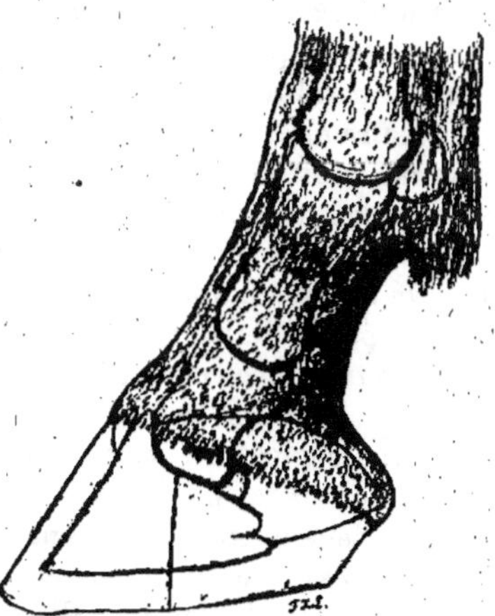

FIG. 279. — *Topographie de la région digitée montrant le profil des os et du cartilage scutiforme. La verticale du centre de l'articulation du pied tombe au milieu de la face plantaire.*

1. Voir PEUCH et LESBRE, *Précis du pied et de sa ferrure.* Paris, 1896.

NICOLAS, *Revue vétérinaire*, Toulouse, 1903; Etudes sur le pied du cheval au point de vue de la ferrure.

HURET, *Bulletin de la Société centrale de médecine vétérinaire*, Paris, 1904 : Le pied du cheval, Pressions, Travail du podophylle, Aplombs.

port de ce socle, c'est-à-dire la surface articulaire de la troisième phalange complétée du petit sésamoïde, est évidemment subordonné dans son inclinaison à son plan d'appui, qui est lui-même éminemment variable du fait de l'usure ou des résections subies. Le rapport entre ces deux plans détermine l'aplomb du pied. La direction générale du membre étant verticale, l'aplomb du pied est normal quand il y a *parallélisme plantaire* entre le sabot et la troisième phalange, c'est-à-dire quand le contour inférieur de la paroi se trouve dans un plan parallèle à celui de l'os; alors la verticale descendant du centre de la surface articulaire tombe au centre de la surface plantaire (fig. 279) et le rayon digité est rectiligne depuis le boulet jusqu'au sol, la troisième phalange prolongeant les deux autres, dans une position neutre, intermédiaire entre l'extension et la flexion, l'adduction et l'abduction; le paturon tombe perpendiculairement sur la surface articulaire du pied, et les pressions se répartissent également sur toute cette surface articulaire et conséquemment sur tout le contour inférieur du sabot.

Si le membre est dévié de la verticale, le pied non ferré participe nécessairement à sa déviation, attendu que, dans l'état de nature, comme le dit Goyau [1] le membre a toujours la base qui lui convient, l'usure produite par la marche assurant au sabot un aplomb adéquat. C'est ainsi qu'à l'extrémité d'un membre d'aplomb se trouve un pied d'aplomb, tandis que le cheval sous lui du devant ou campé du derrière a les pieds antérieurs ou postérieurs à talons hauts ou à pince courte, le cheval campé du devant ou sous lui du derrière, les pieds à talons bas ou à pince longue, le cheval trop ouvert, les pieds de travers en dehors, le cheval serré, les pieds de travers en dedans, le cheval panard ou cagneux, les pieds dénivelés dans le sens diagonal, la panardise entraînant l'allongement de la mamelle externe ou l'abaissement du talon interne, la cagnardise, l'allongement de la mamelle interne ou l'abaissement du talon externe. En résumé le pied se dénivelle de manière à se maintenir dans la direction du paturon et à assurer l'horizontalité de son appui. Il vaut mieux à l'extrémité d'un membre naturellement dévié un pied participant de sa déviation qu'un pied d'aplomb. Quand les deux conditions d'aplomb ne sont pas compatibles, c'est le parallélisme plantaire qu'il faut sacrifier à la rectilignité digitale.

Liénaux et Zwænepoel, *Annales de médecine vétérinaire*, Bruxelles, 1904; Contribution expérimentale à l'étude de la répartition des pressions sur la paroi du sabot du cheval.

1. Goyau, *Traité pratique de maréchalerie*, p. 105.

Chez l'animal ferré, ce n'est plus l'aplomb du membre qui détermine celui du pied, mais au contraire l'aplomb du pied qui réagit sur celui du membre, attendu que le niveau plantaire n'est plus l'œuvre de la nature, mais celle du maréchal qui à chaque ferrage résèque le pied pour le ramener à sa longueur normale. Les fautes qu'il peut commettre dans cet acte qu'on appelle « parer le pied » peuvent avoir les plus graves conséquences ainsi que nous allons maintenant l'expliquer.

Lorsque le niveau plantaire est détruit, il en résulte fatalement une déviation du membre ou une déviation du pied,

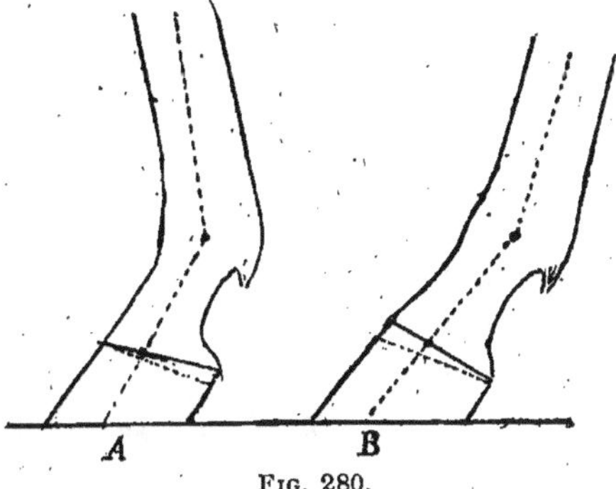

Fig. 280.

A, extrémité antérieure d'un cheval rendu sous lui expérimentalement par l'exhaussement des talons.
B, extrémité antérieure d'un animal rendu campé par l'allongement de la pince.
Dans les deux cas, le rayon digité est resté rectiligne malgré la rupture du parallélisme plantaire.

souvent même ces deux déviations à la fois. Nous allons considérer successivement les effets du dénivellement dans le sens antéro-postérieur, dans le sens transversal et dans les sens obliques.

a) Le pied dont les talons sont exhaussés ou la pince raccourcie

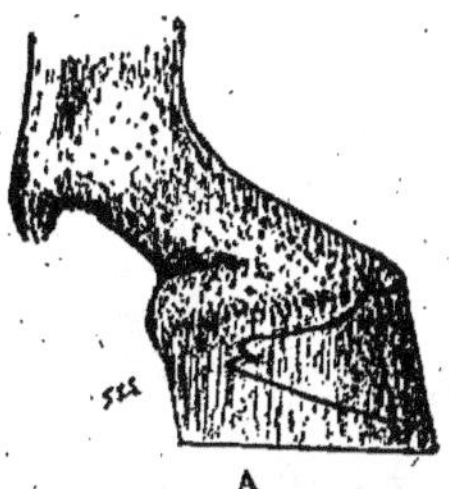

A   B

Fig. 281. — *Effets de l'exhaussement des talons et de l'allongement de la pince lorsque le membre ne change pas sa direction générale.*

ne peut rester en ligne avec le paturon qu'à la condition que le membre en totalité se déplace en arrière, l'animal devenant sous lui du devant ou campé du derrière (fig. 280, A). Si le membre conserve son aplomb, le pied ainsi dénivelé bascule sur la pince comme si on avait introduit un coin sous ses parties postérieures et se met en flexion; le relâchement éprouvé par le perforant derrière le petit sésamoïde provoque l'abaissement du paturon; ainsi se forme à la couronne un angle ouvert en arrière (fig. 281,A).

De même, le pied dont la pince est allongée ou les talons raccourcis ne peut rester dans l'axe du paturon qu'à la condition que le membre se porte en avant, c'est-à-dire que l'animal devienne campé

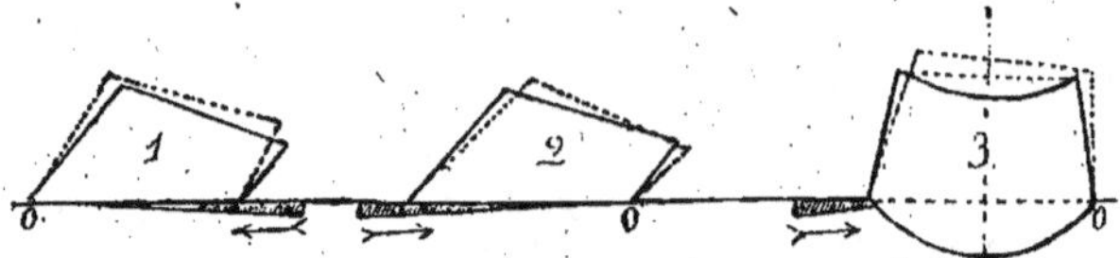

Fig. 282. — *Schémas pour démontrer les conséquences de l'exhaussement des talons* (1), *de la pince* (2), *d'un quartier* (3).

du devant ou sous lui du derrière (fig. 280, B). A défaut de ce déplacement, il bascule sur les talons, comme si la pince avait été soulevée par un coin (fig. 282, 2), et se met en hyperextension; alors la tension éprouvée par le perforant derrière le petit sésamoïde oblige

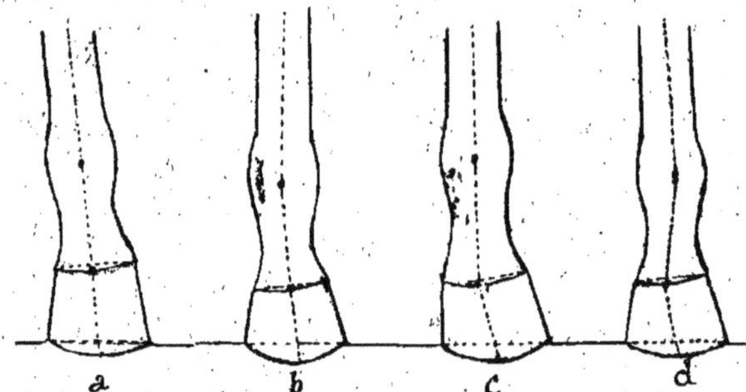

Fig. 283. — *Effets divers de l'exhaussement d'un même quartier.*

le paturon à se relever, et, pour ces deux raisons, un angle ouvert en avant se produit à la couronne (fig. 281, B).

b) Considérons maintenant les effets d'un dénivellement latéral. Ils sont variables et divers, comme l'indique la figure 283. Le membre tout entier peut se déplacer du côté du quartier allongé de manière à conserver l'horizontalité de la face plantaire et la rectitude du rayon digité (*a*), c'est-à-dire que l'animal devient simplement serré du devant ou du derrière, si c'est le côté interne

qui est exhaussé, trop ouvert si c'est l'externe. La région digitée
seule peut se dévier à partir du boulet, de manière à pencher du
côté le plus bas du sabot (*b*); si ce côté est l'externe, le boulet se
rapproche du plan médian, si c'est l'interne, il s'en écarte. Parfois
le déplacement n'intéresse que le pied, qui se met en abduction
ou en adduction selon que le quartier le plus long est l'externe ou
l'interne (*c*). Bien plus souvent le paturon se dévie en même temps
que le pied, de manière à former deux angles l'un au boulet l'autre
à la couronne pour compenser le dénivellement (*d*); alors l'animal
s'ouvre des boulets si le quartier externe est le plus haut, se serre
des boulets si c'est l'interne. Dans tous les cas, le pied bascule
comme si on avait introduit un coin sous l'un de ses côtés, de telle
sorte que le quartier le plus long exagère son obliquité relativement
à l'horizontale tandis qu'au contraire l'autre quartier se redresse
(fig. 282, 3).

Tout pied dénivelé dans le sens latéral est un pied de travers
alors même qu'il est en ligne avec le rayon digité. Il est vrai que,
dans ce dernier cas, son obliquité peut être commandée par celle du
paturon et dès lors être avantageuse à l'animal; mais il y a plus de
chances pour que, au contraire, l'obliquité latérale du paturon ait
été provoquée par celle du pied. Le pied de travers n'est donc pas
nécessairement dévié en abduction ou en adduction, il suffit qu'il
soit oblique latéralement par suite de l'inégale hauteur des quartiers
entraînant leur inégale inclinaison; il est de travers en dehors si
c'est le quartier externe qui est le plus long et le plus évasé, de travers en dedans si c'est l'interne.

c) Lorsque le dénivellement plantaire se produit dans le sens
oblique, par exemple par allongement d'une mamelle ou raccourcissement du talon opposé, le pied devient panard ou cagneux;
panard s'il y a allongement de la mamelle externe ou raccourcissement du talon interne, cagneux si l'allongement porte sur la
mamelle interne ou le raccourcissement sur le talon externe. Et
cette déviation rotatoire peut, comme nous l'avons déjà dit, avoir
son point de départ à l'articulation même du pied, ou bien au boulet, au genou, au jarret, à la cavité glénoïde du scapulum ou à la
cavité cotyloïde du coxal.

En résumé, la rupture du parallélisme plantaire n'influe pas
seulement sur l'articulation du pied, elle peut retentir sur la direction du paturon, voire même sur celle du membre tout entier, en
sorte que les conditions statiques des articulations peuvent être
modifiées jusqu'à la racine de celui-ci. Il est remarquable que le

membre a toujours tendance à se porter du côté où l'ongle s'est allongé (d'une manière absolue ou relative), c'est-à-dire en avant dans le cas de pince trop longue ou de talon trop abattus, en arrière dans le cas de pince courte ou de talon exhaussés, en dehors ou en dedans dans le cas de pied de travers; comme si cet allongement exerçait une attraction sur lui. Il ne peut en effet conserver l'horizontalité de son appui qu'à l'une ou l'autre des trois conditions suivantes : se transférer, tourner sur place ou modifier la direction de ses régions terminales. On peut produire expérimentalement la plupart des défauts d'aplomb en surajoutant un coin de corne à telle ou telle partie du contour du sabot; aussi croyons-nous que ceux-ci sont souvent la conséquence d'un dénivellement plantaire, et que, s'il est vrai que l'aplomb du membre commande l'aplomb du pied, il ne l'est pas moins que l'aplomb du pied, influe sur l'aplomb du membre.

En présence de cette réciproque influence du membre sur le pied et du pied sur le membre, comment, étant donnée une déviation d'aplomb laissant le pied dans l'axe du paturon, peut-on discerner si elle est cause ou effet, en d'autres termes, si la rupture du parallélisme plantaire est une heureuse adaptation du pied à la mauvaise direction naturelle du membre, ou si, au contraire, cette fausse direction n'est pas la conséquence du dénivellement du pied? C'est là une question bien difficile à résoudre à première vue; nous ne voyons d'autre moyen d'y parvenir que de laisser quelque temps l'animal déferré : si la déviation persiste, elle est naturelle ou du moins actuellement irréductible; si elle se corrige, elle était accidentelle. Nous avons dit, en effet, que, à l'état de nature, le membre se fait toujours la base qui lui convient. La direction rectiligne de l'axe phalangien n'est donc un critérium certain du bon aplomb du pied qu'autant que le membre est lui-même bien dirigé, car alors seulement on peut affirmer que le parallélisme plantaire est intact.

Répartition des pressions. — Les pressions subies par la surface articulaire de la troisième phalange tendent à enfoncer cet os dans le sabot, et, comme ces deux parties jouissent d'une certaine liberté, grâce à l'élasticité de la membrane kératogène qui les unit, ce mouvement de descente se fait également ou inégalement suivant que les pressions articulaires sont uniformément réparties ou accumulées en certains points. Si l'os du pied bascule ou du moins tend à basculer dans son enveloppe, il est clair que le contour plantaire du sabot subit une surcharge du côté où l'enfoncement atteint son maximum, tandis que, si cet os descend d'une manière égale, les pressions plantaires se distribuent uniformément sur tout le pourtour de la paroi. Celles-ci se répartissent donc de la même manière que les pressions articulaires et leur sont proportionnelles. Il est rationnel d'admettre que, à l'état statique, cette répartition doit se faire également sur tous les points du contour de la muraille, de telle sorte que la résultante des pressions tombe au centre de figure de la face inférieure du pied. Cependant MM. Liénaux et Zwænepoel affirment que la pince est surchargée relativement aux talons, et qu'il en est de même pour le quartier externe relativement à l'interne; le rapport des pressions entre ces parties opposées serait approximativement de 100 : 80, et le centre plantaire des pressions se trouverait un peu en avant et en dehors du centre de figure. Ainsi s'expliquerait que la paroi soit plus épaisse en pince qu'en talons, au quartier externe qu'à l'interne. Il nous semble que cette opinion n'a de fondement que pendant les allures, la pince étant incontestablement soumise à un surcroît de pressions au moment de l'impulsion à la fin de chaque pas; de même, pour le quartier externe, chaque fois que le membre considéré se trouve seul à l'appui, vu que le corps s'incline de son côté pour assurer l'équilibre. Au surplus, la répartition des pressions sur la face plantaire du pied est éminemment variable suivant la direction du membre, l'attitude de la tête, l'aplomb du pied, etc.; il est évident qu'il y a surcharge de la pince quand l'animal est sous lui du devant ou campé du derrière, surcharge des talons quand il est campé du devant ou sous lui du derrière, surcharge du quartier interne quand il est trop ouvert, surcharge du quartier externe quand il est serré, en un mot, *surcharge toujours du côté opposé à celui du déplacement du membre.* De même le port de la tête en avant, en arrière, en dehors ou en dedans entraîne une surpression du côté correspondant du pied. Le simple allongement de celui-ci par défaut d'usure augmente la pression en talons et à la longue tend à soulever la pince.

Voyons maintenant l'influence exercée à ce point de vue par le dénivellement plantaire. Pour la plupart des auteurs, depuis Bourgelat, c'est le côté abaissé qui est surchargé, c'est-à-dire la pince dans le pied à talons hauts, les talons dans le pied à talons bas, le quartier le moins élevé dans le pied de travers; et telle serait la raison pour laquelle l'avalure de la corne est ordinairement ralentie de ce côté-là. Il semble en effet rationnel, *a priori*, de croire que les pressions s'accumulent du côté sur lequel le pied a basculé (voy. fig. 282). Cependant Pader d'abord, Liénaux et Zwænepoel ensuite, sont venus s'inscrire en faux contre cette opinion et sou-

tenir que, au contraire; c'est la partie exhaussée du sabot qui supporte la surcharge. A l'appui de leur assertion, ils ont apporté,
les deux derniers surtout, des faits d'expérimentation dont on ne
saurait méconnaître la valeur; mais ces faits ne sont probants que
dans les conditions où ils ont été recueillis, et nous allons voir que,
en l'espèce, il ne faut pas conclure d'une manière générale et
absolue.

Par exemple, l'allongement des talons qui, comme dans la
figure 280 A, est corrélatif de l'obliquité postérieure du membre
et n'a point porté atteinte à la direction rectiligne du rayon digité,
a certainement pour conséquence de surcharger la pince. De même
l'allongement de la pince (fig. 280, B), qui a provoqué l'obliquité
antérieure du membre ou en a été la conséquence, sans rien changer
à l'articulation du pied, a évidemment pour effet d'augmenter les
pressions en talons. Tandis que, si le dénivellement antéro-postérieur a déterminé la formation d'un angle à la couronne, par suite
d'une rotation du pied sur le paturon ou du paturon sur le pied
(fig. 281), il en résulte un excès de pression du côté de l'ouverture
de cet angle, par suite du contact plus intime des surfaces articulaires, et une hyperextension ligamenteuse et tendineuse du côté
opposé, là où les surfaces tendent à se disjoindre. De pareils faits
s'observent d'ailleurs au niveau de toutes les jointures chaque fois
que les rayons contigus pivotent l'un sur l'autre de manière à former un angle anormal ou à exagérer un angle normal : il y a surpression dans le sinus et tendance aux tiraillements ligamenteux et tendineux au sommet.

Lorsque le dénivellement du pied s'est fait dans le sens latéral,
deux cas sont aussi à considérer : s'il n'y a pas brisure du rayon
digité à la couronne, mais seulement inclinaison de ce rayon comme
dans la figure 283 *b*, ou de tout le membre, comme dans la figure
283 *a*, il est clair que la surcharge se fait sentir sur le quartier le
plus bas, c'est-à-dire du côté où penche la surface articulaire; mais,
s'il s'est produit un angle à la couronne (fig. 283, *c* et *d*), l'excès de
pression incombe au contraire au quartier le plus haut, situé dans
le sinus de cet angle.

Quant aux pieds panards ou cagneux, ils subissent, dit-on, une
surpression aux points d'intersection d'un plan parallèle au plan
médian du corps qui couperait le sabot par une mamelle et un talon
opposés, c'est-à-dire sur la mamelle interne et le talon externe dans
le cas de parnardise, sur la mamelle externe et le talon interne
dans le cas de cagnardise.

La surcharge sur le côté exhaussé, dans le cas de dénivellement antéro-postérieur ou latéral, résulte, nous le répétons, d'une rotation des surfaces de l'articulation du pied, qui tend à les disjoindre du côté opposé et même les disjoint effectivement si les ligaments le permettent. Mais ce résultat n'est peut-être que temporaire; les surfaces articulaires, les ligaments, les tendons, ne sont-ils pas susceptibles de s'adapter à la longue aux nouvelles conditions qui leur sont imposées, de telle sorte que la déviation du pied qui, dans le principe, ne se produit qu'aux moments des appuis, devienne permanente et irréductible, ce qui pourrait bien changer complètement le mode de répartition des pressions? Par exemple, l'exhaussement des talons, qui entraîne d'abord la flexion du pied à chaque appui et par cela même la surcharge des parties postérieures, ne pourrait-il à la longue conduire au pied pinçard par suite d'une adaptation des ligaments et d'une rétraction du tendon perforant, en sorte que la même cause serait susceptible de produire successivement deux effets contraires? Cela nous paraît infiniment probable.

On le voit, le problème est complexe; on n'en possède pas encore tous les éléments; la solution, certainement diverse, doit être cherchée pour chaque cas particulier.

3° ÉLASTICITÉ DU PIED [1]. — L'élasticité du pied, c'est-à-dire la propriété d'amortir et d'éteindre les commotions causées par les percussions du sol, est indéniable; la structure de l'organe en témoigne suffisamment. En effet, le sabot isolé est élastique dans chacune de ses trois parties : l'arc pariétal s'ouvre en talons sous un effort excentrique et revient ensuite à sa forme première; la voûte solaire se laisse déprimer par la pression et reprend sa concavité dès que cette dernière cesse; la fourchette jouit presque de l'élasticité du caoutchouc; le contenu du sabot est élastique, principalement le coussinet plantaire, les cartilages scutiformes, la membrane kératogène. Comment se pourrait-il que le pied tout entier ne le fût pas? Il faut remarquer d'ailleurs que la muraille est beaucoup plus étendue que la face antérieure de la phalangette et qu'elle repose en partie sur les cartilages scutiformes, dépressibles comme des ressorts (fig. 279); que, d'autre part, le tissu podophylleux servant en quelque sorte de ligament entre la phalangette et la paroi permet un

---

1. Voir Thèse de doctorat vétér. de Vigo : *Contribution à l'étude de l'élasticité du pied du cheval*. Toulouse, 1926.

certain jeu de ces parties, grâce aux nombreuses fibres élastiques qu'il renferme.

Voici ce qui se passe :

Lorsque le pied pose sur le sol, il éprouve un choc en rapport avec la rapidité de l'allure et le poids de l'animal; ses parties intérieures tendent à descendre dans la boîte cornée qui leur sert d'enveloppe; la fourchette et le coussinet plantaire, comprimés contre le sol, s'épanouissent latéralement et déterminent un mouvement d'expansion des talons accompagné d'un très léger affaissement de la sole. Lorsque le pied se lève, les parties qui ont momentanément cédé réagissent par leur élasticité, par conséquent les talons reviennent l'un vers l'autre, la sole reprend sa concavité première et la fourchette sa forme normale.

Ces mouvements ont été démontrés expérimentalement, mais ils sont très restreints, difficiles à percevoir; Bracy-Clark exagère singulièrement quand il parle, à leur sujet, de diastole et de systole, et qu'il compare les talons « aux faibles branches de l'osier fléchissant sous le vent ». En réalité, l'affaissement de la sole est presque négligeable, l'écartement des talons est de quelques millimètres tout au plus vers la couronne, et beaucoup plus restreint au niveau du contour plantaire, vu que ce contour suit le bord de l'os et ne peut s'en écarter que dans la limite de l'élasticité du podophylle, sous peine de désengrènement ou de déchirure. Il est clair aussi que la sole, modelée sur la face plantaire de la phalangette, ne peut s'en écarter notablement et que dès lors l'opinion de Bracy-Clark d'après laquelle l'affaissement de sa voûte serait la cause de l'expansion des talons n'est pas soutenable.

Si limité qu'il soit, le jeu d'élasticité du pied n'en est pas moins important; le sabot n'est pas une simple boîte contentive, immuable, pour les organes élastiques qu'il renferme, il cède à la pression qu'il en reçoit au moment de l'appui, revient à ses premières dimensions au moment du lever, et ainsi contribue pour sa part à l'amortissement des réactions. Il est toutefois une condition *sine qua non* de l'élasticité normale du pied, c'est l'*appui de la fourchette*; l'épanouissement latéral du coussinet plantaire est en effet le principal facteur de l'écartement des talons. L'intégralité de la fonction du pied, de même que la conservation de sa forme normale sont étroitement subordonnées à cet appui.

4° LEVIER DU PIED. — Après avoir fourni point d'appui au levier du paturon, le pied, à son tour, peut basculer sur la pince à la fin de l'appui du membre et prendre part à l'impulsion. Il peut y avoir

ainsi deux leviers phalangiens entrant successivement en jeu :
le levier du paturon oscillant sur le pied et le levier du pied oscillant
sur le sol. L'un et l'autre sont du deuxième genre. Dans celui du
pied (fig. 284), le point d'appui est au contact de la pince avec le sol,
la résistance est représentée par le poids du corps transmis par la
deuxième phalange à la troisième, la puissance n'est autre que le
perforant agissant sur la poulie de renvoi du petit sésamoïde pour

soulever le pied. On comprend
sans peine, après ce qui a été dit
du levier du paturon, que le levier similaire dont il s'agit soit
d'autant moins favorable à la puissance que le pied est plus long ou
plus incliné, et l'on s'explique ainsi
que les pieds de derrière, essentiellement propulsifs, soient moins
obliques de muraille que les pieds
de devant.

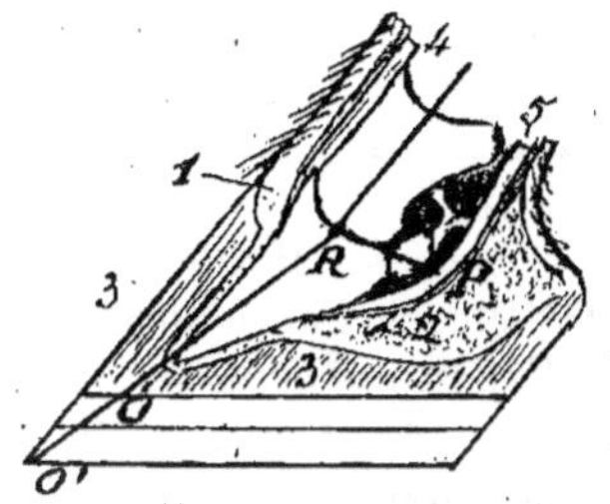

Fig. 284. — *Coupe médiane pour
démontrer le levier du pied et l'influence de l'allongement du sabot
sur ce levier.*

1, bourrelet; 2, coussinet plantaire;
3, sabot; 4, tendon extenseur; 5, tendon perforant réfléchi derrière le petit
sésamoïde; P, point d'application de la
puissance; R, point d'application de la
résistance; O, point d'appui avec un
sabot de longueur normale; O', point
d'appui avec un sabot allongé.

Dans les grands efforts de tirage,
alors que l'animal lourdement
chargé doit démarrer ou gravir
une forte pente, on le voit s'arc-
bouter avec force sur la partie antérieure du pied pendant que le
membre effectue sa détente. Cette
attitude, concentrant l'appui en un point, expose la pince à d'é-
normes pressions, surtout au pied de derrière, lesquelles sont susceptibles de faire éclater la corne de haut en bas et de déterminer
une scime instantanément. En raison de ces faits, la pince use plus
que les autres parties du contour de l'ongle, car elle est seule à
éprouver l'usure de l'impulsion.

D. — *Conditions de beauté.*

Nous avons fait connaître la forme, le mode d'appui plantaire,
l'aplomb et le mécanisme des pieds, à l'état physiologique; nous
nous bornerons à ajouter ici que, d'une manière générale, ces
organes doivent être moyennement volumineux, plutôt grands que
petits; la paroi, formée d'une corne noire ou gris foncé, dure sans
être cassante, doit être lisse, unie et luisante, dépourvue de tout

enfoncement ou fissure; les barres, bien développées, ni trop droites, ni trop couchées; la sole, assez concave pour que la voûte plantaire soit préservée des chocs de l'appui; la fourchette, volumineuse de manière à prendre part à l'appui et à maintenir les talons très écartés, ferme et sèche, ni filandreuse, ni suintante dans ses lacunes.

E. — *Défectuosités.*

Les défectuosités du pied sont nombreuses, les unes héréditaires [1], les autres acquises, résultant notamment du travail, de la ferrure, de la viciation des aplombs. etc. Nous les classerons comme il suit :

Défectuosités de volume. — Pieds grands, petits, inégaux.

Défectuosités de hauteur. — Pieds hauts, bas.

Défectuosités de forme. — Pieds à pince longue, à pince courte, à talons hauts, à talons bas, à talons fuyants, pieds plats, pleins, combles, à ognons, pieds droits, étroits, à talons serrés; pieds encastelés, pieds cerclés, pieds à bord supérieur irrégulier.

Défectuosités d'aplomb. — 1° Par simple dénivellement plantaire, sans déviation articulaire : pied oblique; 2° par déviation articulaire : pied fléchi, pied étendu, pied en abduction, pied en adduction, pied tourné en dehors, pied tourné en dedans

Défectuosités de la corne — Pieds gras, maigres, dérobés, à talons faibles, à muraille séparée de la sole.

1° DÉFECTUOSITÉS DE VOLUME —*Pied grand* — Le pied grand surcharge l'extrémité du membre, rend le cheval maladroit pendant la marche, l'expose à buter, à se couper, et produit, pendant les allures vives, de fortes percussions qui, sur le pavé, peuvent facilement occasionner des ébranlements douloureux, voire même la fourbure. Il est en outre plus ou moins plat On le rencontre surtout chez les chevaux des pays du Nord et chez ceux élevés dans des contrées humides

Pied petit — Le pied petit s'observe principalement dans les chevaux de race fine et d'origine méridionale. Il est toujours très creux et plus ou moins droit, et, en raison du défaut d'appui de la fourchette, très exposé au resserrement des talons et à l'encastelure.

Pieds inégaux. — « L'inégalité des pieds, dit Goyau, est toujours acquise et généralement grave. Le pied le plus petit a été souffrant

----

[1] La plupart des défectuosités héréditaires ne sont pas congénitales; elles se développent avec l'âge en vertu d'une tendance innée.

et condamné de ce fait à une inaction relative qui a amené l'atrophie progressive des parties intérieures et en même temps le resserrement de la boîte cornée. Le cheval a boité, boite ou boitera probablement du pied le plus petit »

2º DÉFECTUOSITÉS DE HAUTEUR (fig. 285). — *Pied haut.* — Le pied haut est celui dont la longueur de la pince dépasse considérablement les deux tiers de la longueur plantaire, et la longueur des talons le tiers de cette même dimension. Il implique une surcharge des talons, car la verticale descendant du centre articulaire se rapproche de plus en plus des parties postérieures de la face plantaire au fur et à mesure que le sabot s'allonge. En outre il surmène le tendon perforant en changeant le rapport des deux bras du levier du pied, comme l'indique la figure 284, PO : RO étant > que PO' : RO'. A un moment donné, la pousse des talons l'emportant sur celle de la pince, le pied se recourbe en sabot chinois et finit par ne plus appuyer que sur les talons.

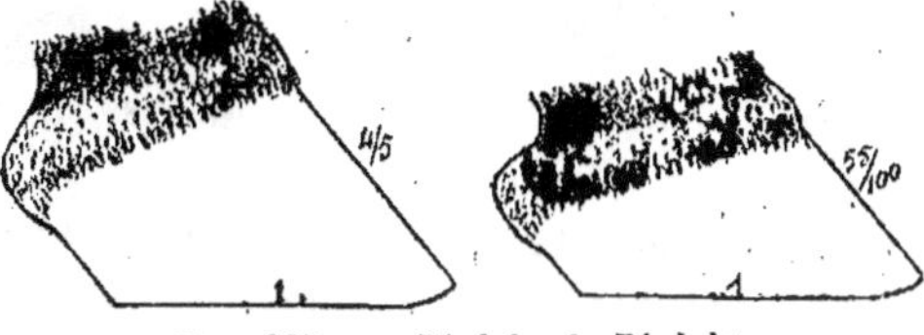

FIG. 285. — *Pied haut. Pied bas.*

Le pied soustrait à l'usure par le fer s'allonge outre mesure avec le temps. Pour éviter cet inconvénient, on recommande, lorsque les ferrures sont trop espacées, de pratiquer ce que l'on appelle des relevés de ferrure, c'est-à-dire d'enlever le fer et de le réappliquer après avoir rogné l'ongle à ses dimensions normales.

Pied bas. — Le pied est bas lorsque la longueur de la pince est inférieure aux six dixièmes de la longueur plantaire et les talons raccourcis en proportion. C'est une conformation naturelle qui a l'inconvénient de diminuer l'étendue de l'engrènement podophyllo-kéraphylleux, par conséquent la solidité de l'adhérence de l'ongle, et d'exposer le pied à sentir douloureusement les corps durs sur lesquels il appuie.

3º DÉFECTUOSITÉS DE FORME. — *Pied à pince longue.*—Le pied dont la pince est anormalement longue a ordinairement les talons bas, faibles et fuyants; il est prédisposé à se « dérober » et difficile à ferrer. Les conditions du levier qu'il constitue sont défavorables au perforant.

Pied à pince courte. — Le pied à pince courte participe des caractères du pied à talons hauts.

Pieds à talons hauts (fig. 286). — Le pied à talons naturellement hauts, que l'on distingue du pied à talons exhaussés en ce qu'il a gardé son aplomb, c'est-à-dire la direction du paturon (le canon étant vertical), est peu évasé, compact, résistant; il a toutefois l'inconvénient de s'opposer à l'appui de la fourchette.

Pieds à talons bas (fig. 286 *bis*). — Le pied à talons bas se confond avec celui à pince longue; c'est un mauvais pied, très oblique de

Fig. 286. — *Pied à talons hauts.*   Fig. 286 *bis.* — *Pied à talons bas.*

paroi, entraînant la faiblesse des parties postérieures et prédisposant aux bleimes et aux resserrements. On l'observe principalement aux membres antérieurs.

Pied à talons fuyants (fig. 287). — C'est celui dont les talons, plus obliques que la pince, d'arrière en avant, et trop inclinés de dehors en dedans, rentrent pour ainsi dire sous le pied et parfois

Fig. 287. — *Pied à talons fuyants.*   Fig. 288. — *Pied plat.*

même se ploient en se renversant en dedans. Il en résulte une prédisposition aux bleimes. Le pied à talons fuyants s'observe surtout chez les chevaux long-jointés, ainsi que, temporairement, chez les jeunes poulains.

Pied plat (fig. 288). — Le pied est plat à la fois par défaut de concavité de la sole et par excès d'inclinaison de la paroi; il se fait remarquer en outre par un excès de volume résultant de son évasement, par des talons bas, souvent serrés, une fourchette épaisse et des barres très obliques. Il prédispose aux foulures de la sole et aux bleimes. C'est un défaut très commun chez les gros chevaux, mais aux pieds de devant seulement. Les pieds de derrière ont au contraire tendance au défaut opposé.

Pied plein. — Lorsque le pied est plat jusqu'à effacement complet

de la concavité de la sole, on le qualifie de plein; alors l'utilisation
de l'animal n'est possible qu'à la condition de protéger cette dernière contre les foulures au moyen d'un fer couvert. L'affaissement du plancher du sabot fait que la fourchette dépasse parfois
le niveau du bord inférieur de la muraille, ce qui expose le coussinet
plantaire à des contusions ou même à des écrasements; mais alors
ce n'est pas l'excès de volume de la fourchette qu'il faut incriminer,
c'est l'insuffisance du creux plantaire. Les quartiers des pieds très
plats ont tendance à se ployer suivant leur hauteur de manière à
former une sorte de bouillon.

Pied comble. — Le pied comble est l'exagération du pied plein :
la sole, bombée extérieurement, proémine sur le bord inférieur de la
paroi et se présente en premier lieu à l'appui. L'animal n'est utilisable qu'aux allures lentes et à la condition d'être ferré d'une
manière particulière. Le pied comble est toujours accidentel; c'est

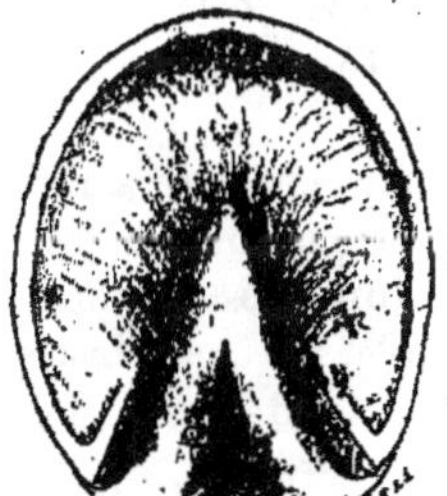

Fig. 289. — *Pied comble*
(fourbu avec fourmilière).   Fig. 290. — *Pied*   Fig. 291. — *Pied droit.*
                                   à ognons.

une aggravation du pied plat ou, le plus souvent, une conséquence
de la fourbure (fig. 289).

Pieds à ognons (fig. 290). — Le pied à ognons ou oignons est
celui dont la sole proémine en un ou plusieurs points, soulevée par
un bombement correspondant de la troisième phalange. Il exige
une ferrure spéciale couvrant ces saillies et les protégeant contre
les foulures.

Pied droit (fig. 291). — Le pied droit ou creux est l'opposé du
pied plat; il se fait remarquer à la fois par une insuffisante obliquité
de la paroi et par un excès de concavité de la face plantaire; les
barres sont verticales et la fourchette plus ou moins maigre. Les
pieds de derrière sont prédisposés à ce défaut, de même que les
pieds de devant le sont au défaut inverse.

Pied étroit. — Le pied étroit, que sa ressemblance avec le pied du mulet fait parfois qualifier de *pied mulage*, est un pied droit aplati des quartiers et beaucoup plus long que large.

Pied à talons serrés. Pied encastelé. — Lorsque la largeur plantaire en talons ne dépasse pas la moitié de la largeur maximum. ceux-ci peuvent déjà être considérés comme serrés; mais ce n'est là qu'un premier degré d'une défectuosité susceptible d'amener les talons au contact l'un de l'autre (fig. 292) et même de les faire chevaucher. Passé un certain degré, le resserrement se propage aux quartiers, comprime le tissu podophylleux contre l'os, ploie les lames du kéraphylle et détermine une claudication; il y a alors *encastelure* (*in castellum*), car les parties vives, chaussées trop à l'étroit, sont comme emprisonnées dans un château fort. Les pieds postérieurs sont susceptibles de se serrer en talons, comme les antérieurs, sans qu'il y ait encastelure douloureuse c'est-à-dire boiterie, vu que le moindre développement de leurs apophyses rétrossales et la moindre tendance de leurs cartilages scutiformes à l'ossification laissent aux talons assez de souplesse et de facilité pour se porter l'un vers l'autre sans compression excessive.

Il y a plusieurs variétés de talons serrés : ils peuvent être serrés sur toute leur hauteur, plus serrés en haut qu'en bas, ou au contraire en bas qu'en haut; d'autres fois, il n'y a qu'un talon de serré, généralement l'interne, il se reconnaît à son inflexion manifeste, qui se communique à l'arc-boutant, et aussi à sa tendance à chevaucher l'autre talon.

Il ne faudrait pas croire que seuls les pieds petits et creux, à fourchette maigre, soient exposés au rapprochement des talons; il est commun de trouver les talons serrés à des pieds plats; on conçoit en effet que les talons bas de ceux-ci obéissent plus aisément que les talons hauts à la tendance au resserrement. Nonobstant, c'est toujours le défaut d'appui de la fourchette qui est la cause essentielle de la déformation.

Pied cerclé. — Le pied cerclé présente, sur la hauteur de la paroi,

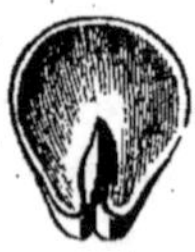

Fig. 292. — *Pied encastelé.*

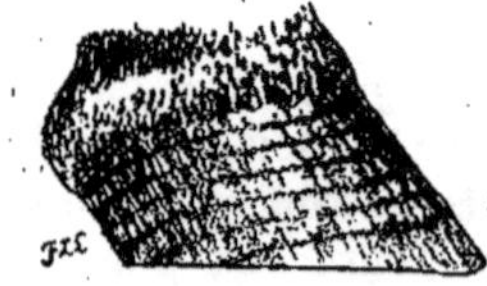

Fig. 293. — *Pied légèrement cerclé.*

Fig. 294. — *Pied cerclé pathologiquement.*

une série de reliefs et de sillons étagés formant des espèces d'ondes

horizontales, circulaires, allant d'un talon à l'autre. Les cercles
sont plus ou moins accusés; il en est d'à peine perceptibles que l'on
rencontre sur des pieds parfaitement normaux et qui témoignent
seulement d'une fluctuation de la kératogénèse sous des influences
d'alimentation, de saison, d'intermittence de repos et de travail,
d'état de santé ou de maladie, etc. (fig. 293); d'autres, plus marqués,
tiennent à un état pathologique de la membrane kératogène, par
exemple au resserrement du pied, à la fourbure (fig. 294).

Pied à bord supérieur irrégulier. — Cette défectuosité, sur laquelle
Huret a attiré l'attention, consiste en une surélévation du bord
coronaire de la paroi en un point de son contour latéral qui prend
ainsi la forme d'un S renversé. Elle s'observe souvent sur les pieds
encastelés, fourbus ou atteints de formes cartilagineuses, par suite
de l'irritation du bourrelet ou de son soulèvement.

4° Défectuosités d'aplomb.. — Les défectuosités d'aplomb
du pied consistent en somme en un changement d'orientation de son
plan articulaire par suite de la rupture du parallélisme plantaire
du sabot et de la phalangette. Deux cas peuvent se produire, ainsi
que nous l'avons déjà dit : 1° le paturon suit le changement d'orientation de la surface articulaire du pied et la rectilignité du doigt
est maintenue; 2° l'axe digité se brise à la couronne et le pied se
trouve ainsi en état de flexion, d'extension, d'abduction, d'adduction ou de torsion, d'une manière permanente ou seulement à
chaque appui.

a) *Pied oblique.* — Dans le premier cas, on dira que le pied est
oblique, et, suivant que le côté relativement bas est antérieur, pos-

Fig. 295. — *Pied pinçard.*

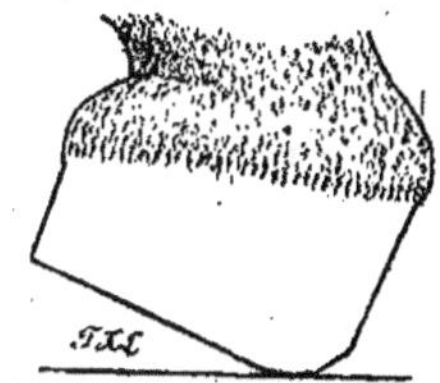

Fig. 296. — *Pied rampin.*

térieur, externe, interne, le pied sera oblique en avant, oblique en
arrière, oblique en dehors ou oblique en dedans. Le pied oblique
en dehors est de travers en dedans, le pied oblique en dedans est
de travers en dehors. Si le dénivellement s'est effectué dans un sens
diagonal, le pied est panard ou cagneux. L'obliquité du pied, corrélative d'une déviation du paturon, voire même du membre en tota-

lité, est tantôt la cause, tantôt l'effet de cette déviation; elle entraîne toujours surcharge du côté abaissé (voy. p. 441 et suivantes).

Dans le cas où le pied n'est plus en ligne avec le paturon son articulation se trouve dans l'un ou l'autre des états, ci-dessous décrits.

b) *Pied fléchi.* — Le pied peut être fléchi, à l'appui seulement, sous l'influence de l'exhaussement des talons (fig. 281, A) ou bien d'une manière permanente, par rétraction du tendon perforant. S'il a gardé sa faculté d'extension, il n'y a qu'à abattre la partie excédente des talons pour lui faire récupérer son aplomb normal. A chaque appui, il y a relâchement du perforant avec affaissement du paturon, hypertension du tendon extenseur et des ligaments antérieurs, excès de pression sur les parties postérieures de la surface articulaire et, par conséquent, sur les talons.

Si la flexion est irréductible, le perforant s'étant rétracté et l'articulation elle-même adaptée à cette attitude, le pied est dit *pinçard*, parce qu'il effectue son appui principalement en pince et parfois même exclusivement (fig. 295). Au lieu d'osciller dans l'espace suivant un arc de cercle régulier, il s'élève lentement et s'abaisse brusquement de manière à piquer de la pince quand il arrive au poser. L'usure est donc excessive en cette région, tandis qu'elle est à peu près nulle en talons. Le pied pinçard est presque toujours un pied de derrière, haut de talons, et l'animal est plus ou moins bas-jointé. Tous les Solipèdes deviennent momentanément pinçards aux moments des efforts de tirage, surtout lorsqu'ils se cramponnent sur un sol en montée; mais ceux dont c'est le mode d'appui permanent, par suite d'un défaut d'extension du pied, se fatiguent vite, butent continuellement et souvent se coupent; ils sont en outre prédisposés aux seimes en pince.

Le *pied rampin* n'est que l'exagération du pied pinçard; la flexion du pied est telle que, pendant la marche, le devant de la paroi s'use en traînant, en rampant sur le sol (fig. 296).

Le *pied bot* est aussi un pied fléchi, qui est en outre difforme et accompagné de bouleture (fig. 297, A). Il résulte ordinairement d'une rétraction extrême des tendons fléchisseurs, déterminant à la fois la projection du boulet et l'arcure de la couronne, rétraction telle que, malgré l'allongement insolite des talons, la face plantaire regarde en arrière et l'appui se fait exclusivement en pince ou même sur la face antérieure de la paroi. L'animal qui en est atteint a perdu à peu près toute valeur.

Le pied bot est lié à la bouleture, mais la bouleture n'entraîne pas nécessairement le pied bot : il n'est pas rare de voir le pied conserver

son assiette et même se mettre en extension, pendant que la rétraction tendineuse redresse le paturon et projette le boulet en avant.
C'est que, dans ce cas, le perforant ne participe pas à cette rétraction, qui porte exclusivement sur le perforé et le suspenseur du
boulet (fig. 297, B).

c) *Pied étendu* (fig. 281, B). — Le pied étendu est toujours long

Fig. 297.

A, pied bot et bouleture; B, bouleture simple.

de pince, bas de talon et plus ou moins plat. Sa déviation peut ne se
produire qu'à l'appui, sous l'influence de l'allongement de ses parties antérieures, alors elle implique relâchement du tendon extenseur, hypertension des ligaments postérieurs et du perforant,
redressement du paturon, enfin excès de pression sur les parties
antérieures de la surface articulaire et sur la pince. Si elle est devenue irréductible par suite d'une adaptation des surfaces articulaires, des ligaments et des tendons, l'appui tend au contraire à se
concentrer en talons et l'on voit le pied au soutien se lever d'abord
assez brusquement, puis s'abaisser lentement de manière à effectuer
son poser par les parties postérieures en basculant ensuite sur la
pince; on pourrait le qualifier de *pied talus*, par opposition au pied
pinçard.

Il est à peine nécessaire de dire que le pied talus est dans des conditions très défavorables à l'impulsion.

d) *Pied en abduction*. — Il peut ne se dévier qu'au moment de
l'appui, sous l'influence de l'exhaussement du quartier externe,
alors il suffit de rétablir le niveau plantaire pour corriger le défaut;
ou bien être dévié d'une manière permanente par suite d'une
adaptation de l'articulation. Dans le premier cas, il y a excès de
pression du côté exhaussé et hypertension ligamenteuse du côté
opposé; dans le second, l'excès de pression se fait sentir sur le

quartier le plus bas à cause de la déclivité des surfaces articulaires, et ce quartier a une tendance marquée à se resserrer et à prendre une seime.

e) *Pied en adduction*. — Il donne lieu aux mêmes considérations que le précédent.

Les pieds en abduction ou en adduction sont nécessairement obliques latéralement, puisqu'un de leurs quartiers est plus haut que l'autre; mais, comme nous venons de l'exposer, cette obliquité peut aussi exister sans déviation articulaire. Tout pied qui penche d'un côté est dit de **travers**, qu'il y ait ou non un angle latéral à la couronne; il est de travers en dehors ou en dedans, suivant que le quartier le plus oblique est externe ou interne.

f) *Pied panard* (fig. 298). — Le pied panard, c'est-à-dire à pince

Fig. 298. — *Pied panard.*   Fig. 299. — *Pied cagneux.*
(Les verticales correspondent à la ligne médiane).

tournée en dehors, résulte parfois d'une rotation du membre tout entier à partir de la cavité glénoïde ou cotyloïde, c'est alors le membre qui est panard plutôt que le pied. D'autres fois, la rotation s'est effectuée à partir du genou ou du jarret (genou de bœuf, jarret clos), à partir du boulet, ou même seulement de la couronne. Dans tous les cas, le pied panard se fait remarquer par l'allongement et l'évasement de sa mamelle externe et par le redressement de son côté interne, qui se resserre plus ou moins et s'affaiblit; il y a dénivellement diagonal de la surface d'appui. La panardise est particulièrement fréquente aux pieds de derrière, dont la pince se trouve normalement déjà un peu déviée en dehors.

g) *Pied cagneux* (fig. 299). — Cette défectuosité, inverse de la précédente, s'observe principalement chez les chevaux de trait et aux membres antérieurs. Elle peut provenir de la cavité glénoïde ou cotyloïde, du genou ou du jarret (genoux cambrés, jarrets ouverts), du boulet, de la couronne. Elle implique l'allongement et l'évasement de la mamelle interne et un certain redressement du quartier externe.

On admet généralement que, dans le pied cagneux, il y a excès de pression sur la mamelle externe et le talon interne, tandis que, dans le panard, c'est la mamelle interne et le talon externe qui sont surchargés; autrement dit, les surpressions se font sentir à l'intersection d'un plan parallèle au plan médian du corps qui couperait le sabot en deux parties égales. Mais, ici encore, la déviation peut ne se produire qu'au moment de l'appui ou être permanente et irréductible.

Nous avons déjà eu l'occasion de dire que la panardise et la cagnardise nuisent à la régularité des allures et exposent à des faux pas, car les membres ne jouent plus exactement dans le sens de la progression : le cheval panard jette ses pieds vers le plan médian et risque de s'atteindre avec la branche interne du fer; le cagneux au contraire les jette en dehors, c'est-à-dire qu'il billarde, ce qui le met dans une certaine mesure à l'abri des atteintes, mais ne laisse pas que d'être fort disgracieux et d'occasionner une dépense de force inutile.

5° DÉFECTUOSITÉS DE QUALITÉ DE LA CORNE. — *Pied gras.* — Le pied gras est celui dont la corne, manquant de dureté, n'offre pas aux clous une implantation suffisamment solide et défend insuffisamment les parties vives contre les foulées des terrains durs et pierreux. Ordinairement il est en même temps grand et plat et s'observe sur les chevaux communs et lymphatiques. Rappelons que la corne blanche déterminée par les balzanes est toujours moins résistante que la corne pigmentée.

Pied maigre. — Le pied maigre ou sec est celui dont la corne est sèche et cassante, pousse peu et éclate facilement. Il est généralement très creux, à fourchette atrophiée, et est exposé à l'encastelure et à toutes ses conséquences.

Pied dérobé. — C'est celui dont le contour inférieur est ébréché, irrégulier, par suite de l'éclatement de la corne. Le pied se dérobe au moment du ferrage pendant que l'on broche les clous, ou bien lorsque l'animal marche déferré. Le pied dérobé est difficile à ferrer, vu que l'on ne peut y fixer des clous que dans les intervalles des brèches, ce qui exige une disposition particulière des étampures du fer. Il est heureux que ce défaut disparaisse spontanément sous l'influence de l'avalure.

Pieds à talons faibles. — Ce pied se fait remarquer par le défaut de consistance de la corne des parties postérieures, qui expose celles-ci aux contusions, notamment aux bleimes. Ses talons sont ordinairement bas et sa fourchette grasse.

Pied à muraille séparée de la sole. — C'est un défaut caractérisé par l'existence d'une solution de continuité entre la muraille et la sole, qui se produit naturellement quand la paroi s'allonge outre mesure et alors n'est que superficiel et sans importance, ou bien survient sur des pieds parés à fond ou creusés à la rénette dans la région du nimbe solaire. Dans ce dernier cas, la disjonction est profonde, la solidité du plancher du sabot compromise, le pied devient sensible.

F. — Maladies.

Indépendamment des accidents occasionnés par la ferrure, tels que piqûre, enclouure, brûlure, etc., le pied est sujet à un assez grand nombre de maladies, dont quelques-unes doivent être citées ici, soit pour leur fréquence, soit pour les altérations de forme et de volume qu'elles sont susceptibles de déterminer.

Nous avons déjà signalé l'encastelure. Nous mentionnerons encore la fourchette échauffée ou pourrie, le crapaud, la seime, la bleime, les foulures de la sole, l'étonnement du sabot, la fourbure, la crapaudine. Nous dirons enfin deux mots de la régénération du sabot après qu'il a été partiellement ou totalement arraché.

Fourchette échauffée, fourchette pourrie. — Sous ces noms on désigne deux degrés d'un même état, consistant en un suintement fétide de la lacune médiane, qui ramollit la corne et la décolle du tissu velouté.

Crapaud. — Dans le crapaud, l'altération de la membrane veloutée est telle que, au lieu de former une corne concrescible, elle produit une corne diffluente, dissociée en nombreux pinceaux ou fics, entre lesquels se fait un suintement abondant et infect. C'est une maladie extrêmement tenace, sorte d'eczéma du tissu velouté, qui commence par la fourchette, s'étend ensuite à la sole et parfois même envahit le podophylle de manière à décoller la paroi jusqu'à la chute du sabot.

Seime. — La seime est une fissure de la paroi dans la direction de ses fibres cornées, qui s'observe généralement en pince, quelquefois en quartier (seime quarte), voire même sur les barres. La seime en pince est très fréquente au membre postérieur; elle se produit par éclatement lorsque, dans les grands efforts de tirage, le membre s'arc-boute sur la partie antérieure du pied. La seime quarte se ren-

contre ordinairement sur les pieds serrés ou de travers, particulièrement sur le quartier interne. Le nom de seime est tiré du latin
semi (demi), car la fente ainsi désignée partage le plus souvent le
sabot par le milieu.

Les seimes intéressant toute l'épaisseur de la paroi ne sont pas
sans gravité, attendu qu'elles s'ouvrent et se ferment alternativement sous l'influence des mouvements d'élasticité du sabot et occasionnent ainsi des pincements douloureux du tissu podophylleux,
dont peuvent résulter une boi-
terie et même un kéraphyllocèle.
Il faut donc être en garde contre
leur existence, d'autant plus
qu'elles sont ordinairement peu
apparentes, dissimulées par la
boue ou par les onguents dont
on a enduit le pied.

Fig. 300. — *Sabot d'un cheval atteint de
fourbure chronique.*

(La prédominance de l'avalure d'un côté avait
déterminé un pli rentrant de l'autre côté.

Bleime. — La bleime (du grec
βλῆμα, coup, blessure), est une
meurtrissure du podophylle des talons, que l'on observe le plus souvent aux pieds de devant quand ils sont plats, à talons bas, faibles
ou serrés, et presque toujours au talon interne. La corne à cet
endroit est alors ramollie, pointillée de sang, souvent décollée par
de la sérosité, du sang ou du pus.

Il est prouvé aujourd'hui que la bleime ne résulte pas, comme on
l'a cru longtemps, d'une contusion du tissu velouté, mais bien d'une
compression ou d'une dilacération du podophylle dans l'angle du
talon. C'est toujours, comme dit Lecoq, une affection grave, sujette
à récidive, surtout si le pied a une tendance au resserrement.

Foulures de la sole. — Les foulures de la sole entraînant contusion
du tissu velouté se produisent en un point quelconque, à la suite
d'un choc, d'une pression d'un fer mal ajusté ou de l'introduction
d'une pierre entre le fer et l'ongle.

Étonnement du sabot. — C'est une contusion du podophylle produite par un coup violent sur la paroi, qui est souvent décollée en ce
point par une hémorragie.

Fourbure. — La fourbure est une inflammation congestive de la
membrane kératogène et même de l'os du pied, qui détermine
d'abord une vive douleur et une très grande difficulté de l'appui,
et, plus tard, des déformations considérables de l'ongle. En effet,
sous l'influence de cette maladie, le tissu podophylleux se décolle
dans les régions antérieures, de telle sorte que la phalangette s'en-

fonce dans le sabot, en basculant d'avant en arrière, et fait pression par son bord inférieur sur la sole, qui devient convexe extérieurement (pied comble) et parfois même se laisse transpercer par l'os (croissant). D'autre part, la partie décollée du podophylle entrant en activité kératogène élabore sous la paroi normale, refoulée en avant, un *kéraphyllocèle* qui vient se faire jour au-devant de la sole. Cette néoformation de corne peut ne remplir qu'incomplètement le vide régnant sous la muraille, il reste alors ce qu'on appelle une *fourmilière* (fig. 289). Dans tous les cas, la muraille est soulevée en pince de manière à allonger démesurément le pied; parfois elle se recourbe supérieurement à la manière d'un sabot chinois; toujours elle est rendue irrégulière par des cercles progressivement élargis d'avant en arrière (fig. 300). Le pied fourbu est un pied *talus*, c'est-à-dire effectuant son appui principalement ou exclusivement sur les talons, vu que la maladie est localisée dans la région de la pince.

Crapaudine ou mal d'âne. — Cette affection, aussi rare chez le cheval qu'elle est fréquente chez l'âne et le mulet, consiste en une espèce de dartre ulcéreuse de la couronne, à cause de laquelle le bourrelet donne naissance, en pince, à une paroi exubérante, fendillée et comme crevassée en travers.

Régénération des parties du sabot accidentellement arrachées. — Lorsque le plancher du sabot a été arraché, dans l'opération de la dessolure, il ne tarde pas à se régénérer; au bout de huit jours, il est déjà suffisamment épais pour servir de plastron protecteur au tissu velouté; après un mois, la sole et la fourchette sont reconstituées avec leur forme et leur structure primitives.

Lorsqu'on a enlevé un lambeau de paroi ou que, accidentellement, le sabot tout entier a été arraché, le podophylle mis à nu se couvre bientôt d'une corne provisoire, poreuse, irrégulière, constituant ce que l'on appelle un *faux-quartier*. Cette corne est ensuite chassée peu à peu par celle qui descend du bourrelet, et ainsi le faux-quartier disparaît par avalure.

On le voit, le tissu podophylleux qui, normalement, n'est qu'un lit pour la paroi, c'est-à-dire une surface kératophore, devient kératogène sous l'influence de l'inflammation, soit dans le cas où il est mis à nu par arrachement de la paroi, soit dans le cas de fourbure ou de toute autre affection susceptible de l'irriter. La corne qu'il produit à ciel ouvert est un *faux-quartier;* celle qu'il forme sous la paroi normale est un *kéraphyllocèle.*

G. — *Différences.*

PIEDS DE L'ANE ET DU MULET (fig. 301). — Les pieds de l'âne et ceux du mulet se ressemblent, mais ils diffèrent considérablement de ceux du cheval. Ils sont plus petits, plus étroits, plus droits, plus creux, plus épais de paroi, et d'une sûreté d'appui qui permet à l'âne et au mulet de passer par les sentiers les plus escarpés des pays de montagnes. Ces pieds sont hauts, aplatis de quartiers, ce qui leur donne une apparence carrée en pince, sensiblement plus larges à la couronne qu'au bord inférieur; leur fourchette semble avoir été tirée en arrière, elle dépasse les talons de 1 à 2 centimètres. Ils sont souvent pinçards, resserrés ou atteints de crapaudine. Leur corne n'est jamais blanche, si ce n'est

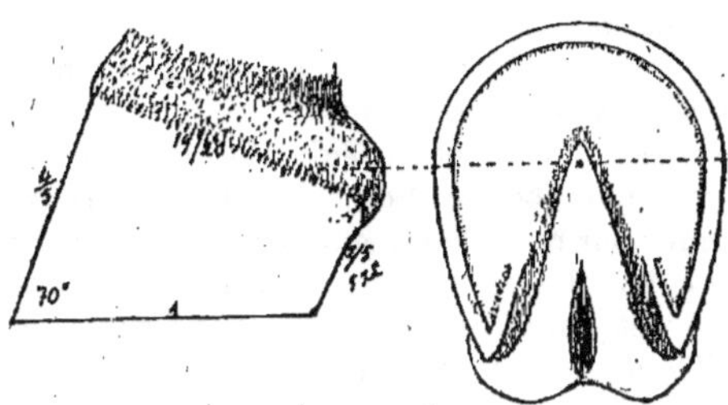

FIG. 301. — *Pied de l'âne, profil et face inférieure.*

Le rayon de chacun des arcs des quartiers équivaut à une fois et demie le diamètre transversal du pied; par conséquent le centre se trouve à un demi-diamètre de distance du quartier opposé.

celle du kéraphylle. Leur coussinet plantaire, au lieu de contenir, dans ses aréoles, seulement des pelotons de fibres élastiques, renferme en outre des lobules adipeux; il est donc moins évolué que celui des chevaux.

PIED DU BŒUF (fig. 302). — Dans le bœuf le pied est formé par deux doigts séparés à la naissance des onglons, pouvant s'écarter l'un de l'autre jusqu'à une certaine distance et amortir par ce nouveau moyen d'élasticité la violence des réactions. Aussi ne trouve-t-on pas, dans ces deux onglons, des propriétés élastiques aussi prononcées que dans le sabot des solipèdes. Chacun représente assez bien la moitié du sabot du cheval. La paroi, épaisse et contournée en demi-cercle du côté externe, s'amincit sur la face

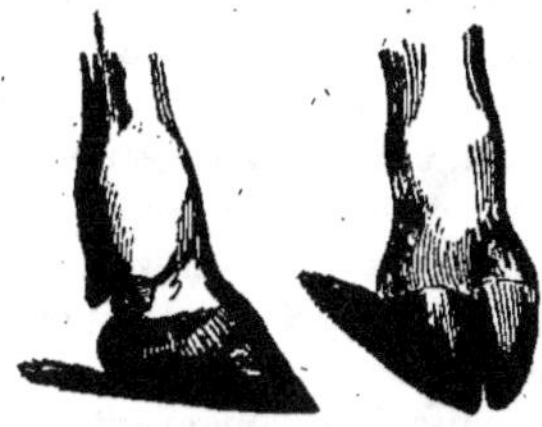

FIG. 302. — *Pied du bœuf vu de côté et par devant.*

interne dont le bord inférieur n'arrive pas jusqu'au sol; elle ménage, grâce à la concavité de cette face, un petit intervalle entre les onglons. La sole moins épaisse que dans les solipèdes, remplit le vide encadré par le cercle que forme le bord inférieur de la paroi et se trouve ainsi un peu relevée du côté interne, ce qui lui donne absolument la disposition d'une moitié de la sole du cheval. La fourchette, qui semble au premier abord faire défaut, n'a fait que changer de forme; elle est représentée par la corne des talons appliquée sur des coussinets plantaires fibro-adipeux, de manière à compléter chaque onglon en arrière.

La division du pied amortissant le choc lors de l'appui de l'organe, l'appareil d'amortissement, si remarquable dans les Solipèdes, devait être ici beaucoup moins développé; aussi constate-t-on l'absence de cartilages scutiformes et un engrènement beaucoup moins intime des feuillets de corne avec les feuillets de chair. Comme le poids de l'animal tendant à faire écarter les doigts aurait pu quelquefois tirailler les ligaments articulaires, ce mouvement se trouve borné par un solide ligament interdigité réunissant les talons et ne permettant qu'un écartement modéré dont le maximum a lieu vers la pince.

Les défectuosités et maladies du pied sont bien moins nombreuses chez le bœuf que chez les Solipèdes et toujours d'une importance moindre, surtout pour ceux de ces animaux qui ne sont destinés qu'à la boucherie. Les onglons doivent être réguliers, lisses, luisants, d'une longueur modérée; ils doivent, dans les races destinées au travail, présenter un certain volume, tandis que dans celles qui sont uniquement destinées à la boucherie, des onglons petits et lisses sont toujours un indice du peu de développement relatif du système osseux. Les sabots allongés et recourbés que l'on rencontre souvent chez les vaches laitières ne sortant guère de l'étable et dont on néglige de rogner les pieds, nuisent aux aplombs de ces animaux, tiraillent les tendons perforants et déterminent une gêne qui ne peut que nuire à la sécrétion du lait et quelquefois même amener la fourbure.

Sous le nom de *fics*, on désigne des végétations charnues, pédiculées, rougeâtres et filamenteuses que l'on rencontre en avant, au point de réunion des deux onglons. Il ne faut pas confondre avec les fics, le furoncle qui se développe souvent au même endroit et se termine par la chute ou l'enlèvement d'un bourbillon de plusieurs centimètres de longueur qui s'étendait de la pince au talon, sous la peau de l'espace interdigité.

Le pied du bœuf est sujet, comme celui du cheval, à diverses blessures, telles que les clous de rue, et aux accidents résultant de la ferrure. La guérison de ces affections est toujours moins longue à obtenir et elles font moins souffrir l'animal, la division du pied en deux doigts permettant l'appui exclusif de l'un d'eux pendant que l'autre est malade. Les piqûres profondes entre les deux talons présentent du danger à cause du ligament interdigité qui se nécrose facilement. Après une longue marche les pieds non ferrés peuvent devenir douloureux par suite de l'usure de la corne et de la compression des parties vives sous-jacentes; c'est ce que l'on appelle l'*engravée* ou *agravée*, affection qui peut aussi se produire à la suite de l'introduction de graviers entre les onglons.

PIEDS DU MOUTON ET DE LA CHÈVRE. — L'organisation du pied de ces animaux est absolument la même que celle du pied du bœuf. On n'examine guère le pied, dans l'espèce ovine, que dans les cas de *piétin*, maladie contagieuse consistant, dès le principe, dans le décollement du bord interne de la paroi suivi de l'ulcération de la portion correspondante du tissu sous-corné. A une période plus avancée, cette ulcération s'étend, le décollement augmente, et il se produit entre la corne et la phalange une matière blanchâtre, d'odeur infecte, qui amène quelquefois la chute de l'onglon. Lorsqu'un doigt est affecté de piétin, l'engorgement projette l'ongle en avant et le fait paraître plus long; et, lorsque la guérison a lieu, il reste rugueux, se déjette et se contourne au dehors.

Les onglons de la chèvre sont plus comprimés que ceux du mouton et leur surface d'appui plus étroite.

Pied du porc (fig. 303). — Le porc étant tétradactyle son pied comprend quatre onglons bien développés, deux grands et deux petits, ces derniers équivalant aux ergots des ruminants et ne participant à l'appui qu'autant que la patte s'enfonce dans un sol meuble. Le bulbe des talons est plus souple, mieux circonscrit que dans le bœuf, le mouton et la chèvre, il rappelle les pelotes des pattes des carnivores.

Pied du chien (fig. 304). — Il comprend quatre doigts bien développés appuyant sur le sol et, en outre, au côté interne de la patte antérieure, un pouce rudimentaire n'appuyant jamais sur le terrain. Tous, même ce dernier, sont protégés à leur extrémité par une griffe recourbée dont la

Fig. 303. — Pied du porc.   Fig. 304. — Patte antérieure du chien, face antéro-externe.

pointe est constamment émoussée dans les quatre premiers par frottement sur le sol. Cinq coussinets ou tubercules plantaires, de structure fibro-adipeuse, servent à l'appui : un sous chacun des doigts, à l'exception du pouce; le plus gros, en forme de feuille de trèfle, est situé derrière les autres, dans l'espace demi-circulaire qu'ils circonscrivent. Un sixième tubercule, plus petit que les précédents et n'ayant aucune utilité dans la marche, s'observe en arrière du carpe à l'extrémité de l'os pisiforme. Tous ces coussinets sont revêtus d'un tégument très papillaire, très dur, corné à la surface; néanmoins, chez certains chiens, ils paraissent offrir trop de mollesse et de développement, en sorte qu'une marche un peu prolongée, surtout pendant les temps chauds, les enflamme et les rend douloureux; c'est ce qui constitue le pied gras, défaut d'autant plus à redouter qu'il est le plus souvent incurable et rend impropre à la chasse le chien qui en est atteint. La griffe du pouce du chien ou ergot s'accroît quelquefois au point de percer la peau de la région voisine, ce qui oblige à la réséquer. Ce doigt, normalement absent aux pattes de derrière, y apparaît fréquemment sous forme d'un ergot simple ou double.

Pied du chat. — Le pied du chat ressemble à celui du chien ; mais les griffes sont plus aiguës et en outre rétractiles, c'est-à-dire que, pendant le repos ou la marche, les phalanges qui les portent sont relevées et renversées en arrière dans les espaces interdigités, grâce à de petits ligaments jaunes élastiques, se portant, à chaque doigt, de la deuxième à la troisième phalange. Les griffes, ainsi mises à couvert, se conservent intactes, l'animal fait *patte de velours* ; elles ne se rabattent que par une action des muscles fléchisseurs lorsqu'il veut attaquer ou se défendre.

CHAPITRE · VI

PROPORTIONS

Sous cette rubrique, nous envisagerons successivement : 1º les
rapports de dimensions des diverses régions, dont dépend l'harmonie
ou la désharmonie de la conformation; 2º les rapports angulaires
des rayons des membres; 3º les rapports entre la conformation
et la sensitivo-motricité, c'est-à-dire entre le *gros* et le *sang;* 4º enfin
les proportions métriques des animaux autres que le cheval.

ARTICLE I. — RAPPORTS DE DIMENSIONS

La beauté du cheval réside plus encore dans l'ensemble que dans
les détails de sa conformation. Quand celle-ci est harmonique,
c'est-à-dire qu'il y a un juste rapport entre les parties, on dit que
l'animal est bien proportionné; quand, au contraire, elle est désharmonique, l'animal est mal proportionné ou décousu. Le connaisseur discerne cela à première vue; cette justesse de coup d'œil que
donne une longue pratique s'acquiert d'autant plus vite que l'on
s'exerce à analyser la conformation avec des instruments de mesure;
on peut ainsi donner une signification précise, ne laissant rien à
l'appréciation de chacun, aux termes vagues et relatifs de long,
court, large, étroit, épais, mince, qui prêtent si facilement à contestation lorsqu'ils ne s'appuient pas sur des chiffres.

1. — Canon de Bourgelat (fig. 305).

C'est à Bourgelat, aidé de Vincent et Goiffon, ses disciples, que
l'on doit, sinon l'idée mère, du moins l'établissement rationnel du
premier système de proportion ou *canon hippique*. Il prit son unité
de mesure ou module sur l'animal même, afin qu'elle puisse être
indistinctement commune à tous les chevaux, quelle que soit leur
taille. Cette unité est la longueur de la tête, mesurée au compas
d'épaisseur, de la nuque à l'extrémité de la lèvre supérieure, longueur que l'on peut considérer comme normale quand elle comprend
deux fois l'épaisseur, prise au maximum de la ganache au front,

et trois fois la largeur prise immédiatement au-dessous des yeux. Bourgelat la divisait en 3 parties appelées *primes*, chaque prime en 3 *secondes*, et chaque seconde en 24 *points*, de manière à pouvoir apprécier les plus petites dimensions. Il mesura ainsi des chevaux de manège qui lui paraissaient réaliser toutes les conditions de la beauté, telle qu'on la comprenait du moins à son époque, et il obtint les résultats suivants :

Hauteur entière du cheval, du sommet de la tête au sol.	3 têtes
Hauteur du corps prise au sommet du garrot et constituée par moitié par la hauteur de la poitrine et par la distance du passage des sangles au sol.	2 1/2
Longueur du corps, de la pointe du bras à la pointe de la fesse. . .	2 1/2
Distance horizontale du sommet du garrot à la pointe de la fesse. .	2
Distance du sommet du garrot à la rotule.	1 2/3
Distance de la pointe du coude au sommet de la croupe.	1 2/3
Distance horizontale du sommet du garrot au sommet de la croupe (angle interne de l'ilium).	1 1/3
Longueur de l'encolure, du sommet du garrot à la partie postérieure de la nuque.	1
Distance du sommet du coude au sommet du garrot.	1
Épaisseur du corps, du milieu du ventre au milieu du dos.	1
Largeur du corps, d'un hypocondre à l'autre.	1
Distance de la pointe du coude au pli du genou.	3/4
Hauteur verticale du pli du genou au sol.	3/4
Longueur de la croupe de l'angle de la hanche à la pointe de la fesse (égale à la distance de la nuque à la commissure des lèvres). . .	5/6
Largeur de la croupe au niveau des hanches.	5/6
Distance de la rotule au sommet de la croupe.	5/6
Distance de la rotule au centre de l'articulation tibio-astragalienne.	5/6
Hauteur verticale de cette même articulation au-dessus du sol. . .	5/6
Largeur de l'encolure à sa base.	5/6
Largeur du poitrail prise, au maximum, d'une pointe du bras à l'autre	2/3
Du sommet du garrot, horizontalement, au milieu du dos.	2/3
Du milieu du dos à l'angle de la croupe, horizontalement.	2/3
Du sommet de la croupe, horizontalement, à la verticale rasant la pointe de la fesse.	2/3
Distance horizontale de la pointe du bras à la verticale descendant du sommet du garrot.	1/2
Largeur de l'encolure au niveau de la gorge.	1/2
Épaisseur de la tête, de la ganache au front.	1/2
Hauteur du front, de la nuque à une ligne qui passerait par les points les plus saillants des arcades orbitaires.	1/3
Largeur de la tête prise immédiatement au-dessous des yeux. . . .	1/3
Largeur de l'avant-bras, au niveau de la pointe du coude.	1/3
Distance du sommet du coude au passage des sangles.	2/9
Abaissement du dos par rapport au sommet du garrot.	2/9
Largeur de la jambe au-dessus du jarret.	2/9
Écartement des avant-bras au niveau des ars.	2/9
Culminance du garrot sur la croupe.	1/9

Etc., etc.

Nous jugeons inutile de reproduire les menus détails par lesquels Bourgelat fixe la largeur et l'épaisseur du genou, du jarret, des boulets, des canons, les dimensions des paturons, des pieds, etc.; ils n'ont aucune importance pratique; tout au plus pourraient-ils servir aux peintres et aux statuaires dans les figurations artistiques du cheval.

« L'œil exercé aux données de ce canon, dit l'auteur, les transportera sans besoin d'hippomètre, de compas et d'échelle sur les parties dont il voudra juger les défauts par l'appréciation des mesures, avec autant de facilité que le peintre en trouve à réduire des dessins et à faire d'une figure ordinaire une figure colossale ».

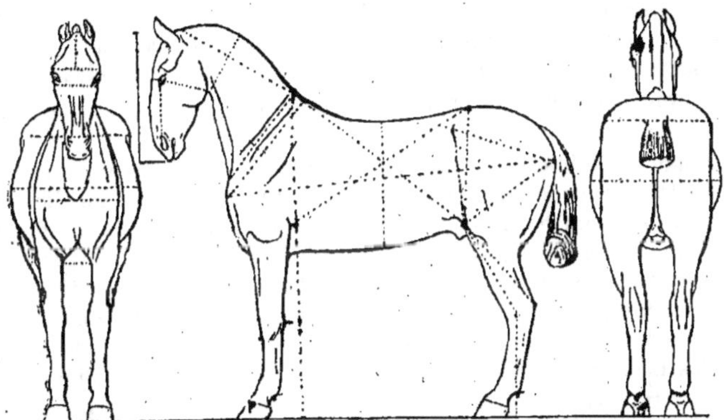

Fig. 305. — *Cheval de Bourgelat vu par devant, de profil et par derrière.*

CRITIQUE. — Le système de proportions de Bourgelat fut l'objet de nombreuses et vives critiques qui le firent tomber injustement dans le plus complet discrédit. Richard du Cantal, un des hippologues les plus autorisés du milieu du siècle dernier, partant de cette idée que certaines beautés sont absolues et dès lors ne peuvent être excessives, protesta vigoureusement contre la limitation de ces beautés et alla jusqu'à nier l'utilité d'un canon hippique quelconque, si ce n'est pour les artistes.

« Comment concevoir, dit-il, que la hauteur des épaules, du sommet du coude au sommet du garrot, doive être égale à la longueur de la tête? Suivant les lois de physiologie et de mécanique que nous avons invoquées, cette hauteur ne sera jamais trop grande. Elle dépend nécessairement de la longueur des côtes, qui est toujours une beauté, et de celle des apophyses épineuses des premières vertèbres dorsales destinées à servir de base au garrot, qui n'est jamais trop élevé. Nous l'avons prouvé. '

Nous avons vu que la plus grande longueur de la croupe était, en toute occasion, une de ses beautés les plus essentielles pour la vitesse, par l'étendue des muscles qui concourent à la former et celle de leur jeu. Si on les borne aux proportions indiquées par Bourgelat, elle ne devra pas dépasser l'étendue que l'on trouve de la nuque à la commissure des lèvres. La même mesure déterminera la distance d'une hanche à l'autre, ce qui d'ailleurs ne nous offre pas le même inconvénient.

Nous avons vu qu'un jarret bas est une beauté, parce qu'il indique la longueur de la jambe et par conséquent celle de ses muscles. Suivant Bourgelat, cette longueur doit être égale à la hauteur du jarret au sol; ces deux quantités doivent être les mêmes que celles de la longueur de la croupe ou de sa largeur. Ce principe est tout à fait contraire aux lois de la vitesse, toujours favorisée par la plus grande étendue possible du jeu des muscles.

La même longueur doit régler celle qui s'étend de la base de l'encolure, à son insertion au poitrail, au sommet du garrot. Ce principe est contraire au développement de hauteur de la poitrine et du garrot, et, par conséquent, erroné.

«La longueur, l'obliquité de l'épaule, la longueur de l'olécrâne, que nous avons dit être des conditions de beauté d'autant plus grandes qu'elles sont plus accentuées, sont bornées par la demi-longueur de la tête. C'est elle qui donne la mesure de la distance de la pointe de l'épaule à la verticale qui descend du garrot en touchant à la pointe du coude. Ces proportions, qui sont une beauté, d'après Bourgelat, sont aussi contraires aux dispositions qui favorisent la force qu'à la vitesse et à la facilité d'étendue des mouvements des membres antérieurs. En effet, plus l'épaule sera oblique, plus sa pointe sera portée en avant, plus son jeu sera étendu. D'un autre côté, plus l'olécrâne qui forme le coude sera allongé en arrière, plus il sera long et plus, par conséquent, ce levier sera favorable à la puissance, à la force. La théorie de Bourgelat est donc tout à fait contraire aux bonnes lois de confection de la région dont il parle.

Un tiers de la longueur de la tête doit régler la largeur du front : un front est-il jamais trop large? Cette mesure doit aussi déterminer la hauteur du crâne, depuis les orbites jusqu'à la nuque. Or, cette partie, comme nous l'avons dit, ne saurait être assez développée en largeur comme en hauteur, ce qui est un indice de noblesse de race, d'intelligence, de force et d'énergie. Enfin, la largeur de l'avant-bras, depuis la partie antérieure jusqu'au coude, ne peut dépasser la même mesure sans être contraire aux proportions établies : c'est encore une erreur, suivant les lois qui nous ont servi de guide; la largeur de l'avant-bras est un caractère de sa force, plus elle est développée, plus elle indique de puissance, et la longueur de l'olécrâne, bras de levier de la puissance sera toujours une marque de beauté.

[La hauteur du garrot, que nous ne trouvons jamais trop grande, sera bornée à deux secondes ou deux tiers d'une prime, c'est-à-dire aux deux neuvièmes de la longueur de la tête. La même mesure réglera la hauteur du coude relativement au sternum, que nous voudrions voir toujours très descendu entre les deux membres antérieurs. Ce caractère est commun à tous les animaux à poitrine très haute, à épaules longues et obliques, à tous les chevaux à grands moyens. Enfin, cette mesure donnera la largeur latérale de la jambe à hauteur des jarrets; jamais cette largeur n'aura les dimensions que nous voudrions lui voir, parce qu'elle indique la largeur du jarret lui-même ou le développement des muscles, et leur rapprochement de la perpendiculaire à leur insertion, etc.

Nous ne pensons pas avoir besoin de plus longs commentaires pour démontrer à ceux qui voudront y réfléchir que Bourgelat se trompa quand il imagina ses proportions et qu'il les donna comme guide pour trouver le type du beau. Le cheval modèle construit d'après sa méthode ne saurait répondre aux conditions exigées par la raison et le service d'une bonne locomotive. Comment, en effet, comprendre des bornes au développement de certaines régions, surtout quand les excès mêmes seraient toujours et sans exception, une beauté recherchée? Comment comprendre qu'on puisse limiter la largeur du front, le hauteur du crâne, le développement du garrot, la hauteur de la poitrine, celle des épaules, comme leur obliquité? Trouvera-t-on jamais un boulet ou un avant-bras trop larges, ce dernier trop long, un genou trop développé, un tendon trop détaché? Peut-on fixer des limites à la largeur du jarret, à celle de la jambe, à la longueur de la croupe et à celle des côtes?

Celui qui veut étudier le cheval suivant sa destination sera convaincu, comme nous, qu'il est contraire à la raison de fixer par des mesures arbitraires (et il ne peut y en avoir d'autres) les bornes du développement de telle ou telle région de son corps. Que l'artiste ait des données pour se diriger dans la confection de son œuvre, dont le goût ou la mode règlent les formes, nous le comprenons parfaitement, mais le mécanicien ne doit obéir qu'aux lois de la mécanique, il ne peut juger des qualités de la machine que d'après les règles invariables qu'elles ont établies. La machine animée demande de plus, pour être bien jugée, des connaissances solides en physiologie, en science de la vie. Sans elles on ne peut comprendre de quelle nature, de quelle essence sont les ressorts, les instruments employés pour son entretien, comme pour l'action de tout le système locomoteur des animaux. Il y a notamment dans le cheval une question dominante, c'est celle de sa race, de son sang, suivant l'expression reçue. Toutes ces considérations importantes doivent s'allier aux connaissances mécaniques indispensables à l'appréciation du cheval.

La physiologie et la mécanique réunies, d'accord avec l'observation des faits, nous apprennent qu'une tête carrée est généralement belle; ses muscles masticateurs sont bien accentués, ses naseaux sont très mobiles, très larges et dilatables; de grands yeux bien ouverts, vifs et placés bas, un vaste front et un crâne bien développé la caractérisent. Une semblable tête est toujours dans de bonnes conditions, quelles que soient d'ailleurs les indications des proportions, qui ne prouvent absolument rien si elles me sont contraires à la beauté. Si, d'autre part, un cheval a son encolure bien musclée pour bien exécuter tous les mouvements, sans surcharge de graisse ou de tissu cellulaire inutiles; s'il a un garrot très élevé, et ici nous ne connaissons pas de bornes; s'il a le dos et le rein courts, très larges et fortement musclés; si la croupe est longue, bien nourrie, l'épaule haute et bien inclinée, si la poitrine est très profonde et les côtes longues et largement arquées, arrondies; si le flanc est court, l'avant-bras très long et large; si le genou est fort, le tendon extrêmement détaché, le boulet large, le paturon court et dans le degré d'inclinaison voulu; si les fesses sont proéminentes et garnies de muscles fort longs, bien descendus; si la jambe et le jarret sont larges, quel que soit l'excès de leur largeur, ne tenez aucun compte des proportions, dont rien ne légitime la valeur; vous serez toujours assuré d'avoir trouvé le cheval modèle. S'il est d'un bon sang, il aura toutes les qualités qu'on peut lui demander, soit comme type améliorateur, soit comme sujet de service [1] ».

Cette argumentation fut longtemps sans réplique; cependant elle n'est que spécieuse et purement théorique. Si l'auteur s'était donné la peine de vérifier, mètre en main, les données de Bourgelat, il aurait vu que beaucoup sont applicables aux meilleurs modèles de l'espèce chevaline. Il est bien vrai, en théorie, que l'épaule et la croupe, par exemple, ne sauraient être trop longues, mais il est certain, en fait, que leurs variations de longueur sont contenues dans certaines limites imposées par le type spécifique. Or, si l'on choisit les plus beaux individus de l'espèce, ceux qui approchent le plus de la perfection idéale, et que l'on trouve, en les mesurant, qu'ils ont, à quelque chose près, les proportions indiquées par Bourgelat, il faudra bien conclure que ces proportions méritaient mieux que le dédain.

Déjà Lecoq avait fait remarquer que les critiques de Richard du Cantal laissent intact le principe relatif aux proportions d'ensemble, d'après lequel la longueur et la hauteur du corps doivent être égales dans un cheval bien conformé et équivalentes à deux têtes et demie. Mais la réhabilitation de l'œuvre du fondateur des écoles vétérinaires est due principalement au colonel Duhousset [2] et à Goubaux et Barrier [3]; nous y avons peut-être aussi un peu contribué [4].

Ce n'est pas à dire que cette œuvre ne soit passible de quelques reproches; il suffit de jeter les yeux sur les images du cheval donné

1. RICHARD, *De la conformation du cheval*, p. 323 et suiv.
2. DUHOUSSET, *Le cheval, allures, extérieures, proportions*. Paris, 1881.
Id. Le cheval dans la nature et dans l'art.
3. GOUBAUX et BARRIER, *L'extérieur du cheval*.
4. F.-X. LESBRE, Études hippométriques (*Annales de la Société d'agriculture, sciences et industrie de Lyon*, 1893, et *Journal de médecine vétérinaire et de zootechnie*, 1894).

comme modèle (fig. 305) pour lui trouver des défauts : il est sous lui et bas du derrière, sa tête est busquée, son encolure épaisse, un peu courte et rouée, son bras court jusqu'à l'impossible, son jarret coudé; ses formes arrondies et massives sont d'un cheval de trait. Il n'en a pas fallu davantage pour aveugler sur des qualités très réelles que nous ferons bientôt valoir. Quant au reproche si souvent adressé à Bourgelat d'avoir conçu un type unique de beauté et d'avoir voulu calquer tous les chevaux sur le même patron, il n'est sûrement pas fondé, car Bourgelat n'ignorait pas qu'un che-

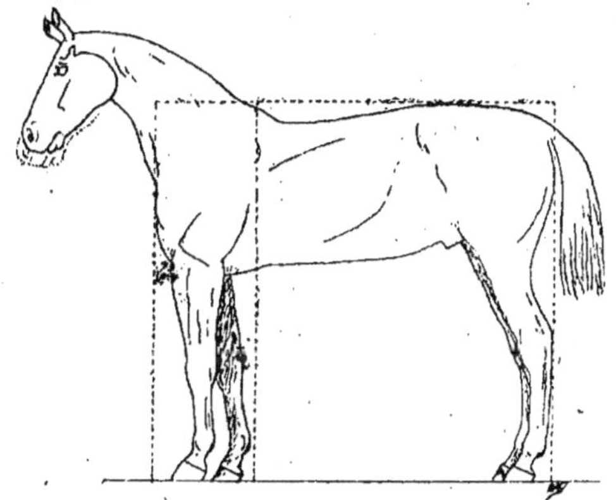

FIG. 306. — *Profil d'Eclipse (forme dite longiligne ou élancée).*
Cet incomparable cheval de course était sensiblement plus long que haut.
et avait la tête courte comparativement au modèle de Bourgelat.

val de trait ne saurait être construit sur le modèle d'un cheval de course. Il est évident qu'il s'est proposé d'établir le canon d'une forme chevaline moyenne, sorte de pierre de touche pour juger des autres qui en sont issues par des variations en plus ou en moins. Déterminer le canon de toutes les belles conformations eût compliqué le problème sans utilité; on juge facilement du plus ou du moins quand on a un terme de comparaison. Et puis, à travers les variations adaptatives, il persiste des proportions communes à tous les beaux chevaux, quel que soit leur service. « Tous les chevaux, écrit le Maître, ne sont pas faits de la même manière, mais certaines règles sont générales et s'adaptent à tous. L'animal peut être épais et court, il peut avoir une taille déliée, médiocre, ou une taille haute et avantageuse, et être exactement proportionné; ainsi il peut y avoir mêmes proportions et cependant variété dans les figures. »

2. — **Canon de Saint-Bel** (fig. 306).

Saint-Bel, fondateur du Collège vétérinaire de Londres, fut certainement moins bien inspiré que Bourgelat quand il prit comme modèle *Eclipse*, célèbre cheval de course, jamais vaincu sur les hippodromes, attendu que les chevaux de pur sang anglais sont

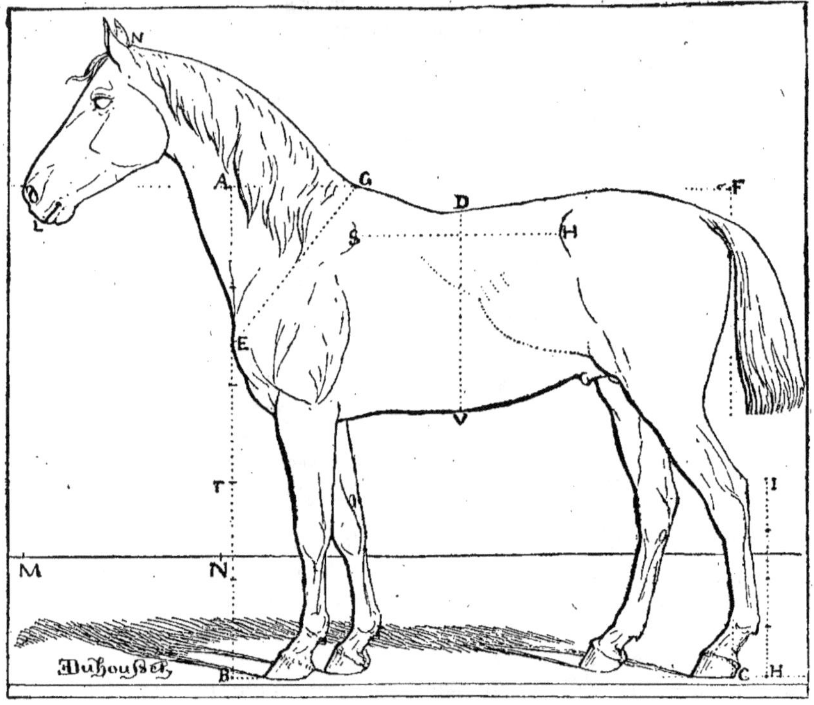

Fig. 307. — *Profil d'un beau cheval médioligne à substituer comme type à celui de Bourgelat.*

Le corps est inscriptible dans un carré; la croupe et le garrot sont de niveau; le pli du genou est à mi-distance de la pointe du coude et du sol; le pli du jarret est à mi-distance de la rotule et du sol; la longueur de l'épaule, la hauteur de la poitrine en arrière du garrot, la distance de la pointe du jarret au sol sont égales à 1 tête; la longueur de l'encolure est de 1 tête 1/3, etc.

le résultat d'une variation extrême du type spécifique. Au surplus, le canon hippique basé sur la mensuration d'*Eclipse* est difficilement comparable à celui de Bourgelat, car ce cheval avait la tête courte. C'est pourquoi nous nous abstenons d'en donner les détails.

3. — **Canon éclectique** (fig. 307).

En combinant nos observations avec celles de Bourgelat, du colonel Duhousset, de Goubaux et Barrier, nous avons établi le système de proportions ci-dessous applicable à la plupart des beaux chevaux adultes de figure moyenne, ceux que Baron a qualifiés de *médiolignes*, tels que le cheval arabe. Mais il faut d'abord vérifier l'étalon de mesure, autrement dit, s'assurer que la longueur de la tête est normale : elle l'est quand elle égale trois fois sa largeur, au dessous des yeux, deux fois son épaisseur maximum et deux fois la distance de l'œil au naseau.

Longueur de la tête	1
Largeur de la tête au-dessous des yeux	1 /3
Épaisseur de la tête	1 /2
Intervalle de l'œil au naseau	1 /2
Hauteur du front, de la nuque à une ligne qui unirait les points les plus saillants des orbites	1 /3
Hauteur verticale du corps, prise au sommet du garrot	2 1/2
— — prise au sommet de la croupe	2 1/2
Longueur du corps, de la pointe du bras à la pointe de la fesse	2 1/2
Diamètre vertical de la poitrine au niveau du garrot	1 1/6
Hauteur du passage des sangles	1 2/6
Longueur de l'encolure, de la saillie supérieure de l'atlas au bord antérieur de l'épaule	1
Bord supérieur de l'encolure, du sommet de la nuque au sommet du garrot au maximum	1 1/3
Bord inférieur de l'encolure, de l'insertion au poitrail à la cavité de l'auge	5 /6
Largeur de l'encolure au devant de l'épaule	5 /6
— — au niveau de la gorge	1 /2
Longueur de l'épaule, du sommet du garrot à la pointe du bras	1
De la pointe du bras à la pointe du coude au maximum	2 /3
Épaisseur du corps, du dos au ventre	1
De l'angle dorsal du scapulum à l'angle externe de l'ilium	1
De la partie antérieure du garrot au sommet de la croupe	1 1/3
Dos et reins réunis	5 /6
Longueur de la croupe de la hanche à la pointe de la fesse	5 /6
Largeur de la croupe	5 /6
De la rotule à la hanche	5 /6
De la rotule à la pointe de la fesse	5 /6
De la rotule au centre de l'articulation tibio-astragalienne	5 /6
De cette même articulation au sol, verticalement	5 /6
De la rotule au sommet de la croupe	1
De la pointe du jarret à terre	1
De la pointe du coude au pli du genou	3 /4
Du pli du genou au sol, verticalement	3 /4
De la partie inféro-antérieure du genou à la couronne	1 /2
Du sommet du coude au sommet du garrot même distance,	

mesurée avec le ruban métrique, que du sommet du coude à
l'ergot. . . . .
Indice thoracique ou rapport de la largeur de la poitrine derrière
le garrot à sa hauteur prise au sommet du garrot   0,80
Indice corporel ou rapport de la longueur scapulo-ischiale à la
circonférence pectorale prise derrière le garrot   0,85

Si l'on compare ces mesures à celles données par le fondateur des
écoles vétérinaires, on constate que les différences les plus importantes résident : 1º dans le rapport de la taille au garrot et à la
croupe; 2º dans le rapport des deux éléments de la taille au garrot,
hauteur de poitrine et hauteur du passage des sangles, 3º dans la
longueur du bord supérieur de l'encolure, 4º dans la distance de la
rotule au sommet de la croupe. Le cheval de Bourgelat a le sommet de la croupe en contre-bas du sommet du garrot tandis que le
cheval de la figure 307 a ces deux régions sur le même niveau. Le
premier a une hauteur verticale de poitrine égale à la hauteur du
sternum au-dessus du sol, ce qui ne s'observe que dans les formes
trapues, mais non dans les formes médiolignes. En outre il a l'encolure un peu courte (1 tête, nuque non comprise); il est vrai que,
étant rouée cette région s'allongerait notablement si elle se redres-
sait et prenait un port moins élevé; on peut donner comme longueur de son bord supérieur de 1 tête 1 /4 à 1 tête 1 /3. Enfin, il a la
cuisse trop oblique, ce qui non seulement le rend bas et sous lui
du derrière, mais encore élève le grasset outre mesure; aussi la
distance du sommet de la croupe à la rotule, que Bourgelat apprécie à 5 /6 de tête seulement, est-elle d'environ 1 tête, comme le
disent Goubaux et Barrier. C'est la distance de la rotule à la
pointe de la hanche qui équivaut à 5 /6 de tête.

Quand on envisage en général les proportions d'un beau cheval,
on est frappé de leur régularité, de leur harmonie. C'est ainsi que
la même mesure se répète plusieurs fois, que des régions correspondantes de l'avant-main et de l'arrière-main se mettent de niveau,
comme le garrot et la croupe, la pointe du coude et la rotule, l'angle
huméro-radial et l'angle fémoro-tibial, que divers segments articulaires sont de longueur égale ou presque égale, comme le radius,
le tibia, le rayon tarso-métatarsien, le fémur, d'une part, le scapulum et le coxal d'autre part, que le centre articulaire du genou
est à égale distance du sommet du coude et du sol, comme le sommet du coude à égale distance du sommet du garrot et de l'ergot,
et le centre tibio-astragalien du jarret à égale distance de la rotule
et du sol, etc.

Il y a là une *eumétrie* toute particulière qui fait du cheval un des plus beaux animaux qui soient au monde. Si l'on ajoute à cette belle plastique l'élégance des attitudes et des allures, la noblesse du caractère; si l'on considère enfin le rôle important qu'il a joué dans la civilisation, on comprend le lyrisme de cette belle page de Buffon :

« La plus noble conquête que l'homme ait jamais faite est celle de ce fier et fougueux animal qui partage avec lui les fatigues de la guerre et la gloire des combats; aussi intrépide que son maître, le cheval voit le péril et l'affronte, il se fait au bruit des armes, il l'aime, il le cherche et s'anime de la même ardeur; il partage aussi ses plaisirs, à la chasse, aux tournois, à la course, il brille, il étincelle; mais docile autant que courageux, il ne se laisse point emporter à son feu, il sait réprimer ses mouvements, non seulement il fléchit sous la main qui le guide, mais il semble consulter ses désirs, et obéissant toujours aux impressions qu'il en reçoit, il se précipite, se modère ou s'arrête, et n'agit que pour y satisfaire; c'est une créature qui renonce à son être pour n'exister que par la volonté d'un autre, qui sait même la prévenir, qui, par la promptitude et la précision de ses mouvements, l'exprime et l'exécute, qui sent autant qu'on le désire et ne rend qu'autant qu'on le veut, qui, se livrant sans réserve, ne se refuse à rien, sert de toutes ses forces, s'excède et même meurt pour mieux obéir ».

Et ce passage du livre de Job :

« Est-ce toi qui as donné la forme au cheval, qui as hérissé son cou d'une crinière mouvante? Le feras-tu bondir comme la sauterelle? Son souffle répand la terreur. Il creuse du pied la terre; il s'élance avec orgueil; il court au devant des armes. Il rit de la peur; il affronte le glaive; sur lui le bruit du carquois retentit, la flamme de la lance et du javelot étincelle; il bouillonne, il frémit, il dévore la terre. A-t-il entendu la trompette? C'est elle. Il dit : allons; et de loin il respire le combat, la voix tonnante des chefs et le fracas des armes ».

Et ces extraits de la traduction des Géorgiques de Virgile par l'abbé Delille, qui évoquent les courses de chars dans la Rome antique :

> L'étalon généreux a le port plein d'audace,
> Sur ses jarrets pliants se balance avec grâce;
> Aucun bruit ne l'émeut, le premier du troupeau,
> Il fend l'onde écumante, affronte un pont nouveau.
> Il a le ventre court, l'encolure hardie,
> Une tête effilée, une croupe arrondie,
> On voit sur son poitrail ses muscles se gonfler,
> Et ses nerfs tressaillir et ses veines s'enfler.

Que du clairon bruyant le son guerrier s'éveille,
On le voit s'agiter, trembler, dresser l'oreille,
Son épine se double et frémit sur son dos,
D'une crinière épaisse il fait bondir les flots;
De ses naseaux brûlants, il respire la guerre,
Ses yeux coulent du feu, son pied creuse la terre.

. . . .

Un jour tu le verras ce coursier généreux
Ensanglanter son mors et vaincre dans nos jeux,
Ou plus utile encore dans les champs de la guerre,
Sous de rapides chars faire gémir la terre.
Son front combat les vents, son pied frappe la plaine,
Et sous les bonds fougueux il fait voler l'arène.
Le signal est donné, déjà de la barrière
Cent chars précipités fondent dans la carrière,
Tout s'éloigne, tout fuit; les jeunes combattants,
Tressaillant d'espérance, et d'effroi palpitant,
A leurs bouillants transports abandonnent leur âme;
Ils pressent leurs coursiers, l'essieu siffle et s'enflamme;
On le voit se baisser, se dresser tour à tour;
Des tourbillons de sable ont obscurci le jour;
On se quitte, on s'atteint, on s'approche, on s'évite,
Des chevaux haletants le crin poudreux s'agite
Et blanchissants d'écume et baignés de sueur,
Le vaincu de son souffle humecte le vainqueur,
Tant la gloire leur plaît, tant l'honneur les anime.

Aucun animal n'a autant inspiré les poètes en tous temps et en tous lieux [1]. Ne sont-ils pas allés jusqu'à dire que seul le cheval osait regarder l'homme face à face! Il fut un temps où un cavalier allait de pair avec les souverains. La coutume romaine ne permettait l'usage du cheval qu'aux patriciens, et la plupart des noms qui désignent encore les castes nobles sont tirés de ceux du cheval, tels : *chevalier*, *écuyer* (de *equus*), *connétables* (de *comes stabuli*, chef des écuries), *marquis*, *margrave*, *maréchal* (du celtique *marc'h*, cheval), *cavalcadour* (de l'espagnol *cavallo*), *duc* (de *dux equitum*, conducteur de chevaux), *prince* (de *princeps*, le premier nommé des chevaliers romains). Il n'est pas jusqu'au mot de *bachelier*, si modeste que soit aujourd'hui le grade qu'il désigne, qui n'ait la même origine puisqu'il vient de bas chevalier.

1. Voir Ephrm HOUEL, *Histoire du cheval chez tous les peuples de la terre depuis les temps les plus anciens jusqu'à nos jours*, 1848.
CHOMEL, *Histoire du cheval dans l'antiquité et son rôle dans la civilisation*. Paris, 1910.

Fig. 308. — *Cheval de gros trait, type basset* (Lavalard).

La partie libre des membres est extraordinairement raccourcie, en sorte que la distance du passage des sangles, au sol est très inférieure à la hauteur pectorale.

4. — Différences des proportions suivant les chevaux.

Les différences métriques tiennent à la forme, à la taille et au poids. Elles se sont produites naturellement, par adaptation au milieu ambiant, ou artificiellement, par suite d'une gymnastique fonctionnelle dont les effets ont été cumulés d'une génération à

Fig. 309. — *Cheval du type étroit* (Cliché Dechambre).

l'autre grâce à une sélection méthodique. L'appareil locomoteur, qui est le substratum de la forme extérieure, est en effet extrêmement malléable

A) FORME. — La forme ou figure résulte du rapport des trois dimensions dans l'ensemble et dans chaque partie. D'une manière générale, les largeurs, les épaisseurs, et les périmètres qui les résument, varient parallèlement, en corrélation avec la masse musculaire, qui est elle-même solidaire du développement pectoral, c'est-à-dire de la capacité respiratoire. La petite circulation qui se fait dans le poumon doit nécessairement équilibrer la grande circulation qui a son principal débit dans les muscles. On a soutenu que les longueurs varient en sens inverse des deux autres dimensions et que le large et épais est toujours court, tandis que l'étroit et mince est toujours long. Ce n'est qu'une apparence. Si on les rapporte au module on constate qu'elles restent dans la norme et c'est ainsi que, dans leurs grandes lignes, les proportions sont à peu près les mêmes chez les beaux chevaux de tout service. Les chevaux de gros trait, malgré le développement de tous leurs périmètres ont la longueur du corps plutôt augmentée que diminuée; leur taille n'est pas inférieure à 2 têtes 1/2 et c'est parmi eux que se trouvent les géants de l'espèce; les véritables bassets comme celui représenté figure 308 sont exceptionnels; souvent, il est vrai, les canons et les paturons des chevaux de trait sont plus ou moins raccourcis, mais il y a compensation par les régions supérieures des membres; l'apparence trapue tient principalement à ce que le sternum est très descendu du fait du développement de la poitrine en hauteur. — Voici d'autre part, figure 309 la photographie d'un cheval barbe, remarquablement étroit, aplati latéralement, qui n'était cependant ni long, ni haut; il était loin d'offrir le développement linéaire d'un cheval de course tel qu'*Eclipse*, cependant beaucoup plus étoffé que lui (fig. 306).

Les expressions de *longiligne*, *bréviligne*, *médioligne*, introduites dans la science par Baron, ne sont donc pas rigoureusement justes, non plus que celles de *dolichomorphes*, *brachymorphes* et *mésomorphes* qu'on a cherché à leur substituer. Il vaut mieux en somme s'en tenir aux termes vulgaires, compris de tout le monde : *élancé*, *trapu*, *moyen*. Au surplus, cette conception de trois types morphologiques est un peu simpliste, la variété des formes chevalines est infinie : elle va du large et épais à l'étroit et mince suivant le développement pectoral et musculaire, de l'élancé au trapu suivant la hauteur des membres et le rapport de la hauteur de la poitrine à la hauteur du passage des sangles, du long au court suivant la distance scapulo-ischiale et surtout scapulo-iliale, du léger au lourd selon le poids et la sveltesse, du fin au grossier suivant l'épaisseur de la peau et des poils, du sec à l'empâté suivant l'abondance du conjonctif sous-cutané etc. Et toutes ces variétés peuvent être réalisées en formats divers.

B) TAILLE.— La taille ou format n'est pas moins variable. En effet, ainsi que nous l'avons déjà exposé, elle va de moins d'un mètre à plus de deux mètres, en sorte que la moyenne est d'environ 1 m. 50; et chaque taille comporte la variété de figures dont nous venons de parler, amples ou étroites, sveltes ou trapues, ou intermédiaires.

C) POIDS. — Le poids des chevaux, dit Lavalard, varie généralement entre 300 et 700 kilogrammes; il peut descendre au-dessous de 200 kilogrammes chez certains poneys et au contraire atteindre et même dépasser 1.000 kilogrammes chez certains chevaux de gros trait. Il fut un temps où les Américains prisaient beaucoup les chevaux mastodontes; pour les satisfaire nos éleveurs du Perche faisaient prendre à leurs animaux, en outre de leur nourriture habituelle, jusqu'à 50 litres de lait par jour. On est heureusement revenu de cet engouement, les chevaux de 1.000 kilogrammes sont devenus très rares.

Les chevaux de carrosse et de cavalerie de réserve pèsent de 500 à 600 kilogrammes. Les chevaux d'omnibus, de tramways, de camionnage vont de 500 à 700 kilogrammes. Les chevaux de gros trait, boulonnais, belges, gros percherons, atteignent 800 à 900 kilogrammes. Les chevaux de coupé ou de victoria, assimilables à ceux de cavalerie de ligne, pèsent de 450 à 500 kilogrammes; les chevaux de cavalerie légère, vers 400 kilogrammes.

Il est important de peser les chevaux de temps en temps pour se rendre compte de leur état de santé et de la valeur de leur régime alimentaire relativement au travail qu'on leur impose.

Quand on compare le poids des muscles au poids total, on constate que, chez les chevaux légers, il n'en est pas la moitié, tandis qu'il se rapproche de plus en plus de cette proportion au fur et à mesure que l'on se rapproche du type de trait, qu'on peut bien qualifier de type musculaire. Le poids du squelette, au contraire, est proportionnellement plus grand dans les premiers que dans les seconds.

A défaut de bascule, un bon moyen de se rendre compte du développement musculaire et de la masse consiste à prendre l'*indice corporel*, c'est-à-dire le rapport de la longueur scapulo-ischiale à la circonférence pectorale mesurée en arrière des épaules. Il est d'environ 0,80 chez les brévilignes, 0,90 chez les longilignes, 0,85 chez les médiolignes.

On appelle *indice de compacité* le rapport du poids du corps au nombre de centimètres de la taille; par exemple, un cheval de cavalerie légère de 1 m. 50 pesant 400 kilogrammes a un indice de compacité de 2, 66; un cheval de cavalerie de ligne de 1 m. 55 pesant 450 kilogrammes, un indice de 2. 90; un cheval de cavalerie de réserve de 1 m. 60 pesant 500 kilogrammes, un indice de 3, 12; un cheval de trait léger de 1 m. 60 pesant 600 kilogrammes, un indice de 3, 75; un cheval de gros trait de 1 m. 70 pesant 800 kilogrammes, un indice de 4, 70; un autre de 1 m. 75 pesant 1000 kilogrammes, un indice de 5, 71.

En général, les chevaux de pur sang ont un indice de compacité de 2, 50 à 2, 75; les demi-sang, un indice de 3 à 3, 25; les chevaux de trait léger, un indice de 3. 50 à 4; les chevaux de gros trait, un indice de 4 à 5 et même au-delà.

L'homme adulte, de taille et de proportions moyennes, pèse au moins autant de kilogrammes que sa taille comprend de centimètres en sus du mètre, par exemple 70 kilos pour une taille de 1 m. 70. C'est le rapport exigé pour l'aptitude au service militaire.

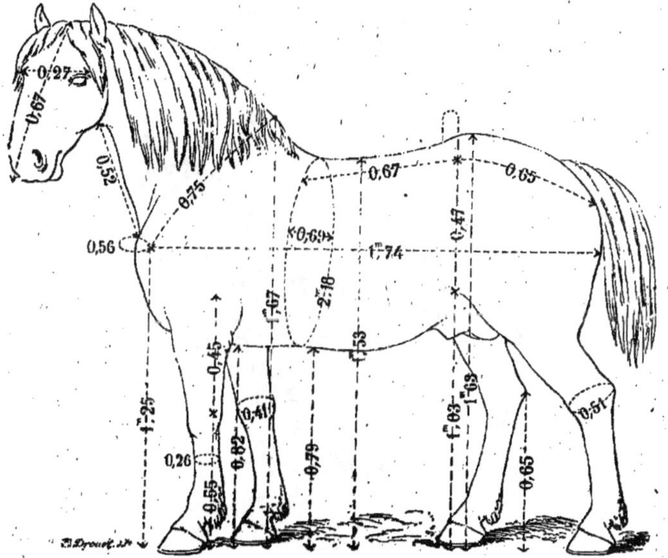

FIG. 310. — *Type et proportions d'un cheval belge* (Lavalard) *qu'on peut donner comme modèle pour le gros trait.*

La circonférence pectorale dépassait la taille de 0 m. 51; l'indice corporel était de 0 m. 80; la distance du passage des sangles au sol était inférieure de trois centimètres à la hauteur de la poitrine.

On dit alors que l'indice de compacité est égal à l'unité. Mais ce n'est pas le véritable indice de compacité, une pareille interprétation aboutirait à un indice d'autant plus élevé que l'homme serait plus petit, et, chez les nains dont la taille peut descendre au-dessous du mètre, l'indice serait incalculable.

Chez le cheval, l'indice de compacité, tel que nous l'avons défini, est très variable à égalité de taille suivant les individus. Il ne l'est pas moins dans le même individu suivant son état d'embonpoint, même en excluant les juments en gestation, et il est bon de suivre ses variations, sans toutefois se laisser séduire par un embonpoint excessif dû à un excès de nourriture ou à l'inaction; « Défions-nous, disent les Arabes, des chevaux gras et luisants, voyons-les à l'œuvre, il n'y a peut-être là qu'une peau de lion sur le corps d'une vache, la beauté des formes passe après les qualités de fond, de vitesse et de sobriété ».

Ces données générales touchant la forme, la taille et le poids étant posées, il est facile d'en déduire les meilleures conditions à réaliser pour les chevaux de force, de vitesse ou à deux fins.

Fig. 311. — *Pur sang anglais*, 1 m. 60 (Cliché Létard).

L'appareil locomoteur est susceptible d'éprouver, à partir d'une certaine norme, une fluctuation dans deux sens opposés suivant que les muscles sont sollicités en étendue ou en intensité de contraction, c'est-à-dire à développer de la vitesse ou de la force. Ainsi se sont produites, à partir d'une forme moyenne, les formes sveltes ou les formes trapues.

CHEVAUX DE FORCE. — En même temps que la masse musculaire s'accroît, la poitrine s'agrandit proportionnellement afin de conserver l'équilibre entre la petite circulation, qui se fait exclusivement dans le poumon, et la grande circulation, qui se fait principalement dans les muscles. Les chevaux à intensité de contraction musculaire se font donc remarquer par un indice corporel au-dessous de 0, 85 et un indice de compacité élevé; à eux les formes amples, arrondies, athlétiques, le vaste poitrail, les dimensions extrêmes en largeurs, épaisseurs et périmètres. Et ces formes massives entraînent ordinairement le raccourcissement des membres par leur extrémité (canon et paturon), en sorte que le pli du genou se trouve plus près du sol que du sommet du coude et le sommet du coude plus près du boulet que du sommet du garrot. Comme, d'autre part, la poitrine est très descendue, le sternum arrive à être moins éloigné du sol que du sommet du garrot, ce qui est pour beaucoup dans l'apparence trapue qui caractérise essentiellement les chevaux de gros trait (fig. 310).

Au fur et à mesure que tous ces caractères s'accentuent, l'animal devient de moins en moins apte aux allures vives, surtout au galop, tant il est vrai que, dans les machines vivantes comme dans les machines inanimées, on augmente la force en sacrifiant la vitesse, ou bien la vitesse en sacrifiant la force. Au surplus, la locomotion rapide n'implique pas seulement la légèreté des formes, qui diminue l'effort automoteur, elle implique encore une certaine dose d'excitabilité nerveuse, qui est jusqu'à un certain point incompatible avec le grand volume du corps, ainsi que nous l'expliquerons plus loin.

CHEVAUX DE VITESSE (fig. 311). —La vitesse est due à l'étendue des contractions musculaires et à leur rapidité. L'instantanéité, le mode en quelque sorte explosif de ces contractions dépend de l'énergie des excitations nerveuses qui les commandent et de la vitesse avec laquelle elles sont transmises par les nerfs, c'est-à-dire de ce que les hippologues appellent le *sang*. Leur étendue est proportionnelle à la longueur des muscles et, par conséquent, au développement linéaire des rayons locomoteurs. Le tempérament nerveux exclut, jusqu'à un certain point, le développement de la masse, corrélatif, nous l'avons déjà dit, du développement de la poitrine. Il s'ensuit que les chevaux vites sont nécessairement affinés de formes et d'autant plus élancés et sveltes qu'ils sont susceptibles d'une locomotion plus rapide et plus légère. Cela est si vrai que beaucoup pèchent par un excès de nervosité et de gracilité entraînant un manque de résistance et de fond. Il est bon de se renseigner sur leur indice corporel et leur indice de compacité. Le premier ne doit pas trop dépasser 0. 90, le second sera au moins de 2. 50.

Le cheval de vitesse ou cheval de galop a des formes un peu anguleuses, une encolure longue, susceptible d'atteindre 1 tête 1/3 à son bord supérieur; un indice pectoral faible, sans descendre toutefois au-dessous de 0, 70, c'est-à-dire des côtes un peu plates avec un poitrail peu ample; un passage des sangles beaucoup plus éloigné du sol que du garrot (jusqu'à 15 à 20 centimètres de différence); des membres allongés, notamment par les canons et les paturons, en sorte que la hauteur verticale du pli du genou au sol l'emporte plus ou moins sur la distance du pli du genou au sommet du coude, et que le sommet du coude est plus éloigné du boulet que du sommet du garrot, etc... Nous avons suffisamment expliqué, à propos des régions, les conditions de beauté relatives aux divers services pour n'avoir pas à insister davantage ici.

Il arrive assez souvent, chez le cheval d'hippodrome, que la hauteur au garrot l'emporte sur la longueur scapulo-ischiale, tandis qu'on observe plutôt le contraire chez les chevaux de trait et beaucoup d'anglo-normands comme celui de la figure 313; en sorte que, dans ces cas-là, c'est le prétendu longiligne qui est court et le prétendu bréviligne qui est long, ce qui montre bien l'imperfection de la terminologie de Baron. Sur 40 chevaux de course mesurés par le colonel Duhousset, 28 étaient aussi longs que hauts, 9 plus hauts que longs, 3 plus longs que hauts. L'apparence élancée ou trapue tient bien plus, nous l'avons déjà dit, à la variation des largeurs, épaisseurs et périmètres qu'à celle des longueurs; par exemple, la longueur de la partie libre des membres, qui fait qualifier l'animal d'*enlevé* ou de *près de terre*, dépend surtout du développement pectoral, qui abaisse plus ou moins le sternum vers le sol; et ce développement est lui-même en rapport avec celui de la masse musculaire. Or, plus la masse s'accroît, plus la surface du corps diminue relativement, plus se restreint par conséquent le champ des impressions sensitives périphériques, et moins l'animal a de chance d'être impressionnable. Ainsi s'explique que les chevaux « de sang », c'est-à-dire de tempérament nerveux, sont nécessairement des chevaux fins, distingués, tandis que les chevaux de trait sont plus ou moins communs et en quelque sorte grossiers; on les oppose souvent les uns aux autres comme, dans l'espèce humaine, la noblesse à la roture. En définitive, la plupart de leurs différences se ramènent à une question de poids.

CHEVAUX A DEUX FINS. — Ces chevaux ayant servi de modèles pour établir le canon éclectique exposé plus haut, nous n'en dirons rien de plus.

§ 5. — Défectuosités des proportions.

Il peut y avoir : 1° excès ou manque de hauteur du corps; 2° disproportion de hauteur de l'avant-main et de l'arrière-main; 3° disproportion des deux éléments de la taille au garrot; 4° excès ou manque de longueur du corps; 5° disproportion des trois éléments de la longueur du corps; 6° excès ou défaut d'ampleur; 7° disproportion du tronc et des membres.

A) Excès ou manque de hauteur du corps. — Lorsque la tête est de longueur normale, la taille ne varie guère que de quelques centimètres au-dessus ou au-dessous de 2 têtes 1/2, et l'on juge de ces variations par comparaison avec la longueur du corps. Il est assez rare qu'un cheval soit assez élancé pour être plus haut que long, à moins qu'il ne s'agisse de chevaux de course, encore la différence est-elle très faible; beaucoup d'animaux manifestement élancés sont néanmoins inscriptibles dans un carré, voire même dans un rectangle allongé d'avant en arrière. Les chevaux de trait sont communément plus longs que hauts, mais il en est beaucoup d'aussi hauts que longs, exceptionnellement de plus hauts que longs. Ce n'est donc pas le rapport de la hauteur du corps à sa longueur qui détermine la forme longiligne, médioligne ou bréviligne, mais bien le rapport de la longueur du corps à la circonférence pectorale (indice corporel), et celui de la hauteur de la poitrine à la distance du passage des sangles au sol.

En résumé, l'excès ou le manque de hauteur du corps, défectueux pour certains services, peuvent être avantageux pour d'autres.

B. Disproportion de hauteur de l'avant-main et de l'arrière-main.—Lorsque le garrot dépasse notablement le niveau de la croupe, l'animal est *haut du devant* ou *bas du derrière;* il est élégant de l'avant-main, s'enlève facilement, mais il est acculé sur le derrière et ralenti dans ses allures : tel est le cheval modèle de Bourgelat (fig. 305). Lorsque, au contraire, le garrot est en contre-bas de la croupe, l'animal est *bas du devant* ou *haut du derrière*, ce qui surmène les membres antérieurs et les expose à buter et à se couronner; en outre, le dos étant plongeant, la selle tend sans cesse à glisser vers l'encolure, ce qui augmente encore la surcharge du devant; par contre, cette conformation est favorable à la vitesse, aussi l'observe-t-on chez la plupart des chevaux d'hippodrome. « Nous

présumerions volontiers, dit Bourgelat, que, dans les chevaux
anglais, la ruine des épaules, l'anéantissement de la liberté de ces
parties et même les douleurs dont sont assez ordinairement atteints
leurs pieds antérieurs ne sont dus qu'à la surcharge que le devant
éprouve par suite de la surélévation du derrière ».

La disproportion de hauteur du devant et du derrière est principalement due à l'obliquité plus ou moins considérable des rayons
des membres, notamment de la cuisse et de la jambe, attendu que
les rapports de longueur des articles homologues des deux bipèdes
sont à peu près constants. Aussi observe-t-on ordinairement que
ce sont les chevaux de trait, avec leur cuisse et leur jambe très
obliques, qui sont bas du derrière, tandis que les chevaux rapides,
avec leur fémur et leur tibia plus ou moins redressés, sont plutôt
hauts du derrière.

C) Disproportion des deux éléments de la taille au garrot. — La hauteur verticale du garrot au-dessus du sol est constituée par la hauteur de la poitrine et la distance du sternum au sol.
Or, nous avons déjà dit que ces deux éléments sont en proportion
très variable; chez certains chevaux de gros trait, la distance du
passage des sangles au sol arrive à être inférieure à la distance du
passage des sangles au garrot, tandis que c'est le contraire qui est
la règle dans les chevaux de vitesse, où s'observe, à l'avantage de la
première dimension, une différence qui peut aller jusqu'à 15, 18 et
même 20 centimètres. Ces variations sont subordonnées à plusieurs
facteurs : 1° à l'allongement ou au raccourcissement de la partie
libre du membre antérieur, qui se fait principalement par le canon
et le paturon; 2° au mode de suspension de la poitrine entre les
épaules, qui est plus ou moins élevé; 3° enfin, et surtout, au développement du thorax en hauteur, qui est susceptible d'abaisser
considérablement le sternum vers le sol en diminuant d'autant la
partie libre du membre. Pendant que le passage des sangles descend,
la pointe du coude semble monter sur la paroi costale; la différence
de niveau entre ces deux parties est un critérium du développement
pectoral; elle peut atteindre jusqu'à 20 centimètres dans les chevaux de gros trait tandis que certains sujets de formes étriquées
ont les coudes presque au ras du passage des sangles.

Il faut aux chevaux travaillant en mode de masse une capacité
pectorale considérable, avec des membres courts et forts : de là leur
apparence trapue et près de terre; tandis que les chevaux de vitesse
ont besoin d'une certaine légèreté, qui impose des bornes au déve-

loppement de la poitrine, et d'une amplitude d'enjambée qui implique l'allongement des membres : de là leur apparence élancée faisant dire qu'il leur « passe beaucoup d'air sous le ventre ».

La sveltesse a toutefois des limites qu'elle ne peut dépasser sans porter atteinte à la force et à la résistance; les sujets à membres longs et grêles, à poitrine serrée, dont le sternum ne descend guère au-dessous du sommet des olécrânes, sont, à juste titre, qualifiés de *ficelles* ou de *claquettes;* on dit aussi qu'il leur « passe trop d'air sous le ventre », qu'ils sont *montés sur des allumettes*, etc. L'échec le plus à redouter dans l'élevage du cheval de vitesse réside précisément dans cet affinement excessif de la forme qui compromet la solidité et le fond.

D) EXCÈS OU MANQUE DE LONGUEUR DU CORPS. — La longueur du corps est rarement inférieure à 2 têtes 1 /2; elle lui est au contraire souvent supérieure; nous l'avons trouvée, au minimum, de 2 têtes 45 et, au maximum, de 2 têtes 80. Ces variations, quoique moins étendues qu'on le croit généralement, sautent aux yeux, comme en témoignent les trois profils de la figure 312, dont le premier a 2 têtes 1 /2, le second 2 têtes 3 /4 et le troisième 3 têtes. Le dernier dépasse évidemment les limites imposées à l'espèce. La figure 313 reproduit la photographie d'un étalon anglo-normand manifestement trop long.

La brièveté du corps, en tant qu'elle est imputable au rachis dorso-lombaire, n'est nullement défectueuse, au contraire; il y a, sous ce rapport, antinomie entre le cheval et le bœuf : celui-ci doit être long, celui-là plutôt court; toutefois les chevaux dont la longueur scapulo-ischiale ne dépasse pas 2 têtes 1 /2 sont déjà courts, *à fortiori* ceux qui sont en dessous de cette mesure.

Quand ils veulent s'assurer, par les proportions, de la valeur d'un cheval, les Arabes mesurent la distance qui s'étend du milieu du garrot, où finit la crinière, jusqu'à l'extrémité du tronçon de la queue, puis la distance du milieu du garrot à l'extrémité de la tête en passant entre les deux oreilles : si ces deux mesures sont égales le cheval est bon, mais d'une vitesse ordinaire; si la postérieure l'emporte sur l'antérieure, l'animal est sans moyens; si, au contraire, c'est l'antérieure qui l'emporte sur la postérieure, il est sûr que l'animal a de grandes qualités, et, plus la différence est grande, plus il a de prix. Le comte d'Aure, ancien inspecteur général des haras, dit avoir vérifié la valeur de ce critérium; malheureusement l'appli-

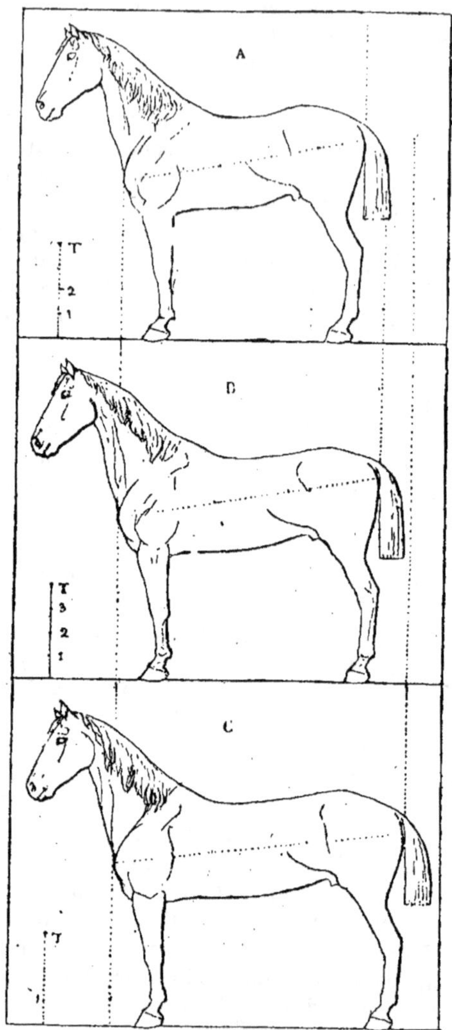

FIG. 312. — *Profils de trois chevaux de même hauteur (2 têtes 1 /2), mais de longueurs différentes (colonel Duhousset).*

A, 2 têtes 1 /2 de longueur; B, 2 têtes 3 /4 de longueur; C, 3 têtes de longueur. (Le dernier dépasse manifestement la limite de variation de l'espèce).

cation en est rendue difficile par l'amputation qu'on a l'habitude de faire subir à la queue.

« Si, disent encore les Arabes, en allongeant l'encolure et la tête pour boire dans un ruisseau qui coule à fleur de terre, un cheval reste bien d'aplomb sur ses quatre membres, sans plier l'un de ses pieds de devant, soyez assuré qu'il est parfaitement conformé, que

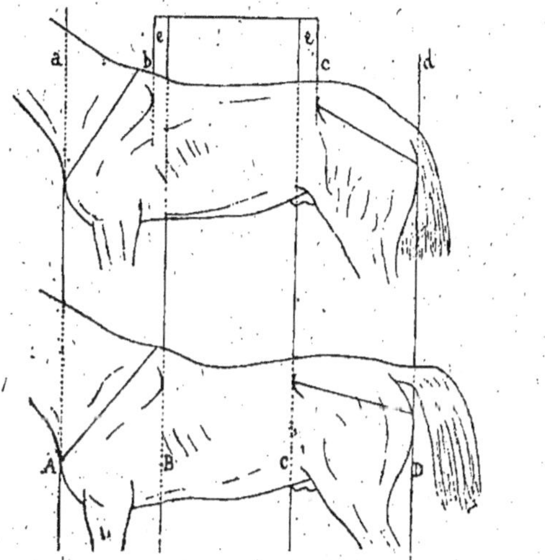

Fig. 313-314. — *Profil du corps de deux chevaux de même longueur mais de rachis inégal* (d'après Saint-Ange, *Cours d'hippologie*, Saumur, 1850).

On voit que la distance scapulo-iliale (bc ou ee) comprise entre l'angle postérieur de l'omoplate et l'angle de la hanche est très différente.

toutes les parties de son corps sont en harmonie et qu'il est de race » (général Daumas, *loc. cit.*)

E. Disproportion des trois éléments de la longueur du corps. — Cette longueur comprend 3 éléments dont le rapport importe au plus haut point : 1° la projection horizontale de l'épaule, 2° le dos et le rein, 3° la projection horizontale de la croupe. Un cheval peut être de longueur normale tout en étant fort défectueux par suite de la disproportion de ces trois éléments. Si, par exemple, il n'atteignait 2 têtes 1/2 entre la pointe de l'épaule et la pointe de la fesse que grâce à l'allongement de son rachis dorso-lombaire, alors que son épaule serait courte et droite et sa croupe courte et avalée, cela ne saurait faire compensation mais constituerait un troisième défaut plus grave que les deux autres. Entre deux chevaux de même longueur dorso-lombaire dont l'un aurait 2 têtes 1 /2 de longueur avec une épaule droite et une croupe avalée, et l'autre 2 têtes 2 /3 avec une épaule oblique et une croupe horizontale, il faudrait, sans hésiter, choisir le dernier malgré son hétérométrie.

La grande longueur du corps n'est vraiment défectueuse chez le cheval qu'autant qu'elle résulte de l'allongement exclusif du dos et du rein. Si elle ne tient qu'à la croupe ou à l'épaule, c'est-à-dire à l'obliquité de celle-ci ou à l'horizontalité de celle-là, si la distance entre l'angle dorsal du scapulum et la pointe de la hanche ne dépasse pas une tête ou ne la dépasse que de quelques centimètres, si enfin le garrot est très saillant et très prolongé en arrière, le comble de la beauté se trouve réalisé. Les figures 313 et 314 représentant deux chevaux d'égale longueur corporelle, mais de longueur inégale de rachis, démontrent jusqu'à l'évidence que le premier est défectueux tandis que le second est superbe.

Au surplus la solidité du pont vertébral ne réside pas seulement dans sa brièveté, elle tient aussi au développement des apophyses épineuses du garrot qui, comme nous l'avons déjà dit, sont les leviers du raidissement vertébral. Un garrot bien sorti peut compenser un excès de longueur du rachis dorso-lombaire si le balancier céphalo-cervical est suffisamment tendu.

Il est à remarquer que, d'une manière générale, la colonne dorso-lombaire se développe corrélativement avec la poitrine; aussi les chevaux de trait ont-ils tendance à s'allonger outre mesure et à s'enseller; la brièveté de cette colonne est une de leurs qualités les plus rares et les plus importantes, surtout pour les limoniers.

Le cheval vite, tout en restant court du dos et du rein, doit cependant présenter un espacement convenable des deux bipèdes, c'est-à-dire être court de la ligne de dessus, long de la ligne de dessous, ce qui est obtenu par l'obliquité de l'épaule et l'horizontalité de la croupe.

F) **EXCÈS OU DÉFAUT D'AMPLEUR.** — Le développement transversal et circonférentiel du corps, qui commande l'écartement des bipèdes latéraux, ne saurait être excessif chez un cheval de gros trait lent, auquel il faut des formes athlétiques. Il ne doit pas dépasser certaines limites chez le cheval rapide, qui a besoin d'une certaine légèreté de masse et d'une base de sustentation qui ne soit pas trop élargie. Toutefois, même à ce dernier, une ampleur convenable est nécessaire, qui témoigne d'un développement suffisant de la poitrine et des muscles; les formes grêles et étriquées sont à proscrire pour tous les services. On est autorisé à suspecter le fond d'un cheval dont l'indice corporel dépasse 0,90.

G) **Disproportion entre le tronc et les membres, c'est-à-dire entre le dessus et le dessous.**— Il arrive souvent qu'un cheval bien conformé du tronc pèche par les membres, ou, inversement, que des membres solides et irréprochables supportent un tronc défectueux. Dans le premier cas, on dit que l'animal a un *bon dessus* et un *mauvais dessous;* dans le second cas, qu'il a un *bon dessous* avec un *mauvais dessus.* Si séduisant que puisse être le premier, ne l'achetez pas, il pèche par la base, c'est un bel édifice dont les fondations sont mal assurées. Par contre, soyez indulgent pour les animaux pourvus d'un bon dessous, qui auraient quelque défectuosité du tronc. C'est ce qu'a voulu dire Bourgelat en recommandant d'aborder les yeux baissés le cheval que l'on veut acheter, afin de concentrer d'abord l'attention sur les pieds et les membres et de ne pas se laisser séduire par une vaine élégance de forme et d'attitude.

§ 6. — Proportions du squelette [1].

Nous n'envisagerons ici que les os des membres, dont nous étudierons successivement : les rapports de longueur avec la taille, les rapports de longueur entre os d'un même membre, enfin les rapports de longueur entre os homologues du membre antérieur et du membre postérieur. Les surfaces articulaires seront, autant que possible, nos repères de mensuration; la distance prise au compas d'épaisseur entre la surface articulaire proximale et la surface articulaire distale constituera la longueur de l'os. S'il s'agit du scapulum, on mesurera du sourcil de la cavité glénoïde au milieu du bord dorsal, cartilage non compris. Si c'est le coxal, on fera affleurer les branches du compas d'épaisseur à l'angle externe de l'ilium d'une part à la tubérosité ischiale d'autre part; pour mesurer spécialement l'ilium et l'ischium, l'une des branches du compas sera engagée dans la cavité cotyloïde, en son milieu, tandis que l'autre affleurera l'angle de la hanche ou la tubérosité ischiatique.

Voici les résultats de nos recherches :

1. Pour plus de détails, consulter mon mémoire intitulé : Études hippométriques, *Journal de médecine vétér. et de zool.*, Lyon, 1894.

**Rapports de longueur des os longs des membres relativement
à la taille ramenée à 100.**

	HUMÉRUS	RADIUS	MÉTACARPIEN MÉDIAN	FÉMUR	TIBIA	MÉTATARSIEN MÉDIAN
Maximum.	20	22,7	16	25	22,7	19
Minimum.	19,2	22,2	14,5	24,2	22,2	17,4
Moyen.	19,6	22,5	15	24,5	22,5	18

Un os étant donné, il est donc facile de déterminer approximativement
la taille de l'individu auquel il a appartenu; problème qui n'est pas sans
importance au point de vue paléontologique. Les os longs les plus variables,
à égalité de taille, sont les canons. Si l'on dispose d'un humérus ou d'un
radius, d'un fémur ou d'un tibia, et surtout de deux de ces os, on peut
arriver à déterminer la taille à quelques centimètres près.

Inversement, la taille étant connue, il est facile, à l'aide du tableau précédent, de trouver la longueur approximative d'un os long quelconque.

Le tableau ci-dessous donne les longueurs moyennes des os longs correspondant à une série de tailles espacées de 5 centimètres.

La longueur du coxal équivaut, en moyenne, à la taille divisée par 3/5.
La longueur de l'ilium est assez exactement les deux tiers de celle du coxal;
celle de l'ischium un peu plus du tiers. Le rapport de l'ischium à l'ilium
varie de 0,54 à 0,60; il est au minimum dans les chevaux de course, dont
les coxaux s'allongent surtout par les iliums, ainsi que l'ont déjà signalé
Goubaux et Barrier.

TAILLES	HUMÉRUS	RADIUS	MÉTACARPIEN PRINCIPAL	FÉMUR	TIBIA	MÉTATARSIEN PRINCIPAL
m.	m.	m.	m.	m.	m.	m.
1,20	0,235	0,270	0,180	0,294	0,270	0,216
1,25	0,245	0,281	0,187	0,306	0,281	0,225
1,30	0,255	0,292	0,195	0,318	0,292	0,234
1,35	0,264	0,304	0,203	0,330	0,304	0,243
1,40	0,274	0,315	0,210	0,343	0,315	0,252
1,45	0,284	0,326	0,217	0,355	0,326	0,261
1,50	0,294	0,337	0,225	0,367	0,337	0,270
1,55	0,303	0,349	0,232	0,380	0,349	0,279
1,60	0,313	0,360	0,240	0,392	0,360	0,288
1,65	0,323	0,371	0,247	0,404	0,371	0,297
1,70	0,333	0,382	0,255	0,416	0,382	0,306
1,75	0,343	0,394	0,262	0,428	0,394	0,315

L'indice huméro-radial, c'est-à-dire le rapport de longueur de l'humérus au radius varie, chez les chevaux de toutes tailles, de 0,83 à 0,89; il est en moyenne de 0,86.

L'indice métacarpo-radial va de 0,65 à 0,70; il est en moyenne de 0,67; c'est chez les chevaux de course qu'il atteint son maximum.

L'indice métacarpo-huméral est en moyenne de 0,78; il peut atteindre 0,80 chez les chevaux d'hippodrome.

L'indice tibio-fémoral moyen est de 0,94; il varie de 0,90 à 1.

L'indice métatarso-tibial moyen est de 0,80; il peut descendre à 0,77 ou au contraire s'élever à 0,82.

L'indice métatarso-fémoral est en moyenne de 0,73; il varie de 0,69 à 0,77.

Le rayon tarso-métatarsien, c'est-à-dire la distance comprise entre le plan supérieur de la poulie astragalienne et l'extrémité inférieure de l'os du canon, équivaut assez exactement au tibia.

Quant aux rapports de longueur entre les os homologues du membre antérieur et du membre postérieur, ils sont assez constants; il y a variation parallèle entre le scapulum et le coxal, l'humérus et le fémur, le radius et le tibia, le métacarpe et le métatarse, le rayon digité antérieur et le rayon digité postérieur.

La longueur du scapulum, y compris son cartilage de prolongement, es très sensiblement égale à celle du coxal.

L'indice huméro-fémoral varie de 0,77 à 0,80; il est en moyenne de 0,785.

Le radius et le tibia sont souvent égaux; s'il y a une différence, elle est ordinairement en faveur du tibia. Remarquons toutefois que l'épine de ce dernier n'entre pas en compte dans notre manière de mesurer.

La longueur du métacarpien principal est les cinq sixièmes de celle du métatarsien principal.

[La constance de ces rapports prouve que les variations dans la hauteur relative de l'avant-main et de l'arrière-main sont principalement imputables aux angles articulaires.

§ 7. — Variations de la taille et des proportions depuis la naissance jusqu'à l'age adulte [1].

Les poulains nouveau-nés sont bien loin des proportions qu'ils sont appelés à acquérir (fig. 315). ils sont haut montés sur membres et brefs de corps, de telle manière que la longueur de la tête est con-

---

1. Voir Cornevin, Études zootechniques sur la croissance, *Annales de la Société d'agriculture, hist. nat. et arts, utiles de Lyon*, 1891.
Lesbre, Études hippométriques et évolution des formes (*loc. cit.*).
Curot, Chapitre « Croissance » du livre *Galopeurs et trotteurs*.

tenue 2 fois 3/4 environ dans la taille au garrot et seulement 2 fois 1/5 dans la distance scapulo-ischiale. Leur poitrine est peu développée; son périmètre égale ou dépasse de quelques centimètres seulement la longueur scapulo-ischiale et est très inférieur à la taille au garrot; sa hauteur verticale n'est guère que la moitié de la distance du sternum au sol. Les rayons inférieurs des membres sont extrê-

Fig. 315. — *Jument poulinière arabe avec son poulain* (Cliché Dechambre).
Le contraste des proportions est frappant.

mement longs, tandis que les supérieurs sont relativement courts, de même que les épaules et la croupe. L'os le plus long, et de beaucoup, est le métatarsien médian, il l'emporte sur le fémur tandis que, chez l'adulte, il est inférieur même à l'humérus. Cette extrême longueur relative des rayons de la main ou du pied, non moins que la brièveté du corps et le peu de hauteur de la poitrine, donne à ces jeunes animaux l'apparence élancée qui les caractérise. Dans les espèces polydactyles, qui ont la main et le pied courts, comme le chien, le chat, le lapin, ou qui sont plantigrades, comme l'ours, l'homme, les nouveau-nés sont au contraire très bas sur membres et en quelque sorte rampants. Chez les poulains, il y a égalité approximative, d'une part, entre le radius, le métacarpien principal, le coxal, le fémur et le tibia, d'autre part, entre le scapulum osseux et l'humérus. Le bassin est très étroit, le coxal presque rectiligne et l'ilium relativement court, l'indice ischio-ilial est de 0,67 à 0,69.

Le tableau suivant des principales dimensions extérieures et squelettiques de deux animaux de race anglo-normande, l'un nouveau-né, l'autre adulte, montre par leurs rapports les différences considérables de leurs taux de croissance.

	A LA NAISSANCE	A L'AGE ADULTE	RAPPORT	TAUX DE CROISSANCE
	m.	m.		
Longueur de la tête.	0,34	0,64	0,53	1,88
Taille au garrot	0,95	1,60	0,59	1,68
De la pointe de l'épaule à la pointe de la fesse	0,75	1,66	0,45	2,21
Hauteur verticale de la poitrine	0,32	0,76	0,42	2,37
Distance du passage des sangles au sol.	0,63	0,84	0,75	1,33
Périmètre thoracique derrière le garrot.	0,81	1,88	0,43	2,32
Longueur de la croupe	0,23	0,56	0,41	2,43
Largeur de la croupe	0,18	0,56	0,32	3,11
Longueur de l'épaule	0,21	0,66	0,31	3,14
Scapulum osseux	0,175	0,37	0,47	2,11
Humérus.	0,176	0,313	0,56	1,77
Radius	0,220	0,36	0,61	1,63
Métacarpien principal.	0,218	0,24	0,90	4,10
1re phalange antérieure	0,068	0,088	0,77	1,29
Coxal.	0,222	0,47	0,47	2,11
Ilium.	0,132	0,315	0,41	2,38
Ischium.	0,090	0,174	0,51	1,93
Fémur.	0,218	0,392	0,55	1,79
Tibia.	0,222	0,36	0,61	1,62
Métatarsien principal	0,255	0,288	0,88	1,12
1re phalange postérieure	0,065	0,084	0,77	1,29

Il est remarquable que les os homologues des deux bipèdes ont sensiblement le même taux de croissance. Cette uniformité ne s'observe pas dans notre espèce, vu la fonction radicalement différente des deux sortes de membres : les inférieurs sont en retard sur les supérieurs. C'est ainsi que les cuisses et les jambes des enfants nouveau-nés sont moins développés que leurs bras et avant-bras et, à proportion du corps, beaucoup plus petits que chez les adultes.

Le diagramme de la figure 316 a été établi conformément aux indications du tableau ci contre. Les ordonnées correspondent aux principales dimensions divisées de 0 à 100; la partie noire de ces ordonnées exprime l'état des dimensions à la naissance; la partie blanche, l'accroissement qu'elles subissent jusqu'à l'âge adulte. On saisit, au premier coup d'œil, les changements considérables éprouvées par les proportions du corps.

Le *rythme de la croissance* est aussi intéressant à considérer; on en jugera par les quelques chiffres suivants se rapportant à la taille, au périmètre thoracique et à la longueur scapulo-ischiale.

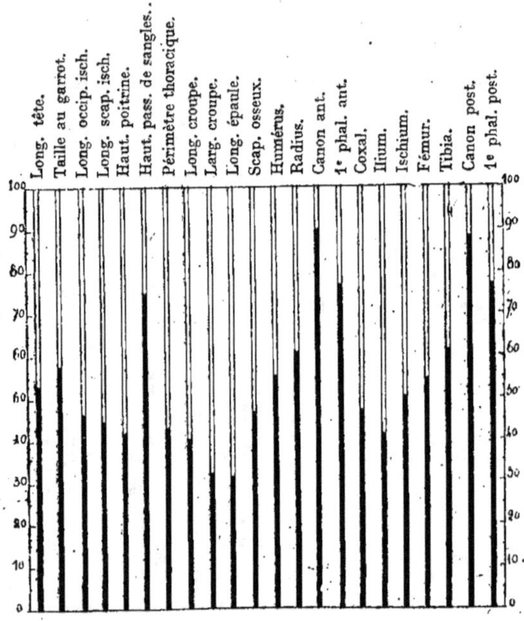

FIG. 316. — *Graphique de croissance indiquant en noir les principales dimensions extérieures ou squelettiques à la naissance, et en blanc la quantité dont elles ont à grandir respectivement pour atteindre leur apogée représentée par le nombre 100.*

La taille du garrot est en moyenne :

A la naissance	0,60 de la taille définitive
De 1 à 2 mois	0,70	—
De 4 à 5 —	0,80	—
De 7 à 8 —	0,85	—
De 12 à 15 —	0,90	—
De 24 à 30 —	0,95	—
A 3 ans	0,98	—
A 4 ans	0,99	—
A 5 ans	Achevée.	

Dans quelques races, comme la normande, la croissance au garrot peut continuer de 5 à 7 ans et gagner un demi à un centimètre, voire même 1 centimètre 1/2.[1]

Le périmètre thoracique en arrière du garrot est approximativement :

A la naissance.	0,45 du périmètre définitif	
A 3 mois.	0,60	—
A 6 —	0,70	—
A 15 —	0,80	—
A 2 ans.	0,85	—
A 3 ans.	0,92	—
A 4 ans.	0,98	—
A 5 ans.	Achevé.	

La longueur du corps, de la pointe de l'épaule à la pointe de la fesse, se développe à peu près suivant le même rythme que le pourtour de la poitrine. Elle est donc :

A la naissance	0,45 environ de ce qu'elle sera à l'âge adulte	
A 3 mois.	0,60	—
A 6 mois.	0,70	—
A 1 an.	0,80	—
A 2 ans	0,90	—
A 3 ans	0,95	—
A 4 ans	0,98	—
A 5 ans	Achevée.	

Quant à la distance du passage des sangles au sol, elle est, chez le nouveau-né, les trois quarts environ de ce qu'elle est appelée à devenir. Sur un sujet, nous avons constaté un accroissement de 3 à 5 centimètres pendant le premier mois, un état stationnaire les deux mois suivants, puis une reprise de croissance à raison de 1 et demi, 2 et jusqu'à 3 centimètres par mois pendant les quatrième, cinquième et sixième mois, ensuite de 1 centimètre environ par

1. MM. Drouet et Cancel disent avoir constaté, de 5 à 6 ans, une croissance de taille allant jusqu'à 5 centimètres. Cela paraît impossible, car les épiphyses des membres étant soudées depuis l'âge de 3 ans 1/2, l'animal ne peut grandir dans une pareille proportion par les seules apophyses épineuses du garrot (Voy. *Revue vétér. militaire*, 1912. Contribution à l'étude du développement des jeunes chevaux depuis la naissance jusqu'à l'âge adulte). — Voy. aussi Dr NICOLAS et DESCAZEAUX, Notes hippométriques (*Bull. Soc. centr. vétér.* 1911). — Dr NICOLAS et LUSSAULT, Étude comparée sur la croissance au garrot et la taille des chevaux d'un régiment de dragons (*Soc. contr. vétér.*, 1913). — MEYRANX, Contribution à l'étude de l'hippométrie (*Revue vétér. militaire*, 1910).

mois jusqu'à un an; pendant la deuxième année, cette dimension a augmenté de 2 à 4 centimètres et a atteint son maximum; elle a peu varié dans le cours de la troisième année; enfin elle a subi une diminution durant la quatrième et même la cinquième année.

Il y a en quelque sorte concurrence de croissance entre le thorax et le membre antérieur; au début c'est le membre qui pousse le plus. le sternum s'élève; plus tard, il y a équilibre, la poitrine descend autant que le membre s'allonge et le sternum reste à la même hauteur; plus tard encore, la poitrine s'accroît plus que le membre et le sternum s'abaisse vers le sol. C'est la longueur du corps et la circonférence thoracique qui continuent à se développer le plus longtemps.

En général, les gros chevaux arrivent à l'apogée de leur développement en moins de temps que les chevaux fins et vieillissent plus vite, la longévité étant proportionnelle à la durée de la croissance. » Les chevaux des pays chauds, écrit le colonel Duhousset, sont courageux, vifs, inquiets, violents, capables des plus grandes fatigues et vivent longtemps, mais se développent plus lentement que ceux des pays septentrionaux. Ceux-ci sont plus grands, engendrent plus promptement, mais ils sont paresseux, froids, timides, rétifs, peu

AGES	TAILLE au garrot	LONGUEUR scapulo-ischiale	PÉRIMÈTRE thoracique	HAUTEUR de la poitrine	DISTANCE du passage des sangles au sol
	m.	m.	m.	m.	m.
la naissance.	0,95	0,74	0,84	0,32	0,63
1 mois.	1,08	0,85	0,96	0,40	0,68
2 —	1,16	0,93	1,06	0,475	0,685
3 —	1,21	0,99	1,13	0,54	0,70
4 —	1,25	1,05	1,20	0,57	0,73
6 —	1,30	1,15	1,32	0,59	0,77
8 —	1,35	1,25	1,40	0,61	0,79
1 an.	1,42	1,32	1,48	0,63	0,82
2 ans	1,50	1,48	1,60	0,67	0,85
3 —	1,565	1,57	1,73	0,71	0,86
4 —	1,585	1,62	1,84	0,74	0,845
5 —	1,60	1,65	1,88	0,76	0,84

sensibles, incapables de longues courses et hors de service de bonne heure ».

Nous avons établi ci-dessus, d'après les données qui viennent d'être exposées, le tableau de croissance d'un poulain anglo-normand de 95 centimètres de taille à la naissance, qui atteindrait à l'âge adulte 1 m. 60.

Il est bien évident que ces chiffres sont approximatifs. Ils ne tiénnent pas compte des perturbations et des irrégularités, qui pourtant sont fréquentes, surtout pendant la première année. On peut en déduire néanmoins :

1º Que la longueur scapulo-ischiale, d'abord bien inférieure à la taille, l'atteint vers l'âge de trois ans, et la dépasse ensuite le plus souvent.

2º Que le pourtour pectoral, plus petit que la taille à la naissance, l'atteint vers quatre à cinq mois et la dépasse, à partir de huit à dix mois, de plus en plus.

3º Que la hauteur de la poitrine, d'abord près de deux fois plus petite que la distance du passage des sangles au sol, en approche de plus en plus, au point de l'atteindre et même de la dépasser chez les chevaux de gros trait.

Les éleveurs se rendent compte de la taille probable qu'un poulain est appelé à acquérir en comparant les distances, prises à la ficelle, du sommet du garrot à la pointe du coude et de la pointe du coude à la face postérieure du boulet; on sait en effet que, à l'âge adulte, ces deux dimensions sont à peu près équivalentes chez les chevaux trapus et différentes seulement de quelques centimètres au profit de l'inférieure chez les sujets élancés; par conséquent, plus la seconde l'emporte sur la première, plus il y a de croissance à attendre.

Dans le même but, les Arabes prennent une corde, la passent derrière les oreilles, sur la nuque, en longent les deux côtés de la tête et en joignent les deux bouts au niveau du bout du nez. Appliquant ensuite cette corde déroulée le long du membre antérieur à partir du pied, si elle dépasse le garrot, ils prétendent que l'animal grandira de toute la partie excédente; mais il est évident que cette opération ne peut donner de résultat avant que la tête ait atteint sa longueur définitive. La même réserve est à faire en ce qui concerne le pronostic de la taille par la distance du coude au boulet, cette distance n'approchant guère de son apogée avant deux ans.

Empruntons maintenant à Lavalard (*loc. cit.*), quelques renseignements sur le développement du poids :

Les chevaux de race distinguée paraissent moins forts pendant les premiers mois qui suivent la naissance; mais, après le sevrage, ils arrivent rapidement à un développement égal et souvent supérieur à celui des chevaux communs avec lesquels ils sont élevés; ceci est surtout remarquable quand on a réuni ensemble des chevaux de pur-sang et de demi-sang. Quelle que soit la race, voici les moyennes générales que nous avons observées : pendant les trente à quarante premiers jours qui suivent la naissance, le poulain augmente de 90 à 100 % de son poids à la naissance; pendant les soixante jours suivants, de 25 à 50 % de son poids à quarante jours; pendant les soixante jours qui suivent encore, de 15 à 25 % de son poids à trois mois. A cinq ou six mois. le poulain est généralement sevré et, pendant cette courte période, il ne progresse en poids que de 8 à 10 %. Enfin lorsqu'il est habitué à sa nouvelle nourriture, surtout si elle est bien calculée et suffisamment riche en matières azotées et phosphatées, il continue à augmenter de 20 à 30 % jusqu'à trois ans et de 10 à 20 % jusqu'à quatre ans et quelquefois cinq ans. Avant cet âge, pendant les premiers jours de travail, il y a souvent encore un arrêt; mais lorsque l'animal s'est habitué à un exercice modéré, quel qu'il soit, l'augmentation du poids devient plus forte et elle arrive vite au maximum qu'il présentera à l'âge adulte.

D'une manière générale, à cinq ans, le cheval a acquis sa taille et son poids définitifs; il y a toutefois certaines races qui font exception, comme les chevaux normands, mais cela tient surtout au mode d'élevage car aujourd'hui on voit que lorsque ces derniers sont bien nourris et exercés dès leur jeune âge comme les autres, ils se développent plus rapidement. Sous prétexte d'éviter les tares, on retarde souvent outre mesure le dressage et la mise au travail; l'exercice, en tant qu'il ne dépasse pas les forces du jeune animal, est très favorable à son développement.

§ 8. — Marche générale de l'ossification
d'après la soudure des noyaux d'ossification [1].

On sait que la soudure des épiphyses marque le terme de la croissance des os en longueur. Or, l'ordre suivant lequel se fait cette soudure est peu variable chez les mammifères; le phénomène commence en général par le noyau coracoïdien du scapulum et les trois pièces constituantes du coxal, il se continue par les épiphyses des phalanges et des métapodes ou bien par les épiphyses adjacentes de l'articulation du coude; ensuite c'est le tour de l'extrémité inférieure du tibia, du sommet du calcanéum et de l'extrémité

---

1. Pour plus de détails, voy. *Annales de la Société d'agriculture de Lyon*, 1897 ou *Bul. soc. d'anthropologie de Lyon*, 1898. F. X. LESBRE, Contribution à l'étude de l'ossification du squelette des mammifères domestiques, principalement aux points de vue de sa marche et de sa chronologie.

inférieure du péroné; enfin, à bref intervalle ou simultanément, on voit se synostoser l'extrémité inférieure du radius, les deux extrémités du cubitus, l'extrémité supérieure de l'humérus, l'extrémité supérieure du tibia et les deux extrémités du fémur. Les dernières épiphyses à souder sont celles des corps vertébraux, des côtes et des coxaux; c'est pourquoi la croissance du rachis, de la poitrine, de la croupe et, d'une manière générale, du tronc, se poursuit plus ou moins longtemps après que les membres ont atteint leurs dimensions définitives. En ce qui concerne ces derniers, nous avons remarqué déjà que leur croissance suit une marche centripète, c'est-à-dire que les rayons proximaux continuent à grandir longtemps après l'achèvement des rayons distaux (main ou pied). Les deux articulations homologues huméro-radiale et fémoro-tibiale offrent un contraste frappant au point de vue des dates de soudure des épiphyses qui les constituent, ces dates étant hâtives pour la première, tardives pour la seconde.

Voici les principales époques de soudure épiphysaire chez les Solipèdes :

Époques de soudure des principaux noyaux d'ossification.

Tronc :

Épiphyses des corps vertébraux	4 à 5 ans
— des côtes	4 à 5 ans

Membre thoracique :

Scapulum, noyau coracoïdien		10 mois à 1 an
Humérus. {	Épiphyse supérieure	3 ans 1/2
	— inférieure	15 à 18 mois
Radius. . {	Épiphyse supérieure	15 à 18 mois
	— inférieure	3 ans 1/2
Cubitus, sommet de l'olécrâne [1]		3 ans 1/2
Métacarpien médian, épiphyse inférieure		15 mois
1re phalange, épiphyse supérieure		12 à 15 mois
2e phalange, épiphyse supérieure		10 à 12 mois

Membre pelvien :

Coxal. . . {	Ses trois pièces constituantes	10 à 12 mois
	Ses épiphyses terminales	4 ans 1/2 à 5 ans
Fémur. . {	Épiphyse supérieure	3 ans à 3 ans 1/2
	— inférieure	3 ans 1/2
Tibia. . . {	Épiphyse supérieure [2]	3 ans 1/2
	— inférieure [3]	2 ans

1. L'épiphyse inférieure du cubitus se soude au radius vers l'âge de 3 à 4 mois et se confond avec lui.

2. Le noyau spécial de la tubérosité antérieure du tibia est en retard de plusieurs mois sur celui des tubérosités articulaires.

3. Le noyau malléolaire externe, qui n'est autre chose que l'épiphyse inférieure du péroné, se soude à 3 ou 4 mois.

506

Calcanéum, épiphyse supérieure. . . . . 3 ans
Métatarsien médian, épiphyse inférieure. . . . . . . 15 mois
1re phalange, épiphyse supérieure. . . . . 12 à 15 mois
2e phalange, épiphyse supérieure. . . . . 10 à 12 mois

ARTICLE II. — RAPPORTS ANGULAIRES DES RAYONS DES MEMBRES

Dans l'étude analytique que nous avons faite de la conformation nous n'avons pas manqué de faire valoir l'influence considérable qu'exerce la direction des rayons articulaires sur les actes locomoteurs. Le capitaine Morris, qui devint plus tard général, frappé de cette influence, crut que là résidait la véritable beauté du cheval, plutôt que dans les rapports de dimensions des parties; et il imagina sa fameuse théorie de la *similitude des angles et du parallélisme des rayons*, qu'il résuma dans les quelques propositions suivantes :

La loi génératrice de l'ensemble, de la force et de la vitesse dans un cheval se trouve dans la direction de ses rayons articulaires, envisagée d'une manière toute générale, c'est-à-dire dans la direction apparente de ces rayons, celle qu'on voit ou plutôt celle qu'on devine sous la masse des tissus.

Cette direction est la même pour la tête, l'épaule, la cuisse et les paturons; elle détermine, en examinant ces différentes parties, quatre lignes parallèles entre elles.

En examinant la direction de l'encolure, du bras, de l'os de la hanche et de l'os de la jambe, on remarque quatre autres lignes parallèles.

Les intersections de ces huit lignes, prises deux à deux, forment les angles articulaires.

Ni la tête, ni l'encolure ne forment réellement des rayons articulaires, mais nous sommes obligé de considérer leurs directions comme telles pour l'intelligence de notre démonstration.

Toutes ces directions parallèles doivent former, avec la verticale, des angles de 45°; de cette manière, ceux qu'elles déterminent par leurs intersections sont droits.

En appliquant cette nouvelle théorie aux proportions de Bourgelat, nous avons été tout simplement amené à construire un cheval dont personne ne contestera les qualités d'ensemble ni les caractères de la vigueur, Et ce qu'il y a de particulier, c'est qu'en faisant dessiner avec une scrupuleuse exactitude le fameux arabe Massoud qui a fait longtemps la gloire du haras du Pin, nous avons retrouvé chez lui l'application entière de notre théorie. L'animal qui réalise ces conditions présente de l'uniformité non seulement dans la position de ses rayons angulaires, mais encore dans les mouvements de l'avant et de l'arrière-main; en un mot, il possède réellement les éléments d'ensemble (Capitaine Morris, *Essai sur l'extérieur du cheval*, Paris, 1835).

Le cheval dessiné comme type par le futur général (fig. 317) eut le don, malgré ce qu'il a de faux et même d'impossible, de plaire

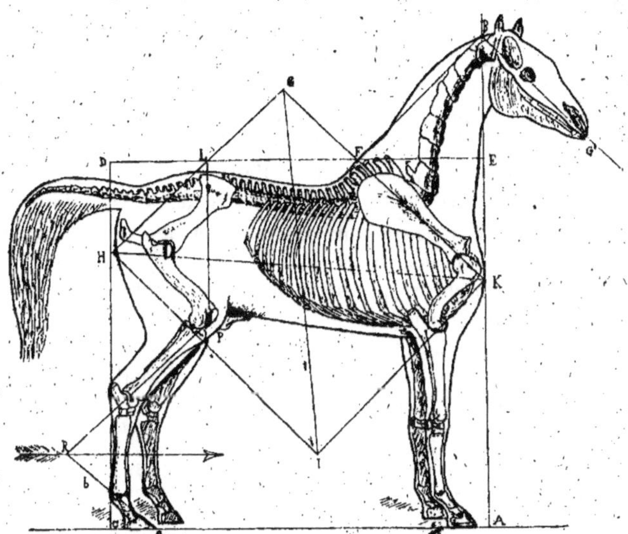

FIG. 317. — *Les angles articulaires*, d'après le général Morris.

ACDE, carré circonscrivant le corps; B, sommet de la nuque; F, sommet du garrot; L, sommet de la croupe; K, pointe du bras; H, pointe de la fesse; FK, direction de l'épaule; HI, direction de la cuisse; Ra, direction du doigt; BG', direction de la tête; FB, direction de l'encolure; KI, direction du bras; LH, direction de la croupe; PR, direction de la jambe; LP, verticale réunissant le sommet de la croupe à la rotule; GHIK, rectangle produit par l'intersection des lignes de direction des rayons supérieurs des membres; HK, diagonale de ce rectangle qui coïnciderait avec la résultante des forces d'impulsion; GI, l'autre diagonale du même rectangle, aboutissant à la base de sustentation au même point que la ligne de gravitation, c'est-à-dire à son tiers antérieur. (Nous avons marqué les principaux centres articulaires par des points noirs).

aux hippologues de l'époque bien plus que celui de Bourgelat, déjà démodé; cependant il suffit de jeter les yeux sur la figure précitée pour y relever de grossières erreurs, notamment dans la situation relative des apophyses épineuses du garrot, des premières côtes et des vertèbres du cou. Il est manifeste que pour raccourcir l'intervalle du garrot à la croupe, l'auteur est sorti de la réalité. Néanmoins la théorie de la similitude des angles et du parallélisme des rayons resta en faveur jusqu'au jour où M. le professeur G. Neu-

mann, alors vétérinaire militaire, en montra l'inanité [1]. Il n'est pas
difficile à quiconque connaît un peu d'hippotomie de voir, au premier examen, que la plupart des lignes considérées comme axes
des rayons articulaires sont purement arbitraires, et que le cheval
du général Morris ne présente pas les rapports angulaires indiqués
par son auteur. Il est certain, par exemple, que jamais la cuisse,
ni la jambe ne sont inclinées à 45°, même chez les chevaux de trait,
où elles sont le plus obliques; que jamais aussi l'angle fémoro-
tibial descend à 90°; qu'une croupe à 45° est une croupe avalée;
que des paturons à 45° ne se voient que chez des sujets bas-jointés;
qu'une épaule ou un bras à 45° sont trop obliques, etc.

Pour se rendre un compte exact de l'axe des rayons de mouvement, il faut d'abord repérer au dehors les centres articulaires. En
réunissant ensuite ces points, on obtient des lignes parfaitement
définies et non pas quelconques dont il est facile de mesurer les
inclinaisons et les angles d'intersection, en se servant d'un arthrogoniomètre comme celui représenté figure 318 et d'un fil à plomb,
suivant le procédé Barrier et Vignardou.

Le repérage des centres articulaires sur le cheval vu de profil
n'offre pas de grandes difficultés pour un anatomiste.

Le centre	scapulo-huméral	correspond	à la convexité du trochiter.
—	huméro-radial	—	à l'insertion humérale du ligament externe.
—	carpien	—	au quart supérieur du ligament commun ext.
—	métacarpo-phalangien	—	à l'insertion supérieure du ligament externe.
—	coxo-fémoral	—	à la convexité du grand trochanter.
—	fémoro-tibial	—	au milieu du ligament externe.
—	tibio-tarsien	—	au milieu de l'astragale.

En ce qui concerne les rayons extrêmes, non compris entre deux
centres articulaires, voici comment on détermine leurs axes : pour
l'épaule, on unit le sommet du garrot au centre scapulo-huméral,
la ligne obtenue longe en arrière l'épine scapulaire; pour la croupe,
on unit l'angle de la hanche à la pointe de la fesse; s'il s'agit spécialement de la direction de l'ilium on suppose une ligne allant du
centre coxo-fémoral à l'angle de la hanche; pour le rayon digité,
on unit le centre du boulet au centre de figure de la face d'appui du
pied; si ce dernier rayon est brisé à la couronne, on obtient la direction du paturon par une ligne allant du centre du boulet au centre
de l'articulation du pied.

Les directions étant ainsi définies et repérées, il reste à les mesu-

<hr>

1. G. Neumann, Des aplombs chez le cheval (*Journal des vétérinaires militaires*,
t. VIII).

rer; il suffit, pour cela, d'appliquer une branche de l'arthrogoniomètre suivant l'axe de la région, tandis que l'on donne à l'autre branche la direction du fil à plomb. Si l'angle intercepté est aigu comme dans la figuré 278, l'angle complémentaire donne l'inclinaison cherchée; s'il est obtus, on obtient le même résultat en en retranchant 90°.

Il n'y a qu'à additionner les obliquités des rayons contigus pour avoir la valeur des angles articulaires. Ceux-ci peuvent aussi être

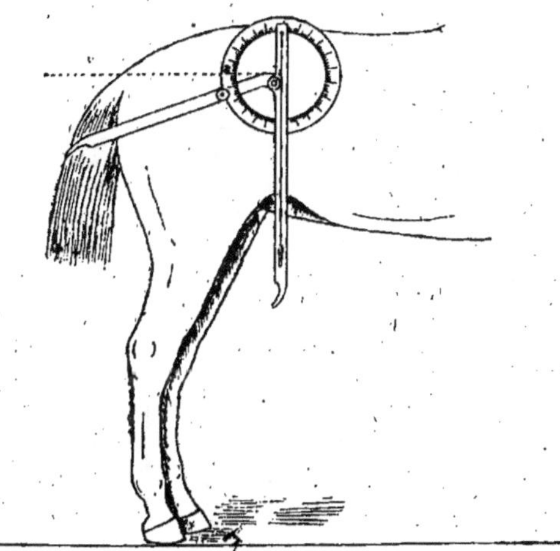

Fig. 318. — *Procédé G. Barrier et Vignardou pour la mensuration des angles et de l'obliquité des rayons articulaires au moyen d'un arthrogoniomètre. Sur la figure l'inclinaison du coxal relativement à l'horizontale est donnée par l'angle complémentaire de l'angle droit.*

mesurés en une seule opération en faisant suivre aux branches de l'arthrogoniomètre la direction des deux rayons successifs, mais alors on ne sait pas la part qui revient à chacun d'eux dans l'ouverture angulaire.

Le tableau suivant résume les résultats obtenus par Lemoigne et par Goubaux et Barrier [1]. Nos observations personnelles confirment à peu près les mesures de Goubaux et Barrier. Toutefois nous avons trouvé, chez de beaux chevaux de vitesse, des angles scapulo-huméral et ilio-fémoral moins ouverts que ne l'indiquent ces auteurs (100 à 105° pour le premier, 95 à 100° pour le second).

1. Alexis LEMOIGNE, *Recueil de médecine vétérinaire*, 1877.
GOUBAUX et BARRIER, *Extérieur du cheval.*

Le maximum d'inclinaison de l'épaule que Lemoigne fixe à 59°
peut descendre au-dessous de 50° relativement à l'horizontale,
on peut donner comme moyenne 55° à 60°. Il nous semble aussi
que les chiffres donnés pour les paturons sont sensiblement trop
forts; nous avons trouvé chez de beaux sujets de selle 55° à 60° aux
membres antérieurs, 60° à 65° aux membres postérieurs.

	D'après A. Lemoigne			D'après Goubaux et Barrier
	Maximum	Minimum	Moyenne	Mesures relevées chez des chevaux de vitesse
Rayon scapulaire	70°	59°	65°	60°
— huméral.	65°	53°	55°	50° à 55°
— iliaque	43°	28°	35°	30° à 35°
— fémoral	85°	70°	78°	80°
— tibial.	72°	35°	65°	65° à 70°
— phalangien antérieur .	80°	62°	68°	60°
— — postérieur.	75°	60°	68°	65°
Angle scapulo-huméral. . .	130°	116°	121°	110° à 115°
— huméro-radial. . . .	157°	137°	148°	140° à 145°
— métacarpo-phalangien.	170°	152°	158°	150°
— ilio-fémoral	130°	100°	117°	110° à 115°
— fémoro-tibial. . . .	151°	138°	144°	145° à 150°
— tibio-métatarsien . .	158°	148°	150°	155° à 160°
— métatarso-phalangien.	165°	150°	158°	155°

Dans les chevaux de trait, les angles articulaires de l'épaule, de
la hanche et du boulet sont en général plus ouverts que dans les
chevaux vites, attendu que l'épaule est ordinairement plus droite,
la croupe plus oblique et le paturon moins incliné que ne le sont
ces mêmes régions chez ces derniers; par contre, tous les autres
angles sont plus fermés, notamment le fémoro-tibial et le tibio-
métatarsien, et c'est ainsi que les membres postérieurs se trouvent
dans cet état de semi-flexion qui est si favorable à leur force de
détente.

Chez les chevaux vites, les rayons du membre postérieur, à
l'exception du paturon, tendent à se redresser, les angles fémoro-

tibal et tibio-métatarsien sont très ouverts; il en résulte un allongement du membre et une augmentation d'amplitude des enjambées. En revanche, l'angle scapulo-huméral et l'angle coxo-fémoral sont ordinairement plus fermés que chez les chevaux de trait, à cause de l'obliquité plus grande de l'épaule et de la tendance du coxal à l horizontalité; il en est de même de l'angle du boulet qui a besoin d'une grande souplesse pour amortir les réactions des allures vives.

En résumé, le général Morris ne s'était pas trompé en attribuant une grande importance à la direction des rayons locomoteurs et au degré d'ouverture des angles articulaires, mais sa théorie de la similitude de ceux-ci et du parallélisme de ceux-là n'a pu résister à un examen sérieux. L'obliquité des rayons est loin d'être toujours exactement intermédiaire entre la verticale et l'horizontale; elle est très diverse, et si certains angles homologues du membre antérieur et du membre postérieur tendent à l'égalité, par exemple l'angle scapulo-huméral et l'angle coxo-fémoral, l'angle huméro-radial, et l'angle fémoro-tibial, l'angle métacarpo-phalangien et l'angle métatarso-phalangien, il n'y a pas là l'uniformité rêvée par le général Morris et c'est en vain que l'on chercherait dans les plus beaux modèles des rayons articulaires obliques à 45° et des angles articulaires ouverts à 90°.

Ajoutons en terminant que, dans la pratique, le coup d'œil doit suffire pour juger de la bonne ou mauvaise direction des régions, ainsi que du degré d'ouverture des angles. Ce coup d'œil s'acquiert d'autant plus vite que l'on s'est exercé davantage avec l'arthro-goniomètre et le fil à plomb.

ARTICLE III. — RAPPORTS ENTRE LE GROS ET LE SANG. — FOND

Dans l'appréciation d'une machine motrice comme celle que représente le cheval, il ne suffit pas de considérer les formes extérieures, reflet de l'agencement des rouages locomoteurs, il faut aussi et surtout s'assurer que le ressort intérieur qui actionne ces rouages est bien trempé et convenablement tendu pour le genre de mouvement que l'on veut produire; en d'autres termes, que le principe nerveux excitateur et régulateur de l'activité musculaire est en harmonie avec la conformation, qu'il y a une juste proportion entre le *gros* et le *sang*.

Sang. — Ce terme est employé dans trois acceptions différentes.

a) Au sens propre ou anatomique, il s'applique à un liquide nutritif que tout le monde connaît.

b) En zootechnie, on s'en sert pour désigner l'ensemble des propriétés héréditaires, et l'on dit, par exemple, qu'un animal est de pur sang percheron, de pur sang durham quand il est de race pure, percheronne ou durham; qu'il a du sang arabe, du sang durham, quand il présente, par suite de croisements, un certain nombre des caractères qui sont l'attribut de la race arabe ou de la race durham, et, suivant la proportion de ces caractères, il est qualifié demi-sang, trois quarts de sang, sept huitièmes de sang, quinze seizièmes de sang, et ainsi de suite, en doublant, à chaque génération, le dénominateur de la fraction tandis que le numérateur reste toujours inférieur d'une unité; que c'est un produit consanguin, quand il est issu d'un père et d'une mère proches parents, etc.

c) Dans le sens figuré que lui donnent les hommes de cheval, le terme sang exprime un ensemble de qualités morales inhérentes au système nerveux, telles que la vigueur, le courage, l'ardeur, le feu dans l'action, la sobriété, la résistance à la fatigue et aux privations, l'impétuosité, la noblesse du caractère, etc. Le cheval de sang n'a pas plus de liquide sanguin qu'un autre, mais il est doué d'une grande excitabilité et de réactions réflexes particulièrement intenses et rapides, c'est, pour ainsi dire, une bouteille de Leyde qui se charge par les organes des sens et se décharge sur les muscles avec une facilité toute spéciale. « Le sang, dit M. l'inspecteur général honoraire Barrier, c'est la *sensilivo-motricité*, c'est-à-dire l'aptitude du moteur animé à transformer avec vitesse et intensité les excitations sensitives et sensorielles en incitations motrices ou, si l'on préfère, à répéter énergiquement le geste locomoteur dans l'unité de temps. »

« Dans les corps vivants, a écrit H Bouley, il existe un moteur, un principe d'action, appelé influx nerveux, variant en intensité suivant les individus, qui produit dans la machine la plus défectueuse d'après les lois physiques les effets les plus inattendus, témoins ces chevaux qui n'ont que de l'âme, suivant l'expression vulgaire. A voir leur habitude extérieure, avec leurs muscles grêles, leur encolure mince, leurs hanches saillantes, leurs côtes que l'on peut compter sous la peau, leurs flancs et leur ventre retroussés, on serait tenté de les prendre pour de mauvais chevaux; mais qu'on examine leur tête, l'expression des yeux, la position des oreilles, la dilatation des narines, leur faciès en un mot, et on verra que tout décèle l'énergie; en effet, lorsqu'ils sont en action, ils déjouent tous les calculs que l'on a pu faire d'après l'inspection de leur conformation »

« Un cheval noble, un *buveur d'air*, se reconnaît, dit Abd-el-Kader, à la finesse des lèvres, à la dilatation des narines, à la maigreur des chairs qui entourent les veines de la tête, à l'attache élégante de l'encolure, à la douceur des crins, des poils et de la peau

Fig. 319. — *Flying fox pur sang anglais de 3 ans, à l'entraînement* Cliché Létard).

à l'ampleur de la poitrine, à la grosseur des articulations, à la sécheresse des extrémités, et, plus encore, à ses qualités morales : il n'a point de malice, réunit le courage à la fierté et resplendit d'orgueil au milieu de la poudre et des hasards; par son intelligence et l'acuité de ses sens, il sait préserver son maître des mille accidents possibles à la chasse et à la guerre » (Général Daumas, *loc cit.*).

En résumé les chevaux de sang sont des nerveux. A ce titre, ils se font remarquer par leurs formes sveltes, plus ou moins affinées et anguleuses, exemptes d'empâtement, par leurs muscles fermes, denses, débarrassés de toute surcharge conjonctive ou graisseuse, par la tendance des lignes de leur corps à la rectitude, par la finesse de leur peau et de ses productions pileuses, par leur physionomie expressive, sans cesse en éveil, par leur impressionnabilité, enfin par leur vaillance qui se manifeste dans toutes les circonstances où il faut du fond et de l'endurance. Ils sont particulièrement aptes à l'allure du galop et au service de la selle, conformément à cet adage : , cheval de galop, cheval de selle, cheval de trot, cheval de trait.

On s'explique l'affinement des formes des chevaux de sang par ce fait que la surface du corps, réceptrice des excitations extérieures, est d'autant plus grande relativement au volume que celui-ci est moindre, les surfaces augmentant comme le carré, les volumes comme le cube. Comparez la surface d'un décimètre cube à celle d'un mètre cube : chacune des six faces du premier étant d'un décimètre carré, la surface totale est de 6 décimètres carrés; chacune des six faces du second étant d'un mètre carré et chaque mètre carré comprenant 100 décimètres carrés cela fait un total de 600 décimètres carrés, c'est-à-dire une surface 100 fois plus grande. Mais il y a 1000 décimètres cubes dans un mètre cube; à raison de 6 décimètres carrés pour chacun, cela ferait une surface de 6 000 décimètres carrés si elle augmentait proportionnellement au volume, tandis que, en réalité, elle est 10 fois moindre

Toutes choses étant égales d'ailleurs, les animaux de petit format doivent donc avoir une impressionnabilité périphérique qui manque aux autres, et cette impressionnabilité ne va pas sans une puissance réflexe des centres nerveux et une conductibilité des nerfs qui lui sont adéquates; en sorte que les réactions motrices ont toutes chances d'être plus énergiques et plus rapides. Les muscles, ne l'oublions pas, sont inertes par eux-mêmes, ils sont animés par le système nerveux qui est vraiment le grand ressort de la machine motrice.

Pur-sang (fig. 319). — Les caractères que nous venons d'indiquer ont été portés au summum chez les individus dits pur-sang, c'est-à-dire chez les chevaux anglais de courses (*the thorough bred horse*), qui constituent une famille, d'origine orientale, dont la généalogie est rigoureusement surveillée depuis plus d'un siècle et contrôlée par un stud-book spécial. Grâce à une sélection intelligente, à une gymnastique méthodique et à une hygiène toute particulière, on est arrivé à constituer une véritable aristocratie, le *nec plus ultra* de la noblesse chevaline, la source et le résumé de toutes les perfections, d'après Gayot. « Il en est du pur-sang, dit cet auteur, comme de ces essences qui contiennent sous une grande concentration, des propriétés diffusibles qui se répandent, se propagent et se communiquent, qui s'appliquent à mille objets, remplissent mille besoins et dont la vertu reste encore appréciable, quoique très atténuée, après une longue imprégnation. Par elles-mêmes les essences

sont trop fortes et trop actives; on les étend, on les affaiblit, afin
d'en rendre l'emploi agréable, possible même. Ainsi du cheval de
pur-sang, qui ne saurait être admis avec avantage à tous les services.
Parmi ceux-ci, en effet, il en est qui ne demandent qu'une petite
dose de sang pur; d'autres, au contraire, ne sont bien remplis
qu'autant qu'il augmente par son abondance proportionnelle la
force de tension de tous les ressorts qui jouent et fonctionnent dans
la machine animale. Le cheval de pur sang c'est le madrier en
cœur de chêne, le cheval de race commune la poutre de bois blanc. »

Fig. 320. — *Etalon de pur sang arabe koheilan* (Cliché Dechambre).

Le passage qu'on vient de lire, extrait des ouvrages d'un des
plus ardents protagonistes du pur-sang, contient une part d'exagération en représentant le cheval anglais de course comme un régé-
nérateur de toutes les races chevalines. Une expérience qui nous a
coûté la déchéance de beaucoup de nos anciennes races a démontré
irréfutablement que, chez le cheval comme chez l'homme, les
mariages mal assortis ne donnent pas de bons résultats; et c'est
une union mal assortie que celle d'un cheval aristocratique comme
le pur-sang avec certaines juments communes tout à fait dissem-
blables de conformation et de tempérament. Au surplus, les qualités
spéciales du pur-sang ne sont guère utiles qu'aux chevaux de vitesse,
c'est-à-dire de galop.

Les attributs physiques du pur-sang sont bien connus (fig. 319) :

c'est une grande légèreté de corps, une longueur considérable des membres, des muscles extrêmement denses et fermes; des formes peu amples, élancées, limitées par des lignes droites ou presque droites; un garrot tranchant, une croupe surélevée par le redressement de la cuisse et de la jambe, une encolure longue, droite et rigide, des tendons bien détachés, une peau très fine, laissant saillir, après l'exercice, le réseau des veines sous-cutanées, etc. Si, d'autre part, l'animal a été soumis aux pratiques de l'entraînement qui levrettent son abdomen et augmentent encore sa sveltesse, il réalise

Fig. 321. — *Etalon anglo-arabe ou pur sang français* (Cliché Dechambre).

le comble de l'adaptation aux allures de grand train. Mais, en poussant toujours à la vitesse, on risque de compromettre la solidité, les chevaux de course d'aujourd'hui, plus affinés que ceux d'autrefois, plus rapides pour un ou deux tours de piste, ont certainement moins de résistance et de fond; il y a là une limite à ne pas dépasser, la légèreté ne doit pas aller jusqu'à la gracilité.

Il faut un cœur singulièrement puissant, une respiration extraordinairement ample et facile, des émonctoires parfaits pour suffire à la tâche imposée par le galop de course; ils n'acquièrent ces qualités qu'après un long entraînement qui les renforce à un degré dont on se fera une idée quand on saura que le cœur du fameux cheval *Eclipse* pesait 6 kilogrammes et demi !

Indépendamment du *pur-sang anglais* ou pur-sang proprement

dit, les hommes de cheval distinguent encore le *pur-sang arabe* (fig. 320) et le *pur-sang français* ou *anglo-arabe* (fig. 321), tous trois d'origine orientale. Les deux derniers sont considérés comme les améliorateurs par excellence des races chevalines de petite taille, par exemple de nos chevaux pyrénéens [1].

DEMI-SANG. — Sous le nom de *demi-sang*, les hippologues désignent les produits obtenus par le croisement d'un étalon pur-sang avec une jument commune. Ainsi ils distinguent le demi-sang normand, breton, vendéen, charolais, tarbais ou du Midi, etc. Quand ils parlent de demi-sang sans autre mention ou qualificatif, c'est des métis anglo-normands qu'il s'agit (fig. 322). Les chevaux qu'ils disent *près du sang* sont les métis chez lesquels le pur-sang est tout à fait dominant.

TROP DE SANG. — Le sang, tel que nous venons de le comprendre, peut être en quantité insuffisante ou excessive, eu égard au service demandé à l'animal.

Le cheval qui a *trop de sang* a une finesse qui va jusqu'à la gracilité; ses formes, anguleuses à l'excès, sont plus ou moins étriquées, ses articulations étroites, sa poitrine serrée, et, avec cela, il est tout feu, tout flamme, en sorte que la disproportion est manifeste entre ses moyens et son ardeur : on dit très justement que chez lui *la lame use le fourreau*. « Au sortir de l'écurie, dit Vallon, ce cheval se livre à des mouvements désordonnés, saute et bondit sans cesse. Dans les manœuvres et en marche, il cherche à dépasser les autres et met le trouble dans les rangs. Il est d'un caractère difficile, exige une nourriture de choix. Mais il est promptement fatigué et épuisé; souvent, après une journée de marche, il refuse toute nourriture et est hors d'état de reprendre son service le lendemain ». C'est plus qu'un nerveux, semble-t-il, c'est un névrosé.

PAS ASSEZ DE SANG. — Le cheval qui n'a *pas assez de sang* manque de distinction; il est commun, plus ou moins lymphatique, lourd et empâté de formes; ses muscles, noyés dans le conjonctif, manquent de fermeté; sa peau, épaisse, est garnie de poils et de crins longs et grossiers; sa physionomie est peu mobile, indolente; il est incapable d'un service de vitesse exigeant du galop, attendu que les mouvements ne peuvent être brusques et fréquemment répétés que grâce à l'énergie et à la rapidité de transmission des excitations nerveuses qui les commandent.

1. Pour une étude plus complète consulter le volumineux ouvrage de Curot et Fournier intitulé *Le pur sang*, et la thèse de doctorat vétér. de Craste qui a pour titre *Premières méditations sur le pur sang anglais, cheval de courses*, Toulouse 1926.

En résumé, le cheval de service, auquel on demande force et vitesse, doit avoir du sang tout en présentant une poitrine suffisamment spacieuse, une bonne musculature et des membres solides, conditions que l'on rencontre trop rarement associées (fig. 323).

Le cheval de gros trait a besoin avant tout de formes massives, de membres solides et de muscles puissants; on lui pardonne d'être lymphatique s'il doit n'aller qu'au pas, mais s'il doit trotter, une certaine dose de sang lui est encore nécessaire.

Fond. — Le fond est la faculté de résistance à l'essoufflement et

Fig. 322. — *Jument demi-sang anglo-normande* (Cliché Létard).

à la fatigue. Il se manifeste surtout dans le travail en mode de vitesse, lequel est proportionnel au carré de celle-ci.

La fatigue, dont le dernier terme est le surmenage ou forçage, a pour cause soit l'épuisement des réserves des muscles, soit l'accumulation de leurs déchets dans le sang, soit enfin l'épuisement nerveux. Le muscle en activité a une circulation suractivée et dégage par le sang veineux une grande quantité d'acide carbonique provenant de l'oxydation des hydrates de carbone, ainsi que divers autres déchets. Le glycogène, amené à l'état de sucre par le sang, qui l'a reçu lui-même du foie, se transforme de nouveau en sucre, brûle et engendre l'énergie mécanique en même temps qu'une certaine quantité de chaleur libre; c'est en quelque sorte le charbon de la machine animale. Le muscle est donc un grand consommateur d'oxygène et un grand producteur d'acide carbonique. Tout travail musculaire un peu intense et prolongé émeut la respiration et la circulation car ces fonctions apportent le combustible et le comburant et éva-

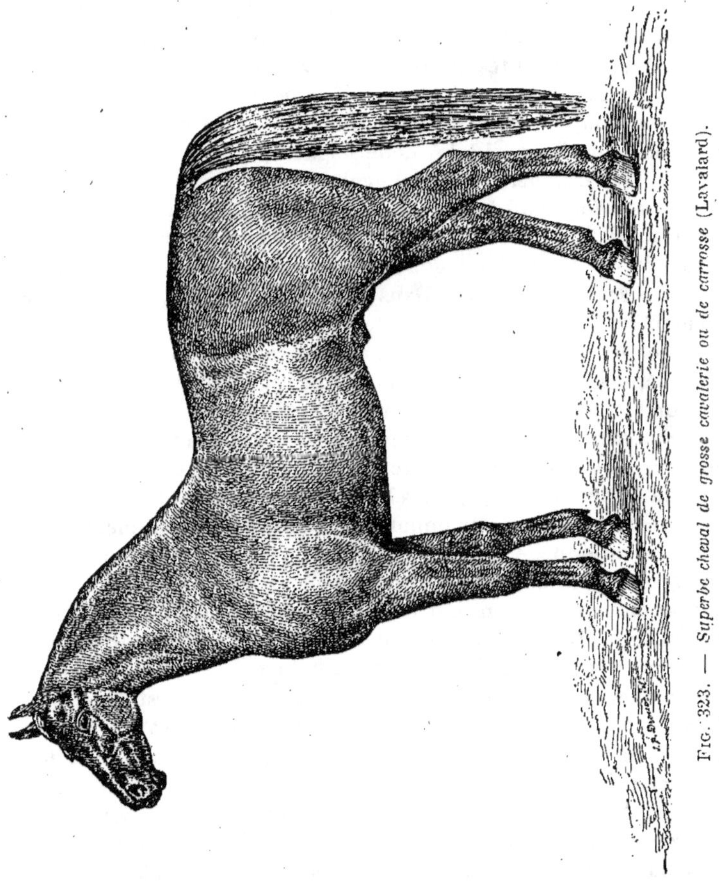

Fig. 323. — *Superbe cheval de grosse cavalerie ou de carrosse (Lavalard).*

cuent les résidus. Pour bien courir, il ne suffit pas d'avoir bonnes jambes, il faut encore une haleine facile et un cœur puissant; il faut aussi des qualités fonctionnelles particulières de la part du foie qui fournit le potentiel des muscles (sucre), des reins et de la peau qui contribuent à l'élimination de leurs déchets et par cela même préviennent l'auto-intoxication et l'hyperthermie.

En définitive, le fond résulte : 1º de la solide construction des rouages locomoteurs; 2º de l'énergie du principe nerveux qui les met en action; 3º de la puissance de la respiration et de la circulation; 4º de l'activité des émonctoires de l'économie; 5º enfin du bon fonctionnement du foie et de tous les organes de la nutrition.

Toutes ces qualités natives se développent, nous l'avons déjà dit, par un entraînement progressif et peuvent aboutir à une capacité mécanique extraordinaire, comme en témoignent ces chevauchées sportives, si à la mode naguère, qu'on appelle *raids* [1].

D'après Grognier, le bon cheval de selle, chargé du tiers de son poids, doit faire en 7 à 8 heures, sur un chemin à peu près horizontal, environ 10 lieues (40 kilomètres) par jour en se reposant une ou deux fois; s'il est bien gouverné, il soutiendra longtemps cette marche sans se fatiguer. Dans l'armée, on admet qu'on ne peut demander à la cavalerie plus de 30 à 40 kilomètres par jour sans exposer les chevaux à une ruine précoce; mais cette vitesse peut être dépassée considérablement si l'on est en présence d'un cheval de fond sagement et intelligemment conduit. Le cavalier qui sait éviter à sa monture le surmenage du cœur et de la respiration, en ne prolongeant pas outre mesure les allures vives, en la mettant au pas de temps en temps, marchant lui-même à pied, en lui faisant faire halte aux moments opportuns; celui qui sait l'alimenter d'une manière rationnelle, la panser avec soin, peut faire 100, 120, 150 kilomètres par jour et même davantage.

Comme le dit le comte d'Ideville, pour un cheval en bonne condition, une étape, si longue soit-elle, effectuée tranquillement (6 à 8 kilomètres à l'heure), n'a point d'influence sensible pour l'effort sérieux qu'on peut lui demander le lendemain. C'est ainsi que le baron Cottu a pu couvrir 1.250 kilomètres (trajet de Vienne à Paris) en douze jours, et d'autres, le trajet de Sarreguemines à Munich (564 kilomètres) en cinq jours. Des officiers du 26e dragons, marchant en troupe, ont parcouru 205 kilomètres en vingt-quatre heures sur des chevaux d'armes n'ayant subi aucune préparation spéciale. Les vainqueurs du raid Milan-Turin ont couvert les 150 kilomètres qui séparent ces deux villes en seize heures, tout en restant capables de faire à leur arrivée une course de haies de 4.000 mètres. M. Prieur de la Comble a franchi, sur la jument hongroise, *Mascotte*, la distance de Paris à Lunéville (388 kilomètres)

1. Ce mot qui a pris naissance en Amérique au moment de la guerre de sécession, vient de « to ride », chevauchée, incursion. Il désignait primitivement une pointe en avant, une reconnaissance en pays ennemi.

en soixante-douze heures, sans la forcer de la moindre manière, cette bête soutenant avec la plus grande facilité des temps de trot de 30 à 40 kilomètres; etc.

La vitesse moyenne à l'heure, repos compris, diminue rapidement au fur et à mesure que s'allonge le trajet. Elle est d'environ 25 kilomètres si le parcours n'excède pas 25 kilomètres; elle n'est plus que de 22 pour une distance de 50 [1]; elle tombe successivement à 20, 19 et 15 pour des parcours respectifs de 60, 75 et 100 kilomètres. De 100 à 200 kilomètres, on estime que la vitesse diminue à raison d'une unité par 25 kilomètres de trajet supplémentaire. Elle n'est guère que de 10 à 12 kilomètres pour une course de 200 à 300 kilomètres, de 7 kilomètres pour une course de 600 kilomètres, enfin de 4 à 5 kilomètres pour un parcours de 2.500 kilomètres et au-dessus.

Ces chiffres donnés par le commandant Schmitz, de Bruxelles, paraissent un peu faibles, eu égard aux derniers raids de Paris-Deauville, Lyon-Vichy, Paris-Bordeaux, etc., mais ils peuvent être trop élevés si les routes sont très accidentées et en mauvais état; d'autre part, il faut toujours avoir présent à l'esprit que : *c'est le train qui tue (it is the pace that kill*, comme disent les Anglais). Le travail croît en proportion de la masse déplacée et du carré de la vitesse : $T = 1/2 \, mV^2$.

Un facteur important de fatigue réside dans la charge imposée à l'animal, surtout si c'est une charge à dos; une augmentation de quelques kilogrammes a sa répercussion sur la vitesse. Tel cheval qui peut porter sur son dos 120 kilogrammes pendant dix heures en marchant au pas sur un terrain horizontal ne peut porter, avec une vitesse double, que 80 kilogrammes pendant sept heures. Les chameaux des caravanes de Djibouti à Harrar (Abyssinie) portent des charges de 200 kilogrammes dans les voyages à allure ordinaire (315 kilomètres en 25 jours), tandis que la charge n'est plus que de 100 à 110 kilogrammes si le voyage est rapide (15 jours); et, si l'on a affaire à des mehara faisant 12 à 15 kilomètres à l'heure, il ne faut pas aller au delà du poids d'un cavalier.

C'est pour avoir méconnu ces faits qu'on a eu si souvent à déplorer des cas de surmenage et de mort; à preuve l'histoire du fameux trotteur russe Verny, qui, en 1879, gagna contre un cheval anglais la course de Paris à Rouen (128 kilomètres), qu'il fit en neuf heures

---

1. Cette distance, qui est celle de Trévise à Padoue, a été franchie en 1 heure 46 minutes, c'est-à-dire à raison de 26 kilomètres 1/4 à l'heure.

A la suite d'un pari entre MM. de Gontaut Biron et Rivière d'Arc, 40 kilomètres ont été parcourus en 73 minutes, ce qui fait près de 33 kilomètres à l'heure.

cinq minutes, attelé à une voiture montée par deux personnes,
mais qui expira le lendemain, tandis que son concurrent était mort
en cours de route!...

Ces sortes de prouesses peuvent donc coûter cher. Sans doute il
est bon de connaître la capacité mécanique des moteurs animés dont
on se sert, mais il faut éviter de la mettre trop souvent à l'épreuve;
un service normal ne saurait être comparé à une lutte sportive [1].

ARTICLE IV. — PROPORTIONS DES ANIMAUX AUTRES QUE LE CHEVAL

Ane (fig. 324).

L'âne (*Equus asinus*) diffère du cheval (*Equus caballus*) : 1º par sa taille
ordinairement plus petite; 2º par sa peau dure, rebutant les poux, sa robe
moins diverse, généralement souris plus ou moins foncé, noire ou fauve,
marquée d'une croix dorsale, noire ou brune, croisée sur les épaules, ainsi

Fig. 324. — *Baudet étalon de Catalogne* (Cliché Dechambre).

que de zébrures sur les membres; 3º par l'absence presque complète de
crinière; 4º par sa queue grêle, portée entre les fesses et garnie de crins
surtout à l'extrémité; 5º par l'absence de châtaignes aux membres
postérieurs, les châtaignes antérieures étant à l'état de simples plaques
cornées sans relief; 6º par sa tête au front bombé, à nuque fuyante, à face
relativement courte, aux arcades orbitaires proéminentes, aux oreilles

1. Consulter à ce sujet : GOUBAUX et BARRIER, *Extérieur du cheval.* — GIRARD, Les
courses de résistance (*Revue vétérinaire*, 1904 et 1905). — AUREGGIO, *Mélanges hippiques illustrés* (2ᵉ édition). — COUPAN. *Les moteurs agricoles.*

d'une dimension proverbiale, atteignant et même dépassant la moitié de la longueur de la tête, tandis que les oreilles du cheval n'arrivent pas ou arrivent à peine à égaler le tiers de cette longueur; 7° par son encolure courte, grêle et horizontale, son garrot effacé, sa poitrine étroite et peu descendue, sa croupe tranchante; 8° par la brièveté toute particulière des régions supérieures des membres (épaule, bras, croupe, cuisse sont raccourcis comme on ne l'observe jamais chez les chevaux de même taille); 9° par son pied petit, étroit, creux et d'une très grande sûreté; 10° par la gracilité toute particulière de ses extrémités rappelant un peu celles du chevreuil ou de la gazelle, gracilité n'excluant pas la solidité ni la résistance aux tares de toutes sortes.

Rapports de longueur des os longs des membres de l'âne relativement à la taille ramenée à 100.

(Comparer avec le tableau de la page 496)

	HUMÉRUS	RADIUS	MÉTA-CARPIEN MÉDIAN	FÉMUR	TIBIA	MÉTA-TARSIEN MÉDIAN	COXAL
Maximum	18,6	22,7	15,2	24,2	22,2	18,6	27,5
Minimum	17,8	22,2	14,8	23,3	22,8	17,7	25,5
Moyenne.	18,4	22,5	15,	23,5	23,	18,2	26,9

Les canons et les paturons sont moins variables en longueur que chez les chevaux. Le métatarsien principal et l'humérus s'équivalent à 2 ou 3 millimètres près, tandis que, chez ces derniers, l'humérus l'emporte de 2, 3 et même 4 centimètres sur le métatarse; chez les chevaux de course, où il y a une élongation particulière des canons, on trouve encore une différence d'un bon centimètre en faveur de l'humérus.

La taille des ânes est généralement inférieure à 2 têtes et demie; nous l'avons vue descendre au-dessous de 2 têtes dans certains petits ânes d'Afrique. Comme le corps se raccourcit dans la même proportion, il reste encore, à très peu de chose près, inscriptible dans un carré, ainsi que celui du cheval. Les grands ânes sont ordinairement plus hauts que longs.

Le système osseux de l'âne est particulièrement dense et résistant, G. Bartholin signalait déjà, en 1677, que les os de cet animal sont durs, serrés, denses et sonores, très propres à faire des flûtes. La puissance digestive est hors de pair.

Les qualités morales de cet animal sont la sobriété et la rusticité. Grâce à la sûreté du pied et à la solidité du dos, il convient très bien pour le service du bât dans les pays montagneux et escarpés. C'est, comme l'a dit Buffon, le cheval du pauvre. L'ânesse est parfois exploitée comme femelle laitière en raison de la composition de son lait qui se rapproche beaucoup de celle du lait de femme.

Les ânes sont très nombreux dans beaucoup de contrées de l'Orient et de l'Afrique; ils sont au contraire fort rares dans le nord de l'Europe, notamment en Angleterre et dans les pays scandinaves. Leur taille est assez variable, ainsi qu'on peut s'en convaincre en comparant le lourd baudet du Poitou, de 1 m. 50 à 1 m. 60, [1] au petit âne d'Egypte, de moins de 1 mètre.

Mulet et bardot (fig. 325 et 326).

Ce sont deux hybrides obtenus : le premier par l'accouplement du baudet avec la jument, le deuxième par l'accouplement de l'étalon avec l'ânesse. L'un et l'autre sont stériles; cependant on a signalé à diverses époques des mules qui ont pu être fécondées soit par un cheval soit par un âne [2].

A. — Le mulet est d'une taille et d'un poids intermédiaires à ceux de

Fig. 325. — *Mulet d'Aoste* (Cliché Dechambre).

son père et de sa mère; exceptionnellement il peut peser jusqu'à 700 à 800 kilogrammes. Son pelage, sans être aussi divers que celui du cheval, est moins uniforme que celui de l'âne; la croix dorsale, en dépit de son nom de raie de mulet, manque assez souvent. La conformation extérieure, les proportions, tout en étant intermédiaires et variables, sont certainement plus voisines du père que de la mère; c'est ainsi que les extrémités sont plus ou moins fines, jamais garnies de ces longs poils que l'on observe chez les chevaux communs, que les pieds sont petits, étroits, creux, semblables à ceux de l'âne, que le poitrail n'est jamais large, ni le garrot très sorti, ni le train de derrière extrêmement musclé; il y a toutefois d'assez

1. Voy. Sausseau. Contrib. à l'étude des caractères morphologiques et des particularités physiologiques de l'âne du Poitou (*Thèse de doct. vétér.*, Toulouse, 1925).

2. Voy. F.-X. Lesbre, Hybrides, hybridité et hybridation dans le règne animal (*Mémoires de l'Acad. des sc. b. l. et arts de Lyon, 1921*, t. XVII).

grandes différences suivant les individus : on trouve des mulets dont l'encolure et la croupe ne le cèdent guère qu'aux chevaux de trait pour le
développement musculaire. Les châtaignes postérieures sont rudimentaires
ou absentes; sur 21 mulets examinés par Porcherel, 4 n'avaient point
de châtaignes aux membres de derrière. La tête est grosse, longue, à
arcades orbitaires saillantes; les oreilles sont plus ou moins longues, mais
elles dépassent presque toujours le tiers de la longueur de la tête et approchent parfois de la moitié de cette dimension. La crinière et la queue sont
ordinairement peu fournies, il y a toutefois d'assez grandes variations
individuelles; souvent la crinière est presque nulle. La taille des mulets est

FIG. 326. — *Bardot* (Cliché Dechambre).

ordinairement inférieure à deux têtes et demie; leur longueur scapulo-
ischiale l'emporte le plus souvent sur leur hauteur, mais de peu.

Le mulet hérite des qualités morales et de l'idiosyncrasie de son père :
sobriété, rusticité, sûreté de pied, résistance aux maladies, — ainsi que de
ses défauts, dont le principal est d'être têtu, revêche et parfois difficile ou
dangereux à conduire. Il est beaucoup plus fort que lui. On l'emploie aux
services du bât, du trait et même de la selle. En Espagne, les mules, particulièrement celles de robe blanche, font prime comme montures aristocratiques et pour les attelages de luxe. Notre armée emploie des mules et des
mulets dans le train des équipages et les batteries alpines.

L'industrie mulassière est pratiquée dans le Poitou, la Provence, le
Dauphiné, la région des Pyrénées, ainsi qu'en Espagne et dans le nord de
l'Afrique.

B. — Le bardot ou bardeau se rencontre assez rarement en France; il
existe, paraît-il, en assez grand nombre dans l'Italie méridionale, en Corse

et en Sicile. Voici le portrait qu'en donne G. Colin dans son traité de physiologie :

« Le bardeau (fig. 326) est moins grand que le mulet en raison de la moindre taille ordinaire de ses géniteurs. Il a la tête fine, bien proportionnée, ressemblant beaucoup à celle du cheval; ses oreilles ne sont guère plus longues que celles de ce dernier et se tiennent dressées; les sourcils et les arcades orbitaires sont plus saillants, les naseaux assez dilatés avec une fausse narine diverticulée; la crinière est passablement fournie, les crins assez longs pour retomber sur l'un des côtés de l'encolure; le dos et le rein sont droits et tranchants, la croupe étroite, effilée en arrière, la queue garnie dès la base de crins longs et touffus; les pieds ressemblent à ceux du mulet, mais ils sont plus larges toutes proportions gardées; les organes génitaux sont très développés et les deux mamelons du fourreau très longs; la peau est mince, les poils d'une couleur uniforme et foncée, rarement d'une teinte fauve; les châtaignes ont la forme d'une plaque mince, elles manquent rarement aux tarses. Le naturel, la voix, la constitution, les qualités et les défauts sont à peu de chose près ce qu'ils sont chez le mulet. »

Au dire de Cornevin, la voix du bardot simulerait un hennissement tandis que celle du mulet consiste en un petit cri spécial qui ne ressemble ni au hennissement du cheval, ni au braiment de l'âne. On s'accorde en général à dire que l'extérieur du bardot est plus rapproché du cheval que de l'âne; mais ces conclusions auraient besoin d'être corroborées par de nouvelles observations car il y a des raisons de penser que plus d'une fois on a pris pour des bardeaux de petits mulets qui avaient la tête moins lourde et mieux portée que d'ordinaire, les oreilles moins longues, mieux dressées et les crins abondants à la crinière et à la queue. Ces hybrides sont extrêmement rares dans nos pays parce que les éleveurs préfèrent produire le mulet qui est plus fort et aussi, disent-ils, moins indocile.

Espèce bovine.

Les animaux de cette espèce (*bos taurus*) offrent entre mâles et femelles de même race des différences considérables que l'on ne constate pas ou qui sont beaucoup moins prononcées chez les Solipèdes (fig. 327 et 328). C'est ainsi que les taureaux se font remarquer : par leur stature dépassant parfois de plus de dix centimètres celle des vaches de même race; par leurs formes massives, particulièrement accusées au train de devant; par leur poitrine spacieuse, très descendue entre les membres antérieurs, qui les fait paraître près de terre; par leur corps allongé, leur cou épais et convexe à son bord supérieur, leur tête large et forte, relativement courte, armée de cornes volumineuses, moins longues et moins courbées que celles des vaches de même race, souvent presque droites; par leurs membres volu-

mineux, puissamment musclés; par leur peau épaisse, garnie de poils plus
ou moins longs et grossiers, etc. Les vaches sont plus sveltes, moins près
de terre, moins allongées de corps, moins développées de poitrine, moins
musclées; leur tête est plus fine, armée de cornes moins épaisses, plus longues et plus contournées; leur cou est relativement grêle, droit ou concave
à son bord supérieur; leurs hanches sont plus saillantes que celles du taureau, les pointes des fesses plus écartées, les flancs plus creux, la peau plus
souple, les poils plus fins et de nuance ordinairement plus claire, etc.

Toutes ces différences, constituant les caractères sexuels secondaires
c'est-à-dire le dimorphisme sexuel, sont considérablement atténuées chez

Fig. 327. — *Taureau Montbéliard.*

La ligne de dessus est sensiblement horizontale, il serait encore plus beau si toutes choses
restant égales d'ailleurs, son garrot était aussi prononcé que dans le bœuf
de la fig. 200.

les mâles par la castration lorsque cette opération a été pratiquée de bonne
heure. Ainsi se trouve rétabli l'équilibre entre le train antérieur et le train
postérieur, lequel équilibre est en quelque sorte rompu au bénéfice du train
antérieur chez le taureau, du train postérieur chez la vache. Comparativement au taureau, le bœuf se fait remarquer par sa taille plus grande, ses
formes moins massives, sa tête moins forte, à mâchoires et os du nez plus
allongés, à cornes plus longues, plus contournées, mais moins grosses;
par son encolure moins épaisse, par sa peau moins dure, ses poils plus
courts, plus fins et ordinairement moins foncés; par sa viande moins colorée, de meilleure qualité; par son caractère plus calme, plus docile, sa
propension à l'engraissement. Le squelette s'est un peu allégi, corrélativement à une diminution du système musculaire; les rayons des membres,
particulièrement les fémurs et les tibias ont subi une véritable élongation,
comme cela été constaté dans notre espèce chez les eunuques (*Voy.* SAUS-

seau, Influence de la castration sur le squelette, *Revue vétérinaire*, Toulouse, 1908).

Chez la vache, les effets de la castration sur le développement morphologique sont peu connus, vu que cette opération se pratique le plus souvent

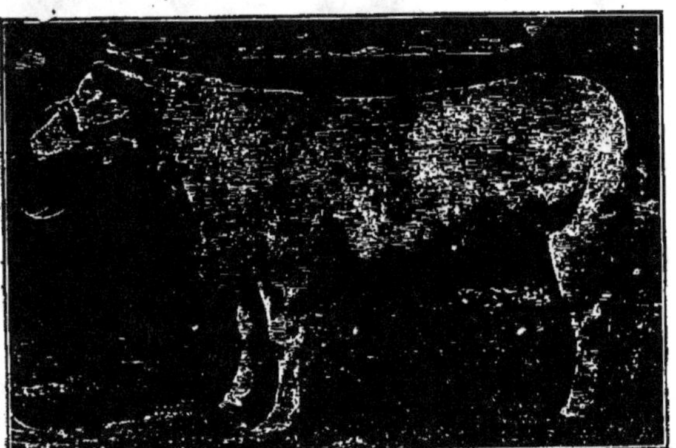

Fig. 328. — *Taureau et vache de la race charolaise.*
(Le taureau, prix d'honneur du Concours de 1924, coté 100 %).

chez elle après la période de croissance. Il y a toutefois des raisons de croire qu'ils seraient beaucoup moins accusés que chez le bœuf.

Le dimorphisme sexuel (on pourrait dire le trimorphisme en considérant les neutres et particulièrement les émasculés) complique singulièrement l'étude des proportions dans l'espèce bovine.

D'après Vincent, élève et collaborateur de Bourgelat, il y aurait, dans les bêtes bovines bien conformées, quel qu'en soit le sexe, 2 têtes 1/2 de distance verticale de la nuque, du garrot ou du sommet de la croupe au sol, et

3 têtes de l'angle de l'épaule à la pointe de la fesse. Ces proportions peuvent se rencontrer, mais elles sont loin d'exprimer le dernier terme de la beauté zootechnique, attendu que, depuis l'époque de Bourgelat, l'élevage a fait de

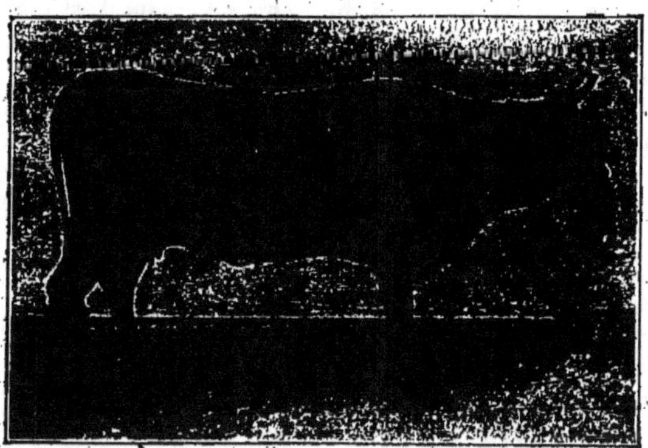

FIG. 329. — *Vache non améliorée* (Cliché Dechambre).

FIG. 330. — *Vache de la race tachetée.*

Son pis s'étend beaucoup en avant du grasset, ses veines mammaires, *h*, sont très apparentes et les portes du lait, *f*, étaient ouvertes en proportion. Ces signes laitiers vont de pair avec un grand développement de la poitrine et des muscles. L'aptitude laitière n'est donc pas exclusive de l'aptitude à la boucherie.

grands progrès qui ont considérablement modifié les formes, extrêmement malléables, de l'espèce bovine, à tel point que l'on a peine à reconnaître dans les animaux perfectionnés d'aujourd'hui les descendants du chétif bétail d'autrefois (fig. 329). La taille a grandi, le tronc s'est allongé et amplifié, la tête et les membres se sont raccourcis et plus ou moins affinés, le squelette s'est allégi, le rendement en viande nette a augmenté, et, avec tout cela, le développement est devenu plus précoce, plus hâtif. Les degrés de cette transformation sont si divers qu'il est bien difficile d'en dégager une norme de proportions; le mieux serait d'établir un canon pour chaque race, ou plutôt deux canons : un pour les taureaux, un pour les vaches. C'est à quoi l'on tend aujourd'hui en zootechnie [1]. L'introduction du pointage dans les concours a fait multiplier les mensurations; bientôt les observations seront assez nombreuses pour permettre d'établir non seulement le canon de chaque sexe dans chaque race avec les modifications qu'il comporte depuis la naissance jusqu'à l'âge adulte, mais encore le canon idéal adéquat à chaque fonction économique dévolue aux animaux de cette espèce.

En attendant, nous allons passer en revue les principales parties du corps au point de vue de leurs rapports de dimensions et des variations dont elles sont susceptibles; nous donnerons ensuite, à titre d'exemple, un tableau de mensurations prises sur des animaux de concours de diverses races (fig. 330 à 332).

Une des particularités les plus frappantes du bétail actuel, relativement au bétail rustique de jadis, consiste dans l'effacement du garrot et la rectitude horizontale de la ligne du dessus. Cet effacement du garrot tient évidemment à l'affinement du train antérieur et au genre de vie; mais en soi il ne présente, comme nous l'avons déjà dit p. 313, aucun avantage, au contraire. Toutes choses étant égales d'ailleurs, il y a lieu de préférer les sujets, mâles ou femelles, à garrot bien prononcé, cela ne peut qu'être favorable au soutien de la colonne vertébrale et au développement des muscles. Le bœuf représenté figure 200 réalisait le comble de la beauté, avec son garrot bien accentué, compatible avec une tête et une encolure plutôt réduites.

TÊTE. — La longueur de la tête, mesurée au compas d'épaisseur du chignon au bout du nez, est généralement comprise entre 0 m. 40 et 0 m. 60; elle est en moyenne de 0 m. 50 à 0 m. 55, et se trouve comprise 2 fois 40 à 2 fois 85 dans la taille au garrot, en moyenne 2 fois 60 à 2 fois 65 : rapport notablement plus grand dans les individus améliorés que dans les autres, et souvent aussi un peu plus grand dans les taureaux que dans les vaches.

La largeur de la tête, prise au niveau des arcades orbitaires, rapportée à sa longueur, varie de 0,40 à 0,58; elle est en moyenne de 0,48 chez le taureau, de 0,46 chez la vache. Quant à l'épaisseur, mesurée de la ganache au front, elle dépasse ordinairement la moitié de la longueur, dans les deux sexes (0,55 à 0,60).

<hr>

1. Voy. BARON, *Cours autographié de zootechnie*, Alfort, 1891-1892. — Marcel VACHER et MALLÈVRE, *Bulletin de la Société nal. d'agr.*, 1902. — DECHAMBRE, *Journal d'agriculture pratique*, 1902. Sur la zoométrie. — Les fils DEYROLLE, *Critérium des races d'animaux domestiques. L'espèce bovine*, Paris, 1903. — H. Moos, *Tables de pointage et de mesurage*, Berne, 1890.

Cou. — En moyenne le bord supérieur de l'encolure, du chignon à la partie antérieure du garrot, mesure 1 tête. Cette région varie en longueur corrélativement à la partie libre des membres qui est elle-même en proportion inverse du degré de précocité; plus un animal est amélioré en vue de la boucherie, plus brève est son encolure; les durhams sont remarquables sous ce rapport, tandis que les bêtes de travail, ainsi que les vaches laitières, ont plutôt cette région allongée. L'épaisseur du cou chez les taureaux fait paraître cette région plus courte encore qu'elle n'est en réalité.

Longueur occipito-coccygienne. — Depuis le chignon jusqu'à la tombée de la queue, au-dessus des tubérosités ischiales, on mesure en moyenne 4 têtes, souvent plus chez les sujets améliorés, ordinairement moins chez les autres. Cette longueur tend à égaler le périmètre thoracique pris derrière les épaules ou de biais entre les membres; elle lui est souvent inférieure dans les animaux de boucherie, surtout dans les taureaux, tandis qu'elle le dépasse plus ou moins dans les autres, notamment chez les vaches.

Longueur scapulo-ischiale. — La distance de la pointe de l'épaule à la pointe de la fesse l'emporte toujours sur la taille, mais d'une quantité très variable. A l'âge adulte, le rapport de la seconde dimension à la première va de 0,75 à 0,83; il est en moyenne de 0,78 à 0,80 et augmente proportionnellement au jeune âge des individus considérés (0,87 à un an, 0,84 à deux ans, 0,80 à trois ans) car la croissance commence par les membres et se termine par la colonne vertébrale et les ceintures scapulaire et pelvienne. Il est en général plus petit dans le bétail amélioré que dans le bétail ordinaire.

Il est bien rare, de nos jours, que la longueur scapulo-ischiale ne dépasse pas 3 têtes; nous l'avons trouvée assez souvent supérieure à 3 têtes 2/3 et l'on peut estimer que, en moyenne, elle est d'environ 3 têtes 1/3, la croupe y comptant pour un peu plus de 1 tête, la projection de l'épaule pour 5/6 de tête et la distance scapulo-iliale pour 1 tête 1/2 environ.

Longueur scapulo-iliale. — Cette dimension, comprise entre l'angle postérieur du scapulum et l'angle de la hanche, varie suivant les individus de 1 tête 30 à 1 tête 70, elle est en moyenne de 1 tête 1/2 comme nous venons de le dire; on aime la trouver le plus développée possible, à moins que son développement ne tienne à une situation défectueuse de l'épaule.

Longueur et largeur de la croupe. — Ces deux dimensions, mesurées comme dans les solipèdes, sont sensiblement équivalentes et égales chacune au tiers de la longueur scapulo-ischiale.

La longueur varie de 1 tête à 1 tête 15; elle est en moyenne de 1 tête 05 à 1 tête 10; souvent, elle dépasse la largeur chez les taureaux, tandis que, chez les vaches, particulièrement celles de races améliorées, c'est plutôt le contraire que l'on observe. Dans les deux sexes, il n'y a pas de meilleur signe qu'une prédominance de l'écartement des hanches pour traduire la massivité de l'arrière-main et l'ampleur de la région dorso-lombaire.

D'une manière générale, il y a lieu de se déclarer satisfait quand cet écartement atteint 60 centimètres; chez les durhams, il s'élève jusqu'à 65 et même 70 centimètres, c'est-à-dire 3 fois la largeur de la tête au niveau des orbites. Notons que la croupe n'acquiert toute sa largeur que vers l'âge de quatre ou cinq ans et qu'elle est relativement étroite chez tous les jeunes.

LARGEUR DE LA POITRINE. — Elle doit être considérée au niveau des épaules et derrière les épaules. La dimension biscapulaire varie de 4 /5 de tête, chez certaines vaches extrêmement sveltes, à 1 tête 30, chez les taureaux les plus massifs de l'avant-main; elle est en moyenne de 1 tête 15 chez les taureaux, 1 tête chez les vaches, mais il y a des vaches qui ne le cèdent guère aux taureaux pour cette dimension. La largeur pectorale derrière les épaules ne diffère pas beaucoup de la précédente; cependant, en règle générale, elle lui est supérieure chez les vaches, inférieure chez les taureaux, ceux-ci étant très ouverts du devant. Remarquons en outre que, dans les taureaux, la largeur de la poitrine derrière les épaules l'emporte souvent sur la largeur de la croupe, tandis que c'est le contraire chez les vaches.

CIRCONFÉRENCE PECTORALE. — On peut la prendre derrière les épaules perpendiculairement au plan médian, ou de biais en passant dans l'entredeux des membres. D'une manière ou de l'autre, elle est inférieure, égale ou supérieure à la longueur occipito-coccygienne, suivant que l'on a affaire à un animal longiligne, médioligne ou bréviligne : c'est ainsi que les vaches laitières les plus sveltes ont une longueur occipito-coccygienne l'emportant sur le tour. biais de la poitrine de 10,15 et jusqu'à 20 centimètres, tandis qu'on observe souvent le contraire chez les animaux de boucherie, particulièrement les taureaux.

L'indice corporel ou rapport de la longueur scapulo-ischiale à la circonférence pectorale, prise derrière les épaules, est extrêmement variable, il descend jusqu'à 0,80 chez les individus les plus massifs, tandis qu'il dépasse l'unité chez les sujets de forme étriquée.

HAUTEUR DU CORPS. — Dans la conformation idéale des bêtes bovines, le profil supérieur est à peu près droit et horizontal de la nuque à la tombée de la queue; mais cela ne s'observe que chez les adultes, les jeunes sont ordinairement surélevés du derrière car l'arrière-main se développe plus rapidement que l'avant-main, et cette prédominance de la croupe sur le garrot persiste d'autant plus longtemps que l'animal est de plus grande venue et de moindre précocité, souvent même elle ne s'efface jamais complètement si la cuisse et la jambe manquent d'obliquité. Cette surélévation de la croupe relativement au garrot ne dépasse guère 2 ou 3 centimètres; il en est de même pour celle du garrot relativement à la croupe, à moins toutefois que le garrot ne forme une saillie extraordinaire comme on l'observe chez certains animaux, taureaux principalement, remarquables par le grand volume de leur tête et de leurs cornes.

A partir de trois ans ou trois ans et demi, la taille au garrot équivaut en moyenne aux 4 /5 de la longueur scapulo-ischiale, rapport d'autant plus élevé que l'animal est plus jeune. Cette taille varie de 2 têtes 40 à 2 têtes 80, elle est en moyenne de 2 têtes 60 à 2 têtes 65.

Hauteur de la poitrine. — Prise suivant une verticale rasant l'angle postérieur du scapulum, elle est bien rarement inférieure à la moitié de la taille au garrot, elle en est en moyenne les 55 /100 et peut atteindre 0,65 et jusqu'à 0,70 chez certains taureaux très près de terre. Le rapport diminue chez les jeunes au fur et à mesure que l'on approche de la naissance, il n'est guère chez les veaux nouveau-nés que de 0,45 environ.

La hauteur de la poitrine se développe ordinairement de pair avec la.

Fig. 331. — *Vache Durham* (Cliché Dechambre).

largeur, mais dans une moindre mesure, en sorte que l'indice thoracique s'élève en général proportionnellement au degré d'amélioration de l'animal envisagé; il n'est guère que de 0,60 chez certaines petites vaches comme les bretonnes et les jerseyaises, tandis qu'il arrive jusqu'à 0,85 et plus chez certains taureaux durhams, charolais ou limousins : même chez les vaches de ces races de boucherie, il peut atteindre et dépasser 0,80, ce qui est un excellent signe.

Hauteur du passage des sangles. — La distance verticale du sternum au sol est, dans la grande majorité des bovins adultes, inférieure à la hauteur de la poitrine; le rapport est d'autant moins élevé que l'animal est plus amélioré; à cela, il y a deux causes l'abaissement du sternum et le raccourcissement de la partie libre des membres, la première beaucoup plus efficiente que la seconde. Dans les animaux les plus près de terre, le vide sous-sternal n'occupe pas le tiers de la hauteur du corps.

Hauteur du sommet du coude. — La distance verticale du sommet du coude au sol l'emporte sur la hauteur pectorale dans les animaux non améliorés pour la boucherie ; elle lui est égale ou inférieure dans ceux qui réalisent cette aptitude, les taureaux en particulier. Sur 28 taureaux de races diverses, elle était inférieure à la hauteur de la poitrine chez 12, égale chez 5, supérieure chez 11. Sur 28 vaches des mêmes races, elle était inférieure chez 5, égale chez 6, supérieure chez 17. En moyenne, elle équivaut à 1 tête 1/2 mais peut descendre jusqu'à 1 tête 30 chez les individus perfectionnés ou au contraire s'élever jusqu'à 1 tête 60 chez les sujets sveltes, notamment les femelles.

Ainsi que dans les solipèdes, la charnière du genou est souvent à égale distance du sommet du coude et du sol, c'est-à-dire que la longueur de l'avant-bras, mesurée du sommet de l'olécrâne à la saillie de l'os sus-car-

FIG. 332. — *Type idéal de conformation du bœuf de boucherie* (Pennetier).

pien, équivaut à la distance verticale de cette même saillie au sol. Mais il y a des variations tantôt au bénéfice du segment antibrachial, tantôt au profit du segment métacarpo-digité ; le second cas est le plus ordinaire chez les vaches. Plus l'animal est amélioré, au sens zootechnique du mot, plus le segment inférieur a des chances d'être réduit ; plus il est rustique, plus les chances d'allongement dudit segment sont grandes.

Rappelons que, la croissance des membres s'achevant d'abord par leur extrémité distale, les canons et les paturons des jeunes sujets sont proportionnellement plus longs que ceux des adultes.

HAUTEUR DE LA POINTE DU JARRET. — La distance verticale du sommet du calcanéum au sol varie corrélativement à celle du sus-carpien au sol, comme c'est la règle pour toutes les régions homologues des membres. Elle est en moyenne d'une tête, mais peut descendre au-dessous de 0,90 ou s'élever au-dessus de 1,10.

Équivalence des rayons tibial et tarso-métatarsien. — En règle générale, la jointure tibio-astragalienne est à égale distance de l'articulation fémoro-tibiale et de l'articulation du boulet, comme dans les Solipèdes.

Circonférence du canon antérieur. — Le périmètre de la région métacarpienne, pris vers son milieu, comparé à la circonférence post-scapulaire de la poitrine constitue l'indice pactylo-thoracique. Ce rapport est d'environ 1 : 10 chez les bons animaux; il peut même descendre, chez les meilleurs, dans le cas d'engraissement extrême, jusqu'à 1 : 11; tandis que dans les animaux non améliorés, il est très généralement supérieur à 1 : 10. Chez les veaux il est en moyenne de 1 : 7.

Poids. — Le poids vif des animaux de l'espèce bovine est en moyenne de 500 à 800 kilogrammes; il peut descendre à 250 ou 300 kilogrammes dans les petites races et s'élever jusqu'à 1.200, 1.500 kilogrammes et plus dans les bœufs de races perfectionnées pour la boucherie. Avec une grande pratique, on arrive à apprécier sans trop d'écart le poids au simple coup d'œil. On peut aussi y parvenir en s'aidant de certaines mesures suivant la technique de la *barymétrie* qu'on vous fera connaître en zootechnie; mais le mieux est encore d'acheter les animaux de boucherie au poids constaté par la bascule, en se rappelant toutefois que ce poids subit des fluctuations assez grandes du fait du contenu de la panse; les vendeurs ne manquent pas de faire copieusement manger et surtout boire les animaux qu'ils conduisent au marché.

Remarquons que les sujets de grand format, pour peu qu'ils soient précoces, sont ceux qui tirent le meilleur profit de leur nourriture et donnent le meilleur rendement. La surface de déperdition du calorique étant relativement moindre chez eux que chez les sujets de petit format, il leur faut moins d'aliments pour compenser cette déperdition. D'autre part, étant moins nerveux, plus calmes, ils utilisent mieux leur ration. Enfin à l'abattoir, il donnent moins de déchet. L'élevage, comme l'agriculture, gagne à être intensif c'est-à-dire à se concentrer sur un petit nombre d'animaux bien choisis plutôt qu'à se disperser sur un grand nombre d'animaux médiocres. Mais, en pareille matière, on est asservi aux conditions économiques et culturales du pays où l'on se trouve. C'est une tentative toujours infructueuse que d'introduire du bétail amélioré dans un pays qui n'offre pas des ressources fourragères suffisantes en quantité ou en qualité.

Variations des proportions du fait de l'age. — Elles sont essentiellement les mêmes que chez les Solipèdes, c'est-à-dire que les jeunes se distinguent par la longueur relative de leurs membres, particulièrement des canons, par la brièveté de leur corps et leur faible périmètre thoracique La croissance, très active pendant les trois premiers mois, se ralentit ensuite pour reprendre avec plus d'activité du dixième au treizième, s'arrêter plus ou moins du seizième au dix-neuvième mois, au moment où s'éveille la

Mensurations d'un certain nombre d'animaux de concours.

RACES	SEXE	TÊTE	TAILLE au garrot et à croupe	LONG. occip. isch	LONG. scap. isch	LONG. scap.-il.	HAUT. poit.	HAUT. pas. sang.	HAUT. coude	HAUT. pli genou	HAUT. pointe jarret.	LONG. croupe	LARG. croupe	LARG. POIT. inter. scap.	LARG. POIT. post. scap.
		cm.	cm.	cm.	cm.	cm.	cm.	cm.	cm.	cm.	cm.	cm.	cm.	cm.	cm.
Durham	Taureau.	52	142-145	225	187	88	83	59	75	36	52	62	65	72	70
	Vache	50	142-142	216	172	80	80	62	77	39	52	60	66	65	65
Flamand	Taureau.	58	145-147	242	183	80	78,5	66,5	78	38	57	61	56	58,5	62
	Vache.	56	141-145	218	175	77	75	66	76	40	56	58	59	47	62
Hollandais.	Taureau.	54	146-148	230	186	82	81	65	80	39	55	62	57	64	62
	Vache.	54	139-141	225	178	82	80	59	76	38	54	59	60	49	52
Normande.	Taureau.	56	147-143	228	186	82	82	65	80	44	56	62	62	70	72
	Vache	52	135-143	220	178	82	79	59	76	43	55	59	60	45	53
Montbéliard	Taureau.	55	143.147	220	176	82	76	67	74	40	57	58	55	60	62
	Vache.	53	137,5-142	213	166	82	70	67	75	42	54	53	54	55	53
Salers	Taureau	52	142-147	228	177	85	76	66	75	40	55	58	54	64	62
	Vache.	50	136-139	216	167	80	71	68	77	39	51	56	58	48	54
Bretonne	Taureau.	47	120-117	185	155	68	71	50	64	31	45	42	40	50	50
	Vache.	46	110-106	170	131	67	60	49	62	30	42	39	40	34	36
Nivernaise	Taureau.	51	147-147	226	190	75	80,5	66,5	72	39	55	64	64	68	65
	Vache.	51	136-136,5	221	178	75	75,5	60,5	75	39	50	60	62	55	61
Limousine.	Taureau.	53	139-144	223	180	82	79	60	76	38	53	60	63	65	66
	Vache.	49	130,5-137	210	166	79	73,5	57	72	39	49	58	62	62,5	64
Aubrac.	Taureau.	53,5	135-140	224	172	69	76	59	80	38	52,5	56,5	53,5	59	53
	Vache.	50	131-139	216	178	67,5	73,5	57,5	73	31	51	58	57	49	52,5

FIG. 333. — *Mouton à grosse queue sans toison* (Pennetier).

FIG. 334. — *Bélier southdown* (Pennetier).

Fig. 335. — *Bélier mérinos* (Pennetier).

Fig. 336. — *Mouton du Berry* (Pennetier).

puberté, et subir une nouvelle poussée vers deux ans. A partir de ce dernier âge, la partie libre des membres (avant-bras, jambe, canon, région digitée) a à peu près atteint ses dimensions définitives; ils continuent à s'accroître par l'humérus et le fémur jusqu'à trois ans ou trois ans et demi. Les os des ceintures (scapulum et coxal), la colonne vertébrale, les côtes poursuivent leur croissance jusqu'à cinq ans alors que les rayons des membres ont achevé la leur depuis longtemps; en conséquence la longueur du corps, celles de la croupe et de l'épaule, le périmètre thoracique sont les dernières dimensions à atteindre leur apogée. La taille au garrot bénéficie également de la croissance très prolongée des apophyses épineuses de cette dernière région.

A la naissance, la taille des veaux au garrot est relativement moindre que celle des poulains, elle est d'environ 45 à 50 % de ce qu'elle est appelée à devenir; à trois mois elle en est sensiblement les 2 /3; à cinq mois les 3 /4; à dix mois les 4 /5; à un an les 5 /6; à quinze mois les 6 /7; à dix-huit mois les 7 /8; à deux ans les 92 /100; à deux ans et demi les 96 /100; à trois ans les 98 /100; à quatre ans les 99 /100; à cinq ans, achevée.

Le périmètre thoracique à la naissance est d'environ 35 à 40 % de ce qu'il deviendra à l'âge adulte; à deux mois 50 %; à trois mois 55 %; à cinq mois 65 %; à huit mois 70 %; à un an 75 %; à un an et demi 80 %; à deux ans 85 %; à trois ans 92 %;à quatre ans 98 %; à cinq ans achevé. Chez le nouveau-né le pourtour de la poitrine est à peu près égal à la taille ou ne l'emporte sur elle que de quelques centimètres, rapidement il prend une prépondérance de plus en plus marquée, si bien que, à l'âge adulte, il arrive à la dépasser de plus de 50 centimètres chez les bêtes améliorées.

La distance de la nuque à la tombée de la queue (longueur occipito-coccygienne) se développe parallèlement avec le pourtour pectoral.

La distance du sol au sternum est tout d'abord au moins la moitié de la hauteur au garrot; plus tard, elle est susceptible de descendre au tiers de cette hauteur dans les animaux le plus près de terre.

Quant au poids, il est en moyenne de 25 à 50 kilogrammes chez le veau nouveau-né, à terme; il devient 15 à 20 fois plus grand chez l'adulte.

Toutes ces données sur la croissance métrique ou pondérale n'ont, est-il besoin de le dire, qu'une valeur approximative; elles sont sujettes à de grandes variations suivant la race, le sexe, l'individu, l'état physiologique, l'époque du sevrage, le régime alimentaire, etc..., et de plus à des alternatives d'arrêt, de ralentissement et de recrudescence dont les causes ne sont pas toujours faciles à discerner.

Espèce ovine (*ovis aries*)

Après les indications déjà données dans l'étude analytique des régions, nous nous bornerons ici à commenter quelques figures représentant les principaux types de l'espèce.

La figure 333 représente un bélier du Soudan, essentiellement primitif, qui, avec ses longues jambes, adaptées aux vastes parcours désertiques, ses oreilles aplaties et divergentes, les pendeloques de sa gorge, l'absence de toison, etc., est généralement pris par les voyageurs non naturalistes pour un bouc. Une loupe graisseuse se voit à la base de la queue.

Le contraste est frappant quand on le compare au bélier southdown de la figure 334 lequel offre essentiellement les mêmes particularités de formes que nous avons déjà constatées chez les bovins améliorés pour la boucherie : tête fine, partie libre des membres raccourcie, corps extrêmement ample et plus ou moins bouffi de graisse, poids atteignant 120 à 150 kilogrammes. S'il s'agissait d'un dishley, autre mouton anglais de boucherie de plus grande taille, le poids pourrait aller jusqu'à 200 kilogrammes.

Le mérinos, mouton lainier par excellence (fig. 335), fait un contraste d'un autre genre, vu que sa toison s'étend d'une part, jusqu'au bout du nez, d'autre part jusqu'aux onglons.

La figure 336 représente un spécimen de mouton commun.

Quant aux caractères sexuels secondaires, ils se traduisent chez les béliers par une taille plus grande, une tête plus forte, un train antérieur plus développé, comme chez les taureaux, mais d'une manière moins accentuée. Si la race envisagée est pourvue de cornes, il est de règle qu'elles manquent aux femelles ou soient plus ou moins rudimentaires. Répétons que la castration arrête le développement de ces appendices, tandis qu'elle les allonge, tout en les amincissant, dans les mâles de l'espèce bovine.

Espèce caprine (*capra hircus*)

Les animaux de cette espèce diffèrent assez de ceux de l'espèce ovine, soit par leurs caractères extérieurs, soit par leurs caractères anatomiques, pour qu'on les ait classés dans des genres différents comme l'indiquent les expressions d'*ovis aries* et *capra hircus*. Nous renvoyons pour les différences anatomiques à l'étude que nous en avons faite autrefois avec Corne-vin [1]. Les différences extérieures sont moins importantes; il en est qui laissent des transitions d'une espèce à l'autre, ce qui explique qu'on

---

1. Ch. Cornevin et F.-X. Lesbre, Caractères ostéologiques différentiels du mouton et de la chèvre (*Journal de médecine vétérinaire et de zootechnie*, 1891 et *Bulletin Société d'anthropologie de Lyon*, 1891. — Id. Caractères myologiques et splanchnologiques différentiels du mouton et de la chèvre. Comparaison avec le chabin (*Journal de méd. vétér. et de zootechnie*, 1892).

Fig. 337. — *Chèvre d'Egypte* (Pennetier).

Fig. 338. — *Chèvre commune* (Pennetier).

Fig. 339. — *Chèvre de Cachemire* (Pennetier).

ait parfois confondu les deux espèces et pris notamment des moutons sans toison pour des chèvres; il y a cependant des traits constants qui ne laissent aucune place à l'équivoque sans qu'il soit nécessaire de recourir à la dissection (fig. 337 à 339).

La chèvre (ce mot pris dans son sens spécifique et non sexuel) a le crâne plus long et la face plus courte que le mouton; le chanfrein est généralement droit, parfois même concave, au lieu d'être plus ou moins brusqué comme dans ce dernier animal; le menton est souvent pourvu d'une barbiche, surtout chez les mâles. Quand les cornes manquent, ce qui est commun dans les deux espèces, leur place est presque toujours marquée par deux fortes protubérances chez la chèvre, par deux dépressions chez le mouton. Ces appendices n'ont ni la même forme, ni la même direction, ni la même structure. Ils s'insèrent plus près l'un de l'autre chez la chèvre que chez le mouton, sont plus comprimés, presque en forme de lames de sabre avec bord tranchant en avant, tandis que chez ce dernier ils offrent ordinairement une face plane, concentrique, et une face convexe, excentrique, réunies l'une à l'autre par des bords arrondis; en outre, ils sont beaucoup plus ridés à leur surface, ces ondes sinueuses étant en rapport avec la finesse et le degré de frisure des brins de laine. La direction est variable dans les deux espèces; en général, les cornes se dirigent en haut et en arrière chez la chèvre, tandis qu'elles se contournent en spirale chez le mouton; chez celui-ci, elles se tordent sur elles-mêmes de dehors en dedans, chez celle-là la torsion se fait de dedans en dehors. Dans l'un et dans l'autre, les chevilles osseuses qui en sont le support s'arrêtent bien avant leur extrémité; elles sont creusées à leur base, chez la chèvre, d'une cavité aérienne qui s'étend sur une longueur de 5 à 6 centimètres et de plus sont constituées par un tissu très compact; elles sont pleines chez le mouton ou si elles reçoivent un cul-de-sac du sinus frontal, il ne s'étend pas au-delà de 1 à 2 centimètres, d'autre part leur tissu, tout en étant très solide, est spongieux sur les coupes.

Rappelons encore que les moutons ont un larmier imprimé sur les os lacrymaux et zygomatiques, lequel fait complètement défaut aux chèvres; que l'encolure est notablement plus allongée, plus grêle et plus flexible chez les caprins que chez les ovins; que les pendeloques de la gorge y sont beaucoup plus fréquentes; que le dos, le rein, la croupe, sont plus étroits, plus tranchants, les côtes plus longues et plus plates, les formes plus amaigries; que la croupe est plus allongée des ischiums, ce qui correspond à l'aptitude au saut; que les rayons supérieurs des membres (bras et avant-bras, cuisse et jambe) sont plus longs tandis que les canons sont plus courts; que le canal biflexe, petit sinus cutané interdigité, fait défaut; que la queue est courte et relevée au lieu d'être plus ou moins longue et pendante comme dans le mouton; que les trayons du pis sont beaucoup plus volumineux, coniques et pendants que ceux de la brebis; que les boucs répandent une odeur *sui generis* dont le lait de chèvre n'est pas toujours exempt, etc.

Il appartient à la zootechnie de faire connaître les variations de pelage, de conformation et de taille des diverses races caprines, variations moins considérables que celles dont les races ovines sont susceptibles, car les premières ne sont élevées que pour la production du lait et des chevreaux, quelques-unes pour leur toison comme les chèvres de Cachemire et d'Angora (fig. 339).

Chabins

Il existe dans l'Amérique du Sud, au Chili notamment, des animaux appelés chabins, exploités industriellement pour la production d'une sorte de fourrure dite *pellone*, et qui ont été longtemps considérés comme issus du croisement du bouc avec la brebis ou du bélier avec la chèvre; certains naturalistes ont même cru devoir consacrer cette origine prétendue par le vocable d'*ovicapre*. En réalité, ces animaux se reproduisent *inter se* et leur descendance du croisement des deux espèces ovine et caprine n'est qu'une légende; nous avons démontré, avec Cornevin, il y aura bientôt quarante ans, que les chabins ne sont rien autre qu'une race spéciale de moutons, qu'ils n'ont aucun caractère, ni extérieur ni anatomique, des caprins. Ils s'accouplent parfois avec des boucs, mais jamais, que nous sachions, cet accouplement n'a été fructueux, non plus que celui d'un bouc avec une brebis quelconque ou d'un bélier avec une chèvre.

C'est probablement la facilité relative avec laquelle les animaux de ces deux espèces, surtout le bouc et la brebis, contractent l'union sexuelle qui a fait croire à la possibilité d'une hybridation. En dépit des assertions de Buffon, Daubenton, Isidore Geoffroy Saint-Hilaire, Sanson, etc., nous pensons que la preuve de cette hybridation est encore à faire et qu'on a mis sur le compte d'une union adultérine le fruit d'une union régulière passée inaperçue. *A fortiori* y aurait-il lieu de révoquer en doute la fertilité de pareils hybrides en supposant qu'ils puissent exister.

La même conclusion dubitative est à émettre en ce qui concerne les prétendus hybrides du lièvre et du lapin qu'on appelle *léporides*. Ceux-ci ne sont que des lapins purs et simples et ils se reproduisent *inter se* comme les chabins. Il y a d'ailleurs une antipathie particulière entre les deux espèces léporine et cuniculine qui s'oppose à leur accouplement. Tout semble démontrer que l'origine hybride des léporides n'est qu'une légende; en tout cas, leur anatomie est celle du lapin sans le moindre mélange de caractères léporins. (Voy. F.-X. Lesbre, Caractères ostéologiques différentiels des lapins et des lièvres. Comparaison avec les léporides *C. R. A. S.*, 1892 t. CXV et *Journal de médecine vétérinaire et zool.*, 1893).

Espèce porcine.

Les figures 340 à 342 montrent toute l'étendue des variations de conformation des animaux de cette espèce suivant qu'ils appartiennent à une race rustique, plus ou moins voisine des sangliers, ou à une race améliorée. Dans le premier cas, ils se font remarquer par la longueur de leur tête dont le profil antérieur tend à la ligne droite, par la longueur de leurs membres, l'aplatissement latéral de leur tronc et la forte convexité de leur dos. Dans le second cas, au contraire, ils sont très près de terre, extrêmement amples de formes; leur profil dorsal tend à la ligne droite et leur tête est fortement raccourcie et camuse. Les différences de celle-ci atteignent un tel degré qu'une personne non prévenue se refuserait à admettre que les animaux les présentant puissent être de la même espèce; elles sont cependant exclusivement imputables à l'habitude ou à la désuétude du fouissage, et rien ne témoigne avec plus d'éclat de l'influence de la fonction sur l'organe. Chez les porcs rustiques qui usent beaucoup de leur groin pour fouiller le sol, à l'instar du sanglier, les muscles extenseurs de la tête agissant sur la protubérance occipitale maintiennent le crâne presque dans le prolongement de la face, il faut même que celui-ci ait une tendance naturelle à se relever pour résister à de pareilles tractions; la face agissant comme levier pour le fouissage est longue. Au contraire, les porcs améliorés, nourris abondamment à l'étable, n'ont plus l'occasion de se servir de leur boutoir; leur crâne n'étant plus suffisamment

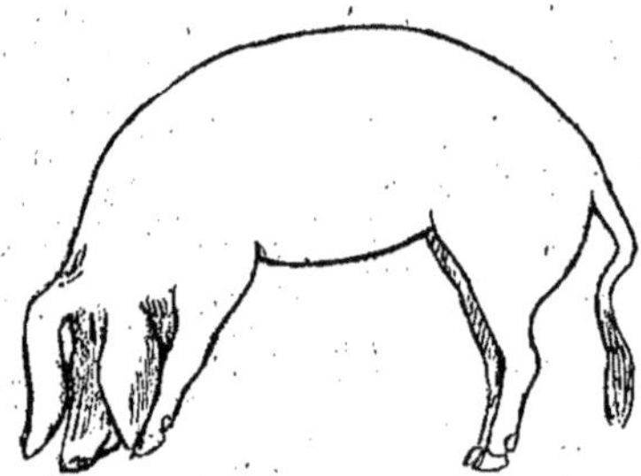

Fig. 340. — *Type de porc non amélioré.*

sollicité en arrière par les muscles extenseurs se relève sur la face, et ainsi se forme un angle rentrant de plus en plus accentué qui arrive jusqu'à 90°; en même temps les mâchoires se raccourcissent jusqu'à la plus extrême limite, comme on l'observe dans les yorkshires.

D'autres différences, bien intéressantes, mais tenant à la race, sont offertes par les oreilles (fig. 187). Dans la race celtique elles sont longues, larges et tombantes, de manière à couvrir les yeux et les joues. Dans la race ibérique, elles sont encore longues; mais étroites et dirigées presque horizontalement en avant, au-dessus des yeux. Enfin dans la race asiatique, elles sont courtes, étroites, pointues et dressées.

Les cochons de Chine, de Siam et du Japon sont les principales variétés de la race asiatique. Nos porcs craonnais ou angevins, manceaux, bretons, normands, appartiennent à la race celtique. Quant à la race ibérique, napolitaine ou méditerranéenne, elle peuple les trois péninsules hispanique italique et balkanique, le centre de l'Europe, ainsi que la plus grande partie de la France (Bresse, Charolais, Dauphiné, Limousin, Périgord, Gascogne Languedoc, Provence, etc.).

Fig. 341. — *Porc yorkshire (race asiatique, type très amélioré)* (Pennetier).

Fig. 342. — *Porc normand (race celtique)* (Pennetier).

Par le croisement des races d'Europe avec la race asiatique, par une sélection méthodique des reproducteurs et par une alimentation abondante et choisie, les éleveurs anglais sont arrivés à créer les belles races de Yorkshire, Berkshire, Hampshire, Essex, New-Leicester, Windsor, etc., qui ont servi et servent encore à l'amélioration des populations porcines du Continent.

Le porc est un animal à croissance rapide que l'on sacrifie le plus souvent dans le cours de sa première année, atteignant déjà un poids de 100 à 200 kilogrammes. Dans les concours on voit des cochons de quinze à dix-huit mois pesant 350 à 400 kilogrammes et qui pourraient aller jusqu'à 600 et 700 kilogrammes si on les laissait vivre.

Nous renvoyons au cours de zootechnie pour l'étude synthétique de la conformation des chiens, chats et lapins.

CHAPITRE VII

CHOIX DES ANIMAUX
SUIVANT LES SERVICES

Les développements que nous avons déjà donnés sur les beautés relatives, à propos des régions et des proportions, nous permettent d'être très bref ici et de nous restreindre à ce qui concerne le cheval et le bœuf.

A. — ESPÈCE CHEVALINE

On peut établir, dans l'espèce chevaline, sous le rapport des services, deux grandes divisions : l'une renfermant les chevaux destinés à porter un cavalier, ou chevaux de selle, l'autre comprenant les chevaux destinés à traîner un fardeau plus ou moins lourd, ou chevaux de trait. Le service du bât est tellement exceptionnel que nous en ferons abstraction; c'est principalement l'âne et le mulet qui y sont employés; d'ailleurs les chevaux de bât peuvent être rapprochés des chevaux de selle, les uns et les autres sont des porteurs tandis que les chevaux de trait sont des tractionneurs.

ARTICLE PREMIER. — CHEVAUX DE SELLE

Ils se répartissent en chevaux de course, chevaux de promenade, chevaux de chasse et de chevaux de voyage.

CHEVAUX DE COURSE (fig. 311 et 319). — Les chevaux de course ou chevaux d'hippodrome sont adaptés à ce but : parcourir une distance relativement énorme en quelques minutes. Ils sont tous de pur-sang ou au moins de demi-sang.

A ce titre, leurs formes sont sèches, sveltes et légères, leurs lignes, droites et mêmes anguleuses, leurs membres, très longs, leurs flancs et leur ventre, plus ou moins levrettés suivant le degré d'entraînement auquel ils ont été soumis, leur peau fine, leurs muscles et leurs tendons fermes et vigoureusement accusés, etc. L'échec à redouter dans leur choix, c'est l'affinement excessif de la conformation, entraînant l'insuffisance du développement pectoral et le défaut de solidité des membres et de fond. Leur taille oscille autour de 1 m. 60, leur poids autour de 400 kilogrammes. Leur robe est ordinairement baie ou alezane, exceptionnellement grise. Leur indice de compacité varie de 2. 50 à 2.75.

Tous sont « tracés », c'est-à-dire inscrits à un stud-book, et ont été l'objet d'une préparation spéciale aux luttes de l'hippodrome, qui a pour but d'alléger leur ventre, d'augmenter leur puissance

Fig. 343. — *Beau cheval de selle demi-sang* (Cliché Létard).

respiratoire, d'assouplir leurs membres et de stimuler leur système nerveux.

On va jusqu'à leur injecter sous la peau certains alcaloïdes, tels que la cocaïne, qui exaltent momentanément, à un suprême degré, leur sensitivo-motricité : pratique frauduleuse connue sous le nom de *doping*.

Les uns concourent en *courses plates*, ce sont les plus rapides; les autres en courses d'obstacles ou *steeple-chase*; d'autres, enfin, sont spécialisés pour le *trot de course*, attelé ou monté, genre de sport de moins en moins prisé sur nos hippodromes français.

CHEVAUX DE PROMENADE (fig. 343). — On demande à ces animaux de luxe de flatter l'orgueil de leur cavalier par l'élégance de leur conformation et le brillant de leurs allures, cette élégance fût-elle acquise aux dépens de leur vitesse et même de leur solidité. On distingue :

1° *Le cheval de manège*, dressé aux exercices de haute école et chez lequel on recherche beaucoup plus la grâce des mouvements que la vitesse. Il conviendra parfaitement s'il possède une encolure de cygne ou rouée, une croupe arrondie, des membres un peu allongés, des jarrets coudés, s'il est long-jointé, enfin s'il réunit toutes les conditions de conformation qui font que les allures sont très relevées, présentent du brillant, de la souplesse, et n'impriment pour

Fig. 344. — *Poney bien étoffé* (Cliché Létard).

ainsi dire aucune secousse au cavalier. Le cheval andalou en est le type le plus parfait.

Le cheval de manège peut être considéré comme le descendant de l'ancien *palefroi*, léger, brillant, gracieux, qui servait principalement de monture aux dames.

2° Le *hack* (terme anglais tiré du vieux mot français haquenée), cheval de selle de parade à l'usage des millionnaires, réalisant l'idéal de la beauté et de la distinction. La taille varie de 1 m. 54 à 1 m. 62. La figure 343 est une photographie d'un élégant cheval de promenade.

3° Le *cob*, plus petit mais plus étoffé que le précédent et qui généralement est à deux fins, c'est-à-dire propre à la selle et à l'attelage.

4º Le *poney*, le plus petit des chevaux de luxe, qu'on emploie comme monture d'enfant ou pour la traction de voitures légères.

C'est comme la miniature d'un cheval de trait; il présente en effet beaucoup d'ampleur relativement à sa taille, qui peut descendre au-dessous de 1 m. 20 (fig. 344). Souvent on lui coupe la crinière en brosse.

5º Le *double poney*, autre cheval à deux fins, ayant les formes amples et trapues du poney, mais plus grand et plus commun.

CHEVAUX DE CHASSE. — Le cheval de chasse ou *hunter* est un

FIG. 345. — *Etalon barbe, cavalerie légère* (Cliché Dechambre).

solide cheval de selle employé aux chasses à courre et qui, par conséquent, doit savoir bien galoper et bien sauter, ce qui implique un rein bien attaché, une croupe horizontale et bien musclée, une fesse longue et bien fournie, des jarrets solides, un garrot saillant, etc... Il lui faut aussi beaucoup de fond et un dressage spécial. Les meilleurs hunters nous viennent de l'Angleterre et particulièrement de l'Irlande.

CHEVAUX DE VOYAGE. — Les chevaux de voyage, parmi lesquels se placent les chevaux de guerre, sont soumis à un véritable service qui demande plus de fond, plus de force et plus de vitesse qu'on en exige généralement des chevaux de selle de luxe, le hunter excepté. On leur tolère de manquer un peu de distinction s'ils ont un corps étoffé, des membres solides, une poitrine spacieuse et des muscles bien trempés, en un mot tous les caractères annonçant la force unie à l'agilité.

Il est certain d'ailleurs que la taille et la corpulence de ces chevaux doivent varier suivant le poids du cavalier qu'ils doivent
porter et celui de son armure ou de ses bagages. C'est ainsi que,

Fig. 346. — *Cheval breton postier* (Cliché Dechambre).

dans les chevaux de guerre, l'on distingue : les chevaux de cavalerie légère (hussards et chasseurs), les chevaux de cavalerie de
ligne (dragons), les chevaux de cavalerie de réserve (cuirassiers),

Fig. 347. — *Jument percheronne de gros trait rapide* (Cliché Dechambre).

enfin les chevaux de l'artillerie et du train des équipages, dont la
plupart servent au trait. Dans la cavalerie légère (fig. 345), le poids
est de 350 à 400 kilogrammes environ. Dans la grosse cavalerie

(fig. 323), il atteint 500 à 600 kilogrammes. Il y a, dans chaque arme, les chevaux de tête, destinés aux officiers, et les chevaux de troupe formant le gros de la cavalerie. L'élite est représentée par les chevaux de carrière des écoles d'équitation.

Les chevaux de cavalerie légère sont surtout recrutés dans le midi de la France (cheval anglo-arabe ou pur sang français, cheval de Tarbes ou demi-sang du Midi) et dans nos colonies africaines (chevaux arabes et barbes); on emploie aussi le pur-sang anglais. Les chevaux de grosse cavalerie qui sont plutôt des chevaux de trait léger détournés de leur destination rappellent les anciens *destriers;* ils viennent principalement de la Normandie (demi-sang normand), de la Vendée, de la Bretagne, du Charolais, du Nivernais. Quant aux chevaux du train et de l'artillerie, ils viennent d'un peu partout, mais ceux des Ardennes jouissent d'une réputation particulière.

Les *destriers* du moyen âge que montaient de lourds chevaliers bardés de fer devaient être plus étoffés encore que nos chevaux actuels de cuirassiers, tout en ayant l'élégance et la distinction imposées par leur noble fonction.

La taille des chevaux de cavalerie doit être contenue, pour chaque arme, dans certaines limites que nous avons déjà fait connaître p. 145; mais, comme dit le capitaine A. Rivet dans son *Guide pratique de l'acheteur de chevaux,* « il ne faut pas classer le cheval au centimètre exclusivement, mais se baser aussi sur sa construction, son ampleur, sa distinction, son degré de sang et ses allures. Tout cheval de 1 m. 54 fera un bon cuirassier s'il est solidement charpenté; tel autre, de même taille, ne peut faire qu'un dragon ordinaire s'il est d'une ampleur moyenne; tel autre enfin, de 1 m. 60, n'est bon à rien s'il est plaqué, long, enlevé, décousu ».

Dans de savantes communications aux congrès hippiques de 1910 et 1911, M. l'inspecteur général Barrier a résumé comme il suit la caractéristique des chevaux de cavalerie et celle des chevaux d'artillerie montée :

Chevaux de cavalerie.

	Légère	Dragons	Cuirassiers
Poids moyen	380 kil.	425 kil.	480 kil.
Taille moyenne	1 m. 51	1 m. 54	1 m. 59
Périmètre thoracique	1 m. 70	1 m. 75	1 m. 80

Longueur du corps égale à la taille.
Équilibre assuré par de bons aplombs, surtout irréprochables du devant.
Lignes, finesse, sécheresse, trempe dénotant une sensitivo-motricité supérieure.
Musculature développée, avec points de force bien accusés.

Chevaux de trait léger propres à l'artillerie.

Poids moyen . . . . 500 kilogrammes
Taille . . . . 1 m. 52 à 1 m. 2
Indice de compacité de 8,5 pour les grands à 9,5 pour les petits [1].

Modèle régulier, aussi haut que long, solidement charpenté, trapu, près de terre, droit, court et large dans son dessus, supporté par des membres forts et bien dirigés.

Pour les *batteries à cheval* rechercher une taille d'environ 1 m. 60 et un indice de compacité d'au moins 8,5, un dessus très correct, de la puissance, de l'énergie, une membrure forte, irréprochable, bien trempée et une bonne dose de sang.

ARTICLE II. — CHEVAUX DE TRAIT

Ils se divisent en chevaux de trait léger et chevaux de gros trait.

CHEVAUX DE TRAIT LÉGER. — Ce sont les chevaux de carrosse et les postiers. Les premiers se classent parmi les chevaux distingués, les seconds parmi les chevaux communs.

a) Les *chevaux de carrosse* ont pour service de traîner avec vitesse, seuls ou appareillés, un attelage de luxe. « Ils ressemblent beaucoup aux chevaux de selle ordinaires, dont ils diffèrent seulement par une taille plus grande et par des masses musculaires plus développées. Chez eux, le poitrail peut déjà sans inconvénient présenter une certaine largeur; la tête est plus forte, l'encolure plus fournie, l'épaule plus épaisse, les canons plus forts, les paturons plutôt courts que longs, les sabots un peu volumineux. » (Lecoq) Leurs allures doivent être aussi brillantes que possible. S'ils sont appareillés, les animaux accouplés doivent être autant que possible de même taille, de même âge, de mêmes allures et de même robe.

La Société hippique française reconnaît, d'après la taille, quatre classes de carrossiers : 1º ceux de 1 m. 63 et au-dessus, pour grands coupés, berlines et calèches; 2º ceux de 1 m. 59 à 1 m. 62 pour petits coupés, landaus, phaétons, cabriolets; 3º ceux de 1 m. 55 à 1 m. 58, pour victorias, américaines, tilburys; 4º enfin ceux de 1 m. 55 et au-dessous dits chevaux de parc.

Les carrossiers sont tirés surtout de la Normandie, mais aussi du Charolais, du Nivernais et du Sud-Ouest. On en importe beaucoup du Mecklembourg, du Hanovre, de la Hollande, du Danemark et de l'Angleterre. Leur poids va de 450 à 600 kilogrammes environ.

A côté des chevaux de carrosse se placent une multitude de sujets plus ou moins fins et distingués dont le type est très divers et que

---

1. L'indice de compacité dont il est ici question se réfère non pas à la taille intégrale mais à son excédent du mètre.

l'on attelle à des voitures légères, plus ou moins luxueuses, comme les chevaux de fiacre, ceux des médecins, des vétérinaires, de plus en plus (hélas!) remplacés aujourd'hui par l'automobile!

b) Les *chevaux postiers* (fig. 346), sont destinés à traîner avec

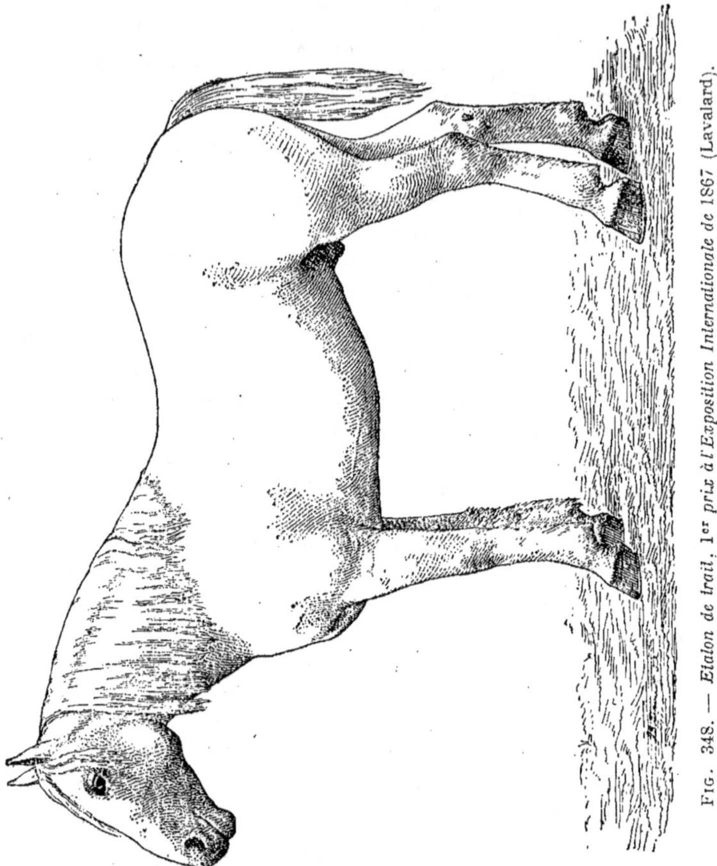

Fig. 348. — Étalon de trait; 1er prix à l'Exposition Internationale de 1867 (Lavalard).

célérité une charge assez lourde, omnibus, diligence, voiture de poste, etc. « Ici l'élégance des formes devient à peu près indifférente; on doit s'attacher à la solidité des membres et à la vigueur de l'animal; un corps ramassé, des formes musculaires bien marquées, une tête légère, une croupe double, un rein court et droit, des fesses et des cuisses bien fournies, des allures vives et légères, sont les qualités que l'on recherche; on les trouve surtout dans la race percheronne et dans la race bretonne » (Lecoq). Leur poids moyen est de 500 à 650 kilogrammes, leur taille de 1 m. 55 à 1 m. 60 En somme, ce sont des chevaux communs rappelant les *roussins* d'autrefois.

CHEVAUX DE GROS TRAIT (fig. 347 et 348). — Pour le service du gros trait, le poids du corps doit concourir avec les efforts musculaires pour ébranler le fardeau. On choisira donc autant que possible des animaux de haute taille, 1 m. 65 à 1 m. 75, pesant de 700 à 900 kilogrammes et ayant un système musculaire très développé. Une tête forte, une encolure chargée, un large poitrail, un dos et un rein courts, des épaules épaisses, charnues et plaquées, une croupe double, des membres forts, à canons et paturons courts et épais, seront des qualités pour ces chevaux qui ne doivent jamais aller qu'au pas le plus lent. On fera attention aux pieds car c'est souvent par là que ces colosses pèchent. Il en est qui dépassent 1.000 kilogrammes. Baron citait dans son cours un cheval belge qui atteignait 1.345 kilogrammes!

Le cheval limonier doit non seulement tirer le fardeau mais encore le porter en partie sur son dos, par l'intermédiaire des brancards et de la sellette, et le retenir dans les descentes; aussi s'attache-t-on pour lui à la brièveté et à la force des reins et du dos, et à la solidité des jarrets, qui doivent être plutôt coudés que droits.

Le cheval de halage, c'est-à-dire qui tire un bateau en remontant un cours d'eau, est un cheval de gros trait auquel incombe un service extrêmement fatigant, car, même dans les moments d'arrêt, il est obligé de se tenir constamment sur les traits pour empêcher le bateau de rétrograder.

Le cheval de gros trait lent, c'est-à-dire n'allant qu'au pas, tend à céder la place aujourd'hui au cheval de gros trait rapide, qui va alternativement au trot et au pas, et dont le type nous est donné par les chevaux de brasseurs ou de messageries. Ces animaux qui font transition aux postiers, sont un peu moins pesants et trapus que ceux de gros trait lent; leur poids moyen est de 600 à 800 kilogrammes.

Les principales contrées d'élevage des chevaux de gros trait sont le Boulonnais, la Picardie, la Flandre, les Ardennes, le Perche, la Belgique et certains comtés d'Angleterre.

Les hommes de cheval, plus ou moins imbus de préjugés aristocratiques, répartissent les chevaux en deux grandes catégories :

les chevaux de sang (pur-sang, demi-sang, près du sang) dits aussi
chevaux fins, voire même chevaux nobles, et les chevaux communs
ou plèbe chevaline. Les premiers seraient aux seconds, s'il fallait
en croire Eug. Gayot « ce qu'est un madrier en cœur de chêne à une
poutre de bois blanc ». En réalité, les uns et les autres ont leurs qualités propres et leurs aptitudes spéciales qu'il ne faut pas dédaigner.
Et s'il fallait les classer en raison de l'importance des services qu'ils
rendent, on devrait sans aucun doute mettre au premier rang le vulgaire et rustique cheval de trait. Jusqu'à ce jour l'extension de
l'automobilisme a nui beaucoup à la production des chevaux de selle
ou de carrosse mais non à celle des chevaux de trait proprement dits.

B. — ESPÈCE BOVINE

Bien que la destinée ultime de tous les bovins soit l'abattoir, il y a lieu de
distinguer, à côté des producteurs de viande ou animaux de boucherie
proprement dits, les producteurs de travail mécanique et les producteurs
de lait.

Animaux de boucherie (fig. 327, 328 et 331). — Nous avons suffisamment fait connaître en détail les caractères des animaux dits améliorés,
pour nous borner ici à une synthèse très générale. Cette amélioration vise
en effet particulièrement l'aptitude à la boucherie et le rendement en
viande nette. Circonscrivez le tronc de l'animal envisagé, par côté, par en
haut, par devant et par derrière, dans des rectangle, (fig. 349); plus ces rectangles seront étendus, surtout en largeur, moins il restera de vide entre
leurs points de tangence, et plus l'animal sera perfectionné pour la boucherie.
Cela implique en effet l'ampleur de la poitrine, des lombes, du bassin, des
épaules et de la cuisse, c'est-à-dire le développement de la masse et particulièrement des régions fournissant la viande de qualité. Au contraire,
tout ce qui est en dehors des rectangles précités (tête, encolure, queue,
partie libre des membres), doit être le plus réduit possible, ces parties
donnant peu de viande ou de la viande de qualité inférieure. Remarquons
que, dans ces animaux, la queue est toujours courte et grêle, attachée bas,
jamais surélevée à son origine, c'est-à-dire en cimier, comme on l'observe
si souvent dans les bêtes rustiques. Leur peau est fine, souple, onctueuse,
facile à plisser, leurs formes sont plus ou moins bouffies par la graisse,
accumulée particulièrement en certaines régions que l'on appelle *maniements*, parce qu'on les manipule pour se rendre compte du degré d'engraissement.

Poussé au fin gras comme on le voit dans les concours, un bœuf durham
peut atteindre le poids de 1.200 kilogrammes, et nos charolais-nivernais
arrivent à 1.500 kilogrammes et jusqu'à 1.700 kilogrammes.

Le rendement en viande nette peut s'élever jusqu'à 65 et même 70 %

tandis que, dans d'autres animaux, non conformés ni préparés pour la boucherie, il est à peine de 50 %. On voit tout de suite l'intérêt qui s'attache à l'élevage du bétail amélioré, puisque ce bétail est plus précoce, atteint un

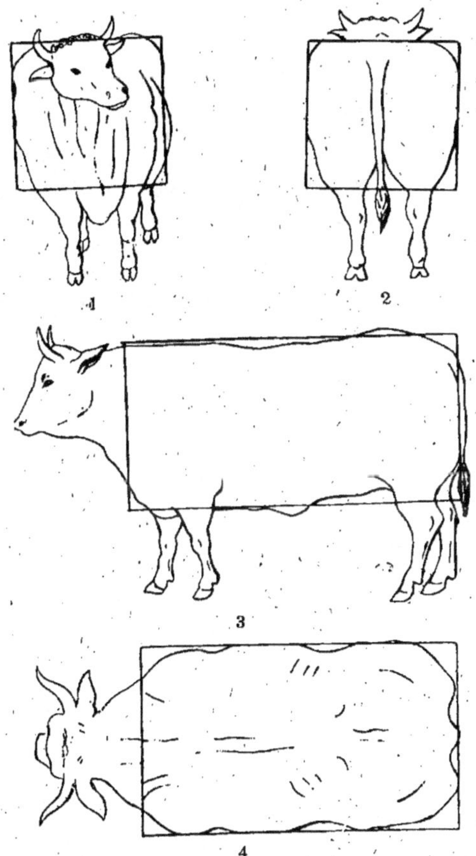

FIG. 349. — *Conformation idéale d'un bovin de boucherie.*

1, vu par devant; 2, vu par derrière; 3, vu par côté; 4, vu par dessus.
(Figure empruntée à « l'examen des viandes » de Martel).

poids plus grand et donne à l'abatage un rendement plus élevé d'une viande de qualité supérieure.

ANIMAUX DE TRAVAIL (fig. 350). — Les bovins de travail se font remarquer par leur forte ossature, que traduisent le volume de leur tête et de extrémités, la saillie de leurs hanches et de toutes les autres éminences, par leurs formes musclées, leur peau épaisse, leur tempérament sanguin et par leur rusticité.

Sachant toutefois qu'ils doivent finir à l'abattoir comme les autres et

Fig. 350. — *Taureau de Salers* (Pennetier).

que, ainsi, tout animal de travail est à deux fins; il convient donc de ne pas exagérer les caractères que nous venons d'indiquer. C'est ce que les éleveurs ont compris : les races de Salers, d'Aubrac, de la Tarentaise, etc., utilisées pour les charrois et le labour, ne sont plus ce qu'elles étaient autrefois; souvent même elles figurent avec honneur dans les concours d'animaux de boucherie et atteignent des rendements dépassant 55 °/o.

On lit dans Buffon : « Le bœuf semble avoir été fait pour la charrue; la masse de son corps, la lenteur de ses mouvements, le peu de hauteur de ses jambes, tout, jusqu'à sa tranquillité et à sa patience dans le travail, semble concourir à le rendre propre à la culture des champs et plus capable qu'aucun autre de vaincre la résistance constante et toujours nouvelle que la terre oppose à ses efforts. Le cheval, quoique peut-être aussi fort que le bœuf, est moins propre à cet ouvrage; il est trop élevé sur ses jambes; ses mouvements sont trop grands, trop brusques; et d'ailleurs il s'impatiente et se rebute trop aisément; on lui ôte même toute légèreté, toute la souplesse de ses mouvements, toute la grâce de son attitude et de sa démarche lorsqu'on le réduit à ce travail pesant pour lequel il faut plus de constance que d'ardeur, plus de masse et plus de poids que de ressort ».

Ce passage de notre grand naturaliste ne manque pas de vérité; néanmoins à notre époque où il y a pénurie de main-d'œuvre, il faut accélérer la besogne et gagner du temps; aussi l'on substitue de plus en plus le cheval au bœuf pour les travaux des champs, en attendant que le cheval lui-même soit remplacé par des tracteurs mécaniques, plus rapides encore. Et cependant les bêtes bovines ont sur les chevaux l'incontestable avantage de continuer à produire du lait ou de la viande lorsqu'elles restent à l'étable, tandis que les chevaux à l'écurie sont généralement nourris et soignés sans autre rendement que le fumier.

VACHES LAITIÈRES (fig. 351). — Pour faire un bon choix d'une vache laitière, il y a lieu de considérer la race et l'individu. Les meilleures races laitières sont la hollandaise, la flamande, la normande, les différentes variétés de la race jurassique, la race de Schwytz ou bétail brun de la Suisse, la tarentaise ou tarine, la bretonne, la jerseyaise, etc.

Si l'on dispose de ressources fourragères suffisantes et que le climat le

Fig. 351. — *Vache normande* (Cliché Dechambre).

permette, on préférera les grandes races aux petites, car on a remarqué que, pour la même quantité d'aliments consommés, les premières donnent plus de lait que les secondes, sans compter que leur rendement à l'abattoir est meilleur.

Une vache que l'on destine à la production du lait ne doit pas être grasse, la graisse qu'elle produit passe dans ce liquide à l'état de beurre. Elle doit être placide et sa conformation être empreinte du féminisme le plus accentué : fine ossature, tête sèche et légère, allongée, cornes petites et effilées, non rugueuses, oreilles plutôt grandes, présentant à l'intérieur des poils peu abondants et soyeux avec beaucoup de cérumen, yeux à paupières fines et à regard doux, encolure peu musclée, poitrine convenablement développée, non sanglée derrière les coudes, croupe longue et large, train postérieur prédominant sur l'antérieur, membres postérieurs bien écartés pour donner place au pis, queue petite, à toupillon fin et soyeux, extrémités fines, épaules bien détachées, peau aussi mince et souple que possible, eu égard à la race, douce au toucher, onctueuse. Si le dos est un peu ensellé après plusieurs vêlages, il faut le tolérer.

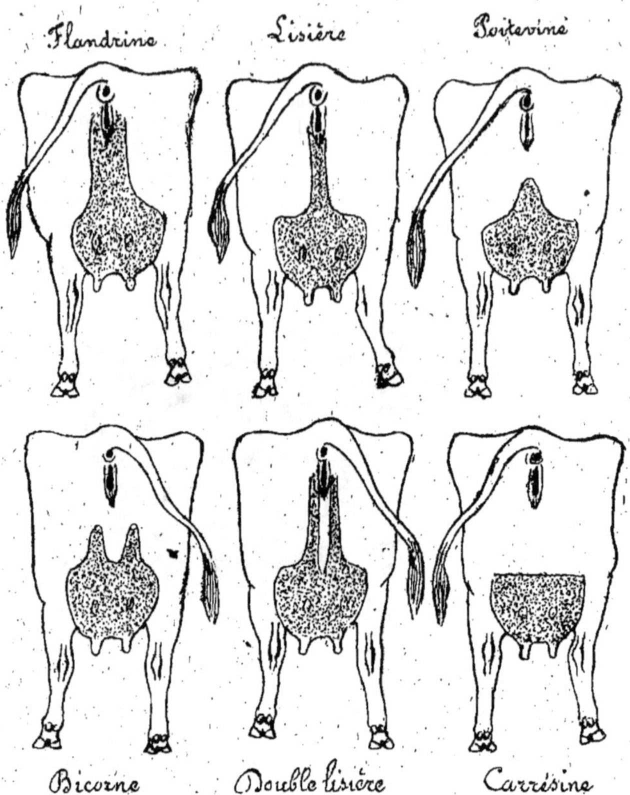

Fig. 352. — *Principales variétés d'écussons mammaires*.

Rappelons enfin que le pis doit être volumineux sans être charnu ni gras, développé plutôt en s'avançant sous le ventre ou le périnée et en écartant les membres qu'en pendant entre les jambes, à trayons égaux, bien écartés, plutôt cylindriques que coniques. Ses veines rampant sous l'abdomen ou s'élevant vers le périnée doivent être extrêmement volumi-

neuses et apparentes, plus ou moins variqueuses, les orifices qui leur livrent
passage à travers la paroi abdominale (portes du lait) doivent être le plus
grands possible; parfois on en trouve deux ou trois de chaque côté. S'il y a
des mamelles surnuméraires, c'est un bon signe alors même qu'elles sont
rudimentaires et non secrétantes.

Enfin l'écusson ou gravure qui occupe sa face postérieure et souvent
s'élève sur le périnée et envahit les cuisses est un signe à ne pas négliger
car il se développe proportionnellement aux glandes mammaires et justifie
dans une certaine mesure le nom de *miroir du lait* que lui a donné Guénon.
Plus il est étendu et régulier dans son contour, mieux cela vaut. La
figure 352 en montre les principales variétés. S'il envahit largement le
périnée et les cuisses, c'est le comble de la beauté; autant vaut qu'il s'étende
sur celles-ci que sur celui-là, de très bonnes laitières ont un écusson terminé carrément sans remonter sur le périnée. Il ne faut d'ailleurs pas exagérer la valeur de cet indice comme l'a fait son inventeur, qui se faisait
fort de dire à un demi-litre près le rendement d'une vache, mais qui, mis
à l'épreuve, ne put justifier une pareille prétention. On rencontre parfois
de bonnes laitières qui ont un écusson réduit, mais alors le développement des veines, la finesse et l'onctuosité de la peau et des poils du pis
préviendront l'erreur à laquelle on est exposé.

S'il faut en croire, M. Cadoret [1], de tous les signes laitiers qui
viennent d'être énumérés le plus important est la grandeur de ce
que l'on appelle vulgairement les portes ou *fontaines inférieures du
lait*, dont on juge en y introduisant un doigt poussant la peau.

«La pénétration de la demi-pointe de l'index, correspondant à un
diamètre d'environ 7 millimètres, indiquerait un rendement de
moins de 8 à 10 litres.

La pénétration de la pointe de l'index, en surface, 9 mm., 10 à
12 litres.

La pénétration nette de ce même doigt, 12 à 14 litres.

La pénétration facile du médius (13 mm.), 20 à 24 litres.

La pénétration très large du médius (14-15 mm.), 25 litres et plus.

Si les deux fontaines ont des diamètres différents, on en prend
la moyenne ».

Il y a là, dit l'auteur précité, un *caractère qui ne trompe jamais*.
C'est trop dire : ce caractère a sans nul doute plus de valeur
que les autres, mais il n'est pas infaillible et il ne saurait permettre,
non plus que l'écusson de Guénon, une appréciation chiffrée du
rendement en lait. Ainsi que l'a dit fort justement M. André Leroy,
il n'y a, dans l'état actuel de nos connaissances, qu'un seul moyen

---

1. CADORET, *Achat et production des vaches, génisses et taureaux, types grands laitiers*
(Brochure imprimée chez Vermorel, Villefranche, 1929.)

de ne jamais se tromper dans l'interprétation des aptitudes laitières d'une vache, c'est de la soumettre à un contrôle laitier et beurrier régulier et d'en établir une fiche authentique qui serait le meilleur guide de l'acheteur. A défaut de ce renseignement, l'hérédité de la bête, dont témoignerait son inscription à un herd-book, serait non moins intéressante que les caractères somatiques pour la diagnose des qualités laitières; et, chose curieuse, le père autant que la mère a pu les lui communiquer s'il est issu d'une mère bien douée sous ce rapport.

EXAMEN DE L'ANIMAL EN VENTE

L'examen de l'animal en vente exige, comme le dit fort bien Lecoq, non seulement des connaissances théoriques étendues, mais encore une grande habitude, sans laquelle l'homme le plus instruit se laisse tromper. Il exige aussi une certaine faculté d'observation visuelle qu'il n'est pas donné à tout le monde d'acquérir Le vrai connaisseur saisit d'un coup d'œil tout ce qu'une conformation présente de beau ou de défectueux et discerne d'emblée des choses que d'autres ne perçoivent que par un examen minutieux, en quelque sorte une à une.

Une première règle à observer dans cet examen, c'est de ne tenir aucun compte de tout ce que peut dire le marchand sur les qualités de l'animal et même sur quelques légers défauts qu'il n'avoue que pour en cacher de plus graves; de ne pas laisser attirer son attention sur telle région plus que sur telle autre; de ne laisser percer en rien son opinion sur la valeur de l'animal; enfin d'être impassible et *entièrement à soi* tant que dure l'examen. En effet, si l'on doit établir une différence entre le véritable marchand de chevaux et le maquignon, il n'en est pas moins vrai que tout marchand cherche à présenter sa marchandise sous le jour le plus favorable, et qu'il n'existe pas d'exception à cet égard pour le commerce des animaux.

Nous allons étudier successivement l'examen du cheval et celui des animaux autres que les solipèdes; nous ferons ensuite connaître les ruses ou supercheries des vendeurs; puis nous donnerons la définition d'un certain nombre de termes et locutions employés dans le langage hippique. Nous terminerons enfin par l'exposé des lois régissant le commerce des animaux domestiques.

Disons tout de suite qu'en matière de choix de chevaux, il est sage de se contenter de l'à-peu-près, car, dit un proverbe peu galant,

> De femmes et de chevaux
> Il n'en est pas sans défauts.

ARTICLE PREMIER. — EXAMEN DU CHEVAL

A) **Au repos.** — « Lorsqu'on visite le cheval chez un marchand, il faut, autant que possible, voir l'animal dans l'écurie, pour juger au premier abord de son ensemble. On ne peut guère juger de sa taille dans cette position, car les écuries des marchands sont toujours disposées de manière à élever les chevaux, au moins du devant, pour leur donner plus de taille et une plus belle apparence. On ne peut non plus s'assurer de la vivacité de l'animal, car le cheval le plus mou paraît vif dès qu'il se voit entouré, se rappelant les coups de fouet qu'il reçoit à chaque visite du marchand ou de ses palefreniers.

« Le premier coup d'œil étant donné, on fait sortir l'animal en examinant avec attention la manière dont il recule et dont il se retourne dans sa stalle. La plupart des garçons d'écurie ont soin, en faisant sa toilette, de lui introduire dans l'anus du gingembre ou du poivre pour lui faire porter la queue en trompe et lui donner une apparence plus énergique. Il faut fermer les yeux sur cette manœuvre qui n'est pas encore tombée en désuétude, quoique connue de tout le monde aujourd'hui.

« Lorsque l'animal, détaché de sa place, est dirigé vers la porte, on l'arrête à une certaine distance pour examiner les yeux. On peut en même temps examiner l'âge, s'assurer de l'état des barres, de la langue, de l'auge et des naseaux. On laisse ensuite sortir le cheval pour l'observer au grand jour.

« S'il est trop long de corps, le marchand ne manque pas de lui placer sur le dos une couverture d'une couleur tranchant avec celle de la robe. S'il est court, au contraire, il a le soin de le sortir entièrement nu; c'est dans cet état qu'il faut toujours l'examiner.

« Le palefrenier cherche à faire valoir la taille en le plaçant sur un point un peu élevé et toujours contre un mur, le corps ressortant alors avec de plus grandes proportions. Il faut tenir compte de cette différence et passer outre, pourvu toutefois qu'il reste assez d'espace pour tourner autour de l'animal.

« On l'examine alors de nouveau dans son ensemble, sous le rapport des proportions et des aplombs. Pour reconnaître ces derniers, on regarde successivement chaque bipède de front et de profil, isolément d'abord, puis dans leurs rapports réciproques » (Lecoq). Cet examen d'ensemble suffit à un connaisseur pour asseoir son jugement; il ne se fait qu'à une certaine distance, tout autour de l'animal. Les débutants ont, au contraire, tendance à se mettre le nez dessus et à lui éplucher les poils, pour ainsi dire; cela suffit à trahir leur inexpérience.

On passe ensuite à l'examen détaillé des régions. L'ordre à suivre ici n'a rien de fixe; il suffit d'en adopter un, quel qu'il soit, pour ne rien oublier. Voici celui qui est en usage à l'Ecole de Lyon :

On inspecte d'abord la bouche, particulièrement aux points de vue de l'âge et du tic, puis les naseaux; on palpe l'auge, la gorge; on fait tousser l'animal en comprimant l'origine de la trachée, et l'on descend la main le long du bord inférieur de l'encolure afin de s'assurer que ce tube est régulièrement conformé; ensuite on touche rapidement la nuque, le bord supérieur de l'encolure, le garrot, le dos, on s'arrête au rein, que l'on pince pour s'assurer de sa sensibilité et de sa souplesse; on arrive à la queue, que l'on soulève non seulement pour juger du degré d'énergie de l'animal, mais encore pour examiner la base de son tronçon et l'anus qu'il recouvre. Revenant en avant, on examine le poitrail, le ventre, les côtes et l'on s'arrête surtout à l'examen du flanc, que l'on doit étudier d'abord dans l'état de repos, et le revoir plus tard lorsque l'animal aura été exercé.

Les membres sont ensuite explorés rayon par rayon, surtout à leur partie inférieure, où l'intégrité des tendons et des articulations est d'une si grande importance. On passe la main avec soin sur toute l'étendue des cordes tendineuses, sur la face interne des boulets, dans le pli du paturon, sur tout le pourtour de la couronne, pour rechercher les traces des tares que nous avons indiquées en décrivant ces régions. Les pieds exigent le plus scrupuleux examen sous le rapport de leur forme générale, de leur aplomb, de la nature de la corne et des diverses maladies qu'ils peuvent présenter. Une seime peut facilement être masquée par de la boue ou par une onction de corps gras. Il ne faut jamais oublier de les faire lever afin de s'assurer qu'ils ne présentent aucune lésion ou défectuosité de face plantaire, et aussi que l'animal est docile. La forme des fers, la manière dont ils usent mettent souvent sur la voie de quelque défaut ou supercherie; par exemple des crampons démesurément hauts servent à grandir l'animal, une forte ajusture fait paraître creux des pieds entièrements plats, des fers couverts peuvent cacher un ognon, un kéraphyllocèle, une bleime ou un commencement de crapaud.

On profitera du lever d'un pied pour palper la région génitoinguinale; il est très important, chez le mâle, de se rendre compte de l'état des testicules et des bourses, de voir notamment si l'animal n'est pas cryptorchide, n'a pas de hernie, s'il ne reste pas une fistule de castration, etc.

B) **En action.** — Pour examiner le cheval en action, on tâche, autant que possible, de l'exercer sur un terrain dur ou pavé et de le faire conduire par une personne étrangère aux intérêts du vendeur. Dans tous les cas, il ne faut jamais que l'animal soit tenu trop court, on doit lui laisser une certaine longueur de rênes, afin que, la tête n'étant pas soutenue, les allures de l'animal soient plus libres et laissent mieux apercevoir les défectuosités qu'elles peuvent présenter. La plupart des garçons d'écurie exercent les chevaux en leur pliant l'encolure de côté, empêchant ainsi l'acheteur de bien juger de la régularité de l'allure.

On commence par faire partir l'animal au pas, en se plaçant d'abord de manière à l'envisager par arrière au départ, puis en face au retour, pour juger de la régularité des mouvements du tronc, de la tête et des membres, pour voir surtout si ces derniers ne s'écartent pas trop en dehors ou en dedans, l'animal billardant, fauchant ou se coupant, etc. On l'examine ensuite de profil pour bien saisir l'harmonie qui doit exister entre l'avant-main et l'arrière-main, voir si les pieds postérieurs prennent bien la place des antérieurs, s'ils ne les dépassent pas trop ou ne restent pas trop en arrière; on s'assure en même temps si l'animal a un bon pas et s'il l'exécute franchement. On tâche de reconnaître pendant l'action s'il ne s'effraye pas des corps environnants, s'il n'est pas ombrageux. Quand il lève fortement les pieds antérieurs et qu'il change à chaque instant la position des oreilles, on peut être assuré que la vue est mauvaise.

On fait ensuite prendre le trot, en examinant le cheval comme pour le pas. C'est alors qu'il faut redoubler d'attention, non seulement pour s'assurer de la beauté, de l'étendue et de la vivacité du trot, mais encore pour reconnaître les différentes boiteries, qui se manifestent surtout pendant cette allure. On a soin de faire tourner l'animal tantôt sur la droite, tantôt sur la gauche, afin de surcharger alternativement chaque bipède latéral, et de le faire arrêter un peu court, pour s'assurer de la force des reins et des jarrets. C'est aussi après le trot qu'il faut le faire reculer, car le cheval atteint d'immobilité exécute ce déplacement avec plus de difficulté après l'exercice qu'en sortant de l'écurie.

On peut, jusqu'à un certain point, reconnaître la bonté du trot d'un cheval au peu de bruit qu'occasionnent les battues sur le pavé et à la vivacité avec laquelle elles se succèdent. La piste donne aussi des renseignements intéressants suivant qu'il se couvre, se découvre ou se mécouvre.

Lorsque l'exercice au trot, que l'on a dû rendre de plus en plus accéléré, est terminé, il faut revenir à l'examen de la fonction respiratoire. Les mouvements du flanc, qui avaient pu laisser de l'incertitude pendant le repos, sont devenus plus fréquents et plus amples après un certain temps de trot; on peut alors non seulement distinguer plus facilement le soubresaut de la pousse, mais encore reconnaître diverses irrégularités indiquant certaines altérations des organes contenus dans la poitrine.

L'accélération de la respiration après l'exercice peut aussi mettre en évidence un bruit particulier produit par la colonne d'air traversant les voies respiratoires, bruit qui a reçu différents noms selon son intensité. On appelle *gros d'haleine* le cheval chez lequel ce bruit est encore peu intense, *corneur* celui chez lequel il se traduit par un ronflement ou un sifflement particulier, plus ou moins rauque. Ces deux symptômes, le dernier surtout, déprécient considérablement l'animal. Le cheval gros d'haleine ne peut supporter longtemps un exercice pénible, une allure rapide. Le cheval corneur y résiste encore moins et peut tomber asphyxié si on le force à continuer son travail.

Pour peu qu'il y ait doute après les quelques tours de trot que l'on a exigés de l'animal, on le fait exercer de nouveau, pendant un temps plus long, pour procéder à un nouvel examen. Le cornage ne devient ordinairement apparent que dans certaines circonstances, lorsque, par exemple, l'animal est soumis à un service pénible, et, comme on ne peut pas toujours le constater au moment de l'achat, la loi l'a mis au nombre des vices rédhibitoires.

Pendant les moments de repos qu'on laisse au cheval après l'avoir exercé, surtout au trot, il est bon de lui laisser une grande longueur de rênes, de l'abandonner presque à lui-même et d'observer la manière dont il se place. On peut être assuré que si quelque membre est souffrant, il se trouvera soustrait à l'action du poids du corps et plus dévié de sa ligne naturelle que les autres; et si cette position se renouvelle pour le même membre plusieurs fois de suite, on devra l'examiner de nouveau avec la plus grande attention.

On exige rarement l'épreuve du galop dans la visite du cheval; il est cependant essentiel de s'assurer de la bonté de cette allure pour les chevaux de selle. Quant aux chevaux de course, on a sou vent à cet égard le résultat des courses auxquelles ils ont pris part.

Outre l'examen dont nous venons d'indiquer la marche, il en est un autre, très essentiel, qui regarde principalement l'acheteur : c'est l'essai de l'animal suivant le service auquel il le destine. Cette épreuve est d'autant plus importante qu'elle permet de voir le cheval soustrait à l'influence du marchand et de ses palefreniers, et par conséquent dépouillé de cette vigueur factice que lui inspirait la crainte.

Dans cet essai, qui peut se prolonger, on peut aussi juger du fond de l'animal beaucoup plus sûrement qu'il n'a été possible de le faire au premier examen, après quelque temps de pas et de trot.

C) **Examen de deux chevaux appareillés.** — Lorsqu'on visite des chevaux qui doivent être appareillés pour le carrosse, il faut, indépendamment de l'examen détaillé de chacun d'eux, procéder à un examen d'ensemble. On place les deux chevaux côte à côte pour s'assurer si leur taille est semblable, si leur robe est de même nuance, si leur conformation générale est en rapport mutuel, en ayant bien soin, pour la taille et le volume du corps, de tenir compte de la différence d'âge qui peut exister entre eux deux s'ils sont encore jeunes. Il faut d'ailleurs, autant que possible, appareiller des chevaux de même âge.

C'est surtout à l'égard des allures qu'il est nécessaire de procéder à un examen du couple, afin d'éviter de choisir une paire de chevaux dont l'un a les allures très allongées, tandis que l'autre avance peu et s'enlève beaucoup. Cet assemblage mal combiné nuit à l'élégance de l'attelage et fatigue également les deux sujets. On doit donc faire marcher ceux-ci placés comme à la voiture, et surtout les faire trotter ainsi accouplés pour bien juger du rapport qui existe entre leurs allures. Ce n'est qu'après cet examen qu'il faut les faire atteler et les examiner de nouveau, sur un terrain accidenté, s'il est possible.

Il est rare que deux chevaux appareillés présentent les mêmes qualités. Presque toujours les marchands profitent d'une similitude de taille et de robe pour faire passer un cheval médiocre au moyen d'un meilleur sur lequel ils cherchent à attirer de préférence l'attention de l'acheteur.

ARTICLE II. — EXAMEN DES ANIMAUX AUTRES QUE LES SOLIPÈDES

L'examen des bêtes bovines est bien plus simple que celui des solipèdes. On doit s'attacher, pour les bovins de travail, à choisir de la même force ceux qui doivent être liés au même joug. C'est surtout dans la visite des vaches laitières qu'il faut se défier des ruses des marchands. On n'oubliera pas qu'ils ont l'habitude de laisser les vaches un certain temps sans les traire afin que leur pis soit bien développé au moment de la vente. On s'aperçoit de cette ruse au piétinement de la bête, qui souffre de cet état, à la douleur qu'elle éprouve lorsqu'on essaie de la traire, et quelquefois à l'écoulement spontané du lait.

Dans l'espèce du mouton, on ne visite ordinairement que quelques animaux pris au hasard dans le troupeau, pour s'assurer de leur état de santé et de la qualité de leur laine. A cet effet, on *enfourche* le mouton, c'est-à-dire qu'on le fixe en le serrant entre les jambes après l'avoir saisi par le jarret. On s'assure par l'examen des parties les plus fines de la peau, s'il n'existe pas quelque trace de la *clavelée*, et l'on examine la conjonctive, qui doit, dans l'état de santé, présenter une couleur rose. Si le mouton que l'on a saisi est boiteux, on s'assure de la cause de la claudication. Nous n'avons pas ici à nous occuper de la qualité de la laine.

Pour le porc, on se borne à le *langueyer*, c'est-à-dire à rechercher s'il n'existe pas, à la base de la langue, des *cysticerques celluleux*, espèce de vers cystiques dont la présence constitue la maladie appelée *ladrerie*, et qui, transmis à l'homme, lui communiquent le ver solitaire ou *tœnia solium*.

Dans cet exposé succinct de la marche à suivre pour l'examen des animaux en vente, nous n'avons pu établir que des principes généraux; des détails plus circonstanciés nous auraient conduit à de nombreuses répétitions. A cet égard, d'ailleurs, la pratique est le meilleur maître pour celui qui possède des connaissances théoriques suffisantes; nous en trouvons la preuve dans l'habileté, la sûreté de coup d'œil que contractent, par une longue habitude, des hommes pour lesquels un contact de tous les jours a remplacé les principes de la science [1].

1. Toute la partie relative à l'examen de l'animal en vente a été empruntée presque complètement et textuellement au traité d'Extérieur de Lecoq. On n'a rien écrit de plus clair et de plus judicieux sur ce sujet. On lira aussi avec profit une conférence faite par Goyau à l'école militaire de Saint-Cyr sur le commerce des chevaux et publiée dans le tome VIII (1869) du *Journal de médecine vétérinaire militaire*.

ARTICLE III. — RUSES DES VENDEURS DE CHEVAUX

Il est bon d'être prévenu de certaines pratiques ou manœuvres plus ou moins répréhensibles par lesquelles les vendeurs cherchent à donner la meilleure apparence possible à leur marchandise et à cacher ses défauts.

Les éleveurs préparent leurs chevaux à la vente par un régime de grains et de farineux qui amplifie les formes, tout en réduisant le ventre, et donne du lustre à la robe. Les animaux mis ainsi à l'engrais s'amollissent et sont d'autant plus exposés à contracter des maladies quand on les met en service.

Les marchands procèdent à une toilette soignée de l'animal à vendre, laquelle peut séduire un acheteur superficiel, car, après une toilette artistement faite, il n'y a pas de vilains chevaux non plus que de femmes laides. Ils introduisent, comme nous l'avons déjà dit, du gingembre ou du poivre dans l'anus pour donner au cheval l'apparence d'une vigueur et d'une énergie que souvent il n'a pas. Ils le montrent sur un sol incliné pour tromper sur sa taille, ou encore lui appliquent des fers épais, pourvus de crampons. Pendant qu'ils le font exercer en main, ils font avec une canne un bruit de roulement dans leur chapeau de manière à le stimuler en l'effrayant. S'il a les épaules froides, ils l'exercent longtemps avant de l'exposer en vente. S'il jette par un naseau, ils introduisent une éponge au fond de la cavité nasale correspondante. S'il est méchant, rétif ou ombrageux, ils savent lui inspirer la crainte et l'obéissance par des coups de fouet administrés plusieurs fois par jour; parfois même, ils lui font prendre de l'opium pour le stupéfier légèrement. Quand il a une seime, ils la dissimulent de leur mieux avec de l'onguent de pied, de la boue, etc. Si le pied est dérobé, ils en comblent les brèches avec de la gutta-percha ou avec un mélange de térébenthine, de noir de fumée et de limaille de fer. Ils insufflent les salières trop creuses. Ils masquent les cicatrices du genou en les couvrant d'une substance agglutinative sur laquelle ils disposent artistement des poils de l'animal; ou bien ils font pratiquer chirurgicalement l'ablation de ces cicatrices (opération du genou couronné). Ils colorent les poils blancs de vieillesse avec un crayon de nitrate d'argent. Ils cherchent à tromper sur l'âge en usant de moyens dont nous avons déjà parlé page 57; à tromper sur la cause d'une boiterie grave ou incurable en l'attribuant à une

blessure de peu d'importance que souvent ils ont faite eux-mêmes.
Ils excorient la peau sur un capelet ancien pour faire croire que le
cheval vient de se frotter. Ils font névrotomiser les chevaux atteints
de certaines boiteries et s'empressent de les vendre avant que la
claudication ait réapparu. Ils relèvent les oreilles tombantes en
enlevant un lambeau de peau dans leur intervalle et en rapprochant ensuite les bords de la plaie au moyen d'une suture; parfois
ils se bornent à unir les oreilles par leur pointe avec un imperceptible fil de soie. Ils cachent une fourmilière ou un kéraphyllocèle
au moyen d'un fer couvert. Ils rectifient le port de la queue par le
niquetage ou l'anglaisage. Ils nivellent le rein mal attaché en provoquant sur cette région un petit œdème inflammatoire. Enfin, ils
ne manquent jamais d'offrir à l'acheteur ignorant un certificat
de garantie des vices rédhibitoires, qui n'a aucune valeur puisque
ces vices sont garantis par la loi, etc.

Évidemment tous les marchands de chevaux ne sont pas mal-
honnêtes, les supercheries que nous venons d'indiquer sont surtout
le fait de ceux que l'on flétrit du nom de maquignons; néanmoins,
on peut bien dire qu'il n'y a guère de commerces où l'acheteur soit
si rarement connaisseur et si souvent dupe.

ARTICLE IV. — DÉFINITIONS D'UN CERTAIN NOMBRE
DE TERMES OU LOCUTIONS EMPLOYÉS DANS
LE LANGAGE HIPPIQUE

On dit :

Qu'un cheval a du sang, quand il est doué de qualités morales et
d'une conformation rappelant celles du cheval anglais de course,
du cheval arabe ou de l'anglo-arabe; ces trois sortes de chevaux
étant qualifiées de pur-sang;

Qu'il a du fond, quand il résiste beaucoup à la fatigue et à
l'essoufflement;

Qu'il est bien trempé ou de bonne constitution, quand ses organes
et ses tissus offrent une grande résistance aux causes de détério-
ration;

Qu'il est bien conditionné ou bien entraîné, quand il a été préparé
à bien faire un travail déterminé;

Qu'il a du cachet ou de l'espèce, quand il présente nettement les
caractères d'une certaine race;

Qu'il a du bouquet, quand il est svelte, gracieux et élégant;

Qu'il est distingué, quand il a les formes plus ou moins fines et la physionomie expressive;

Qu'il a de la noblesse, quand ses formes, ses attitudes et ses allures sont pleines d'élégance et de fierté;

Qu'il porte beau, quand il porte haut la tête et l'encolure;

Qu'il a des lignes, de belles lignes, de la silhouette, quand il a le profil élancé d'un cheval de sang;

Qu'il a du modèle, quand il est bien conformé pour le service auquel on le destine;

Qu'il a de la lame, quand ses lignes, plus ou moins anguleuses, rappellent celles d'un pur-sang;

Qu'il a du gros, quand il est fortement charpenté;

Qu'il a du coffre, quand sa poitrine est bien développée;

Qu'il a du feu, de l'âme, du nerf, quand il est plein d'ardeur;

Que la lame use le fourreau, quand le système nerveux domine au point de compromettre la résistance des rouages locomoteurs;

Qu'il a de l'ensemble, quand il est bien proportionné;

Qu'il est bien suivi, lorsque ses lignes de contour n'offrent rien de heurté et se continuent harmonieusement les unes avec les autres;

Qu'il est bien roulé ou ramassé, s'il est trapu et de formes arrondies;

Qu'il est près de terre quand les membres sont courts;

Qu'il est haut perché, dégingandé, monté sur des allumettes, qu'il lui passe trop près sous le ventre, quand le corps est supporté par des membres longs et grêles;

Qu'il est ficelle, plaqué, étriqué, que c'est une claquette, quand il a une conformation élégante mais grêle et dénuée de résistance;

Qu'il est décousu, quand sa conformation est désharmonique;

Qu'il a un beau dessus, lorsque le tronc est bien conformé et bien proportionné;

Qu'il a un beau dessous, quand les membres sont solides et d'aplomb;

Qu'il a de la branche ou un beau bout de devant, quand le garrot est bien sorti, l'encolure longue et la tête bien portée;

Qu'il est bien soudé, quand les articulations sont larges et épaisses, les paturons courts, le rein court et bien attaché;

Qu'il est bien troussé, quand il est bien fait, bien pris et un peu ramassé;

Qu'il a un beau carré de derrière, quand la croupe est large, les hanches saillantes et les cuisses bien musclées;

Qu'il est plat dans ses cerceaux, quand la poitrine manque d'ampleur;

Qu'il manque de poignets ou a les attaches faibles, quand les boulets et les paturons sont grêles;

Qu'il est droit, quand il ne boite pas;

Qu'il marche en ligne, quand les membres se meuvent parallèlement au plan médian du corps, les postérieurs couvrant approximativement les antérieurs lorsqu'on le regarde par derrière, les antérieurs couvrant les postérieurs lorsqu'on le regarde par devant;

Qu'il steppe, billarde, forge, fauche, tricote, trousse, rase le tapis, etc. (voy. p. 245);

Qu'il est beau voleur ou que c'est un cheval tableau, quand, avec toutes les apparences de la santé et d'une bonne conformation, il est mou, peu énergique ou atteint de vices de caractères ou de maladies qui le mettent souvent hors d'état de faire un bon service;

Qu'il pointe, fait des armes ou montre le chemin de Saint-Jacques (voy. p. 180);

Qu'il lit la gazette à l'écurie, quand il boude devant le râtelier et se nourrit mal;

Qu'il est étroit de boyaux ou levretté, quand il a le ventre retroussé;

Qu'il est vidard, quand il digère imparfaitement et évacue fréquemment des excréments diarrhéiques ou des crottins mous et mal formés;

Qu'il est bégu, faux-bégu, contremarqué, bréhaigne (s'il s'agit d'une jument) (voy. le chapitre de l'âge);

Qu'il est brassicourt, arqué, bouleté, jarreté, campé, cambré, pinçard, bretaud ou bretaudé, moineau, couronné, niqueté, anglaisé, souffleur, corneur, qu'il casse la noisette etc. etc. : toutes expressions déjà définies dans le cours de cet ouvrage;

Qu'il est *travat* quand il a deux balzanes latérales, *transtravat* quand il a deux balzanes diagonales;

Qu'il est zain, qu'il a le cap de more, le cavecé de more, le nez de renard, qu'il boit dans son blanc etc., (voir le chapitre des signalements).

Il est peu de sciences aussi riches que l'Extérieur en termes spéciaux; mais il ne faut pas en abuser, le meilleur moyen d'être compris est encore de parler comme tout le monde. Assurément chaque science ou art comporte un certain nombre de termes spéciaux, un langage technique; l'écueil à éviter est que ce langage tourne au vulgaire ou à l'argot.

ARTICLE V. — LOIS PRINCIPALES RÉGISSANT LE COMMERCE DES ANIMAUX DOMESTIQUES

A. — Loi du 2 août 1884 sur les vices rédhibitoires, modifiée par l'article 2 de la loi du 31 juillet 1895, par l'article 2 de la loi du 23 février 1905 et par l'article unique de la loi du 22 février 1914.

ARTICLE PREMIER. — L'action en garantie dans les ventes ou échanges des animaux domestiques sera régie, à défaut de conventions contraires, par les dispositions suivantes, sans préjudice des dommages et intérêts qui peuvent être dus s'il y a dol.

ART. 2. (modifié par l'article 2 de la loi du 23 février 1905). — Sont réputés vices rédhibitoires et donneront seuls ouvertures aux actions résultant des articles 1641 et suivants du Code civil, sans distinction des localités où les ventes et échanges auront eu lieu, les maladies ou défauts ci-après, savoir :

Pour le cheval, l'âne et le mulet : l'*immobilité*, l'*emphysème pulmonaire*, le *cornage chronique*, le *tic proprement dit avec ou sans usure des dents*, les *boiteries anciennes intermittentes*, la *fluxion périodique des yeux*.

Pour l'espèce porcine : la *ladrerie*.

ART. 3. — L'action en réduction de prix, autorisée par l'article 1644 du Code civil, ne pourra être exercée, dans les ventes et échanges d'animaux énoncés à l'article précédent, lorsque le vendeur offrira de reprendre l'animal vendu, en restituant le prix et en remboursant à l'acquéreur les frais occasionnés par la vente.

ART. 4. — Aucune action en garantie, même en réduction de prix, ne sera admise pour les ventes ou pour les échanges d'animaux domestiques si le prix en cas de vente, ou la valeur en cas d'échange, ne dépasse pas 100 fr.

ART. 5. — Le délai pour intenter l'action rédhibitoire sera de *neuf jours francs*, non compris le jour fixé pour la livraison, excepté pour la fluxion périodique, pour laquelle ce délai sera de *trente jours francs*, non compris le jour fixé pour la livraison.

ART. 6. — (Relatif à l'augmentation des délais de garantie en raison des distances), abrogé par la loi du 22 février 1914.

ART. 7. — Quel que soit le délai pour intenter l'action, l'acheteur, à peine d'être non recevable, devra provoquer, dans les délais de l'article 5, la nomination d'experts chargés de dresser procès-verbal. La requête sera présentée, verbalement ou par écrit, au juge de paix du lieu où se trouve l'animal ; ce juge constatera dans son ordonnance la date de la requête et nommera immédiatement un ou trois experts qui devront opérer dans le plus bref délai.

Ces experts vérifieront l'état de l'animal, recueilleront tous les renseignements utiles, donneront leur avis, et, à la fin de leur procès-verbal, affirmeront par serment la sincérité de leurs opérations.

Art. 8. — Le vendeur sera appelé à l'expertise, à moins qu'il n'en soit autrement ordonné par le juge de paix, à raison de l'urgence et de l'éloignement.

La citation à l'expertise devra être donnée au vendeur dans les délais déterminés par l'article 5; elle énoncera qu'il y sera procédé même en son absence.

Si le vendeur a été appelé à l'expertise, la demande pourra être signifiée, dans les trois jours, à compter de la clôture du procès-verbal, dont copie sera signifiée en tête de l'exploit.

Si le vendeur n'a pas été appelé à l'expertise, la demande devra être faite dans les délais fixés par l'article.

Art. 9. — La demande est portée devant les tribunaux compétents, suivant les règles ordinaires du droit. Elle est dispensée de tout préliminaire de conciliation et, devant les tribunaux civils, elle est instruite et jugée comme matière sommaire.

Art. 10. — Si l'animal vient à périr, le vendeur ne sera pas tenu à la garantie, à moins que l'acheteur n'ait intenté une action régulière dans le délai légal et ne prouve que la perte de l'animal provient de l'une des maladies spécifiées dans l'article 2.

Art. 11. — (N'a plus de raison d'être par suite des modifications apportées par la loi du 31 juillet 1895, qui supprime la morve, le farcin et la clavelée de la liste des vices rédhibitoires; ces affections étant visées par la loi du 21 juin 1898 ci-dessous).

Art. 12. — Sont abrogés tous règlements imposant une garantie exceptionnelle aux vendeurs d'animaux destinés à la boucherie.

Sont également abrogées la loi du 20 mai 1838 et toutes les dispositions contraires à la présente loi.

B. — Loi du 21 juin 1898 (code rural livre III, section II, police sanitaire des animaux) complétée par celle du 23 février 1905, et par les décrets du 22 juin 1917, du 3 juin 1929, du 22 octobre 1929 et du 22 novembre 1929.

Art. 29. — Les maladies réputées contagieuses et qui donnent lieu à déclaration et à l'application des mesures de police sanitaire sont :

La *rage* dans toutes les espèces;

La *peste bovine* dans toutes les espèces de ruminants;

La *péripneumonie contagieuse*, le *charbon symptomatique ou emphysémateux* et la *tuberculose* (1), dans l'espèce bovine;

1. Une loi nouvelle est en instance devant le Parlement qui a pour objet d'abroger la législation qui régit actuellement la prophylaxie de la tuberculose et de faire classer cette maladie au nombre des vices rédhibitoires.

La *clavelée* et la *gale* dans les espèces ovine et caprine;

La *fièvre aphteuse* dans les espèces bovine, ovine, caprine et porcine.

La *morve* et le *farcin*, la *dourine*, dans les espèces chevaline, asine et leurs croisements;

La *fièvre charbonneuse* ou *sang de rate* dans les espèces chevaline, bovine, ovine et caprine;

Le *rouget* et la *pneumo-entérite infectieuse* dans l'espèce porcine.

Les *gales* dans les espèces chevaline, asine et leurs croisements (décret du 22 juin 1917, *Journal officiel* du 11 juillet 1917).

La *mélitococcie* ou fièvre ondulante des espèces ovine et caprine (décret du 3 juin 1929).

L'*onaplasmose* des animaux de l'espèce bovine (décret du 12 octobre 1929).

La *typho-anémie* du cheval dans les départements du Haut-Rhin, du Bas-Rhin et de la Moselle (décret du 22 novembre 1929).

ART. 41. — L'exposition, la vente ou la mise en vente des animaux atteints ou soupçonnés d'être atteints de maladies contagieuses sont interdites.

Le propriétaire ne peut s'en dessaisir que dans les conditions déterminées par le règlement d'administration publique prévu à l'article 33. Ce règlement fixera, pour chaque espèce d'animaux et de maladies, le temps pendant lequel l'interdiction de vente s'appliquera aux animaux qui ont été exposés à la contagion. (Voir décret du 6 octobre 1904, portant règlement d'administration publique pour l'exécution de la loi du 21 juin 1898).

Complément à l'article 41 apporté par l'article 1ᵉʳ de la loi du 23 février 1905. — Si la vente a eu lieu, elle est nulle de droit, que le vendeur ait connu ou ignoré l'existence de la maladie dont son animal était atteint ou suspect.

Néanmoins, aucune réclamation de la part de l'acheteur pour raison de ladite nullité ne sera recevable lorsqu'il se sera écoulé plus de trente jours en ce qui concerne les animaux atteints de tuberculose, et plus de quarante-cinq jours en ce qui concerne les autres maladies, depuis le jour de la livraison, s'il n'y a poursuite du ministère public.

Si l'animal a été abattu, le délai est réduit à dix jours à partir du jour de l'abatage, sans que, toutefois, l'action puisse jamais être introduite après l'expiration des délais indiqués ci-dessus. En cas de poursuite du ministère public, la prescription ne sera opposable à l'action civile, comme au paragraphe précédent, que conformément aux règles du droit commun.

Toutefois, en ce qui concerne la tuberculose, sera seule recevable l'action formée par l'acheteur qui aura fait au préalable la déclaration prescrite par l'article 31 du Code rural (livre III, section II). S'il s'agit d'un animal abattu pour la boucherie, reconnu tuberculeux et saisi, l'action ne pourra être intentée que dans le cas où cet animal aura fait l'objet d'une saisie totale; dans le cas de saisie partielle portant sur les quartiers, l'acheteur ne pourra intenter qu'une action en réduction de prix, à l'appui de laquelle il devra produire un duplicata du procès-verbal de saisie mentionnant la nature des parties saisies et leur valeur calculée d'après leur poids, la qualité de la viande et le cours du jour.

CHAPITRE IX

APPENDICE RELATIF AUX ZÉBUS, AUX BUFFLES ET AUX CAMÉLIDÉS

En raison des services qu'ils rendent dans nos possessions coloniales, nous avons cru utile d'introduire dans cette 3ᵉ édition du
Précis d'Extérieur quelques renseignements sur les zébus, les buffles
et les camélidés.

ARTICLE PREMIER. — ZÉBUS *(Bos indicus)*

Les zébus ou bœufs à bosse (fig. 353) sont des animaux domestiqués depuis un temps immémorial, extrêmement répandus, non
seulement dans l'Inde, qui paraît avoir été leur berceau, mais encore
dans l'extrême-Orient, à la Réunion, à Ceylan, à Madagascar, aux
îles de la Sonde, dans la plus grande partie de l'Afrique et même en
Amérique. L'intérêt de leur étude se trouve encore accru par ce fait
qu'ils sont susceptibles de se croiser avec le bœuf européen (*bos
laurus*) et de donner, assure-t-on, des produits indéfiniment féconds
comme de simples métis.

En général, là où existe le zébu le bœuf ordinaire ne prospère pas;
chacun se maintient dans son aire géographique et, à moins d'un
changement radical dans les conditions de l'élevage et de l'économie rurale, s'y montre supérieur à l'autre. L'espèce du zébu, comprend un grand nombre de variétés ou races qui diffèrent par la
taille, le poids, le profil de la tête, le volume de la bosse, les cornes,
la robe etc. Il existe des zébus qui sont à peine plus grands que des
boucs (1 m. à 1 m. 10 de hauteur prise au garrot; d'autres atteignent
et même dépassent 1 m. 50, et en poids 500 kilogrs. On peut adopter
comme moyennes approximatives de taille et de poids : pour les
mâles 1 m. 30 et 300 à 350 kil., pour les femelles 1 m. 25 et 250 à
300 kil., en choisissant des animaux en bon état. La bosse seule, au
dire de Buffon, pourrait peser 40,50 et jusqu'à 60 livres? C'est déjà
beaucoup lorsqu'elle arrive à 10 kilogr.; tantôt elle s'érige sur le

garrot, tantôt elle s'élargit au point de se coucher sur les deux
épaules. C'est sans doute ce dernier cas qui a fait écrire à Cuvier et
Lacépède dans la *Ménagerie du Muséum*, Paris 1910, qu'à Surrate
il y a des zébus à deux bosses. Il est superflu de dire que la bosse des
zébus, de même que celle des chameaux, varie de volume en raison
de l'embonpoint des sujets, puisque ce sont des réserves alimentaires. Gonflées et turgides chez ceux en bon état, elles sont plus ou
moins flasques et ratatinées chez les autres. Sur les nouveau-nés la

FIG. 353. — *Zébu* (Photographie communiquée par M. Bourdelle).

place en est tout juste indiquée par une petite grosseur simulant
un kyste.

Le développement des cornes n'est pas moins variable : il est des
zébus à grandes cornes, à petites cornes et même des zébus sans
cornes. D'autres ont les cornes mobiles, non fixées au crâne; Elien
citait déjà « des bœufs à bosse de l'Erythrée dont les cornes
remuaient comme les oreilles ». Quant au pelage il n'est pas moins
divers que celui de notre bœuf.

A quelque variété qu'ils appartiennent les zébus ont les yeux plus
ouverts, la physionomie plus expressive, plus intelligente, les allures
plus légères, les formes plus élégantes que ce dernier. Ils ne mugis-
sent pas comme lui, leur voix rauque et grognante rappelle un peu
celle du yack. Adaptés aux climats chauds et marécageux, ils jouissent à peu près de la même résistance que les buffles aux influences

paludéennes. Aux points de vue de la sobriété, de la rusticité et de la résistance aux maladies, ils sont au bœuf commun ce que les ânes et les mulets sont aux chevaux.

Les zoologistes ne s'entendent pas sur la place à leur accorder dans la famille des Bovidés. Linné en faisait, sous la dénomination de *Bos indicus* une espèce particulière du genre *bos*, très affine de l'espèce *Bos taurus*. Cuvier pensait que les zébus ne sont qu'une variété de cette dernière espèce; il se demandait même s'ils n'en sont pas la souche, dominé qu'il était par cette idée, très accréditée à son époque, que l'Asie a été le berceau de l'homme et des animaux domestiques. Les progrès de la paléontologie, qui ont révélé de nombreux restes de bœufs fossiles en Europe, ne permettent plus aujourd'hui de douter de l'origine autochtone de nos bœufs non plus que de celle des zébus. Ils ont sans doute la même origine phylogénétique mais ils ne procèdent pas les uns des autres.

Paul Gervais considérant les différences de forme et d'habitus des animaux en cause se refuse à les classer dans la même espèce.

Brehm admet aussi la spécificité des zébus et, entre autres raisons, donne celle-ci qui n'a pas grande valeur : ils auraient une vertèbre sacrée et trois vertèbres caudales de moins que les bœufs ordinaires. Rutimeyer (*Geschichte des Rindes*) et, à sa suite, la plupart des zoologistes modernes vont plus loin : ils distrayent les zébus du genre *bos* et les placent, avec le gaur, le gayal, le banting, voire même le yack, dans le genre ou sous-genre *bibos* de Hodgson.

Ces divergences d'opinions témoignaient évidemment d'une insuffisance de connaissances. C'est ce qui nous a déterminés, feu Cornevin et moi, il y a une trentaine d'années, à entreprendre une étude comparative, morphologique et anatomique, des animaux en cause, étude que nous avons achevée après la mort de notre regretté Collègue, et dont nous allons exposer les principaux résultats.

A. CARACTÈRES MORPHOLOGIQUES (fig. 353). — D'une manière générale les zébus se distinguent des bœufs :

1º Par leur tête fine, sèche et expressive, à face allongée et à front relativement étroit. Le rapport de la largeur à la longueur de la tête est le plus souvent inférieur à 0, 40 tandis que dans l'espèce bovine ce rapport est en moyenne de 0, 45 chez la vache, 0, 48 à 0, 50 chez le taureau; le zébu est donc plus *dolichocéphale* que le bœuf, ce terme pris dans son sens étymologique. L'*indice craniofacial* ou rapport de la longueur du crâne à la longueur de la face est en moyenne de 0, 60 chez les zébus, de 0, 70 chez les taurins, le crâne étant plus court, et la face plus longue dans les premiers que

dans les seconds; il y a toutefois dans les deux espèces des variations susceptibles d'annihiler presque cette différence. Le profil
de la tête du zébu est le plus souvent busqué, parfois droit, voire
même légèrement camus. Le chignon est directement transverse,
rectiligne ou à peine acuminé à son milieu, tandis que celui des taurins se courbe plus ou moins en haut et en avant de manière à proé-
miner entre les cornes. Celles-ci, très distantes des yeux comme
dans le bœuf commun, se dirigent ordinairement en dehors et en
haut en se courbant en dedans de manière à former un croissant au-
dessus de la tête, parfois elles reviennent en avant vers les joues de
manière à menacer les yeux par leur pointe; leur extrémité est généralement noire; il en est qui dépassent à peine les oreilles en longueur
tandis que d'autres, mesurées en ligne droite de la base à la pointe,
dépassent un mètre. Lorsqu'elles manquent, le front rétréci, au
sommet de la tête, détermine la même oxycéphalie que dans le
bœuf ordinaire.

2º Par leur cou bref, sur lequel la bosse s'étend plus ou moins,
cou garni d'un fanon très développé, surtout chez les mâles. Ce
pli de peau onduleux et flottant commence sous la tête et se continue dans l'intervalle des membres antérieurs.

3º Par leur poitrine spacieuse, très descendue, leur dessus large et
bien soutenu, leur queue bien attachée, jamais relevée en cimier
comme on le voit si souvent dans le bœuf, leur croupe bien muselée
et un peu inclinée, leurs cuisses rebondies et leurs fesses bien des-
cendues; l'arrière-train fortement culotté chez les animaux en bon
état rappelle celui d'un cheval de trait.

4º Par leur pis réduit, peu apparent; même en état de lactation il
ne s'étend guère sous le ventre au devant du grasset; la sécrétion
lactée est d'ailleurs peu abondante, 3 à 4 litres par jour en moyenne,
5 à 6 litres au maximum, mais le lait est très butyreux (40 à 50 gr. de
matière grasse par litre).

5º Par leurs membres fins à articulations sèches et nettes, rappelant, à la longueur près, ceux des ruminants coureurs.

6º Par leur peau mince, souple et onctueuse, couverte de poils fins
et courts dont la couleur est extrêmement variable. On trouve des
zébus tout blancs, entretenus par les brahmanes comme animaux
sacrés; d'autres sont noirs, bruns, isabelles, fauves, rouges, aubères,
gris, pies etc. Le pie rouge est particulièrement fréquent ainsi que le
rouge acajou. On rencontre aussi des robes bringées et des robes
zain. Le mufle et autres téguments dénudés sont le plus souvent
pigmentés et, chose inattendue, ce sont les têtes blanches qui ont

le mufle noir, tandis que le muflle rose ne se rencontre que sur des faces sombres » (Dauzats [1]).

En résumé l'ensemble de la conformation, l'habitude extérieure du zébu, l'expression de sa physionomie témoignent d'une vivacité et d'une élégance que ne possède pas le bœuf ordinaire. C'est ce qui faisait dire à Belon que « c'est un moult beau petit bœuf, trappe et ramassé, gras, poli, de petit corsage, bien formé de tous ses membres qu'il en est fort plaisant à la vue ». Buffon rapporte d'un zébu qu'il eut l'occasion d'examiner « qu'on s'en servait de monture et qu'il était si doux, si familier qu'il léchait comme un chien et faisait des caresses à tout le monde ».

Avec une poitrine, une musculature d'un cheval de trait, le zébu présente presque la finesse de la tête et des membres et la nervosité d'une antilope; il en a aussi les allures légères et rapides; aussi l'emploie-t-on souvent comme monture. Aux allures du trot ou de l'amble, il est des zébus que des chevaux ont de la peine à suivre au grand trot. Ces animaux sont aussi utilisés comme tracteurs pour les charrois ou le labour et comme animaux de bât. Sous un fardeau de 100 kilogrammes, dit Dauzats, ils font facilement 25 à 30 kilomètres par jour. Ils accomplissent ces diverses fonctions avec la plus grande docilité. Et leur utilité se continue encore après la mort car ce sont de bons animaux de boucherie, ainsi que l'atteste leur conformation représentée figure 353. Les mâles châtrés et en bon état de chair donnent un rendement de 60 à 65 $^o/_o$ en viande nette. Malheureusement la plupart ne sont pas châtrés et bien rares sont les individus, mâles ou femelles préparés pour la boucherie. Aussi le rendement moyen est-il bien inférieur à celui précité; d'après Lemétayer [2], il est en moyenne pour la race malgache de 50 $^o/_o$ pour les mâles, de 47 $^o/_o$ pour les femelles; il convient d'ailleurs d'ajouter que la brièveté du corps du zébu comparé au bœuf ordinaire, doit diminuer sensiblement le taux de son rendement en viande.

Les races de l'Inde sont les plus améliorées, les plus sveltes, les plus agiles, celles qui équivalent au pur sang de l'espèce chevaline. Les zébus de Madagascar et de l'Afrique représentent les races communes.

Signalons en terminant, un fait curieux, indiqué déjà par Ruti-

---

1. DAUZATS, Les grands ruminants domestiques du Cameroun. *Thèse de doctorat vétérinaire Toulouse*, 1928.

2. LEMÉTAYER, Le zébu malgache. *Bul. de la société des sciences vétérinaires de Lyon*, 1923.

Tableau des mensurations de divers Zébus.

	LESBRE	DAUZATS					
Taille, bosse non comprise.	1 m. 08	1 m. 21	1 m. 15	1 m. 27	1 m. 16	1 m. 16	1 m. 26
Longueur du corps du chignon à la tombée de la queue.	1 m. 57	1 m. 79	1 m. 65	1 m. 62	1 m. 68	1 m. 62	1 m. 70
Distance de la pointe de l'épaule à la pointe de la fesse	1 m. 20						
Périmètre de la poitrine. .	1 m. 50	1 m. 45	1 m. 55	1 m. 82	1 m. 63	1 m. 72	1 m. 64
Distance du passage des sangles au sol . , . . .	0 m. 56	0 m. 64	0 m. 59	0 m. 60	0 m. 58	0 m. 71	0 m. 69
Longueur de la croupe . .	0 m. 40						
Largeur de la croupe. .	0 m. 40	0 m. 40	0 m. 42	0 m. 46	0 m. 45	0 m. 41	0 m. 44
Distance de la rotule à l'angle de la hanche	0 m. 40						
Distance de la rotule à la pointe de la fesse . . .	0 m. 40						
Distance de la rotule à la pointe du jarret	0 m. 40						
Distance du sommet de la bosse à la naissance de la queue.	1 m. »						
Longueur de l'épaule. .	0 m. 50						
Distance de la pointe de l'épaule à la pointe du coude	0 m. 32						
Distance de la pointe du coude au pli du genou.	0 m 35						
Distance du pli du genou au sol, verticalement .	0 m. 25						
Longueur de la tête, de la nuque au mufle . . .	0 m. 47						
Distance de l'œil au naseau.	0 m. 23						
Largeur de la tête au niveau des arcades orbitaires . .	0 m. 17	0 m. 19	0 m. 19	0 m. 17	0 m. 17		
Hauteur du front, du chignon à une ligne unissant les angles internes des paupières.	0 m. 18						
Longueur du tronçon de la queue	0 m. 68	0 m. 94	0 m. 81	0 m. 84	1 m. 03	0 m. 84	0 m. 88
	Le toupillon arrivait presque à terre						
Tour du canon antérieur .		0 m. 15	0 m. 13	0 m. 17	0 m. 17	0 m. 17	0 m. 14

meyer : c'est que le dimorphisme sexuel est beaucoup moins accentué chez les zébus que chez les bœufs de nos pays. Il n'y a guère, abstraction faite des régions génitales, qu'une différence de taille, de poids et de grosseur des cornes entre les mâles entiers et les femelles.

Voici maintenant, page 583, quelques mesures prises sur une femelle de 3 ans, provenant de l'île de Ceylan, qui a servi à nos études anatomiques, mesures rapprochées de celles données par Dauzats dans sa thèse. La dite femelle pesait 228 kilogrammes, son pelage était fauve, clair autour des yeux, du mufle et aux parties déclives, taché de blanc au front, à l'inter-ars et au pli du grasset. Le mufle était rose, nuancé de gris, les onglons rougeâtres, les cornes dirigées en dehors et en haut.

De la comparaison de ces mesures avec celles qui ont été données page 537, pour l'espèce bovine, on peut conclure que l'espèce du zébu se distingue nettement de cette dernière par la brièveté de son corps. Si l'on compare, chez l'adulte, la taille avec les longueurs occipito-ischiale et scapulo-ischiale on obtient les indices suivants, dont les variations dans l'une et l'autre espèce n'arrivent pas à combler la différence.

Rapports de la taille.

	1° Avec la longueur occipito-ischiale	2° Avec la longueur scapulo-ischiale
Zébu.	0 m. 70 à 0. m 75	0 m. 85 à 0 m. 90
Bœuf.	0 m. 60 à 0 m. 65	0 m. 75 à 0 m. 80

L'indice corporel, c'est-à-dire le rapport de la longueur scapulo-ischiale au périmètre thoracique mesuré derrière les épaules, est très variable dans les deux espèces, mais il est en général moins élevé chez le zébu que chez le bœuf : en moyenne 0,80 chez le premier, 0,90 chez le second. Il est des taurins de formes étriquées chez lesquels la longueur scapulo-ischiale dépasse la circonférence pectorale.

En somme les différences que nous venons de mentionner, en outre de la bosse, tiennent à la forme, au caractère et au tempérament. Elles sont largement suffisantes pour caractériser une espèce, et équivalentes de celles qui séparent l'âne du cheval; mais le croisement de ces derniers donne des produits stériles (mulet ou bardot), tandis que celui du bœuf avec le zébu, quel qu'en soit le sens, donne des produits féconds, en sorte que le critérum physiologique de l'espèce paraît être ici en défaut. Il est vrai que, dans la pratique, la fécondité des hybrides en question se révèle le plus souvent par leur croisement avec l'une ou l'autre des souches dont ils proviennent; on a bien conclu d'expériences faites à la ferme royale de Rosenhain en Wurtemberg qu'ils sont indéfiniment féconds *inter se*, mais ces expériences ont-elles été suffisamment poursuivies pour proclamer la faillite complète du critérium précité? au surplus la stérilité des hybrides n'est pas absolue, il y a des exemples de mules qui saillies par un étalon ou un baudet ont été fécondées et ont donné des produits féconds, mais par une sorte de dissociation, ces produits faisaient retour à l'une ou à l'autre des espèces originelles [1].

Les auteurs ne s'entendent pas sur les caractères des hybrides bœuf et zébu : d'après les expériences de Rosenhain, ils seraient pourvus d'une bosse au garrot, tandis que, d'après Marès, ils n'ont pas de bosse mais gardent l'encornure, la tête étroite et fine, la fine ossature et la vaste poitrine des zébus, en sorte qu'on les reconnaît aisément [2]. Dans son travail sur le bétail bovin du Congo [3], Meuleman attirant l'attention sur certains traits de la conformation de ce bétail, tels que sveltesse, cornage, développement de la poitrine et des muscles, et surtout sur la fréquence, chez les femelles comme chez les mâles, d'une protubérance plus ou moins prononcée à la limite de l'encolure et du garrot, se demande s'il ne provient pas de croisements anciens avec le zébu. Les photographies qu'il en donne autorisent cette hypothèse; mais sachant que le zébu est, quoi qu'on en dise, plus caractérisé par sa conformation que par sa bosse, et que d'autre part le bétail en question en offre tous les traits, ne serait-il pas plus rationnel de supposer qu'il s'agit tout simplement d'une variété de zébu à bosse réduite et un peu déplacée? Il appartient à l'anatomie de résoudre la question.

B. Caractères anatomiques. — Nous ne signalerons que les principaux, renvoyant pour plus de détails à notre mémoire publié dans le *Journal de médecine vétérinaire et de zootechnie*, Lyon 1900 (Recherches anatomiques sur le zébu comparativement au Bœuf européen).

1º *Squelette*. — Le zébu est plus dolichocéphale que le bœuf, ce terme exprimant le rapport de la largeur maximum de la tête prise

1. F.-X. Lesbre, Hybrides, hybridité et hybridation considérés plus particulièrement dans le règne animal. *C. R. Ac. des sc. b. l. et arts de Lyon*, 1921.

2. Marès, Les bovidés exotiques en Algérie. *Journal de l'agric. nouvelle*, juin et juillet 1898.

3. Meuleman, Le bétail du Congo. *Publication de la soc. belge coloniale*, 1907.

au niveau des arcades orbitaires à sa longueur; il est à peine de
0,40, tandis que dans l'espèce bovine, il est au moins de 0,45 et peut
atteindre 0,50 chez les taureaux.

b) La capacité cranienne à égalité de taille est notablement inférieur à celle du bœuf de nos pays. La comparaison de deux femelles
sensiblement de même format a donné pour l'une 335 centimètres
cubes, 500 pour l'autre, ce qui n'a pas laissé de nous surprendre car
tout semble indiquer que le zébu est supérieur en intelligence au
bœuf commun.

c) L'hyoïde de notre zébu femelle était beaucoup plus massif
que celui de la vache, sa petite corne plus courte, et son corps pourvu
d'un prolongement antérieur plus prononcé : différence en rapport
évidemment avec le développement des muscles prenant insertion
sur ce petit appareil osseux, squelette de la langue, du pharynx et du
larynx, et s'expliquant peut-être par la phonation particulière du
zébu et surtout par les efforts de préhension et de mastication qu'il
doit faire, eu égard aux végétaux durs et coriaces dont il se nourrit d'habitude, tels que joncs, typha, paille etc.

d) Le sacrum du zébu, très concave d'avant en arrière, ne comprend normalement que 4 vertèbres au lieu de 5 comme celui du
bœuf, mais cette différence, à supposer qu'elle soit constante, n'offre
aucune importance car on observe assez souvent 4 vertèbres chez le
bœuf, Cuvier lui-même, induit en erreur par cette anomalie, attribue
au sacrum de ce dernier 4 vertèbres seulement. Brehm signale en
outre 3 vertèbres de moins dans la queue du zébu; on observe en
effet une dégradation des vertèbres de cet appendice plus rapide
que chez le bœuf et qui peut bien aboutir à une réduction numérique, mais comme il y a, à égalité de taille, des variations de longueur assez grandes de la queue des zébus, comme des bœufs, il est
certain que le nombre des vertèbres caudales n'est pas plus fixe
dans une espèce que dans l'autre. La formule vertébrale n'a de
valeur pour la caractéristique des espèces que par les régions pré-
sacrées, encore ces régions ne sont-elles pas absolument fixes numé-
riquement dans une espèce donnée. Or le nombre des vertèbres de
ces régions est le même dans les deux espèces comparées (7 cervicales, 13 dorsales, 6 lombaires).

Retenons seulement que les vertèbres dorsales du zébu ont leurs
apophyses épineuses sensiblement plus longues et plus inclinées en
arrière que celles du bœuf; celles qui supportent la bosse sont ren-
flées au sommet, les autres légèrement bifurquées; que les apophyses
transverses lombaires sont aussi plus développées que celles du bœuf

et qu'il en est de même pour les côtes; par exemple, entre un zébu et une vache de même taille, les 5e, 6e, 7e et 8e côte, abstraction faite de leur cartilage de prolongement, avaient une longueur respective de 264, 474, 512 et 536 millimètres, chez le zébu, 220, 390, 430 et 440 chez la vache.

e) Les os des membres sont, d'une manière générale, moins épais, plus graciles, plus légers dans le zébu que dans le bœuf; le cubitus est sensiblement plus atrophié dans sa partie moyenne; le détroit antérieur du bassin, considéré chez des femelles adultes, est large et arrondi au lieu d'être étroit et elliptique comme chez la vache, les coxaux qui les circonscrivent ont une gracilité que l'on trouve rarement à ce degré, même chez les petites vaches, l'épaisseur du col de l'ilium peut être inférieure à 2 centimètres.

2º *Muscles.* — En ce qui concerne les parties molles nous avons noté chez notre femelle de Ceylan la finesse de la peau et l'abondance de la graisse. Avec son ossature légère, son arrière-main fortement culottée, elle réalisait le type de la bête de boucherie. Elle eût donné certainement plus de 60 °/o de viande nette. Abstraction faite du volume des muscles insérés sur l'hyoïde, nous n'avons constaté dans le système musculaire d'autres différences dignes de mention que celle du rhomboïde, liée comme nous allons le voir à la bosse. Celle-ci nous a ménagé en effet, une surprise : au lieu d'être une loupe graisseuse comme la ou les bosses dorsales des chameaux, c'était un gros noyau musculaire superposé au ligament cervical, de 9 à 10 centimètres de hauteur sur 15 de longueur, pesant 1.500 grammes. Incisée suivant le plan médian, elle présentait sur la section des faisceaux charnus intriqués, entrecroisés en tous sens, dont les intervalles réticulés étaient remplis de graisse. Ce noyau musculo-adipeux faisait hernie entre les deux portions du trapèze disjointes et se rattachait au rhomboïde comme une sorte de renflement de sa partie supérieure. Le dit muscle, au lieu de s'étendre longuement contre le bord supérieur de l'encolure, ainsi que dans le bœuf, se perdait dans la partie antérieure de la bosse.

Les ouvrages de zoologie sont tellement concordants pour affirmer la nature adipeuse de la bosse des zébus que nous nous sommes demandé d'abord si nous n'avions pas affaire à une anomalie. D'autre part cette bosse offre de si grandes variations de volume suivant l'état de santé et d'embonpoint, s'érigeant chez les individus en bon état, se flétrissant dans le cas contraire, que seule une loupe en paraît susceptible. Renseignements pris à diverses sources, nous pouvons affirmer aujourd'hui que la bosse dorsale des zébus n'est pas purement graisseuse, mais bien musculo-adipeuse. On aurait pu s'en douter d'ailleurs par cette phrase extraite du voyage de Jean Henri Grosse datant de 1758 : «Les bœufs de l'île du Johanna, près la côte de Mozambique, diffèrent des nôtres, dit l'auteur, en ce qu'ils ont une croissance charnue entre le cou et le dos; ce morceau de chair est préférable à la langue et d'aussi bon goût que la moelle ». Une bosse simplement adipeuse ne saurait donner lieu à une pareille appréciation gastronomique, appréciation dont il nous a été donné de vérifier nous-même le bien fondé.

3° *Viscères*. — Comme particularités du tube digestif nous signalerons la petitesse relative du réseau qui est de beaucoup inférieur en volume au feuillet, ce qui tient sans doute à ce que le zébu ingère moins de boisson que le bœuf conformément à cette règle assez générale que les animaux des pays chauds ont la soif moins exigeante que ceux de nos pays. Par contre, la caillette est notablement plus développée que celle du bœuf, surtout en longueur. Mais la différence principale porte sur l'intestin, qui est beaucoup moins long que chez le bœuf : la longueur du corps de la pointe de l'épaule à la pointe de la fesse était comprise 29 fois 18 chez le zébu femelle, 35 fois 30 chez la vache. Et cette différence était à peu près exclusivement imputable à l'intestin grêle, qui avait 27 m. 60 chez l'un, 38 mètres chez l'autre. Elle rappelle tout à fait celle qui existe entre l'âne et le cheval. On peut se demander si elle n'est pas en corrélation, chez le zébu comme chez l'âne, avec un régime moins substantiel et une plus grande sobriété?

L'appareil respiratoire du zébu est notablement plus développé que celui du bœuf, les voies plus amples, le poumon plus volumineux, ce qui concorde bien avec les différences d'aptitude locomotrice des deux animaux. Le larynx ne nous a rien révélé qui puisse expliquer les différences de la voix. Le calibre de la trachée était d'environ un quart plus grand que dans le bœuf, mais les cerceaux en étaient moins épais comme si la dilatation avait entraîné l'amincissement.

Le cœur du zébu est plus volumineux proportionnellement mais moins allongé que celui du bœuf.

Pour ce qui est de l'appareil génito-urinaire, nous ne l'avons étudié comparativement que dans le sexe féminin et n'avons relevé de différences que dans l'utérus qui était moins longuement bicorne chez le zébu que chez le bœuf et à cotylédons moins nombreux, et dans les mamelles, beaucoup moins développées dans le premier animal que dans le second, juste indiquées par quatre tétines d'un centimètre de longueur tout au plus. On sait d'ailleurs que, dans cette espèce, les femelles ne brillent pas par leur aptitude laitière.

Tels sont, en résumé, les résultats de nos recherches comparatives portant sur la conformation et la structure du zébu et du bœuf européen. Ils auraient besoin, sans nul doute, d'être contrôlés en ce qui concerne l'anatomie sur un plus grand nombre de zébus de toutes races et provenances. Tels qu'ils sont ils nous paraissent suffisants pour que l'on admette sans conteste deux espèces distinctes mais très affines. La domestication de l'une et de l'autre remonte à la plus haute antiquité, comme en témoigne leur figuration côte à côte sur les cylindres assyriens et les monuments de l'ancienne Egypte. Dans quelques régions de l'Inde, on trouve encore des zébus à l'état sauvage mais il est fort probable que ce sont des animaux marrons, c'est-à-dire des descendants d'anciens individus domestiqués qui s'étaient échappés et avaient repris la vie libre.

C'est à tort que, pour sa bosse dorsale, divers zoologistes modernes séparent le zébu du bœuf européen et le rapprochent de divers bovidés sauvages de l'extrême-Orient, tels que le gaur, le gayal, le banting, et même des bisons. Cette bosse musculo-adipeuse n'a rien de comparable à la forte saillie du garrot déterminée chez ces divers animaux par l'extrême développement des apophyses épineuses des vertèbres correspondantes. Il y a moins de raisons encore de rapprocher le zébu du yack, attendu que celui-ci n'a pas la même formule vertébrale : il possède en effet, comme les bisons, 14 vertèbres dorsales, et autant de paires de côtes, et 5 vertèbres lombaires seulement, tandis que les zébus, comme les bœufs et autres animaux du même genre, ont, sauf anomalie, 13 vertèbres dorsales, 13 paires de côtes et 6 vertèbres lombaires.

ARTICLE II. — BUFFLES (fig. 354 à 356)

D'une manière générale les buffles sont des bovidés lourds et massifs, trapus, près de terre, à cornes arquées plus ou moins aplaties et annelées jusqu'au voisinage de leur pointe, peu distantes des yeux, bovidés à peau épaisse et poils rudes et courts, clairsemés, sauf en certaines régions comme le sommet de la tête, le dos, les genoux, etc. où ils forment des touffes plus ou moins longues. Leur crâne est dépourvu d'un véritable chignon, ce bourrelet du frontal étant propre aux bovidés dont les cornes s'insèrent loin des yeux, au sommet de la tête. La formule vertébrale est celle du bœuf européen tout au moins en ce qui concerne les vertèbres pré-sacrées (7, 13, 6, 5, 14 à 19). Par contre, la langue n'est pas rude au toucher comme celle de ce dernier animal. Le regard est plus ou moins farouche et le naturel peu traitable, ce qui explique sans doute le retard de leur domestication.

Linné faisait entrer tous les buffles dans une même espèce du genre bœuf, qu'il appelait *bos bubalus*. Aujourd'hui on reconnaît

Fig. 354. — *Buffle Arni* (d'après Lydekker).

un genre bubalus comprenant plusieurs espèces : 1º le buffle domestique ou *bubalus indicus*, le seul dont nous ayons à nous occuper ici car tous les autres sont encore à l'état sauvage; 2º le buffle de Cafrerie, *bubalus cafer*, géant du genre, dont la longueur du bout du nez à la naissance de la queue, ainsi que la grande envergure des cornes atteignent jusqu'à 3 mètres et la taille 1 m. 80, espèce remarquable par ses cornes presque rondes, tellement larges à la base qu'elles ne laissent entre elles qu'un étroit sillon; 3º le buffle à courtes cornes, *bos brachyceros*, que l'on trouve dans le centre de l'Afrique, notamment au Congo, et dont la taille est assez exactement celle de nos vaches bretonnes; 4º enfin le buffle des îles Célèbes en Océanie, *bubalus anoa* ou *depressicornis*, le plus petit et le plus svelte, faisant transition aux antilopes.

Les buffles sont des animaux des régions tropicales recherchant en général les rives des fleuves ou les marécages. L'espèce domestique n'a été asservie par l'homme qu'à une époque relativement récente, et il en existe encore de nombreux individus à l'état sauvage, ou marrons c'est-à-dire descendants d'anciens animaux domestiques ayant repris la liberté. La Chine est le pays où l'on tire le meilleur parti de cette espèce, cependant les livres anciens des Chinois n'en font aucune mention. Aristote en parle comme d'un animal sauvage. De la Chine et de l'Inde le buffle se répandit peu à peu dans toute l'Asie méridionale et occidentale, passa en Egypte, en Grèce, en Turquie et dans les provinces du bas

Fig. 355. — *Tête de Buffle indien* d'après Lydekker).

Danube. C'est seulement en 596 qu'il fut introduit en Italie. Au XIIᵉ siècle les moines de Clairvaux cherchèrent à l'acclimater en France pour le labour; mais cette tentative n'eut pas de succès, non plus que celle de Napoléon Iᵉʳ en 1807. De nos jours, il n'en existe guère en Europe qu'en Grèce, en Turquie, en Roumanie, en Serbie, en Bulgarie, en Hongrie, en Tchéco-Slovaquie et dans le sud de la péninsule italique, notamment la Calabre et les marais Pontins; encore cède-t-il de plus en plus la place au bœuf commun. D'après le professeur Iliesco de Bucarest le nombre de buffles en Europe ne dépasse guère 750.000. La véritable patrie de cette espèce est l'Asie, où le nombre de ses représentants est estimé à près de 50 millions. Dans le nord de l'Afrique, surtout en Egypte, il y en a environ 650.000. Enfin on en trouve quelques milliers en

Amérique méridionale, notamment dans la Guyane, et autant dans le nord de l'Australie qui sont retournés à l'état sauvage.

La domestication relativement récente du *bubalus indicus* explique qu'il n'y ait pas dans cette espèce la multitude de variétés ou races que l'on observe dans le *bos taurus* ou le *bos indicus*. Nous n'en citerons que trois :

1° L'*arni*. considéré comme la race primitive dont les autres seraient issues (fig. 354); il habite, à l'état sauvage, le bord des grands fleuves de l'Indoustan; il a la taille et l'envergure des cornes du buffle de Cafrerie. On en rencontre parfois des troupes qui

Fig . 356. — *Buffles Européens*.
(Extrait de *Animal Life and the World of Nature*).

descendent le Gange en se laissant flotter comme s'ils étaient endormis. A l'état domestique ces animaux se trouvent répandus dans l'Inde transgangétique, la presqu'île de Malacca, le Tonkin, la Chine et l'Archipel indien, où ils rendent les mêmes services que le buffle commun;

2° Le *Kérabau*, que l'on rencontre à Ceylan, aux îles de la Sonde, à Bornéo, Sumatra, Java, aux îles Moluques, aux Philippines, animal presque glabre, plus petit que l'arni, mais armé de cornes non moins grandes;

3° Le buffle commun comportant lui-même deux variétés, l'une à cornes longues (fig. 355), l'autre à cornes courtes (fig. 356). De cette dernière procèdent les buffles européens.

Dans toutes les races, les cornes sont aplaties, anguleuses et comme carénées antérieurement, manifestement annelées jusqu'à proximité de leur pointe. Leur section est quadrangulaire à la base, triangulaire dans la plus grande partie de leur longueur, ronde à l'extrémité. Elles s'insèrent à mi-longueur du crâne et sont séparées largement l'une de l'autre à leur base. Leur longueur, très variable, approche parfois de 2 mètres chez l'arni, tandis que, dans les buffles communs, elle est ordinairement en dessous d'un mètre. Les deux cornes sont généralement dirigées de manière à former un croissant au dessus et en arrière de la tête, mais il y a sous ce rapport d'assez nombreuses variations; il peut arriver que l'une ne soit pas dans le même plan que l'autre ou bien soit mobile à la base, par défaut de soudure de la cheville osseuse etc. Remarquons que les buffles du Cap et le buffle à courtes cornes, c'est-à-dire les buffles africains se font remarquer par leurs cornes peu aplaties, presque rondes, et tellement larges à leur base qu'elles couvrent le front tout entier, ne laissant entre elles qu'un léger sillon.

Le front du buffle commun est bombé, prolongé derrière les cornes par une éminence simulant un chignon, garnie de poils abondants. Le chanfrein est rectiligne ou légèrement concave, jamais busqué. Les orbites sont peu saillantes et l'expression des yeux est quelque peu farouche. L'encolure est courte, arrondie, dépourvue de fanon, bien musclée, surtout chez le mâle non châtré. Le garrot est beaucoup plus accentué que chez le bœuf et très prolongé en arrière, en sorte que le dos est très court. Le rein est bien soutenu mais dominé par le garrot et le sacrum, ce qui le fait paraître concave. La croupe est avalée, ce qui augmente l'obliquité de la cuisse et rend l'animal sous lui du derrière; elle est en outre relativement courte. La queue attachée bas est ordinairement cachée dans l'entre-deux des cuisses; un toupillon la termine comme chez le bœuf. Le poitrail est large. Les côtes sont très obliques, ce qui réduit beaucoup l'étendue du flanc à sa partie inférieure. Les membres sont gros et courts. La longueur scapulo-ischiale comprend environ 3 fois celle de la tête, tandis que chez le bœuf elle est en moyenne de 3 têtes 1/3 et peut même atteindre 3 têtes 2/3. Malgré cette brièveté, elle dépasse encore la taille, prise au garrot ou à la croupe, mais moins que dans nos bovins d'Europe. Celle-ci varie de 1 m. 15 à 1 m. 40, elle est en moyenne de 1 m. 25 chez les femelles, 1 m. 30 chez les mâles; les buffles de la Hongrie atteignent jusqu'à 1 m. 40.

La couleur de la peau et de la robe est peu variable, le plus souvent la peau, les poils, les cornes, les onglons, le mufle sont noirs ou gris foncé; une dégradation de nuances s'observe aux extrémités, sous le ventre, au périnée et à la face interne des membres. On rencontre exceptionnellement des albinos, dont la peau dépigmentée est rosée, les poils, les cornes et les ongles blancs; ils sont peu prisés des Annamites car ils n'ont pas la force ni la résistance aux maladies des sujets de couleur normale. Ainsi que nous l'avons déjà dit, les poils sont rudes et grossiers, rares et courts sur la plus grande partie du corps, tandis qu'ils sont plus longs et plus abondants sur certaines régions, notamment le sommet de la tête, le dos, les épaules, les genoux, où ils forment des épis très apparents et très caractéristiques. Chez les animaux âgés les régions du corps soumises à des frottements répétés, comme l'encolure et les pointes des fesses, deviennent tout à fait glabres. Les épis sont souvent le meilleur moyen d'identification, vu l'uniformité de la couleur de la robe et la difficulté d'emboucher ces indociles animaux pour reconnaître leur âge. Au surplus il reste à déterminer avec précision les signes de l'âge dans cette espèce, rien ne prouve qu'ils soient exactement les mêmes que ceux du bœuf européen; Peytavin déclare que les incisives des buffles « ont une grandeur et une grosseur supérieures à celles de ce dernier et qu'on est porté à prendre les dents de lait pour des dents d'adulte ». D'autre part il n'y a rien à tirer des cornes pour cette diagnose. La peau des buffles, très épaisse et très dense, est peu sujette aux traumatismes, on l'a vue s'opposer à la pénétration de balles de fusil tirées cependant à courte distance; mais, chose curieuse, elle est très sensible aux piqûres de moustiques. Par le tannage on en obtient un cuir très résistant employé pour faire des justaucorps, des ceintures et autres objets désignés sous le nom de buffleteries.

Les mamelles de la bufflesse sont au nombre de 4 disposées en trapèze, les postérieures étant moins développées que les antérieures. Elles sécrètent un lait plus blanc et plus crémeux que celui de la vache mais moins abondant (3 à 4 litres par jour en moyenne), lequel est consommé en totalité par les bufflons, dont l'allaitement se continue jusqu'à un et même deux ans. Toutefois dans l'Inde anglaise ainsi qu'en Italie, en Bulgarie, il est des bufflesses exploitées comme laitières et qui donnent, paraît-il, jusqu'à 30 litres de lait par jour.

Tels sont les principaux traits de la conformation des animaux de l'espèce *bubalus indicus*. Ajoutons que le port de ces animaux est lourd, leurs allures gauches; ils courent en allongeant le cou et tendant le museau comme pour flairer. Leur voix est un mugissement plus grave et plus pénétrant que celui du taureau. L'eau est leur élément, un bain de douze heures ne leur paraît pas trop long, et, à défaut d'eau ils se vautrent dans la fange des marécages, dont les herbes grossières sont de leur goût; peut-être est-ce pour eux le moyen de se défendre contre les piqûres des insectes, qu'ils craignent énormément. Grâce à cette passion de l'eau, ils sont sans rivaux pour la culture du riz; on a bien essayé de leur substituer les moteurs mécaniques, mais sans succès jusqu'à ce jour.

Bien que plus ou moins stupide et farouche le buffle domestique s'attache à son maître quand il est bien traité, mais il reste sujet à des accès de colère, surtout en présence de personnes étrangères vêtues de blanc ou de couleur claire. On le maîtrise à l'aide d'un anneau passé à travers la cloison nasale. C'est vers l'âge de 2 ans qu'on le dresse à la culture; à partir de 3 ans il est capable des travaux les plus durs. « Attelés le matin vers 4 heures, dit Peytavin (*loc. cit.*), il travaille dans les rizières sans désemparer jusqu'à 10 heures, après quoi on le conduit dans quelque maigre pacage où il reste jusqu'à la nuit, mais il n'améliore pas les endroits qu'il piétine, le sol y devient dur et improductif ». Il laboure aussi bien que le bœuf, plus longtemps peut-être, mais sans jamais se hâter. C'est incontestablement le plus rustique des Bovidés, le plus sobre, le plus facile à entretenir, n'importe quelle herbe de brousse lui convient. Malheureusement son hygiène est fort négligée en Cochinchine; mal nourri, mal logé, surmené, il paye un plus fort tribut que le bœuf aux maladies contagieuses du pays; cependant Iliesco déclare que le buffle de Roumanie résiste mieux que le bœuf au typhus et à la fièvre aphteuse.

La bufflesse devient apte à la reproduction vers 2 ans 1/2 à 3 ans et cesse de l'être vers 12 ans. En général elle fait un petit deux années de suite et reste stérile l'année suivante. Environ une fois sur 100 elle donne naissance à deux jumeaux. La gestation est d'un mois plus longue que celle de la vache, c'est-à-dire de 10 mois 1/2; Peytavin dit 11 mois? Les avortements sont assez fréquents par suite de surmenage, de traumatisme ou d'intoxication, mais il n'y a pas d'avortement épizootique comme dans nos pays. On châtre les mâles à partir de 2 ans jusqu'à 7 ou 8 ans; cette opération pratiquée sur des animaux jeunes favorise manifestement le développement du train de derrière. Brehm rapporte qu'on obtient assez facilement le croisement de l'espèce du buffle avec celle du zébu, difficilement avec celle du bœuf; les croisements seraient féconds, mais les petits seraient tellement gros qu'ils mourraient en naissant ou bien leurs mères en accouchant? En réalité lesdites espèces sont antipathiques, elles peuvent bien par artifice ou aberration d'instinct s'accoupler exceptionnellement, mais cet accouplement est stérile.

En résumé le buffle domestique est essentiellement une bête de somme et un moteur agricole, particulièrement nécessaire, indispensable même dans les pays de grande production rizière. Tant qu'ils sont capables de travailler, c'est-à-dire jusqu'à 20 à 25 ans, on utilise leurs services. Abattus ensuite pour la boucherie, ils donnent une viande foncée et coriace de médiocre qualité. Même la viande des animaux jeunes est loin d'être aussi prisée que celle du bœuf en raison d'une odeur spéciale rappelant celle de la vase. L'odeur de la graisse est tellement forte qu'on la rejette ordinairement de la consommation et qu'on l'emploie exclusivement pour la fabrication des bougies ou du savon. On le voit, la valeur du buffle comme animal de boucherie est d'importance secondaire. A Saïgon la consommation mensuelle est de 30 à 35 buffles pour 800 à 850 bœufs. Sa production laitière n'a d'importance que dans quelques pays. On peut donc affirmer qu'il est loin de la valeur du bœuf européen, mais il est plus rustique, plus sobre, moins exigeant et adapté à certaines conditions d'économie rurale dans lesquelles celui-ci ne pourrait prospérer. Citons enfin une utilisation du buffle que l'on doit au D\ Calmette, et pour laquelle il s'est montré supérieur au bœuf, c'est celle de producteur de vaccin jennérien. A l'institut Pasteur de Saïgon on a substitué des bufflons aux génisses comme sujets vaccinogènes et le vaccin obtenu inoculé aux enfants donne un résultat positif de 100 °/o, ledit institut délivre chaque année 2 millions 1 /2 à 3 millions de doses de ce vaccin.

En terminant ce paragraphe consacré aux buffles, je suis heureux de déclarer que j'ai puisé beaucoup dans la thèse de docteur vétérinaire de mon ancien élève G. Peytavin : *Le buffle en Cochinchine, étude descriptive et zootechnique, rôle économique*, Lyon, 1927.

A consulter aussi :

Iliesco, Considérations sur le buffle de Roumanie, *Revue d'Histoire naturelle appliquée* n° du 9 septembre 1926.

L. Maccagnano. Le buffle domestique, analysé dans le *Bulletin de la société d'acclimatation*, septembre 1926.

De Bouis. *Del buffalo et della sua utilizzazione nelle paludi positive* (il Nuoro Ercolani 1898).

Ath Dimitroff. Le buffle en Bulgarie. *Thèse de docl. vétér.*. Lyon, 1929.

Il reste encore beaucoup à étudier dans la famille des Bovidés, surtout en ce qui concerne l'anatomie comparative des 4 genres : *laurins*, *buffles*, *bisons* et *yacks*, abstraction faite des *ovibos* qui, comme leur nom l'indique, forment un genre intermédiaire aux Bovidés et aux Ovidés.

ARTICLE III. — CAMÉLIDÉS

§ 1er. — Camélidés (fig. 357 à 359).

A. CARACTÈRES GÉNÉRAUX. — Le genre *camelus* et le genre *lama* ou *auchenia* constituent la famille des Camélidés, de l'ordre des ruminants. Les Camélidés et les Moschidés forment la tribu des ruminants sans cornes. Les premiers se distinguent des seconds par leur lèvre supérieure divisée en deux moitiés latérales et par leurs extrémités digitées, prenant appui non pas par des onglons,

FIG. 357. — *Chameau à une bosse ou dromadaire*
(Photog. communiquée par M. Bourdelle).

mais par un vaste coussinet plantaire qui réunit les deux doigts en arrière de courtes griffes tenues relevées par l'action d'un ligament élastique et échappant ainsi au contact du sol. Ce sont donc des animaux digitigrades et non des ongulogrades comme tous les autres ruminants (fig. 363). D'autre part ils sont totalement dépourvus d'ergots; à la face postérieure de leurs boulets il n'y a pas trace de production cornée, et cela coïncide avec l'absence de tout vestige squelettique des doigts latéraux (2e et 5e). Il existe toutefois chez les lamas, sur les faces latérales des canons posté-

FIG. 358. — *Dromadaire couché, décubitus sternal.*
(Photographie communiquée par M. Bourdelle).

FIG. 359. — *Chameau de Bactriane ou à 2 bosses.*
(Photographie communiquée par M. Bourdelle).

L'animal se préparait au décubitus.

rieurs, des châtaignes que l'on peut considérer comme des ergots remontés, c'est-à-dire des vestiges unguéaux des deux doigts précités, à l'instar des châtaignes des solipèdes qui représentent, à la face interne des avant-bras et des jarrets, un vestige tégumentaire du pouce de la main et du pied. La conformation des Camélidés est remarquable en outre par la petitesse de la tête, l'allongement et l'inflexion du cou, et l'absence de *pli du grasset*, c'est à-dire de ce pli de peau qui, dans la plupart des grands quadrupèdes, réunit la cuisse au flanc en couvrant latéralement la région de l'aine; ainsi les membres postérieurs se trouvent complètement libérés du tronc.

Les Camélidés ne sont pas moins caractérisés par leur anatomie que par leur morphologie (fig. 360, 361 et 362). Leur estomac pluriloculaire ne ressemble guère à celui des autres ruminants, avec l'absence totale de feuillet, et une panse à

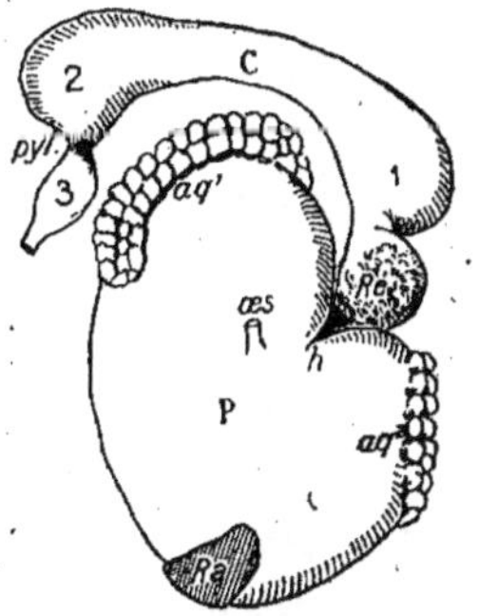

FIG. 360. — *Face supérieure de l'estomac d'un chameau.*

œs, terminaison de l'œsophage *p*, panse avec ses deux groupes; de cellules aquifères *aq*[1] et *aq*[2], *ré*, réseau; *c*, caillette avec ses deux dilatations, initiale, 1, et terminale 2; *pyl.*, étranglement pylorique; 3, renflement à l'origine de l'intestin grêle; *Ra*, rate. (Il n'y a pas de feuillet).

muqueuse lisse montrant deux groupes de cellules ou augets aquifères qui s'accusent à la surface extérieure à la manière de soufflures agglomérées, augets que Pline signalait déjà comme des espèces de citernes où l'eau est mise en réserve, ce qui permet à ces animaux de rester plusieurs jours sans boire. La muqueuse qui tapisse ces diverticules contraste avec celle du reste de la panse par son épithélium simple et cylindrique et par de nombreuses glandes en tube qui lui donnent tous les caractères des muqueuses vraiment digestives. Ils peuvent être fermés à leur entrée par des travées musculaires faisant office de sphincters et empêchant le contenu de la panse d'y pénétrer.

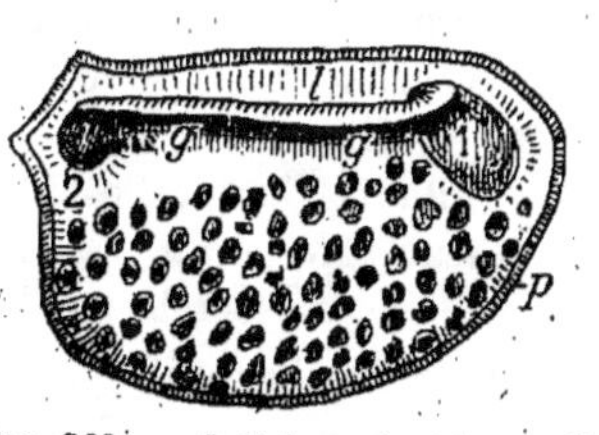

FIG. 361. — *Intérieur du réseau (les alvéoles son marqués de hachures).*

P, coupe de la paroi; *g*, gouttière œsophagienne; *l*, son unique lèvre; 1, orifice de communication avec la panse; 2, entrée de la caillette.

Les alvéoles du réseau rappellent exactement les augets de la panse mais sont plus petits. La gouttière œsophagienne est extrêmement longue et unilabiée, elle traverse l'entrée du réseau et se poursuit jusqu'à la caillette; son unique lèvre, située à droite est un simple pli flottant de la muqueuse qui s'atténue progressivement. La caillette est un réservoir intestiniforme, rétréci dans son milieu, renflé à ses deux extrémités et terminé par un étranglement pylorique très prononcé, suivi d'une dilatation initiale de l'intestin. En résumé l'estomac des caméliens est très différent de celui des autres ruminants. Ce n'est pas avec ce dernier qu'il présente le plus d'homologie mais avec celui de certains pachydermes et particulièrement du pécari. G. Cuvier a fait remarquer que le volume de la panse relativement aux autres estomacs est aussi grand chez les caméliens nouveau-nés que chez les adultes, tandis que, dans les autres ruminants, elle ne prend toute sa prépondérance qu'après le sevrage. Ce fait, que nous avons nous-même constaté chez un fœtus de dromadaire, est très suggestif; il tend à démontrer que la panse des caméliens n'est pas un simple compartiment de rumination, mais qu'elle est en outre, grâce à ses alvéoles glandulaires aquifères, un compartiment chymifiant. Et il en est de même du réseau. Ne serait-ce pas au suc encore inconnu sécrété par la muqueuse desdits alvéoles que les chameaux doivent d'être épargnés par la météorisation?

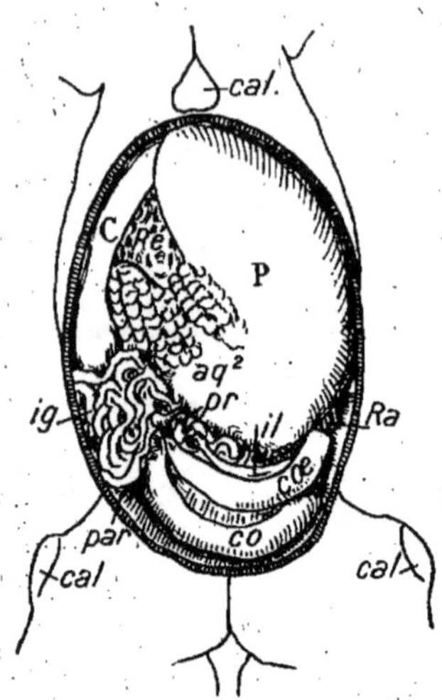

FIG. 362. — *Estomac et intestin d'un chameau, vus en place après excision de la paroi abdominale inférieure.*

P panse; *aq²*, cellules aquifères du groupe postéro-inférieur; *ré*, réseau; *C*, caillette; *Ra*, rate; *ig*, intestin grêle; *il*, iléon, *cœ*, cœcum; *co*, côlon; *pr*, partie terminale du côlon; *par*, paroi abdominale; *cal*, callosités sternale et rotuliennes.

— Un autre caractère des Camélidés, qui mérite d'être ici rapporté, c'est l'absence de vésicule biliaire sur le trajet du canal excréteur du foie et l'embouchure commune de ce dernier avec le canal pancréatique dans la dilatation initiale de l'intestin.

Et ce n'est pas tout : les Camélidés, au lieu d'avoir le placenta cotylédonaire comme les ruminants ordinaires, ont le placenta diffus à l'instar des jumentés et des porcins; on ne trouve donc pas à l'intérieur de leur matrice ces saillies si remarquables de la muqueuse, prédestinées à la greffe placentaire, et que l'on appelle cotylédons maternels. En raison de ce mode de placentation la délivrance suit l'accouchement à bref intervalle, souvent même le petit naît coiffé et, si personne n'assiste à cet accouchement, la femelle se charge elle-même de déchirer les enveloppes. Citons encore l'absence du nerf de la 11e paire ou spinal et la naissance des deux nerfs laryngés, supérieur et inférieur, par un tronc commun qui part du pneumogastrique dans la région gutturale, en sorte que le laryngé inférieur ne justifie plus le nom de récurrent qu'on lui donne habituellement. Cette singulière particularité s'explique peut-être par la longueur du cou qui aurait augmenté démesurément le trajet du nerf s'il eût pris son origine à l'endroit habituel. Citons enfin que Mandl a montré dès 1838 que les globules rouges du sang des Caméliens, au lieu d'être ronds comme dans les autres mammifères sont elliptiques : autre particularité singulière dont la raison d'être est inconnue.

Telle est, en résumé, la caractéristique des Camélidés : famille en quelque sorte aberrante de l'ordre des ruminants. Voyons maintenant les principaux traits différentiels des deux genres chameau et lama.

B. Genre lama. — Les animaux du genre lama sont beaucoup plus petits que les chameaux et dépourvus de bosses dorsales. Ils sont revêtus d'une toison beaucoup plus fine et développée que celle des chameaux. Leurs pieds sont plus fendus et à plante calleuse moins étendue; ils ont deux semelles plantaires au lieu d'une, mais elles sont largement unies en arrière; aussi ne serait-il pas exact de dire avec Buffon qu'ils sont fourchus comme ceux du bœuf. En arrière les deux doigts sont empêtrés dans la peau et réunis

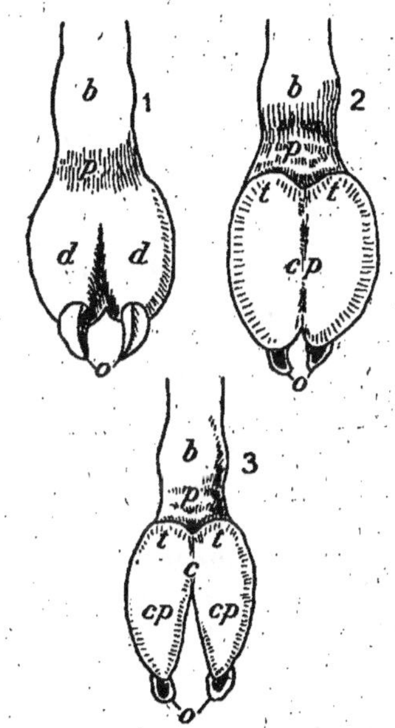

Fig. 363. — *Pieds de Camélidés.*

1 et 2, de chameau vu par-dessus et par-dessous; 3, de lama, face plantaire.
b, boulet; *p*, paturon; *d, d*, les deux doigts; *cp*, coussinet plantaire; *t, t*, talons; *o*, ongles; *c*, commissure des coussinets chez le lama; dans les chameaux les coussinets plantaires sont réunis sur toute l'étendue des doigts, un sillon à peine marqué établit leur démarcation.

par leurs coussinets plantaires; c'est seulement du côté antérieur qu'ils sont séparés par un intervalle où s'enfonce la peau, intervalle beaucoup moins marqué chez les chameaux (fig. 363). La couche cornée des coussinets précités a la souplesse et la consistance du cuir. Quant aux ongles ils sont beaucoup plus comprimés et plus recourbés en griffes que dans le genre *camelus*. Nous avons déjà mentionné la présence de châtaignes aux membres postérieurs des lamas, lesquelles manquent aux chameaux.

Les différences anatomiques sont assez nombreuses et quelques-unes d'une réelle importance, notamment en ce qui concerne les muscles. Nous ne citerons ici que celles des reins. Chez les chameaux le bassinet lance de part et d'autre de la crête opposée à l'infundibulum initial de l'uretère, une douzaine de diverticules qui rayonnent dans la substance médullaire et s'y anastomosent de manière à transformer l'organe en une sorte d'éponge urinaire, diverticules oblitérés chez les lamas. Pour plus de détails voir notre monographie anatomique des Camélidés publiée dans les *Archives du Muséum d'Histoire naturelle de Lyon*, t. VIII, 1900 [1].

Les animaux du genre lama, aujourd'hui cantonnés sur les hauts plateaux de l'Amérique du Sud, dans les montagnes de la Cordillère, ont été qualifiés à juste titre de chameaux du Nouveau-Monde; ils en sont en effet des formes vicariantes et ont eu vraisemblablement la même lignée d'ancêtres, lignée qui a eu l'Amérique pour berceau et que l'on peut remonter jusqu'à l'époque éocène, grâce aux découvertes de Marsh, Leidy, Cope, Osborne etc. Ces deux rameaux d'une même souche se sont séparés vers l'époque miocène, et, tandis que l'un passait en Asie en profitant de la continuité des deux continents que n'avait pas encore rompue le détroit de Behring, l'autre restait sur sa terre d'origine. Aux temps quaternaires, il existait des lamas dans toute l'Amérique, déjà différenciés en plusieurs espèces; leurs gisements fossiles sont particulièrement nombreux aux Etats-Unis. Pourquoi ont-ils disparu de l'Amérique du Nord? et quelles sont les conditions qui leur ont valu de survivre dans l'Amérique du Sud? On l'ignore absolument et je m'abstiens de toute hypothèse à ce sujet. Quoi qu'il en soit, il existe actuellement 4 formes différentes de lamas dont deux vivent à l'état sauvage, le guanaco et le paco ou vigogne, et deux à l'état domestique, le lama proprement dit et l'alpaca.

1. Recherches anatomiques sur les Camélidés : anatomie du chameau à deux bosses; différences entre les deux espèces de chameaux; différences entre les chameaux et les lamas (116 figures).

Depuis Buffon la plupart des zoologistes répètent, en se copiant, que le guanaco et le lama appartiennent à une seule et même espèce et qu'il en est de même pour la vigogne et l'alpaca; plusieurs affirment catégoriquement, sans toutefois donner de preuves, que les animaux de chacun de ces deux groupes se reproduisent entre eux et donnent des métis. L'espèce de la vigogne et de l'alpaca serait à l'autre espèce, au point de vue de la taille, ce que l'âne est au cheval, l'une atteignant la taille du cerf, l'autre ne dépassant guère celle du mouton.

On tend aujourd'hui à distinguer les quatre formes du genre lama comme autant d'espèces. Les indigènes des pays qu'elles habitent ne les ont jamais confondues. Tschudi, en particulier, s'est appliqué à faire valoir les différences qui les caractérisent et à démontrer que la prétendue fécondité de leur croisement n'est qu'une légende. Sur 21 accouplements de guanaco et de lama, il déclare n'avoir pas obtenu une seule fécondation.

Il ne m'a été donné jusqu'à ce jour d'étudier d'une manière complète que le lama domestique (*auchenia lama* ou *lama glama*), je m'abstiendrai donc de me prononcer sur la question controversée ni sur le degré d'affinité des animaux en cause, il faudrait au préalable en faire une étude anatomique comparative minutieuse. Au surplus lama et alpaca sont des mammifères domestiques qui de plus en plus cèdent la place à d'autres d'une exploitation plus avantageuse. Les tentatives d'Isidore Geóffroy-Saint-Hilaire pour les introduire dans nos Alpes n'ont pas eu de succès, et c'était juste. Relégués aujourd'hui dans des pays lointains, fort peu visités par les Français, ils ne sauraient nous retenir plus longtemps.

C. GENRE CHAMEAU. — Arrivons donc aux espèces du genre *camelus* dont l'importance économique autrement grande est célébrée dans cette belle page de Buffon :

« L'or et la soie ne sont pas les vraies richesses de l'Orient, c'est le chameau qui est le trésor de l'Asie. Les Arabes regardent cet animal comme présent du ciel, un animal sacré. Avec leurs chameaux non seulement ils ne manquent de rien, mais même ils ne craignent rien; ils peuvent mettre en un seul jour 50 lieues de désert entre eux et leurs ennemis; toutes les armées du monde périraient à la suite d'une troupe d'Arabes; aussi ne sont-ils soumis qu'autant qu'il leur plaît. Qu'on se figure un pays sans verdure et sans eau, un soleil brûlant, un ciel toujours sec, des plaines sablonneuses, des montagnes encore plus arides sur lesquelles l'œil s'étend et le regard se perd sans pouvoir s'arrêter sur aucun objet vivant, une terre morte et pour ainsi dire écorchée par les vents, laquelle ne présente que des ossements, des cailloux jonchés, des rochers debout ou renversés, un désert entièrement découvert où le voyageur n'a jamais respiré sous l'ombrage, où rien ne l'accompagne, rien ne lui rappelle la nature vivante : solitude absolue mille fois plus affreuse que celle des forêts, car les arbres sont encore des êtres pour l'homme qui se voit seul; plus isolé, plus dénué, plus perdu dans ces lieux arides et sans bornes, il voit partout l'espace comme son tombeau; la lumière du jour, plus triste que l'ombre de la nuit, ne renaît que pour éclairer la nudité, son impuissance, et pour lui présenter l'horreur de sa situation en reculant à ses yeux les barrières du vide, en étendant autour de lui l'abîme de l'immensité qui le sépare de la terre habitée, immensité qu'il tenterait en vain de parcourir, car la faim, la soif et la chaleur brûlante prennent tous les instants qui lui restent entre le désespoir et la mort ».

Voilà les pays que jusqu'à ces derniers temps, seuls les chameaux permettaient de traverser, aussi ont-ils été qualifiés justement de *navires du désert*.

Il y a deux espèces de chameau, le chameau à deux bosses ou chameau de Bactriane et le chameau à une bosse ou chameau d'Arabie, ce dernier plus connu sous le nom de dromadaire. Comme différence essentielle entre ces deux espèces les auteurs ne mentionnent que le nombre de bosses.

«Les deux noms, chameau et dromadaire, dit Buffon, ne désignent pas deux espèces distinctes mais seulement deux races subsistantes de temps immémorial dans l'espèce du chameau; le principal et pour ainsi dire l'unique caractère sensible par lequel ces deux races diffèrent consiste en ce que le chameau porte deux bosses tandis que le dromadaire n'en a qu'une; il est aussi plus petit et moins fort que le chameau, mais tous deux produisent ensemble et les individus qui proviennent de cette race croisée sont ceux qui ont le plus de vigueur et qu'on préfère à tous les autres. Ces métis issus du dromadaire et du chameau forment une race secondaire qui se multiplie parallèlement et qui se mêle aussi avec les races premières, en sorte que dans cette espèce comme dans celle des autres animaux domestiques, il se trouve plusieurs variétés dont les plus générales sont relatives à la différence des climats ».

De son côté, de Blainville déclare qu'il lui a été impossible de reconnaître une différence évidente soit dans le système dentaire, soit dans le squelette, pas la moindre particularité différentielle autre que celles qui peuvent être considérées comme individuelles et que l'iconographie la plus rigoureuse pourrait à peine signaler. Les deux sortes de chameaux, conclut-il, ne forment qu'une seule espèce.

Tel est aussi l'avis de Carl Vogt. « Les nombreuses races produites par sélection de l'homme offrent bien plus de différences quant aux proportions des membres, au développement de l'ossature, au pelage etc., que les deux espèces, admises. Le chameau à deux bosses, originaire d'Asie, est évidemment la race primitive ».

S'il n'y avait d'autres différences que celle des bosses entre le chameau et le dromadaire, cela ne suffirait guère évidemment à caractériser deux espèces attendu que les bosses en question sont purement adipeuses et sujettes à disparaître presque, en cas d'extrême amaigrissement. Mais, sans compter les différences de faciès, d'habitude extérieure, il en existe d'autres que nous avons fait connaître dans notre monographie anatomique des Camélidés et qui sont au moins équivalentes à celles de l'âne et du cheval dont personne ne conteste la spécificité.

Quant à l'affirmation de Buffon, répétée par la plupart des zoologistes, que chameaux et dromadaires produisent ensemble et donnent des métis féconds « formant une race secondaire qui se multiplie parallèlement et se mêle avec les races premières », nous avons de sérieuses raisons de croire que cet illustre naturaliste a été induit en erreur par l'usage conservé chez les peuples de l'Afrique et de l'Orient de réserver le nom de dromadaires aux dromadaires coursiers à l'exclusion des autres qu'ils appellent chameaux. Le terme *dromedarius* ne remonte d'ailleurs pas au delà des Romains de la décadence et il ne s'appliquait dans le principe qu'aux animaux de course (*camelus droma*) tels que les mehara. Les auteurs anciens, Aristote, Strabon, Diodore de Sicile etc., ne se servaient que du mot chameau (Καμπλος ou *Camelus*) et ils distinguaient le chameau de Bactriane (à deux bosses) et le chameau d'Arabie (à une bosse). C'est par un véritable abus de langage que les occidentaux ont généralisé l'appellation de dromadaires à tous les individus de l'espèce à une bosse. Voici ce que nous a écrit à ce sujet notre distingué collègue Piot-bey, ancien vétérinaire en chef des domaines de l'Etat égyptien :

« Le chameau de Bactriane est totalement inconnu sur les bords du Nil, depuis sa source jusqu'à son delta. D'autre part j'ai parcouru toutes les échelles du Levant, la Syrie, Beyrouth, Alexandrette, Chypre, Smyrne, Constantinople, la Tunisie, l'Algérie, sans rencontrer un seul chameau à deux bosses. Je ne sais donc absolument rien sur le croisement des deux espèces; mais il faut vous dire que dans l'espèce du chameau à une bosse, les Arabes distinguent des chameaux, bêtes de somme à allures lentes, (*el djemel*) et des dromadaires où bêtes de selle à allures vives (*el aghin*);

les uns et les autres étant de même espèce s'accouplent et donnent des métis, bien que leurs conformations soient presque aussi différentes que celles d'un cheval boulonnais et d'un pur sang anglais. Aux premiers, les transports de toutes sortes (jusqu'à 400 ou 500 kilogrammes) dans la vallée nilotique; aux seconds l'empire du désert. »

Il y avait donc lieu de soupçonner que l'assertion de Buffon se rapportait non pas aux deux espèces *camelus bactrianus* et *camelus arabicus*, mais tout simplement aux deux races lourde et légère de cette dernière espèce. C'est pourquoi, sur les indications du Dr Lortet qui avait beaucoup voyagé en Asie Mineure et m'avait assuré y avoir vu les deux espèces en divers endroits, je me suis adressé à M. H. Pognon consul de France à Alep, pays où confinent les aires géographiques des deux espèces de chameaux. J'en ai reçu très obligeamment la lettre suivante :

« Le terme de dromadaire n'est pas usité dans l'arabe de Syrie, on dit simplement chameau à une bosse et chameau à deux bosses. Le chameau à deux bosses existe dans la région de Césarée et en Asie Mineure; parfois les caravanes en amènent à Alep. Les deux espèces peuvent se croiser. Le chameau à une bosse et la chamelle à deux bosses donnent naissance à un hybride qui n'a aucune qualité particulière; aussi ne cherche-t-on pas à en obtenir, mais on m'assure que lorsque les animaux ne sont pas surveillés ce croisement a lieu quelquefois. Au contraire le chameau à deux bosses et la chamelle à une bosse donnent naissance à un autre hybride nommé en Syrie *chameau de Mayeh*, qui, en raison de ses qualités, est très recherché et fait l'objet d'un très grand commerce. Mayeh est le nom d'un canton de la région de Césarée où l'on produit une grande quantité de ces hybrides. Le chameau de Mayeh n'a qu'une seule bosse, mais il est plus grand, plus fort que le chameau à une bosse et il a les poils longs; il suffit d'en avoir vu une fois pour le reconnaître facilement. Il supporte très bien le froid, l'humidité, marche beaucoup mieux dans la boue que le chameau à une bosse, qui glisse facilement. On l'emploie beaucoup dans la région d'Alep pendant l'hiver, mais on est obligé de l'envoyer dans le nord pendant l'été car il ne supporte pas la chaleur. Il est *absolument infécond* comme le mulet, et ne donne de produit ni avec le chameau à deux bosses ni avec le chameau à une bosse ni avec un congénère. »

L'assertion de Buffon touchant la fécondité des produits de croisement des deux sortes de chameaux avait été déjà contredite par Oléarius, qui affirme de la manière la plus positive que le chameau à deux bosses et le dromadaire produisent ensemble des individus stériles comme les mulets, lesquels sont plus estimés que les races originelles (voy. Cuvier et Lacépède, *Ménagerie du Muséum*).

Dans son livre sur l'*Hérédité normale et pathologique*, Sanson
écrit que les deux espèces du genre *camelus* ont été souvent accou-
plées, le mâle de l'espèce à deux bosses avec la femelle de l'espèce
à une bosse, ou inversement, et que, dans l'un comme dans l'autre
cas, on a vu le produit naître soit avec deux bosses, soit avec une
seule. Il y aurait autant d'exemples de double bosse chez les sujets
issus d'un père à bosse unique que chez ceux dont le père en avait
deux. L'auteur ne dit rien de leur fécondité ou de leur infécondité,
et n'indique pas les sources où il a puisé ces renseignements qui ne
sont pas tout à fait concordants avec les précités. Il nous paraît
certain, après le témoignage de M. le Consul de France à Alep con-
firmant les dires d'Oléarius, que le produit de croisement des deux
sortes de chameaux est un hybride au même titre que le produit de
l'âne et du cheval. Par conséquent, à quelque point de vue que l'on
se place, ces animaux appartiennent bien à deux espèces différentes.

Nous en ferons toutefois une étude commune, surtout morphologique, renvoyant le lecteur pour les différences anatomiques à notre
monographie des Camélidés (*loc. cit.*). Les figures 357 à 359 nous
dispenseront d'entrer dans de longs détails. Les naturalistes et les
voyageurs ont si souvent décrit et figuré les formes et attitudes
des chameaux que toute personne cultivée en garde le souvenir.
Nous nous bornerons donc à quelques considérations sur les proportions métriques, les bosses, les callosités, la peau et les poils,
les pieds et quelques autres régions.

Proportions. — En moyenne la longueur de la tête est contenue
approximativement 2 fois dans la longueur du cou déployé. La
longueur scapulo-ischiale équivaut à environ 3 têtes, c'est-à-dire à
la tête et au cou déployés et étendus; cette longueur est toujours
inférieure à la taille, même sans comprendre la bosse dans celle-ci.
la différence dépasse une demi-tête chez les dromadaires coursiers.
D'une manière générale les chameaux se font remarquer par la
brièveté du corps et la longueur des membres. C'est ce qui explique
leur préférence pour l'allure de l'amble; en effet dans une allure
diagonale comme le trot les membres en latéral n'auraient pas suffisamment d'espace pour se déployer sans s'entrechoquer. La croupe
est courte, étroite et avalée, les pointes des fesses sont peu saillantes, la cuisse verticale, l'angle coxo-fémoral très ouvert : tous
caractères indiquant peu d'aptitude à la traction et au cabrer.
Il est manifeste que les membres des chameaux sont surtout disposés pour supporter et pour osciller amplement sous le corps. Si

l'on considère en outre que la colonne dorso-lombaire fait voûte d'un bipède à l'autre et que les apophyses épineuses sont extrêmement fortes et développées, on s'explique que les chameaux soient essentiellement aptes au service du bât.

Comme dans les solipèdes le centre articulaire du jarret est à peu près à égale distance du centre articulaire fémoro-tibial et du centre métatarso-phalangien, ce qui revient à dire que la longueur du rayon tarso-métatarsien équivaut à celle du tibia.

Le centre articulaire du genou est équidistant du centre huméro-radial et du sol sur lequel le membre appuie, ce qui implique une grande longueur du radius, qui tend à égaler celle du fémur. Le radius du dromadaire, notamment du méhari, est particulièrement long et grêle, c'est l'allongement de l'avant-bras et du canon qui donne aux membres de cet animal comparés à ceux du chameau leur aspect élancé et svelte. L'indice huméro-radial est de 0. 70 à 0. 75 dans le dromadaire, de 0. 80 environ dans le chameau; l'indice métacarpo-huméral est de 0. 90 à 0. 95 dans le premier animal, de 0. 80 à 0. 85 dans le second.

La hauteur verticale du sternum au niveau de sa callosité est à peu près la moitié de la taille prise au sommet de la bosse du garrot chez le chameau, elle dépasse plus ou moins cette mesure chez le dromadaire.

La longueur de l'épaule l'emporte de beaucoup sur celle de la croupe, le scapulum sans son cartilage de prolongement est aussi long que le coxal. Cette région se fait en outre remarquer par l'amplitude de ses oscillations lorsque l'animal est en marche.

La largeur ainsi que l'épaisseur de la tête équivalent sensiblement à la moitié de sa longueur, tandis que l'écartement des ganaches en est le tiers environ et la longueur de l'oreille le quart. L'œil est approximativement à égale distance de la nuque et du bout des lèvres.

En résumé le chameau à deux bosses est plus développé, plus volumineux et plus fort que le dromadaire mais moins svelte, moins haut sur membres; ce dernier présente toutefois d'assez grandes différences sous ce rapport suivant les racés.

Bosses. — Dans le chameau à deux bosses la première surmonte les épaules et coiffe le garrot, la seconde est superposée aux lombes. La bosse unique du dromadaire occupe une situation sensiblement intermédiaire. Ces éminences sont quelque peu mobiles et plus ou moins ballottantes comme d'énormes loupes graisseuses; la colonne vertébrale ne prend aucune part à leur constitution; aussi sont-

elles susceptibles de varier beaucoup de volume et de poids suivant
l'état d'embonpoint du sujet; elles se flétrissent et se ratatinent
chez les animaux très maigres et ressemblent alors, comme le dit
Buffon, à d'énormes tétines vides et flasques, tandis qu'elles se
remplissent et s'érigent, pour ainsi dire, chez les individus en bon
état de chair. L'un des chameaux que nous avons disséqués, remarquable par son extrême embonpoint, avait des bosses énormes :
l'antérieure, en forme de cône aigu, mesurait 0 m. 37 de longueur à
la base, 0 m. 35 de hauteur, et pesait 8 kil. 500; la postérieure, en
forme de cône surbaissé, était longue de 0 m. 68, haute de 0 m. 35
et pesait 16 kilogrammes. Un autre au contraire, était maigre :
ses bosses pesait 3 à 4 fois moins que les précédentes. En résumé
les bosses dorsales des chameaux comme la loupe caudale de certains moutons, se rattachent au système adipeux et en suivent les
fluctuations; ce sont, pour ainsi dire, des parties hypertrophiées
du pannicule graisseux sous-cutané, ou encore de gigantesques
maniements rappelant ceux qui se forment en maints endroits dans
les bœufs fin-gras. Buffon a pleinement raison de les considérer
comme des réservoirs alimentaires où l'animal puise en cas de
disette. Mais nous ne pouvons admettre l'explication qu'il donne de
leur origine : ce seraient, d'après lui, des sortes de loupes accidentelles développées sous la pression des fardeaux dont on charge le
dos de ces animaux, qui sont « plus anciennement, plus complètement et plus laborieusement esclaves qu'aucun des autres animaux
domestiques », loupes devenues héréditaires dans la suite des générations, tout comme les callosités qu'on observe en différents points
du corps des mêmes animaux.

Les transformistes les plus convaincus hésiteraient devant une
hypothèse aussi hardie. Bornons-nous donc à constater que les chameaux ont une ou deux bosses adipeuses sur le dos et que cela est
un caractère normal de leur organisation.

Le pannicule charnu faisant défaut, le tissu conjonctif sous-
cutané est moins lâche que dans les autres animaux et établit une
forte adhérence de la peau avec les parties sous-jacentes; d'où il
suit que le tissu adipeux s'y développe beaucoup moins facilement
et moins abondamment; empêché ainsi de s'étendre en surface il
s'accumule, semble-t-il, en un ou deux points de manière à constituer les bosses. Ce tissu adipeux, figé par refroidissement, est d'une
grande blancheur, il forme un suif moins solide, plus onctueux que
celui des autres ruminants; les arabes l'emploient contre les maladies
de peau de l'espèce humaine, surtout contre celles du cuir chevelu.

Callosités. — Des callosités se trouvent sur tous les points du corps qui portent l'animal dans l'attitude couchée ou accroupie, c'est-à-dire sur le sternum, les genoux, les coudes, les grassets et le bord postérieur des jarrets : en tout neuf callosités. La plus volumineuse est celle du sternum; elle correspond principalement à l'avant-dernière sternèbre, qui est très épaisse et très élargie pour lui donner appui; sa forme est celle d'un cœur de carte à jouer, de 20 à 25 centimètres de longueur sur 15 à 18 de largeur; elle n'est pas seulement constituée par un épaississement de la peau, notamment de la couche cornée de l'épiderme, elle comprend en outre un substratum fibro-adipeux : structure qui rappelle celle d'un coussinet plantaire. Les callosités des genoux et des grassets n'intéressent guère que la peau, toutefois à leur endroit le tissu conjonctif souscutané est plus ou moins épaissi et souvent creusé de petites bourses séreuses. Quant aux callosités des coudes et des jarrets, elles sont les moins développées et elles se produisent en dernier lieu. La callosité sternale est héréditaire, elle existe déjà à la naissance; les autres sont adventices; toutes grandissent avec l'âge jusqu'à la vieillesse. Buffon signale l'hérédité des callosités des chameaux, qu'il considère comme « les empreintes de la servitude et les stigmates de la douleur ».

Les callosités, dit-il, se perpétuent aussi bien que les bosses par la génération; et, comme il est évident que cette première difformité ne provient que de l'habitude à laquelle on contraint ces animaux en les forçant dès leur premier âge à se coucher sur l'estomac, les jambes pliées sous le corps, et à porter dans cette situation le poids de leur corps et les fardeaux dont on les charge, on doit présumer aussi que la ou les bosses du dos n'ont eu d'autre origine que la compression de ces mêmes fardeaux, qui, portant inégalement sur certains endroits, auront fait élever la chair et boursoufler la graisse et la peau, car ces bosses ne sont point osseuses, elles sont seulement composées d'une substance grasse et charnue de la même consistance à peu près que celle des tétines des vaches. Bosses et callosités sont des difformités produites par la continuité du travail et de la contrainte du corps, et ces difformités sont devenues générales et permanentes dans l'espèce entière.

Nous avons déjà fait des réserves sur l'interprétation de Buffon en ce qui concerne les bosses. Quant aux callosités, seule la pectorale se transmet par génération, les autres paraissent être accidentelles, tandis que celle-là qui a amorcé une modification corrélative du sternum fait d'ores et déjà partie de l'organisation, mais il est fort possible que, dans le principe, elle ait été accidentelle comme les autres. C'est l'unique callosité des lamas, encore faut-il remarquer qu'elle ne dépasse pas 8 centimètres de long et 2 à 3 centimètres de large et qu'elle est purement cutanée, le sternum à son niveau n'a subi aucun renforcement; elle est très probablement accidentelle car s'il faut en croire certains auteurs les espèces sauvages du genre, telles que le guanaco, en seraient dépourvues.

Peau et poils. — La peau des chameaux est plus épaisse, plus consistante que celle du bœuf; son derme, très dense, donne par le tannage un cuir extrêmement résistant, très employé dans l'intérieur de l'Afrique. « Les chaussures qu'on en fait, dit Vallon, sont si bonnes que le voyageur peut impunément marcher sur la vipère et braver l'action du sable brûlant ». — Le panicule charnu faisant défaut, le tégument est adhérent et incapable des trémoussements qu'il exécute chez le bœuf ou le cheval pour éloigner les insectes qui se posent à sa surface; aussi les chameaux sont-ils horriblement tourmentés par les mouches, notamment les taons et la redoutable tsétsé.

Le pelage des chameaux est ordinairement de nuance fauve ou brune, plus ou moins foncée, dégradée à l'extrémité de la tête et des membres. Les poils sont courts et ras à la partie inférieure de la tête et des membres, à la face interne des cuisses, à l'inter-ars et dans la région inguino-génitale, tandis qu'ils forment ailleurs une véritable toison, surtout chez le chameau à deux bosses, toison que les indigènes tondent chaque année et qu'ils utilisent pour fabriquer des tissus et des cordes; elle pèse, au dire de Vallon, 3 à 4 kilogrammes suivant l'âge et la taille chez le dromadaire, et comprend beaucoup de longs poils grossiers entremêlés aux mèches de laine. En général une touffe pileuse s'observe au sommet de chaque bosse. Le panache terminal de la queue est peu fourni et, comme celle-ci est en outre relativement courte, elle n'est pour l'animal qu'un moyen de défense bien insuffisant contre les insectes; il est fort heureux que la mobilité extrême de la tête et des membres postérieurs permette d'y suppléer. Lorsqu'on ne la tond pas, la toison des chameaux tombe naturellement chaque printemps, si entièrement que l'animal paraît tel qu'un cochon échaudé. Alors on le poisse partout pour le défendre de la piqûre des mouches. Examinés et mesurés au microscope les brins de cette toison ont à peine un centième de millimètre de diamètre; ils sont dépourvus de substance médullaire comme les brins de la laine du mouton; les poils de jarre qui leur sont entremêlés sont généralement très pigmentés; ils mesurent de 4 à 6 centièmes de millimètre de calibre et montrent dans leur axe une épaisse colonne médullaire.

Au moment du rut, la région de la nuque devient le siège d'une sécrétion noirâtre, d'odeur forte et nauséabonde, plus abondante dans le mâle que dans la femelle, produite par un grand nombre de petites glandes en grappe situées dans une aire cutanée grande comme la paume de la main. Ces glandes ne prennent tout leur développement qu'au moment du rut, elles apparaissent alors sur les sections de la peau comme des grains rougeâtres, fermes au toucher dont les plus gros atteignent presque le volume d'un pois.

Pieds (fig. 363). — Les pieds des chameaux constituent l'un des traits les plus curieux de leur conformation, ainsi que nous l'avons déjà dit, et en même temps une admirable adaptation à la marche sur un sol sablonneux et mouvant. En effet les deux doigts de chaque extrémité sont empêtrés dans la peau jusqu'aux ongles et portent sur leur face inférieure, depuis l'extrémité de la première phalange jusqu'au bout des ongles un vaste coussinet plantaire qui les réunit et les déborde latéralement et sert de surface d'appui.

Considérés au point de vue de l'extérieur, ces pieds forment une masse ellipsoïde aplatie de dessus en dessous, offrant à étudier une face supérieure, une face inférieure et deux griffes terminales. La face supérieure, recouverte d'une peau épaisse qui fait suite à celle du paturon présente un sillon médian interdigité. La face inférieure ou plantaire est légèrement convexe, limitée par un bord circulaire où se fait la continuité de la peau avec la semelle cornée qui revêt le coussinet plantaire. Cette face est échancrée en avant entre les deux ongles, et divisée postérieurement en deux lobes proéminents formant talons; elle est parcourue sur la ligne médiane par un très léger sillon correspondant au plan de soudure des deux doigts. La semelle cornée qui la revêt est noirâtre, finement crevassée, épaisse de 2 à 4 millimètres, et relativement souple; elle s'amincit à la périphérie où elle passe insensiblement à l'état d'épiderme ordinaire. Développée comme la fourchette des solipèdes à la surface d'un coussinet plantaire, on peut l'assimiler à une fourchette extrêmement étalée et amincie, sorte de callosité plantaire naturelle reposant sur quatre boules adipeuses entourées et pénétrées par un réseau de fibres élastiques. Lorsque le pied est à l'appui il s'épanouit manifestement en s'aplatissant contre le sol, et cela lui donne de l'adhérence tout en l'empêchant de s'enfoncer. Quant aux ongles ils sont relativement petits, aplatis sur leur face concentrique, pointus et recourbés en dessous comme des griffes. Un ligament élastique les maintient relevés à la manière des griffes rétractiles des félins.

Les pieds antérieurs sont plus grands, plus évasés et plus comblés que ceux de derrière; ils se rapprochent de la forme ronde et leur semelle est plus épaisse, plus crevassée que celle des pieds postérieurs. Dans les races communes les pieds sont plus grands et plus combles que dans les races sveltes, dites nobles; par exemple le méhari a le pied beaucoup moins grand que le dromadaire de bât.

En résumé, il est manifeste que les pieds des chameaux, avec leur plante souple et élastique et la mince couche de corne qui la revêt, ne peuvent suffire longtemps à la locomotion sur un terrain dur, rocailleux ou irrégulier; ils ne conviennent pas non plus aux terrains humides et glissants. Aussi lorsqu'on sort ces animaux des pays sablonneux et désertiques pour lesquels ils semblent avoir été faits, sont-ils très exposés aux claudications. Et l'art de la ferrure ne saurait trouver ici d'application, faute de points d'implantation pour le fer; il y aurait lieu d'essayer l'usage de sandales de cuir fixées au pli du paturon par des courroies et boucles *ad hoc*, comme on le faisait pour les chevaux avant l'invention de la ferrure. Il n'en reste pas moins que les chameaux sont des animaux domestiques d'un autre âge, que les progrès de la civilisation créant partout des routes et des voies ferrées obligent de plus en plus à remplacer par d'autres animaux ou d'autres moyens de transport mieux adaptés à ces progrès. Le lyrisme de Buffon à leur sujet paraît aujourd'hui très exagéré.

Bouche. — La bouche des camélidés est largement fendue à son entrée; les lèvres sont extrêmement mobiles, l'inférieure mince et pointue, la supérieure beaucoup plus charnue et fendue en deux moitiés, le sillon médian qui produit ainsi bec de lièvre fait suite à la partie inférieure des deux narines réunies. Il n'y a point de mufle, les deux lèvres offrent une peau fine et velue où l'on voit, comme chez les solipèdes, des poils tactiles disséminés. Les joues sont hérissées de grosses papilles odontoïdes dirigées en arrière, dont beaucoup chez les chameaux, sont divisés à l'extrémité. La langue est moins forte mais plus allongée que celle du bœuf, sa face dorsale, moins douce au toucher que celle du cheval, n'a pas la rudesse et la rugosité de celle du bœuf. Le palais est très étroit à la partie antérieure où il présente des crêtes, crénelées chez les chameaux, non crénelées chez les lamas. Le voile du palais est très ample; il peut atteindre jusqu'à 30 à 35 centimètres de longueur, cela n'exclut pas la respiration par la bouche car il suffit d'un léger soulèvement pour laisser passer le larynx au-devant de lui. Les droma-

daires mâles, à l'époque du rut, montrent à l'entrée de la bouche
une sorte de poche grosse comme une vessie de cochon, qui n'est
autre chose que leur voile du palais tuméfié, refoulé par souffle-
ment jusqu'à la commissure des lèvres. Les dents ont été étudiées
à propos de la connaissance de l'âge (v. p. 90).

Pour peu qu'ils soient provoqués, les caméliens lancent volontiers
des jets de liquide par la bouche. Ce liquide provient du pharynx
et de l'œsophage, où se trouve un grand nombre de glandules
grâce auxquelles la muqueuse de ce dernier conduit, au lieu d'être
lâchement unie à la musculeuse comme c'est la règle, lui est au contraire très adhérente.

Régions génitales.—Ainsi que chez le porc, les testicules des caméliens sont situés dans la région périnéale à une petite distance de
l'anus, les cordons testiculaires étant couchés dans l'entre-deux des
cuisses. Ils ne dépassent guère le volume d'un œuf de poule. La
verge est à peine aussi grosse que celle du taureau et manifestement
moins longue; elle décrit aussi une double courbure en S qui s'efface
pendant l'érection, et elle se termine par un gland en crochet disposé
transversalement. Le fourreau s'ouvre sur une forte saillie recourbée en arrière qui se détache sous le ventre à la manière d'une grosse
tétine. Grâce à des muscles sous-cutanés, protracteurs ou rétracteurs, ce cône préputial peut se redresser en avant ou rétablir son
incurvation postérieure. Les urines sont toujours évacuées en
arrière, comme dans la femelle, mais il n'est pas vrai que le coït
soit pratiqué croupe à croupe comme l'a écrit Pline, il s'accomplit
à la manière ordinaire avec cette différence toutefois que la femelle
est accroupie. C'est ce que Aristote avait déjà remarqué car il écrit
dans son *Histoire des animaux* : « Au moment de l'accouplement,
la femelle est assise (c'est-à-dire accroupie comme lorsqu'on la
charge) et le mâle la joint, non en tournant dos contre dos, mais en
la serrant comme toutes les autres bêtes à quatre pieds ».

La vulve n'a pas plus de 3 à 5 centimètres de profondeur; son
orifice d'entrée est une fente d'environ 4 centimètres, située immédiatement au-dessous de l'anus et présentant à sa commissure inférieure une petite saillie conique dont on fait sortir par pression
une matière sébacée grisâtre, saillie qui n'est rien autre que le clitoris enfermé dans un étroit prépuce.

Cette vulve doit s'agrandir formidablement pour laisser passer
des petits plus grands que beaucoup de poulains nouveau-nés,
petits qui ont les yeux ouverts, le corps couvert d'un poil assez long,
mou, épais et laineux, et qui, au bout d'une semaine, ont déjà plus

d'un mètre de hauteur et ressemblent un peu à des alpacas. La durée de la gestation des chameaux est d'un an.

Quant aux mamelles, elles ressemblent par leur forme et leur position à celles de la jument, par leur nombre à celles de la vache. Les deux antérieures sont plus développées que les postérieures; les unes et les autres sont pourvues de petites tétines percées de trois canaux galactophores.

D. Origine des Caméliens. — Nous avons déjà dit que les chameaux et les lamas procédaient vraisemblablement d'une même lignée d'origine américaine. Le phylum d'où devaient sortir les lamas est resté en Amérique; l'autre est passé en Asie avant la rupture qui a séparé les deux continents par le détroit de Behring. On peut donc dire que les deux espèces de chameaux ont pris naissance en Asie vers l'époque pliocène. Ce serait un hors d'œuvre que d'exposer ici leur phylogenèse. Je me bornerai à signaler qu'à l'époque quaternaire ces animaux s'étaient répandus à travers l'Asie jusqu'en Afrique et même en Europe. Plusieurs auteurs, parmi lesquels notre savant confrère P. Thomas, en ont trouvé des restes fossiles dans les terrains quaternaires d'Algérie, et il y a une trantaine d'années le professeur Stefanescu a eu la bonne fortune de recueillir lui-même dans une tranchée du chemin de fer de Bucarest à Virciorova, sur la rive gauche de l'Olt, deux mâchoires inférieures situées à 6 mètres de profondeur dans une couche de gravier quaternaire et mêlées à d'autres ossements parmi lesquels se trouvaient des dents d'*Elephas primigenius* et un crâne d'antilope. Les dites mâchoires étaient très semblables à celles des dromadaires actuels.

Chose curieuse, le chameau qui existait en Algérie pendant l'ère quaternaire en disparut ensuite d'une manière complète tout comme le cheval en Amérique, et dut y être réimporté. Ni Hérodote, ni Pline, ni aucun des historiens qui ont parlé de l'ancienne Berbérie n'ont mentionné le chameau comme un de ses habitants. Il n'y en avait pas encore lors de la conquête du pays par les Romains, qui durent se servir de bœufs pour leurs transports. Ce n'est guère que vers la fin du iiie siècle ou le commencement du ive qu'ils furent introduits dans ce pays, ou plutôt réintroduits puisque nous venons de dire qu'ils y avaient existé à l'époque préhistorique. D'après Carl Vogt, les chameaux furent introduits en Egypte 1.400 ans environ avant notre ère, leur nom égyptien est le même que le nom hébraïque dont dérive le mot chameau. Les Sémites les ont ensuite amenés avec eux dans le

Nord de l'Afrique et dans le Sahara. Mais dans le Soudan ils existaient déjà à l'époque reculée où l'on trouve en Egypte leurs premières figurations. Le général Faidherbe avait déjà signalé qu'il n'y a aucune correspondance entre les nombreux termes par lesquels on désigne les chameaux chez les Arabes et chez les Touaregs, et il avait conclu que ces animaux remontent à une antiquité plus reculée chez ceux-ci que chez ceux-là. Peut-être ont-ils pénétré dans le Soudan par la haute vallée du Nil, tandis qu'ils sont arrivés en Algérie en suivant le littoral méditerranéen.

En résumé les chameaux partis de l'Inde ont émigré vers l'Occident, soit du côté de l'Afrique, soit du côté de l'Europe. De ce dernier côté, il ne paraît pas qu'ils aient beaucoup dépassé les portes de l'Orient; la Roumanie est en effet jusqu'à ce jour le seul pays d'Europe où l'on en ait trouvé quelques vestiges fossiles,, et ils ont quitté définitivement ce pays à la fin de l'époque quaternaire.

Répétons, en terminant, que ces animaux ne sont pas appelés à jouer dans l'avenir un rôle aussi important que dans le passé.

Références. — On trouvera dans nos *Recherches anatomiques sur les camélidés* (*loc. cit.*), mention des principaux travaux sur ces animaux; nous nous bornerons ici à en rappeler quelques-uns, à savoir; la 5e édition du *Traité d'anatomie comparée des animaux domestiques* de Chauveau, Arloing et Lesbre, l'ouvrage du Commandant Cauvet intitulé *Le chameau. Histoire. Religion. Littérature* (Baillière, 1927), l'*Histoire naturelle du dromadaire* de Vallon publiée dans le t. VII du *Recueil des mémoires et observations sur l'hygiène et la médecine vétérinaire militaires*; le livre du Dr Plassio : *Il Camello* (manuali Hœpli, Milan), deux volumes récents de Curasson, un sur le chameau de l'Afrique Occidentale Française, l'autre sur le cheptel soudanais; la thèse de Cordier sur l'*estomac des ruminants* (*Annales des sciences naturelles zoologie*, t. XVI, 1894) enfin l'article de Pilliet sur la structure des alvéoles de la portion gaufrée de l'estomac des chameaux dans le *Bulletin de la Société zoologique de France* 10e année.

TABLE MÉTHODIQUE DES MATIÈRES

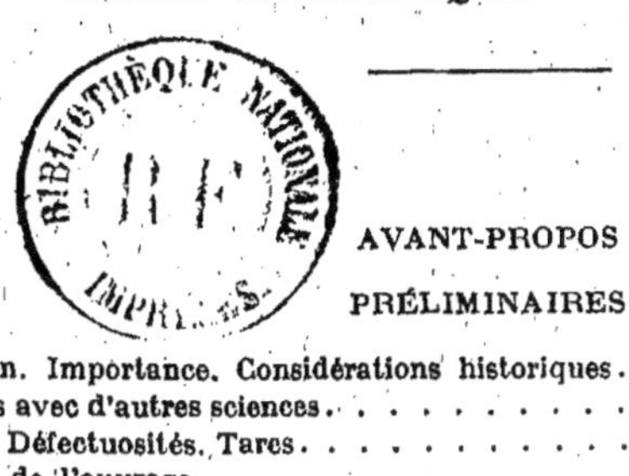

AVANT-PROPOS

PRÉLIMINAIRES

Définition. Importance. Considérations historiques. 1
Rapports avec d'autres sciences. 4
Beautés. Défectuosités. Tares. 5
Division de l'ouvrage. 7

CHAPITRE PREMIER

AGE

Historique 9
Caractères généraux des dents 10
    Disposition générale.
    Structure.
    Développement.
    Formules dentaires.

SECTION 1. — AGE DU CHEVAL.

  ARTICLE 1er. — *Dents.*

    § 1. Incisives 17
        Description d'une incisive type.
        Différences entre les incisives d'une même arcade.
        Différences entre les incisives des deux arcades.
        Différences entre les incisives des deux dentitions.
        Mode de remplacement des incisives caduques.
        Changements éprouvés par les incisives d'adulte du fait de l'âge.

    § 2. Canines 25
    § 3. Molaires 26
        Disposition générale.
        Molaires supérieures.
        Molaires inférieures.
        Structure.
        Développement.

  ARTICLE 2. — *Signes de l'âge en 7 périodes.*

    I. Éruption des incisives caduques. 32
    II. Usure et rasement des incisives caduques. 33

III. Éruption des incisives remplaçantes. 34
IV. Usure et rasement des incisives remplaçantes inférieures. . . . 38
V. Rotondité de la table des incisives; rasement des incisives supé-
rieures. 40
VI. Triangularité et nivellement de la table. 42
VII. Biangularité de la table. 43

ARTICLE 3. — *Irrégularités diverses pouvant rendre plus difficile la connaissance
de l'âge.*

1° Anomalies des dates d'éruption. 47
2.° Anomalies numériques, par augmentation ou diminution. 47
3° Anomalies de forme et de volume 49
4° Anomalies de structure 49
    Béguïté.
    Fausse béguïté.
5° Anomalies de dureté 51
    Excès d'usure.
    Défaut d'usure.
6° Anomalies d'usure des molaires. 53
7° Anomalies de correspondance des incisives. 54
8° Anomalies d'usure déterminées par le tic. 56
9° Moyens frauduleux employés pour tromper sur l'âge. 57
    Pour vieillir.
    Pour rajeunir.

ARTICLE 4. — *Différences chez l'âne et le mulet.* 60

SECTION II. — AGE DU BŒUF.

ARTICLE 1ᵉʳ. — *Connaissance de l'âge par les dents.*

§ 1. Anatomie des dents :
    Incisives. 61
    Molaires. 63

§ 2. Signes de l'âge, en 5 périodes.
    I. Éruption des dents caduques, état de l'ombilic, des onglons, des
    cornillons, habitude extérieure, état du cadavre. 66
    II. Usure et nivellement des incisives caduques. 73
    III. Éruption des incisives remplaçantes. 74
    IV. Usure et nivellement des incisives remplaçantes. 75
    V. Écartement des incisives résultant de leur raccourcissement. . . 77

§ 3. Précocité. 79

ARTICLE 2. — *Connaissance de l'âge par les cornes.*

    Anatomie 81
    Développement. 82

SECTION III. — AGE DU MOUTON ET DE LA CHÈVRE.

ARTICLE 1ᵉʳ. — *Anatomie des dents.* 84
ARTICLE 2. — *Signes de l'âge, en 4 périodes.*
    I. Éruption des incisives caduques. 86
    II. Usure et nivellement des incisives caduques. 87
    III. Éruption des incisives remplaçantes. 87
    IV. Usure et nivellement des incisives remplaçantes. 88

ARTICLE 3. — *Précocité.* 88

TABLE DES MATIÈRES

619

SECTION IV. — AGE DES CHAMEAUX.

ARTICLE 1er. — *Anatomie des dents* 90
    Formules dentaires.
    Incisives.
    Canines.
    Molaires.
    Anomalies.

ARTICLE 2. — *Signes de l'âge, en 4 périodes.*
    I. Éruption des dents temporaires 93
    II. Rasement des dents temporaires 94
    III. Éruption des dents remplaçantes 94
    IV. Usure des dents remplaçantes 94

ARTICLE 3. — *Différences de la dentition des lamas* 95

SECTION V. — AGE DU PORC.

ARTICLE 1er. — *Anatomie des dents* 96
    Formules dentaires.
    Incisives.
    Canines.
    Molaires.
    Structure.

ARTICLE 2. — *Signes de l'âge, en 3 périodes.*
    I. Éruption des dents de lait 98
    II. Éruption des dents d'adulte 99
    III. Usure des dents d'adulte et allongement des crocs 101

SECTION VI. — AGE DU CHIEN.

ARTICLE 1er. — *Anatomie des dents* 102
    Formules dentaires.
    Incisives.
    Canines.
    Molaires.

ARTICLE 2. — *Signes de l'âge en 4 périodes.*
    I. Éruption des dents de lait 105
    II. Usure et nivellement des incisives de lait 105
    III. Éruption des dents d'adulte 106
    IV. Usure et nivellement des incisives remplaçantes 107

SECTION VII. — DENTITION ET AGE DU CHAT 108

SECTION VIII. — DENTITION ET AGE DU LAPIN 109

CHAPITRE II

SIGNALEMENTS

SECTION I. — ROBES.

ARTICLE 1er. — *Robes du cheval* 112
    § 1. Simples.
    § 2. Composées.

§ 3. Mélangées.

§ 4. Particularités.

    a) Particularités sans siège fixe 113

    Reflets brillants.

    Dégradation ou accentuation de teinte.

    Mélanges de poils formant taches.

    Absence de poils blancs.

    Direction irrégulière des poils { 1° épis. 2° frisure.

    Dépigmentation de la peau.

    b) Particularités de la tête 124

    Marques en tête.

    Cap de More.

    Cavecé de More.

    Nez de renard.

    Moustaches.

    Boire dans son blanc.

    c) Particularités du tronc 126

    Raie de mulet.

    Crins mélangés.

    Crins blancs.

    Crins noirs.

    Crins lavés.

    Crins clairs.

    Crins foncés.

    d) Particularités des membres 126

    Extrémités claires, foncées ou noires

    Balzanes.

    Couleur des sabots.

§ 5. Marques particulières 128

§ 6. Influences diverses susceptibles de modifier les robes 129

§ 7. Indices fournis par les robes sur les qualités des chevaux 131

ARTICLE 2. — *Robes de l'âne et du mulet* 133

ARTICLE 3. — *Robes du bœuf* 135

    Robes proprement dites 135

    Particularités et marques particulières 137

    Indices fournis par les robes sur les qualités des bêtes bovines 140

ARTICLE 4. — *Robes du mouton et de la chèvre* 141

ARTICLE 5. — *Robes du porc* 142

ARTICLE 6. — *Robes du chien* 142

ARTICLE 7. — *Robes du chat* 144

ARTICLE 8. — *Robes du lapin* 144

SECTION II. — TAILLE 145

SECTION III. — CONFECTION DU SIGNALEMENT 147

    a) Signalement civil.

    b) Signalement militaire.

    c) Signalement des haras.

    d) Signalement des bêtes bovines.

SECTION IV. — AUTRES MOYENS D'IDENTIFICATION 150

CHAPITRE III

APLOMBS

SECTION I. — CENTRE DE GRAVITÉ. ÉQUILIBRE. CONDITIONS THÉORIQUES DU BON APLOMB.

    A. Centre de gravité 154
    B. Équilibre 157
    C. Conditions théoriques du bon aplomb 159

SECTION II. — LIGNES D'APLOMB.

  ARTICLE 1er. — *Membres antérieurs.*
    § 1. De profil 162
        Cheval sous lui du devant.
        Cheval campé du devant.
        Genou arqué ou brassicourt.
        Genou creux, effacé ou de mouton.
        Cheval long-jointé, court-jointé, droit-jointé, bas-jointé.
        Pied fléchi, pied étendu.
    § 2. De face 166
        Membre panard, membre cagneux.
        Serré du devant, ouvert du devant.
        Genoux de bœuf, genoux cambrés.
        Serré des boulets, ouvert des boulets.
        Pied de travers en dehors ou en dedans.

  ARTICLE 2. — *Membres postérieurs.*
    § 1. De profil 170
        Cheval sous lui du derrière.
        Cheval campé du derrière.
        Jarret coudé, jarret campé.
        Cheval long-jointé, court-jointé, droit-jointé, bas-jointé.
        Pied fléchi, pied étendu.
    § 2. De face 172
        Membre panard, membre cagneux.
        Serré du derrière, ouvert du derrière.
        Jarrets déviés en dedans ou en dehors.
        Boulets déviés en dedans ou en dehors.
        Pieds de travers en dedans ou en dehors.

SECTION III. — INFLUENCES GÉNÉRALES DES APLOMBS 174

CHAPITRE IV

ATTITUDES. MOUVEMENTS SUR PLACE. ALLURES

SECTION I. — ATTITUDES.

  ARTICLE 1er. — *Station.*
    Station bipède ou quadrupède, plantigrade, digitigrade, ongulograde. 179
    Station libre 180
    Station forcée 182

Placer.
Rassembler.
Camper.

ARTICLE 2. — *Décubitus.*

    Variétés 183
        Décubitus sterno-costal.
        Décubitus sternal.
        Décubitus latéral.
        Décubitus dorsal.
    Relever 184

ARTICLE 3. — *Attitude assise.* 184

SECTION II. — MOUVEMENTS SUR PLACE.

ARTICLE 1er. — *Cabrer.* 185
ARTICLE 2. — *Ruade.* 187
ARTICLE 3. — *Saut* 188
    En hauteur.
    De haut en bas.
    En longueur.
    Saut rétrograde, saut de côté, saut de mouton, etc.
    Considérations générales sur le saut. 192

SECTION III. — ALLURES.

ARTICLE 1er. — *Étude générale.*

    Divisions. 193
        Allures naturelles, allures acquises, airs de manège.
        Allures marchées, allures sautées.
        Allures latérales, allures diagonales.
        Allures à 2, 3 ou 4 temps.
        Allures symétriques et asymétriques.
        Allures hautes ou basses.
        Allures légères ou lourdes, allongées ou raccourcies.

    Appui. Soutien 195
    Pas complet 200
    Battues 200
    Empreintes. Foulées. Pistes 200
    Déplacement vertical ou latéral du centre de gravité. Réactions. . . 200
    Moyens d'étude :
        a) Cinématique. 201
            Méthode graphique. Notation.
            Méthode photographique.
        b) Dynamique 207

ARTICLE 2. — *Étude particulière des allures.*

    § 1. Allures de l'Homme. 207
    § 2. Allures des quadrupèdes et plus particulièrement du cheval. . . . 209
        A. Amble 209
            Définition. Notation. Piste et longueur des pas. Déplacements
              du centre de gravité.
            Réactions. Vitesse. Animaux qui vont l'amble.
        Amble rompu 212

B. Trot 213
Définition. Notation. Piste. Déplacements du centre de gravité.
Réactions. Vitesse. Longueur des pas.
Variétés du trot 216
Variétés de vitesse, variétés de rythme : par détraquement
des battues, par inégalité des appuis antérieurs et
postérieurs, flying-trot.
C. Galop 222
Définition. Notation. Galop à droite, galop à gauche.
Chronophotographie. Longueur du pas. Piste. Vitesse. Dépla-
cements du centre de gravité. Réactions.
Variétés du galop 227
Variétés de vitesse. Variétés du rythme (galop à 4 temps,
galop de course).
Défectuosités du galop : galop faux, galop désuni. 233
D. Pas. 234
Définition. Notation. Chronophotographie.
Périodes d'échange d'appui.
Variétés de pas :
Par le rythme (pas Lecoq, pas Raabe).
Par la vitesse (pas ordinaire, pas raccourci, pas allongé).
Par l'inégalité des appuis antérieurs et postérieurs.
Longueur des pas. Piste.
Déplacement du centre de gravité.
E. Pas relevé ou haut pas. 238
F. Reculer. 239
G. Aubin 242
§ 3. Transitions entre les différentes allures. 242
§ 4. Conditions de beauté des allures. 244
§ 5. Défectuosités générales des allures. 245
Trousser, stepper, raser le tapis, billarder, se bercer, se couper,
se croiser ou tricoter en marchant, forger, faucher, etc.
§ 6. Boiteries. 247
§ 7. Importance de l'étude des allures pour les peintres et sculpteurs
animaliers 251

CHAPITRE V
ÉTUDE DES RÉGIONS

Division du corps. 252
SECTION I. — TRONC.
ARTICLE 1er. — *Régions en appendice*
§ 1. Tête 253
A. Tête en général
Dimensions, tête longue, grosse, courte 254
Degré de développement des parties molles, sèche, décharnée,
grasse. 256
Direction (tête intermédiaire entre la verticale et l'horizontale,
verticale, encapuchonnée, horizontale). 256
Forme (tête carrée, conique, busquée, camuse, de rhinocéros). 257

Attaches (tête bien attachée, plaquée, décousue) 259
Corrélations harmoniques 259
Différences 260

B. Régions de la tête.
Nuque 261
    Anatomie topographique.
    Conditions de beauté.
    Tares et maladies.
    Différences.

Toupet 262
Front 263
    Bornes.
    Configuration et base anatomique.
    Conditions de beauté et défectuosités.
    Tares et maladies.
    Différences.

Chanfrein 266
    Bornes.
    Configuration et base anatomique.
    Conditions de beauté et défectuosités.
    Tares et maladies.
    Différences.
Bout du nez (et différences) 267
Naseaux 268
    Configuration et base anatomique.
    Conditions de beauté et défectuosités.
    Tares et maladies.
    Différences.

Bouche 271
    Mors et son action 271
    Régions de la bouche.
        Lèvres 272
        Base anatomique. Description. Conditions de beauté.
            Défectuosités. Habitudes vicieuses. Tares et mala-
            dies. Différences.
        Dents 275
        Barres 275
        Canal 276
        Langue (et différences) 277
        Palais (et différences) 278
Barbe 279
Auge 279
    Configuration et base anatomique. Conditions de beauté et
        défectuosités. Maladies. Différences.

Ganaches (et différences) 281
Oreilles 281
    Configuration et anatomie.
    Conditions de beauté et défectuosités.
    Expression.
    Tares et maladies.
    Différences.

Tempes 285

Salières 286
Sourcils.. 286
Yeux 286
    Anatomie.
    Conditions de beauté : du globe, des annexes.
    Défectuosités.
    Maladies et tares : du globe, des annexes.
    Méthode d'examen.
    Inconvénients d'une mauvaise vue.
    Différences.
Joues 294
    Configuration et anatomie.
    Conditions de beauté et défectuosités.
    Tares et maladies.
    Différences.
§ 2. — Encolure 295
    Physiologie (balancier d'équilibre et balancier d'impulsion).
    Configuration et base anatomique.
    Conditions de beauté et défectuosités tenant à la forme, au port, au
        volume, à la longueur, aux attaches.
    Tares et maladies.
    Différences.
§ 3. — Queue 306
    Anatomie. Conditions de beauté, mutilations. Maladies et tares. Diffé-
        rences.
ARTICLE 2. — Régions du tronc proprement dit 311
    Garrot 311
        Bornes.
        Configuration et base anatomique.
        Conditions de beauté et défectuosités.
        Tares et maladies.
        Différences.
    Dos 316
        Configuration.
        Base anatomique.
        Conditions de beauté et défectuosités (direction, longueur, largeur et
            musculature).
        Maladies et tares.
        Différences.
    Rein 321
        Configuration.
        Base anatomique.
        Conditions de beauté et défectuosités.
        Tares et maladies.
        Différences.
    Croupe 324
        Pourquoi est-elle décrite comme région du tronc?
        Configuration.
        Base anatomique.
        Conditions de beauté et défectuosités (longueur, largeur, direction,
            musculature).

    Maladies et tares.
    Différences.

Hanches 331
    Définition.
    Configuration. — Conditions de beauté. — Défectuosités.
    Maladies et tares.
    Différences.

Poitrail 332
    Configuration. — Base anatomique.
    Conditions de beauté et défectuosités (proéminence, largeur et
      musculature).
    Tares.
    Différences.

Ars 335
Inter-ars 335
Passage des sangles 335
Côte 336
    Configuration et base anatomique.
    Mouvements.
    Conditions de beauté et défectuosités.
    Maladies et tares.
    Différences.

Poitrine en général 338
    Anatomie et physiologie.
    Conditions de beauté et défectuosités (largeur, hauteur, profon-
      deur, périmètre, indice thoracique, indice corporel).

Ventre 341
    Configuration et base anatomique.
    Conditions de beauté et défectuosités.
    Maladies et tares (hernies, œdème).
    Différences.

Flanc 346
    Configuration et base anatomique.
    Mouvements (miroir de la poitrine).
    Conditions de beauté et défectuosités.
    Méthode d'examen.
    Maladies et tares.
    Différences.

Anus 350
    Anatomie.
    Conditions de beauté et défectuosités.
    Maladies et tares.
    Différences.

Périnée et raphé 351

Article 3. — *Régions génitales.*
  A. Chez le mâle :
    Testicules 352
      Configuration, anatomie, développement.
      Conditions de beauté et défectuosités.
      Castration ou émasculation.
      Maladies et tares.

Différences.

Verge et fourreau 357
   Anatomie.
   Conditions de beauté et défectuosités.
   Maladies et tares.
   Différences.
  B. Chez la femelle :
  Vulve (et différences) 359
  Mamelles (et différences) 360

Section II. — Membres.

Article 1er. — *Considérations générales. Arc puissant de Prince*. 363
Article 2. — *Membre antérieur.*
  Épaule. 366
   Bornes.
   Configuration et base anatomique.
   Conditions de beauté et défectuosités (longueur, direction, situation,
     musculature, mobilité).
   Maladies et tares.
   Différences.
  Bras. 371
   Anatomie.
   Conditions de beauté et défectuosités (longueur, direction).
   Maladies et tares.
  Avant-bras. 372
   Configuration et base anatomique.
   Mouvements.
   Conditions de beauté et défectuosités (longueur, musculature,
     direction).
   Maladies et tares.
   Différences.
  Coude 375
   Anatomie et physiologie.
   Conditions de beauté et défectuosités.
   Maladies et tares.
   Différences.
  Genou 377
   Configuration et anatomie.
   Physiologie.
   Conditions de beauté et défectuosités (sécheresse, netteté, épais-
     seur, largeur, direction).
   Maladies et tares.
   Différences.
Article 3. — *Membre postérieur.*
  Cuisse 384
   Configuration et base anatomique.
   Mouvements.
   Conditions de beauté et défectuosités (longueur, direction, muscu-
     lature).
   Maladies et tares.
   Différences.

628   TABLE DES MATIÈRES

Fesse 388
    Configuration et base anatomique.
    Conditions de beauté et défectuosités.
    Maladies et tares.
    Différences.

Grasset . . . . . . , ... 390
    Configuration et base anatomique.
    Conditions de beauté et défectuosités.
    Maladies et tares.
    Différences.

Jambe 392
    Configuration et base anatomique.
    Mouvements.
    Conditions de beauté et défectuosités (longueur, musculature,
      direction).
    Maladies et tares.
    Différences.

Jarret 394
    Configuration et base anatomique.
    Mouvements.
    Conditions de beauté et défectuosités (sécheresse, netteté, largeur,
      épaisseur, ouverture angulaire, situation par rapport au plan
      médian du corps et à l'axe du membre, mobilité).
    Maladies et tares.
      Tares dures.
      Tares molles.
    Considérations générales.
    Différences.

ARTICLE 4. — *Régions communes aux deux membres.*

Canon 407
    Configuration et base anatomique.
    Conditions de beauté et défectuosités (longueur, direction, volume,
      netteté).
    Tares.
    Différences.

Tendon 411
    Anatomie et physiologie (pour chacune des cordes constituantes).
    Conditions de beauté et défectuosités.
    Tares (nerf-férure d'amortissement ou d'impulsion).
    Différences.

Boulet 417
    Configuration et base anatomique.
    Physiologie.
    Conditions de beauté et défectuosités (largeur, épaisseur, séche-
      resse, netteté, ouverture angulaire, situation par rapport à l'axe
      du membre).
    Maladies et tares.
    Différences.

Paturon 423
    Configuration et base anatomique.
    Physiologie.

Conditions de beauté et défectuosités (largeur, épaisseur, sécheresse, netteté, longueur, direction, situation par rapport à l'axe du membre, mobilité sur le pied).
Maladies et tares.
Différences.
Couronne 428
Configuration et base anatomique.
Conditions de beauté (largeur, sécheresse, netteté).
Maladies et tares.
Différences.
ARTICLE 5. — *Pied* 431
A. Anatomie (sabot : paroi, plancher) 431
B. Morphologie 436
C. Physiologie 440
1° Conditions de l'appui plantaire normal (rôle de la fourchette) 440
2° Aplomb et pressions 441
3° Élasticité 449
4° Levier du pied 450
D. Conditions de beauté 451
E. Défectuosités 452
1° Défectuosités de volume 452
2° Défectuosités de hauteur 453
3° Défectuosités de forme 453
4° Défectuosités d'aplomb 457
5° Défectuosités de qualité de la corne 461
F. Maladies 462
G. Différences 465
Ane et mulet.
Bœuf.
Mouton et chèvre.
Porc.
Chien.
Chat.

CHAPITRE VI

PROPORTIONS

ARTICLE 1ᵉʳ. — *Rapports de dimensions*.
§ 1. Canon de Bourgelat 469
Critique.
§ 2. Canon de Saint-Bel 476
§ 3. Canon éclectique 477
L'eumétrie du cheval 479
§ 4. Différences des proportions suivant les chevaux (forme, taille, poids, indice de compacité, chevaux de force, chevaux de vitesse, chevaux à deux fins) 482
§ 5. Défectuosités des proportions 489
Excès ou manque de hauteur du corps.
Disproportion de hauteur de l'avant-main et de l'arrière-main.

Disproportion des deux éléments de la taille au garrot.
Excès ou manque de longueur du corps.
Disproportion des trois éléments de la longueur du corps.
Excès ou défaut d'ampleur.
Disproportion du tronc et des membres.

§ 6. Proportions du squelette 495
§ 7. Variation de la taille et des proportions depuis la naissance jusqu'à
      l'âge adulte. 498
§ 8. Marche générale de l'ossification. 505

ARTICLE 2. — *Rapports angulaires des rayons* (Théorie du général Morris,
exposé et critique) 507
ARTICLE 3. — *Rapports entre le gros et le sang. Fond.*

     Sang. 513
         Pur sang. Demi-sang. Près du sang.
         Trop de sang.
         Pas assez de sang.
     Fond 519

ARTICLE 4. — *Proportions des animaux autres que le cheval.*

     Ane. 523
     Mulet et bardot. 525
     Espèce bovine 527
     Espèce ovine 540
     Espèce caprine 541
     Chabin. 544
     Espèce porcine 544

CHAPITRE VII

CHOIX DES ANIMAUX SUIVANT LES SERVICES

A. ESPÈCE CHEVALINE. 547
     ARTICLE 1er. — *Chevaux de selle.* 547
     ARTICLE 2. — *Chevaux de trait* 553
B. ESPÈCE BOVINE. 556
     Animaux de boucherie, animaux de travail, vaches laitières.

CHAPITRE VIII

EXAMEN DE L'ANIMAL EN VENTE

ARTICLE 1er. — *Examen du cheval.* 563
     A. Au repos.
     B. En action.
     C. Examen de deux chevaux appareillés.

ARTICLE 2. — *Examen des animaux autres que les Solipèdes.* 569
ARTICLE 3. — *Ruses des vendeurs de chevaux.* 570
ARTICLE 4. — *Définitions d'un certain nombre de termes ou locutions employés
dans le langage hippique.* 571
ARTICLE 5. — *Lois principales régissant le commerce des animaux domestiques.* 574

CHAPITRE IX
APPENDICE RELATIF AUX ZÉBUS, BUFFLES ET CAMÉLIDÉS

Article 1er. — *Zébus* 578
Article 2. — *Buffles.* 589
Article 3. — *Camélidés (chameaux et lamas)* 597
  A. Caractère générateurs 597
  B. Genre lama 601
  C. Genre Chameau 603
  D. Origine des Caméliens 615

ACHEVÉ D'IMPRIMER
POUR MM. VIGOT FRÈRES ÉDITEURS
LE VINGT-CINQ AVRIL MCMXXX
PAR FLOCH
IMPRIMEUR A MAYENNE

www.ingramcontent.com/pod-product-compliance
Lightning Source LLC
LaVergne TN
LVHW021919170726
843501LV00001BA/83